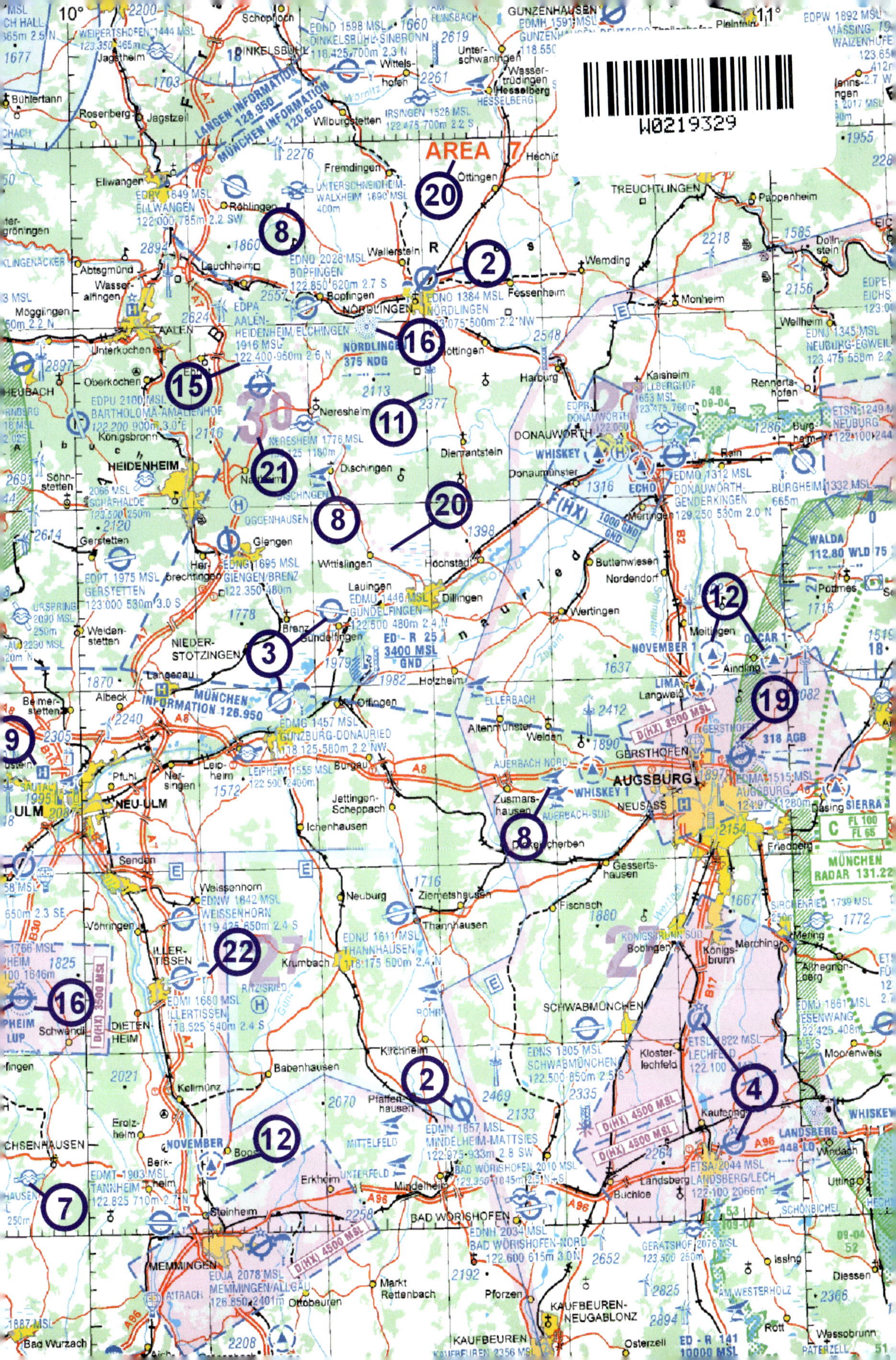

10°
11°
AREA 7
LANGEN INFORMATION 128.950
MÜNCHEN INFORMATION 120.650
MÜNCHEN INFORMATION 126.950
Dinkelsbühl
EDND 1598 MSL DINKELSBÜHL-SINBRONN 118.425 700m 2.3 N
Gunzenhausen
EDMH 1591 MSL GUNZENHAUSEN
Hesselberg
IRSINGEN 1528 MSL 122.475 700m 2.2 S
Wilburgstetten
Jagstzell
Rosenberg
Bühlertann
Ellwangen
EDRY 1649 MSL ELLWANGEN 122.000 785m 2.2 SW
Röhlingen
UNTERSCHNEIDHEIM-WALXHEIM 1690 MSL 400m
Fremdingen
Öttingen
Hechlingen
TREUCHTLINGEN
Pappenheim
Dollnstein
Wallerstein
Wemding
Lauchheim
Abtsgmünd
Wasseralfingen
Mögglingen
AALEN
Unterkochen
Oberkochen
EDNO 2028 MSL BOPFINGEN 122.850 620m 2.7 S
Bopfingen
NÖRDLINGEN
EDNO 1384 MSL NÖRDLINGEN 123.075 500m 2.2 NW
Fessenheim
Monheim
Wellheim
EDNJ 1345 MSL NEUBURG-EGWEIL 123.475 558m 2.2 N
EDPA AALEN-HEIDENHEIM/ELCHINGEN 1916 MSL 122.400 950m 2.6 N
NÖRDLINGEN 375 NDG
Möttingen
Harburg
Kaisheim
Rennertshofen
EDPU 2100 MSL BARTHOLOMÄ-AMALIENHOF 122.200 900m 3.0 E
Königsbronn
HEIDENHEIM
Neresheim
NERESHEIM 1776 MSL
Dischingen
Diemantstein
DONAUWÖRTH
Donaumünster
WHISKEY
ECHO
EDMQ 1312 MSL DONAUWÖRTH-GENDERKINGEN 129.250 530m 2.0 N
Rain
BURGHEIM 1332 MSL 665m
ETSN 1249 MSL NEUBURG 122.100
Söhnstetten
SCHÄFHALDE
Nattheim
OGGENHAUSEN
Giengen
Gerstetten
EDPT 1975 MSL GERSTETTEN 123.000 580m 3.0 S
EDNG 1695 MSL GIENGEN/BRENZ 122.350 480m
Herbrechtingen
Wittislingen
Höchstädt
Buttenwiesen
Nordendorf
WALDA 112.80 WLD 75
Lauingen
EDMU 1446 MSL GUNDELFINGEN 122.500 480m 2.4 N
Dillingen
Wertingen
Meitingen
Pöttmes
NOVEMBER 1
OSCAR 1
USPRING 2090 MSL 250m
Weidenstetten
NIEDER-STOTZINGEN
Brenz
Gundelfingen
ED-R 25 3400 MSL GND
Holzheim
LIMA
Langweid
Aindling
Langenau
Albeck
Beimerstetten
EDMG 1457 MSL GÜNZBURG-DONAURIED 118.125 560m 2.2 NW
Offingen
ELLERBACH
Altenmünster
Welden
D(HX) 3500 MSL
GERSTHOFEN
318 AGB
AUGSBURG
EDMA 1515 MSL AUGSBURG 124.975 1280m
Dasing
SIERRA
ULM
NEU-ULM
Pfuhl
Nersingen
Leipheim
LEIPHEIM 1555 MSL 122.500 2400m
Burgau
Jettingen-Scheppach
Ichenhausen
Zusmarshausen
AUERBACH NORD
AUERBACH SÜD
WHISKEY 1
NEUSÄSS
Friedberg
C FL 100 FL 65
MÜNCHEN RADAR 131.22
Dinkelscherben
Gessertshausen
Senden
Weissenhorn
EDNW 1642 MSL WEISSENHORN 119.425 650m 2.4 S
Neuburg
Ziemetshausen
Fischach
Vöhringen
ILLERTISSEN
EDNU 1611 MSL THANNHAUSEN 118.175 500m 2.4 N
Thannhausen
Krumbach
KÖNIGSBRUNN SÜD
Bobingen
Königsbrunn
Merching
Mering
Althegnenberg
EDMI 1680 MSL ILLERTISSEN 118.525 540m 2.4 S
RITZISRIED
SCHWABMÜNCHEN
EDNS 1805 MSL SCHWABMÜNCHEN 122.500 850m 2.5 S
Klosterlechfeld
ETSL 1822 MSL LECHFELD 122.100
EDMJ 1861 MSL JESENWANG 122.425 408m
Moorenweis
Schwendi
DIETENHEIM
Babenhausen
Kirchheim
Kellmünz
Pfaffenhausen
EDMN 1857 MSL MINDELHEIM-MATTSIES 122.975 933m 2.8 SW
D(HX) 4500 MSL
Kaufering
LANDSBERG 448 LQ
Windach
Utting
Erolzheim
CHSENHAUSEN
NOVEMBER
Boos
Berkheim
EDMT 1903 MSL TANNHEIM 122.825 710m 2.7 N
Erkheim
MITTELFELD
UNTERFELD
Mindelheim
BAD WÖRISHOFEN 2010 MSL 123.350 1045m 2.8 N-S
BAD WÖRISHOFEN
ETSA 2044 MSL LANDSBERG/LECH 122.100 2066m
Landsberg
Buchloe
SCHÖNBICHEL
Steinheim
MEMMINGEN
EDJA 2078 MSL MEMMINGEN/ALLGÄU 126.850 2401m
EDNH 2034 MSL BAD WÖRISHOFEN-NORD 122.600 615m 3.0 N
GERATSHOF 2076 MSL 123.500 250m
Issing
Diessen
Ottobeuren
Markt Rettenbach
Pforzen
KAUFBEUREN-NEUGABLONZ
AM WESTERHOLZ
KAUFBEUREN
Osterzell
ED-R 141 10000 MSL
Rott
Wessobrunn
Bad Wurzach

WINFRIED KASSERA

MOTORFLUG KOMPAKT

EIN LEHRBUCH FÜR DEN MOTORFLIEGER

WINFRIED KASSERA

Motorflug kompakt

EIN LEHRBUCH FÜR DEN MOTORFLIEGER

Motor
buch
Verlag

Einbandgestaltung: Luis Dos Santos unter Verwendung eines Fotos von Frank Herzog.

Grafiken und Illustrationen fertigte der Autor.

ISBN: 978-3-613-02758-9

1. Auflage 2007

Sie finden uns im Internet unter
www.motorbuch-verlag.de

Innengestaltung und Satz: Tebitron GmbH, 70839 Gerlingen
Druck und Bindung: Rung-Druck, 73033 Göppingen
Printed in Germany

Inhaltsverzeichnis

NAVIGATION

FUNKNAVIGATION

Vorwort

Fliegen ist zur käuflichen Selbstverständlichkeit geworden. Die Fluggesellschaften schaufeln jährlich Millionen von Menschen kreuz und quer über den Erdball. Aber das ist nicht das Flugerlebnis, nach dem man Jahrtausende vergeblich gesucht hat. Selbst entscheiden, wann, wohin, wie hoch, wie schnell, wie lange und womit man sich im Luftraum bewegt, danach sehnt sich derjenige, der den Drang verspürt, mal den Erdboden für eine Weile zu verlassen. Und das ist nun seit etlichen Jahrzehnten für immer mehr Leute möglich geworden.

Der Privatpilot kann in dieser Hinsicht einen Teil seiner Träume verwirklichen. Mehr als der Airline-Captain, der in seinem Ablaufplan gefesselt ist. Nicht von ungefähr sind die meisten Berufspiloten in ihrer Freizeit auch noch Segel- oder Kunstflieger, Oldtimerpiloten oder in ihren Luftsportvereinen als Fluglehrer tätig.

Der angehende Privatpilot muss aber schnell erkennen, dass die erwartete, scheinbar grenzenlose Freiheit doch ihre Einschränkungen hat: Er muss sich in unserem immer enger zusammenrückenden Europa den Luftraum mit vielen anderen teilen. Vom Verkehrsflugzeug bis zum Gleitschirm tummelt sich eine Unzahl von Luftfahrzeugen in allen Höhen. Jeder hat Anspruch auf ein Höchstmaß an Sicherheit, aber jeder muss dazu auch etwas beitragen. Nur durch sinnvolle Vereinbarungen und Einhaltung dieser vereinbarten Spielregeln lässt sich ein vernünftiges Zusammenleben gestalten. Leider schnürt die Politik aber auch für die Flieger bürokratische Korsette, die ihnen die Luft zum freien Durchatmen nehmen. Treten wir also denjenigen entgegen, die starrköpfig egoistische oder parteiliche Interessen durchsetzen wollen und schließen wir uns denen an, die flexibel und kooperativ das Ganze im Blick behalten.

Dieses Buch soll dem angehenden Privatflieger die fachlichen Grundlagen für den Umgang mit einem Flugzeug, Reisemotorsegler oder Ultraleichtflugzeug vermitteln, aber auch dem Fluglehrer einen Leitfaden für den Unterricht an die Hand geben. Es hat sich aus der Erfahrung von Tausenden von Flug- und Unterrichtsstunden entwickelt und leistet nicht nur den unverzichtbaren Beitrag, die Prüfung zum Luftfahrerschein zu bestehen, sondern liefert auch den Einblick in die fliegerischen Zusammenhänge, mit deren Verständnis die Praxis nicht nur erst richtig Spaß macht, sondern vor allem auch sicher wird.

Besten Dank an meine Freunde und Fluglehrerkollegen, die mir beim Korrekturlesen immer wieder Hinweise und Tipps für die Verbesserung dieses Buches zukommen ließen, und nicht zuletzt an die Deutsche Flugsicherung (Herr Thamm und Herr Wicthaup) und den Deutschen Wetterdienst (Frau Viktoria Schneider) für die Genehmigung der Verwendung ihrer Daten aus dem AviationShop (*http://www.dfs-aviationshop.de*) bzw. dem Internet-Wetterdienst (*http://www.flugwetter.de*).

Winfried Kassera

Hinweise zu diesem Lehrbuch

Wer Motorflug ernsthaft betreiben will, darf sich nicht an den (manchmal recht sonderbaren) Prüfungsfragen zum Erwerb einer Lizenz orientieren, sondern muss versuchen, sich einen Überblick über die Gebiete Technik, Luftrecht, Wetter, Navigation, Human Factors und Flugpraxis zu verschaffen und die erworbenen Kenntnisse Zug um Zug zu vertiefen. Dazu soll dieses Buch Anleitung sein. Wer sich um ein Verstehen der Zusammenhänge bemüht hat, braucht dann auch keine Angst vor den Prüfungen zu haben und muss sich nicht wundern, wenn die Praxis mit der Theorie scheinbar nicht übereinstimmt. Auf unnötigen Ballast und hochgestochene Erklärungen wurde aber verzichtet. Vielmehr wird immer wieder der Bezug zur Praxis hergestellt, so dass auch der 'Fußgänger' den Spaß am Lernen nicht verliert.

Dieses Lehrbuch zeichnet sich durch den bewährten methodischen Aufbau aus, der auch schon in dem Segelflug-Standardwerk ›Flug ohne Motor‹ beste Erfolge gezeigt hat. Er erleichtert dem Flugschüler den Einstieg in die immer umfangreicher werdenden Stoffgebiete und bietet dem Fluglehrer eine systematische Gliederung für den Unterricht.

Auch die Gestaltung hat sich bewährt: Neben der grauen Unterlegung prüfungswichtiger Abschnitte sind die Fachausdrücke und Stichwörter durch Fettdruck hervorgehoben, Beispiele grün, fliegerische Tipps, Faustregeln und Merksätze gelb unterlegt, so dass sich zusammen mit dem umfangreichen Stichwortverzeichniss nicht nur ein hervorragendes Nachschlagewerk ergibt, sondern auch eine weitere Lern- und Lesehilfe. Außerdem enthalten die inneren Einbandseiten Ausschnitte aus den Luftfahrtkarten, so dass mit diesem Buch das Unterrichtsmaterial für den Motorflieger komplett in einem einzigen Band vorliegt.

Nachdem Englisch die Standardsprache in der Luftfahrt ist, sollte auch der angehende Motorflieger sich nicht nur auf seine Muttersprache beschränken. Wann immer sinnvoll, wurden daher in diesem Buch auch die englischen Bezeichnungen für wichtige fliegerische Grundbegriffe aufgenommen. Ein Abkürzungsverzeichnis rundet die Erklärungen ab.

Mit dem technischen Fortschritt und dem ständig wachsenden Wissen auf allen Gebieten unterliegt die Theorie-Ausbildung in der Fliegerei einem natürlichen Wandel, so dass auch dieses Buch nicht von Verbesserungen und Erweiterungen verschont bleiben wird. Aktuelle Änderungen und Korrekturen zur vorliegenden Auflage werden auf meiner Homepage unter http://www.kassera.de ins Internet gestellt.

Parallel zu diesem Lehrbuch gibt es von mir Computerprogramme für den PC, mit denen man sich optimal auf die Prüfung zum Luftfahrerschein vorbereiten kann. Sie umfassen nicht nur den kompletten amtlichen Fragenkatalog, sondern bieten auf Tastendruck bzw. Mausklick ein komplexes, aber einfach zu bedienendes Informationssystem mit Hilfetexten, Grafiken und Simulationen. Diese Lernsysteme laufen unter Windows ab Version 98SE bis XP und sind zu beziehen bei Air Service Senden, Erlenweg 26, 89250 Senden. Mehr Infos dazu und einige Appetitanreger gibt es ebenfalls auf meiner Homepage.

Aerodynamik und Technik

PHYSIKALISCHE GRUNDLAGEN

1 Der Energiehaushalt des Flugzeugs

Um einen Körper vom Boden abzuheben, muss ihm Energie zugeführt werden. Motorgetriebene Luftfahrzeuge führen diese Energie in Form von Treibstoff mit sich. Beim Verbrennen in einem Triebwerk wird diese chemische Energie zunächst in Wärme und dann in mechanische Energie umgewandelt, die bei Propellerflugzeugen eine Luftschraube rotieren lässt. Dadurch wird Luft angesaugt und nach hinten beschleunigt, was als Reaktion einen Schub nach vorn auf das Flugzeug bewirkt.

Dieser Propellerschub löst eine Beschleunigung aus, das Flugzeug nimmt Fahrt auf und die umgebende Luft kann durch ihre Strömung an geeigneten Flächen Auftrieb erzeugen, der dem Gewicht entgegen wirkt und ein Abheben ermöglicht.

Fällt das Triebwerk aus, benimmt sich ein Motorflugzeug wie ein schlechtes Segelflugzeug: Es setzt seine Lage-Energie (potenzielle Energie), die es auf Grund seiner Höhe und seiner Masse besitzt, in Bewegungsenergie (kinetische Energie) um, indem es fällt und dabei Fahrt aufnimmt. Die Flügel werden dabei wieder umströmt und erzeugen Auftrieb. Aus dem Sturz wird durch die Vorwärtsbewegung ein Gleiten.

Umgekehrt lässt sich durch Hochziehen ein Teil der kinetischen Energie wieder in Lage-Energie umsetzen. Ein Teil geht jedoch immer durch Widerstandskräfte verloren, so dass man ohne Energiezufuhr nie mehr die Ausgangshöhe erreicht.

Immerhin hat man bei stehendem Triebwerk mit 1.000 m Höhe etwa 4 bis 5 Minuten Gleitzeit zur Verfügung, in der man sich ein mehr oder weniger geeignetes Gelände zum Landen aussuchen kann.

2 Auftriebserzeugung

2.1 Das Profil des Tragflügels

Die zum Fliegen notwendigen Auftriebskräfte werden vom Tragflügel erzeugt. Entscheidende Bedeutung kommt dabei der **Profilform** zu. Sie ist gewölbt und durch folgende Größen gekennzeichnet:

- Die **Profiltiefe** gibt die Tiefe des Tragflügels an einer bestimmten Stelle an.
- Die **Profilhöhe** wird auch Profildicke genannt.
- Die **Profilbezugslinie** ist eine gedachte Gerade, mit deren Hilfe sich die Lage des Profils beschreiben lässt. Bei älteren Profilen verwendet man oft die Profilsehne als Bezugslinie, die sich als Berührungsgerade der untersten Profilpunkte ergibt.
- Die **Dickenrücklage** ist der Abstand der größten Profildicke von der Flügelnase und wird in Prozent der Flügeltiefe angegeben.
- **Profilwölbung**, Verlauf der **Profilmittellinie**.

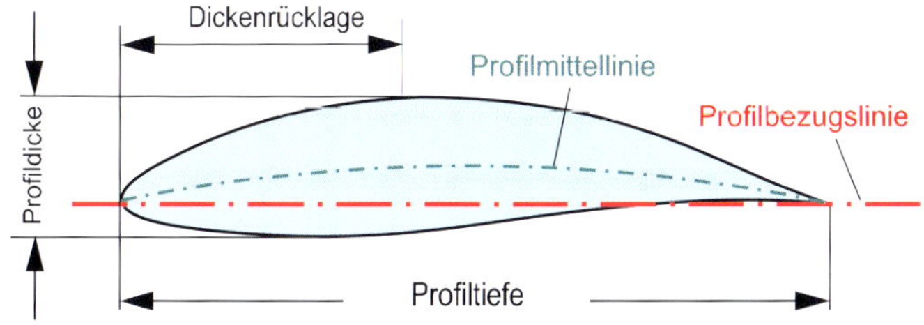

Abb. 1: Bezeichnungen am Tragflügelprofil

2.2 Strömung am Tragflügel

Jeder Körper, der sich durch Luft bewegt, kann Auftrieb erzeugen. Die Größe der Auftriebskraft hängt dabei von drei Faktoren ab:

- Form und Größe des **Körpers**
- Geschwindigkeit und Lage des Körpers gegenüber der **Luftströmung**
- **Beschaffenheit der Luft** (Luftdichte, Viskosität und Kompressibilität)

Um Auftrieb an einem Körper zu erzeugen, muss von diesem eine Luftmasse nach unten abgelenkt werden. Genau diese Aufgabe kommt dem Tragflügel mit seinem gewölbten Profil zu. Am **Staupunkt** teilt sich die Strömung, läuft über und unter dem Profil hinweg und bekommt letztlich an der Hinterkante eine Richtung nach unten.

Merke: Auftrieb entsteht (nach dem 3. Newton'schen Gesetz) als Reaktion auf eine nach unten abgelenkte Luftmasse. Dabei gilt: Der Auftrieb ist umso höher, je größer die Ablenkung, die Geschwindigkeit und die Luftdichte sind.

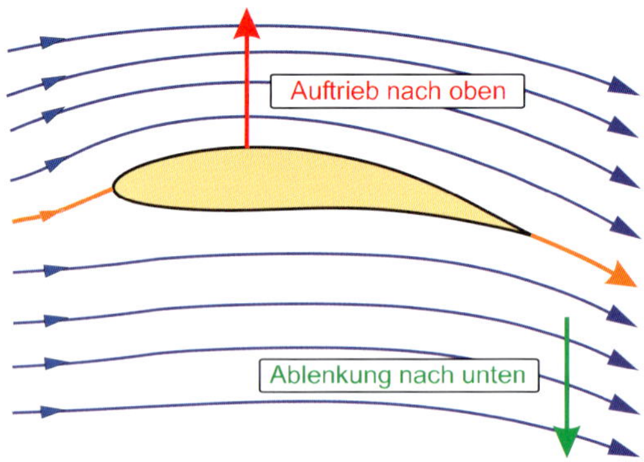

Abb. 2: Entstehung des Auftriebs (ideale Umströmung des Profils)

Im normalen Horizontalflug stellt sich etwa folgende **Druckverteilung** am Profil ein:

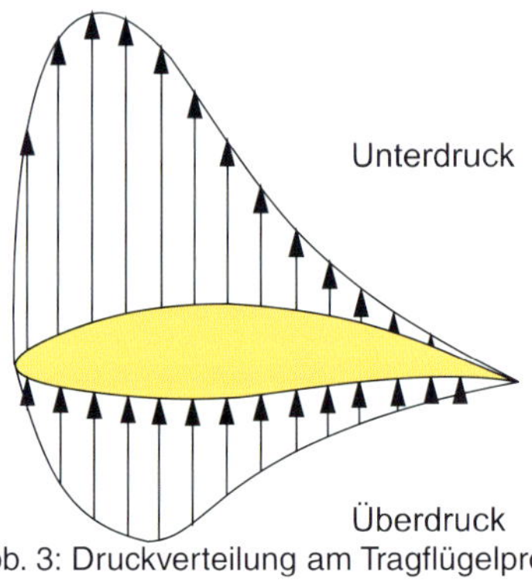

Abb. 3: Druckverteilung am Tragflügelprofil

Sowohl auf der Flügeloberseite als auch auf der Flügelunterseite wirken nach oben gerichtete Kräfte, die zusammen die Auftriebskraft bilden. Dabei ist der Betrag des **Unterdrucks** (Sog) über dem Flügel etwa doppelt so groß wie der **Überdruck** auf der Flügelunterseite.

Kurz: Sog : Druck = 2 : 1
Sogkraft + Druckkraft = Auftrieb

2.3 Vorgänge in der Grenzschicht

Genauere Untersuchungen der Strömungsverhältnisse am Profil ergeben, dass die Luftteilchen das Profil nicht in der idealen Form umfließen, wie das in Abbildung 2 dargestellt ist.
Direkt über der Flügeloberfläche findet man Luftteilchen, die auch bei hohen Strömungsgeschwindigkeiten auf dem Material haften. Das rührt vor allem daher, dass es keine vollkommen glatten Oberflächen gibt. Infolge der Zähigkeit, die auch Gasen eigen ist, werden auch die darüber liegenden Teilchen verlangsamt. Erst in einem bestimmten Abstand über der Flügeloberfläche wird die volle Strömungsgeschwindigkeit V_0 erreicht.

Definition:
Die Schicht, in der die Luftteilchen noch nicht die volle Strömungsgeschwindigkeit erreichen, heißt **Grenzschicht**.

Bewegen sich die Luftteilchen innerhalb der Grenzschicht auf parallelen Bahnen, dann spricht man von **laminarer Grenzschicht**, vollführen sie dagegen auch Quer- oder Gegenbewegungen, dann ist die Grenzschicht **turbulent**. Da im letzteren Fall die Hauptströmung insgesamt erhalten bleiben muss, haben turbulente Teilchen immer eine höhere Geschwindigkeit und sind damit auch energiereicher als laminar strömende. **Turbulente Strömungen kosten also Energie und vermindern somit die Flugleistungen**.

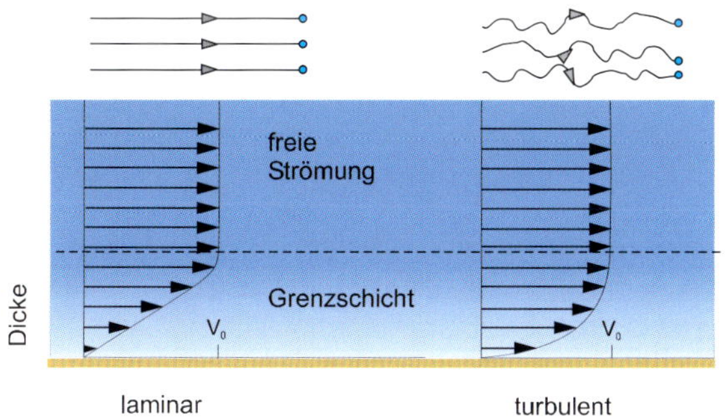

Abb. 4: Laminare und turbulente Strömung – Geschwindigkeitsverteilung in laminarer und turbulenter Grenzschicht

Am Tragflügelprofil ist die Grenzschicht zunächst laminar, solange die Luftteilchen beschleunigt werden. Im **Umschlagpunkt** U des Profils werden sie plötzlich turbulent, eine dünne Unterschicht bleibt laminar.

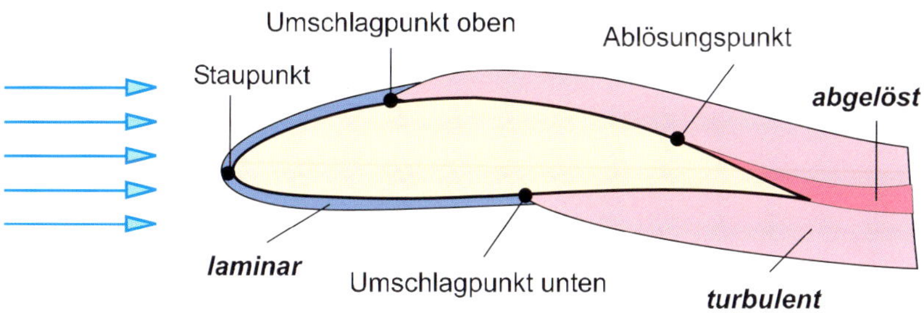

Abb. 5: Grenzschicht am Tragflügel

Im Bereich der Hinterkante nimmt die Strömungsgeschwindigkeit durch Druckanstieg stark ab. Dabei kommt es im **Ablösungspunkt** A zur sog. Ablösung der Grenzschicht, d.h. die Teilchen folgen nicht mehr der Hauptströmung, sondern laufen in Wirbeln über das Profil.

2.4 Der Einfluss des Anstellwinkels

Definition:
Unter **Anstellwinkel** versteht man den Winkel zwischen der Strömungsrichtung der Luftteilchen und der Profilbezugslinie. Die Strömungsrichtung stellt man sich dabei am besten als Gegenrichtung zur Flugbahn vor.

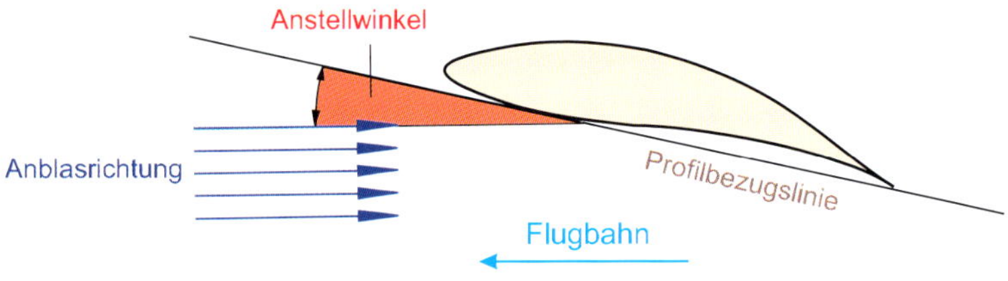

Abb. 6: Definition des Anstellwinkels

Vorgänge beim Vergrößern des Anstellwinkels:

- Mit der **Vergrößerung des Anstellwinkels** erhöht sich zunächst auch der Auftrieb, da das Profil die Luft auf der Flügeloberseite in eine stärker gekrümmte Bahn zwingt. Bei einem bestimmten Anstellwinkel und der entsprechenden Geschwindigkeit wird der **maximale Auftrieb** des Flugzeugs erzielt.
- Gleichzeitig nimmt aber auch der **Widerstand** zu, da zum einen der Luftströmung eine größere Angriffsfläche geboten wird, zum anderen in den größer gewordenen turbulenten Grenzschicht- und Ablösungszonen mehr Energie gebraucht wird, um die Luftteilchen zu verwirbeln.

Merke: Auftriebserhöhung ist immer mit Widerstandserhöhung verbunden.

- Bei weiterer Vergrößerung des Anstellwinkels nähert man sich der **Mindestgeschwindigkeit**, bei welcher der Tragflügel noch nutzbaren Auftrieb erzeugt. Jetzt erhöht sich der Widerstand stark, der Auftrieb dagegen verringert sich, was sich durch **erhöhtes Sinken** und **schlechte Gleitleistungen** bemerkbar macht.
- Bei Überschreitung eines **kritischen Anstellwinkels** kann die Strömung dem Profilverlauf auf der Flügeloberseite nicht mehr folgen. Die Grenzschicht löst sich über dem Flügel ab, wodurch praktisch der Auftrieb zusammenbricht, während der Widerstand sehr groß ist. Man spricht von **abgerissener Strömung**.

Im **normalen Betrieb** liegt der Anstellwinkel je nach Profil etwa zwischen –5 und +15°. Er wird durch Höhenruderbetätigung oder Leistungsänderungen verändert. Durch Ziehen des Höhensteuers vergrößert man den Anstellwinkel, die Fahrt vermindert sich bei unveränderter Motorleistung entsprechend. Wird der kritische Anstellwinkel erreicht, reißt die Strömung ab, das Flugzeug befindet sich im **überzogenen Flugzustand.** Bei gleich bleibender Querneigung kippt es entweder nach vorn ab und beschleunigt wieder oder es lässt sich mit voll gezogenem Höhenruder im **Sackflug** halten, der durch hohes Sinken bei **geringer Fahrt** gekennzeichnet ist. Beim **Abkippen** nach der Seite holt es ebenfalls Fahrt auf oder fällt ins Trudeln, wenn der überzogene Flugzustand beibehalten wird.

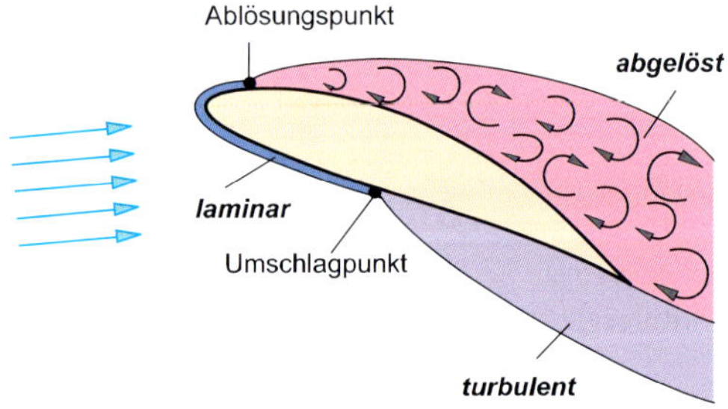

Abb. 7: Strömungsabriss auf der Flügeloberseite bei großem Anstellwinkel

Der Pilot erkennt das **Ablösen** der Strömung daran, dass das Flugzeug zu schütteln beginnt, weil die verwirbelte Luft vom Tragflügel auf das Leitwerk trifft.

2.5 Auftrieb und Widerstand

Die Größen von Auftrieb und dem damit verbundenen Widerstand sind von mehreren Faktoren abhängig:

- Eigengeschwindigkeit (Fahrt)
- Luftdichte
- Flügelfläche und Flügelform
- Eigenschaften des Flügelprofils

Dabei gelten folgende Gesetzmäßigkeiten:

- **Auftrieb** und **Widerstand** ändern sich mit dem **Quadrat der Eigengeschwindigkeit**.
  Beispiele:
  Doppelte Fahrt ergibt vierfachen Auftrieb, aber auch vierfachen Widerstand. Dreifache Fahrt ergibt neunfachen Auftrieb, aber auch neunfachen Widerstand usw. Um Auftrieb und Widerstand zu verdoppeln, benötigt man etwa die 1,4-fache Fahrt (Faktor Wurzel aus zwei).
- Auftrieb und Widerstand ändern sich linear mit der **Luftdichte**. Das heißt zum Beispiel: Halbe Luftdichte ergibt halben Auftrieb, aber auch halben Widerstand. Doppelte Luftdichte ergibt doppelten Auftrieb und doppelten Widerstand usw.
- Auftrieb und Widerstand ändern sich linear mit der **Flügelfläche**. Also: Doppelte Flügelfläche ergibt doppelten Auftrieb, aber auch doppelten Widerstand.
- Je nach **Profilform** ergeben sich unterschiedliche Auftriebs- und Widerstandsverhältnisse.
- Aus den Größen Luftdichte ρ und Geschwindigkeit v lässt sich der **Staudruck** q ableiten:
  $$q = 0{,}5 \cdot \rho \cdot v^2$$
  Am besten stellt man sich den Staudruck als die kinetische Energie pro Volumeneinheit eines bewegten Luftkörpers vor. Auch hier gilt: Der Staudruck ändert sich mit dem Quadrat der Geschwindigkeit.
- Auftriebs- und Widerstandskraft lassen sich als Formeln erfassen, wobei man jedem Körper einen sog. **Auftriebs-** bzw. **Widerstandsbeiwert** zuordnet, der sich aus Auftriebskraft, Strömungsgeschwindigkeit und Luftdichte für eine bestimmte Bezugsfläche (beim Flügel in der Regel der Flächeninhalt des Grundrisses) für einen bestimmten Anstellwinkel ermitteln lässt.

Die **Auftriebsformel** lautet: $F_A = c_A \cdot q \cdot A$

Die **Widerstandsformel** lautet entsprechend: $F_w = c_w \cdot q \cdot A$

wobei c_A und c_w für die Beiwerte von Auftrieb bzw. Widerstand, q für Staudruck (abhängig von Geschwindigkeit und Luftdichte) und A für die Bezugsfläche steht.

3 Widerstandsarten

Bisher haben wir Widerstandskräfte nur im Zusammenhang mit dem Auftrieb betrachtet. Während jedoch nur unter bestimmten Voraussetzungen bei einem umströmten Körper Auftrieb geliefert wird, erzeugt jeder Körper in einer Luftströmung **Widerstand**.

Grundsätzlich entsteht Luftwiderstand durch **Reibungsverluste** der Luftteilchen untereinander oder mit der umströmten Oberfläche eines Körpers und durch **Umlenkungen** von Luftströmungen. Wir unterscheiden im Folgenden eine Reihe von Widerstandsarten.

3.1 Der Formwiderstand (Druckwiderstand)

Jeder Körper wird je nach Lage und Größe in einer ganz bestimmten Weise von der Luft umströmt. Dabei entstehen Wirbelfelder, die den sog. Druckwiderstand erzeugen. Vergleicht man verschieden geformte Körper mit gleicher Stirnfläche, dann ergeben sich recht unterschiedliche Widerstandsverhältnisse, die sich mit Hilfe der Widerstandsbeiwerte vergleichen lassen.

Nur die Kugel hat in jeder Lage den gleichen Widerstandsbeiwert. Bei allen anderen Formen hängt er von der Anblasrichtung, also vom **Anstellwinkel** ab. Die für eine bestimmte Lage ermittelten Beiwerte sind dagegen unabhängig von der Luftdichte und der Anblasgeschwindigkeit.

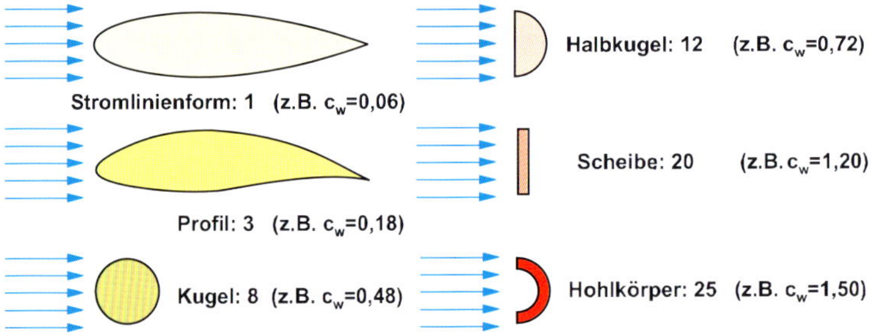

Abb. 8: Druckwiderstände verschiedener Körper in Vergleichszahlen

3.2 Der Reibungswiderstand (Grenzschichtwiderstand)

Auch in der **Grenzschicht** treten infolge unterschiedlicher Teilchengeschwindigkeiten Reibungskräfte auf. Dadurch entsteht der **Reibungs-** oder **Grenzschichtwiderstand**.

In **laminarer Grenzschicht** ist er naturgemäß bedeutend kleiner als in turbulenter. Will man ihn am Tragflügel möglichst klein halten, so muss die **laminare Anlaufstrecke** möglichst lang gehalten werden, d.h. der Umschlagpunkt muss möglichst weit hinten liegen, was zur Entwicklung der **Laminarprofile** geführt hat.

Auch die Beschaffenheit der **Oberfläche** spielt eine Rolle. Rauheiten im Bereich der Flügelnase wie z.B. der **Insektenbeschlag** bei einem längeren Flug sind dafür verantwortlich, dass die normalerweise dort sehr dünne Grenzschicht erheblich dicker wird. Der Widerstand steigt, die **Flugleistungen** sinken.

Merke: Raue Oberflächen vergrößern den Reibungswiderstand und verlagern den Umschlagpunkt nach vorn.

3.3 Der Profilwiderstand

Der Gesamtwiderstand eines Profils setzt sich zusammen aus Druckwiderstand und Reibungswiderstand.

3.4 Der induzierte Widerstand (Randwiderstand)

Luft hat das Bestreben, Druckunterschiede auszugleichen. Da sich der Auftrieb aus Überdruck an der Flügelunterseite und Unterdruck auf der Oberseite zusammensetzt, findet an den Flügelenden ein mehr oder weniger großer **Ausgleich** statt. Durch die Vorwärtsbewegung entstehen **Wirbelzöpfe**, zu deren Bildung Energie verbraucht wird. Man nennt dies **Randwiderstand** oder **induzierten Widerstand**. Diese Widerstandsart lässt sich durch die Flügelform, aber auch durch **Winglets** (nach oben abgewinkelte Flügelenden) günstig beeinflussen.

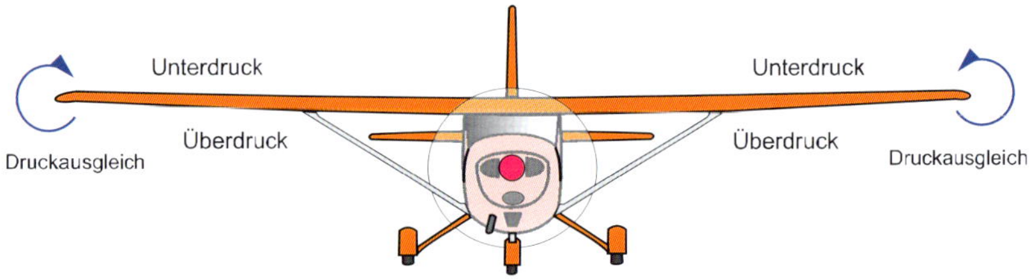

Abb. 9: Druckausgleich an den Flügelenden

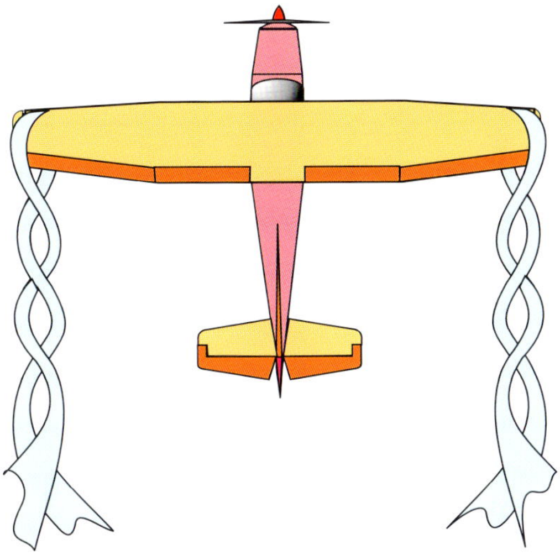

Abb. 10: Entstehung der Wirbelzöpfe

Dabei gelten folgende Gesetzmäßigkeiten:

- Je größer der **Auftrieb**, desto größer der induzierte Widerstand.
- Da sich der Auftrieb mit dem Anstellwinkel ändert, hängt auch der induzierte Widerstand vom **Anstellwinkel** ab.
- Im **Langsamflug** hat ein Flugzeug den größten induzierten Widerstand, während er beim **Schnellflug** nur geringe Werte annimmt.
- Großflugzeuge haben in der Start- und Landephase einen hohen induzierten Widerstand und bilden daher mit ihren gewaltigen **Wirbelschleppen** eine Gefahr für andere Luftverkehrsteilnehmer.
- Je nach Flugmasse unterscheidet man drei Wirbelschleppenkategorien:
  - L (Light): bis 7,5 t
  - M (Medium): 7,5 t bis 136 t
  - H (Heavy): über 136 t
- Die Verteilung der Auftriebskräfte über dem Tragflügel beeinflusst den induzierten Widerstand. **Elliptische Auftriebsverteilung** liefert günstige Werte.

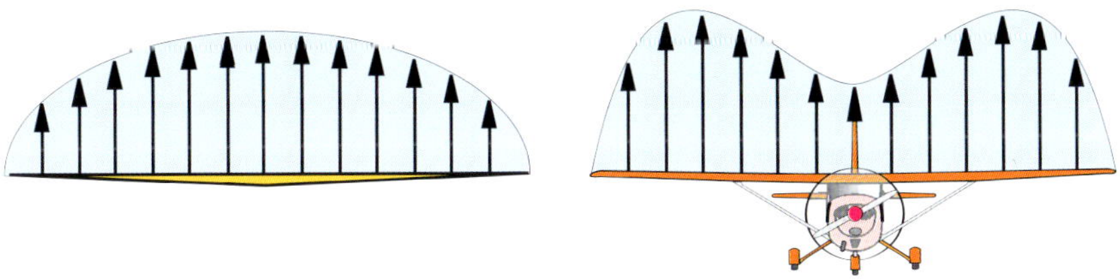

Abb. 11: Gute Auftriebsverteilung über Tragflügel und Flugzeug

- Wesentlich wird der induzierte Widerstand von der **Flügelstreckung** beeinflusst. Darunter versteht man das Verhältnis aus **Spannweite** b zu **mittlerer Flügeltiefe** t, (oder auch das Verhältnis aus dem Quadrat über der Spannweite b zur Flügelfläche A. Das umgekehrte Verhältnis, also A : b^2 heißt **Seitenverhältnis**). Dabei gilt: Je größer die Streckung (oder je kleiner das Seitenverhältnis), desto geringer der **induzierte Widerstand**. Ein **schlanker Flügel** ist also günstiger als ein kurzer, breiter, wobei die günstig zu bauende Rechteckform am schlechtesten abschneidet.

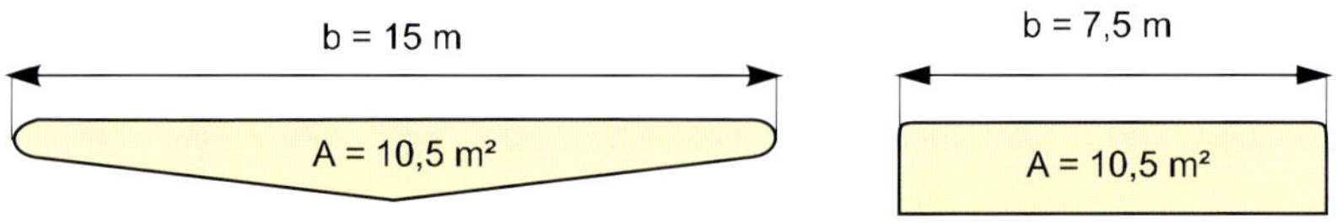

Streckung: 21,4
Seitenverhältnis: 0,7 : 15
mittlere Flügeltiefe: 0,7 m

Streckung: 5,4
Seitenverhältnis: 1,4 : 7,5
mittlere Flügeltiefe: 1,4 m

Abb. 12: Beispiele für günstigen und ungünstigen Flügelgrundriss bezüglich des induzierten Widerstands

Zusammenfassung:
Der Widerstand des Tragflügels setzt sich zusammen aus Druckwiderstand, Reibungswiderstand und induziertem Widerstand.

3.5 Interferenz- und Gesamtwiderstand

Die zum kompletten Flugzeug zusammengefügten Bauteile beeinflussen sich auch noch gegenseitig. Es entsteht zusätzlicher Widerstand, der **Interferenzwiderstand**. So treffen zum Beispiel die verwirbelten Luftteilchen vom Rumpf her auf das Leitwerk, Rumpf- und Flügelströmung greifen ineinander usw. Deshalb legen die Konstrukteure heute ihr Augenmerk verstärkt auf die **Übergänge** von Rumpf und Flügel, Höhenleitwerk und Seitenleitwerk usw.

Misst man die Einzelwiderstände der Bauteile, so ist am fertigen Flugzeug der Gesamtwiderstand meist größer als die **Summe der Einzelwiderstände**, weil durch Überlagerungen von Störungen neue Widerstände entstehen. Die Differenz zwischen dem Gesamtwiderstand und der Summe der Einzelwiderstände ist der **Interferenzwiderstand**.

3.6 Der schädliche Widerstand (Restwiderstand)

Als schädlich wird der Widerstand bezeichnet, der nicht im Zusammenhang mit der Auftriebserzeugung entsteht.

Es gilt: Flügelwiderstand + Restwiderstand = Gesamtwiderstand

4 Zusammenhang zwischen Auftrieb und Widerstand

4.1 Die Profilpolare

Die Leistungen der Flugzeuge hängen unter anderem sehr stark von der Wahl des Flügelprofils ab. Um die Eigenschaften eines Profils zu untersuchen, werden im Windkanal an einem Flügelstück die Auftriebs- und Widerstandskräfte bei verschiedenen Anstellwinkeln gemessen.
Trägt man die ermittelten Auftriebs- und Widerstandsbeiwerte mit dem Anstellwinkel als Parameter in einem Diagramm ab, so erhält man die sog. **Profilpolare**. Diese Art Widerstand und Auftrieb zu vergleichen, hat Otto Lilienthal (1848–1896) eingeführt. Man nennt diese Darstellung daher auch **lilienthalsches Polardiagramm**.
Anschaulich lassen sich nun Fragen beantworten, die in der Praxis entscheidende Bedeutung haben *(siehe Abb. 13)*:

- Welcher **maximale Auftriebsbeiwert** lässt sich mit diesem Profil erzielen? ($C_{A_{max}}$ = 0,95)
- Bei welchem Anstellwinkel wird der **Höchstauftrieb** erzielt? (bei ca. 15°)
- Bei welchem **kritischen Anstellwinkel** bricht der Auftrieb zusammen? (ca. 20°)
- Bei welchem Anstellwinkel wird der geringste Widerstand erzielt? (bei 0° ist $c_{W_{min}}$ = ca. 0,012)
- Bei welchem Anstellwinkel wird **kein Auftrieb** erzeugt, sondern nur Widerstand? (bei ca. 3,5°)

Anmerkung:
Die Antworten in den Klammern beziehen sich auf das Polarenbeispiel der Abbildung 13.

Abb. 13: Profilpolare eines Tragflügels (Beispiel)

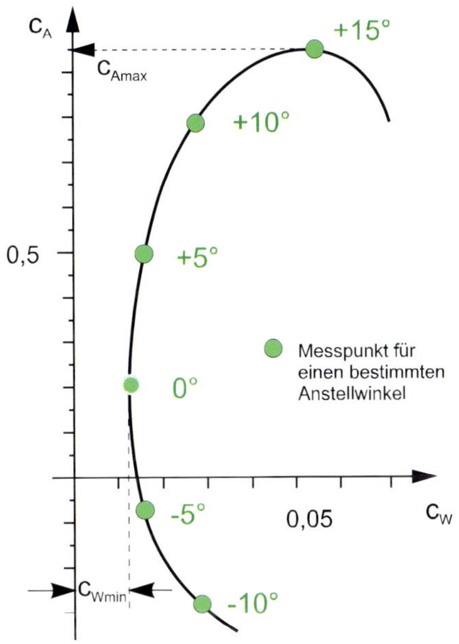

4.2 Profilarten

Aus den Profilpolaren kann der Konstrukteur entnehmen, für welchen **Verwendungszweck** ein Profil geeignet ist.
Für langsame Flugzeuge verwendet man dicke, stark gewölbte Profile, die schon bei geringen Geschwindigkeiten hohen Auftrieb liefern, während schnelle Flugzeuge dünne, schwach gewölbte Profile benötigen, die wenig Widerstand erzeugen. Man kann einem Flugzeug den Geschwindigkeitsbereich, in dem es sich normalerweise bewegt, also buchstäblich ansehen.

Abb. 14: Profil für langsames Flugzeug und Schnellflugprofil

Wir unterscheiden folgende Hauptarten:

- erzeugen bei einem Anstellwinkel von Null Grad keinen Auftrieb, da die Wölbungen von Ober- und Unterseite gleich sind. Die Profilbezugslinie ist hier die Symmetrieachse. Sie sind nicht druckpunktfest *(siehe dazu Abschnitt 6)* und werden an Leitwerken, fast immer für das Seitenleitwerk, verwendet.
- Einfache **tragende Profile** sind unsymmetrisch und haben meist eine annähernd gerade Unterseite.
- Profile mit **gewölbter Unterseite** sind meist aerodynamisch hochwertiger und erzeugen bei kleinen Anstellwinkeln mehr Auftrieb als solche mit gerader Unterseite.

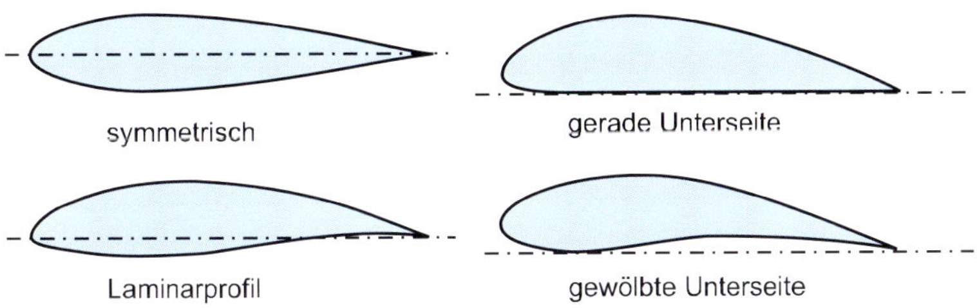

Abb. 15: Profilarten – Beispiele

- **Laminarprofile** sind heute Standard im Flugzeugbau. Hier liegt die größte **Profildicke** möglichst weit hinten, um die Grenzschicht über eine möglichst lange Strecke laminar zu halten (**laminare Anlaufstrecke**). Während bei den älteren Profilen die größte Dicke etwa bei 15 bis 30 % der **Profiltiefe** liegt, ist sie bei Laminarprofilen bei etwa 50 % zu finden (Profilmitte). Laminarprofile erreichen allerdings nur dann ihre volle Leistungsfähigkeit, wenn die **Oberfläche** des Tragflügels glatt und sauber ist.

4.3 Flügelpolare und Gesamtpolare

Erfasst man nicht nur den Profilwiderstand, sondern den Widerstand des gesamten Flügels, so liegt die daraus resultierende Polare weiter rechts, wobei die einzelnen Punkte jeweils um den Widerstandsbeiwert verschoben werden, der sich aus dem induzierten Widerstand ergibt. Auf diese Weise erhält man die **Flügelpolare**.

Bezieht man auch den **schädlichen Widerstand** des gesamten Flugzeugs mit ein, so rückt die Polare um einen weiteren Betrag nach rechts, der vom **Restwiderstand** herrührt. Man erhält die **Gesamtpolare**, die letztlich für die Beurteilung eines Flugzeugs maßgebend ist.

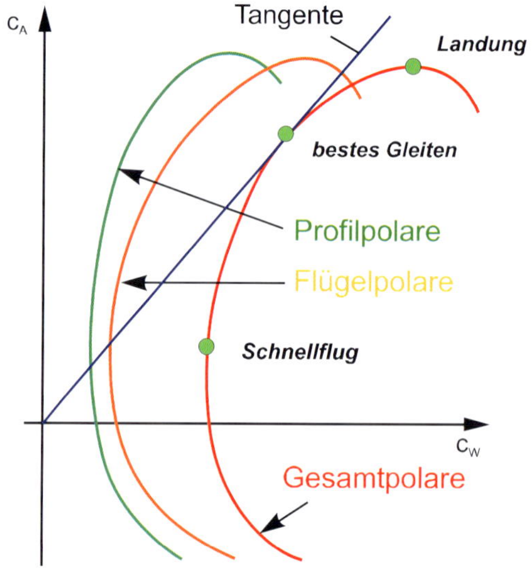

Abb. 16: Entstehung der Gesamtpolare

Legt man die Tangente an die Gesamtpolare an, so erhält man im Berührpunkt das kleinste Verhältnis aus Widerstand und Auftrieb. Hier liegt der Anstellwinkel für den wirtschaftlichsten Flug bzw. für die beste Steigleistung bei voller Triebwerksleistung (Best Performance) bzw. für das **beste Gleiten** (kleinster Gleitwinkel) beim motorlosen Flug.

Mit dem Anstellwinkel für den **Höchstauftrieb**, also mit c_{Amax}, wird die **Landung** – genauer gesagt das Aufsetzen – durchgeführt. Der **Schnellflug** dagegen erfolgt in der Gegend von c_{Wmin}.

4.4 Der Einfluss des Einstellwinkels

Definition:
Unter dem **Einstellwinkel** versteht man den Winkel, den die Profilbezugslinie mit der Rumpflängsachse bildet.

Er ist bei allen Flugzeugen mit starrem Profil eine feste Größe, die im Flug nicht verändert werden kann. Bei Flugzeugen mit Landeklappen (**Wölbklappen**) wird als Bezugslinie die Profilbezugslinie bei neutraler **Klappenstellung** (0°-Ausschlag, siehe auch Abschnitt 9) gewählt.

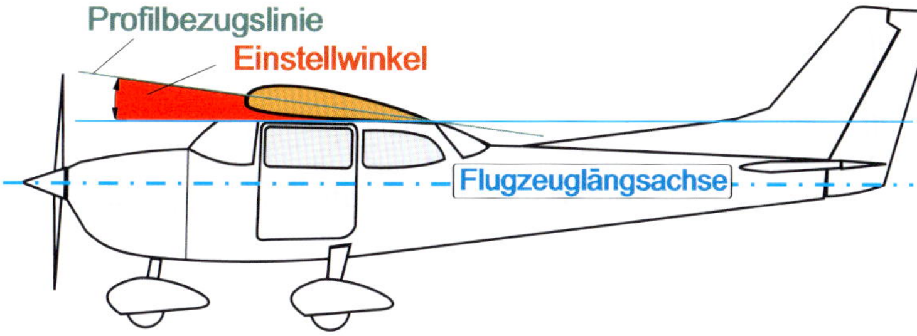

Abb. 17: Der Einstellwinkel

Der Einstellwinkel wird vom **Konstrukteur** so festgelegt, dass das gesamte Flugzeug im Reiseflugbereich bei maximaler Abflugmasse möglichst wenig Widerstand bietet. Dafür muss bei starrem Flügel in Kauf genommen werden, dass mit größerem Anstellwinkel auch der **Rumpfwiderstand** zunimmt.

4.5 Luftkraft und Druckpunkt

In Wirklichkeit sind die Auftriebs- und Widerstandskräfte über den ganzen Flügel verteilt. Zur Vereinfachung stellt man sich für die Summe aus all diesen Kräften eine Ersatzkraft vor, welche die gleiche Wirkung hat.

Definition:
Unter **Druckpunkt (Center of Lift)** versteht man den gedachten Angriffspunkt der resultierenden Luftkraft, die sich aus Auftriebs- und Widerstandskräften zusammensetzt.

4.6 Druckpunktwanderung

Die Lage des Druckpunkts ist abhängig vom **Anstellwinkel**, sofern ein Profil nicht **druckpunktfest** ist wie z.B. spezielle S-Schlag-Profile. Erhöht man den Anstellwinkel, so wandert der Druckpunkt nach vorn zur Flügelvorderkante. Wird er verkleinert, so wandert der Druckpunkt nach hinten. Im üblichen Flugbereich liegt er im Allgemeinen zwischen 25 und 60 % der **Profiltiefe**.

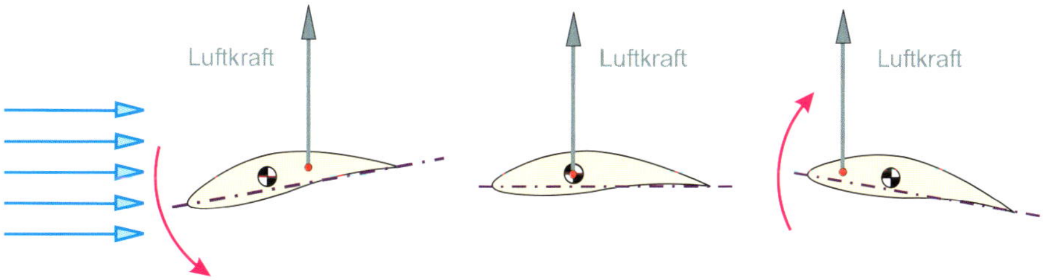

Abb. 18: Druckpunktwanderung

Liegt der Druckpunkt vor dem **Schwerpunkt**, so hat der Flügel das Bestreben, sich nach oben um seine Querachse zu drehen. Der entgegengesetzte Effekt tritt ein, wenn der Druckpunkt hinter den Schwerpunkt wandert. Es sind daher **konstruktive Maßnahmen** notwendig, die eine derartige **Labilität** ausgleichen *(siehe dazu Abschnitt 8)*.

5 Kräfte am Flugzeug in verschiedenen Flugzuständen

Um ein Flugzeug in Bewegung zu versetzen und ihm eine flugfähige Geschwindigkeit zu verleihen, muss es erst einmal beschleunigt werden. Das wird durch den Propellervortrieb bewirkt. Dabei bauen sich Auftriebs- und Widerstandskräfte auf, die durch die Wirkung der Ruder verändert werden können. Die Beschleunigung kommt dann zur Ruhe, wenn der Widerstand den gleichen Betrag wie der Vortrieb angenommen hat. Der Bewegungszustand wird stationär und es stellt sich je nach Flugzustand eine typische Kräfteverteilung ein.

Wir definieren für die folgenden Erklärungen (Kräfte werden mit dem Buchstaben F bezeichnet):

- Auftrieb = jede Kraft, die senkrecht nach oben wirkt.
- Widerstand = jede Kraft, die gegen die Flugrichtung wirkt.
- F_G = Gewichtskraft auf Grund der Flugmasse, wirkt lotrecht zur Erdoberfläche.
- F_A = aerodynamische Auftriebskraft, überwiegend erzeugt vom Tragflügel.
- F_W = Widerstandskraft, erzeugt durch Reibungsvorgänge und/oder Gewichtskraft.
- F_V = Vortriebskraft, erzeugt vom Propeller und/oder der Gewichtskraft, wirkt in Richtung der Flugzeuglängsachse.
- F_T = Auftriebskraft als Komponente der Vortriebskraft F_V, bewirkt vom Triebwerk.
- F_P = Luftkraft, bewirkt durch Profil, Anstellwinkel und Fahrt, senkrecht zur Flugbahn wirkend.
- F_B = Komponente der Vortriebskraft F_V in Richtung der Flugbahn
- F_L = Luftkraftresultierende aus Auftrieb und Widerstand

5.1 Horizontaler Flug

Um im horizontalen Geradeausflug (z.B. Reiseflug) Höhe und Geschwindigkeit beibehalten zu können, muss beim motorgetriebenen Flugzeug vom Propeller so viel **Vortrieb F_V** erzeugt werden, dass der **Gesamtwiderstand** des Flugzeugs (in der momentanen Konfiguration) **F_W** überwunden wird. Der Flügel entwickelt dabei so viel **Auftriebskraft F_A**, dass diese dem **Gewicht F_G** entgegenwirken kann.

Auftrieb und Widerstand lassen sich zu einer resultierenden Luftkraft F_L zusammensetzen, die der Resultierenden F_R aus Vortrieb und Gewicht entgegenwirkt. Damit ergibt sich folgende Kräfteverteilung:

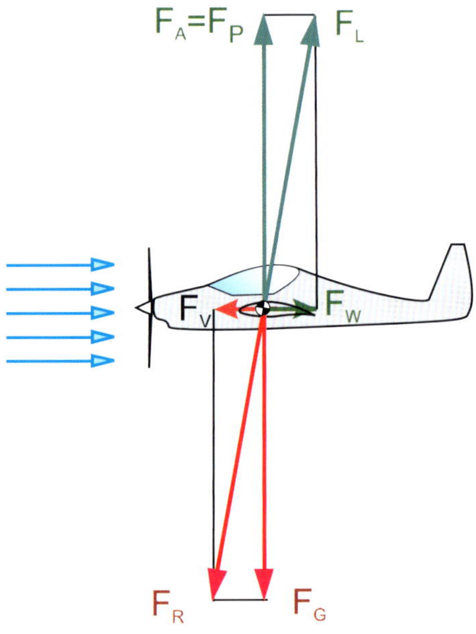

Abb. 19: Horizontaler Flug mit Motorkraft

5.2 Horizontaler Langsam- und Schnellflug

Bei höherer Geschwindigkeit wird der zur Überwindung der Gewichtskraft notwendige Auftrieb schon bei kleinen Anstellwinkeln erreicht, während bei reduzierter Motorleistung die Schnauze per Höhenruder hoch genommen werden muss, um die Höhe beizubehalten. Eine geringere Fahrt ist die Folge.

Der zur Beibehaltung von Fahrt und Höhe notwendige Anstellwinkel hängt aber auch von der momentanen Flugmasse ab: Je größer das Gewicht, desto mehr Auftrieb muss erzeugt werden, desto größer muss auch der Anstellwinkel und/oder die Motorleistung sein. Bei voller Beladung wird daher die maximale Reisegeschwindigkeit kleiner sein als bei geringerer Flugmasse, während die Mindestgeschwindigkeit höher liegt.

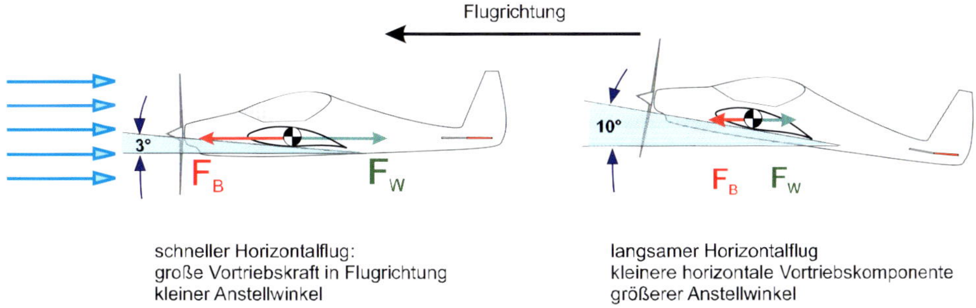

Abb. 20: Anstellwinkel im Horizontalflug

5.3 Widerstand und Geschwindigkeit

Mit zunehmender Geschwindigkeit erhöht sich der **schädliche Widerstand**, der **induzierte Widerstand** nimmt dagegen ab. Umgekehrt: Der induzierte Widerstand steigt mit zunehmendem **Anstellwinkel**, also bei Fahrtverringerung, während der schädliche Widerstand geringer wird. Der Gesamtwiderstand als Summe dieser beiden Teilwiderstände lässt sich in Abhängigkeit von der Geschwindigkeit wie folgt darstellen:

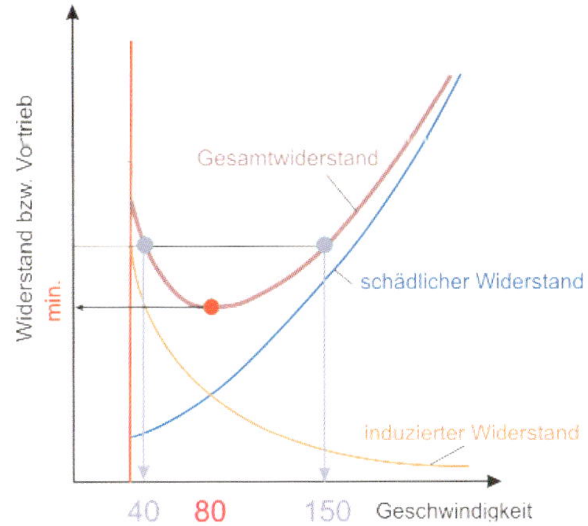

Abb. 21: Verlauf des Gesamtwiderstands in Abhängigkeit von der Geschwindigkeit.

Das hat folgende praktische Auswirkungen: Der geringste Gesamtwiderstand wird bei einem bestimmten Anstellwinkel bei einer bestimmten Geschwindigkeit erzielt. Alle Anstellwinkel bzw. Geschwindigkeiten darüber oder darunter verschlechtern das Verhältnis aus Auftrieb zu Widerstand und erfordern eine höhere Motorleistung für den Horizontalflug. Das Beispiel in der Abbildung zeigt im aufsteigenden Ast der Kurve (Geschwindigkeit größer als 80 kt) den Normalfall, dass man eben mehr Leistung benötigt, um schneller zu fliegen, aber auch, dass man unterhalb der für den Gesamtwiderstand optimalen Fahrt (sozusagen auf der Rückseite der Kurve) plötzlich mehr Vortrieb, sprich Leistung braucht, um mit konstanter Höhe langsamer fliegen zu können.

Beispiel (Abb. 21): Gleicher Widerstand bei 40 und bei 150 kt, erfordert gleiche Leistung.

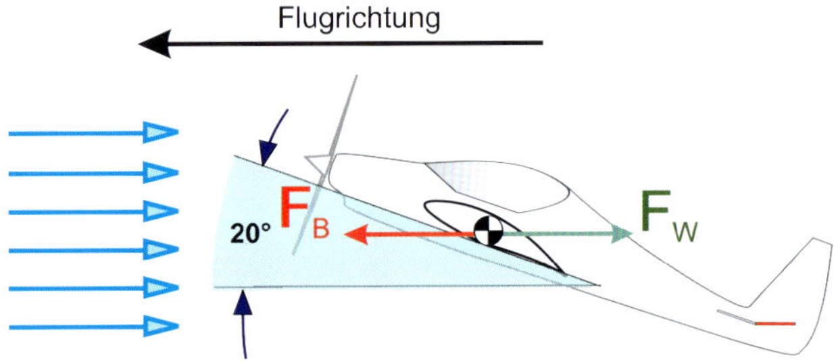

Abb. 21a: Der langsame Horizontalflug mit großem Anstellwinkel ›auf der Rückseite (Backside) der Leistungskurve‹ braucht viel Leistung.

Merke: Unterhalb derjenigen Fahrt, bei der man am wenigsten Leistung braucht, um noch den Horizontalflug zu halten, benötigt man um so mehr Leistung, je langsamer man fliegen will.

5.4 Gleitflug mit reduzierter Leistung

Vereinfacht ausgedrückt wird bei reduzierter Motorleistung oder gar abgestelltem Triebwerk die Vortriebskraft teilweise bzw. ganz der Gewichtskraft entnommen. Je höher die **Gleitgeschwindigkeit** gewählt wird, desto größer ist auch der Widerstand F_W. Es muss also der Vortrieb erhöht werden, um eine höhere Fahrt beizubehalten. Das kann in ruhender Luft nur durch eine steilere Bahn oder höhere Motorleistung erzielt werden.

Der Gesamtauftrieb F_A wird nun erzeugt als Resultierende aus der senkrecht zur Flugbahn wirkenden Luftkraft F_P (durch das Profil bewirkt) und die gegen die Flugrichtung wirkende Widerstandskraft F_W.

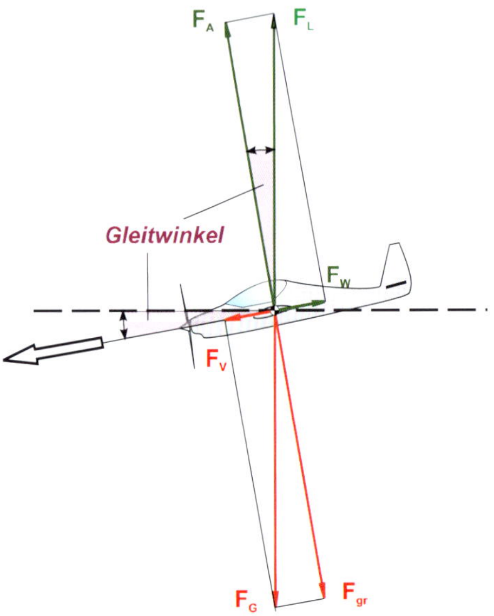

Abb. 22: Gleichgewicht der Kräfte im stationären (unbeschleunigten) Gleitflug

Auch hier gilt: Je höher die Fahrt, desto kleiner der Anstellwinkel und umgekehrt.

Anmerkung: Der **Gleitwinkel** α lässt sich aus dem Verhältnis aus Widerstands- und Auftriebskraft errechnen. Es gilt:

$$\tan \alpha = \frac{\text{Widerstandskraft}}{\text{Auftriebskraft}}$$

5.5 Konstanter Steigflug

Ein Steigflug verlangt mehr Auftrieb und bei gleich bleibender Motorleistung auch einen größeren Anstellwinkel, was wiederum eine Reduzierung der Fahrt mit sich bringt. Diese Verringerung der Geschwindigkeit im Steigflug lässt sich nur durch erhöhte Triebwerksleistung verhindern, falls diese zur Verfügung steht.
Der Gesamtauftrieb im konstanten Steigflug setzt sich nun zusammen aus dem überwiegend vom Flügel erzeugten aerodynamischen Anteil F_A und dem vom Triebwerk kommenden Anteil F_T, der dem Vortrieb 'entnommen' wird. Die Summe aus diesen beiden Kräften wirkt der Gewichtskraft F_G entgegen.

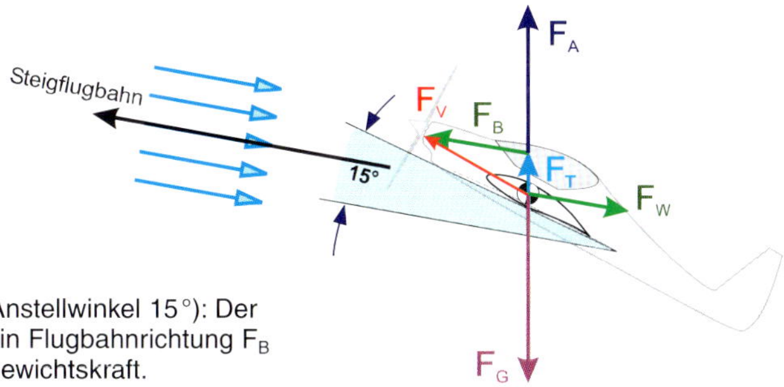

Abb. 23: Kräfte im konstanten Steigflug (Anstellwinkel 15°): Der Vortrieb zerlegt sich in eine Komponente in Flugbahnrichtung F_B und eine Komponente F_T entgegen der Gewichtskraft.

5.6 Der Bodeneffekt

Bewegt sich ein Flugzeug dicht über dem Boden, dann sind die Strömungsverhältnisse gegenüber dem Flug in der Höhe verändert, weil die Strömungen der für den Auftrieb verantwortlichen Luftmassen durch den Erdboden begrenzt werden. Eine Verringerung der auf- bzw. abwärts gerichteten Luftströmungen sowie ein damit verbundener kleinerer effektiver Anstellwinkel mit entsprechender Verringerung der Randwirbel sind die Folge. Kurz: Der zum Fliegen notwendige Auftrieb wird bereits bei kleineren Anstellwinkeln als im freien Flug erreicht. Umgekehrt führt der für den ›normalen‹ Horizontalflug erforderliche Anstellwinkel in Bodennähe bereits zum Steigen.

Weil mit der Verringerung der Randwirbel und des Anstellwinkels auch der Gesamtwiderstand kleiner ist, benötigt man auch weniger Vortrieb, um in Bodennähe mit geringer Geschwindigkeit in der Luft zu bleiben.

Dieser Effekt ist umso ausgeprägter, je größer die Spannweite des Flugzeugs ist und je dichter es sich über den Untergrund bewegt. Bei einer Höhe von 10% der Spannweite ist der induzierte Widerstand etwa um die Hälfte reduziert, bei einem Flug oberhalb der Spannweitenhöhe ist diese Auswirkung nicht mehr signifikant. Das bedeutet, dass Tiefdecker naturgemäß stärker betroffen sind als Hochdecker.

Um beim Start diesen Bodeneffekt zu verlassen, bedarf es eines größeren Anstellwinkels, um einen gleich bleibenden Auftrieb zu erzeugen und eines größeren Vortriebs zur Überwindung des zunehmenden Widerstands. Und hier liegt die Gefahr: Vergrößert man gleich nach dem Abheben schon bei Mindestfluggeschwindigkeit durch Ziehen des Höhensteuers den Anstellwinkel in der Absicht, möglichst rasch zu steigen, kann es sein, dass man bei ungünstigen Verhältnissen wie hoher Flugmasse und/oder unzureichender Motorleistung auch mit Vollgas nicht aus dem Bodeneffekt heraus kommt, weil man sich ›auf der Rückseite der Leistungskurve‹ (siehe Abb. 21 und 21a) befindet. Im Gegenteil: Das verzweifelt gezogene Höhenruder wird den Widerstand weiter vergrößern und den Rückfall zum Boden begünstigen. Oder aber man gerät sofort in den überzogenen Flugzustand, wenn die Fahrt gerade mal so ausreicht, um den Bodeneffekt mit vergrößertem Anstellwinkel zu verlassen.

Die Schlussfolgerungen für einen sicheren Start lauten daher:

- Mit dem Abheben warten, bis die dafür empfohlene Fahrt erreicht ist.
- Falls schon im Bodeneffekt abgehoben wurde: Erst in den Steigflug übergehen, wenn auf sichere Steigfluggeschwindigkeit beschleunigt wurde.
- Klappen und Fahrwerk erst einfahren, wenn sich eine konstante Steigrate eingestellt hat.

5.7 Stationärer (konstanter) Kurvenflug

5.7.1 Kräfte im Kurvenflug

Im stationären Kurvenflug (Fahrt und Höhe konstant) wirkt noch eine weitere Kraft auf das Flugzeug ein, die **Zentrifugalkraft** F_Z. Sie ist horizontal nach außen gerichtet und muss ebenfalls durch eine Komponente der Luftkraft F_L ausgeglichen werden. Dies ist aber nur möglich, wenn der Tragflügel eine Querneigung hat. Es entsteht die **Zentripetalkraft** F_{ZP}, die der Zentrifugalkraft entgegengerichtet ist.

Im Kurvenflug ist das Flugzeug einer höheren Belastung ausgesetzt, weil jetzt die Resultierende aus Gewicht F_G und Zentrifugalkraft F_Z auf die fliegende Masse einwirkt. Dadurch erhöht sich scheinbar das **Gewicht**. Der Pilot spürt das, wenn er z.B. in einer Steilkurve den Arm heben will. Diese resultierende Kraft ist ein **Scheingewicht** und heißt **Kurvengewicht** (in der Abbildung 24 ist das F_{GK}). Das Kurvengewicht ist immer ein Vielfaches des Gewichts. Die Gegenkraft muss vom Tragflügel aufgebracht werden. Man erkennt die Wirkung der hohen **Kurvengewichtskräfte** daran, dass sich bei nicht abgestrebten Flugzeugen der Flügel auf Grund der Rumpflast umso stärker durchbiegt, je steiler eine Kurve geflogen wird.

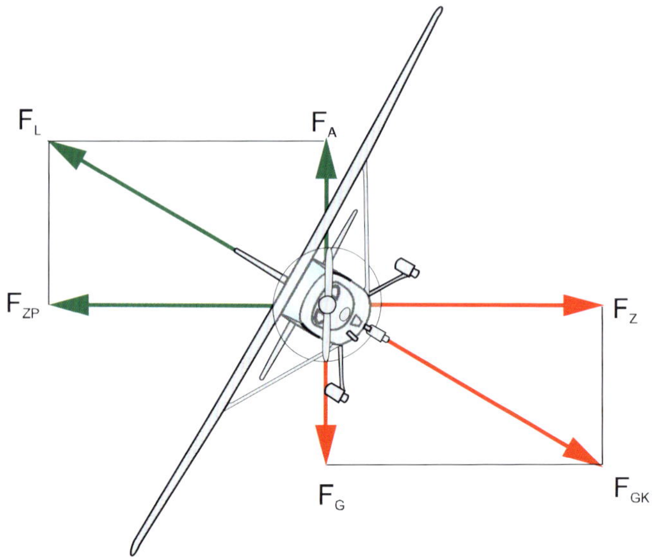

Abb. 24: Kräftegleichgewicht im stationären Kurvenflug

Um die für den **Kurvenflug** notwendige größere Gesamtluftkraft zu erzeugen, ist ein größerer Anstellwinkel als im Horizontalflug erforderlich. Das wiederum erfordert mit zunehmender **Querneigung** eine **Erhöhung der Triebwerksleistung**, will man Höhe und Fahrt konstant halten.

Merke: Im Kurvenflug liegt die **Mindestgeschwindigkeit** aufgrund des höheren Kurvengewichts höher als im horizontalen Flug.

5.7.2 Kurvenradius

Eine Kurve kann zwar beliebig weit, jedoch nur begrenzt eng geflogen werden. Der Radius eines Kreisflugs hängt ab von der Bahngeschwindigkeit, welche wiederum eine bestimmte Querneigung für einen koordinierten Kurvenflug erfordert. Vereinfacht gesagt: Es ist nicht möglich, mit hoher Fahrt eine enge, flache Kurve zu fliegen.

Es gilt:

- Je höher die Geschwindigkeit, desto größer die Querneigung bei gleichem Kurvenradius.
- Je geringer die Querneigung, desto größer der Kurvenradius bei gleicher Fahrt.
- Je enger die Kurve (kleinerer Radius), desto größer die Querneigung bei gleicher Fahrt.

Beispiele (gerechnet):

- Geschwindigkeit 30 m/s (ca. 60 kt), Querneigung 43° ⇨ Kurvenradius 100 m
- Kurvenradius 100 m, Geschwindigkeit 50 m/s (ca. 100 kt) ⇨ Querneigung 69°
- Standardkurve (3°/s) mit 120 kt ⇨ Querneigung ca. 18° (Faustregel liefert 19°)

Wer selbst rechnen will: (1) $a_Z = \frac{v^2}{r}$; (2) $\tan QN = \frac{v^2}{r \cdot g}$

mit a_Z = Zentrifugalbeschleunigung in m/s², v = Fahrt in m/s, r = Kurvenradius in m, QN = Querneigung in Grad, g = Erdbeschleunigung 9,81m/s²

5.8 Die Flächenbelastung

Definition:
Unter **Flächenbelastung** versteht man das Verhältnis aus Masse m des Luftfahrzeugs und Flügelfläche A. Kurz: Flächenbelastung = m : A.

Beispiel:
Beträgt die Abflugmasse 1.000 kg bei einer Flügelfläche von 10 m², so ergibt sich eine Flächenbelastung von 100 kg pro Quadratmeter.

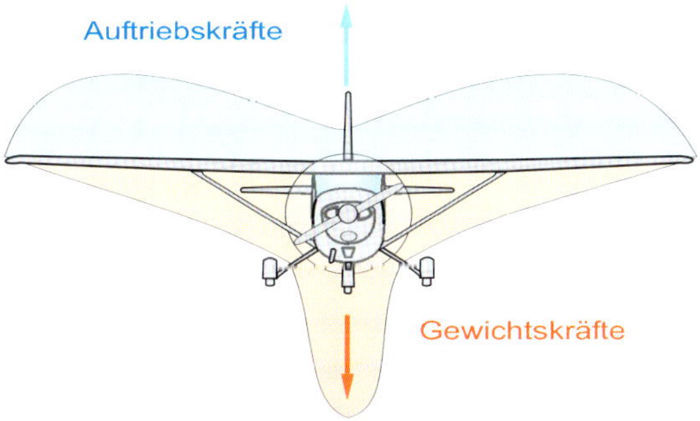

Abb. 25: Lastverteilung im unbeschleunigten Horizontalflug (vereinfacht)

Die Flächenbelastungen der üblichen einmotorigen Kolbenflugzeuge liegen je nach Muster und Zuladung etwa **zwischen 50 kg und 200 kg pro m²**. Die Problematik liegt darin, dass sich der Pilot beim selben Flugzeug auf andere Flugeigenschaften und -leistungen einstellen muss, wenn sich die Flächenbelastung markant ändert.

Beispiel: Eine Cessna 172 hat z.B. eine Flügelfläche von ca. 16 m² und eine Leermasse von ca. 750 kg. Fliegt ein Pilot von 80 kg allein und hat noch Sprit für ca. zwei Stunden (etwa 50 kg) an Bord, dann kommt er auf eine Flugmasse von etwa 880 kg, was einer Flächenbelastung von ca. 55 kg/m² entspricht. Überlädt er dagegen sein Flugzeug mit Passagieren und Treibstoff auf eine Abflugmasse von 1.200 kg, dann erhöht sich die Flächenbelastung auf beachtliche 74 kg/m². Das hat zur Folge, dass er mit erheblich längerer Start- und Landestrecke, geringer Reisegeschwindigkeit, geringerem Steigen, höherer Mindestfluggeschwindigkeit und trägerem Flugverhalten rechnen muss.

5.9 Das Lastvielfache

Beim Fliegen **gekrümmter Bahnen** wie z.B. beim **Abfangbogen** oder im **Kurvenflug** treten immer Zentrifugalkräfte auf, die das Gewicht scheinbar erhöhen. Wie wir beim Kurvenflug schon gesehen haben, muss die Gesamtluftkraft entsprechend erhöht werden, damit die gewünschte Bewegung überhaupt durchgeführt werden kann.
Damit ist das Fluggerät einem Vielfachen der Erdbeschleunigung ($g = 9{,}81\ ms^{-2}$) ausgesetzt. Das Gewicht erhöht sich scheinbar um diesen Faktor, man spricht vom **Lastvielfachen**.

Beispiel:
Während im normalen Horizontalflug das Lastvielfache 1 ist, verdoppelt sich scheinbar das Gewicht, wenn mit einem Lastvielfachen von n = 2 zum Beispiel ein Abfangbogen geflogen wird. Die auftriebserzeugende Luftkraft ist dann doppelt so groß wie das Gewicht. Die **Biegebeanspruchung** des Tragflügels verdoppelt sich dabei ebenfalls.

Das **sichere Lastvielfache** für die einmotorigen Flugzeuge findet man im Flughandbuch des jeweiligen Musters. Je nach Beladung und Flugmasse werden in der Regel zwei Kategorien unterschieden: In der Kategorie NORMAL, die bis zur maximalen Abflugmasse reicht, liegen die sicheren Werte niedriger als in der Kategorie UTILITY (Nutzflugzeug), wo die Höchstmasse auf einen bestimmten Wert begrenzt ist.

Beispiel Cessna 172M:
als **Normalflugzeug** mit 1.043 kg Abflugmasse:
mit eingefahrenen Klappen: –1,52 bis +3,8
mit ausgefahrenen Klappen: 0 bis 3,0

als **Nutzflugzeug** mit max. 910 kg:
mit eingefahrenen Klappen: –1,76 bis +4,4
mit ausgefahrenen Klappen: 0 bis 3,0

Für diese Werte ist die Konstruktion ausgelegt. Das heißt, dass in der Kategorie Nutzflugzeug beim Drücken des Höhenruders (**negative Beschleunigung**) der Pilot mit dem 1,76-fachen seines Gewichts in den Gurten hängen darf und z.B. beim **Hochziehen** aus dem Schnellflug alle Teile 4,4-mal so schwer werden dürfen, ohne dass das Flugzeug Schaden davon trägt.

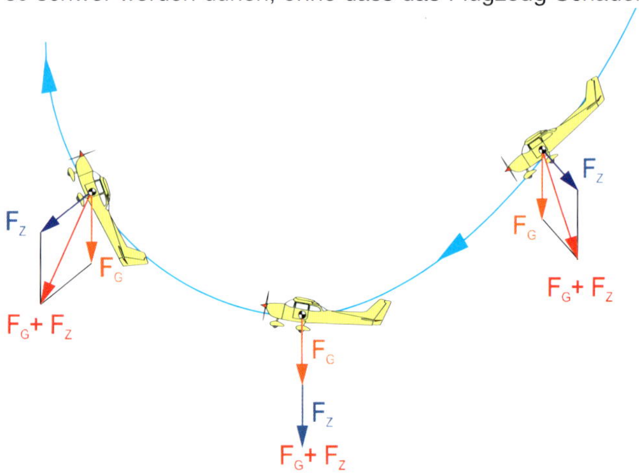

Abb. 26: Kräfte beim Abfangen

Der Sicherheitsfaktor gegen Bruch beträgt im Allgemeinen 1,5. Damit liegt bei der C172/Utility das **Bruchlastvielfache** im positiven Bereich bei 6,6 und im negativen Bereich bei etwa –2,5. Wird es überschritten, kann die Konstruktion zu **Bruch** gehen.

Da sich die Luftkräfte mit dem **Anstellwinkel** und der Fahrt ändern, bestimmt der Pilot beim Betätigen des **Höhenruders**, welche Lasten auf sein Flugzeug und damit auch auf seinen Körper einwirken. Aus diesem Grund dürfen oberhalb der sog. **Manövergeschwindigkeit** die Ruder auch nicht mehr voll ausgeschlagen werden, und das Lastvielfache könnte sich durch den zusätzlichen Einfluss von **Turbulenzen** noch weiter erhöhen.

Durch brutales **Abfangen** aus sehr hohen Geschwindigkeiten kann man durchaus ein Flugzeug dazu bringen, dass es »die Ohren anlegt«.
Auch im **Kurvenflug** treten diese Lastvielfachen auf. Hier ist es als Verhältnis von Kurvengewicht zu Fluggewicht definiert (siehe Abschnitt 5.7). Im stationären Kurvenflug ist das Lastvielfache abhängig von der **Querneigung**, mit der sich auch die **Mindestgeschwindigkeit** erhöht.

Es ergeben sich folgende Werte:

Querneigung in °	0	10	20	30	40	50	60	70	80	90
Lastvielfaches	1,00	1,02	1,06	1,15	1,31	1,56	2,00	2,92	5,76	∞

6 Beladung und Schwerpunkt

Definition:
Unter **Schwerpunkt** versteht man den Punkt, in dem man sich die Masse eines Körpers zusammengefasst denken kann (Massenmittelpunkt). Er ist gleichzeitig Angriffspunkt der **Gewichtskraft**.

Unterstützt man einen Körper im Schwerpunkt, so bleibt er im **Gleichgewicht**, d.h. die links drehenden **Momente** aus Kraft und Kraftarm (Hebelarm) sind gleich groß wie die rechts drehenden.

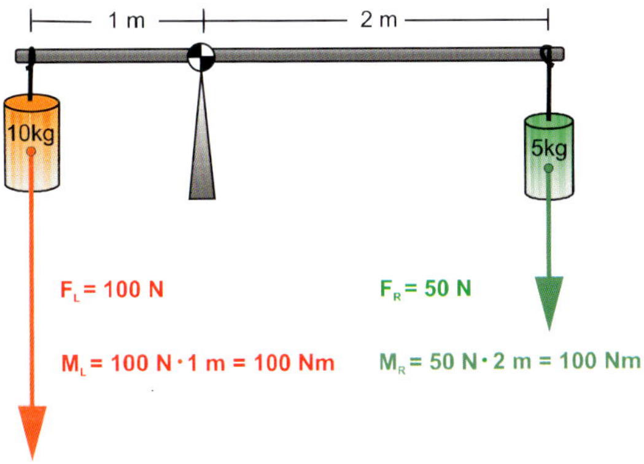

Abb. 27: Drehmomente und Schwerpunkt – Gleichgewicht

6.1 Der Flugmassenschwerpunkt (Fluggewichtsschwerpunkt)

Für die **Flugeigenschaften** ist die Lage des **Fluggewichtsschwerpunkts** von entscheidender Bedeutung.

Bei zu großer Schwerpunktvorlage (statische Kopflastigkeit) erreicht man u. U. die Anstellwinkel für den Höchstauftrieb nicht mehr, weil die Luftkraft am Höhenleitwerk dem kopflastigen Moment nicht mehr gewachsen ist. Schlechte **Kreisflug-** und **Landeeigenschaften** sind die Folge.

Liegt der Flugmassenschwerpunkt zu weit hinten, so steigt die **Labilität** um die Querachse (siehe Druckpunktwanderung) und vor allem die **Trudelneigung** mit zunehmender **Schwerpunktrücklage**. Außerdem werden aufbäumende Momente z.B. beim Gasgeben noch verstärkt.
Um solche **gefährlichen Eigenschaften** auszuschalten, darf jedes Flugzeug nur innerhalb eines zulässigen Bereichs des **Flugmassenschwerpunkts** betrieben werden, der im **Flug- und Betriebshandbuch** des betreffenden Musters festgehalten ist.

6.2 Leermassenschwerpunkt und Leermassenmoment

Ausgangspunkt für die Bestimmung des Beladezustands ist der Leermassenschwerpunkt. Er wird bei der Endabnahme eines Luftfahrzeugs vom Hersteller im Auslieferungszustand durch Wägung

ermittelt. Dazu wird das Flugzeug mit dem Fahrwerk auf drei Waagen gestellt. Die Auflagepunkte werden von einer bestimmten Bezugsebene (z.B. Brandschott, Propellerplatte, Spinnerspitze, Flügelnase) aus gemessen. Aus den Einzelgewichten lässt sich der Abstand x des Schwerpunkts von der Bezugsebene berechnen.
Multipliziert man die Leermasse mit diesem Abstandswert des Schwerpunkts, dann erhält man das Leermassenmoment. Leermasse und Leermassenmoment werden im Flughandbuch als Ausgangswerte für die Bestimmung des Flugmassenschwerpunkts festgehalten.

Beispiel (siehe Abbildung):
Last auf dem Bugrad 80 kg, Last auf jedem Hauptrad 280 kg, ergibt **Leermasse 640 kg.**
linkes Moment: M_L = 80 kg · (-40 cm) = –3.200 kgcm
rechtes Moment M_R = 560 kg ·120 cm = 67.200 kgcm
Leermassenmoment: M_{LM} = (67.200 – 3.200) kgcm = **64.000 kgcm**
Schwerpunktlage leer: x = 64.000 kgcm : 640 kg = **100 cm hinter der Bezugsebene**

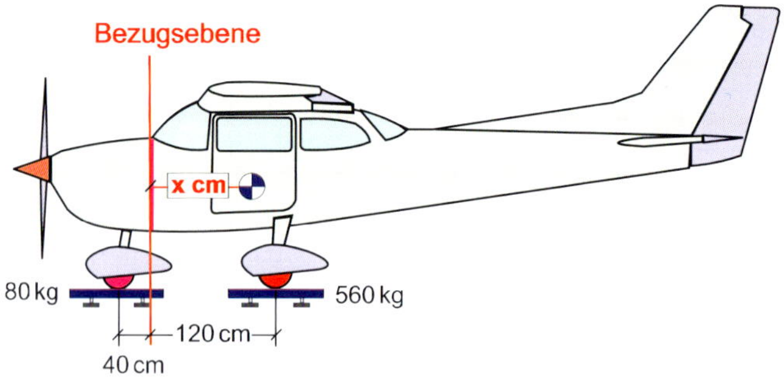

Abb. 28: Wägung zur Schwerpunktermittlung

6.3 Ermittlung von Leermassenschwerpunkt und Leermassenmoment

Der aktuelle Flugmassenschwerpunkt hängt ab von der Masse und der Position der Beladung. Bleiben wir beim Beispiel der C172, bei der vier Sitzplätze, zwei Gepäckräume, die Treibstoffmasse sowie die Motorölfüllung als Zuladung berücksichtigt werden müssen.
Im Flughandbuch findet man die Hebelarme für die verschiedenen Lasten. Für die Standardversion sieht das wie folgt aus:

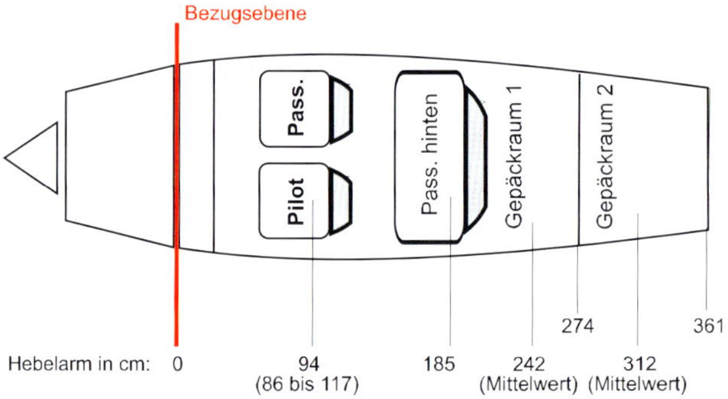

Abb. 29: Verteilung der Zuladung und Hebelarme

Bei der Flugvorbereitung trägt man die aktuellen Daten der Beladung in eine Tabelle ein, berechnet die Einzelmomente (die hier bis auf die Ölmenge alle positiv sind, weil die Lasten hinter der Bezugsebene liegen), addiert sie und erhält das Flugmassenmoment.

Beispiel:

Berechnung des Beladezustands	Masse/kg	Hebel/cm	Moment/cmkg
Leermasse und Leermoment (feste Werte)	640	100	64.000
Öl (wird als fester Wert angenommen) 7,6 l	(6,8)	(ca. 29)	–200
Kraftstoff 144 l (fester Hebelarm 122 cm)	**103,2**	**122**	**12.590**
Pilot und Passagier vorn	**160**	**94**	**15.040**
hintere Passagiere	**100**	**185**	**18.500**
Gepäck Bereich 1	**10**	**242**	**2.420**
Gepäck Bereich 2	**0**	**312**	**0**
Abflugmasse und Flugmassenmoment	**1.030**		**112.350**

Eine zweite Möglichkeit zur Bestimmung der Einzelmomente wird bei vielen Handbüchern in grafischer Form angeboten: Man folgt der jeweiligen Diagrammlinie hoch bis zur aktuellen Masse und liest darunter das Moment ab. Die Addition aller Einzelmomente ergibt wieder das Flugmassenmoment. Allerdings ist diese Methode nicht sehr genau, so dass im Grenzfall nachgerechnet werden muss.

Beispiel (mit den gleichen Werten wie aus der Tabelle):

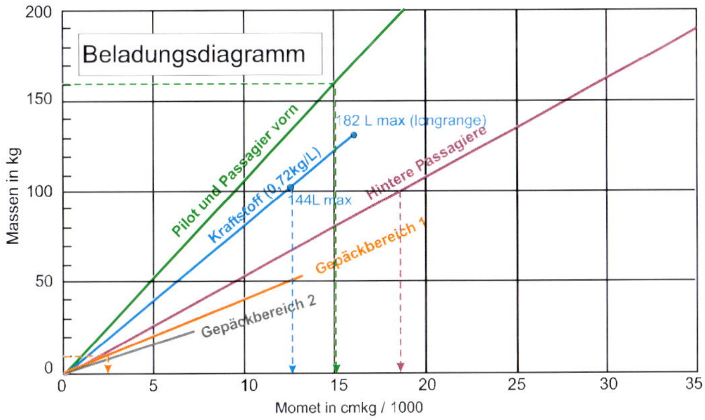

Abb. 30: Beladungsdiagramm mit Beispiel

Aus einem weiteren Diagramm des Flughandbuchs lässt sich nun ablesen, ob der Schwerpunkt im zulässigen Bereich liegt: Auf der Hochachse sucht man die aktuelle Flugmasse und zieht eine waagrechte Linie. Auf der Rechtswertachse sucht man das ermittelte Flugmassenmoment und zieht eine Senkrechte. Dort, wo sich die beiden Geraden schneiden, liegt der aktuelle Schwerpunkt. Je nach seiner Position kann das Flugzeug nun in der Kategorie NORMAL oder UTILITY betrieben werden. Liegt er außerhalb dieser Bereiche, ist in diesem Beladezustand ein Flug unzulässig, die Beladung muss gegebenenfalls geändert werden.

Beispiel mit den bisher exemplarisch ermittelten Daten:

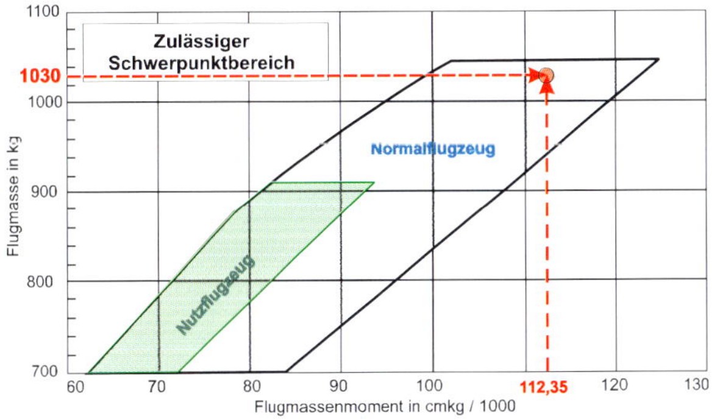

Abb. 31: Schwerpunktermittlung im Diagramm

Ergebnis mit den Beispielwerten:
Diese C172 kann in diesem Beladezustand als Normalflugzeug betrieben werden.

Merke:

- Leermassenschwerpunkt und Beladung bestimmen die Lage des Flugmassenschwerpunkts.
- Liegt das Flugmassenmoment im zulässigen Bereich, dann liegt auch der Flugmassenschwerpunkt im sicheren Bereich.

Änderung der Ausrüstung

Der Hersteller liefert mit den Flugzeugpapieren auch ein Ausrüstungsverzeichnis, das alle Teile umfasst, die in das Luftfahrzeug eingebaut wurden. Zu jedem Eintrag wird neben der Beschreibung und Nummerierung des Ausrüstungsgegenstands sein Gewicht und sein Hebelarm zur Bezugsebene angegeben.

Beispiel:

Bezeichnung	Zeichn.-Nummer	Masse in kg	Arm in cm
Radverkleidungen komplett mit Bremsverkl.	0541225-1	8,07	117,1
für Bugrad		1,81	-12,4
für Hauptrad (jedes)		2,59	151,2

Werden neue Geräte ein- oder alte ausgebaut, dann wird das in der Lebenslaufakte des Flugzeugs dokumentiert: Das Ausrüstungsverzeichnis wird aktualisiert, eine neue Schwerpunktberechnung wird durchgeführt und die neue Schwerpunktlage bzw. das neue Leermassenmoment wird im Flughandbuch eingetragen. Diese Arbeiten müssen von einem autorisierten luftfahrttechnischen Betrieb durchgeführt werden und von einem zugelassenen Prüfer abgezeichnet werden.

7 Steuerung des Flugzeugs im Raum – aerodynamische Steuerung

7.1 Achsen und Ruder

Das Flugzeug bewegt sich im dreidimensionalen Raum und lässt sich um drei **Achsen** mit den zugehörigen Rudern drehen:

Achse	zugeordnetes Ruder	Bewegung
Hochachse	Seitenruder	Gieren
Längsachse	Querruder	Rollen
Querachse	Höhenruder	Nicken

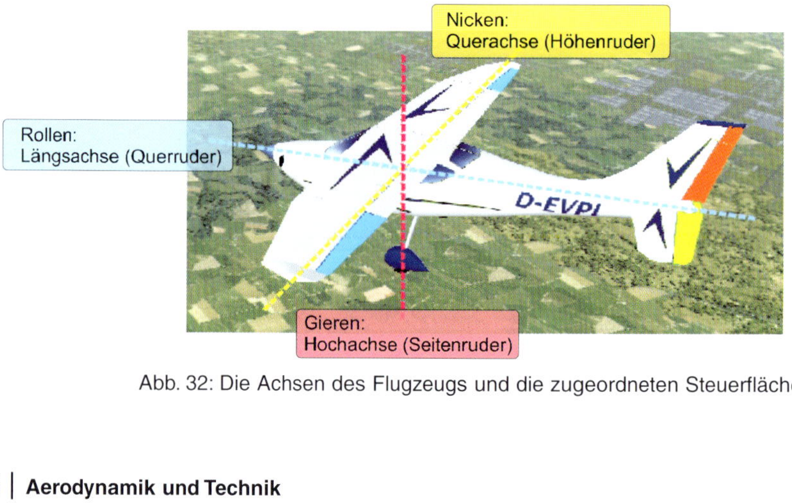

Abb. 32: Die Achsen des Flugzeugs und die zugeordneten Steuerflächen

7.2 Wirkung der Ruder

Jeder Steuerausschlag bewirkt eine **Profiländerung** und damit eine Änderung der Strömungsverhältnisse, so dass Unter- und Überdruckgebiete entstehen wie bei der Erzeugung des Auftriebs.

7.2.1 Wirkung des Höhenruders

Zieht man am Steuerknüppel, so bewegt sich das Höhenruder nach oben und bildet ein gekrümmtes Profil, das die Luftströmung nach oben ablenkt. Auf der Oberseite wird erhöhter Druck erzeugt, auf der Unterseite Unterdruck. Die Gesamtkraft dieses negativen Auftriebs am Höhenleitwerk ist nach unten gerichtet. Das Flugzeug dreht dadurch um die Querachse, die Nase hebt sich in diesem Fall. Der **Anstellwinkel** wird auf diese Weise vergrößert und damit auch der Auftrieb. Das Flugzeug steigt, solange die Motorleistung bzw. die Fahrt dazu reicht.

Abb. 33: Wirkung des Höhenruders, Beispiel Ziehen

7.2.2 Wirkung des Seitenruders

Das Prinzip ist auch hier das gleiche wie beim Höhenleitwerk. Die Druckkräfte wirken in diesem Fall seitlich auf das Rumpfheck.

Wird z.B. gegen das rechte Pedal getreten, dann schlägt das Ruder nach rechts aus. Die Reaktion auf die nach rechts abgelenkte Luftmasse bewirkt eine Drehung des Rumpfendes nach links. Das Flugzeug dreht (giert) um die Hochachse, die Nase wandert nach rechts. Dadurch schiebt es zunächst leicht quer gestellt in Flugrichtung, beginnt aber dann um die Längsachse zu rollen, weil der voreilende Flügel mehr Auftrieb erzeugt. Diesen Effekt, der durch einen reinen Seitenruderausschlag hervorgerufen wird, nennt man **Schiebe-Roll-Moment**.

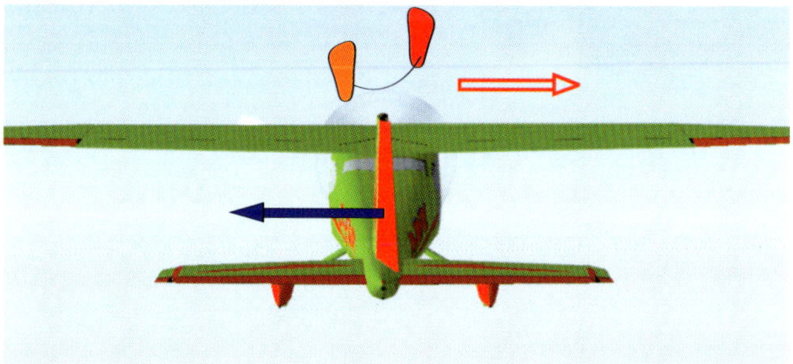

Abb. 34: Wirkung des Seitenruders, Beispiel Seitenruderausschlag nach rechts

7.2.3 Wirkung der Querruder

Die Querruder schlagen an den Flügelhinterkanten jeweils in entgegengesetzter Richtung aus.

Beispiel *(Abb. 35)*:
Beim Querruderausschlag rechts (Knüppel nach rechts) schlägt das rechte Querruder nach oben, das linke nach unten aus. Dadurch wird auf der rechten Seite der Auftrieb vermindert, auf der linken erhöht. Das Flugzeug rollt um die Längsachse, in Flugrichtung gesehen nach rechts.

Als zweite – an sich unerwünschte – Erscheinung dreht das Flugzeug zunächst aber auch um die Hochachse und zwar in entgegengesetzter Richtung zum Querruderausschlag. Dieser **Querruder-Sekundär-Effekt** wird **negatives Wendemoment** oder auch **Querruder-Gier-Moment** genannt. Er rührt daher, dass am Flügel mit erhöhtem Auftrieb auch erhöhter Widerstand auftritt (siehe auch Technik des Fliegens).

Abb. 35: Wirkung der Querruder

8 Konstruktive Flughilfen

8.1 Stabilität um die drei Achsen

Ein Flugzeug sollte um jede Achse ein gewisses Maß an **Eigenstabilität** aufweisen, d.h. es sollte nach kleinen Störungen wieder in seine Normalfluglage zurückkehren.

Man unterscheidet zwischen statischer und dynamischer Stabilität:

- Ein Flugzeug ist **statisch stabil**, wenn es nach einem Steuerausschlag den neuen Gleichgewichtszustand beibehält und auch nach kleinen Störungen durch Böigkeit o. Ä. wieder in diesen zurückfindet.
- Wird eine Störung ohne weiteres Zutun von selbst verstärkt, dann ist das Flugzeug **labil**.

Abb. 36: Veranschaulichung von statischer Stabilität

- Ein Flugzeug verhält sich **dynamisch stabil**, wenn es bei Störungen ohne Betätigung der Ruder in seine ursprüngliche Lage zurückkehrt.

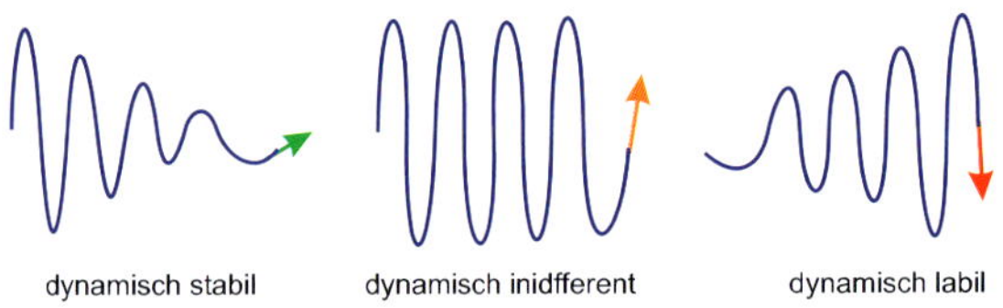

Abb. 37: Veranschaulichung von dynamischer Stabilität

8.1.1 Stabilität um die Querachse (Längsstabilität)

Durch die **Wanderung des Druckpunkts** bei Anstellwinkeländerungen hat der Flügel die Neigung, den Anstellwinkel noch weiter zu vergrößern bzw. zu verkleinern. Er ist also von Natur aus **dynamisch labil**. Je weiter hinten der Schwerpunkt liegt, umso größer ist diese Labilität um die Querachse, weil dann auch der Hebelarm zwischen Druckpunkt und Schwerpunkt größer ist.

Die meisten Flugzeuge sind so konstruiert, dass der Schwerpunkt im Normalflug vor dem Druckpunkt *(siehe Abschnitt 4.5 und Abb. 38)* liegt. Dadurch wird zunächst ein kopflastiges Moment erzeugt. Um auch bei losgelassenem Steuerknüppel stabile Fluglagen zu erzielen, braucht man das Höhenleitwerk. Es ist in der Regel mit einem negativen Einstellwinkel so angebracht, dass es im Horizontalflug gerade so viel Abtrieb erzeugt, um das Flugzeug in Horizontallage zu halten.

Vergrößert man nun den Anstellwinkel, so vergrößert sich auch der Anstellwinkel des Höhenleitwerks. Es erzeugt weniger Abtrieb bzw. mehr Auftrieb und das Rumpfheck kommt wieder hoch. Diese vom Leitwerk erzeugte Luftkraft wirkt somit der **Labilität** um die Querachse entgegen. Ist sie genügend groß, so wird das Flugzeug auch nach einer Nickschwingung wieder in seine normale Lage zurückkehren. Es ist dann **längsstabil**.

Entsprechendes gilt, wenn sich der Anstellwinkel auf Grund der Druckpunktwanderung verkleinern will.

Achtung:
Mit zunehmender **Schwerpunktrücklage** verringert sich die **Eigenstabilität** um die Querachse.

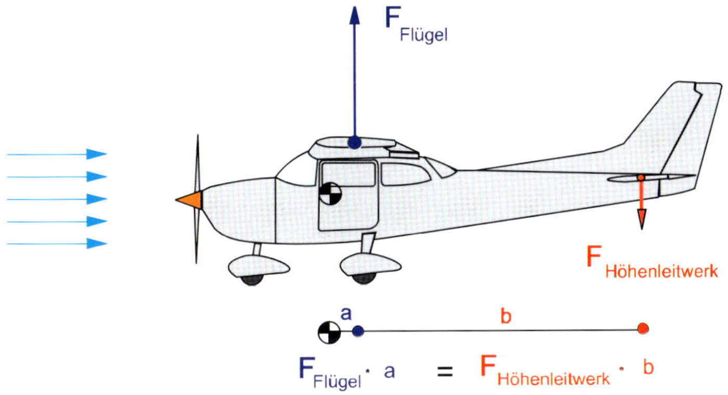

Abb. 38: Momente im stabilen Horizontalflug

8.1.2 Stabilität um die Längsachse (Quer- oder Rollstabilität)

Um die waagrechte Lage des Flügels auch bei kleinen Störungen beizubehalten, gibt man dem Flügel eine leichte **V-Stellung**.

Senkt sich z.B. der linke Flügel, so schiebt das Flugzeug zunächst nach links. Am linken Flügel vergrößert sich dadurch der Anstellwinkel und damit der Auftrieb F_A, während er am rechten Flügel abnimmt. Das Flugzeug rollt auf diese Weise in Normallage zurück. Je stärker die V-Stellung ist, desto stabiler ist das Flugzeug um die Längsachse.

Auch die Lage des Schwerpunkts hat Einfluss auf die Roll-Stabilität:

Je tiefer er unter dem Angriffspunkt des Auftriebs liegt, z.B. bei einem Hochdecker, desto stabiler ist das Flugzeug um die Querachse (Pendeleffekt). Deswegen weisen Tiefdecker im Gegensatz zu Hochdeckern in der Regel eine größere V-Stellung auf.

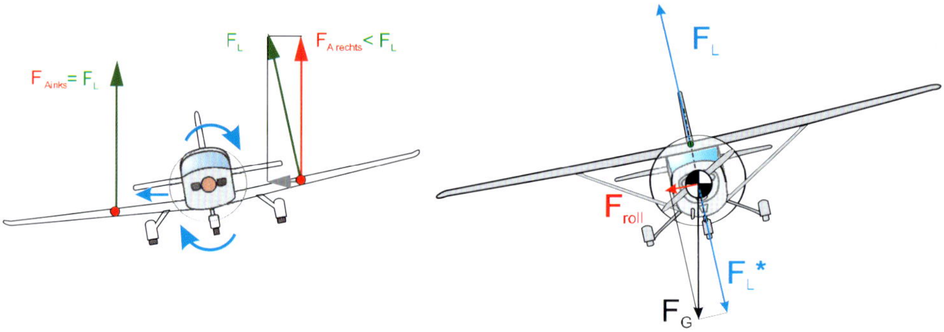

Abb. 39: Querstabilität um die Längsachse: V-Stellung des Tragflügels und Pendeleffekt

8.1.3 Stabilität um die Hochachse (Kursstabilität)

Sind die Tragflügel nach hinten (positiv) **gepfeilt** und wird das Flugzeug durch einen störenden Einfluss um die Hochachse gedreht, so bietet der vorgeschobene Flügel mehr Widerstand als der nachgezogene. Das Flugzeug wird in seine Ausgangslage zurückgedreht.

Außerdem wirkt die **Seitenflosse** zusammen mit über oder unter dem Rumpf angebrachten Finnen in analoger Weise wie die Höhenflosse stabilisierend. Dabei verstärkt ein langer **Leitwerksträger** (Rumpfhinterteil) diese Wirkung. Eine hohe, schmale Bauweise dieses Rumpfteils hat dabei einen größeren **Windfahneneffekt**, der die Längsachse wieder in Strömungsrichtung ausrichtet, als eine kurze, dünne Rumpfröhre.

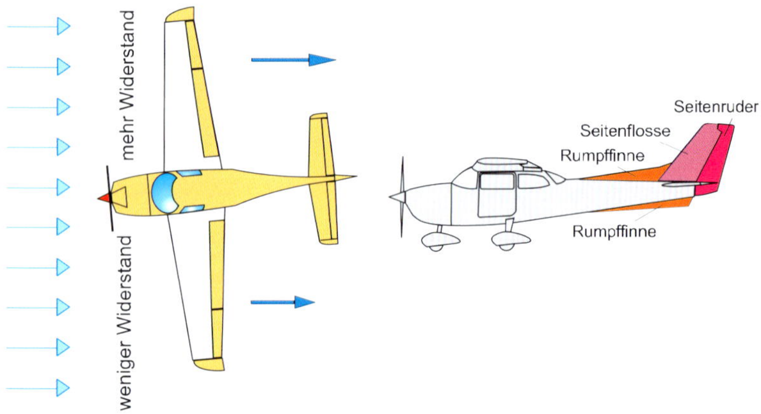

Abb. 40: Stabilität um die Hochachse, Pfeilung und Rumpfwirkung

8.2 Ruderausgleich

Beim Betätigen der Ruder können bei höheren Geschwindigkeiten erhebliche **Steuerdrücke** auftreten, welche die Manövrierfähigkeit beeinträchtigen und den Piloten beanspruchen. Ein Ruderausgleich schafft hier Abhilfe. Man unterscheidet aerodynamischen und statischen Ruderausgleich.

- Beim **aerodynamischen Ausgleich** wird der **Drehpunkt** des Ruders so gelegt, dass ein Teil der Ruderfläche den Steuerausschlag unterstützt.

Die wirksamste Form findet man als Pendelruder, das sowohl für Seiten- als auch Höhenruder verwendet werden kann. Bei guter Wirkung weist es relativ geringen Widerstand auf (Verwendung z.B. bei DR 400, PA 28).

Eine weitere Art des aerodynamischen Ruderausgleichs ist eine zusätzliche Fläche an den Rudern, ein sog. Ruderhorn, das vor dem Drehpunkt liegt (z.B. C 172).

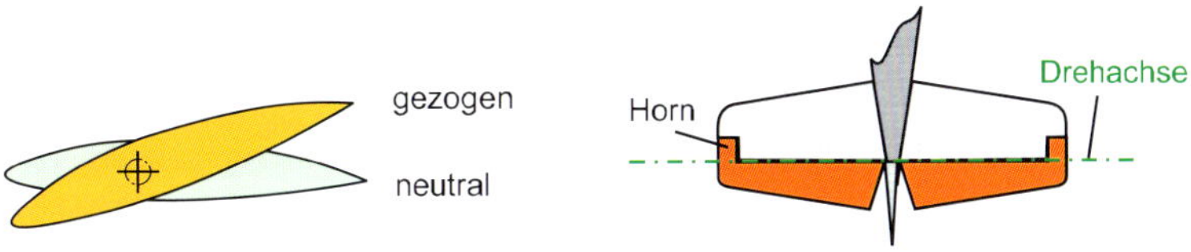

Abb. 41: Aerodynamischer Ruderausgleich – Pendelruder und Höhenruder mit Hörnern

Der **statische Ausgleich** ist ein reiner **Gewichtsausgleich**, bei dem eine **Masse** auf der anderen Seite des Ruderdrehpunkts angebracht ist. Er verhindert außerdem das gefährliche **Flattern** der Ruder, da er eine größere Trägheit zur Folge hat.

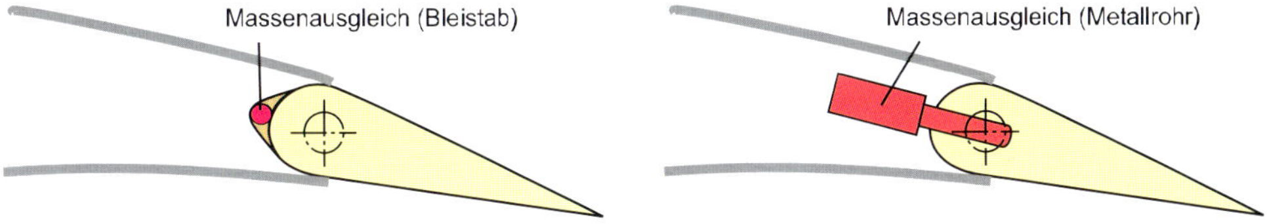

Abb. 42: Statischer Ruderausgleich

8.3 Die Schränkung

Verwendet man über den ganzen Flügel das gleiche Profil bei gleichen Einstellwinkeln, so bricht der Auftrieb schlagartig zusammen, wenn der **kritische Anstellwinkel** überschritten wird. Um diese gefährliche Flugeigenschaft zu beseitigen, baut man den Flügel derart, dass die Strömung bei großen Anstellwinkeln zunächst in Rumpfnähe abreißt. Das wird durch eine konstruktive Verwindung der Flügelgeometrie erzielt, die man Schränkung nennt. Sie bietet mehrere Vorteile:

- Die **Querruder** bleiben auch im teilweise **überzogenen Flugzustand** noch wirksam.
- Durch die **Wirbelbildung** in Rumpfnähe macht sich die Überschreitung der Überziehgeschwindigkeit durch ein **Schütteln** des Leitwerks bemerkbar.
- Der **induzierte Widerstand** wird etwas geringer.

8.3.1 Die geometrische Schränkung

Bei der geometrischen Schränkung verwendet man über den ganzen Flügel dasselbe Profil, jedoch wird die **Profilbezugslinie** zu den Flügelenden hin so gedreht, dass außen kleinere **Einstellwinkel** entstehen. Damit bleibt der Anstellwinkel in Rumpfnähe stets größer als an den Flügelenden und die Strömung reißt wunschgemäß innen zuerst ab.

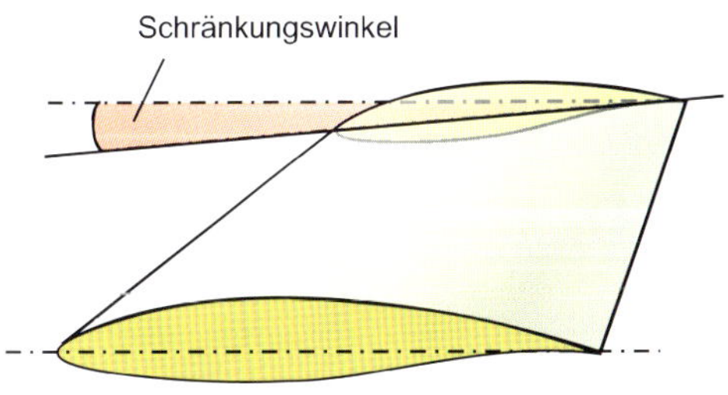

Abb. 43: Prinzip der geometrischen Schränkung

8.3.2 Die aerodynamische Schränkung

Hier werden die Flügel mit verschiedenen Profilen konstruiert, die an den Flügelenden größere Anstellwinkel vertragen als in Rumpfnähe. Bei der reinen aerodynamischen Schränkung bleibt der **Einstellwinkel** dabei überall gleich. In der Regel werden aerodynamische und geometrische Schränkung kombiniert. Man erreicht dadurch **harmlosere Flugeigenschaften** und kann das **Eigensinken** durch Verringerung des induzierten Widerstands günstig beeinflussen, da an den Flügelenden weniger Auftrieb erzeugt wird und dadurch auch der Ausgleich zwischen den Druckunterschieden der Ober- und Unterseite erschwert wird.

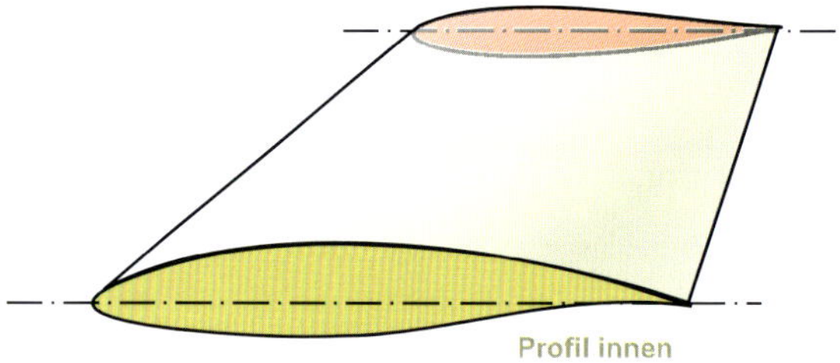

Abb. 44: Prinzip der aerodynamischen Schränkung

8.4 Start- und Landehilfen

Beim Start und bei der Landung sind möglichst geringe Geschwindigkeiten bei hohen Auftriebskräften erwünscht. Dagegen muss beim steilen Landeanflug viel Auftrieb zerstört bzw. hoher Widerstand erzeugt werden. Je nach Flugzeugmuster und Verwendungszweck gibt es dazu verschiedene Hilfen.

8.4.1 Wölbklappen (Landeklappen)

Wölbklappen verändern Anstellwinkel und Profil des Tragflügels und erzeugen umso mehr Auftrieb, aber auch umso mehr Widerstand, je weiter sie ausgefahren sind. Ihre Wirkung beruht auf der Veränderung der **Profilkrümmung** und der damit verbundenen effektiven Veränderung des **Anstellwinkels**.

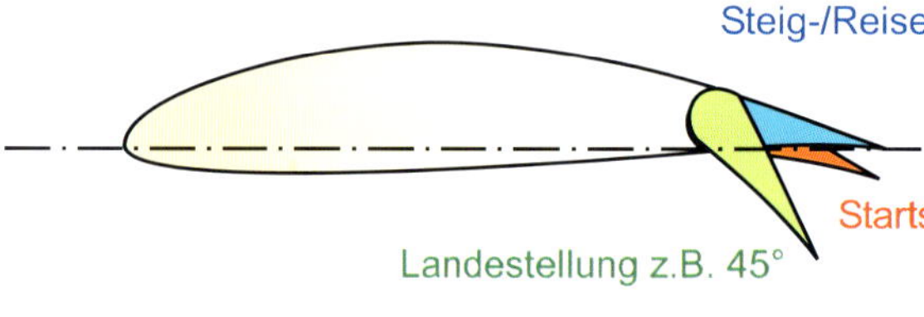

Abb. 45: Wölbklappe in Start- bzw. Landestellung

Für den Start werden die Wölbklappen auf eine Stellung gebracht, die viel Auftrieb, aber relativ wenig Widerstandserhöhung mit sich bringt. Ein Ausfahren von etwa 10° ist bei den meisten Flugzeugen die richtige Position für eine kurze Startrollstrecke.

Für den optimalen **Steigflug** und für den **Reiseflug** werden die Wölbklappen auf Neutralstellung (0°) eingefahren.

Zur Landung können die Wölbklappen weiter (meist bis etwa 40°) ausgefahren werden. Dadurch erhöht sich der **Widerstand** sehr stark. Die Sinkrate wird größer. Nebenbei wird eine geringere **Mindestgeschwindigkeit** erreicht, so dass auch die Landegeschwindigkeit in einem niedrigeren Bereich liegt. Das kann je nach Muster und Klappenstellung 10 Knoten und mehr ausmachen, was besonders bei **Landungen** auf kurzen Pisten entscheidend sein kann.

Da sich beim Ausfahren von Wölbklappen nicht nur der Widerstand, sondern auch der Auftrieb erhöht, tritt als unangenehmer Nebeneffekt eine Tendenz zum Steigen auf, der man durch angemessenes Nachdrücken und Nachtrimmen des Höhensteuers begegnen muss.

8.4.2 Spaltklappen und Vorflügel

Eine Variante der Wölbklappe ist die sog. **Spaltklappe**, die beim Ausfahren einen **Luftdurchlass** längs der Klappenvorderkante öffnet, bei dessen Durchströmung besserer Langsamflug erzielt wird. Vorflügel verstärken diese Eigenschaften noch (z.B. bei Morane-Mustern).

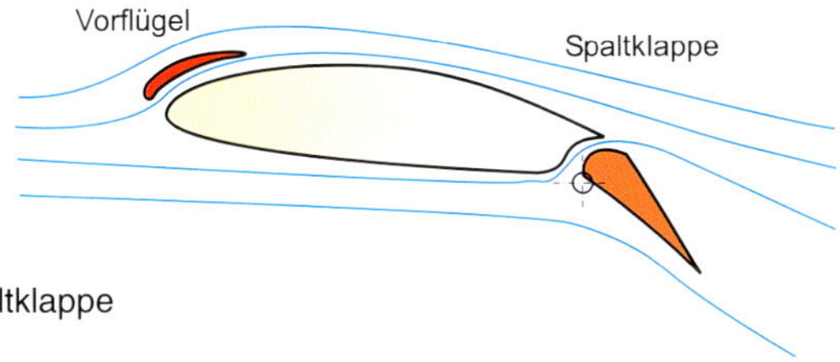

Abb. 46: Vorflügel und Spaltklappe

8.4.3 Spreizklappen

Die Spreizklappe ist eine Abwandlung der Wölbklappe, wird aber kaum mehr verwendet. Die Profilveränderung erfolgt hier nur an der **Unterseite**.

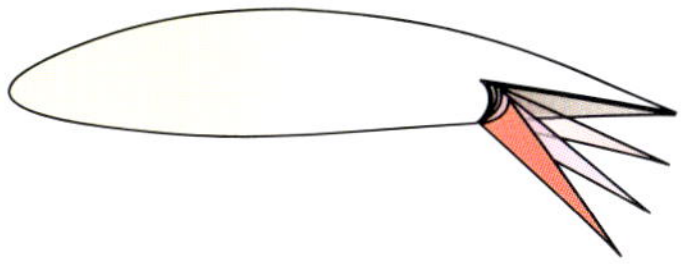

Abb. 47: Prinzip der Spreizklappe

Merke: Positive Klappenstellungen verringern die Mindestgeschwindigkeit. Wölbklappen, Spaltklappen und Spreizklappen dürfen daher in Bodennähe nicht plötzlich eingefahren werden. Auftriebsverlust und damit ein unkontrolliertes Durchsacken wären die Folge.

8.4.4 Störklappen, Bremsklappen, Sturzflugbremsen

Sie haben die Aufgabe, die auftriebserzeugende **Strömung** an der Tragfläche zu stören und damit mehr Widerstand zu erzeugen. Je größer die ausgefahrene Fläche, desto größer ist der zusätzliche **Widerstand**, desto größer die Sinkgeschwindigkeit, die mit dem Quadrat der Geschwindigkeit (Fahrt) zunimmt.

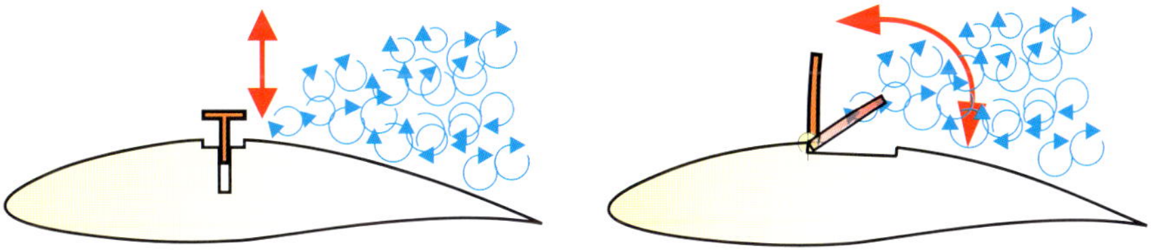

Abb. 48: Bremsklappen wie z.B. bei HK36 Dimona bzw. Scheibe Falke SF25

Bremsklappen, die über dem Flügel ausgefahren werden, haben den Nachteil, dass der **Höchstauftrieb** vermindert wird. Dadurch steigt die **Mindestfluggeschwindigkeit**, so dass Landeanflüge mit solchen Klappen stets mit ausreichender **Fahrtreserve** geflogen werden müssen. In der Regel entsteht beim Ausfahren dieser Klappen gleichzeitig ein kopflastiges Moment, so dass einer gefährlichen Fahrtverringerung entgegen gewirkt wird.

Andererseits hat der Auftriebsverlust beim Ausfahren der Bremsklappen wiederum den Vorteil, dass man punktgenau **aufsetzen** kann, wenn man beim Ausschweben in der Nähe der **Mindestgeschwindigkeit** die Bremsklappen ausfährt.

8.4.5 Fallschirm

Im Motorflug werden für Besatzung und Passagiere in der Regel keine Fallschirme für den Notfall mitgeführt. Ausnahmen: Flüge zum Absetzen von Fallschirmspringern und Kunstflüge.

Es gibt aber auch bereits für Motorflugzeuge Rettungssysteme, wie sie bei Ultraleichtflugzeugen üblich sind, die das komplette Luftfahrzeug am Fallschirm zu Boden bringen. Dabei wird der Fallschirm mit Hilfe eines Treibsatzes aus dem Rumpf geschossen, so dass eine Entfaltung des Schirms noch bei relativ niedriger Flughöhe (je nach Situation 1.000 bis 2.000 ft) möglich ist. Cirrus Design verwendet dieses System.

Abb. 49: Cirrus SR20 am Rettungsfallschirm

9 Flugleistungen des Motorflugzeugs

Die Flugleistungen eines motorgetriebenen Luftfahrzeugmusters hängen von vielen Designfaktoren ab, also von Größe und Form der Bauteile, insbesondere der Flügel, von der Profilwahl, von den Einzelmassen und deren Verteilung, von der Motorisierung und der Abstimmung von Propeller und Triebwerk.

Aber auch das fertige Flugzeug weist je nach den betrieblichen Umständen unterschiedliche Leistungen und Eigenschaften auf. Als verantwortlicher Pilot hat man sich deshalb mit Hilfe des Flughandbuchs darüber zu informieren. Insbesondere spielen bei der Start-, Steig- und Reiseleistung das Gewicht, die Lufttemperatur und die Luftdichte eine wesentliche Rolle. Bei Start und Landung sind zusätzlich der Pistenzustand und die Windverhältnisse zu berücksichtigen.

9.1 Startlauf und Anfangssteigflug

Der Start wird grundsätzlich mit maximaler Triebwerksleistung durchgeführt, um möglichst rasch eine ausreichende Sicherheitshöhe zu gewinnen.
Die auf der Piste benötigte Länge bis zum Abheben bezeichnet man als **Startrollstrecke** (auch Startlaufstrecke, engl. Ground roll distance). Als **Startstrecke** (Takeoff distance) bezeichnet man die Distanz vom Beginn des Startlaufs bis zum Erreichen einer Höhe von 50 ft. Die Startrollstrecke ist also ein Teil der Startstrecke.

Sofern im Flughandbuch nicht anders vermerkt, werden die unter Standardbedingungen (Meereshöhe, 15 °C, keine Luftfeuchte, Windstille) vorgegebenen Startstrecken wie folgt korrigiert:

1. **Höhenzuschlag:**	bis 1.000 ft: 10 % pro 1.000 ft Höhe bis 3.000 ft: 13 % pro 1.000 ft Höhe darüber: 18 % pro 1.000 ft Höhe
2. **Temperaturkorrektur:**	± 1% Zu- bzw. Abschlag pro °C Abweichung von der Standardtemperatur
3. **Neigung der Startbahn:**	+10 % pro 1 % Steigung, –10 % pro 1 % Gefälle
4. **Grasbahn-Zuschlag:**	20 % für trockene, ebene, kurze Grasbahn zusätzlich 10 % für feuchtes Gras

zusätzlich 50 % für aufgeweichten Untergrund
zusätzlich 10 % für beschädigte Grasnarbe
zusätzlich 20 % für hohes Gras (höher als 8 cm)

5. **Zuschläge** für störenden Belag auf der Bahn
30 % für Pfützen, Schneematsch
50 % für normalen Schnee bis ca. 5 cm Höhe
25 % für Pulverschnee bis 8 cm Höhe.

9.1.1 Ermittlung der Startstrecke aus der Handbuch-Tabelle

Im Flughandbuch für eine Cessna 172 mit 150 hp findet man z. B. folgende Tabelle:
(hp = Horse Power, 1 hp = ca. 1,014 PS = 0,7457 kW)

Startstrecke				Klappen eingefahren, befestigte Piste							
Flugmasse in kg	IAS in 50 ft	Gegenwind		Meereshöhe und +15 °C		2500 ft und +10 °C		5000 ft und +5 °C		7500 ft und 0 °C	
	kt	km/h	kt	Startlauf	bis 50 ft	Startlauf	bis 50 ft	Startlauf	bis 50 ft	Startlauf	bis 50 ft
1043	59	0	**0**	264	**465**	317	**582**	383	756	477	1175
		18	**10**	187	**357**	229	**453**	280	596	354	948
		37	20	123	259	154	335	192	451	247	739
907	55	0	0	192	334	230	404	276	495	341	657
		18	10	133	250	162	306	197	381	247	514
		37	20	84	177	104	219	130	277	181	383
770	50	0	0	133	238	158	280	190	334	233	418
		18	10	88	174	108	207	131	250	163	317
		37	20	53	117	66	143	82	175	105	227

Anmerkungen:
1. Für je 14 °C über Standardtemperatur sind die genannten Strecken für die betreffenden Höhen um 10 % zu vergrößern.
2. Für den Start auf trockener Grasbahn sind die Strecken um 7 % der Werte für die ›Strecke über 50 ft‹ zu vergrößern.

Abb. 50: Tabelle zur Ermittlung der Startstrecke

Beispiel *(zu Abb. 50)*:
Start mit maximaler Abflugmasse in 2.000 ft auf Grasbahn bei 25 °C und 5 kt Gegenwindkomponente. Gesucht Startstrecke über 50 ft Hindernis.
Lösung (die zu betrachtenden Werte sind in der Tabelle hervorgehoben):

1. Interpolieren (Ermittlung der Zwischenwerte) zwischen Meereshöhe und 2.500 ft ergibt für 2.000 ft Höhe (ein Fünftel der Differenz wird subtrahiert):
   582 m – 24 m = 558 m bei Standardtemperatur und Windstille.
   453 m – 19 m = 434 m bei Standardtemperatur und 10 kt Gegenwind
2. Standardtemperatur in 2.000 ft ist 11 °C. Differenz zur aktuellen Temperatur: +14 °C. Verlängerung daher um 10 %:
   558 m + 56 m = 614 m bei Windstille,
   434 m + 44 m = 478 m bei 10 kt Gegenwind.
   Interpolieren (Mittelwert) ergibt: (614 m – 478 m) : 2 = 546 m bei 5 kt Gegenwind.
3. Zuschlag für Grasbahn, sicherheitshalber ca. 10 % : 55 m
4. **Ergebnis**: Die Startstrecke über 50 ft beträgt in diesem Fall mindestens 600 m.

9.1.2 Ermittlung der Startleistung aus dem Handbuch-Diagramm

Eine andere Variante ist die Darstellung in Form eines Diagramms. Im Handbuch der Piper PA 28 Archer II geht man wie folgt vor:

Beispiel *(zu Abb. 51)*:

Start ohne Klappen, Höhe des Startflugplatzes 2.000 ft, Temperatur 22 °C, 5 kt Gegenwind, Abflugmasse 2.400 lbs. (Die zu betrachtenden Werte und Linien sind in der Grafik farbig markiert.)

1. Schnittpunkt der 22 °C-Temperaturlinie mit der 2.000 ft-Höhenlinie suchen.
2. Vom Schnittpunkt waagrecht zum Gewichtsdiagramm gehen.
3. Den Gewichtslinien parallel bis zur 2.400 lbs-Line folgen.
4. Waagrecht zum Winddiagramm gehen.
5. Den Gegenwindlinien parallel bis zur 5 kt-Linie folgen.
6. Waagrecht bis zum rechten Rand gehen und die Startstrecke ablesen.
7. Ergebnis: Die Startstrecke bis zum Überfliegen eines 50 ft-Hindernisses beträgt unter den gegebenen Bedingungen ca. 2.150 ft (ca. 655 m), vorausgesetzt das Abheben (Lift Off) erfolgt bei einer Fahrtanzeige (IAS) von 51 kt und der Steigflug bis auf 50 ft mit 57 kt.

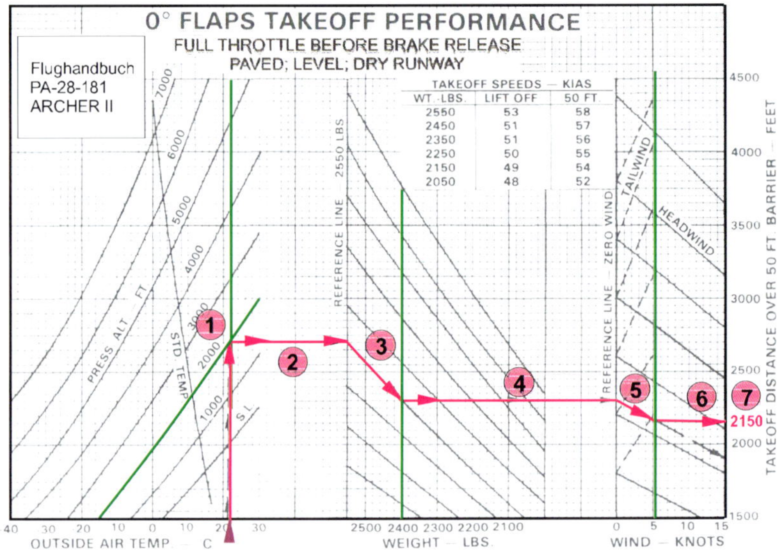

Abb. 51: Diagramm zur Ermittlung der Startstrecke (Takeoff distance over 50 ft)

9.2 Steigleistung

Die Steigrate nimmt mit zunehmender Höhe und höherer Temperatur ab. Für eine C172 mit 160 hp sieht das z.B. wie folgt aus:

Bedingungen: Vollgas, Klappen eingefahren

WEIGHT LBS	PRESS ALT FT	CLIMB SPEED KIAS	RATE OF CLIMB - FPM			
			-20°C	0°C	20°C	40°C
2300	S.L.	73	875	815	755	695
	2000	72	765	705	650	590
	4000	71	655	600	545	485
	6000	70	545	495	440	385
	8000	69	440	390	335	280
	10,000	68	335	285	230	---
	12,000	67	230	180	---	---

Abb. 52: Tabelle zur Ermittlung der Steiggeschwindigkeit (Rate Of Climb, ROC)

Beispiel:
Wie schnell steigt die C172 noch in 5.000 ft bei einer Außentemperatur (Outside Air Temperature, OAT) von 10 °C?
Lösung (Die zu betrachtenden Werte sind in der Tabelle hervorgehoben):
1. Interpolieren auf 5.000 ft ergibt
   bei 0 °C: 548 ft/min
   bei 20 °C: 492 ft/min
2. Interpolieren dieser beiden Werte ergibt
   bei 10 °C: 520 ft/min in 5.000 ft
3. **Ergebnis:** In 5.000 ft steigt die Cessna bei maximalem Abfluggewicht von 2.300 lbs (ca. 1.043 kg) mit 520 ft pro Minute, vorausgesetzt eine angezeigte Fahrt (IAS) von etwa 70 kt wird eingehalten. Sowohl höhere als auch geringere Geschwindigkeiten verschlechtern die Steigrate.

Zum Umgang mit der grafischen Darstellung ein Beispiel aus dem Flughandbuch der PA-28:

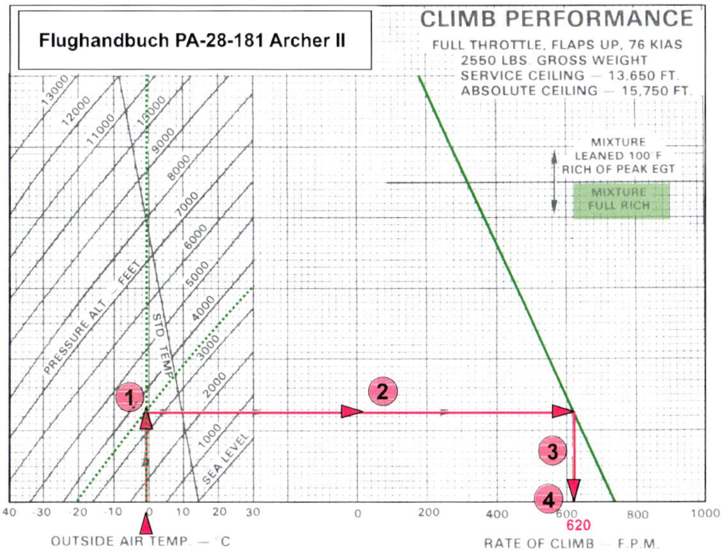

Abb. 53: Diagramm zur Ermittlung der Steiggeschwindigkeit (Rate Of Climb, ROC)

Beispiel:
Bedingungen: Abflugmasse 2.550 lbs, Vollgas, Klappen eingefahren, angezeigte Fahrt 76 kt. Sucht man die Steigrate bei einer Außentemperatur von –1 °C in 3.600 ft, dann geht man wie folgt vor (die zu betrachtenden Werte und Linien sind in der Grafik farbig markiert):
1. Schnittpunkt der –1 °C-Temperaturlinie mit der interpolierten 3.600 ft-Höhenlinie suchen.
2. Waagrecht bis zur Kennlinie der Steigleistung gehen.
3. Senkrecht bis zum unteren Rand gehen.
4. Ergebnis feststellen: Die Archer steigt in 3.600 ft unter den gegebenen Bedingungen mit 620 ft pro Minute, vorausgesetzt, das Gemisch ist voll reich eingestellt (Mixer full rich).

9.3 Reiseflug

Die Reiseleistung und damit auch der Kraftstoffverbrauch hängen von der Triebwerkseinstellung, der Luftdichte und der Lufttemperatur ab. Im Normalfall bewegt man sich auf Überlandflügen mit 50 bis 75 % Triebwerksnennleistung *(BHP = Brake Horse Power)*. Die maximale Nennleistung wird in Meereshöhe erreicht und nimmt mit der Höhe ab. In ca. 8.000 ft Höhe braucht es bereits Vollgas, um noch 75% der Nennleistung aus einem Triebwerk zu holen, das nicht mit einem Turbolader ausgestattet ist. Für die C172N findet man im Handbuch folgende Tabelle:

Flughandbuch C172N Reiseleistung (Cruise performance)

Bedingungen:
maximale Abflugmasse 1043 kg
empfohlenes verarmtes Gemisch
Radverkleidungen montiert

PRESSURE ALTITUDE FT	RPM	20°C BELOW STANDARD TEMP			STANDARD TEMPERATURE			20°C ABOVE STANDARD TEMP		
		% BHP	KTAS	Liter/h	% BHP	KTAS	Liter/h	% BHP	KTAS	Liter/h
2000	2500	---	---	---	75	116	**32,6**	71	115	**30,6**
	2400	72	111	**31,0**	67	111	**29,1**	63	110	**27,5**
	2300	64	106	**27,5**	60	105	**26,0**	56	105	**24,4**
	2200	56	101	**24,4**	53	100	**23,6**	50	99	**22,5**
	2100	50	95	**22,5**	47	94	**21,7**	45	93	**20,9**
4000	2550	---	---	---	75	118	**32,6**	71	118	**30,6**
	2500	76	116	**32,9**	71	115	**31,0**	67	115	**29,1**
	2400	68	111	**29,5**	64	110	**27,5**	60	109	**26,0**
	2300	60	105	**26,4**	57	105	**24,8**	54	104	**23,6**
	2200	54	100	**23,6**	51	99	**22,9**	48	98	**22,1**
	2100	48	94	**21,7**	46	93	**21,3**	44	92	**20,5**
6000	2600	---	---	---	75	120	**32,6**	71	120	**30,6**
	2500	72	116	**31,4**	67	115	**29,5**	64	114	**27,5**
	2400	64	110	**27,9**	60	109	**26,4**	57	109	**24,8**
	2300	57	105	**25,2**	54	104	**24,0**	52	103	**22,9**
	2200	51	99	**22,9**	49	98	**22,1**	47	97	**21,3**
	2100	46	93	**21,3**	44	92	**20,9**	42	91	**20,1**
8000	2650	---	---	---	75	122	**32,6**	71	122	**30,6**
	2600	76	120	**33,3**	71	120	**31,0**	67	119	**29,1**
	2500	68	115	**29,8**	64	114	**27,9**	60	113	**26,4**
	2400	61	110	**26,7**	58	109	**25,2**	55	108	**24,0**
	2300	55	104	**24,0**	52	103	**23,3**	50	102	**22,5**
	2200	49	98	**22,1**	47	97	**21,3**	45	96	**20,9**
10,000	2650	76	122	**32,9**	71	122	**31,0**	67	121	**29,1**
	2600	72	120	**31,4**	68	119	**29,5**	64	118	**27,5**
	2500	65	114	**28,3**	61	114	**26,4**	58	112	**25,2**
	2400	58	109	**25,2**	55	108	**24,0**	52	107	**23,3**
	2300	52	103	**23,3**	50	102	**22,5**	48	101	**21,7**
	2200	47	97	**21,7**	45	96	**20,9**	44	95	**20,5**
12,000	2600	68	119	**29,8**	64	118	**27,9**	61	117	**26,4**
	2500	62	114	**26,7**	58	113	**25,2**	55	111	**24,0**
	2400	56	108	**24,4**	53	107	**23,3**	51	106	**22,5**
	2300	50	102	**22,5**	48	101	**21,7**	46	100	**21,3**
	2200	46	96	**21,3**	44	95	**20,9**	43	94	**20,5**

5-16 Figure 5-7. Cruise Performance 1 July 1979

Abb. 54: Tabelle zu Ermittlung der Reisegeschwindigkeit (Cruise Speed)

Beispiel:
Welche Reiseleistung hat diese C172 in 7.000 ft bei einer Außentemperatur von 15 °C und einer Drehzahl 2.500 RPM?
Lösung (die zu betrachtenden Werte sind in der Abbildung farbig markiert):
Die Außentemperatur liegt 10 °C über Standard (in 5.000 ft +5 °C). Man bildet daher zunächst die Mittelwerte zwischen Standard und 20 °C über (above) Standard.

1. Für 6.000 ft und 2.500 RPM: 114,5 kt bei 66% Leistung und 28,5 l/h.
2. Für 8.000 ft und 2.500 RPM: 113,5 kt bei 62% Leistung und 27,2 l/h.
3. Bildung der Mittelwerte für 7.000 ft ergibt:

Die Reisegeschwindigkeit beträgt 114 kt bei 64% Leistung und einem Verbrauch von 27,9 l/h bei maximaler Abflugmasse. Mit einem leichteren Flugzeug werden zwar etwas bessere Werte erzielt, jedoch nimmt man zur Sicherheit bei der Vorbereitung eines Fluges den schlechteren Fall an.

In vielen Handbüchern werden die Triebwerksleistung und der Kraftstoffverbrauch in einem eigenen Diagramm dargestellt. Den Umgang mit einer solchen Form zeigt die folgende Abbildung 55 aus dem Flughandbuch der PA-28 Archer II:

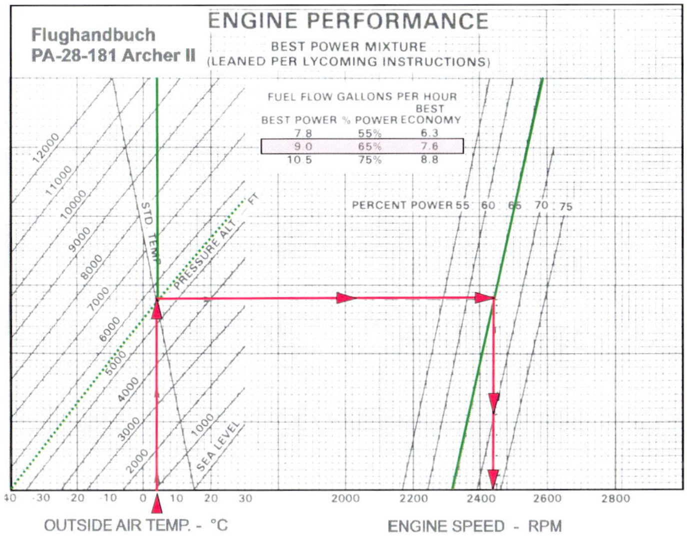

Abb. 55: Diagramm zur Ermittlung der Triebwerksleistung (Engine Performance)

Beispiel (siehe Abbildung):
Welche Drehzahl ist zu wählen, wenn man in 5.500 ft bei einer Außentemperatur von 4 °C mit einer Leistung von 65 % fliegen will?
Lösung (die zu betrachtenden Werte/Linien sind farbig dargestellt):

1. Schnittpunkt der 4 °C-Temperaturlinie mit der interpolierten 5.500 ft-Höhenlinie suchen.
2. Waagrecht zum Leistungsdiagramm nach rechts bis zur 65%-Linie gehen.
3. Senkrecht zum unteren Rand gehen.
4. Ergebnis feststellen: Das Triebwerk leistet in 5.500 ft bei einer Außentemperatur von 4 °C bei einer Drehzahl von 2.440 Umdrehungen pro Minute (RPM) 65 % seiner Nennleistung. Dabei werden 9,0 USGal Kraftstoff pro Stunde verbraucht, wenn es auf beste Leistung (Best Power) eingestellt ist. Bei wirtschaftlichster Abmagerung (Best Economy) sind es 7,6 USGal pro Stunde.

9.4 Reisegeschwindigkeit (Cruise Speed)

Welche Reisegeschwindigkeit bei einer bestimmten Triebwerkseinstellung in einer bestimmten Höhe erzielt wird, kann man bei manchen Flughandbüchern direkt aus einer Grafik entnehmen ohne einzelne Tabellen zu studieren. Den Umgang mit solchen Diagrammen zeigt das folgende

Beispiel aus dem Handbuch der PA-28 *(siehe Abb. 56)*:
Welche Reisegeschwindigkeit wird in 6.000 ft bei einer Außentemperatur von 13 °C und 65 % Triebwerksleistung erzielt?
Lösung:

1. Schnittpunkt der 13 °C-Temperaturlinie mit der 6.000 ft-Höhenlinie suchen.
2. Waagrecht nach rechts bis zur 65 %-Linie des Leistungsdiagramms gehen.
3. Senkrecht nach unten zur Geschwindigkeitsachse gehen.
4. Ergebnis feststellen: In 6.000 ft erreicht diese PA-28 bei 65 % Leistung und einer Außentemperatur von 13 °C eine wahre Eigengeschwindigkeit (True Air Speed, TAS) von 116 kt, vorausgesetzt, dass das Gemisch optimal abgemagert ist und Radverkleidungen montiert sind.

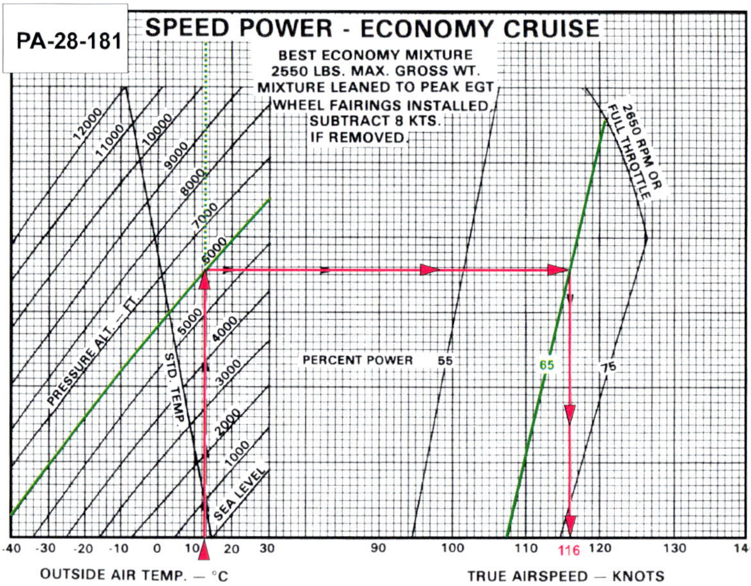

Abb. 56: Diagramm zur Ermittlung der Reisegeschwindigkeit bei wirtschaftlichster Einstellung (Power – Economy Cruise)

9.5 Reichweite (Range)

Die maximale Reichweite hängt ab von der gewählten Reiseflughöhe und der dort eingestellten Triebwerksleistung. Mit zunehmender Höhe wird zwar wegen der geringeren Luftdichte der Widerstand geringer und damit die Reisegeschwindigkeit höher, jedoch nimmt auch die Motorleistung ab. Die entsprechende Tabelle bzw. Grafik gibt Auskunft über die Reichweite (Range) bei verschiedenen Leistungseinstellungen (Power Settings) in Abhängigkeit von der Flughöhe.

Flughandbuch C172N Reichweite
45 Minuten Reserve, 40 USGal ausfliegbarer Kraftstoff

Bedingungen:
Abflugmasse 1.043 kg
empfohlene Gemischverarmung
Standardtemperatur,
Windstille

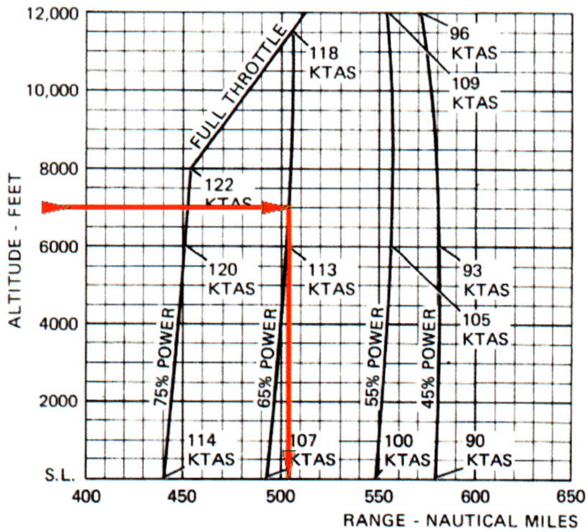

Abb. 57: Diagramm zur Ermittlung der Reichweite

Beispiel *(zu Abb. 57)*:
Reichweite mit 40 USGal (ca. 151 Liter) Treibstoff in 7.000 ft bei Windstille, Standardtemperatur (1 °C OAT), maximaler Abflugmasse und optimaler Triebwerkseinstellung: etwa 503 NM (930 km) bei einer wahren Eigengeschwindigkeit (TAS) von ca. 114 kt mit 45 Minuten Reserve.

Im Handbuch der PA-28 kann man dem Diagramm sowohl die Reichweite mit oder ohne 45 Minuten Reserveflugzeit entnehmen:

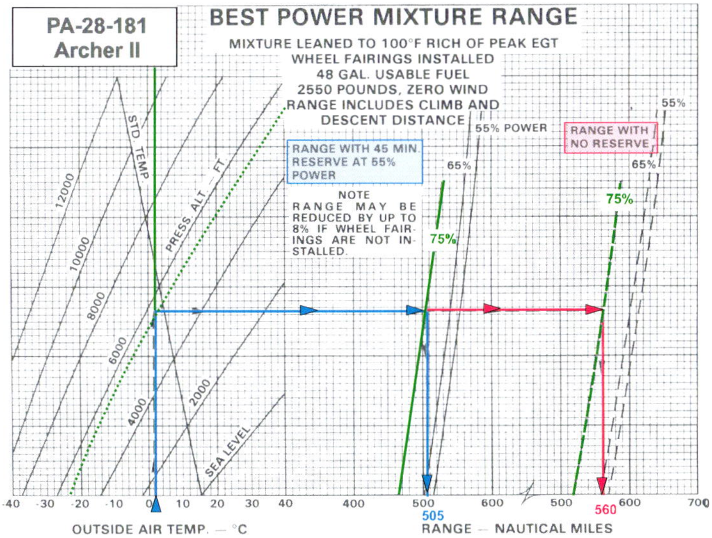

Abb. 58: Diagramm zur Ermittlung der Reichweite mit und ohne 45 Minuten Reserve

Beispiel *(Abb. 58)*:
Reichweite in einer Reisehöhe von 5.500 ft bei einer Außentemperatur von 2 °C und einer Triebwerksleistung von 75 %:

1. Schnittpunkt zwischen 2 °C-Temperaturlinie und der interpolierten 5.500 ft-Höhenlinie suchen.
2. Waagrecht nach rechts in die Reichweiten-Diagramme bis zu den 75 %-Linien gehen.
3. An den Schnittpunkten senkrecht nach unten zur Reichweiten-Achse gehen.
4. Ergebnis feststellen: Die Reichweite beträgt bei richtig abgemagertem Gemisch, 48 USGal ausfliegbarem Treibstoff, einer Abflugmasse von 2.550 lbs, Windstille und montierten Radverkleidungen ohne Reserve 560 NM, mit 45 Minuten Reserve 505 NM.

9.6 Maximale Flugdauer

Die maximale Flugdauer (Endurance) ist abhängig von der Triebwerksleistung und der Flughöhe. Sie kann meist ebenfalls einer Tabelle entnommen werden, in der oft schon der Kraftstoffbedarf für Anlassen, Rollen, Start und Steigen berücksichtigt ist.

Beispiel C172N *(siehe Abb. 59)*:
Gesucht ist die maximale Flugzeit mit 40 USGal Kraftstoff in 7.000 ft bei 75 % Leistung.
Lösung:

1. Auf der Höhenachse 7.000 ft suchen.
2. Waagrecht nach rechts bis zur 75%-Leistungs-Linie gehen.
3. Senkrecht nach unten zur Zeitachse gehen und den Wert ablesen.
4. Ergebnis: Die maximale Flugzeit beträgt 4,425 h (4 Std. 25 Minuten) plus 45 Minuten Reserve.

Flughandbuch C172N - maximale Flugzeit
45 Minuten Reserve, 40 USGal ausfliegbarer Kraftstoff

Bedingungen:
Abflugmasse 1.043 kg
empfohlene Gemischverarmung
Standardtemperatur
Windstille

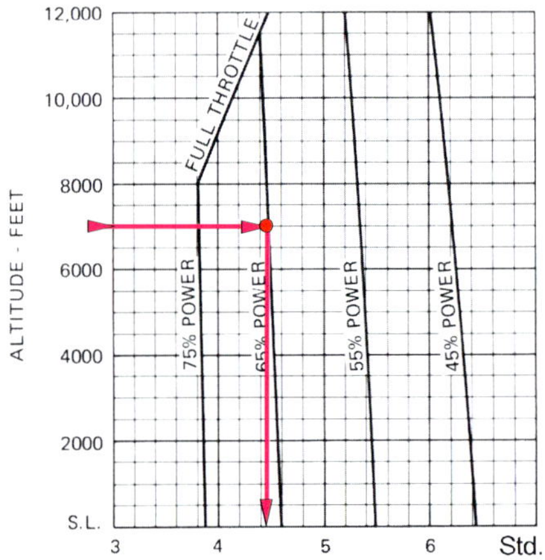

Abb. 59: Diagramm zur Ermittlung der maximalen Flugdauer (Endurance)

9.7 Überziehgeschwindigkeit (Stall Speed)

Die Mindestgeschwindigkeit eines Flugzeugs hängt ab von der Flugmasse, der Querneigung, der Lage des Schwerpunkts und der Klappenstellung. Ist die Überziehgeschwindigkeit erreicht, fängt die Strömung über dem Flügel an abzureißen.

Es gilt:

- Je größer die Flugmasse und je weiter vorn der Schwerpunkt liegt, desto höher ist die Überziehgeschwindigkeit.
- Je größer die Querneigung, desto höher die Überziehgeschwindigkeit.
- Ausgefahrene Landeklappen verringern die Überziehgeschwindigkeit.
- Mit höherer Triebwerksleistung lassen sich geringere Überziehgeschwindigkeiten erzielen.

Da die geringeren Geschwindigkeiten mit höherem Anstellwinkel erreicht werden, stimmt die Fahrtmesseranzeige nicht mehr, weil das Staurohr schräg angeblasen wird. Daher wird in den Tabellen neben der angezeigten Fahrt IAS (Indicated Air Speed) auch die berichtigte Fahrt CAS (Calibrated Air Speed) angegeben.

Beispiel C172 N:

Bedingungen:
Leerlauf

Hinterste zulässige Schwerpunktlage

Masse in kg	Klappen	Querneigung							
		0°		30°		45°		60°	
		kt IAS	CAS	kt IAS	CAS	kt IAS	CAS	kt IAS	CAS
1043	eingefahren	39	50	42	54	47	59	56	71
	10°	38	47	40	51	45	56	54	66
	40°	31	44	33	47	37	52	45	62

Vorderste zulässige Schwerpunktlage

Masse in kg	Klappen	Querneigung							
		0°		30°		45°		60°	
		kt IAS	CAS	kt IAS	CAS	kt IAS	CAS	kt IAS	CAS
1043	eingefahren	44	53	47	57	52	63	62	75
	10°	44	51	47	55	52	61	62	72
	40°	33	47	35	51	39	56	47	66

Abb. 60: Tabellen zur Ermittlung der Überziehgeschwindigkeit (Stall Speed) bei Grenzschwerpunktlagen

Beispiele aus den Tabellen in *Abbildung 60*:

- Kurvenflug mit 45° Querneigung und hinterer Schwerpunktlage, Klappen eingefahren:
  Überziehgeschwindigkeit 59 kt bei angezeigten 47 kt.
- Landeanflug mit 40° Klappen und hinterer Schwerpunktlage:
  Überziehgeschwindigkeit 44 kt bei angezeigten 31 kt.
- Start mit 10° Klappen (Schwerpunkt vorn):
  Überziehgeschwindigkeit 51 kt bei angezeigten 44 kt

Wie man die Überziehgeschwindigkeit (Stall Speed) per Diagramm ermittelt, zeigt die folgende Abbildung aus dem Flughandbuch der PA-28:

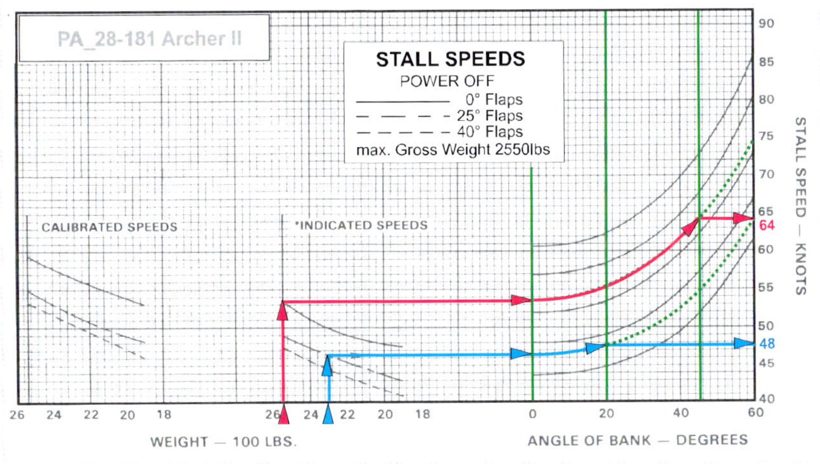

Abb. 61: Diagramm zur Ermittlung der Überziehgeschwindigkeit bei verschiedenen Klappenstellungen

Beispiel (blaue Linie):
Flugmasse 2.300 lbs, Querneigung (Angle of bank) 20°, Klappen 25° ausgefahren.
Lösung:

1. Der 2.300 lbs-Flugmassenlinie folgen bis zur entsprechenden Klappenstellungslinie.
2. Waagrecht nach rechts zum Querneigungsdiagramm gehen.
3. Den Parallelen folgen bis zur 20°-Querneigungslinie.
4. Waagrecht nach rechts bis zur Geschwindigkeitsskala gehen.
5. **Ergebnis** ablesen: Die Überziehgeschwindigkeit wird unter den gegebenen Bedingungen bei 48 kt erreicht.

Beispiel (rote Linie):
Flugmasse 2.550 lbs, Querneigung 45°, Klappen eingefahren.
Lösung (analog zum blau dargestellten Beispiel):
Ergebnis: Wegen der höheren Flugmasse und der Klappenstellung 0° wird die Überziehgeschwindigkeit in diesem Fall schon bei 64 kt erreicht.

9.8 Landerollstrecke (Landing Distance) und Landestrecke (Landing Performance)

Analog zum Start unterscheidet man zwischen der reinen Ausrollstrecke am Boden und der Strecke die man benötigt, um aus 15 m Höhe zu landen und zum Stillstand zu kommen. Um die minimale Landestrecke tatsächlich verwirklichen zu können, muss die Kurzlandetechnik aber auch beherrscht werden.

Beispiel C172:
Klappen auf 40°, Anflug mit konstanter Fahrt 59 kt IAS, Gleitweg einhalten mit dem Gashebel, nach Überfliegen des letzten Hindernisses Leerlauf bzw. Fahrt 59 kt halten bis zum Abfangen, Aufsetzen auf dem Hauptfahrwerk, Bugrad aufsetzen und kräftig bremsen ohne die Räder zu blockieren. Für beste weitere Bremswirkung Klappen einfahren, Höhenruder voll ziehen und maximal bremsen. Mit diesem Verfahren werden bei der C172N folgende Werte erreicht:

Flughandbuch C172N – Kurzlandestrecken
Bedingungen: Klappen 40°, Leerlauf, maximale Bremsleistung, trockene Hartbelagpiste, Windstille

Masse in kg	Fahrt in 15 m kt IAS	Druckhöhe in ft	0°C		10°C		20°C		30°C		40°C	
			Lande-roll-strecke	Strecke / m über 15m Hindernis	Lande-roll-strecke	Strecke / m über 15m Hindernis	Lande-roll-strecke	Strecke / m über 15m Hindernis	Lande-roll-strecke	Strecke / m über 15m Hindernis	Lande-roll-strecke	Strecke / m über 15m Hindernis
1043	59	NN	151	367	156	377	162	386	167	395	173	406
		1000	155	377	162	386	168	397	173	406	179	416
		2000	161	385	158	397	174	407	180	418	186	429
		3000	168	397	174	407	180	418	186	429	193	439
		4000	174	410	180	418	188	430	194	441	200	452
		5000	180	418	188	432	194	442	200	453	208	465
		6000	188	432	196	444	202	455	209	468	215	479
		7000	195	444	202	456	209	468	217	480	223	493
		8000	203	457	211	470	217	482	225	494	232	508

Abb. 62: Tabelle zur Ermittlung der kürzesten Landestrecke

Beispiel:
Landestrecke auf einem 1.500 ft hoch gelegenen Flugplatz bei 25 °C Lufttemperatur (die zu betrachtenden Werte sind farbig markiert):
1. Landestrecke bei 20 °C als Mittelwert von 397 m und 407 m: 402 m
2. Landestrecke bei 30 °C als Mittelwert von 406 m und 418 m: 412 m
3. **Ergebnis:** Die Landestrecke aus 15 m (50 ft) beträgt 407 m als Mittelwert von 402 m und 412 m.

Für die PA-28 gibt es im Handbuch zwei getrennte Diagramme für die Landestrecke über 50 ft Hindernis und die reine Landerollstrecke. Beide werden gleich gehandhabt. Deswegen hier nur ein Beispiel für die Ermittlung der Landestrecke:

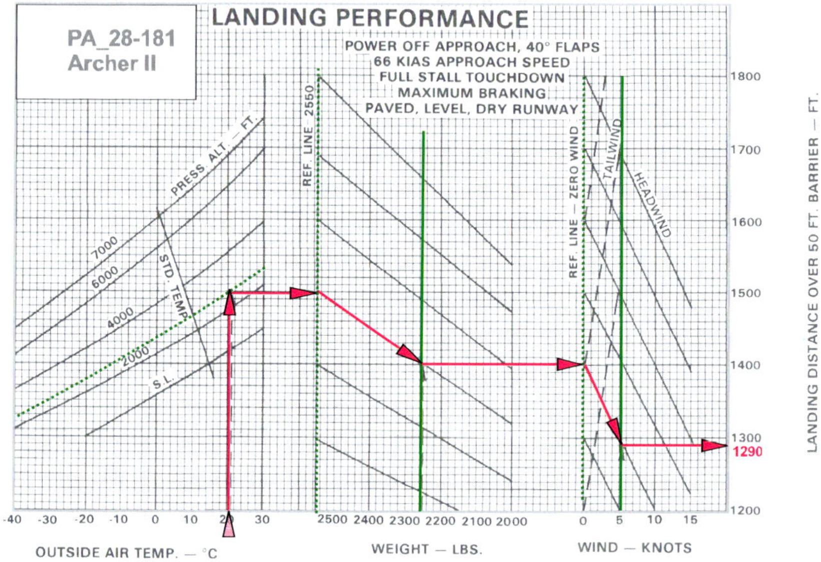

Abb. 63: Diagramm zur Ermittlung der Landestrecke über ein 50 ft Hindernis

Beispiel:

Gesucht: Kürzeste Landestrecke auf 2.300 ft Höhe bei 21 °C Lufttemperatur, 2.260 lbs Flugmasse und 5 kt Gegenwind (Headwind).

Lösung:

1. Schnittpunkt der 21 °C-Temperaturlinie mit der interpolierten 2.300 ft-Höhenlinie suchen.
2. Waagrecht nach rechts in das Gewichtsdiagramm gehen.
3. Den Gewichtslinien parallel folgen bis zur 2.260 lbs-Linie.
4. Waagrecht nach rechts in das Wind-Diagramm gehen.
5. Den Gegenwindlinien parallel folgen bis zur 5 kt-Linie.
5. Nach rechts bis zur Landestrecken-Achse gehen.
6. Ergebnis feststellen: Die benötigte Landestrecke aus 50 ft beträgt unter den gegebenen Bedingungen 1.290 ft (ca. 394 m), vorausgesetzt der Anflug erfolgt im Leerlauf mit 40° Klappen, eine Anflugfahrt von 66 kt wird eingehalten, das Aufsetzen wird mit Mindestfahrt erledigt, danach wird sofort maximal gebremst und die Landebahn hat einen trockenen, ebenen Hartbelag.

9.9 Gleitflugstrecke (Glide Distance)

Welche Strecke ohne Triebwerksleistung noch zurückgelegt werden kann, hängt ab von der gewählten Fahrt und vom Wind. Die Angaben in den Handbüchern beziehen sich immer auf maximale Abflugmasse, Windstille und die Geschwindigkeit für bestes Gleiten. Entweder wird die Gleitleistung in Form eines Diagramms oder mit Hilfe einer Tabelle dargestellt.

Beispiel (zu Abb. 64, Flughandbuch C172):
Dem Diagramm entnimmt man: Aus 4.000 ft kommt man bei Windstille und optimaler Gleitfahrt etwa 11 km (6 NM) weit.

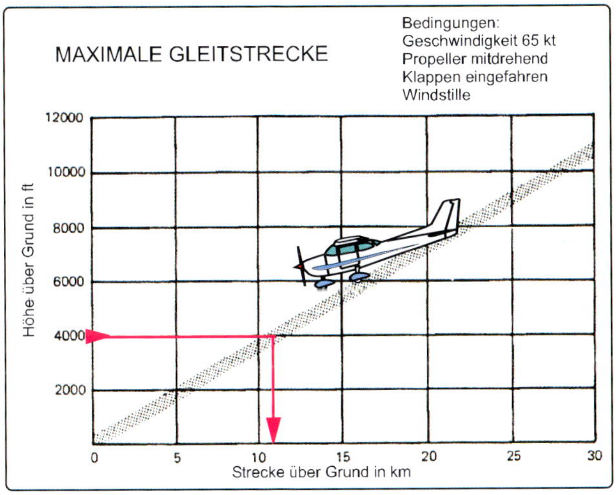

Abb. 64: Diagramm zur Ermittlung der Gleitstrecke bei abgestelltem Motor

Flugzeugkunde

Dem Buchstaben des Gesetzes nach versteht man unter einem Flugzeug ein motorgetriebenes Flächenflugzeug. Im folgenden Text jedoch nehmen wir den Begriff Flugzeug etwas allgemeiner, weil die Erklärungen sowohl auf die Motorflugzeuge als auch auf die Reise-Motorsegler (Touring Motor Glider, TMG) und die Ultraleichtflugzeuge zutreffen.

Die Beschreibungen in diesem Buch beziehen sich vorwiegend auf die in der Ausbildung verwendeten einmotorigen Flugzeuge bis 2.000 kg (sog. E-Klasse, weil der erste Buchstabe des Kennzeichens dieser Luftfahrzeuge ein E ist, z.B. D-**E**CHO) und auf die Reisemotorsegler.

Der Unterschied zwischen Flugzeug und Motorsegler wird durch die Zulassungsvorschriften definiert. Motorsegler müssen folgende Bauvorschriften erfüllen *(siehe auch www.lba.de)*:

- ein- oder zweisitzig
- Maximalmasse 850 kg
- Überziehgeschwindigkeit in Landekonfiguration maximal 80 km/h
- maximale Sinkgeschwindigkeit einsitzig 1,0 m/s, zweisitzig 1,2 m/s
- Gleitwinkel mit Bremsklappen 1:7 oder steiler

Ultraleichtflugzeuge dürfen z.Z. eine zulässige Höchstabflugmasse von 472,5 kg (inklusive Rettungssystem) nicht überschreiten.

1 Einteilung der Luftfahrzeuge

1.1 Zunächst unterscheidet man Luftfahrzeuge, die leichter als Luft sind von denen, die eine größere Dichte als Luft haben. Flugzeuge, Reisemotorsegler, Ultraleicht- und Segelflugzeuge gehören z.B. der zweiten Kategorie an. Sie erzeugen ihren **Auftrieb dynamisch**, also durch Bewegung, während Ballone oder Luftschiffe mit **statischem Auftrieb** arbeiten, der durch ein geringeres spezifisches Gewicht als Luft entsteht.

1.2 Nach der **Anzahl der Flügel** unterscheidet man Eindecker, Eineinhalbdecker, Doppeldecker, Dreidecker. In der Grundausbildung werden grundsätzlich Eindecker verwendet.

1.3 Nach der **Anordnung der Tragflügel** zum Rumpf unterscheidet man folgende Arten:

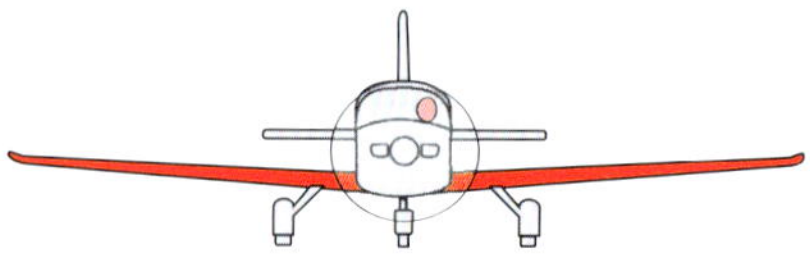

Tiefecker, z.B. Piper PA28 Archer

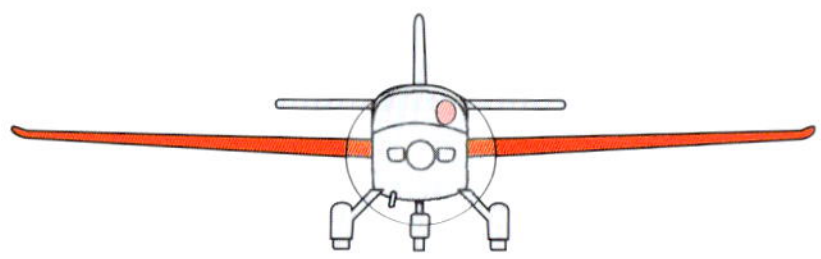

Mitteldecker, z. B: Extra 300

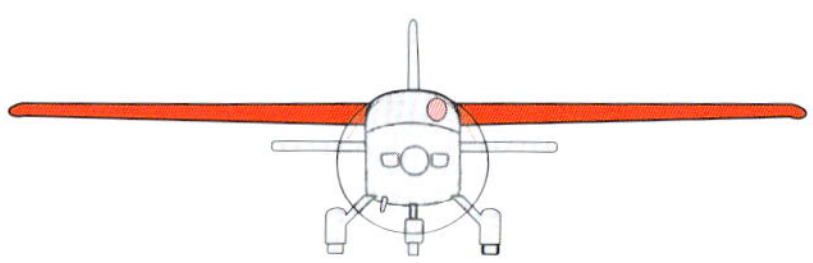

Schulterdecker, z. B. Bölkow Junior

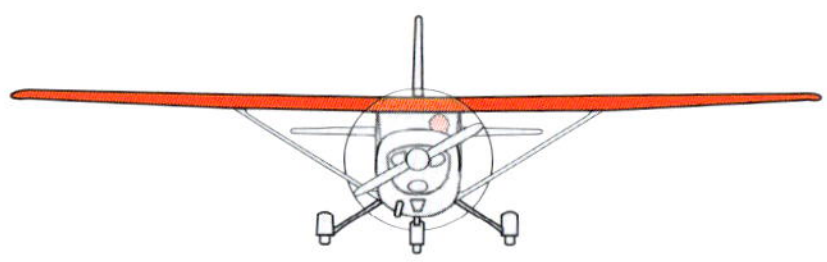

Hochdecker, z. B.Cessna 172

Abb. 65: Flügelanordnungen

1.4 Nach der **Bauart** unterscheidet man freitragende, verstrebte und verspannte Flugzeuge. Die in der Ausbildung verwendeten Muster sind in der Regel abgestrebt (Cessna) oder freitragend (z.B. Piper 28, DR 400)

1.5 Nach der **Bauweise** unterscheidet man Flugzeuge in Holzbauweise (z.B. Robin DR 400), Gemischtbauweise (z.B. Scheibe SF25 Motorfalke), Metallbauweise (z.B. Cessna C172, Piper PA-28) und die Kunststoffbauweise (z.B. HK36 Dimona, Cirrus SR20).

1.6 Nach Zulassungsart unterscheidet man folgende Kategorien:

Normal: zugelassen für normale Flugmanöver, Überziehen, einfache Flugfiguren bis zu einer Querneigung von 60°.

Utility: wie Kategorie Normal plus Trudeln, sofern das Muster dafür zugelassen ist, Flugmanöver im zulässigen Bereich bis 90° Querneigung.

Aerobatic: keine Beschränkungen, außer solchen, die sich beim Testverfahren gezeigt haben.

Ein Flugzeugmuster kann für mehr als eine Kategorie zugelassen werden. Je nach Kategorie sind entsprechende Betriebsgrenzen festgelegt *(siehe dazu Abschnitt Beladung und Schwerpunkt)*.

2 Baugruppen des Flugzeugs

Man unterscheidet folgende **Konstruktionsgruppen**:

- Zum **Flugwerk (Zelle)** gehören:
  Rumpfwerk
  Tragwerk
  Leitwerk
  Steuerwerk
  Fahrwerk
- Zum **Triebwerk** gehören: Triebwerk (Motor), Triebwerksanlage mit allen zum Betrieb des Triebwerks notwendigen Aggregaten wie Anlasser, Generator usw., Triebwerksbehälter wie Öl- oder Kraftstofftanks.
- Zur **Ausrüstung** gehören:
  a) die im Flug- und Betriebshandbuch festgelegte Mindestausrüstung wie Höhenmesser, Fahrtmesser, Variometer, Amperemeter, Kompass, Überziehwarnung, Kraftstoffvorratsanzeige(n), Öldruck- und Öltemperaturanzeige, Drehzahlmesser, Anschnallgurte, Schilder mit den Betriebsgrenzen, Kollisionswarnleuchte (Anti Collision Light, ACL), Sprechfunkanlage, Rücken- und Sitzkissen, Betriebshandbuch
  b) Sonderausrüstung wie zusätzliche Instrumentierung, die über die Mindestanforderung hinausgeht:
  Kreiselinstrumente (z.B. Kurskreisel, Wendezeiger, künstlicher Horizont), Navigationsausrüstung (z.B. VOR, ADF, GPS), Borduhr, Beleuchtungsanlagen (Landescheinwerfer, Kartenlampen usw.), Schleppvorrichtung, Sonnenblenden, Spiegel usw.

Alle Ausrüstungselemente und alle Änderungen der Ausrüstung werden in einem Ausrüstungsverzeichnis dokumentiert. Das aktuelle Verzeichnis ist Bestandteil des Flughandbuchs.

3 Massen (Gewichte)

Etwas ungenau wurde früher der Begriff **Gewicht** anstelle von **Masse** verwendet. Daher halten wir fest: Unter Gewicht versteht man die Kraft, die auf einen Körper lotrecht nach unten auf Grund seiner Masse und der Gravitation wirkt. Die Einheit für das Gewicht (besser für die Gewichtskraft) ist daher immer 1 Newton (1 N), während zum Vergleich von Massen die Einheit Kilogramm (kg) festgelegt wurde. Die Masse eines Körpers ist ortsunabhängig, sein Gewicht dagegen nicht.

3.1 Leermasse

Unter **Leermasse** versteht man beim Flugzeug das Flugwerk plus Triebwerk mit seiner **ständigen Ausrüstung**. Dazu gehören also alle Teile, die fest eingebaut sind und bei der Wägung im **Ausrüstungsverzeichnis** erfasst wurden.

3.2 Flugmasse

Die Flugmasse ergibt sich aus Leermasse plus Zuladung wie Pilot(en) und Passagier(e), Treibstoff und Motorölfüllung, Navigationsmaterial, Gepäck, Verpflegung usw.
Die **maximal zulässigen Massen/Gewichte** hängen vom Flugzeugmuster (Type of aircraft) ab und stehen im Betriebshandbuch wie z.B. das **Startgewicht (Maximum Takeoff Weight, MTOW) oder das zulässige Landegewicht (Maximum Landing Weight, MLW)**. Sie dürfen nicht überschritten werden.

3.3 Tragende und nichttragende Teile

Alle Flugzeugteile, die nicht zum Tragwerk gehören, bilden die Masse der **nichttragenden Teile**. Auch hierfür gibt es je nach Flugzeugmuster eine zulässige **Obergrenze**. Dabei gilt: Höchstzulässige Masse der nichttragenden Teile minus tatsächliche Masse der nichttragenden Teile ergibt die **maximale Zuladung**. Die genaue Auf- und Verteilung der Zuladung (Treibstoffe, Passagiere, Gepäck) ist für jedes Luftfahrzeug im Flughandbuch geregelt.

4 Aufbau des Flugwerks

4.1 Der Rumpf

Rümpfe aus Holz oder Metall bestehen aus Spanten, Längsgurten und einer Beplankung, so dass sie **verdrehsteife Röhren** bilden.

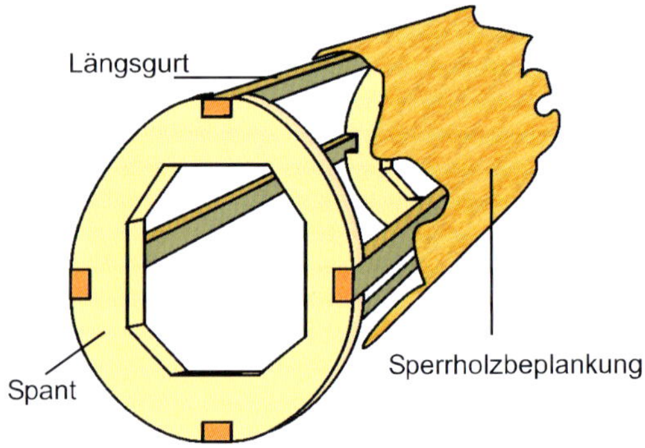

Abb. 66: Prinzip der Spantenbauweise in Holz

Stahlrohrrümpfe werden aus Längsrohren, Stegen, Auskreuzungen und Diagonalen zu einem verdrehsteifen **Fachwerk** zusammengeschweißt und sind aus Gewichtsgründen mit Stoff bespannt.

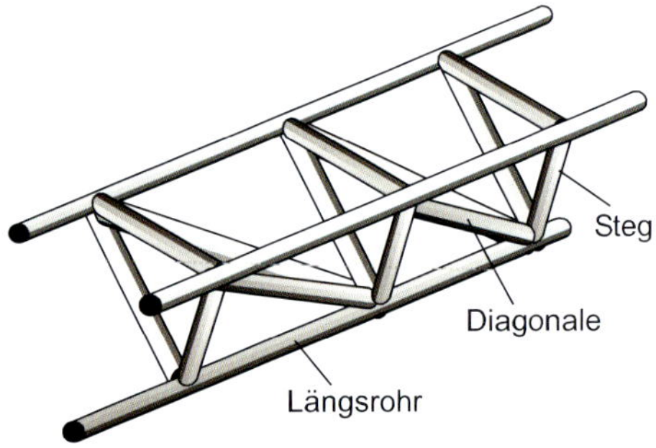

Abb. 67: Prinzip des Stahlrohrrumpfs

Rümpfe aus **Kunststoff** werden in Halbschalen gebaut. Dazu werden die Negativformen zunächst mit einem Trennmittel (Spezialwachs o. Ä.) behandelt, damit das fertige Teil nicht mit der Form verkleben kann. Danach wird kunstharzgetränktes Glas-, Kohle- oder Kunstfasergewebe in mehreren Schichten eingelegt. Es entsteht ein sogenanntes **Laminat**.

Nach dem Aushärtungsprozess, der bezüglich Temperatur und Dauer auf die Art des Laminats abgestimmt ist, werden in die so entstandenen Rumpfhalbschalen vorgefertigte Spanten, Beschläge, die Lagerungen für die Bedienungs- und Steuerorgane und alle Teile eingebaut, die man später nicht mehr erreichen kann. Danach werden die beiden Halbschalen verklebt. Jetzt können Haubenrahmen und Haube sowie die Triebwerkseinheit angepasst werden.

Es folgt der Einbau der restlichen Bedien- und Steuerorgane und das Lackieren, Schleifen und Polieren der Oberfläche.

Die meisten Kunststoffrümpfe werden als reine Schalen, d.h. ohne Stützstoffe gebaut, da eine ca. 3 mm starke Röhre mit etwa 5 Lagen Gewebe eine genügend große Steifigkeit besitzt.

Verbundwerkstoffe wie **Glasfaser- oder Kohlefaser-Kunststoff**, kurz GFK bzw. KFK genannt, erhalten ihre hohe Festigkeit durch die Eigenschaften der Fasern, die bei einem Durchmesser von meist unter 0,01 mm eine hohe Oberflächenspannung und eine enorme Zug- und Druckfestigkeit besitzen. Das ausgehärtete Harz dient praktisch nur dazu, die Fasern in der richtigen Lage zu halten und die Form zu geben. Glas- und Harzanteile verhalten sich dabei etwa wie 60:40.
Die **GFK-Bauweise** hat jedoch den Nachteil, dass sie gegenüber der Holzbauweise in den meisten Fällen höheres Gewicht zur Folge hat. Deshalb verwendet man – die allerdings teureren – Kohle- und Kevlarfasern usw., mit denen man bei gleicher oder besserer Festigkeit Masse einsparen kann.

4.2 Das Tragwerk

Das Tragwerk dient zur **Auftriebserzeugung** und muss so stabil konstruiert sein, dass es den dabei auftretenden Luftkräften standhält (siehe dazu Kapitel Aerodynamik und Technik).

Der **Tragflügel** kann ein- oder mehrteilig sein und einen oder mehrere Holme besitzen. Abgestrebte Flugzeuge wie z.B. die Cessna 172 haben einen zweiteiligen, einholmigen Tragflügel, dessen Hälften mit Verbindungsbolzen an entsprechend stabilen Beschlägen am Rumpf befestigt werden, während freitragende Konstruktionen entweder als zweiteilige Flügel ausgelegt sind, die mit Holmbolzen zusammen gehalten werden (z.B. die Reisemotorsegler wie H36 Dimona), oder einen einteiligen Flügel besitzen (z.B. Robin DR400 in Holz oder Cirrus SR20 in GFK).

Bei freitragenden Konstruktionen müssen die Holme stabiler ausgelegt sein und werden daher als Kastenholme, T- oder Doppel-T-Holme gebaut, welche hohe Biegekräfte aufnehmen können, während bei abgestrebten Flugzeugen meist ein flacher Bretttholm genügt.

Bei konventioneller Bauweise in Holz oder Metall werden auf die Vorderseite des Holms die Nasenrippen, hinter den Holm die Endrippen geklebt bzw. genietet und durch eine Nasen- bzw. Endleiste ausgerichtet. Die **Flügelnase** wird mit dünnschichtigem Sperrholz bzw. Aluminium beplankt. Auf diese Weise können die **Torsionskräfte**, die im Flug den Flügel auf Verwindung beanspruchen, am besten aufgenommen werden. Man spricht deshalb auch von der sog. Torsionsnase. Sie sorgt für eine konstante Profilform.

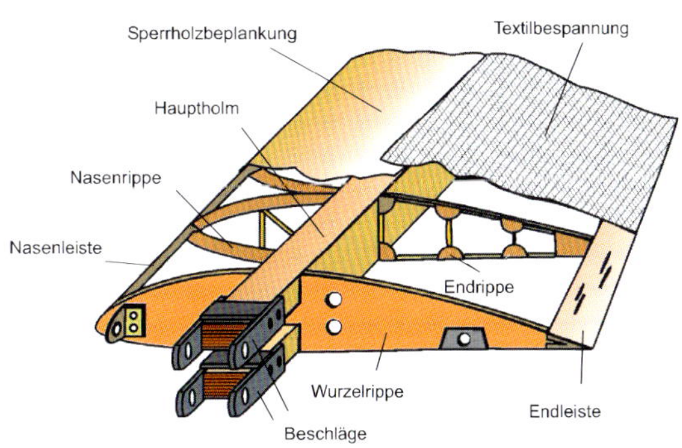

Abb. 68: Prinzip des Tragflügelaufbaus in Holzbauweise

Randbögen oder **Winglets** (nach oben abgewinkelte Flügelenden) bilden die Flügelspitzen, an deren Enden die Positionslichter und eventuelle Blitzlichter (Strobe lights) montiert werden.

Alle Holz- bzw. Metallteile werden mit Konservierungslack behandelt, die nicht beplankten Teile werden bespannt. Früher verwendete man dazu Leinen, während man heute Textilien aus leichteren, verrottungsfesten Kunstfasern vorzieht. Auf den Stoff wird mehrmals Spannlack aufgetragen. Unebenheiten werden verspachtelt. Den Abschluss bildet eine Lackierung aus wetterfestem Kunstharz.

Kunststoffflügel werden ähnlich wie Kunststoffrümpfe in Halbschalen aufgebaut. Allerdings entsteht der Flügel als »Sandwich«: Zwischen den Glasmatten liegt eine Schicht Hartschaum, Wabenmaterial o. Ä. Der Flügel erhält durch diese sog. Stützstoffe seine Beul- und Torsionsfestigkeit.

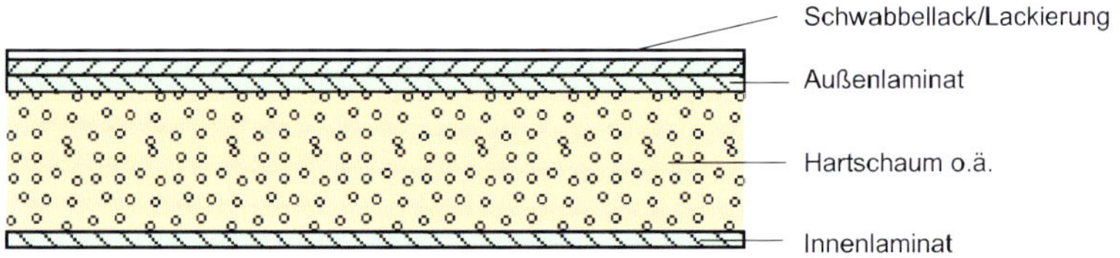

Abb. 69: Sandwich-Bauweise

Der Holm und der Querruderhilfsholm werden meist als vorgefertigte GFK-Teile eingeklebt. Die Beschläge werden mit Hilfe von Lehren mit kunstharzgetränkten Glasfasersträngen (Rowings) oder eingedicktem Kunstharz an der exakten Position eingebaut.
Nach dem Einbringen der Klappen- und Querrudergestänge sowie des Klappen- und Tanksystems werden obere und untere Halbschale mit eingedicktem Harz (Harz plus Baumwollflocken o. Ä.) zusammengeklebt. Service-Klappen oder Öffnungen sorgen dafür, dass man für die Wartung Zugang zu den zu kontrollierenden Stellen hat.

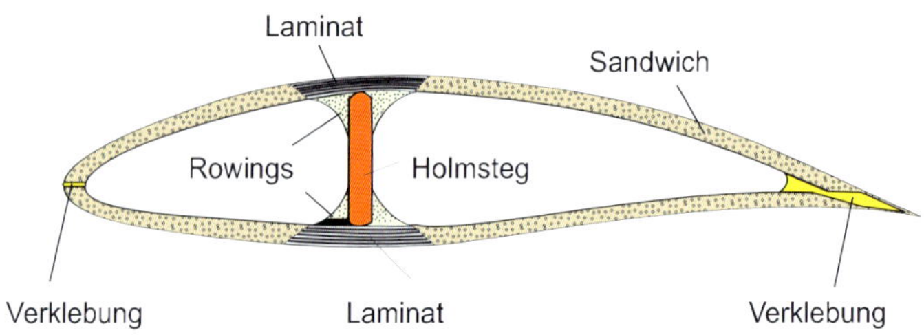

Abb. 70: Schnitt durch einen Kunststoff-Flügel

Unabhängig von der Bauweise gilt:

Der Flügel erhält seine Festigkeit überwiegend durch die verdrehsteife Flügelnase. Beschädigungen in diesem Bereich führen zum Verlust der **Lufttüchtigkeit** und müssen fachmännisch repariert werden.

4.3 Das Leitwerk

Das Leitwerk besteht aus

- **Höhenleitwerk** mit Höhenflosse + Höhenruder + Trimmklappe
- **Seitenleitwerk** mit Seitenflosse + Seitenruder
- **Flügelleitwerk** mit Querruder links und rechts + Klappen

Seiten- und Höhenleitwerke sind ähnlich wie die Flügel aufgebaut. Querruder, Bremsklappen, Wölbklappen usw. sind in das Flügelprofil einbezogen.

Bei den Leitwerksformen unterscheidet man

- **Normalleitwerk**, bei dem das Höhenleitwerk unterhalb des Seitenruders sitzt,
- **T-Leitwerk**, mit Höhenleitwerk auf dem Seitenleitwerk,
- **Kreuzleitwerk**, bei dem das Höhenleitwerk auf etwa halber Höhe des Seitenleitwerks montiert ist,
- **V-Leitwerk**, als Kombination aus Seiten- und Höhenleitwerk.

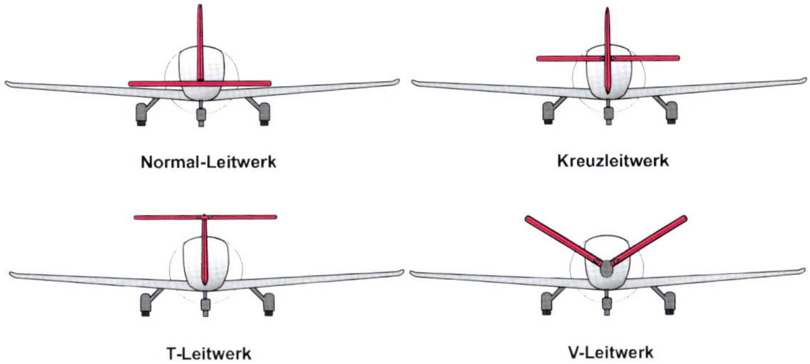

Abb. 71: Leitwerksformen

4.4 Das Steuerwerk

Mit dem **Steuerknüppel** oder einem **Steuerhorn** werden Quer- und Höhenruder bedient. Das Höhenruder durch Ziehen oder Drücken, die Querruder durch Rechts/Links-Bewegung bzw. Drehung. Das Seitenruder wird über **Pedale** gesteuert.

Damit die Steuerflächen, vor allem Quer- und Höhenruder, bei abgestellten Luftfahrzeugen nicht im Wind schlagen, sind bei manchen Mustern **Verriegelungen** des Steuerknüppel bzw. -horns vorgesehen, welche die Ausschläge blockieren. Gefahr: Vor dem Start muss diese Verriegelung entfernt werden!

- Bei den meisten Flugzeugmustern wird das Höhenruder über eine Stange bewegt.

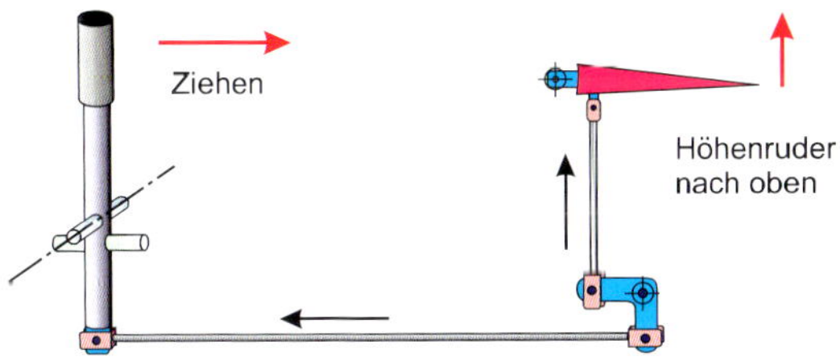

Abb. 72: Prinzip der Höhenrudersteuerung

- Das **Seitenruder** wird über Seile und/oder Stangen zum Ausschlag gebracht. Auf den Strecken, auf denen die Seile nicht geradlinig verlegt werden können, müssen sie durch Führungsrohre oder Umlenkrollen in die gewünschte Richtung gebracht werden.

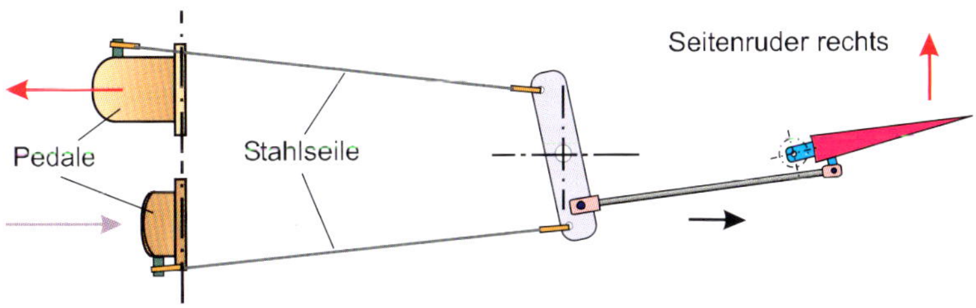

Abb. 73: Prinzip der Seitenrudersteuerung

- Die **Querruder** sind bei modernen Flugzeugen über Steuerstangen mit dem Knüppel verbunden.

Die Steuerung wird dabei so ausgelegt, dass der Ausschlag nach oben größer ist als nach unten. Man bezeichnet dies als **differenzierte Querruder**. Dadurch erreicht man eine Verringerung des **negativen Wendemoments** *(siehe auch Kapitel Grundtechniken des Fliegens)*.

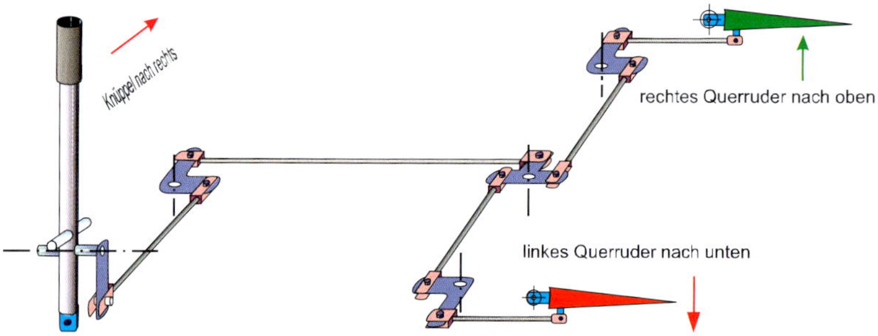

Abb. 74: Prinzip der Querrudersteuerung, Beispiel Querruder rechts

Die Länge der Steuerstangen bzw. -seile muss zur Einstellung der festgelegten Ruderausschläge verstellbar sein. Dazu verwendet man Verstellköpfe bzw. Spannschlösser.

- Die **Trimmung** hat die Aufgabe, die **Handkräfte** am Steuerknüppel, den sog. **Steuerdruck**, dem jeweiligen Flugzustand anzupassen. Während man mit der Verlagerung von Massen die Lage des Schwerpunkts verändert und somit eine statische Trimmung bewirkt, lässt sich mit der aerodynamisch wirkenden Rudertrimmung **im Flug** eine Feinabstimmung der **Fluglage** durchführen. Ein gut ausgetrimmtes Flugzeug behält z. B. auch ohne Eingreifen des Piloten Horizontal-, Steig- oder Sinkfluglage bei.

Der **Trimmhebel**, das **Trimmrad**, die **Trimmkurbel** oder bei elektrischen Trimmungen der **Trimmschalter** wird analog zum Steuerknüppel bedient: Bewegung nach vorn trimmt kopflastig (Schnauze nach unten), Bewegung nach hinten trimmt schwanzlastig (Schnauze nach oben).

Beispiel:
Nimmt das Flugzeug bei losgelassenem Höhensteuer eine zu große **Längsneigung** (verbunden mit Fahrterhöhung) ein, dann ist es zu kopflastig. Die Trimmung wird in diesem Fall etwas nach hinten gestellt. Dazu stabilisiert man das Flugzeug erst einmal mit dem Höhenruder in der gewünschten Lage und trimmt dann den **Steuerdruck** weg.

In einfachen Flugzeugen ist nur die **Höhenrudertrimmung** üblich. Dabei lassen sich folgende Arten unterscheiden:

- Bei der **Flettnertrimmung** wird am Höhenruder eine zusätzliche Trimmklappe drehbar angebracht bzw. integriert. Das nach oben gestellte Flettnerruder drückt das Höhenruder nach unten und bewirkt kopflastigere Fluglage, während es nach unten ausgeschlagen werden muss, um schwanzlastiger zu trimmen.

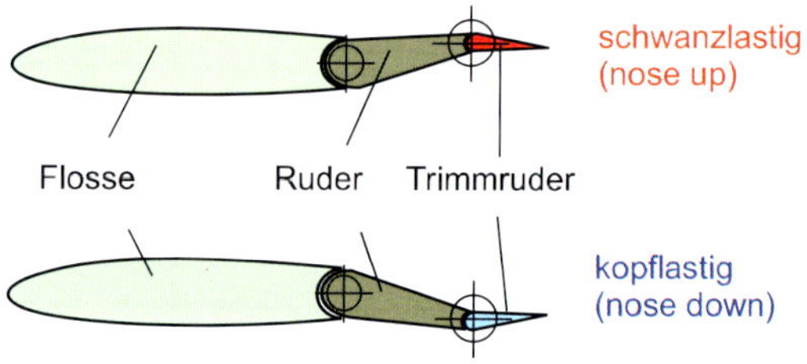

Abb. 75: Flettnertrimmung

- Die **Federtrimmung** dagegen bewirkt nur, dass der Steuerknüppel in einer gewünschten Stellung bleibt. Mit einer Federmechanik wird die Steuerstange für das Höhenruder in die eingestellte Lage zurückgeführt, wenn man den Steuerknüppel freigibt.

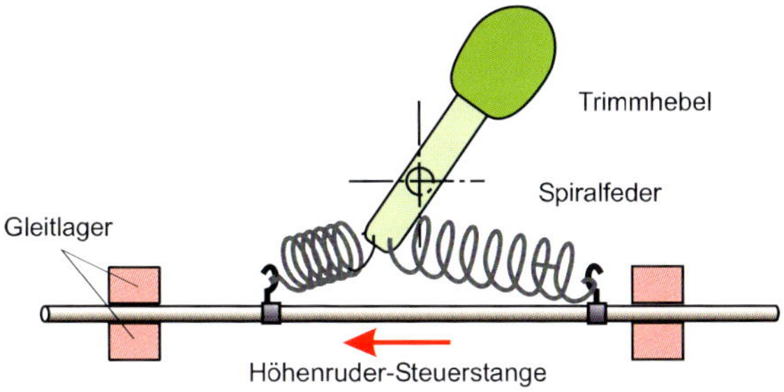

Abb. 76: Prinzip der Federtrimmung über die Steuerstange

Bei der Flossentrimmung wie z.B. bei der Piper PA-18 wird der Einstellwinkel des gesamten Höhenleitwerks verändert. Das bedeutet, es wird nicht mit dem Höhenruder, sondern mit der Höhenflosse eine andere Profilstellung erzeugt.

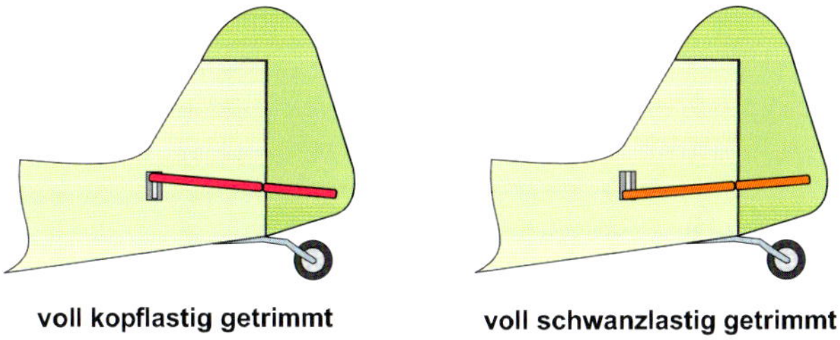

Abb. 77: Flossentrimmung

Achtung:
Falsche Beladung lässt sich nicht durch aerodynamische Trimmung ausgleichen! *(Siehe dazu Kapitel Aerodynamik und Technik, Abschnitt 6.)*

- **Bügelkanten**
  Um eine generelle Tendenz zur Drehung um eine Achse auszugleichen, können an den Rudern, für die keine eigene Trimmung existiert, schmale Blechstreifen angebracht werden, die so gebogen werden, dass sie eine korrigierende Wirkung wie fest eingestellte Trimmklappen haben.

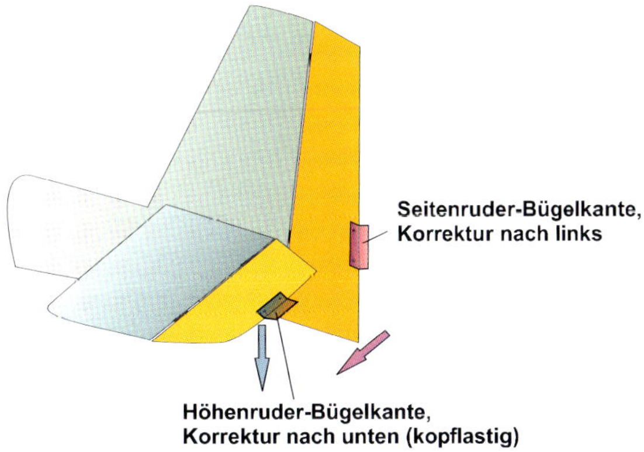

Abb. 78: Bügelkanten am Höhen- und Seitenruder

4.5 Das Fahrwerk

4.5.1 Fahrwerksarten

Die Fahrwerke von Flugzeugen oder Reisemotorseglern sind entweder als **Dreibeinfahrwerk** mit zwei Haupträdern und einem Bugrad oder als **Spornradfahrwerk** mit zwei Haupträdern und einem relativ kleinen Heckrad ausgelegt.

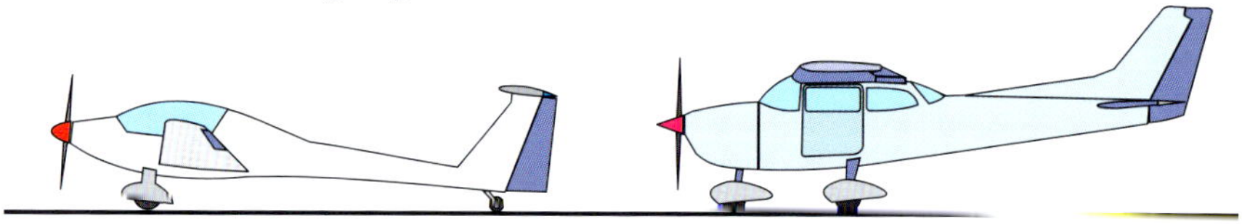

Dimona HK36 mit Spornfahrwerk **Cessna 172 mit Dreibeinfahrwerk**

Abb. 79: Fahrwerksarten

Je nach Flugzeugmuster kann das Fahrwerk ganz oder teilweise eingefahren werden, um den Luftwiderstand zu verringern und die Reisegeschwindigkeit zu erhöhen. Bei Flugzeugen mit Reisegeschwindigkeiten unter 120 kt (ca. 220 km/h) lohnt sich der technische Aufwand für ein Einziehfahrwerk nicht. Ein gut verkleidetes starres Fahrwerk ist in diesem Bereich genau so gut wie ein einfaches einziehbares.

4.5.2 Federung des Fahrwerks

Je schwerer ein Flugzeug ist, desto höher werden auch das Fahrwerk und die Aufhängungen beansprucht. Die Fahrwerksbeine sind dann grundsätzlich gefedert. Zur Federung werden Blattfedern, Gummielemente, Schraubenfedern usw. verwendet. Ölfederbeine, Luftfederbeine oder Öl-Luft-Federbeine haben dabei noch den Vorteil der besseren Stoßdämpfung.
Das Bugrad ist in der Regel an einem Federbein aufgehängt, das einen Öl-Luftdämpfer besitzt, der die Stöße beim Rollen abfängt.
In nicht ordnungsgemäßem Betriebszustand kann ein Bugrad bzw. ein Fahrwerksbein zu flattern beginnen, was eine extreme Belastung für die Aufhängung bedeutet. Die Ursachen dafür können in einer schlechten Dämpfung liegen, aber auch in einer bereits ausgeschlagenen Lagerung, die meist wiederum als Ursache eine schlechte **Flatterdämpfung** hat.

4.5.3 Lenkung beim Rollen

Um eine sichere Lenkung am Boden zu gewährleisten, ist das Bugrad drehbar gelagert und entweder mit den Seitenruderpedalen gekoppelt oder als Schlepprad frei beweglich (z.B. Morane) oder in einem bestimmten Bereich (z.B. Cirrus SR20) einschlagbar. Spornradflugzeuge werden mit dem Heckrad gelenkt, das über Federn mit dem Seitenruder elastisch gekoppelt ist. Daneben unterstützt der auf das Leitwerk treffende Propellerstrahl eine Richtungsänderung bei dem entsprechenden Seitenruderausschlag.

4.5.4 Bremsen

Zum **Bremsen** beim Rollen am Boden sind die Hauptträder mit mechanischen oder hydraulischen Bremsen ausgestattet, die je nach Muster entweder über die Seitenruderpedale oder über Hackenbremshebel mit den Fußspitzen oder Fersen einzeln bedient werden können, um die Manövrierfähigkeit am Boden zu erhöhen. Bei einigen älteren Mustern findet man aber auch nur einen einzigen Handbremshebel (z.B. Robin DR300), der auf beide Hauptträder gleichzeitig wirkt. Das Bugrad ist ungebremst.

Die meisten Flugzeuge besitzen wie die Kraftfahrzeuge **hydraulische Bremsanlagen**, mit denen die Räder des Hauptfahrwerks über Hand- oder Fußbremshebel einzeln oder gemeinsam gebremst werden können. Dieses Bremssystem besteht aus einem Druckzylinder, der über eine

Hydraulikflüssigkeit (Hydrauliköl) auf die Bremskolben wirkt, die die Bremsbeläge gegen die mit den Rädern verbundenen Bremsscheiben oder -trommeln drückt (Scheiben- oder Trommelbremsen). Ältere Luftfahrzeuge haben noch mechanische Bremsen, die über Seilzüge, Stangen und Hebel bedient werden.

Ein **Bremsencheck** gehört zu jedem Anrollen zur Startbahn. Er wird gleich beim Verlassen der Parkposition durchgeführt, um notfalls das Triebwerk bei noch geringer Geschwindigkeit sofort abstellen zu können.

4.5.5 Bereifung

Da die **Reifen** für Flugzeuge beim Landen erheblichen Stoßbelastungen ausgesetzt sind, müssen sie einen anderen Aufbau aufweisen als die Straßenreifen. Es dürfen daher nur luftfahrtgeprüfte Fabrikate aufgezogen werden.

Der vorgeschriebene Reifenluftdruck ist in Radnähe markiert und muss eingehalten werden. Bei zu wenig Druck im Reifen kann sich die Reifendecke auf der Felge verschieben und eventuell das Ventil abscheren oder den Schlauch beschädigen. Zur Kontrolle sind Felge und Reifen deshalb mit roten Farbstrichen markiert, die sich genau gegenüberstehen müssen. Sind diese **Rutschmarken** gegeneinander versetzt, hat sich der Reifenmantel verschoben. Das Flugzeug darf nicht in Betrieb genommen werden, bevor die Bereifung in einen ordnungsgemäßen Zustand gebracht wurde.

4.6 Bedienhebel

Zur Vereinheitlichung und zur Verhinderung von Fehlbetätigungen sind die wichtigsten Bedienhebel bei Reisemotorseglern folgendermaßen **farbig gekennzeichnet**:

- **Gelb**: Ausklinkvorrichtung, falls geeignet zum Fremdstart
- **Rot**: Betätigung für den Haubennotabwurf, Gemischregulierung (Mixer)
- **Blau**: Luftbremsen (Bremsklappenhebel)
- **Grün**: Trimmung

Mit dieser Hilfe wird auch gleichzeitig ein Zurechtfinden auf einem neuen Muster erleichtert. In Motorflugzeugen ist diese Farbkennzeichnung kaum üblich.

4.7 Motor

Je nach Arbeitsweise unterscheidet man Kolben-, Kreiskolben-(Wankel-) und Turbinenmotoren. In der Regel sind in den Flugzeugen und Reisemotorseglern **Viertaktmotoren** zu finden, die als Benzin- oder Dieseltriebwerke ausgelegt sind. Benzinmotoren können Vergaser- oder Einspritztriebwerke sein, Dieselmotoren sind grundsätzlich Einspritzer. Die am weitesten verbreitete Bauart ist der Boxermotor mit gegenüber liegenden Zylindern, weil sie am Platz sparendsten ist.

Zur **Kühlung** des Triebwerks liegen die Zylinderköpfe bei nicht flüssigkeitsgekühlten Motoren entweder im freien Luftstrom oder sie werden – aerodynamisch günstiger und bei modernen Flugzeugen immer – bei vollständigem Einbau in die Rumpfkontur über **Luftleitbleche** mit Kühlluft versorgt. Zur besseren Wärmeableitung sind die Zylinder mit **Kühlrippen** versehen, welche die Kühlfläche beträchtlich vergrößern. Um möglichst wenig Widerstand zu erzeugen, werden vorstehende Motorteile mit widerstandsverringernden Verkleidungen umgeben.

Um auch bei niedrigen Temperaturen die notwendige Betriebstemperatur des Triebwerks zu gewährleisten, sind Flugzeuge, die in dieser Beziehung empfindlich sind, mit **Kühlklappen** ausgestattet, die den Kühlluftstrom in geschlossenem Zustand verringern. Beim Start werden sie grundsätzlich geöffnet, im Reiseflug ganz oder teilweise geschlossen. Überwacht wird die Kühlung mit Hilfe des Öl- und des Zylinderkopfthermometers (siehe dazu Kapitel Instrumentenkunde).

Verschmutzungen im Kühlluftbereich sind beim Vorflugcheck gründlich zu entfernen, weil sie dazu führen können, dass das Triebwerk bei ungünstigen Verhältnissen überhitzt.

4.7.1 Arbeitsweise des Viertakters

Während Zweitaktmotoren nur über die Kolbenbewegungen ein Benzin/Öl/Luft-Gemisch bzw. dessen Verbrennungsgase in den Ein- bzw. Auslasskanälen dirigieren, weist der Viertakter einen Arbeitsablauf in vier Schritten (Takten) auf, der mit Hilfe von Ein- und Auslassventilen geregelt wird. Die Steuerung dieser Ventile wiederum erfolgt über eine sog. Nockenwelle, die vom Motor selbst angetrieben wird.

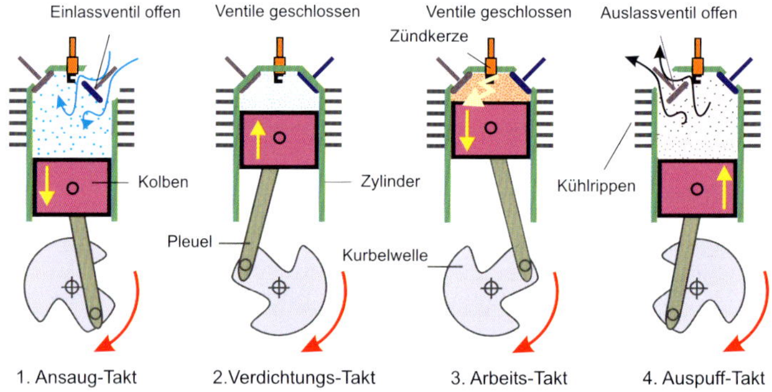

Abb. 80: Prinzip des Viertakters

1. Takt: Ansaugen	Das Einlassventil öffnet sich, der Kolben läuft nach unten und saugt das Benzin-Luft-Gemisch an.
2. Takt: Komprimieren	Das Einlassventil schließt, der Kolben verdichtet das Gasgemisch bei der Aufwärtsbewegung.
3. Takt: Arbeitstakt	Das Gemisch wird bei geschlossenen Ventilen zu einem möglichst optimalen Zeitpunkt gezündet bzw. entzündet sich beim Dieseltriebwerk wegen der durch die höhere Kompression erreichte Zündtemperatur von selbst. Der Kolben folgt dem Druck nach unten.
4. Takt: Auspuffen	Das Auslassventil öffnet, der Kolben pufft bei der Aufwärtsbewegung die verbrannten Gase aus.

Zusammenfassung:
Beim Viertakter erfolgt bei jeder zweiten Umdrehung der Kurbelwelle eine Zündung. Die Schmierung erfolgt über ein eigenes System, während beim Zweitakter das Schmieröl dem Treibstoff zugemischt wird.

4.7.2 Schmierung und Schmierstoffe

Die Schmierung erfolgt beim Viertakter über ein **Ölsystem**, das aus Ölwanne, Ölpumpe, Ölfilter, Ölkühler (sofern notwendig) und den notwendigen Zuleitungen und Kanälen besteht. Die üblichen Viertakt-Flugmotoren besitzen eine Druckumlaufschmierung, bei der das Öl über eine Druckpumpe in einem geschlossenen Kreislauf durch den Motor geführt wird. Dabei werden mehrere Wirkungen erzielt:

- Reibungs- und verschleißarmer Lauf aller beweglichen Teile innerhalb des Gehäuses.
- Ein beträchtlicher Teil der Wärme, die vom Triebwerk erzeugt wird, wird über das zirkulierende Öl über den Ölbehälter nach außen abgeführt (**innere Kühlung**). Motoren höherer Leistung haben einen **Ölkühler**, der im Kühlluftstrom liegt und so ausgelegt ist, dass die Öltemperatur im Kurbelgehäuse unter allen Betriebsbedingungen normale Werte (ca. 40 bis 115 °C) behält.
- **Dichtwirkung** zwischen Kolbenringen und Zylinderwand, so dass sich der Kompressionsdruck im Verbrennungsraum des Zylinders bei geschlossenen Ventilen (4-Takter) ohne größeren Verlust aufbauen kann.

Der **Öldruck** ist ein entscheidendes Indiz über die Funktionsfähigkeit dieses Systems. Sinkt er unter den minimalen Wert ab, ist das System defekt. Schmierung und Kühlung sind nicht mehr sichergestellt, die Lager können heiß laufen und fressen, was zum Motorstillstand führt.

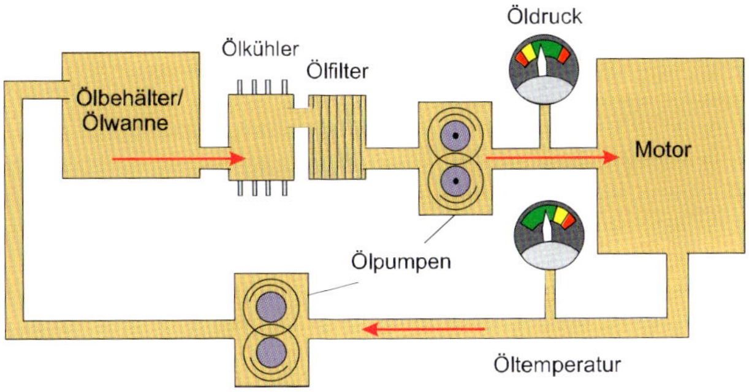

Abb. 81: Prinzip des Schmiersystems

Für die **Motorschmierung** werden je nach Zertifizierung Ein- oder Mehrbereichsöle eingesetzt.

Unlegiertes Öl wird bei neuen Motoren verwendet, um die Einlaufzeit zu verkürzen, da sie den Abrieb nicht so stark verhindern.

Legiertes Öl (Heavy Duty Oil, kurz HD-Öl) dagegen hat eine reinigende Wirkung und erzielt geringeren Abrieb. Es darf daher kein HD-Öl nachgefüllt werden, wenn der Motor mit unlegiertem Öl betrieben wird. Rückstände wie Ölkohle können sich ablösen und den Schmierkreislauf verstopfen. Ein kompletter Ölwechsel mit neuem bzw. gereinigtem Ölfilter ist obligatorisch, wenn man auf HD-Öl umsteigen will.

Die **Viskosität** (Fließfähigkeit) von Öl wird in SAE-Klassen angegeben. Sie hängt stark von der Temperatur ab. Je nach Betriebsvorschrift verwendet man im Sommer zähflüssigere Öle (z.B. HD 100) als im Winter (z.B. HD 60). Mehrbereichsöle decken einen bestimmten Temperaturbereich für Winter- und Sommerbetrieb gleichzeitig ab. Wichtig ist, dass der Schmierfilm bei allen Betriebstemperaturen des Motors nicht abreißt. Wird z.B. der Motor überhitzt, dann kann der Film eines zu dünnflüssigen Öls Löcher bekommen. Die Folgen sind wie beim Ölmangel Lager- und Kolbenfresser.

Schädlich ist es, den Motor in kaltem Zustand sofort auf hohe Drehzahlen zu bringen. Das noch zähe Öl erreicht in kaltem Zustand nicht die erforderlichen Schmiereigenschaften, der Öldruck kann dabei unzulässig hohe Werte annehmen, und der Motor erreicht wegen der hohen Reibungsverluste nicht seine volle Leistung. Ein sorgfältiges **Warmlaufenlassen** im grünen Bereich des Öldruckmessers nach den Vorschriften des Betriebshandbuchs ist daher für einen sicheren Start unerlässlich.

Während des Triebwerklaufs wird je nach Art, Alter und Zustand der Kolbenringe in Abhängigkeit von Temperatur und Viskosität mehr oder weniger Öl verbraucht. Bei älteren Triebwerken kann es durchaus vorkommen, dass die Reichweite durch den **Ölverbrauch** begrenzt ist. Einer der wichtigsten Punkte der **Vorflugkontrolle** ist daher die Überprüfung des **Ölstands** und eventuelles Nachfüllen laut Handbuch mit der richtigen Sorte.

4.7.3 Treibstoff

Für Flugmotoren verwendet man je nach Betriebsvorschrift **Flugbenzin (AVGAS)** oder **Kraftfahrzeugbenzin (MOGAS)**. Diese beiden Treibstoffarten unterscheiden sich beträchtlich (z.B. in Siedepunkt und Dampfdruck) und dürfen daher nicht beliebig verwendet werden. Was zugelassen ist, steht im Flughandbuch.

Flugbenzin genügt höheren Anforderungen als Kfz-Benzin. Es wird daher etwas verbleit, was wiederum den Nachteil hat, dass sich bei unzureichender Verbrennung (zu fettes Gemisch und/oder zu niedrige Zündtemperatur) Ablagerungen in den Zündkerzen ansetzen können. Zündaussetzer sind die Folge. Sie treten meist nach langen Rollvorgängen und/oder Leerlaufzeiten bei Mixerstellung REICH auf, machen sich beim Magnetcheck durch Drehzahlabfall bemerkbar, können aber in der Regel beseitigt werden, wenn man das Triebwerk eine Weile stark abgemagert laufen lässt.

Die sog. **Oktanzahl** sagt etwas über die Klopffestigkeit des Benzins aus. Unter **Klopfen** versteht man dabei eine ungleichmäßige Verbrennung, die zu ernsten Schäden am Motor führen kann. Da der Treibstoff Oktan eine bestimmte Klopffestigkeit hat, werden die Benzinsorten mit ihm verglichen.

Man gibt die Treibstoffart in **Leistungszahlen** an. Auf den meisten Landeplätzen erhält man das übliche Flugbenzin mit der Bezeichnung AVGAS 100LL. Mit dieser Zahl wird ausgedrückt, dass der Treibstoff in allen Bereichen (Start, Steigflug und Reiseflug) die Klopffestigkeit von Oktan hat.

Merke: Es darf kein Benzin von geringerer als der vorgeschriebenen Oktan- bzw. Leistungszahl verwendet werden. Ein höherwertiger Treibstoff schadet nicht.

Auch wenn die Tankanlagen für Flugbenzin regelmäßig kontrolliert werden, muss vor der Inbetriebnahme eines Flugzeugs durch **Ablassen** einer geringen Menge über die Entwässerungsventile (Drainer) der Treibstoff auf Verunreinigungen überprüft werden. Es könnten sich Kondenswasser oder Teilchen aus Leitungs- oder Tankoberflächen abgelagert haben, was zur Verstopfung der Versorgungswege führen würde. Die Überprüfung wird vorgenommen, bevor das Flugzeug bewegt wird, damit sich eventuelle Ablagerungen nicht durch Erschütterungen wieder mit dem Kraftstoff vermischen.

Der Kraftstoff wird mit Hilfe der Schwerkraft und/oder einer Pumpe über Brandhahn und Filter zum Motor befördert. Liegt der Kraftstoffbehälter nicht wesentlich höher als das Triebwerk, so ist immer eine **Förderpumpe** erforderlich, um den notwendigen Benzindruck zu gewährleisten. Tiefdecker sind daher mit **elektrischen Zusatzpumpen** (Booster pump) ausgerüstet. Sie haben die Aufgabe, auch bei ungünstigen Bedingungen (Start, Steigflug, Kunstflug) und sicherheitshalber auch bei der Landung immer den notwendigen **Kraftstoffdruck** aufrecht zu erhalten. Wann bei einem bestimmten Flugzeug solche Pumpen eingeschaltet werden sollen, sagt das Flughandbuch.

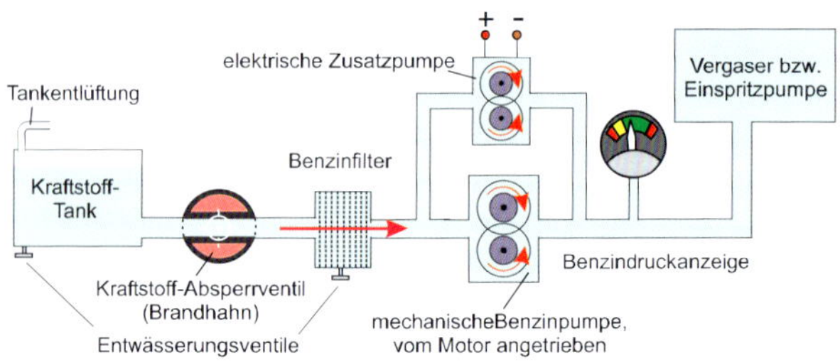

Abb. 82: Prinzip der Kraftstoffanlage

Ist der Treibstoff auf mehrere Tanks verteilt, dann gibt es einen Tankwahlschalter, mit dem die Zufuhr umgeschaltet werden kann. Einige Muster (z.B. Cessna 172) haben eine Stellung BOTH, bei der aus beiden Flügeltanks der Treibstoff nachläuft, so dass man sich keine Gedanken über ein Umschalten zu machen braucht. Andere dagegen (z.B. Piper PA-28) lassen sich nur wechselseitig auf den linken oder rechten Tank schalten. Der Pilot muss also selbst darauf achten, dass rechtzeitig auf den volleren Tank umgeschaltet wird. Gestartet und gelandet wird immer nach den Angaben im Flughandbuch, in der Regel mit Schaltung auf den vollsten Haupttank.
Tankwahlschalter können mit dem Brandhahn gekoppelt sein, sie weisen dann zusätzlich die Stellung OFF auf.

4.7.4 Der Vergaser

Um ein explosives Benzin-Luft-Gemisch zu erzeugen, muss die Mischung in einem bestimmten Verhältnis (etwa 1:15) erfolgen. Diese Gemischaufbereitung erfolgt im Vergaser nach folgendem Prinzip:

Die vom Kolben angesaugte Luft wird durch einen sich verengenden Kanal geleitet, in dessen engstem Querschnitt sich eine Düse befindet. Durch den Unterdruck (Bernoullisches Gesetz) tritt aus dieser sog. Hauptdüse Benzin aus und zerstäubt.

Mit einer Drosselklappe, die über den Gashebel betätigt wird, lässt sich der Ansaugluftstrom und damit die Gemischmenge regulieren. Der hinter der Drosselklappe herrschende Druck heißt **Ladedruck** (Manifold pressure, MAP) und liefert ein Maß für die Leistungseinstellung des Motors. Er kann maximal nur so groß sein wie der atmosphärische statische Außendruck, sofern kein Turbolader zur Verfügung steht.

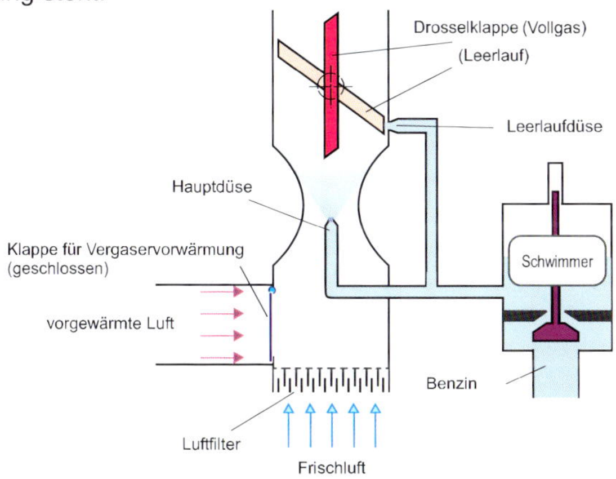

Abb. 83: Prinzip des Vergasers

Für gleichmäßige Benzinzufuhr sorgt ein Schwimmersystem, das so viel Treibstoff nachfließen lässt, dass die Schwimmerkammer immer gefüllt ist.

Um auch bei niedrigen Drehzahlen (etwa unter 1.000 RPM) ausreichende Benzinzufuhr zu gewährleisten, holt sich der Motor den Treibstoff aus der sog. Leerlaufdüse, die in der Nähe des Luftspalts sitzt, den die Drosselklappe auch bei ganz zurück gezogenem Gashebel (Leerlaufstellung) immer offen lässt.

4.7.5 Einspritzanlagen

Bei Einspritzmotoren wird bei der Abwärtsbewegung der Zylinder zunächst nur Luft angesaugt. Die Treibstoffzufuhr zur Erzeugung eines zündfähigen **Gemischs** erfolgt wohl proportioniert entweder durch Einspritzung in den Ansaugkanal oder über eine Hochdruckpumpe direkt in die verdichtete Luft im Zylinderraum (Direkteinsspritzung).

Einspritztriebwerke benötigen naturgemäß keine Vergaservorwärmung, haben aber in der Regel einen **Alternativ-Lufteinlass** (Alternate Air), der den Luftfilter umgeht, falls dieser oder die Ansaugwege durch Schnee bzw. Eis zu verstopfen droht.

4.7.6 Gemischregler (Mixer)

Je mehr Luft für die Gemischaufarbeitung zur Verfügung steht, desto mehr Benzin kann zugemischt werden, um die Leistung eines Verbrennungsmotors zu erhöhen. Basis für die Triebwerksleistung ist daher die Luftdichte, die mit zunehmender Höhe abnimmt. Motoren ohne Vorverdichtung der Ansaugluft (Turbolader) verlieren mit zunehmender Höhe daher rasch an Leistung. Auch die Luftfeuchte beeinflusst die Leistung: Warme, feuchte Luft hat eine geringere Dichte als kalte, trockene, so dass sich hohe Luftfeuchtigkeit ungünstig auf die Triebwerksleistung auswirkt. Die momentane Dichtehöhe (siehe dazu Kapitel Instrumentenkunde) ist daher Kriterium für die maximale Motorleistung.

Mit zunehmender Höhe nimmt wegen der geringeren Luftdichte auch die Sauerstoffzufuhr für die Verbrennung ab. Das Mischungsverhältnis verschiebt sich dann zugunsten des Benzinanteils. Das

Gemisch wird fetter, die Motorleistung ist nicht mehr optimal. Flugmotoren haben deswegen einen Gemischregler (Mixer), mit dessen Hilfe sich das Gemisch verarmen (engl. leanen) lässt, indem der Benzinanteil ebenfalls verringert wird. Zieht man diese Höhenkorrektur in Bodennähe, so bleibt der Motor stehen, weil ein zu armes Gemisch auch nicht mehr zündfähig ist. Auf diese Weise lässt sich das **Triebwerk abstellen**, ohne dass die Gefahr eines Zurückschlagens durch Selbstentzündung besteht.

Das Gemisch wird am besten mit Hilfe eines **Abgasthermometers** (Exhaust gas temperature, EGT) reguliert. Um die wirtschaftlichste Einstellung (**Best Economy**) zu erzielen, magert man das Gemisch langsam ab, bis die höchste Abgastemperatur erreicht ist. Um die beste Leistung (**Best Power**) zu erzielen, reichert man es wieder solange an, bis die Temperatur etwa 50 bis 100 °F (ca. 40 °C) unter den höchsten Wert (Peak) gefallen ist. Auf diese Weise wird zu starkes Abmagern vermieden, was eine Überhitzung der Zylinder und/oder Fehlzündungen (Detonationen) zur Folge haben kann.

Steht kein EGT zur Verfügung, magert man vorsichtig ab, bis das Triebwerk rau läuft und die Drehzahl abfällt. Anschließend wird das Gemisch wieder fetter eingestellt, bis ein runder Motorlauf anliegt.

Geleant (abgemagert) werden kann in allen Höhen, sollte jedoch immer in Verbindung mit der Zylinderkopftemperatur und bei Einspritztriebwerken mit dem Kraftstoff-Durchfluss überwacht werden. Bei hohen Triebwerksleistungen (über etwa 75 %) verzichtet man darauf, um eine erhöhte innere Kühlung durch das Verdampfen von überschüssigem Treibstoff zu erzielen. Manche Triebwerkshersteller empfehlen daher, Steigflüge grundsätzlich mit Vollgas durchzuführen. Welche Verfahren anzuwenden sind, findet man im Betriebshandbuch des jeweiligen Musters. Bei gleichem Triebwerkstyp gibt es durchaus unterschiedliche Betriebsbedingungen, wenn sie in unterschiedliche Flugzeugmuster eingebaut werden.

Eine aufwändigere Möglichkeit, auch in großen Höhen maximale Motorleistung zu erzielen, besteht darin, die Luft vorzuverdichten, um den Sauerstoffgehalt zu erhöhen. Das geschieht mit einem Turbolader, der mit Hilfe eines turbinenartigen Schaufelrads die benötigte Luftmasse ansaugt und komprimiert.

4.7.7 Vergaservorwärmung

Bei bestimmten Wetterverhältnissen, nämlich bei hoher Luftfeuchte und Temperaturen zwischen einigen Graden unter 0 °C und ca. 20 °C (!) kann sich im Ansaugkanal Eis ansetzen. Das kommt daher, dass zum »Vergasen« des Benzins Wärme benötigt wird, die der Umgebung entzogen wird. Der in der Luft enthaltene Wasserdampf setzt sich als Eis an. Dadurch wird der Ansaugquerschnitt verengt, die Folge – bedingt durch das fetter werdende Gemisch – ist zunächst ein Leistungsabfall mit rauem Motorlauf, schließlich Triebwerksausfall. Um dies zu verhindern, schaltet man die Vergaservorwärmung ein. Dabei wird unter Umgehung des Luftfilters vom Auspuffsystem vorgewärmte Luft in den Ansaugkanal geführt *(siehe Abbildung 83)*. Die Drehzahl sinkt dabei zwar etwas ab (je nach Triebwerkskonfiguration um ca. 50 bis 250 RPM), weil die wärmere Luft eine geringere Dichte hat, ein ungestörter Lauf ist jedoch gewährleistet. Der Flug kann fortgesetzt werden.

Je nach den im Flughandbuch nachzulesenden Betriebsvorschriften wird die Vergaservorwärmung sicherheitshalber bereits bei der Vorbereitung zur Landung gezogen, um ein Aussetzen des Triebwerks im Landeanflug oder beim Durchstarten zu vermeiden.

Einspritzmotoren haben naturgemäß keine Einrichtung zur Vergaservorwärmung, jedoch meist eine Möglichkeit, vorgewärmte Alternativluft in die Ansaugleitungen zu führen, um den Motor am Laufen zu halten, falls der Lufteinlass z. B. durch Eis oder Schnee zu verstopfen droht.

Die Überprüfung der Vorwärmung ist einer der Checkpunkte beim Run Up (siehe Checkliste) vor dem Start und muss einen dem Handbuch entsprechenden Leistungsabfall erbringen. Ist das nicht der Fall, dann ist diese Sicherheitseinrichtung defekt und muss vor dem Flug repariert werden.

4.7.8 Anlassen und Anlasshilfen

Um das Anlassen aus dem kalten Zustand zu erleichtern, besitzen einige Reiseseglermotoren (meist diejenigen Typen, die von Pkw-Triebwerken abstammen) einen **Choke**, der durch Schließen der Luftzufuhr zum Vergaser für fetteres Gemisch sorgt, während Flugmotoren meist eine **Hand-Einspritzpumpe** (**Primer**) aufweisen, mit der eine kleine Menge Kraftstoff direkt in den Ansaugkanal gespritzt werden kann. Dadurch wird erreicht, dass auch im kalten Verbrennungsraum die notwendige Benzinmenge zu einem zündfähigen Gemisch verdampft.

Einspritzmotoren dagegen verfügen über eine elektrische Primerpumpe, die dafür sorgt, dass der notwendige Benzindruck für die Einspritzpumpe gleich zum Anlassvorgang aufgebaut wird.

Jedes Triebwerk weist beim Anlassen gewisse Eigenheiten auf, die man kennen sollte, um unnötig lange Starterzeiten zu vermeiden. Da sich der elektrische Anlasser auf Grund der hohen Stromaufnahme schnell erhitzt, darf er nur eine bestimmte Zeit (meist ca. 20 Sekunden) ununterbrochen laufen. Danach ist eine Pause von einigen Minuten einzulegen, falls der Motor nicht anspringt.

Zum raschen Anlassen beachte man die Grundregeln:

- Kaltes Triebwerk, kalte Außenluft? ⇨ mehr Choke bzw. mehr Primen, beim Anlassen Leerlaufstellung oder geringfügig darüber
- Heißes Triebwerk, warme Außenluft? ⇨ kein Choke, nicht einspritzen, auch nicht mit dem Gashebel pumpen, Gashebel zum Anlassen mehr öffnen
- Überfettetes (versoffenes) Triebwerk? ⇨ Gemischhebel auf ARM, Starter mit geöffnetem Gashebel bedienen bis die ersten Zündungen einsetzen, dann Gemisch vorsichtig anreichern und Gas zurücknehmen.

4.8 Elektrische Anlage

4.8.1 Das Bordnetz

Die **Stromversorgung** der elektrischen Systeme des Flugzeugs erfolgt in der Regel über ein 14V- oder 28V-Gleichstrom-Bordnetz, das von einem **Generator** oder einem **Alternator** über einen Spannungsregler gespeist wird. Der Generator bzw. Alternator wird über einen Riemen vom Motor angetrieben und sorgt für eine Aufladung der **Batterie**, die zum Starten des Triebwerks benötigt wird und im Normalfall auch eine ausreichende Kapazität hat, um beim Ausfall des Stromerzeugers die wichtigsten elektrischen Geräte noch eine Zeitlang funktionstüchtig zu halten. Zur Überwachung des Ladezustands der Batterie dient ein **Strommessgerät** (**Amperemeter, engl. Ammeter**).

Abb. 84: Zeiger links: Batterie wird entladen; Zeiger auf Null: Batterie ist geladen (Normalzustand im Flugbetrieb); Zeiger rechts: Batterie wird geladen

Eine andere Art, die Stromversorgung zu überwachen, bietet ein Amperemeter, das den Gesamtstrom misst, der dem Generator bzw. Alternator entnommen wird. Sind alle elektrischen Geräte ausgeschaltet, dann zeigt dieses Gerät (Loadmeter) nur den momentanen Ladestrom für die Batterie an.

Am Bordnetz hängen die elektrisch betriebenen Geräte wie

- Anlasser
- elektrische Zusatz-Benzinpumpe
- Funk- und Funknavigationsgeräte

- Staurohrheizung
- elektrische Landeklappen
- elektrische Überziehwarnung
- elektrisches Einziehfahrwerk
- elektrisch angetriebene Kreiselgeräte
- elektrische Vorratsanzeigen
- Beleuchtungen

Jedes dieser Geräte bzw. Systeme ist über eine Schmelz- oder Magnetsicherung gegen Kurzschluss und die damit verbundene Brandgefahr geschützt. Die komfortabelste Art bieten Sicherungsschalter (Circuit Breaker), die bei Überlastung herausspringen, aber auch – je nach Ausführung – von Hand ausgeschaltet und wieder eingedrückt werden können.

Abb. 85: Von links: einfacher Circuit Breaker ohne manuelle Ausschaltmöglichkeit, Circuit Breaker mit Zugschalter zum Ausschalten der Sicherung, Push/Pull-Ausführung dient gleichzeitig als Geräteschalter

Dabei gilt:
Geräte, bei denen die Sicherung trotz Reset bzw. Auswechselns mehrmals anspricht, sind defekt und müssen vor weiteren Versuchen zur Inbetriebnahme ausgewechselt oder repariert werden.

Mit einem Hauptschalter (Master Switch) lassen sich alle vom Bordnetz versorgten Geräte auf einmal abschalten. Auch der Generator bzw. Alternator lässt sich mit einem eigenen Schalter vom Bordnetz trennen. Die Avionik (Sende/Empfangsgeräte) ist bei den meisten elektrischen Systemen über einen eigenen Bus mit eigenem Hauptschalter (Avionic Master) an das Bordnetz geschaltet, so dass man die Einzelgeräte immer eingeschaltet lassen kann.

Vom Bordnetz unabhängig sind:
- **Zündung** *(siehe nächster Abschnitt)*
- barometrische Instrumente
- Magnetkompass
- pneumatisch angetriebene Kreiselinstrumente
- mechanische Anzeigen, z.B. Drehzahlmesser mit Fernwelle, Trimmstellungsanzeigen usw.
- Thermometer mit Thermoelementen

4.8.2 Die Zündung

Die Zündung des Gemischs erfolgt bei Benzinmotoren kurz vor Erreichen des oberen Totpunkts durch einen elektrischen Funken. Dieser entsteht zwischen den Elektroden der Zündkerze, wenn eine bestimmte Mindestspannung angelegt wird. Um mit Sicherheit einen Zündfunken zu erzielen, werden Spannungen zwischen 16.000 und 20.000 Volt benötigt.

Während Motorsegler oft mit Batteriezündanlagen ausgerüstet sind, die zum Anlassen eine Mindestspannung benötigen, um Zündfunken zu erzeugen, haben die üblichen Flugmotoren Magnetzündanlagen mit dem Vorteil, autonom ohne Batterie und Generator zu arbeiten.

Bei den **Magnetzündanlagen**, die auf keine Stromversorgung von außen angewiesen sind, erzeugt ein rotierender Permanentmagnet in einer Primärspule Wechselspannung, die wiederum nach dem Transformatorprinzip in einer Sekundärspule mit hoher Windungszahl Spannung induziert. Da der Stromkreis auf Grund des Abstands zwischen den Elektroden nicht geschlossen ist, fließt im Sekundärkreis zunächst kein Strom. Erst wenn im Primärkreis der Strom durch einen Unterbrecher plötzlich abgeschaltet wird, entsteht eine sehr hohe Spannung im Sekundärkreis, in dem auch die Zündkerze liegt. Der Funke springt über. Um auch bei niedrigen Drehzahlen eine hohe Induktionsspannung zu erzielen, wird eine sog. Schnappkupplung verwendet, die beim Drehen der vom Triebwerk angetriebenen Welle den Magneten vorspannt und ihn erst zum Zündzeitpunkt freigibt, so dass er sich in dem Moment mit hoher Geschwindigkeit in der Feldspule bewegt, wo der Unterbrecher den Zündstromkreis öffnet. Es genügt daher das Durchdrehen des Propellers von Hand, um das Triebwerk zu starten.

Das Zündsystem wird scharf, wenn mit dem Zündschalter die Masseverbindung geöffnet wird. Der Motor bleibt also nicht stehen, falls das **Massekabel** (auch Kurzschlusskabel genannt) bricht. Allerdings lässt sich das Triebwerk dann auch nicht mehr mit dem Zündschalter abstellen. Die größere **Gefahr** geht aber von einem stehenden Triebwerk mit defekter (unterbrochener) Massenverbindung aus, weil nun die Zündung unabhängig von der Stellung des Zündschalters permanent eingeschaltet ist. Durch eine – auch unbeabsichtigte – Drehung des Propellers kann der Motor anspringen. Deshalb sollte man nach einem Flug vor dem Abstellen des Triebwerks mit dem Gemischregler eine Magnetprobe im Leerlauf durchführen. Das Auspuffgeräusch muss verstummen, dann ist die Zündung in Ordnung. Läuft der Motor trotz Stellung AUS weiter, liegt ein Defekt im Zündsystem vor.

Abb. 86: Prinzip der Magnetzündung

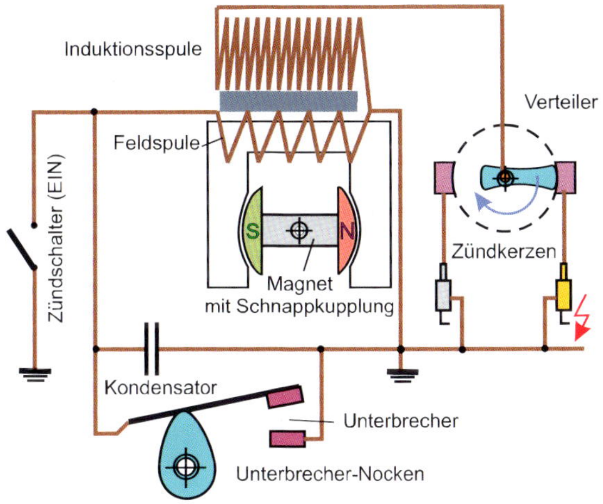

Die Steuerung des Zündzeitpunkts wird vom Motor selbst übernommen. Er dreht eine Nockenwelle, welche wiederum die Unterbrecherkontakte trennt. Um die Funkenbildung zwischen diesen Kontakten zu mildern, wird parallel dazu ein Kondensator geschaltet. Damit wird auch gleichzeitig eine Störquelle für die Funkgeräte beseitigt.

Die Zündspannung wird über einen Verteiler zum richtigen Zeitpunkt an den entsprechenden Zündkerzen angelegt.

Der Motor erreicht nur bei einem bestimmten Zündzeitpunkt seine beste Leistung. Da das Gemisch aber einige Zeit zum Verbrennen benötigt, muss die Zündung bereits vor Erreichen des oberen Umkehrpunkts erfolgen. Je schneller der Motor dreht, desto früher muss vor Erreichen des oberen Totpunkts gezündet werden. Dies kann durch einen drehzahlabhängigen Fliehkraftregler oder elektronisch gesteuert werden, so dass bei jeder Drehzahl der optimale Zündzeitpunkt erzielt werden kann.

Merke: Spät- oder Frühzündung hat Leistungsabfall zur Folge.

Flugmotoren haben **zwei voneinander unabhängige Zündsysteme**. Jeder Zylinder hat daher auch zwei Zündkerzen. Der Zündschalter besitzt dementsprechend meist vier Stellungen und eine Anlassposition: AUS – RECHTS – LINKS – BEIDE – START

Abb. 87: Zündschalter, beide Zündsysteme aktiv

Bei dem in der Abbildung gezeigten Schalter kann nur bei aktiviertem Zündsystem und eingeschaltetem Hauptschalter angelassen werden. Bei manchen Mustern wird der Anlasser allerdings über einen eigenen Tastschalter bedient (z.B. DR 400), die Position START fehlt dann. Das bedeutet bei solchen Systemen, dass man unabhängig von der Stellung des Zündschalters den Anlasser bedienen kann, falls der Hauptschalter auf ON steht.

Die optimale Verbrennung und damit die beste Leistung wird erzielt, wenn beide Zündanlagen in Betrieb sind (Stellung BEIDE bzw. BOTH). Der Motor wird daher im Flugbetrieb ausschließlich in dieser Stellung betrieben.

Zum Überprüfen des Zündsystems wird der Schalter bei einer bestimmten Drehzahl (steht im Flughandbuch) von BEIDE auf RECHTS und dann von BEIDE auf LINKS gedreht. In beiden Fällen muss die Drehzahl geringfügig zurückgehen (etwa 50 bis 150 RPM) und die Differenz zwischen den beiden Einzelschaltungen darf einen bestimmten – ebenfalls im Handbuch festgelegten Wert – nicht überschreiten. Ist kein Drehzahlabfall bei diesem sog. **Magnetcheck** feststellbar oder liegen die Werte außerhalb der Limits, dann ist die Zündanlage defekt, es darf nicht geflogen werden.

4.9 Die Luftschraube

Je nach Anordnung des Triebwerks ist der **Propeller** als Zug- oder Druckluftschraube ausgebildet und auf den Motor abgestimmt. Die üblichen einmotorigen Flugzeuge haben den Propeller vor dem Triebwerk (Zugpropeller).

4.9.1 Aufbau des Propellers

Die Luftschraubenblätter sind gewöhnlich aus Holz, Leichtmetall oder in Verbundbauweise hergestellt und weisen Profile ähnlich den Tragflügelprofilen auf, deren Einstellwinkel (Blattwinkel) nach außen hin kleiner werden (Schränkung). Zur Mitte hin erfolgt der Übergang in eine Nabe, die bei den meisten Motorflugzeugen direkt auf der Kurbelwelle angeflanscht ist, während bei den hochtourigen Motorseglermustern der Antrieb über ein Getriebe oder über einen Zahnriemen mit dem passenden Untersetzungsverhältnis erfolgt.

Propellerdrehzahl und Propellerdurchmesser können deswegen nicht beliebig groß gewählt werden, weil die Blattspitzen bei hoher Drehzahl und hoher Vorwärtsgeschwindigkeit in den Überschallbereich kommen. Dadurch nimmt erstens die Schubleistung ab und zweitens treten Lärm- und Festigkeitsprobleme auf. Das bedeutet: Hochtourige Motoren benötigen Luftschrauben mit kleinerem Durchmesser oder aber ein Untersetzungsgetriebe.

Bei bestimmten Drehzahlen und bestimmten Motorleistungen können **Schwingungen** an Motor und Luftschraube auftreten, die im Laufe der Zeit zu Materialermüdungen führen. Diese **kritischen Drehzahlen** sind im Betriebshandbuch aufgeführt und müssen vermieden werden und sind daher am Drehzahlmesser mit roten Bereichsmarkierungen versehen *(siehe Kapitel Instrumentenkunde).*

4.9.2 Wirkungsweise der Luftschraube

Bei der Rotation bildet das Profil der Blätter mit der Luftströmung einen bestimmten Anstellwinkel α, der im Standlauf gleich dem Einstellwinkel ε ist. Dadurch erfährt die durch den Propellerkreis strömende Luft (analog zur Auftriebserzeugung am Tragflügel) eine Beschleunigung und Ablenkung nach hinten. Der Propellervorschub in entgegen gesetzter Richtung ist die Reaktion darauf.

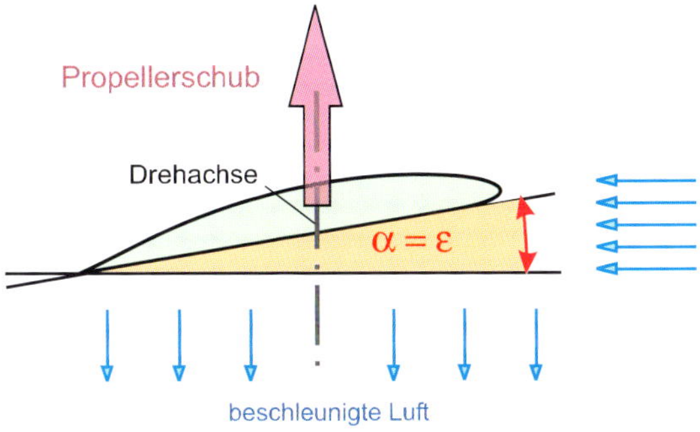

Abb. 88: Propeller im Standlauf

Bewegt sich die Drehebene des Propellers in Flugrichtung vorwärts, so nimmt der Anstellwinkel ab. Dadurch wird die Schubkraft geringer, aber auch der Propellerwiderstand, was eine höhere Drehzahl zur Folge hat, die wiederum eine höhere Leistung bewirkt.

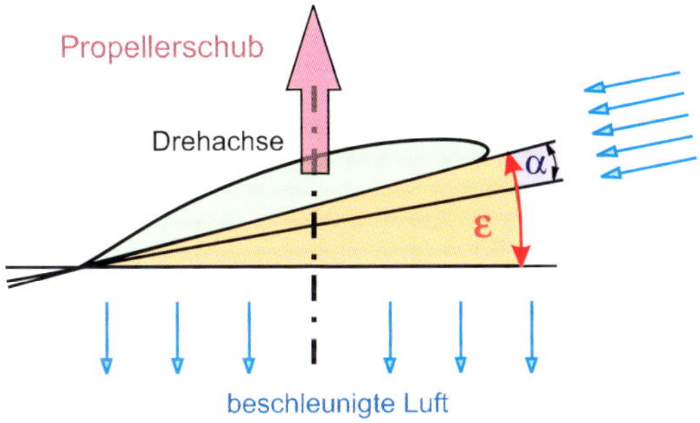

Abb. 89: Propeller im Flug

Definitionen:

- Die Stellung des Propellers wird normalerweise mit dem **Blattwinkel** (Einstellwinkel) angegeben, der an der Stelle ¾ des Radius liegt.
- Unter **geometrischer Steigung** versteht man das Verhältnis aus dem in Achsenrichtung in einem festen Stoff theoretisch zurückgelegten Weg (Profilganghöhe) und dem Umfang an der Stelle ¾ Radius. Je größer also der Blattwinkel, desto größer die Steigung des Propellers. Man kann das mit der Gewindesteigung einer Metallschraube vergleichen.
- Bei laufendem Propeller wird diese theoretische Vorwärtsbewegung jedoch nicht erreicht, sondern nur einen Teil davon, der einer kleineren Steigung entspricht. Diese wird **aerodynamische Steigung** genannt.
- Die Differenz, also den Verlust, nennt man **Schlupf** und drückt ihn als Prozentanteil von der geometrischen Steigung aus. Im Standlauf ist z.B. der Schlupf 100%.

4.9.3 Propellerarten

Man unterscheidet starre und verstellbare Luftschrauben. Bei einer starren Luftschraube wirkt sich der Unterschied wie folgt aus: Bei Vollgas erreicht die Luftschraube im Stand eine bestimmte Drehzahl (z.B. 2.300 RPM). Je schneller das Flugzeug gegenüber der Luft wird, desto geringer wird der

Anstellwinkel, umso mehr erhöht sich die Drehzahl des Motors, vorausgesetzt die Gashebelstellung wurde nicht verändert. Jede Starrluftschraube erzielt bei einer bestimmten Drehzahl und einer bestimmten Geschwindigkeit ihre optimale Leistung. Sie muss daher so ausgelegt sein, dass sie
a) ausreichenden Standschub erzeugt (Startbeschleunigung)
b) genügend Steigleistung zulässt (bei geringer Fahrt)
c) möglichst hohe Reisegeschwindigkeit erlaubt

Eine starre Luftschraube zeigt folgende Verhaltensweise:

- Beim Startlauf mit Vollgas liegt zunächst eine geringere Drehzahl als die maximale an, z.B. 2.300 RPM.
- Die Drehzahl nimmt mit zunehmender Fahrt zu und erreicht bei Steigflugfahrt mit Vollgas einen Wert, der noch unterhalb des maximalen liegt, z.B. 2.450 RPM.
- Beim Übergang in den Reiseflug steigt die Drehzahl weiter an, die Leistung muss je nach Propellerart zurück genommen werden, damit die maximale Drehzahl nicht überschritten wird.
- Beim Übergang aus dem Horizontalflug in den Sinkflug lässt sich das Triebwerk schnell überdrehen, wenn man nicht rechtzeitig das Gas heraus nimmt.
- Umgekehrt nimmt die Drehzahl ab, wenn man aus dem Reiseflug wieder in den Steigflug übergeht. Um die dafür notwendige Leistung auf den Propeller zu bringen, muss wieder entsprechend Gas gegeben werden.
- Auch ohne Motorleistung dreht der Propeller im Fahrtwind mit (Windmilling). Das kostet Energie und erhöht die Sinkrate.

Merke: Eine starre Luftschraube kann nicht gleichzeitig maximale Steigleistung und maximale Reiseleistung bieten. Triebwerksleistung, Fahrt und Drehzahl hängen voneinander ab. Motor und Luftschraube müssen also aufeinander abgestimmt sein. Die Art der Abstimmung ist vom Verwendungszweck abhängig. Für Flugzeuge, die eine hohe Reisegeschwindigkeit bringen sollen, wählt man Propeller mit großer Steigung, wenn genügend lange Pisten zur Verfügung stehen. »Arbeitspferde«, die Segelflugzeuge oder Banner schleppen und von kurzen Grasplätzen starten müssen, werden mit Luftschrauben kleiner Steigung ausgerüstet.

4.9.4 Propellerverstellung

Um den Nachteilen der Starrluftschraube zu begegnen, baut man Verstellpropeller, bei denen sich die Blätter mechanisch oder hydraulisch auf verschiedene Einstellwinkel bringen lassen. Für Motorsegler gibt es Verstellluftschrauben mit mehreren festen Stellungen, während Motorflugzeuge die Verstellung stufenlos vornehmen können.
Constant-Speed-Propeller haben automatische Regler, welche die vorgewählte Drehzahl durch hydraulische oder elektrische Blattverstellung konstant halten, sofern die Triebwerksleistung das zulässt.
Drei Stellungen sind besonders wichtig:

- Startstellung: kleine Steigung für maximale Drehzahl und beste Startleistung
- Reisestellung: große Steigung, so dass auch bei Motorleistungen zwischen 50 und 80% hohe Reisegeschwindigkeiten wirtschaftlich erzielt werden können.
- Segelstellung, in der Regel nur bei Motorseglern anzutreffen: Stellung des geringsten Widerstands.

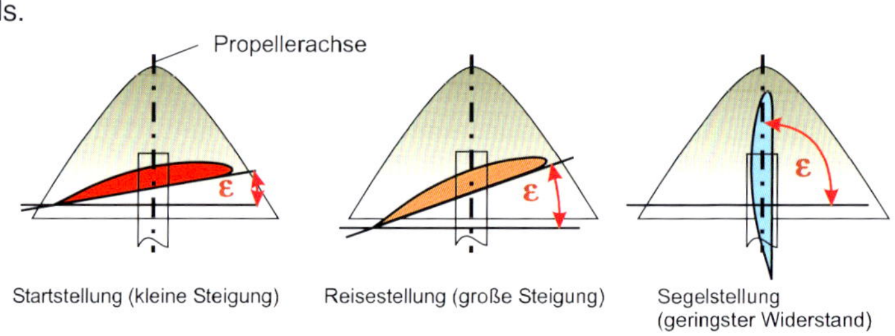

Abb. 90: Propellerstellungen

Bei Triebwerken mit Constant-Speed-Propellern lässt sich die Leistung nicht allein über die Drehzahl kontrollieren. Entscheidendes Kriterium ist der Ladedruck in Verbindung mit der Drehzahl. Letztere nimmt bei zurück gehendem Ladedruck erst dann ab, wenn die Luftschraube bereits ihre kleinste Steigung erreicht hat.

Bleibt die Constant-Speed-Luftschraube aus irgendeinem Grund auf kleiner Steigung hängen, dann besteht die Gefahr, dass der Motor überdreht. Hier hilft nur sofortige zügige Reduzierung des Ladedrucks mit dem Gashebel.

4.9.5 Propellereffekte

Die rotierende Propellermasse und der von ihr erzeugte Luftstrom lösen Nebenwirkungen aus, die der Pilot mit Steuerbewegungen ausgleichen muss. Die folgenden Erklärungen beziehen sich auf Rechtsläufer, mit denen die meisten einmotorigen Flugzeuge ausgerüstet sind:

- **Torque auf Grund rotierender Teile (Torque Reaction)**
  Als Gegenreaktion zu einem beschleunigenden rechtsdrehenden Triebwerk (in Flugrichtung betrachtet) erfährt das Flugzeug zunächst ein Drehmoment um die Längsachse nach links. Bei einem reibungsfreiem Lauf mit konstanter Drehzahl wäre dieses Rollmoment zwar wieder Null. Da aber das Propeller-Triebwerk-System durch innere Reibung und vor allem der Propeller beim Durchschlagen der Luft einen erheblichen Widerstand erfahren, besteht je nach Triebwerksleistung eine mehr oder weniger große Roll-Tendenz in die Gegenrichtung. Man stelle sich als Extremfall vor, dass der Propeller festgehalten wird: Dann würde sich das Flugzeug um die Propellerwelle drehen.

  Diesem **Torque-Effekt** begegnet man mit konstruktiven Maßnahmen wie unterschiedliche Einstellwinkel der Flügel, leicht schrägem Einbau des Triebwerks (umstritten) oder einer Querrudertrimmung. Allerdings sind die entsprechenden Abstimmungen nur für bestimmte Flugzustände (meist für den Reiseflug) optimiert, so dass noch genügend Feinarbeit für den Piloten übrig bleibt.

  Beim Startlauf mit Vollgas sorgt dieser Torque-Effekt dafür, dass das linke Rad stärker belastet wird und somit wegen des damit verbundenen höheren Widerstands eine Tendenz zum Ausbrechen nach links besteht. Dagegen hilft nur der Seitenruderausschlag nach rechts.

Es gilt:
Der Torque-Effekt hängt ab von der Beschleunigung der Masse der rotierenden Teile (wie Kurbelwelle und Propeller) sowie von der Propeller-/Triebwerksleistung und von Masse und Größe der Flugzeugzelle.

- **Korkenzieher-Effekt (Corkscrewing Slipstream)**
  Der vom Propeller erzeugte Luftstrom wird durch die Rotation ebenfalls verdrallt. Er läuft in einer spiralförmigen Rechtsbewegung um den Rumpf und übt auf die linke Rumpfseite eine Kraft aus, die ein linksdrehendes Moment um die Hochachse bewirkt. Gleichzeitig wird aber auch ein rechtsdrehendes Rollmoment um die Längsachse erzeugt, das den Torque-Effekt mehr oder weniger abschwächen kann. Mit zunehmender Fahrt wird der Korkenzieher-Effekt geringer. Je nachdem, welche Kraft überwiegt, muss der Pilot mit Seiten- und/oder Querruderausschlägen darauf reagieren, um sein Flugzeug in der gewünschten Lage zu halten.

Es gilt:
Je größer die Propellerleistung und je geringer die Fahrt, desto größer der Korkenzieher-Effekt.

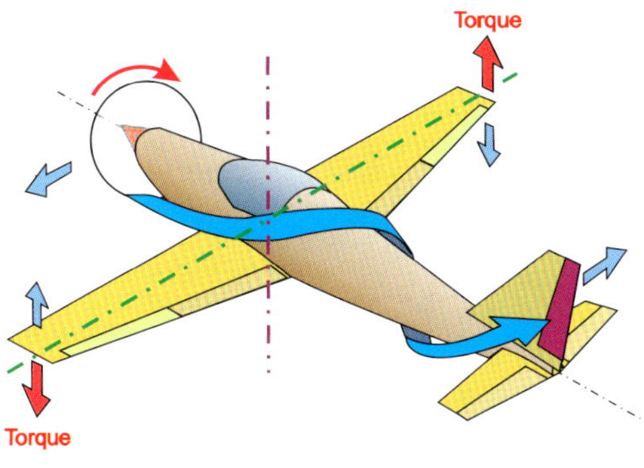

Abb. 91: Torque-Effekte durch Propellerdrehmoment und Slipstream

- **Kreiselwirkung (Gyroscopic Action)**
  Der rotierende Propeller unterliegt den Kreiselgesetzen *(siehe Instrumentenkunde 4.1)*. Das bedeutet, dass eine Präzessionskraft auftritt, sobald sich die Lage der Propellerebene ändert. Bei Nickbewegungen durch Ziehen oder Drücken des Höhenruders treten Kräfte auf, die das Flugzeug nach rechts bzw. nach links drehen wollen. Bei Gierbewegungen durch Seitenruderausschläge nach links oder rechts bewirkt die Präzessionskraft Tendenzen um die Querachse (Niicken) nach oben bzw. nach unten. Um diesen Kreiselkräften zu begegnen, muss der Pilot Seiten- und/oder Querruder einsetzen, um unerwünschte Bewegungen zu vermeiden. Beispielsweise muss die Schnauze beim Steilkreisen rechts höher am Horizont gehalten werden. als beim Linkskreisen.

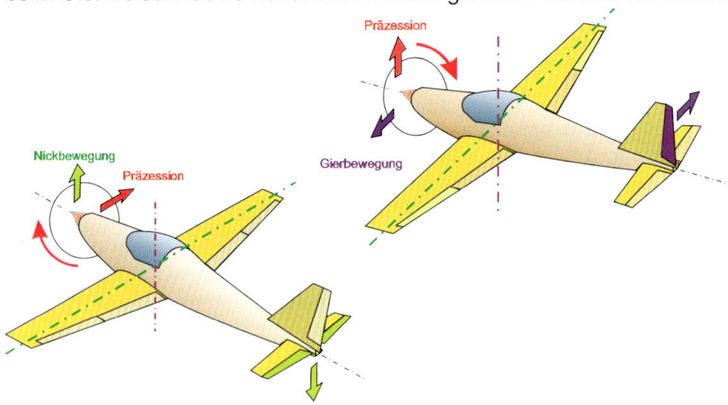

Abb. 92: Präzession verursacht durch Nick- oder Gierbewegungen

Es gilt:
Jede Gierbewegung löst ein Nickmoment aus. Jede Nickbewegung löst ein Giermoment aus.

- **Asymmetrische Lastverteilung am Propeller (P-Faktor)**
  Beim Fliegen mit großem Anstellwinkel erzeugt das abwärts laufende (rechte) Propellerblatt mehr Vortrieb als das aufwärts laufende, weil es schneller umströmt wird. Der Angriffspunkt der Vortriebskraft liegt jetzt nicht mehr zentral, sondern wandert nach rechts und erzeugt somit ein Giermoment nach links. So muss man beispielsweise immer mehr Seitenruder rechts geben, um bei Überziehübungen mit Vollgas ein Wegdrehen nach links zu verhindern.

Es gilt:
Je größer der Anstellwinkel und je höher die Motorleistung, desto größer die Vortriebsasymmetrie.

4.10 Bedienung des Triebwerks

Zur Bedienung des Triebwerks gibt es je nach Ausstattung mehrere Hebel oder Schalter. Flugzeuge mit starrem Propeller wie die Cessna C152 oder die Piper PA-28 Archer haben einen Gashebel (Throttle) mit dem der Ladedruck (Manifold pressure, MAP) reguliert wird, einen Gemischregler (Mixer) und einen Hebel für die Vergaservorwärmung, bei Flugzeugen mit Verstell-Luftschraube (z. B. Cessna C182) kommt der Hebel zur Propellerverstellung (Prop) hinzu, mit dem die Drehzahl eingestellt wird.

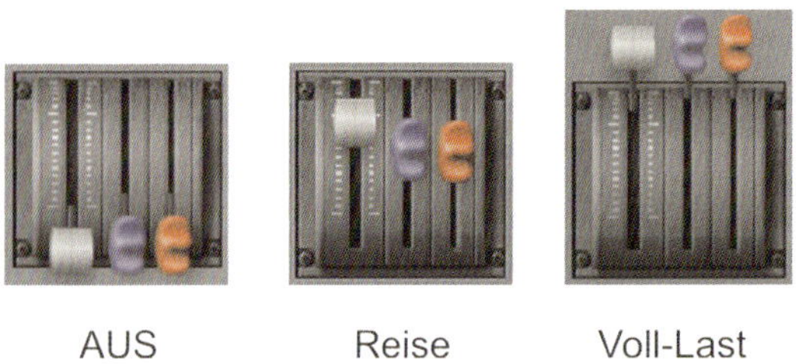

Abb. 93: Triebwerkseinstellungen, Throttle (grau), Prop-Governor (blau), Mixer (rot)

Moderne Flugzeuge wie Cirrus SR20 oder Diamond DA 40TDI haben einen einzigen Leistungshebel, der Gashebel und Propellerverstellung kombiniert. Hier wird über eine automatische Regelung zu jeder Triebwerksleistung die Blattverstellung optimal angepasst. Auf einem Display wird gleich die Leistung in Prozent der Nennleistung angegeben.

Grundsätzlich gilt für alle Triebwerk/Propeller-Konfigurationen: Je höher die Drehzahl und der Ladedruck, desto größer die Motorleistung, desto größer aber auch der Kraftstoffverbrauch pro Zeiteinheit.

Die Einstellung des Triebwerks für die verschiedenen Flugzustände bei Flugzeugen mit Constant-Speed-Propeller und konventioneller Dreihebel-Konsole wird wie folgt vorgenommen (bei starrer Luftschraube entfällt der Punkt ›Prop‹):

Start und Anfangssteigflug:
- Gemisch reich (Mixer vor)
- Propeller kleinste Steigung (Prop vor)
- Gashebel Vollgas (Throttle vor)

Übergang vom Steigflug in den Horizontalflug:
- Ladedruck zurück (Throttle)
- Propeller zurück auf größere Steigung (Prop)
- Gemisch zurück (Mixer)

Beim Übergang vom Horizontalflug in den Steigflug erfolgt die Einstellung in umgekehrter Reihenfolge (von rechts nach links):
- Gemisch anreichern (Mixer vor)
- Drehzahl erhöhen, mit kleinerer Steigung (Prop vor)
- Ladedruck erhöhen (Throttle vor)

Beim Übergang vom Horizontalflug in den Sinkflug:
- Ladedruck zurück (Throttle)
- Drehzahl unverändert (Prop)
- Gemisch anreichern (Mixer)

Für den Landeanflug:
- Ladedruck zurück (Throttle)
- Gemisch anreichern (Mixer vor)
- Drehzahl auf Startstellung (Prop vor)

5 Betrieb eines Flugzeugs

5.1 Das Flughandbuch (Pilot's Operating Handbook, POH)

Zu jedem Luftfahrzeug gehört ein Flughandbuch, das auf Grund der Musterunterlagen von der europäischen Luftfahrtbehörde **EASA** bzw. vom **Luftfahrtbundesamt** genehmigt ist. Es ist stets an Bord mitzuführen. Änderungen am Luftfahrzeug, die vom zugelassenen Muster abweichen, bedürfen grundsätzlich der Genehmigung der betreffenden Behörde. Das betrifft in gleicher Weise die Einträge im Flug- und Betriebshandbuch. Lediglich die aktuellen Daten von Ausrüstungsänderungen, die Ergebnisse der Wägungen o. ä. können von einem anerkannten Prüfer eingetragen werden.

Das Flughandbuch enthält für den Piloten alle wichtigen Informationen, wie das Luftfahrzeug unter den verschiedenen Bedingungen zu betreiben ist. Es enthält folgende Abschnitte:
- Allgemeines wie Beschreibung des Flugzeugs und seiner Anlagen, Abmessungen
- Betriebsgrenzen
- Notverfahren
- Normale Betriebsverfahren vom Anlassen bis zum Abstellen
- Beladeplan, Schwerpunktbestimmung

- Flugleistungen wie Steig- und Reisegeschwindigkeiten, Reichweite, Gleitflug
- Wartung und Pflege
- Ausrüstungsverzeichnis

Ein eingehendes Studium des Flug- und Betriebshandbuchs ist Grundlage für die Einweisung in ein neues Muster.

5.2 Checklisten

Der Gebrauch von Checklisten muss für jeden Piloten eine Selbstverständlichkeit im eigenen Sicherheitsinteresse sein. Das gilt für Kontrollen vor, während und nach dem Flug.

5.2.1 Vorflugkontrolle

Vor der Inbetriebnahme eines Luftfahrzeugs kontrolliert man es auf seine Lufttüchtigkeit. Erster Schritt der Sichtprüfung ist ein Überblick aus einigen Metern Entfernung, um eventuelle grobe Schäden zu erkennen, danach erfolgt ein Rundgang, der im Cockpitbereich beginnt und auch dort – bereit zum Einsteigen – wieder endet.

Allgemeine Regeln für die Sichtprüfung:

- Überprüfung des Gesamtzustandes (Beschädigungen, Verformungen, Risse).
- Bei kaltem Wetter auch kleine Eis-, Schnee-, Reifansammlungen von Flügeln, Flossen und Rudern entfernen.
- Sicherstellen, dass weder Eisablagerungen noch Fremdkörper in den Ruderschlitzen sind.
- Bei geplanten Nachtflügen die komplette Beleuchtung überprüfen und eine funktionstüchtige Taschenlampe mitführen.

Der Rundgang (Nummerierung siehe Abbildung 93)
Beispiel aus dem Handbuch einer Cessna C172:

①

- Steuerhorn- bzw. Knüppel-Arretierung entfernen
- Zündschalter AUS
- Hauptschalter EIN,
- Kraftstoffvorratsanzeige prüfen,
- Zusammenstoßwarnlicht (Anti collision light, ACL) und Positionslichter prüfen
- Hauptschalter AUS
- Tankwahlschalter auf BEIDE
- Flughandbuch an Bord
- Gepäckraumtür prüfen, schließen

②

- Seitenruder-Arretierung, falls angebracht, entfernen
- Heckverankerung, falls angebracht, lösen
- Seiten- und Höhenruder auf Beweglichkeit und sicheren Zustand prüfen

③

- Querruder und Klappen auf Bewegungsfreiheit und sicheren Anschluss prüfen

④

- Flügelverankerung, falls angebracht, entfernen
- Hauptrad auf richtigen Luftdruck prüfen
- Kraftstoffprobe aus dem Ablassventil entnehmen und auf Wasser und Rückstände prüfen
- **Tankinhalt** durch **Sichtkontrolle** prüfen
- Tankverschluss auf festen Sitz prüfen

⑤

- Ölstand prüfen (mindestens 6 Quarts, bei längeren Flügen auf 8 Quarts auffüllen)
- Kraftstoff-Ablassknopf (Drainer) ziehen, Benzinprobe auf Wasser und Verunreinigungen prüfen, Verschluss auf Dichtigkeit prüfen

Abb. 94 Kontrollgang, Außencheck

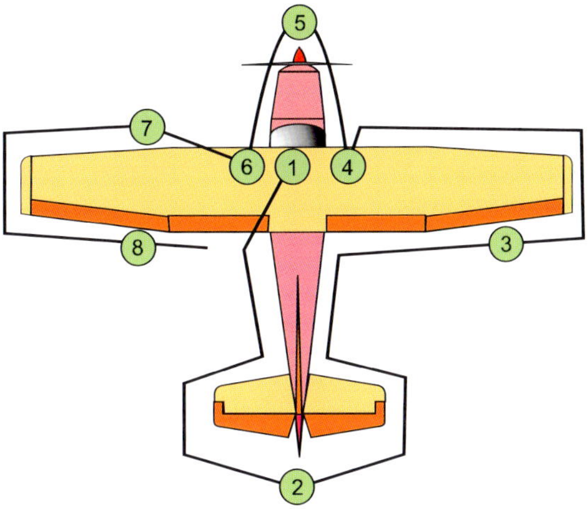

- Propeller und Spinner auf Beschädigungen (Kerben, Risse) und sichere Befestigung prüfen
- Landescheinwerfer prüfen
- Luftfilter auf Verunreinigung/Verstopfung prüfen
- Bugradfederbein und Reifen auf richtigen Druck prüfen
- Bugverankerung, falls angebracht, entfernen
- Öffnungen für die statische Druckabnahme auf Sauberkeit prüfen

⑥ wie ④

⑦

- Staurohrabdeckung entfernen, Pitotrohr auf Verschmutzung prüfen
- **Tankentlüftung** auf Verstopfung prüfen
- Lufteinlass für Überziehwarnung prüfen

⑧ wie ③

5.2.2 Checkliste für den Flug

Einmal an Bord, werden die Kontrollen der einzelnen Vorgänge bzw. Flugphasen ebenfalls an Hand von Checklisten durchgeführt. Gestartet wird nur dann, wenn alle Punkte überprüft und für einwandfrei befunden wurden.

Die Unart, sich in ein Flugzeug zu setzen und ohne sorgfältige Kontrollen einfach los zu fliegen, hat schon manchen Piloten Kopf und Kragen gekostet. Auch wenn man schon hunderte von Flügen auf demselben Muster hinter sich hat und glaubt, jeden Handgriff und jeden Checkpunkt auswendig zu kennen, schwindet schon nach einer längeren Flugpause diese Sicherheit. Das menschliche Gedächtnis ist nun mal ein wenig zuverlässiges System.

Beispiel-Checkliste für eine C172 mit einfacher Ausrüstung, hier auch mal die Checkpunkte zuerst in Englisch (Deutsch in Klammern).

1. Teil: Vom Einsteigen ins Cockpit bis zum Rollen zum Startpunkt.

COCKPIT CHECKLIST	
Outside-Check (Sichtprüfung außen)	COMPLETED (vollständig durchgeführt)
Control Lock (Steuer-Arretierung)	REMOVED (entfernt)
Flight controls (Steuerung)	FREE / CORR (freigängig und sinngemäß)
Papers (Flugdokumente)	ABOARD (an Bord)
Cabindoors (Kabinentüren)	LOCKED (verriegelt)
Parking Brake (Parkbremse)	SET (gesetzt)
Seats (Sitze)	ADJUSTED (angepasst)
Seatbelts (Anschnallgurte)	FASTENED (angelegt)
Circuitbreakers (Sicherungen)	CHECKED IN (EIN)
Fuelselector (Tankwahlschalter)	BOTH (beide)

STARTING ENGINE LIST (Anlassen)	
Avionic Master (Avionikschalter)	OFF (AUS)
Mixture (Gemischregler)	RICH (VOLL REICH)
Carburator heat (Vergaservorwärmung)	OFF (AN)
Beacon (Drehlicht, ACL)	ON (AN)
Master Switch (Hauptschalter)	ON (AN)
Prime (per Hand Einspritzen)	AS REQUIRED (nach Bedarf)
Propeller Area (Propellerbereich)	CLEAR (frei)
Starter (Anlasser)	ENGAGE (betätigen)
Throttle (Gashebel)	1000 RPM (Drehzahl 1000)
Oil pressure (Öldruck)	CHECKED (geprüft)
AFTER ENGINE START CHECKLIST (nach dem Anlassen)	
Avionic Master (Avionikschalter)	ON (EIN)
ATIS ob INFO (Flugplatzinformationen)	COPIED (abgehört)
COM / NAV (Funk- und Nav-Geräte)	SET (eingestellt)
Altimeter QNH (Höhenmesser auf QNH)	SET (eingestellt)
Directional Gyro (Kurskreisel) on MH	SET (eingestellt)
Transponder	SET / STBY (gesetzt auf Standby)
TAXI CHECKLIST (Rollen)	
Brakes (Bremsen)	CHECK (prüfen)
Turn coordinator	CHECK L/R (prüfen links/rechts)
Gyro (Kurskreisel)	CHECK L/R (prüfen links/rechts)
Horizon (künstlicher Horizont)	STEADY (konstant)
ADF	CHECK L/R (Anzeige prüfen)
RUN UP LIST (Triebwerkprüfung)	
Brakes (Bremsen)	SET (gebremst)
Throttle (Gashebel)	1700 RPM (Drehzahl 1700)
Engine Instruments (Motorinstrumente)	IN LIMITS (im grünen Bereich)
Magnetos (Zündmagnete Drehzahlabfall)	L/R max. 150 RPM, 50 RPM zwischen L/R
Carburator Heater (Vergaservorwärmung)	CHECKED (geprüft)
Alternator Output (Ladespannung)	CHECKED (geprüft)
Suction (Unterdruckanzeige)	4,6 -5,4 INCH
Oil pressure (Öldruck)	GREEN ARC (im grünen Bereich)
Throttle (Gashebel)	1000 RPM (Drehzahl 1000)
BEFORE TAKE OFF LIST (vor der Piste)	
Trim tabs / Flaps (Trimmung/Klappen)	SET TAKE OFF (für Start eingestellt)
DEP Briefing (Abflugbriefing)	COMPLETED (erledigt)
Emerg. Briefing (Notverfahren beim Start)	COMPLETED (bewusst gesprochen)
VR / VLOF (Bugrad anheben/Abheben bei)	55 / 60 kt
CLEARED FOR TAKE OFF LIST (bei Startfreigabe, vor dem Einrollen in die Piste)	
Parking brake (Parkbremse)	RELEASED (gelöst)
Landing light (Landescheinwerfer)	ON (EIN)
Pitot heat (Staurohrheizung)	ON (EIN)
Transponder	ALT (Höhencodierung EIN)
on RWY: Gyro-Hdg (richtige Piste)	CHECKED (geprüft)

2. Teil: Vom Startvorgang bis zum Abstellen

AFTER TAKE OFF LIST (nach dem Abheben, Reisesteigflug)	
Flaps (Klappen)	UP (einfahren)
Landing light (Landescheinwerfer)	OFF (AUS)
Climb Power (Steigleistung)	FULL (Vollgas), 80 bis 90 kt IAS
Mixture (Gemisch)	LEAN over 3000ft (abmagern)
Altimeter (Höhenmesser)	QNH/STD CHECK (QNH bzw. 1013 hPa)
CRUISE CHECKLIST (Reiseflug)	
Altimeter (Höhenmesser)	SET QNH/1013 (je nach Höhe/Anweisung)
Cruise Power (Reiseleistung)	SET (eingestellt)
Mixture (Gemisch)	LEANED (abgemagert)

DESCENT CHECKLIST (Sinkflug)	
ATIS bzw. INFO (Landeinformationen)	COPIED (abgehört)
Mixture (Gemisch)	ENRICHED (angereichert)
APP Briefing (Abflugbriefing)	PERFORMED (durchgeführt)
	APPROACH CHECKLIST (Anflug)
COM/NAV APP (Funk-und Navgeräte)	COMPLETED (eingestellt)
GYRO (Kurskreisel)	RECHECKED (Nachstellen erforderlich?)
Altimeter (Höhenmesser)	SET QNH (QNH einstellen)
Fuel Selector (Tankwahlschalter)	BOTH (Beide)
Vergaservorwärmung	SET (einschalten)
FINAL CHECKLIST (Endanflug)	
Mixture (Gemisch)	RICH (reich)
Carburator Heat (Vergaservorwärmung)	ON (EIN)
Landing light (Landescheinwerfer)	ON (EIN)
IAS clean (Geschwindigkeit ohne Klappen)	60 bis 70 kt
IAS flaps (Geschwindigkeit mit Klappen)	55 bis 65 kt
AFTER LANDING CHECKLIST (Nach der Landung)	
Landing light (Landescheinwerfer)	OFF (AUS)
Pitot heat (Staurohrheizung)	OFF (AUS)
Transponder	STBY (Standby-Schaltung)
Carburator heat (Vergaservorwärmung)	OFF (AUS)
Flaps (Klappen)	UP (eingefahren)
PARKING LIST (Abstellen)	
Parking brake (Parkbremse)	SET (gesetzt)
Avionics master (Avionikschalter)	OFF (AUS)
Throttle (Gashebel)	1000 RPM (Drehzahl 1000)
Mixture (Gemisch)	CUT OFF (voll arm)
Magnetos (Zündung)	OFF (AUS)
Master Switch (Hauptschalter)	OFF (AUS)
Lights in/out (Beleuchtung/Lichter)	OFF (AUS)
Control lock (Steuer-Arretierung)	INSTALLED (installiert)

Bei komplexeren Flugzeugen oder umfangreicherer Ausrüstung fallen in der Checkliste noch weitere Punkte an für Benzinpumpen, Autopilot, Verstellpropeller, Einziehfahrwerk, Klappensystem usw.

5.3 Störungen

Sind am Flugzeug Beschädigungen aufgetreten, durch welche die **Lufttüchtigkeit** nicht mehr gegeben ist, so spricht man von einer Störung.

Wer eine **Störung** erkennt, muss sie unverzüglich dem **Halter** mitteilen, der darüber entscheidet, ob eine Störungsmeldung an die Bundesstelle für Flugunfalluntersuchung (BFU) erforderlich ist. Außerdem ist die Störung im **Bordbuch** festzuhalten. *(Siehe dazu auch Kapitel Luftrecht)*

Die **Reparatur** muss unter Aufsicht eines anerkannten **Prüfers** oder in einem **luftfahrttechnischen Betrieb** durchgeführt werden, der über qualifiziertes Personal verfügt. Erst nach erfolgter **Nachprüfung durch einen zugelassenen Prüfer** darf das Luftfahrzeug wieder in Betrieb genommen werden.

Kleinere Reparaturen und Wartungsarbeiten, die keine speziellen Kenntnisse oder Werkzeuge erfordern, können ohne Störungsmeldung vorgenommen werden. Die Entscheidung und Verantwortung trägt dafür immer der Halter des Luftfahrzeugs. Im Zweifelsfall sollte immer ein Luftfahrtprüfer zu Rate gezogen werden.

Instrumentenkunde

1 Instrumentierung

Da der Instrumentierung eines Flugzeugs nahezu keine Grenzen gesetzt sind und eine Unzahl von zugelassenen Geräten auf dem Markt ist, gehen wir in diesem Buch vorwiegend auf die Instrumentierung ein, wie sie in den Ausbildungsflugzeugen vorgeschrieben und üblich ist, und vermitteln das Wissen darüber, was bei der Prüfung zum Luftfahrerschein verlangt wird.

1.1 Mindestinstrumentierung (Sollinstrumentierung)

Je nach Verwendungszweck wird vom Gesetzgeber eine bestimmte Ausrüstung bezüglich der Instrumentierung gefordert.

Um einen ausreichend sicheren Flug gewährleisten zu können, ist für alle Luftfahrzeuge je nach Art und Verwendung eine bestimmte Mindestinstrumentierung für die Führung des Fluges vorgeschrieben. Das bedeutet, dass ohne diese funktionstüchtigen Instrumente ein Luftfahrzeug nicht betrieben werden darf. Welche Grundinstrumentierung (um wenigstens vom Boden abheben zu dürfen) erforderlich ist, steht im Flughandbuch des jeweiligen Musters *(siehe auch Kapitel Flugzeugkunde)*. Welche Zusatzausrüstung erforderlich ist, um Flüge durch bestimmte Lufträume unter bestimmten Bedingungen durchführen zu dürfen, steht in der Verordnung über die Flugsicherheitsausrüstung der Luftfahrzeuge (FSAV).

1.2 Gerätegruppen

Je nach Verwendungszweck unterscheidet man:

- **Flugüberwachungsgeräte**: Höhenmesser, Fahrtmesser, Variometer, Wendezeiger, Turn Coordinator, künstlicher Horizont, Neigungsmesser, Libelle, Beschleunigungsmesser, Autopilot
- **Navigationsgeräte**: Kompass, Kurskreisel, Uhr, Funkgeräte, VOR, ADF, HSI, DME, Marker, Transponder, GPS
- **Funksprechgeräte**
- **Triebwerküberwachungsgeräte**: Ladedruckmesser, Drehzahlmesser, Öldruckmesser, Öl- und Lufttemperaturanzeigen, Kraftstoffdruck- und Vorratsanzeigen, Amperemeter, Betriebszeitenzähler
- **Flugwerküberwachungsgeräte**: Anzeigen für Klappenstellungen, Trimmung, Fahrwerkstellung

1.3 Nachprüfung

Die gesamte Instrumentierung wird zusammen mit der übrigen Ausrüstung in einem **Ausrüstungsverzeichnis** erfasst, das bei jeder Nachprüfung oder Änderung ergänzt bzw. berichtigt wird. Elektronische Luftfahrtgeräte (**Avionik**) wie Funksprechgeräte und elektronische Navigationsgeräte müssen extra von einem zugelassenen Prüfer auf ihre Betriebstüchtigkeit geprüft werden.

1.4 Funktionsweise

Nach der physikalischen Funktionsweise lassen sich unterscheiden:

- Mechanische Instrumente (barometrische Geräte, Kreiselgeräte)
- Magnetische Instrumente (Kompassanlagen)
- Elektrische Instrumente
- Elektronische Geräte

2 Barometrische Instrumente

Barometrische Instrumente zeigen Zustandsänderungen an, die auf der Änderung von Luftdruckwerten beruhen.

2.1 Fahrtmesser

Die Geschwindigkeit eines Luftfahrzeugs gegenüber der umgebenden Luft wird **Fahrt** (engl. Air speed) genannt. Fahrtmesser zeigen nur diese **relative Geschwindigkeit** an. Sie ist nur bei Windstille gleich der **Geschwindigkeit über Grund**.

2.1.1 Prinzip des Staudruckfahrtmessers

In der freien Luftströmung, meist unter dem Flügel oder in der Seitenflosse, ist ein sog. **Pitotrohr** (Staurohr) so angebracht, dass es gegen die anströmende Luft gerichtet ist. Über eine Schlauchleitung ist es mit einer **Membrandose**, dem Kernstück des Fahrtmessers, verbunden. Bewegt sich das Flugzeug gegenüber der Luftmasse, so baut sich im Pitotrohr, der Zuleitung und der **offenen Dose** ein **Gesamtdruck p_0** auf, der sich aus dem **statischen Druck p_{At}** der umgebenden Luft und dem **Staudruck q** zusammensetzt.
Die Membrandose ist in einem abgeschlossenen Gehäuse untergebracht, das eine Zuleitung zum **statischen Druck** hat, und über eine Mechanik mit dem Zeiger gekoppelt.
Auf Grund des **Staudrucks**, der durch die Fahrt entsteht, herrscht in der Dose ein Überdruck gegenüber dem Druck im Gehäuse. Dadurch dehnt sie sich aus. Diese Bewegung wird auf den Zeiger übertragen. Auf einer Skala lässt sich die Fahrt je nach **Kalibrierung** in kmh^{-1} oder Knoten ablesen.

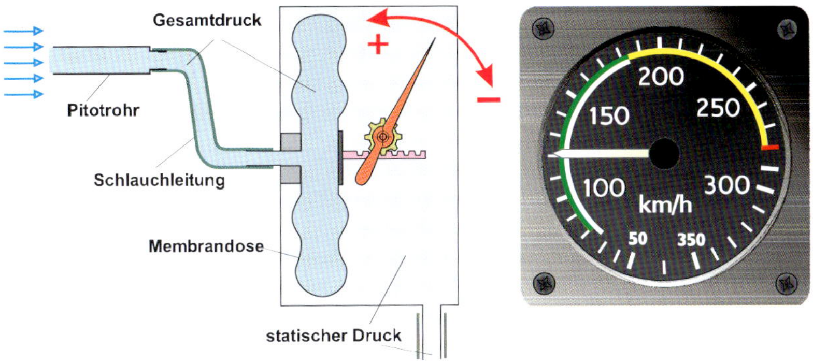

Abb. 1: Prinzip des Staudruckfahrtmessers

Der Staudruckfahrtmesser benötigt also zwei Zuleitungen:

- Gesamtdruckleitung von Pitotrohr (Staurohr) und
- statische Druckleitung.

Der **statische Druck** ist der atmosphärische Luftdruck, den man mit einem Barometer in der momentanen Höhe messen würde. Er wird an Stellen abgenommen, die nicht von der Luftströmung beeinflusst worden. Meist sind es die Rumpfseiten, die hierfür günstige Punkte bieten. Mit dem **prandtlschen Staurohr** lassen sich Gesamtdruck und statischer Druck mit einem einzigen **Messrohr** abnehmen.

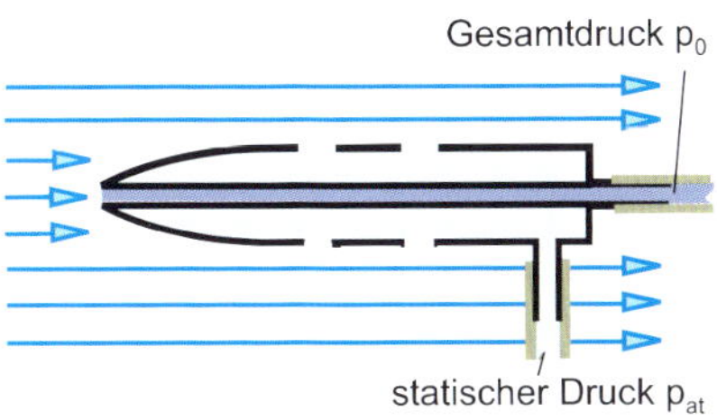

Abb. 2: Prinzip des prandtlschen Staurohrs

2.1.2 Messgenauigkeit

- Die **Fahrtanzeigen** sind nur genau, wenn das Flugzeug schiebefrei geflogen wird. Beim **Seitengleitflug** lässt sich gut beobachten, wie die Fahrtanzeige bei zunehmendem **Schiebewinkel** sinkt und sogar unter Null fällt, wenn das Messrohr schräg angeblasen und damit ausgesaugt wird.
- Jedes Borddrucksystem weist mehr oder weniger große Abweichungen von den Sollwerten auf, so dass man unterscheiden muss zwischen **angezeigter Fahrt** (IAS = Indicated Air Speed) und korrigierter **Fahrtanzeige** (CAS = Calibrated Air Speed). In einer Kalibrierkurve oder einer Tabelle, die Bestandteil des **Betriebshandbuchs** ist, werden diese Abweichungen dokumentiert.
- Je größer die **Höhe**, desto geringer wird die **Luftdichte**, desto geringer wird auch der **Staudruck**. Die Fahrtmesseranzeige wird also mit der Höhe verfälscht und zwar wird mit zunehmender Höhe zu wenig angezeigt, Allerdings hat auch die **Lufttemperatur** einen erheblichen Einfluss, weil sie die Luftdichte beeinflusst: Je wärmer die Luft, desto geringer die Anzeige.

2.1.3 Wahre Eigengeschwindigkeit

Auf hochwertigen Fahrtmessern findet man **Korrektureinrichtungen** zur Berichtigung der angezeigten Fahrt IAS. Mit einem Drehknopf stellt man zur momentanen Außentemperatur die aktuelle Höhe ein und liest die **wahre Eigengeschwindigkeit** (True Air Speed, **TAS**) nicht an der Haupt-, sondern an der Korrekturskala ab.

Abb. 3: Fahrtmesser mit Korrekturskala, Einstellung zum Beispiel –20 °C in 3.000 ft

Die **Fahrtmesserfehler** machen sich bei **Höhenflügen** gravierend bemerkbar, wenn man mit Klappen und hoher Fahrt Höhe abbauen will. Die **höchstzulässige Geschwindigkeit** kann dann überschritten werden, wenn man der Fahrtanzeige glaubt. Mit einer Faustregel kann man den Höhenfehler des Fahrtmessers abschätzen:

Faustregel: Pro 1.000 ft (300 m) Höhenzunahme zeigt der Fahrtmesser um 2 % zu wenig an.

Diese Regel ist allerdings eine grobe Vereinfachung und kann nicht ohne weiteres auf jedes Fahrtmessersystem übertragen werden, wie ein Auszug aus einem **Handbuch** zeigt:

Höhe in m	**IAS in kmh^{-1}**	**TAS in kmh^{-1}**
0 – 3000	265	ca. 265
5000	250	265
7000	215	265
9000	195	265
11.000	170	265

Mit zunehmender Höhe nimmt mit der **Luftdichte** auch der **Auftrieb** ab. Die notwendige Fahrterhöhung ist aber dann automatisch gegeben, wenn man die gewohnten Fahrtmesserwerte einhält. Das bedeutet auch, dass die **angezeigte Mindestgeschwindigkeit** (IAS) sich mit der Höhe nicht ändert, während die **tatsächliche Mindestgeschwindigkeit** (TAS) zunimmt. Trotzdem darf die zulässige **Höchstgeschwindigkeit** nicht überschritten werden, weil z.B. die **Flatterneigung** der Ruder nicht mit der Luftdichte abnimmt, sondern im Gegenteil durch die geringere Dämpfung der dünneren Luft ansteigt.

2.1.4 Geschwindigkeitsbereiche und -grenzen

Die Skalen der Fahrtmesser sind den **Betriebsgrenzen** der einzelnen Muster entsprechend farbig gekennzeichnet:

Wichtige Fahrtmessermarkierungen:

Weißer Bogen: Zulässiger Bereich mit voll ausgefahrenen Klappen

Anfang des weißen Bogens: V_{SO} Mindest-/Überziehgeschwindigkeit (Stalling speed or Minimum steady flight speed in landing configuration) ohne Gas in Landekonfiguration (Klappen und Fahrwerk ausgefahren)

Ende des weißen Bogens: V_{FE} Höchstzulässige Fahrt mit voll ausgefahrenen Landeklappen (flaps extended)

Grüner Bogen:
Normaler Betriebsbereich (Normal operating)

Abb. 4: Fahrtmesser mit Doppelskala (innen Knoten, außen Meilen pro Stunde) und farbig markierten Geschwindigkeitsbereichen

Anfang des grünen Bogens: V_{S1} Mindest-/Überziehgeschwindigkeit (stalling or minimum steady flight speed) im Leerlauf ohne Klappen

Ende des grünen Bogens: V_{NO} Maximale Reisegeschwindigkeit (Maximum structural cruising speed) in böiger Luft.

Gelber Bogen: Vorsichtsbereich, in diesem Bereich nicht in böiger Luft oder bei Turbulenz fliegen.

Roter Strich: V_{NE} Höchstzulässige Geschwindigkeit (Never Exceed Speed) in ruhiger Luft. Die Ruder dürfen bei dieser Geschwindigkeit nur noch zu einem Drittel ausgeschlagen werden.

Manövergeschwindigkeit V_A ist die höchstzulässige Geschwindigkeit für volle, abrupte Ruderausschläge (Manuevering speed). Sie hängt ab von der Flugmasse ist aber nicht eigens markiert, sondern ist dem Flughandbuch zu entnehmen. Es gilt: Je kleiner die Flugmasse, desto niedriger die V_A. In ruhiger Luft sind auch bei heftigen Ruderausschlägen keine Strukturschäden an der Zelle zu befürchten. Bei großen Böenlasten und gleichzeitig abrupten Steuerbewegungen besteht jedoch die Gefahr von Beschädigungen der Flugzeugzelle.

Merke: Bei turbulenter Luft fliegt man unterhalb der Manövergeschwindigkeit und meidet abrupte Ruderausschläge.

Bei Flugzeugen mit Einziehfahrwerk kommen noch zwei weitere Geschwindigkeitsgrenzen hinzu:

V_{LO}: Höchstzulässige Geschwindigkeit für die Fahrwerksbetätigung (Maximum Landing Gear Operating Speed), also für das Ein- oder Ausfahren

V_{LE}: Höchstzulässige Geschwindigkeit mit ausgefahrenem Fahrwerk (Maximum Landing Gear Extended Speed)

Die Manövergeschwindigkeit **V_A** bei maximaler Flugmasse und die Fahrwerksgeschwindigkeiten **V_{LO}** und **V_{LE}** findet man in den Flugzeugen auf Hinweisschildern in der Nähe des Fahrtmessers, bei Reisemotorseglern sind sie dem Flughandbuch zu entnehmen.

2.2 Höhenmesser

2.2.1 Funktion

Das Prinzip des barometrischen Höhenmessers beruht auf der **Luftdruckabnahme** mit der Höhe.

Kernstück des mechanischen Höhenmessers ist eine – im Gegensatz zum Fahrtmesser – **geschlossene Membrandose** mit verringertem Innendruck (**Aneroiddose**). Sie lässt sich unter erhöhtem äußeren Druck zusammendrücken und dehnt sich bei Druckverringerung aus. Diese Bewegungen der Dose werden von einer Mechanik auf ein Zeigerwerk übertragen. Die Skala ist entweder in Meter oder in Fuß geeicht. Eine Luftdruckänderung von 1 hPa bewirkt dabei eine Änderung der Höhenanzeige um 30 ft. Geeignet und zugelassen sind diese Höhenmesser bis 20.000 ft (6000 m).

Da auch das Material des Höhenmessers auf Grund von Temperaturschwankungen Ausdehnungsänderungen unterliegt, haben gute Höhenmesser eine Kompensationseinrichtung, die daraus resultierende Fehlanzeigen bis zu einem gewissen Grad ausgleicht.

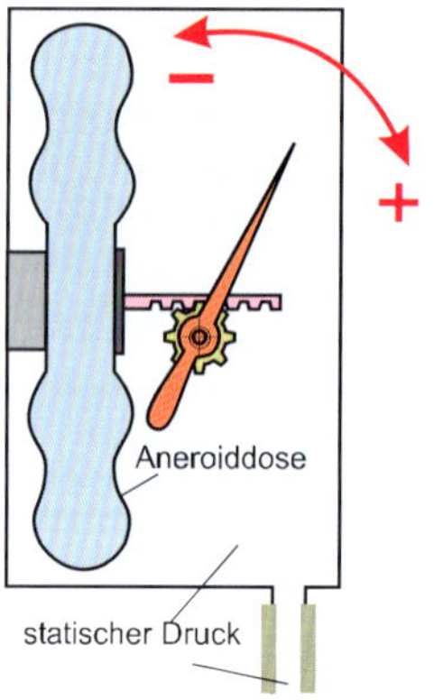

Abb. 5: Prinzip des Höhenmessers, rechts Anzeige 3.700 ft bei QNH 1030 hPa

Merke: Der Höhenmesser benötigt nur eine Zuleitung für den statischen Druck.

2.2.2 Einstellungen des Höhenmessers

Mit einem **Drehknopf** stellt man den Bezugsdruck für die Anzeige des Höhenmessers ein. Dabei unterscheidet man drei Möglichkeiten *(siehe dazu auch Meteorologie 2.1)*:

- Bei der sog. **QNH-Einstellung** dreht man die Höhenmesseranzeige auf die Platzhöhe, wenn das Flugzeug am Boden steht. Im Luftdruckfenster erscheint dann der aktuelle QNH-Wert. Stimmt er nicht mit der **QNH-Angabe** einer Start- oder Landeinformation überein, so behält man die Höhenanzeige bei und merkt sich die **Differenz**. Damit werden dann die weiteren QNH-Einstellungen korrigiert.

Beispiel:
Ein Flugplatz liegt 500 m hoch. Vor dem Start stellt man den Höhenmesser auf 500 m. Im Druckfenster werden jetzt z.B. 1015 hPa angezeigt. Wenn die Flugleitung ein QNH von 1020 hPa angibt, dann merkt man sich, dass der eigene Höhenmesser um 5 hPa zu wenig anzeigt. Wird bei der Landeinformation am Zielplatz ein QNH von 1016 empfangen, dann korrigiert man den Höhenmesser auf einen Druckwert von 1011 hPa.

- Die bei QNH-Einstellung angezeigte Höhe heißt **Altitude**. In der BRD ist der Höhenmesser auf **QNH** einzustellen, wenn **unterhalb von 5.000 ft MSL oder** – falls das Gelände höher als 5.000 ft liegt – **unterhalb von 2.000 ft GND** geflogen wird.
- Bei der **Standard-Einstellung** auf 1013 hPa zeigt der Höhenmesser die sog. **Druckhöhe** (Pressure Altitude) an, also die Höhe über dem Standard-Druckniveau. Diese Einstellung ist in der BRD bei Streckenflügen **über 5.000 ft MSL und** – falls das Gelände höher als 5.000 ft liegt – **über 2.000 ft GND** zu verwenden.
  Die bei Standard-Einstellung angezeigte Höhe heißt **Flugfläche** (Flight Level, FL) und wird grundsätzlich in Hektofuß angegeben. Beispiel: Anzeige 7.000 ft bei 1013 hPa ist FL 70.
  Um den Sichtflugverkehr vom Verkehr nach Instrumentenflugregeln zu trennen, sind die Flugflächen mit der Einerstelle Null (FL 60, FL 70 usw.) für IFR-Strecken, die Flugflächen mit der Einerstelle 5 (FL 55, FL 65 usw.) für den VFR-Überlandflug für Streckenflüge vorgeschrieben.
- Stellt man den Höhenmesser am Boden auf Null ein, so wird im Druckfenster der aktuelle Luftdruck, das sog. **QFE**, angezeigt. Die bei QFE-Einstellung angezeigte Höhe heißt **Height** und bezieht sich immer auf den Ort, von dem das QFE stammt.

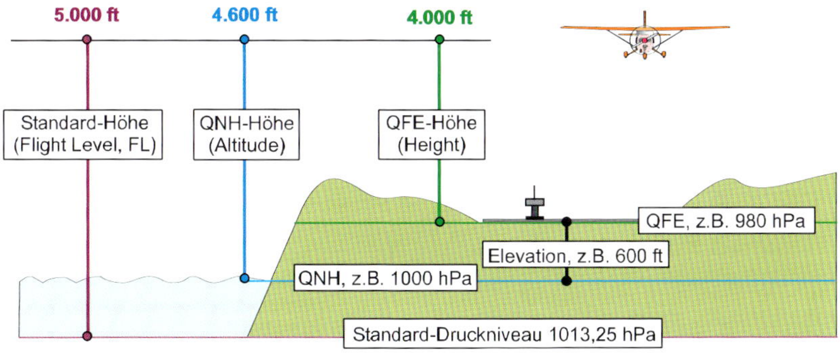

Abb. 6: Höhenmesseranzeigen bei verschiedenen Einstellungen (Beispiel)

Die Druckanzeigen im **Nebenfenster** verändern sich nicht mit dem Luftdruck, so dass man auch im Flug beim Einstellen des **QNH** stets die **Höhe über MSL**, beim Einstellen eines **QFE** stets die Höhe über dem entsprechenden **Platz** ablesen kann. Alle Höhenmesseranzeigen beziehen sich also immer auf den im Druckfenster eingestellten Wert.

Merke: Stellt man den Höhenmesser auf einen höheren Bezugsluftdruck um, dann erhöht sich auch die Höhenanzeige und umgekehrt.

Beispiel:
Anzeige 5.000 ft bei Bezugsdruck 1013 hPa. Stellt man den Bezugsdruck auf 1018 hPa, erhöht sich die Anzeige auf 5.150 ft.

Andererseits lässt sich aus einer **veränderten Höhenanzeige** die Luftdruckänderung erkennen. Nehmen wir an, ein Flugzeug wurde am Tag zuvor mit einer Höhenmesseranzeige von 1.500 ft abgestellt. Am nächsten Morgen zeigt der Höhenmesser 1.650 ft an. Das entspricht einem Luftdruckfall um 5 hPa, weil sich die Höhenmesseranzeige **pro 1 hPa um 30 ft** verändert.

2.2.3 Höhenmesserfehler

Fehler durch Luftdruck- und Temperaturabweichungen
Höhenmesser sind nach den Werten einer angenommenen **Standard-Atmosphäre** gebaut. Weicht die tatsächliche Luft von den **Standardbedingungen** ab, treten nicht zu unterschätzende Höhenmesserfehler auf:
Ein Flugzeug fliegt z.B. in **kalter** Luft tiefer als der Höhenmesser dies anzeigt, während in wärmerer Luft die Anzeige nachgeht: Bei einem Flug von einer kalten in eine wärmere Luftmasse werden deshalb zu niedrige Werte vom Höhenmesser abgelesen.

Eselbrücke: Im Winter sind die Berge höher!

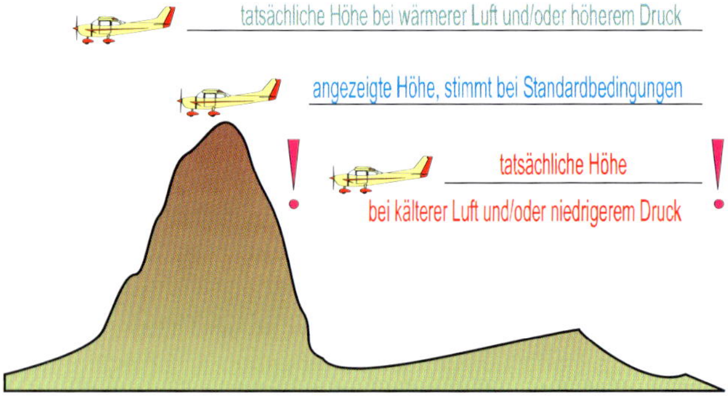

Abb. 7: Höhenmesserfehler

Gefährlicher wird es, wenn man aus einem Gebiet mit **hohem Luftdruck** in ein **Tiefdruckgebiet** fliegt, Der Höhenmesser zeigt dann zu viel an. Behält man eine bestimmte Höhenmesseranzeige bei, dann sinkt man in diesem Fall, solange man sich in Richtung fallenden Drucks bewegt.

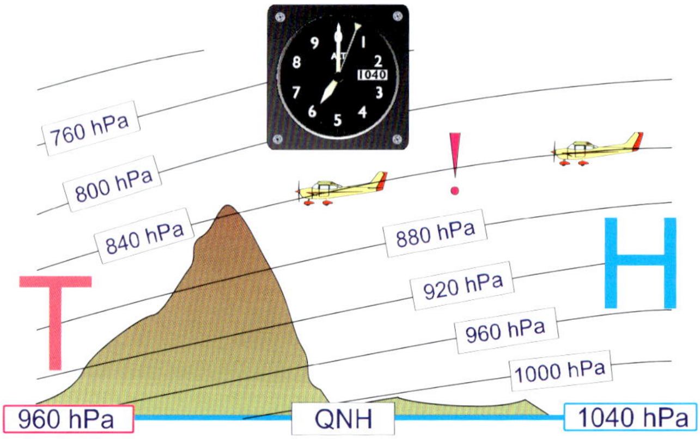

Abb 8: Flugweg vom Hoch ins Tief bei konstanter Höhenmesser-Bezugseinstellung

Auf Grund dieser Fehlermöglichkeiten hat man sich für Flüge über 5.000 ft GND für die **Standard-Höhenmesser-Einstellung** von 1013 hPa entschieden, während man darunter den Höhenmesser auf den QNH-Wert des nächstgelegenen zivilen Flughafens einzustellen hat. Bei IFR-Landeanflügen ohne Sicht nach außen ist die Umstellung von 1013 hPa auf den aktuellen QNH-Wert des Landeorts lebenswichtig.

Hysteresis
Steigt man auf große Höhen, so dehnt sich die Dose des Höhenmessers relativ weit aus. Beim Abstieg nimmt sie nicht mehr ganz ihre ursprüngliche Form an, sondern bleibt in etwas überdehntem

Zustand, von dem sie sich erst nach einiger Zeit erholt. Diesen Effekt nennt man Hysteresis. Er ist umso stärker, je schneller man große Höhenunterschiede zurücklegt. Erfolgt zum Beispiel nach einem Überlandflug ein rascher **Abstieg** aus 6.000 ft, so muss man beim Landen damit rechnen, dass die Höhenmesseranzeige nachhinkt. Es kann durchaus sein, dass man unmittelbar vor dem Aufsetzen noch eine Höhe von 100 ft angezeigt bekommt. Für ungeübte Piloten bildet daher der Hysteresis-Effekt eine **Gefahr**.

2.2.4 Höhenbezeichnungen in der Luftfahrt (Zusammenfassung)

Je nach Bedarf werden in der Luftfahrt bestimmte Höhenbezeichnungen verwendet, die auf unterschiedlichen Bezugssystemen basieren.

- **Angezeigte Höhe** (Indicated Altitude) ist derjenige Wert, den der Höhenmesser liefert, egal ob die Bezugseinstellung stimmt oder nicht.
- **Höhe (Altitude)** ist der Höhenwert über dem mittleren Meeresspiegel (Mean Sea Level, MSL) bei QNH-Einstellung. Die QNH-Altitude wird im Flugbetrieb in Fuß oder Meter angegeben.
- **Wahre Höhe (True Altitude)** ist die mit der aktuellen Temperatur korrigierte QNH-Altitude.

Beispiel:
Gegeben: Angezeigte Höhe FL 100, QNH 993 hPa, IOAT = –20 °C.
Gesucht: wahre Höhe
Das QNH ist 20 hPa kleiner als der Standardluftdruck ⇨ QNH-Altitude = 10.000 – 600 = 10.400 ft.

Faustregel zur Temperatur-Korrektur: 4 % pro 10 °C Abweichung vom Standardwert.

Die Lufttemperatur ist 15 °C kälter als die Standardtemperatur ⇨
bei dT = –15 °C ⇨ –6 % von 10.400 ft = ca. –625 ft
True Altitude: 10.400 – 625 = 9.775 ft

- **Erhebungen (Elevation)** wie Flugplatzhöhen oder Geländepunkte in den Luftfahrtkarten sind vermessene wahre Höhen über dem mittleren Meeresspiegel.
- **Height (Überhöhung)** ist die Höhe über Grund bei einer QFE-Einstellung, also die Höhe über demjenigen Flugplatz, von dem das QFE stammt.
- **Druckhöhe (Pressure Altitude)** ist der Höhenmesserwert bei Standard-Einstellung 1013 hPa (siehe oben). Die Angabe der Druckhöhe erfolgt im Flugbetrieb als Flugfläche (Flight Level) in Hektofuß.
- **Dichtehöhe (Density Altitude)** ist die fiktive Höhe, die man erhält, wenn man die Druckhöhe um die Temperaturabweichung von der Standard-Atmosphäre korrigiert. Für die Ermittlung der Flugleistungen ist diese Höhe entscheidend.

Als **Faustregel** rechnet man mit einem Korrekturwert von 120 ft pro 1 °C Abweichung von der Standardtemperatur.

Beispiel:
Die Druckhöhe auf einem 5.000 ft hoch gelegenen Flugplatz sei 5.600 ft, weil das QNH mit 993 hPa um 20 hPa kleiner als der Standardwert 1013 hPa ist. Die Lufttemperatur betrage 25 °C; sie liegt also um 20 °C höher als der Standardwert in dieser Höhe. Die Luftdichte ist also geringer und entspricht damit einer größeren Standardhöhe *(siehe dazu auch Kapitel Meteorologie)*.

Die Höhenkorrektur macht in unserem Fall 20 mal 120 ft = 2.400 ft aus. Die Dichtehöhe beträgt somit 5.600 ft + 2.400 ft = 8.000 ft. Das bedeutet, ein Flugzeug würde unter diesen Bedingungen nur noch die Leistung erbringen, die es bei Standardbedingungen in 8.000 ft schafft – ein gewaltiger Unterschied! Ein Start mit voll beladenem und betanktem Flugzeug führt hier bei ungenügend langer Piste unweigerlich in die Katastrophe.

Umgekehrt wären bei einer Lufttemperatur von –15 °C und einem QNH von 1.033 hPa Flugleistungen gegeben, die einer Höhe von 2.000 ft bei Standardbedingungen entsprächen.

2.2.5 Der Höhenschreiber oder Barograph

Barographen werden mitgeführt, um Flüge zu beurkunden, z.B. den für die Ausbildung erforderlichen ›amtlichen‹ Überlandflug. Sie arbeiten nach dem gleichen Prinzip wie Höhenmesser. Anstelle eines Zeigers wird jedoch eine Schreibspitze (Tintenfeder, eine Nadel, Filzstift o. Ä.) über eine sich drehende Trommel geführt, auf der ein **Barogrammblatt** bzw. eine berußte Folie aufgespannt ist.

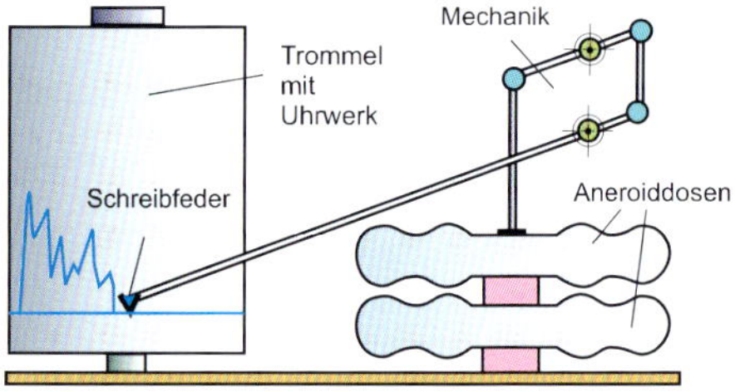

Abb. 9: Prinzip des Barographen

Die **Schreibtrommel** wird von einem mechanischen oder elektrischen Uhrwerk angetrieben. Die Umlaufzeit beträgt je nach Barographenmuster und Einstellung 2, 4, 10 oder 12 Stunden, so dass man ein **Diagramm** bekommt, in welchem die Höhe in Abhängigkeit von der **Zeit** dargestellt wird. Damit lassen sich neben den Höhen auch die **Steig- und Sinkgeschwindigkeiten** zu jedem Zeitpunkt ermitteln.

Elektronische Barographen sammeln die Höhen/Zeit-Daten digital und legen sie in einer Datei ab, die man mit der entsprechenden Software auslesen kann. Gekoppelt mit den Positionsdaten eines GPS erhält man auf diese Weise eine komplette Flugwegaufzeichnung.

2.3 Variometer

Variometer zeigen **Vertikalgeschwindigkeiten** gegenüber Grund, also Steigen oder Sinken an. Sie funktionieren ebenfalls nach dem Prinzip der **Luftdruckänderung** mit der Höhe, lassen aber einen **Druckausgleich** auf Nullstellung zu, wenn die Vertikalbewegung aufhört. Die Skalen sind entweder in **Meter pro Sekunde** oder in **Hektofuß (100 ft) pro Minute** geeicht.

Faustregel für die Umrechnung: 200 ft/min = 1 m/s

2.3.1 Das Dosenvariometer

In einem luftdichten Gehäuse befindet sich eine **Membrandose**, die sich mit zunehmender Höhe ausdehnen kann. Gleichzeitig erfolgt aber ein **Druckausgleich** über eine oder mehrere haarfeine Öffnungen (**Kapillaren**) mit dem statischen Druck, so dass die Dose und damit der Zeiger wieder in ihre Ausgangsstellung zurückkehren, wenn das Steigen aufhört.

Je schneller die Aufwärtsbewegung, desto größer der Ausschlag. Das Volumen der Dose wird mit einem **Ausgleichsgefäß** vergrößert, das als Thermosflasche ausgebildet ist, um nicht durch Temperaturschwankungen Fehler zu provozieren. **Kapillare** und Größe des **Ausgleichgefäßes** müssen dabei aufeinander abgestimmt sein, um auf der Skala die richtigen Werte anzuzeigen. Ein zu kleines Ausgleichsgefäß oder eine undichte Ausgleichsleitung haben zur Folge, dass die Anzeige zu klein ausfällt.

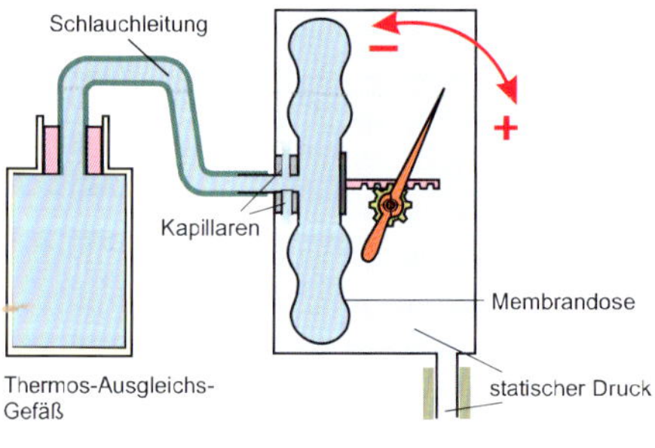

Abb. 10: Prinzip des Dosenvariometers, rechts mit Steig-Anzeige 1000 ft/min (ca. 5m/s)

Vorteile: relativ billig, robust
Nachteile: verzögerte Anzeige durch träge reagierende Dose, nur als Grobvariometer geeignet.

2.3.2 Das Stauscheibenvariometer

Es besitzt anstelle einer Membrandose eine bewegliche Platte, die direkt mit dem Zeiger gekoppelt ist und im **Ausgleichsluftstrom** zwischen dem Druck im Ausgleichsgefäß und dem statischem Druck liegt. Der Ausgleich erfolgt über einen **Kapillarspalt**.

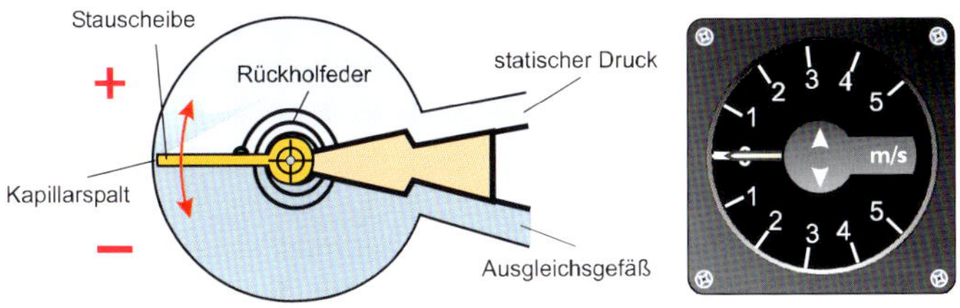

Abb. 11: Prinzip des Stauscheibenvariometers

Vorteile: schnelle, kaum verzögerte Anzeige, billig, verwendbar als Fein-, Grob- und Grob-Fein-Variometer.

2.3.3 Elektrische Variometer

Bestimmte elektronische Bauteile (z.B. NTC-Widerstände oder Siliziumstrukturen) reagieren auf das Anströmen mit Luft mit veränderten **elektrischen Widerstandswerten**. Diese Eigenschaft nützt man aus und wertet die Daten analog oder digital aus. Die Anzeige erfolgt dann über ein Strommessgerät bzw. ein Display in der Einheit Fuß pro Minute oder Meter pro Sekunde.
Vorteile:

- umschaltbar auf verschiedene Bereiche
- schnelle Anzeige
- geringer Platzbedarf

2.4 Barometrische Instrumente (Zusammenfassung)

2.4.1 Die barometrische Anlage

Zu den Instrumenten, die mit der Änderung des Luftdrucks arbeiten gehören: Höhenmesser, Variometer und Fahrtmesser. Die Abbildung 12 zeigt die konventionelle barometrische Anlage eines Flugzeugs: Alle Instrumente sind mit dem statischen Druck verbunden, der meist an den Rumpfseiten abgenommen wird.

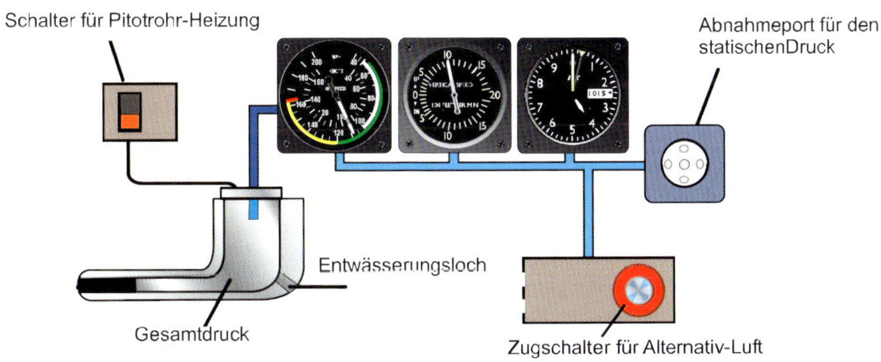

Abb. 12: Barometrische Instrumente mit Anschlüssen

2.4.2 Fehlanzeigen bei blockierten Druckleitungen

Die Einlassöffnungen für den statischen Druck und den Gesamtdruck können durch Verunreinigungen (meist Wasser oder Insekten) verstopfen. Die Anzeige der barometrischen Instrumente wird dann verfälscht:

Statische Druckleitung verstopft:

- Fahrtmesser zeigt bei Höhenänderung ungenau an: weniger bei Höhenzunahme, mehr bei tieferem Fliegen.
- Höhenmesseranzeige friert ein, zeigt auch bei Höhenänderungen konstante Höhe.
- Variometer zeigt konstant Null.

Pitotrohr (Gesamtdruckleitung) verstopft:

- Fahrtmesser zeigt mit zunehmender Höhe zu viel, beim Sinkflug immer weniger an.
- Höhenmesser und Variometer funktionieren wie gewohnt.

Damit das Messrohr bei Vereisung nicht verstopft, kann es mit einer elektrischen Heizung ausgestattet werden. Eine Prüfung der Funktionstüchtigkeit kann von außen durch Anfassen vorgenommen werden, aber auch durch Beobachtung des Amperemeters, das beim Einschalten der Pitotheizung (Pitot Heat) einen höheren Ausschlag zeigt, weil wegen eines zusätzlichen Verbrauchers mehr Strom fließt. Um ein Eindringen von Wasser in die Instrumentenleitungen zu verhindern, sind Entwässerungsöffnungen oder -ventile an geeigneten Stellen vorhanden.

3 Der Magnetkompass

3.1 Aufbau und Funktion des Magnetkompasses

Beim Magnetkompass ist ein System aus parallelen Stabmagneten drehbar gelagert und richtet sich mit seinen Polen längs der **magnetischen Feldlinien** des umgebenden Erdmagnetfelds aus, das wiederum durch andere Magnetfelder beeinflusst sein kann. Das **Magnetsystem** ist mit einer Steuerrose verbunden, die mit Skalenstrichen im 5°-Abstand versehen ist. Um eine ruhige Anzeige sicherzustellen, ist das Kompassgehäuse mit einer **Dämpfungsflüssigkeit** gefüllt.

Abb. 13: Prinzip des Magnetkompasses

Beim Kurvenflug dreht sich eigentlich das Flugzeug um die Magneteinheit, während diese ihre Richtung beizubehalten versucht. Die Anzeige gibt den Winkel zwischen der **Flugzeuglängsachse** und der Feldlinienrichtung (**Kompass-Nord**) an.

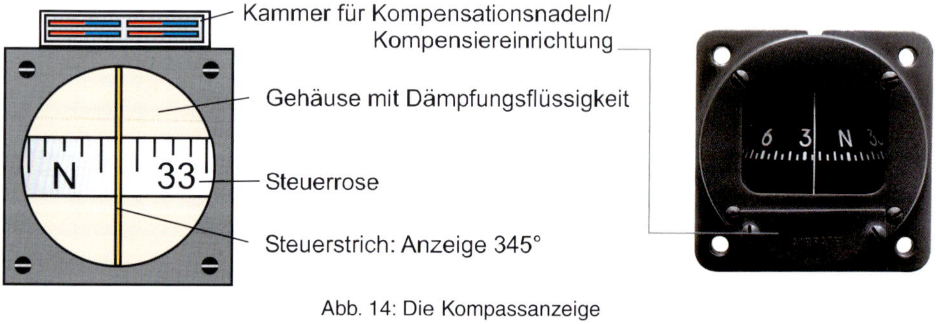

Abb. 14: Die Kompassanzeige

3.2 Missweisung

Eine Kompassnadel zeigt nicht zum **geographischen Nordpol**, sondern richtet sich längs der magnetischen **Feldlinien** unserer Erde aus, die selbst wie ein riesiger Stabmagnet wirkt. Jedoch fallen ihre **magnetischen Pole** nicht mit den geographischen zusammen. Der magnetische Südpol der Erde, auf den eine ungestörte Kompassnadel zeigt, liegt auf etwa 78° nördlicher Breite in Kanada bei Boothia Felix, also etwa 2.000 km vom geographischen Nordpol entfernt. Da sich das Magnetfeld der Erde im Laufe der Zeit verändert, sind auch die magnetischen Pole **nicht ortsfest**.

Weil der geographische Nordpol nicht auf einem magnetischen Pol liegt, und das Erdmagnetfeld **Unregelmäßigkeiten** z.B. auf Grund der ungleichmäßigen Verteilung von eisenhaltigen Erzen aufweist, ergeben sich je nach Position **Fehlweisungen** auf dem Kompass **bis zu 180°**. Da diese **Missweisung** vom Standort des Kompasses abhängig ist, spricht man auch von **Ortsmissweisung** oder **Deklination** oder **Variation** (Magnetic Variation, VAR). Die Richtung, in die der Nordpol einer frei aufgehängten Magnetnadel zeigt, heißt **Magnetisch Nord (MN)**.

Auf den **ICAO-Luftfahrtkarten** sind die Linien gleicher Missweisung als blau gestrichelte Linien eingetragen. Sie heißen **Isogonen**, die Linie mit der Missweisung Null wird **Agone** genannt.

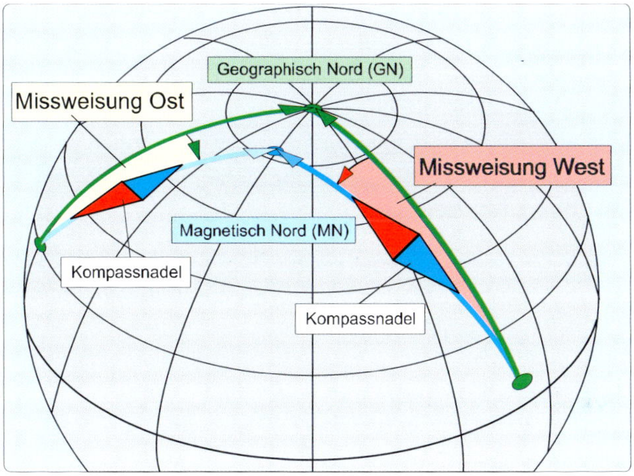

Abb. 15: Definition der Missweisung

Merke: Die Missweisung (Variation oder Deklination) ist der Winkel zwischen geographisch Nord und magnetisch Nord. Die Kompassanzeige bezieht sich auf magnetisch Nord, sofern keine weiteren störenden Einflüsse die Anzeige verfälschen.

In Mitteleuropa allerdings ist diese **Missweisung** mit einigen wenigen Graden gering. Man unterscheidet zwischen Missweisung West und Ost. Entnimmt man der Karte beispielsweise eine Missweisung von 1°W, dann bedeutet dies, dass die Nordanzeige des Kompasses um 1° von der geographischen Nordrichtung abweicht. Gemäß der **Orientierung** der Kompassrichtungen ist eine westliche Missweisung negativ. Das wiederum bedeutet, dass man in unserem Beispiel um 1° nach rechts korrigieren muss, um auf den exakten Kurs zu kommen.

Merke: Mw West bedeutet: Kompass zeigt zu wenig an (Mw = negativ).
Mw Ost bedeutet: Kompass zeigt zu viel an (Mw = positiv).

Rechtweisende Kurse, die sich auf die geographischen Pole beziehen, müssen um die Missweisung mit entgegen gesetztem Vorzeichen korrigiert werden.

Beispiel:
Bewegt man sich laut Kompassanzeige in einem Gebiet mit einer **Missweisung** von 5° W nach Westen, so ist die tatsächliche Lage der Flugzeuglängsachse um 5° weniger, also auf 265° ausgerichtet.
Oder umgekehrt:
Möchte ich mich in einem Gebiet mit der Missweisung 5° W genau nach Westen bewegen, so habe ich auf dem Kompass 275° anzulegen, weil die Anzeige um 5° zu klein ist.

Zusammenfassung:
Die Himmelsrichtungen sind auf geographisch Nord bezogen, während die Kompassanzeige sich nach magnetisch Nord ausrichtet. Die Differenz heißt **Missweisung Mw** und kann positiv (Ost) oder negativ (West) sein. Da die magnetischen Pole nicht ortsfest sind, **ändert sich** die Missweisung im Laufe der Zeit etwas (in Mitteleuropa **ca. 0,1° pro Jahr**).

3.3 Inklination und Richtkraft

Die magnetischen Feldlinien unserer Erde verlaufen in unseren Breiten nicht parallel zur Erdoberfläche, sondern sind in einem Winkel von etwa 60° nach unten Richtung Norden geneigt. Diese Abweichung aus der Horizontalen nennt man **Inklination**. In **Äquatornähe** dagegen ist die Inklination etwa Null, während sie an den magnetischen **Polen** etwa 90° (senkrechtes Eintreten der Feldlinien in die Erdoberfläche) beträgt.

Eine frei aufgehängte Magnetnadel wird sich deshalb stark nach unten geneigt einstellen. Das bedeutet, dass die **Richtkraft** des Magnetfelds, die sog. Totalintensität, in eine horizontale und eine vertikale **Komponente** zerlegt werden kann.

Nur die horizontale Komponente, die **Horizontalintensität**, ist für die Kompassanzeige entscheidend. Die horizontale Richtkraft ist daher umso kleiner, je größer die **Inklination** ist.

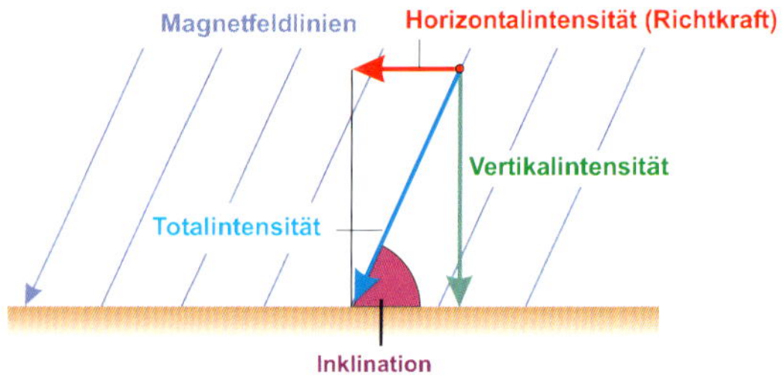

Abb. 16: Komponenten der Totalintensität des Erdmagnetfelds

Auch das Magnetsystem des Kompasses unterliegt diesem Einfluss und würde sich ohne Gegenmaßnahme unerwünschterweise steil nach unten geneigt einstellen. Um es in horizontaler Lage zu halten, verlagert man durch eine entsprechende Lagerung oder durch einen **Massenausgleich** den Schwerpunkt so, dass er außerhalb der Drehachse liegt und dem Wegkippen entgegen wirkt.

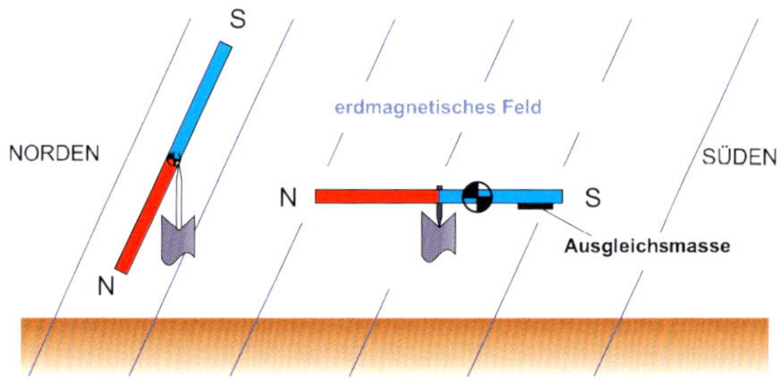

Abb. 17: Prinzip des Inklinationsausgleichs, Kompassnadel ohne und mit Massenausgleich

3.4 Kompassfehler

Auf Grund der **Inklination** und der dadurch bedingten Verlagerung des Schwerpunkts des Magnetsystems treten zum Teil erhebliche Anzeigefehler bei bestimmten Fluglagen auf:

- **Querneigungsfehler** kommen bei hängendem Flügel im Geradeausflug und im Kurvenflug vor, wenn sich das gelagerte Magnetsystem (nicht ein schwimmendes) teilweise längs der nach unten gerichteten Feldlinien ausrichten kann.

Es gilt:

Kurs	**Anzeige bei Querneigung rechts**	**Anzeige bei Querneigung links**
Nord	zu wenig (z.B. 340°)	zu viel (z.B. 020°)
Süd	zu viel (z.B. 200°)	zu wenig (z.B. 170°)
Ost	richtig	richtig
West	richtig	richtig

Die Größe des Querneigungsfehlers hängt ab von der Querneigung und vom Kurs.

- **Beschleunigungsfehler** treten beim Übergang in den Steig- oder Sinkflug auf. Beim Steigflug weicht die Anzeige nach Süden ab, beim Sinkflug nach Norden.

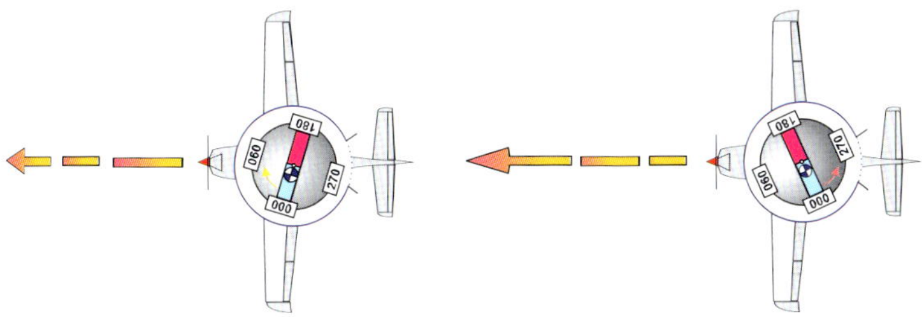

Abb. 18: Bei östlichen und westlichen Kursen läuft die Anzeige beim Verzögern Richtung Süden, beim Beschleunigen Richtung Norden.

- **Kompassdrehfehler** treten beim Kurvenflug auf und kommen sowohl durch die **Inklination** (auf Grund der Querneigung) als auch durch die **Fliehkraft** zustande.

Um eine Kurve auf einem gewünschten Kurs zu beenden, sind folgende Regeln zu beachten, die allerdings nur für Querneigungen bis ca. 30° gelten:

gewünschter Kurs	**zu beenden bei Anzeige**
Nord (000° = 360°)	330° aus Rechtskurve 030° aus Linkskurve
Ost (090°)	090° aus Linkskurve in Rechtskurve labile Lage
Süd (180°)	210° aus Rechtskurve 150° aus Linkskurve
West (270°)	270° aus Rechtskurve in Linkskurve labile Lage

Bei Zwischenkursen reduziert sich der Fehler entsprechend: pro 30° Kurs um 10° *(siehe Abb. 19)*.

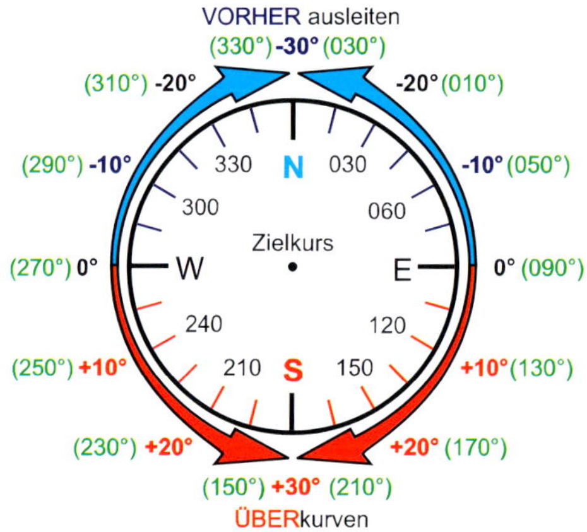

Abb. 19: Ausleiten auf einen bestimmten Kurs unter Beachtung des Kompass-Drehfehlers

Beispiel:
Eine Linkskurve auf einen Kurs von 300° beendet man bei einer Anzeige von 290°.

Merke: Der Kompass dreht auf Nordkurs nach, auf Südkurs vor.
Regel und Eselsbrücke: Nord vorher ausleiten, Süd überkurven.

Zusammenfassung:
Die Anzeige des Magnetkompasses stimmt nur im unbeschleunigten Geradeausflug bei horizontaler Lage des Flügels.

3.5 Deviation und Kompensation

Eisenteile und elektromagnetische Felder lenken die Magnetnadel aus ihrer Richtung ab. Diese Fehlanzeige nennt man **Deviation**. Um sie möglichst klein zu halten, baut man einen Magnetkompass an einer möglichst ungestörten Stelle ein. Außerdem besitzen die Kompasse für die Luftfahrt **Kompensiereinrichtungen**, die aus drehbaren oder einsteckbaren Magnetnadeln bestehen. Mit Hilfe eines **Richtkompasses** oder einer vermessenen Kompensierrose stellt man die Kompassanzeige möglichst nahe an den genauen Wert. Man richtet dabei das Flugzeug zunächst nach magnetisch Nord aus und dreht die Kompensiernadeln so, dass auch Nord angezeigt wird. In gleicher Weise geht man bei den anderen Hauptrichtungen vor. Die nicht zu vermeidenden **Restfehler** werden in einer **Deviationstabelle** festgehalten, die gut sichtbar in der Nähe des Magnetkompasses angebracht wird.

Beispiel:

für	steure	für	steure	für	steure
000	003	120	118	240	239
030	031	150	147	270	270
060	060	180	177	300	302
090	089	210	208	330	333

Eine andere Form der Deviationstabelle sowie Näheres über die Berücksichtigung der Deviation finden Sie im *Kapitel Navigation, Abschnitt 4.5.*

Die Kompensierung des Kompasses erfolgt in der Regel im Rahmen der **Jahresnachprüfung**, muss aber auch nach dem Einbau zusätzlicher Instrumentierung oder **Veränderung** der elektrischen Installation vorgenommen werden.

4 Kreiselinstrumente

4.1 Das Kreiselprinzip

Kreiselinstrumente dienen zur Feststellung und Überwachung von Fluglage und Flugrichtung. Ihr Prinzip beruht auf dem physikalischen Gesetz, nach dem eine schnell rotierende Masse, eben ein **Kreisel**, die Lage seiner **Drehachse** im Raum beizubehalten versucht. Je schneller die Drehbewegung und je größer die **Kreiselmasse** ist, desto größer ist auch das **Beharrungsvermögen**.

Versucht man, die **Kreiselachse** zu kippen, so weicht sie rechtwinklig zu der kippenden Kraft in Richtung des Drehsinns aus. Diese Bewegung nennt man **Präzession**.

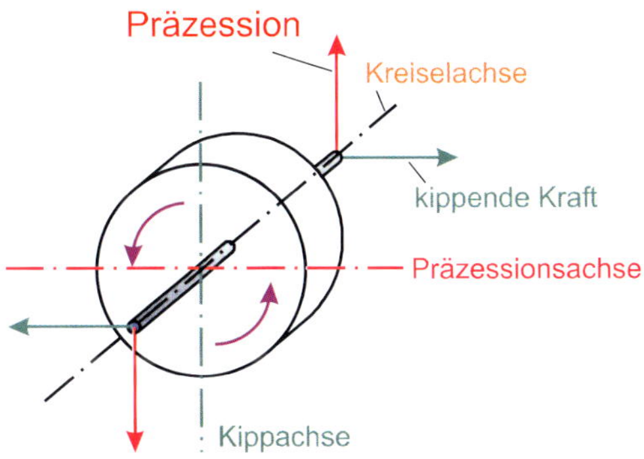

Abb. 20: Präzessionsbewegung

4.2 Antrieb der Kreiselgeräte

Der Antrieb der Kreisel erfolgt entweder über **Elektromotoren** oder **pneumatisch** über einen Luftstrom, der von einer **Vakuumpumpe** (Suction pump) oder bei älteren Flugzeugen von einer Venturi-Düse erzeugt wird.

4.3 Pneumatische Antriebsarten

Die **Venturidüse** besteht aus einem Rohr mit verengtem Strömungsquerschnitt, das im freien Fahrtwind liegt. Die Luftströmung wird durch die Verengung beschleunigt, wodurch sich mit zunehmender Fahrt zwar der Staudruck erhöht, der statische Druck innerhalb der schnelleren Luft sich jedoch verringert. Die Summe aus Staudruck und statischem Druck bleibt dabei gleich (**Gesetz von Bernoulli**). An der engsten Stelle entsteht der größte Unterdruck gegenüber der freien Luftströmung. Hier erfolgt die Druckabnahme für die Kreiselinstrumente.

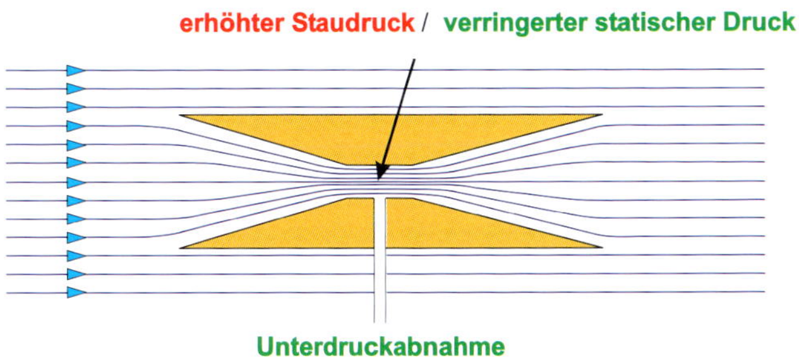

Abb. 21: Druckverhältnisse im Venturirohr

Die **Vakuumpumpe** dagegen wird direkt vom laufenden Triebwerk mechanisch angetrieben. Das bedeutet aber auch, dass alle von diesem Unterdruck angetriebenen Kreiselinstrumente nicht funktionieren, wenn der Motor ausfällt.

In beiden Fälle wird gegenüber dem Kabinendruck ein Unterdruck erzeugt, der für einen Ausgleichsluftstrom sorgt, der über die Schaufelflächen des Kreiselkörpers geführt wird. In großen Höhen sind die pneumatischen Antriebe aber nicht mehr brauchbar, weil keine genügend große Druckdifferenz mehr aufgebaut werden kann.

Zur Kontrolle der Funktion der Vakuumpumpe dient ein Unterdruckmesser, der den **Differenzdruck (Suction)** zum Kabinendruck in der **Einheit Ins Merc** (Quecksilbersäule in Inches) anzeigt. Steht die Nadel im grünen Bereich, dann liegen auch die Drehzahlen der Kreiselgeräte im Normalbereich. Fällt sie unter das Minimum, sind die Anzeigen der pneumatisch angetriebenen Kreiselinstrumente unzuverlässig. Nach dem Anlassen des Triebwerks dauert es allerdings 2 bis 3 Minuten bis die Kreisel ihre Betriebsdrehzahl erreicht haben. Vorher sollte man auch nicht über unebenes Gelände rollen, um Lagerschäden durch Erschütterungen zu vermeiden, solange die Kreisel noch nicht stabil laufen.

4.4 Unterdrucksystem zum Antrieb von Kreiselinstrumenten

In der Regel werden Kurskreisel und künstlicher Horizont von einem Vakuumsystem angetrieben, Wendezeiger und Turn Coordinator dagegen elektrisch, damit beim Ausfall eines Systems nicht alle Kreiselgeräte gleichzeitig versagen.

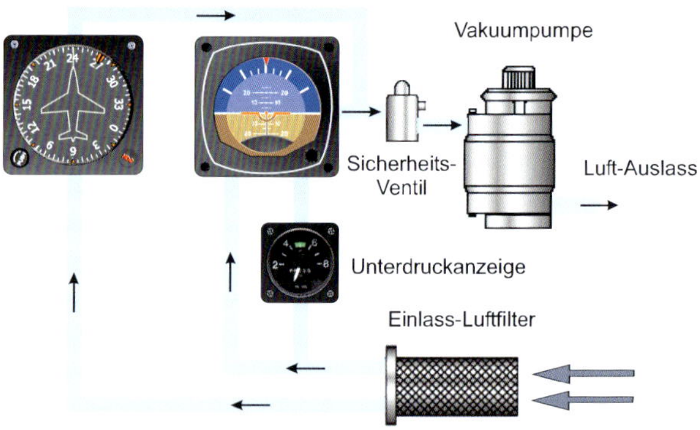

Abb. 22: Standard-Unterdrucksystem eines Flugzeugs

4.5 Der Wendezeiger

Wendezeiger zeigen die **Drehbewegung um die Hochachse** an. Dazu wird ein Kreisel quer zur Längsachse in einem drehbaren Rahmen aufgehängt und elektrisch oder pneumatisch auf eine Drehzahl von 20.000 bis 25.000 RPM gebracht. Über eine Mechanik und einen Dämpfungs- und Rückholmechanismus ist der Rahmen mit einem Zeiger verbunden.

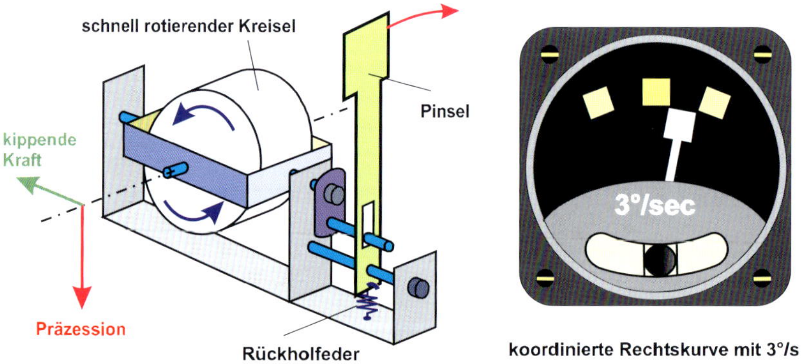

Abb. 23: Prinzip des Wendezeigers

Bei **Querneigungsänderungen** ohne Drehung um die Hochachse kann die Kreiselachse nicht präzedieren, da sie durch den Rahmen blockiert ist. Sie macht die **Rollbewegung** mit, der Zeiger (Pinsel) schlägt nicht aus.

In Motorflugzeugen verwendet man Wendezeiger, deren **Anzeige** so ausgelegt ist, dass eine Pinselbreite einer **Drehgeschwindigkeit** von 3° pro Sekunde entspricht (Standardkurve). Fliegt man zum Beispiel einen Vollkreis mit einer **Pinselbreite**, so ist er nach 120 Sekunden beendet.

Merke: Aus der Anzeige des Wendezeigers lassen sich Drehrichtung und Drehgeschwindigkeit um die Hochachse ablesen.

4.6 Der Turn Coordinator

Der Turn Coordinator ist aus dem Wendezeiger entstanden. Bei ihm liegt der drehbar gelagerte Rahmen in einem Winkel von 30° zur Längsachse. Deshalb kann dieses Instrument sowohl auf Gier- als auch Rollbewegungen reagieren. Die Anzeige erfolgt über ein Flugzeugsymbol, das sich um Längsachse dreht.

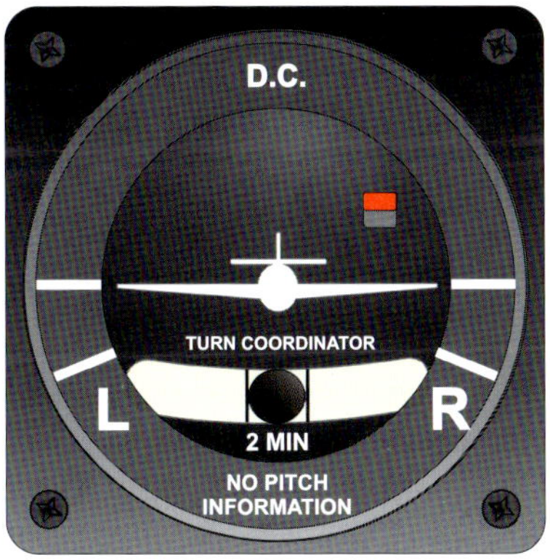

Abb. 24: Turn Coordinator, Anzeige Querneigung rechts und/oder Standardkurve rechts

Der Umgang mit dem Turn Coordinator erfordert einiges Training wegen seiner Besonderheiten: Beim Einleiten einer Kurve zeigt das Gerät zunächst die Querneigung an, auch ohne dass eine Drehbewegung um die Hochachse stattfindet. Je heftiger die Rollbewegung, desto größer ist auch der Ausschlag der Anzeige. Bei Erreichen einer konstanten Querneigung wird die Drehgeschwindigkeit angezeigt. Hält man das Flugzeugsymbol mit den Flügelspitzen auf den Markierungen, dann fliegt man mit einer Drehgeschwindigkeit von 3°/s (2-Minuten-Turn) eine Standardkurve. Gleichzeitig wird auch die Richtung der Querneigung angezeigt, jedoch lässt sich der Querneigungswinkel nicht ablesen

4.7 Die Libelle

Mit dem Wendezeiger und dem Turn Coordinator wird stets ein weiteres Instrument kombiniert, die sog. Libelle (Inclinometer). Sie besteht aus einem gebogenen Glasröhrchen, in dem eine **Kugel** in einer Dämpfungsflüssigkeit rollen kann.

Liegt die Kugel in unterster Position (Neutralstellung) zwischen den Markierungsstrichen, dem **Käfig**, dann fliegt man **schiebefrei**. Hängt dagegen z.B. im Geradeausflug der Tragflügel rechts, so wandert auch die Kugel nach rechts. Sie zeigt also an, in welche Richtung ein Flugzeug **schiebt**.

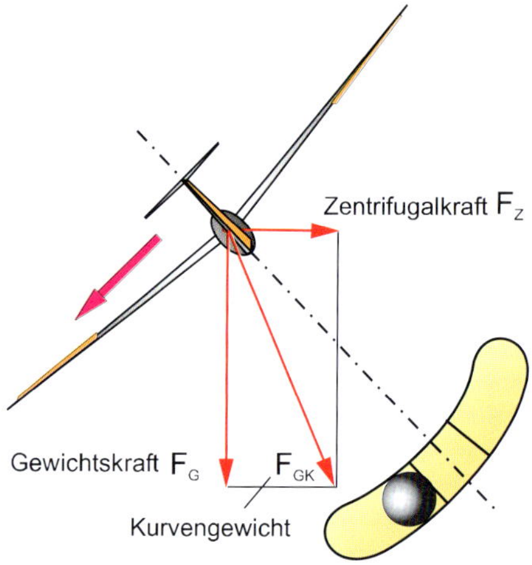

Abb. 25: Anzeige der Libelle.

Beispiel:
In der Linkskurve liegt die Kugel links vom Käfig. Das Flugzeug schiebt nach innen. Korrektur: Verringerung der Querneigung und/oder Erhöhung der Drehgeschwindigkeit (Seitenruder links).

In der **Blindflugkurve** erfolgt die **Korrektur** durch den Tritt ins Seitenruder »auf die Kugel«, oder als Querneigungsänderung entgegen der ausgewanderten Kugel.

4.8 Der künstliche Horizont

Der künstliche Horizont (Attitude Indicator) reagiert auf Drehungen um die Quer- und die Längsachse, zeigt also Längs- und Querneigungen (Pitch- and Bank-Attitude) an, nicht jedoch Drehungen um die Hochachse.

Kernstück ist ein **vollkardanisch gelagerter Kreisel** (3 Freiheitsgrade der Rotation, 2 Freiheitsgrade der Präzession) dessen Achse **lotrecht** zur Erdoberfläche gehalten (**gestützt**) wird, damit die Anzeige nicht während der Bewegung über die sich drehende Erde wegkippt. Man spricht von einem **Vertical Gyro**.

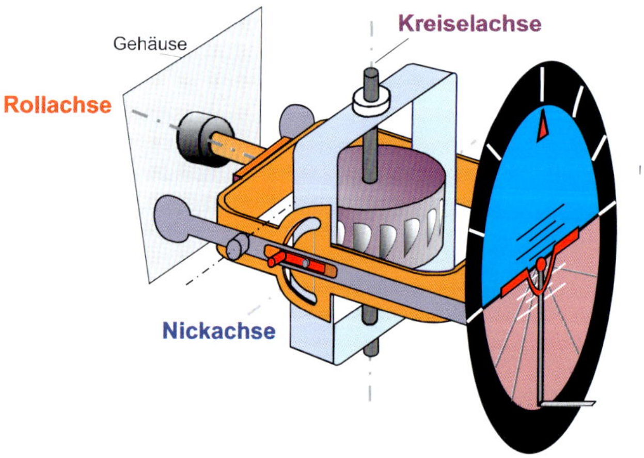

Abb. 26: Prinzip des künstlichen Horizonts

Durch den Stützmechanismus wird die Horizontanzeige im Kurvenflug langsam (mit ca. 3° pro Minute) in Richtung des Scheinlots aufgerichtet, so dass bei längerem Kreisen zu wenig Querneigung angezeigt wird.

Um den Kurvenfehler durch das Stützsystem zu verringern, ist die Kreiselachse leicht nach vorn geneigt, so dass bei Standardkurven eine verlässliche Anzeige entsteht. Das wiederum bewirkt, dass die Horizontanzeige auf Längsbeschleunigungen (z. B. beim Startlauf) reagiert, die nicht kompensiert werden können.

Die Anzeige liefert ein Bild bezüglich der Horizontlage des Flugzeugs. Das Flugzeugsymbol bleibt fest, die Horizontdarstellung bewegt sich. Mit einem Einstellknopf lässt sich das Flugzeugsymbol vertikal verschieben. Man justiert es so, dass im unbeschleunigten Horizontalflug der Zentrierpunkt auf der Horizontlinie liegt. Das Horizontbild bewegt sich dann entsprechend der Flugzeuglage (Attitude).

Der Querneigungs- und der Längsneigungswinkel können direkt abgelesen werden, nicht aber die Vertikalgeschwindigkeit und auch keine Drehgeschwindigkeit.

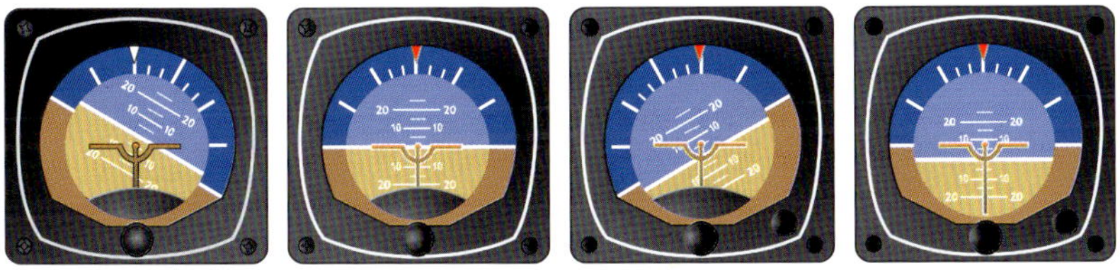

Abb. 27: Anzeigen des künstlichen Horizonts – Beispiele

4.9 Der Kurskreisel

4.9.1 Funktion des Kurskreisels

Kurskreisel (Heading Indicator) sind dafür gedacht, die Verwendung des Kompasses zu erleichtern. Auch bei diesem Instrument wird das Beharrungsvermögen eines vollkardanisch aufgehängten Kreisels ausgenutzt, dessen Drehachse parallel zur Erdoberfläche gehalten wird (Directional Gyro).

Beim Kurven behält der Kreisel seine Lage im Raum bei. Die Drehung gegenüber dem Flugzeug wird direkt auf eine drehbare **Kompassrose** übertragen, mit deren Hilfe man die Richtung der Längsachse, dargestellt durch ein feststehendes Flugzeugsymbol, ablesen kann. Allerdings muss der Kurskreisel zuvor im Geradeausflug mit der Magnetkompassanzeige in Übereinstimmung gebracht und von Zeit zu Zeit (etwa alle 15 bis 20 Minuten) nachgestellt werden, weil die Anzeige gerätetypischen Fehlern unterliegt (siehe unten).

Das Nachstellen des Kurskreisels entfällt bei Systemen, die von einem Mutterkompass Korrektursignale erhalten, die den Kurskreisel ständig nachführen (Slaved gyro). Bei diesen Geräten liest man den Steuerkurs einfach unter der Kursmarke ab.

Optional können Kurskreisel mit einer verstellbaren Marke, einem Heading Bug ausgestattet sein, den man auf den einzuhaltenden Kurs stellt. Ist ein Autopilot installiert, der den Kurs halten kann, dann wird dieser mit Hilfe des Heading Bugs vorgewählt.

Gegenüber dem Magnetkompass besteht der Vorteil darin, dass die Anzeige ohne Vor- oder Nachlaufen erfolgt. Außerdem haben weder **Inklination** noch **Beschleunigungen** Einfluss auf die Anzeige. Im Kurvenflug dreht der Kurskreisel je nach Drehgeschwindigkeit entsprechend schnell mit und kann daher im Blindflug den Wendezeiger bis zu einem gewissen Grad ersetzen.

Abb. 28: Kurskreisel mit Heading Bug auf 270°, Kursanzeige 240°

4.9.2 Kurskreisel-Fehler

- Bei einer Querneigung neigt sich der Außenrahmen mit, so dass nur die Projektion des Kurswinkels angezeigt werden kann. Die daraus resultierende Abweichung heißt **Kardanfehler** (auch Kippfehler oder Neigungsfehler). Im Kurvenflug eilt die Anzeige daher je nach Querneigung mehr oder weniger voraus oder hinkt nach, zeigt aber bei Horizontallage sofort wieder den richtigen Wert an.
- Da die Kreiselachse des Kurskreisels parallel zur Erdoberfläche ausgerichtet ist, entsteht eine immer größer werdende Abweichung, wenn sich der Kreisel mit der Erde dreht. Eigentlich wandert also nicht die Kreiselachse, sondern das Bezugssystem Erdoberfläche. Die Größe dieser **scheinbaren Wanderung (Drift)** hängt ab von der geographischen Breite. Am Äquator ist sie Null, an den Polen beträgt sie 15° pro Stunde und ist eine Funktion des Sinus der geographischen Breite. In unseren mittleren Breiten überprüft man die Anzeige des Kurskreisels in Abständen von etwa 15 Minuten mit dem Magnetkompass.

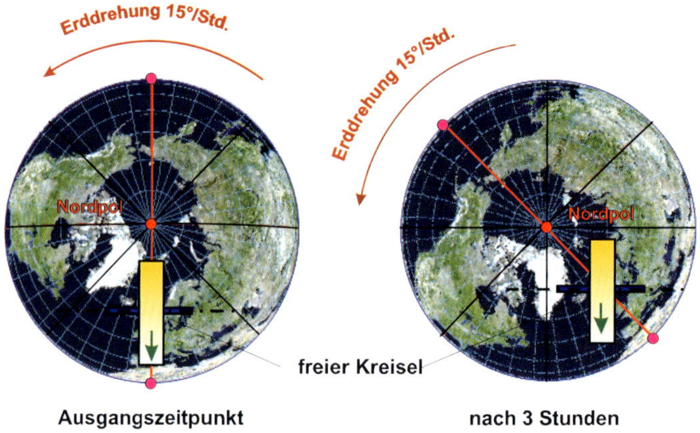

Abb. 29: Scheinbares Wandern des Directional Gyros

- Auf Grund der Lagerreibung und nicht ganz zu vermeidenden Unwuchterscheinungen tritt beim Kurskreisel ein Wandern der Anzeige auf, die im Laufe der Zeit einen immer größer werdenden Anzeigefehler verursachen kann. Diese mechanische Drift (**tatsächliche Drift**) lässt sich nur durch Messungen erfassen und kann nicht kompensiert werden. Ist sie zu groß, z.B. bei großer Reibung in den Lagern, dann muss der Kurskreisel ständig in kurzen Intervallen nachgestellt werden. Mit dem von Zeit zu Zeit durch die scheinbare Drift notwendigen Nachstellen wird dieser Fehler aber gleich mit korrigiert.
- Die Anzeige ist nur zuverlässig bei Quer- und Längsneigungen bis zu etwa 60°.

4.9.3 Einstellung des Kurskreisels

Die Anzeige des Kurskreisels muss überprüft und ggf. von Hand nachgestellt werden, wenn er nicht automatisch über einen Mutterkompass nachgeführt (slaved) wird. Der erste Check erfolgt bei laufendem Triebwerk noch vor dem Anrollen.

Der einzustellende Wert ist immer das Magnetic Heading (MH), also der missweisende Steuerkurs. Dazu wird die Anzeige des Magnetkompasses abgelesen und um die Deviation korrigiert. Während des Flugs wird eine Phase gewählt, in der man sich im stationären Horizontalflug befindet.

Beispiel:
Der Magnetkompass zeigt 145° an, die Deviation beträgt –5°. ⇨ Der Kurskreisel ist auf 140° einzustellen.

5 Standard-Instrumentierung zur Flugüberwachung (Standard-Six)

Damit man sich schnell in ein neues Flugzeugmuster eingewöhnt, hat sich eine Standard-Anordnung der sechs wichtigen Flugüberwachungs-Instrumente als sinnvoll erwiesen. Zentrales Gerät ist dabei der künstliche Horizont, der beim Flug ohne Sicht nach außen nicht aus dem Auge gelassen werden darf. Aus dem Augenwinkel können dann Fahrt- und Höhenmesser beobachtet werden, die daneben angeordnet sind. In der zweiten Reihe liegen Wendezeiger oder Turn Coordinator, der Kurskreisel (zentral) und das Variometer.

Abb. 30: Standard-Anordnung der Flugüberwachungsinstrumente

6 Triebwerküberwachungsinstrumente

6.1 Drehzahlmesser

Ein Drehzahlmesser (engl. Tachometer) gehört zur Mindestausrüstung eines Motorflugzeugs. Bei Flugzeugen mit starrem Propeller ist er die einzige Anzeige für die Triebwerksleistung. Die Anzeige erfolgt in Umdrehungen pro Minute (RPM = Rotations Per Minute), wobei in der Regel der Anzeigewert mit 100 multipliziert werden muss. Anzeige 25 entspricht z.B. 2.500 RPM.

6.1.1 Mechanischer (Fliehpendel-) Drehzahlmesser

Bei älteren Triebwerken führt vom Motor eine biegsame Welle direkt zum Anzeigegerät. Sie treibt eine Achse an, auf der Massestücke so angebracht sind, dass sie sich durch die bei der Rotation entstehenden Fliehkraft nach außen bewegen können. Ein Mitnehmer bringt über eine Mechanik den Zeiger zum Ausschlag. Je höher die Drehzahl, desto weiter wandern die Massestücke aus, die durch eine Rückholfeder wieder zurückgezogen werden, wenn die Drehzahl sinkt.

6.1.2 Elektrische Drehzahlmesser

Wird durch den Motor ein kleiner Generator angetrieben, so hängt dessen Spannung von der Drehzahl ab. Man kann daher ein Spannungsmessgerät zur Anzeige verwenden, dessen Skala in RPM geeicht ist. Dazu ist keine Versorgung aus dem Bordnetz notwendig.

6.1.3 Elektronische Drehzahlmesser

Auf elektronischem Weg ist eine Drehzahlmessung relativ einfach zu realisieren, wenn man die Zündimpulse eines Zylinders zählt und in Umdrehungen pro Minute umrechnet. Die Drehzahl kann dann auf einem Display digital oder analog dargestellt werden.

6.1.4 Drehzahlmesser-Markierungen

- Die höchstzulässige Drehzahl ist mit einem **roten Strich** markiert. Sie darf nicht überschritten werden, weil sonst ernsthafte Beschädigungen des Triebwerks durch Überbeanspruchung oder Schwingungsbrüche auftreten können.
- Der Bereich für den Dauerbetrieb wird mit einem **grünen Bogen** dargestellt.
- Bei manchen Propeller/Triebwerks-Kombinationen gibt es kritische Drehzahlbereiche, wo durch Schwingungsprobleme auch unterhalb der zulässigen Höchstdrehzahl eventuell Schäden im Dauerbetrieb auftreten können. Sie sind im Handbuch dokumentiert und werden mit **rotem Bogen** dargestellt.

Abb. 31: Drehzahlmesser mit Markierungen

6.2 Ladedruckmesser

Zusammen mit dem Drehzahlmesser dient der Ladedruckmesser bei Flugzeugen mit Verstellpropeller zur Überwachung der Triebwerksleistung. Er misst den Luft- bzw. Benzin/Luftgemisch-Druck im Ansaugkanal *(siehe auch Kapitel Flugzeugkunde 4.7.4)*. Je höher der Ladedruck und je höher die Drehzahl, desto größer ist die Leistung. Ein grüner Bogen markiert den normalen Betriebsbereich, ein roter Strich den höchstzulässigen Ladedruck.

Abb. 32: Ladedruckmesser in der Einheit IN Hg (Quecksilbersäule in Inch) mit Markierungen

Um das Triebwerk nicht zu überbeanspruchen, wird bei Systemen mit Propellerverstellung zur Leistungserhöhung zuerst die Drehzahl per Propellerverstellung (Prop Governor) und danach der Ladedruck mit dem Gashebel (Throttle) erhöht. Bei Rücknahme der Leistung geht man umgekehrt vor: Erst den Ladedruck reduzieren, dann die Drehzahl.

6.3 Überwachung des Schmiersystems

Die Schmierung des Motors wird mit Hilfe von Öldruck- und Öltemperaturanzeigen kontrolliert.

6.3.1 Öldruckmesser

Der Flüssigkeitsdruck des Schmieröls wird entweder über eine Mechanik auf ein Zeigerwerk übertragen oder aber auf ein Potentiometer, das je nach Druck einen bestimmten elektrischen Widerstand annimmt. Die Anzeige erfolgt in diesem Fall mit einem Strommessgerät, das mit der Bordnetzspannung versorgt werden muss.

Die **Messleitung** zum Öldruckmessgerät ist vom übrigen Ölkreislauf getrennt, denn dieser muss geschlossen sein, um den Druck aufrechterhalten zu können. Ein Leck würde Öl- und Öldruckverlust bedeuten und damit nach kurzer Zeit einen Motorausfall.

Öldruckmesser sind in Druckeinheiten geeicht. Auf alten Geräten findet man noch die Einheit kp/cm^{-2}, Geräte amerikanischer oder englischer Herkunft zeigen in psi (pounds per square inch) an. Die physikalische Einheit wäre Pascal bzw. bar.

Die Art der Einheitenangabe ist jedoch zweitrangig. Wichtig dagegen ist, dass der Öldruck im zulässigen Bereich bleibt:

- **untere rote Marke:** Mindestöldruck, darf nicht unterschritten werden, sonst droht Motorausfall
- **gelber** oder **nicht grüner Bereich:** Vorsichtsbereich, kein Dauerbetrieb
- **grüner Bereich:** normaler Betriebsbereich
- **obere rote Marke:** maximal zulässiger Öldruck

Abb. 33: Öldruckmesser

Merke: Niedrige Öltemperaturen haben höheren, hohe Öltemperaturen haben niedrigeren Öldruck zur Folge.

Unmittelbar nach dem Anlassen wird die Öldruckanzeige kontrolliert. Läuft sie nach einigen Sekunden nicht über die untere rote Marke, ist die Schmierung unzureichend. Das Triebwerk muss abgestellt und untersucht werden. Häufigste Ursache: Ölmangel.

6.3.2 Temperaturüberwachung mit Fernthermometern

- Kernstück eines elektrischen Thermometers ist ein Widerstand, der sich mit der Temperatur ändert. Als Anzeigegerät dient ein Strommessgerät, das am Bordnetz hängt und dessen Skala in °C oder °F geeicht ist.
- Bei der Verwendung von Thermoelementen z.B. zur Messung der hohen **Zylinderkopftemperaturen** erfolgt dagegen die Anzeige mit Hilfe eines Spannungsmessgeräts und ist daher bordnetzunabhängig. Die temperaturabhängige Spannung entsteht, wenn die Kontaktstelle zweier verschiedener Metalle erwärmt wird.

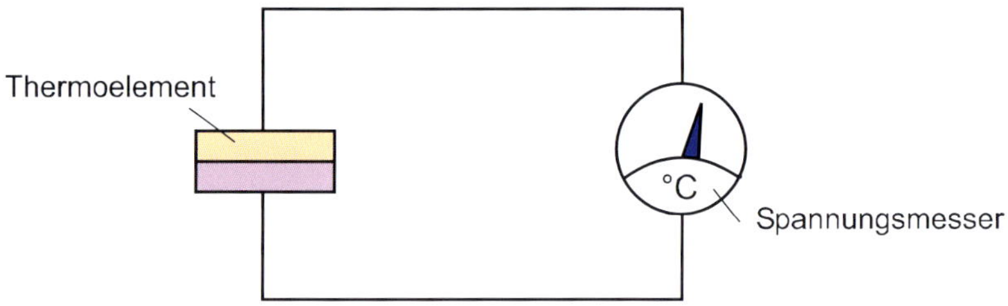

Abb. 34 Prinzip eines Fernthermometers

6.3.3 Ölthermometer

Aus dem Zusammenspiel zwischen Öldruck und Öltemperatur lässt sich der Zustand des Schmiersystems erkennen:

- Fällt der Öldruck wegen drohenden Ölmangels ab, wird auch die Öltemperatur ungewöhnlich hohe Werte annehmen. Der Ausfall des Triebwerks ist in diesem Fall zu befürchten.
- Umgekehrt wird die Öltemperatur bei hoher Belastung des Triebwerks steigen und der Öldruck absinken, wie das gewöhnlich bei langen Steigflügen in hoher Lufttemperatur der Fall ist. Laufen die Anzeigenadeln gegen den roten Strich, ist der Steigflug abzubrechen und mit mäßiger Leistung in den Horizontalflug überzugehen.
- Zeigt die Nadel des Öldruckmessers Null, ohne dass die Öltemperatur steigt, ist wahrscheinlich nur das Anzeigeinstrument defekt.
- Zu hoher Öldruck bei niedriger Öltemperatur lässt darauf schließen, dass das Öl noch zu zäh ist. Auch hier ist eine ausreichende Schmierung noch nicht gegeben. Ein Warmlaufenlassen ist dann notwendig, bevor man dem Triebwerk volle Leistung abverlangen kann.

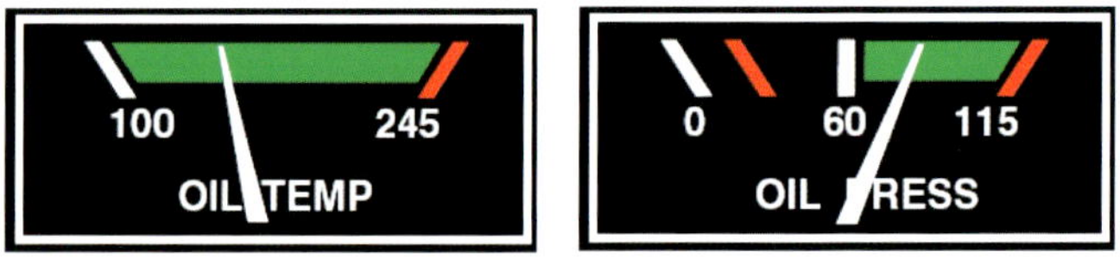

Abb. 35: Öltemperatur- und Öldruck im grünen Bereich

6.3.4 Abgasthermometer

Der Fühler des Abgasthermometers (Exhaust Gas Temperature Gauge, EGT) liegt im Auspuffkanal unmittelbar hinter dem Auspuff-Flansch. Das Anzeigegerät hat entweder eine Skala mit direkter Temperaturangabe oder nur mit Skalenstrichen. Eine weitere von Hand einstellbare Nadel dient dazu, die höchste Abgastemperatur (Peak) zu markieren. Sie wird erreicht, wenn das Gemisch so weit abgemagert wird, dass der Motor noch sauber rund läuft. Das ist die wirtschaftlichste Einstellung (siehe dazu auch Kapitel Flugzeugkunde). Die beste Triebwerksleistung wird jedoch bei etwas fetterer Mischung erreicht, wenn die Abgastemperatur etwa 100 °F niedriger liegt.

Abb. 36: Abgasthermometer (EGT gauges) ohne und mit Temperaturskala

6.3.5 Vergaserthermometer

Die Beobachtung der Vergasertemperaturanzeige ist eine gute Möglichkeit, Vergaservereisung im Vorfeld zu erkennen, die am häufigsten bei Temperaturen zwischen –15 °C und +5 °C bei hoher Luftfeuchtigkeit auftritt. Deshalb ist bei den meisten Skalen je nach Triebwerk dieser Bereich gelb markiert. Haben Lufttemperatur und Luftfeuchte Werte, bei denen eine Vergaservereisung unwahrscheinlich ist, kann das Triebwerk in diesem Bereich ohne weiteres betrieben werden, ansonsten sollte mit Hilfe der Vergaservorwärmung die Nadel außerhalb des gelben Bereichs gehalten werden.

Abb. 37: Vergaserthermometer

6.3.6 Zylinderkopfthermometer

Um eine Überhitzung des Triebwerks zu vermeiden, überwacht man die Temperaturen der Zylinderköpfe. Da besonders bei luftgekühlten Motoren nicht alle Zylinder gleich gut gekühlt werden, wird oft nur der heißeste mit einem Messfühler versehen. Andere Systeme zeigen die Temperaturen aller Zylinder gleichzeitig an oder lassen sich umschalten auf einen bestimmten. Der normale Betriebsbereich ist grün markiert, ein längerer Betrieb im gelben Bereich sollte vermieden werden. An der maximal zulässigen Zylinderkopftemperatur (Cylinder Head Temperature, CHT) sitzt der rote Strich. Diese Marke darf auf keinen Fall überschritten werden, da das Triebwerk sonst durch Überhitzung ernsthaft beschädigt wird.

Mit zunehmender Zylinderkopftemperatur (Cylinder Head Temperature, CHT) erhöht sich auch – meist langsamer – die Öltemperatur. Bei längeren Steigflügen empfehlen die meisten Triebwerkshandbücher Vollgas und angereichertes Gemisch, weil der überschüssige Treibstoffanteil beim Verdampfen für bessere Kühlung der Zylinderköpfe von innen her sorgt. Nähert sich die CHT- oder Öltemperaturanzeige dennoch dem roten Strich, ist der Steigflug mit höherer Fahrt (falls möglich) fortzusetzen oder abzubrechen.

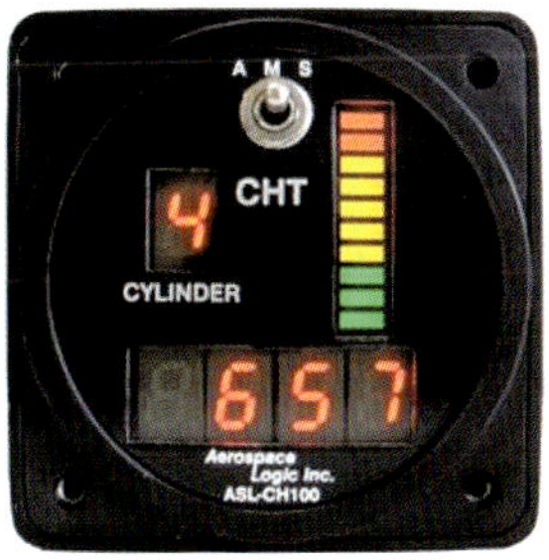

Abb. 38: Digitale Zylinderkopf-Temperatur-Anzeige mit verschiedenen Anzeigemodi: A Automatisches Wechseln, M Zylinder mit höchster Temperatur, S Einzelanzeige

6.4 Kraftstoffvorratsmesser

- Eine einfache Methode zur Kontrolle des Benzinvorrats ist die Verwendung eines **Peilstabs**, der auf einem Schwimmer sitzt. Er wird vom Flüssigkeitsspiegel mitgenommen.
- Das Prinzip der verbundenen Röhren wird bei **Schaugläsern** angewandt.

Peilstab und Schauglas haben aber den Nachteil, dass die Anzeige in unmittelbarer Nähe vom Tank erfolgt und deshalb nur dann sinnvoll ist, wenn sie im Sichtfeld des Piloten angebracht ist.

- Eine Fernanzeige ist mit elektrischen Vorratsmessern möglich. Hier wird durch die Bewegung eines Schwimmers ein Widerstand verändert, der im Stromkreis mit einem Strommessgerät liegt und mit der Bordnetzspannung versorgt wird. Die Skala gibt die Füllmenge in Litern (oder Gallonen) an.

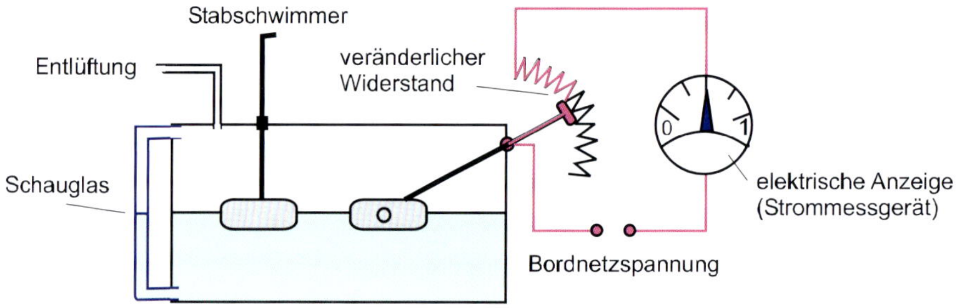

Abb. 39: Kraftstoff-Vorrats-Anzeigen

Achtung:
Alle Vorratsanzeigen sind fluglageabhängig, so dass man sich nicht mit Sicherheit auf sie verlassen kann. Ein Blick in den Tank und eine Verbrauchsberechnung nach dem Handbuch sind immer noch die sicherste Methode zu verhindern, dass der Motor unterwegs wegen Spritmangel stehen bleibt.

7 Funksprechgeräte

Die Ausrüstung mit einem UKW-Sprechfunkgerät wird verlangt, sobald der Flug über die Umgebung des Startflugplatzes hinaus führt. Das Monopol für das Betreiben von Funkgeräten hat in der BRD die **Bundesnetzagentur**. Funksprechgeräte müssen daher von dieser Bundesstelle zugelassen und genehmigt sein. Dazu wird eine Genehmigungsurkunde ausgestellt, die an Bord mitzuführen ist. Das **Mitführen oder Betreiben** von Funkgeräten, die nicht zur Ausrüstung eines Luftfahrzeugs gehören, bedarf der Genehmigung der **Luftfahrtbehörde** des entsprechenden Landes (§ 80 LuftVZO).

Der Sprechfunkverkehr findet im UKW-Band (VHF) im Frequenzbereich von **118,000 bis 136,975 MHz** als Wechselsprechverkehr statt. Das bedeutet, dass nur derjenige gehört wird, der die Mikrofontaste gedrückt hält und dass nur Sendungen empfangen werden, wenn die Mikrofontaste losgelassen wird. Die zugelassenen Frequenzen haben dabei einen Rasterabstand von 0,025 MHz = 25 kHz, im oberen Luftraum wird ein 8,33 kHz-Abstand verlangt.

Der Bedienteil des Funkgeräts ist entweder als eigenständiges Gerät oder zusammen mit Funknavigationsgeräten (VOR oder GPS) installiert. Damit sich Passagiere und Pilot(en) über Kopfhörer untereinander unterhalten können, gibt es die sogenannte Intercom-Schaltung.

8 Funknavigationsgeräte

Zur Funknavigation werden folgende Systeme verwendet:

- VOR
- ADF
- DME
- Marker
- GPS
- Transponder
- Sprechfunkgerät

8.1 Avionik-Bedienteile

Die Bediengeräte der Funknavigations-Instrumentierung sind in der Regel im Mittelteil des Instrumentenbretts untergebracht. Zur Auswahl der ›hörbaren‹ Geräte dient eine Aufschaltanlage (Audio Panel), die dann wichtig wird, wenn z.B. mehrere Sprechfunkgeräte zur Verfügung stehen, die auf verschiedene Frequenzen gerastet sind. Abbildung 40 zeigt ein Audio Panel, bei dem mit dem rechten Drehknopf das Funkgerät gewählt wird, mit dem gesendet wird (hier COM1). Mit den COM-Tasten dagegen stellt man ein, welches Gerät abgehört werden soll (hier ebenfalls COM1).

Aufschaltanlage (Audio Panel)

Sprechfunk/VOR-Einheit
Aktive Sprechfunkfrequenz 125.050 MHz
Standby auf 122.100 MHz
Aktives VOR auf 112.50 MHz,
Standby-VOR auf 109.20 MHz

ADF: Aktive Frequenz 375 kHz,
Standby-Frequenz 407 kHz

DME: angezeigte Distanz 62,5 NM
vom VOR TANGO 112.50 MHz

Transponder: Code 1-2-0-0 mit Höhencodierung (ALT)

Abb. 40: Avionik-Stack

8.2 Avionik-Anzeigegeräte

Die Anzeigeteile der Funknavigationsgeräte können entweder als Einzelinstrumente oder als integrierte Anzeigesysteme ausgelegt sein.

Abb. 41: Einzelanzeigen von ADF, VOR und DME

Das **RMI** (Radio Magnetic Indicator) als Zweizeigergerät (Abbildung 42 links) integriert die Anzeigen von Kurskreisel, VOR und ADF, wobei mit den Drucktasten umgeschaltet werden kann, welche Nadel welchem Funknavigationsgerät zugeordnet wird.

Das komfortabelste Anzeigeinstrument ist das **HSI** (Horizontal Situation Indicator). Es umfasst eine von einem Mutterkompass automatisch nachgeführte Kursanzeige, eine VOR- bzw. Localizer-Anzeige mit drehbarer Rose sowie eine Gleitpfad-Anzeige (Abb. 42 rechts).

Abb. 42: Integrierte Anzeigegeräte RMI (dünne Nadel VOR, Doppellinie ADF) und HSI

Die Funktionsweise und die Anwendung der einzelnen Funknavigationsgeräte werden im Kapitel Funknavigation erklärt.

8.3 Integrierte Navigationssysteme

Moderne Navigationssysteme haben GPS, VOR und Sprechfunk in einer Bedieneinheit integriert. Ein gründliches Studium der Bedienungsanleitung mit Übungen am Boden ist bei solchen komplexen Geräten dringend anzuraten, bevor man sich damit auf Überlandflüge begibt.

Abb. 43: GPS-Navigationssystem mit mitlaufender Karte (Moving map)

Bei dem Gerät in der Abbildung 43 sind z.B. eingestellt:

- Aktive Sprechfunkfrequenz 118.800 MHz
- Standby-Sprechfunkfrequenz 125.050 MHz

- Aktive VOR-Frequenz: 109.20 MHz
- Standby VOR-Frequenz: 112.50 MHz
- Ziel: Flugplatz Hamburg EDDH
- Zoom: 20 NM-Ausschnitt, Flugzeugposition im Mittelpunkt

Momentan wird berechnet bzw. dargestellt:

- Kurslinie (magenta) zum Ziel,
- Luftraumstruktur in der Umgebung vom Flughafen Stuttgart EDDS
- Flugplätze und Navigationsanlagen, die für diesen Zoombereich relevant sind
- Terrain mit Autobahnen und Flüssen
- Missweisende Peilung (QDM) zum Ziel EDDH: 004°
- Entfernung zum Ziel: 295 NM
- Geschwindigkeit über Grund (Groundspeed): 0 kt
- Falls ein VOR-Anzeigegerät angeschlossen ist, erfolgt dort die Ausgabe mit den GPS-Daten.

8.4 Hochintegrierte digitale Systeme (Glascockpit)

Die Digitalisierung hat auch vor dem Cockpit nicht halt gemacht, so dass bei modernen Geräten nahezu alle Anzeigen auf einen oder zwei Bildschirme geschaltet werden können.

Abb. 44:
Bildschirm-Instrumentierung

Das Gerät in der Abbildung 44 zeigt z.B. beim Anflug auf den Flughafen Stuttgart das Horizontbild (Linkskurve im Sinkflug) mit Querneigung (ca. 17°), am linken Balken die Fahrt (122 kt IAS), daneben TAS und GS (beide 125 kt), am rechten Rand im Horizontbild die Variometeranzeige, daneben die Höhenmesseranzeige bei einem QNH von 29,92 ins, darunter links das aktive, gewählte ILS (109,90 MHz), den auf Landebahn eingestellten Kurswähler (Course 253°), unter dem Horizont die HSI-Anzeige (Horizontal Situation Indicator) mit Kurskreiselanzeige (267°) und Ablagenadel der als Localizer arbeitenden VOR-Anzeige. Die Anzeigen für Localizer und Gleitpfad sind im Horizontbild unter bzw. rechts neben dem Flugzeugsymbol dargestellt. Außerdem wird noch der Wind digital angegeben (288°/0 kt, also Windstille). Mit den Drehknöpfen am unteren Rand lassen sich momentan der Bezugsradial (CRS SET) bzw. der Heading Bug (HDGGSYNC) einstellen.

Auf ähnliche Weise kann über einen zweiten Multifunktionsbildschirm (Multi Function Display, MFD) auf verschiedene Seiten für Triebwerksüberwachung, Kartendarstellung, Checklisten usw. umgeschaltet werden, so dass auf die mechanischen Anzeigeinstrumente verzichtet werden kann. Fällt jedoch die Stromversorgung total aus, dann muss man mit den zur Sicherheit obligatorischen mechanischen ›Notinstrumenten‹ Fahrtmesser, künstlicher Horizont, Höhenmesser und Magnetkompass auskommen.

Grundtechniken des Fliegens

1 Die Platzrunde

Die Ausbildung im Motorflug erfolgt auf dafür zugelassenen Flugzeugen oder Reisemotorseglern, wobei der Flugschüler vom ersten Start an auf dem Führerplatz sitzt. Im ersten Ausbildungsabschnitt lernt der Anfänger zunächst einmal, an seinem Ausbildungsflugplatz eine Platzrunde sauber zu fliegen und sich in die **dreidimensionale Bewegung** hineinzudenken.

Die Platzrunde ist in der Regel als **Rechteck** ausgelegt und in der Sichtflugkarte des jeweiligen Flugplatzes *(siehe Kapitel Navigation)* veröffentlicht. Je nach örtlichen Verhältnissen (Gelände, Lärmempfindlichkeit) weicht sie mehr oder weniger von der Grundform ab. Wird sie mit Linkskurven geflogen, spricht man von einer Links-Platzrunde (Standard), andernfalls von einer Rechts-Platzrunde. Folgende Bezeichnungen werden verwendet *(siehe Abb. 1)*:

Beispiel:
Die Landebahn liegt in Ost-West-Richtung, die Platzrunde ist nördlich davon zu fliegen (wie z.B. in Tannheim EDMT, *siehe Kapitel Navigation, Abb. 44*). Richtung Westen startet man demnach auf der Piste 27 und fliegt eine Rechts-Platzrunde. Auf der Piste 09 startet man nach Osten zur Standard-Linksplatzrunde.

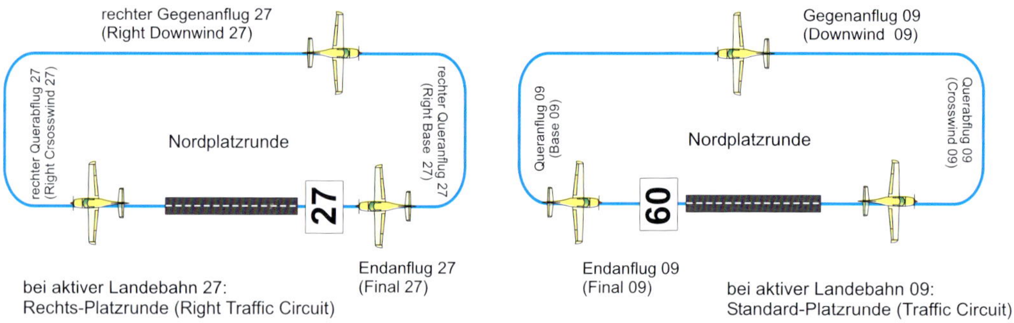

Abb. 1: Grundriss der Platzrunde, Beispiel Nordplatzrunde RWY 09/27

In der Platzrunde lernt der Flugschüler in relativ schneller Folge die Handgriffe und Maßnahmen für einen sicheren Start und eine sichere Landung. Die Abbildung 2 zeigt die Standards. Jeder Flugplatz und jedes Flugzeugmuster hat darüber hinaus noch seine spezifischen Daten und Eigenheiten.

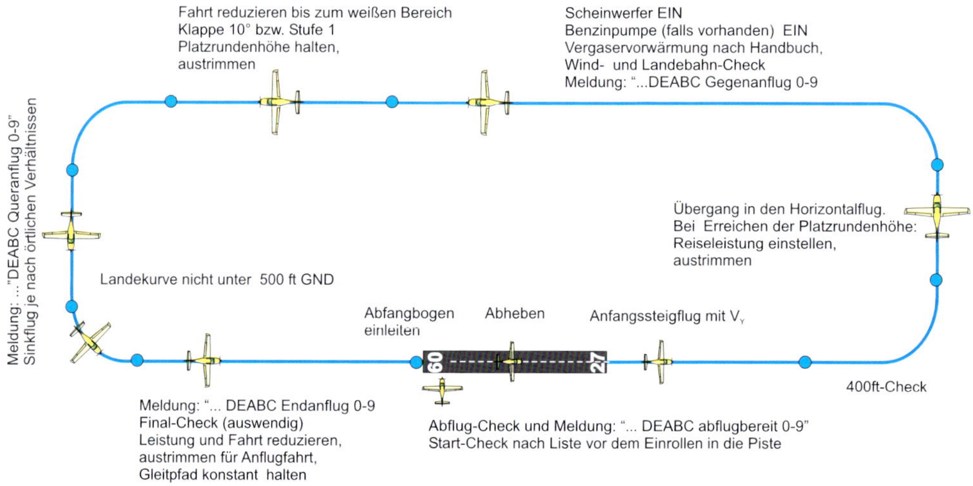

Abb. 2: Standard-Verfahren in der Platzrunde

Das Einkurven auf den jeweils nächsten Schenkel (Leg) erfolgt mit maximal 30° Querneigung, bei eventueller **Steigflugkurve** in den Querabflug mit **maximal 20° Querneigung**. Unterhalb 200 ft GND werden keine Richtungsänderungen vorgenommen. Der Abflugcheck, wird erst dann durchgeführt, wenn im Falle einer Triebwerksstörung eine Landung auf der Piste oder im dahinter liegenden landbaren Gelände nicht mehr möglich scheint, jedoch nicht unterhalb von 400 ft (daher auch 400 ft-Check), da sonst kaum mehr eine Chance besteht, das Flugzeug in Landekonfiguration zu bringen. Also konzentriert man sich beim Anfangssteigflug auf die Überwachung von Fahrt, Fluglage und Triebwerk und nimmt bis zu der geländebedingten Sicherheitshöhe keine Konfigurationsänderungen vor. Die Vorbereitungen zur Landung beginnen querab von der Piste.

Neben Start und Landung wird eine Reihe von Flugmanövern mit steigendem Schwierigkeitsgrad gelehrt. Sie werden meist in einem fest gelegten Übungsraum außerhalb der Platzrundenführung trainiert.

2 Start und Steigflug

2.1 Startlauf und Anfangssteigflug

Der Start erfolgt immer mit voller Motorleistung und möglichst gegen den Wind, um schnell auf die zum Abheben notwendige Fahrt zu kommen. Beim Startlauf auf der Mittellinie der Piste wird das Höhenruder bei den in der Schulung üblichen Bugradflugzeugen neutral gehalten, um möglichst wenig Widerstand zu erzeugen. Die Richtung wird mit dem Seitenruder, das in der Regel mit dem Bugrad gekoppelt ist, gesteuert. Bei den üblichen rechtsdrehenden Motoren besteht die Tendenz zum Ausbrechen nach links, deswegen muss mit etwas Seitenruder rechts dagegen gehalten werden, um so mehr, je plötzlicher Gas gegeben wird. Mit zunehmender Fahrt wirkt das Seitenruder besser und der Einschlag nach rechts kann zurück genommen werden. Falls die Radbremsen des Flugzeugmusters über die Seitenruderpedale bedient werden (Fußspitzen- oder Fersenbremsen?) achtet man bewusst darauf, dass sie vollständig gelöst sind.

Noch am Boden kontrolliert man die Fahrtanzeige (Air Speed alive?) und die Triebwerksleistung (Engine reads normal?). Treten hier schon Unregelmäßigkeiten auf, wird der Start abgebrochen. Sobald die Abhebegeschwindigkeit erreicht ist, wird das Höhensteuer vorsichtig gezogen, so dass das Flugzeug die Schnauze hoch nimmt (Rotation). Der auf diese Weise vergrößerte Anstellwinkel sorgt für so viel Auftrieb, dass man vom Boden abheben kann.

Der Anfangssteigflug erfolgt nun so flach, dass das Flugzeug auf eine sichere Steigfluggeschwindigkeit beschleunigen kann. Mit der Geschwindigkeit für das beste Steigen V_Y bzw. für den besten Steigwinkel V_X (steht im Handbuch) gewinnt man die ersten 500 ft Höhe. Je nach Platzrundenbeschaffenheit erledigt man noch im Geradeausflug oder erst im Querabflug den Abflugcheck, nicht jedoch, bevor mindestens 400 ft Höhe über Grund angezeigt sind.

Beim Erreichen der Platzrundenhöhe geht man in den Horizontalflug über und nimmt das Gas auf Reiseleistung zurück.

Der Startvorgang ist die erste **kritische Phase** eines Flugs. Der Zeitraum bis zum Erreichen einer sicheren Fahrt und einer sicheren Höhenreserve ist **unfallträchtig**, wenn man sich nicht an die Spielregeln der Flugphysik hält.

Zu frühes Abheben mit viel gezogenem Höhenruder bewirkt, dass das Flugzeug zwar dicht über dem Boden im sog. **Bodeneffekt** schon fliegt, der Widerstand bei sehr großem Anstellwinkel aber dabei so groß sein kann, dass eine weitere Beschleunigung auf eine sichere Steigflugfahrt nicht mehr möglich ist. Gelingt es nicht, durch Nachlassen des Höhenruders eine widerstandsärmere Lage einzunehmen und bricht man den Start nicht rechtzeitig ab, sondern versucht, vor dem Pistenende durch weiteres Ziehen am Höhenruder mit Gewalt zu steigen, ist ein Absturz unvermeidlich. Besonders schwach motorisierte und/oder voll beladene Flugzeuge sind von solchen Unfällen betroffen. *Siehe dazu Kapitel Aerodynamik und Technik 5.6.*

2.2 Kurzstart

Während man auf langen Startbahnen mit gelösten Bremsen beim Anrollen zügig Gas geben und als Anfänger auf diese Weise das Einhalten der Mittellinie mit den Pedalen gut kontrollieren kann, wendet man auf kurzen, unbefestigten Pisten das Startverfahren für die kürzest mögliche Startstrecke (Soft Field Take Off) an:

- Startaufstellung am äußersten Pistenende.
- Klappen setzen nach Handbuch, 10° bzw. Stufe 1 für kürzeste Startrollstrecke bei Grasplätzen.
- Voll bremsen.
- Vollgas geben (maximale Leistung, evtl. Gemisch abmagern bei Dichtehöhen über 3.000 ft).
- Triebwerks-Check (Drehzahl, Öldruck, Öltemperatur normal?)
- Bremsen schlagartig lösen.
- Widerstandsarm rollen (Höhenruder normal).
- Abheben beim Erreichen der für die Abflugmasse richtigen Mindestfluggeschwindigkeit V_S .
- **In Bodennähe bleiben bis die im Handbuch empfohlene Steiggeschwindigkeit erreicht ist.**
- Anfangssteigflug mit 1,2-mal V_S bis auf 50 ft Höhe.
- Weitersteigen mit Fahrt für besten Steigwinkel V_X oder bestes Steigen V_Y.

Je nach Flugzeugmuster sind Abweichungen von diesem Standard-Kurzstart-Verfahren möglich. Auf jeden Fall dürfen die im Flughandbuch vorgeschriebenen Limits nicht unterschritten werden.

2.3 Start bei starkem Seitenwind

Seitenwind stellt beim Startlauf eine nicht zu unterschätzende Belastung für das Fahrwerk dar. Daher lässt man Bugradflugzeuge mit Querruderausschlag in den Wind bis einige Knoten über der Abhebegeschwindigkeit am Boden, hebt dann zügig ab, um erneuten Bodenkontakt zu verhindern und dreht mit flacher Querneigung so weit in den Wind, dass man beim weiteren Steigflug über der Mittellinie der Piste bleibt.
Spornradflugzeuge, deren Spornrad nicht direkt mit dem Seitenruder gekoppelt ist, lassen sich beim Rollen nur mit den Radbremsen in der Spur halten, weil sie sich sonst in den Wind drehen. Der Start erfolgt mit gedrücktem Knüppel und vollem Querruder in den Wind. Hebt sich der leeseitige Flügel, behält man etwas Querneigung bei, rollt auf dem luvseitigen Rad, hält dabei die Richtung mit dem Seitenruder bis zum Abheben und dreht dann zum Vorhalten in den Wind.

Trick: Auf Graspisten mit ausreichender Breite (etwa dreifache Spannweite) Startaufstellung leewärts von der Mittellinie vornehmen und diagonal in den Wind auf die Luvseite der Startbahn ›zielen‹. Auf diese Weise verringert man die Seitenwindkomponente und vermindert die Gefahr, dass man nach dem Abheben von der Piste ›geweht‹ wird.

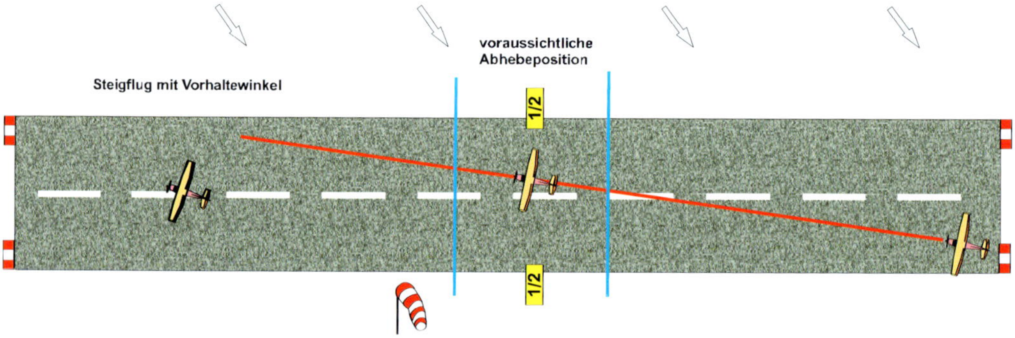

Abb. 3: Start bei starkem Seitenwind

3 Der Geradeausflug und das negative Wendemoment

Vom Auto- oder Radfahren her ist man es gewöhnt, die **Richtung** mit den Händen zu steuern. Der Flugschüler, der diese Erfahrung automatisch auf den aerodynamisch gesteuerten Flug übertragen will, wird bald merken, dass er umlernen muss.

Wandert z.B. beim **Geradeausflug** auf einen bestimmten Punkt (Blickpunkt) die Schnauze nach rechts weg, so versucht der Anfänger dies mit Querruderausschlag links zu korrigieren. Und plötzlich wird aus dem Geradeausflug eine unkontrollierte **Schlingerbewegung**. Woher kommt das?

Beim Betätigen der **Querruder** tritt außer dem gewünschten **Rollen** um die Längsachse auch noch eine **Drehbewegung** um die Hochachse entgegen dem Ausschlag auf. Gibt man z.B. Querruder rechts, so rollt das Flugzeug auch sinngemäß nach rechts, gleichzeitig wandert aber die Schnauze zunächst einmal nach links aus. Bei den Motorseglern mit ihrer größeren Spannweite ist diese Erscheinung ausgeprägter als bei den meisten Motorflugzeugen.

Dieser Querruder-Sekundär-Effekt (oder **negatives Wendemoment**) kommt dadurch zustande, dass das Querruder, das nach unten ausgeschlagen wird und den **Auftrieb** erhöht, auch mehr **Widerstand** erzeugt. Der Tragflügel wird also auf dieser Seite zurückgehalten. Das Flugzeug giert (dreht um die Hochachse) nach links, obwohl es nur eine Rollbewegung nach rechts ausführen sollte. Dieser unerwünschten Reaktion ist mit dem **Seitenruder** in Rollrichtung entgegenzuwirken.

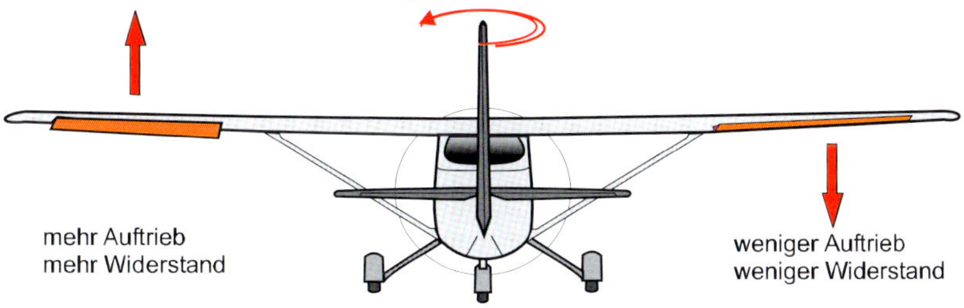

Abb. 4: Entstehung des negativen Wendemoments (Querruder-Sekundär-Effekt)

Beim Einleiten einer **Kurve** und bei allen anderen Bewegungen um die **Längsachse** müssen deshalb Quer- und Seitenruderausschläge **koordiniert** werden. Um dem negativen Wendemoment zu begegnen, schlägt man Quer- und Seitenruder **gleichzeitig** und **gleichsinnig** aus. Solange man nicht in der Lage ist, diese Ruderausschläge aufeinander abzustimmen, kann man ein Flugzeug nicht präzis bewegen.

4 Kurven und Kreisen

4.1 Struktur des Kurvenflugs

Der Kurvenflug gliedert sich in **drei Phasen**: Einleiten, stationärer Kurvenflug, Ausleiten:

- Zum **Einleiten** werden Seiten- und Querruder **koordiniert** in die gewünschte Richtung betätigt. Gibt man zu viel Seitenruder, so reicht die Querneigung nicht aus, um das Flugzeug in einer sauberen Kurve zu halten, es **schiebt** nach außen. Ist dagegen die Querneigung für die Drehgeschwindigkeit zu groß, so erfolgt das **Schieben** in Richtung des hängenden inneren Flügels. Quer- und Seitenruderausschläge müssen deshalb so aufeinander abgestimmt (**koordiniert**) werden, dass ein ausgewogener Zustand eintritt. Hat der Pilot das Gefühl, richtig zu sitzen, ohne nach innen zu hängen oder außen gedrückt zu werden, dann ist die Kurve richtig geflogen.
- Mit der Querneigung beginnt das Flugzeug auch, um die Hochachse zu drehen, es kurvt. Nach Erreichen der gewünschten Querneigung werden Quer- und Seitenruder wieder in **Normal-**

stellung gebracht. Die Folge ist eine Kreisbahn mit konstanter Fahrt und Drehgeschwindigkeit (**stationärerer Kurvenflug**). Es sind nur noch **Korrekturen** gegen das Schieben oder zur Fahrtstabilisierung notwendig.

- Das **Beenden** (**Ausleiten**) des Kurvenflugs erfolgt mit Seiten- und Querruder entgegen der Kurvenrichtung. Beide Ruder bleiben so lange ausgeschlagen, bis die Horizontallage wieder hergestellt ist. Auch hier ist mit koordinierten Ruderausschlägen darauf zu achten, dass man nicht schiebt.

Je nach Querneigung beginnt man eine Kurve einige Grade vor Erreichen des neuen **Richtungspunkts** auszuleiten, weil in der Zeit, in der die Querneigung verringert wird, das Flugzeug noch weiterdreht.

Faustregel:
Ausleiten der Kurve ein Drittel des Querneigungswerts vor dem gewünschten Kurs.

Beispiele:
- Rechtskurve mit 30° Querneigung auf Nordkurs ⇨ Beginn des Ausleitens bei 350°.
- Linkskurve mit 45° Querneigung auf Westkurs ⇨ Beginn des Ausleitens bei 285°.

4.2 Fliegen mit der Kugel (Libelle)

Das Instrument zur Überprüfung der schiebefreien Fluglage ist die **Libelle**, die im Wendezeiger bzw. Turn Coordinator integriert ist *(siehe dazu Kapitel Instrumentenkunde 4.7).*

Zum sauberen Geradeaus- und Kreisflug gehört viel Übung. Jedes Flugzeugmuster hat eine andere Ruderabstimmung, so dass man sich erst einmal die Feinheiten erfliegen muss. Um einen Schiebezustand zu korrigieren, muss man wissen:

- Die Kugel gehorcht dem Querruder: Soll die Kugel nach rechts, kann das mit Querruder rechts bewirkt werden.
- Das Seitenruder wirkt auf die Kugel in entgegen gesetzter Weise: Eine nach links ausgewanderte Kugel wird mit Seitenruder links wieder in die Mitte geholt.

Regel: Bei unsauberer Fluglage (Kugel außerhalb der Mittellage) ›auf die Kugel treten‹, also Seitenruder in Richtung der ausgewanderten Kugel geben.

Elegante Korrekturen erfolgen mit entsprechenden kleinen Quer- und Seitenruderausschlägen.

4.3 Die Standardkurve (Standard Rate Turn)

Eine Standardkurve wird mit einer Drehgeschwindigkeit von 3° pro Sekunde geflogen. Das heißt, ein Vollkreis dauert zwei Minuten, eine 90-Grad-Kurve 30 Sekunden usw. Der Zeiger des Turn Coordinators bzw. Wendezeigers steht dabei auf der Marke *(siehe dazu Kapitel Instrumentenkunde).* Die einzunehmende Querneigung hängt von der wahren Eigengeschwindigkeit (True Air Speed, TAS) ab. Es gilt: Je höher die Fahrt, desto größer die Querneigung. *(Siehe dazu Kapitel Technik 5.7)*

Faustregel: Querneigung in Grad = 1/10 TAS + 7

Beispiele: TAS = 100 kt ⇨ Querneigung ca. 17°
TAS = 130 kt ⇨ Querneigung ca. 20°

Standardkurven werden beim Flug nach Instrumenten im Zusammenspiel mit der Funknavigation geflogen. Jeder VFR-Pilot sollte aber zumindest eine 180°-Standardkurve (Umkehrkurve) ohne Sicht nach außen beherrschen, die nach einem Einflug in schlechtes Wetter lebensrettend sein kann.

4.4 Steilkurven (Steep Turns)

- Auftrieb im Kurvenflug

Je steiler eine Kurve geflogen wird, umso größer wird der Anteil aus dem Gesamtauftrieb, der zur Überwindung der **Fliehkraft** benötigt wird. Vom Tragflügel muss deswegen insgesamt mehr Auftrieb erzeugt werden. Das geschieht im Motorflug durch entsprechende Leistungserhöhung.

Beispiel:
Beim Kreisen mit einer Querneigung von 45° muss die Leistung um etwa 20% erhöht werden, wenn auch die Geschwindigkeit beibehalten werden soll. Ist das nicht möglich, weil man schon mit Vollgas fliegt, lassen sich Fahrt und Höhe nicht gleichzeitig halten. Entweder kann die Kurve nur mit geringerer Geschwindigkeit geflogen werden, wenn die Höhe konstant bleiben soll oder aber die notwendige Energie zur Beibehaltung der Fahrt wird durch Höhenverlust ausgeglichen.

Auch die **Überziehgeschwindigkeit** liegt entsprechend höher, d.h. die Strömung reißt im Kurvenflug bei einer höheren als der Mindestgeschwindigkeit im Horizontalflug ab.

Querneigung in °	0	25	35	45	55	60	70
Fahrterhöhung in %	0	5	10	20	30	40	70
statt 80 kt	80	84	88	95	105	114	137

Die Tabelle zeigt, wie sich die Geschwindigkeit in Abhängigkeit von der Querneigung ändert. Zu beachten dabei ist, dass die notwendige Fahrterhöhung mit zunehmender Querneigung überproportional steigt.

Merke: Bei Vergrößerung der Querneigung über ca. 30° hinaus ist für einen sicheren Kurvenflug eine Erhöhung der Leistung notwendig, um einen deutlichen Abstand zur Mindestgeschwindigkeit zu bewahren.

- **Einsatz des Höhenruders**
  Beim Steilkurven will das Flugzeug die Nase senken. Ursache ist der Auftriebsverlust auf Grund der großen Querneigung. Dem wird durch Ziehen des Höhensteuers und durch Leistungserhöhung entgegen gewirkt. Ein entsprechendes Gasgeben parallel zur Erhöhung der Querneigung erleichtert die Einhaltung von konstanter Fahrt und Höhe und reduziert den Bedarf am Höhenrudereinsatz. Unterlässt man das, so geht das Flugzeug in einen Spiralsturz über, der zur Überbeanspruchung der Zelle führen kann. Beim Ausleiten einer Steilkurve ist das gezogene Höhenruder wieder nachzulassen und das Gas wieder zurückzunehmen, da sich das Flugzeug sonst aufbäumt.
- **Unterschiedlicher Auftrieb am Tragflügel**
  Der äußere Tragflügelteil wird beim Steilkurven mehr Auftrieb erzeugen als der innere, weil er eine höhere Geschwindigkeit hat. Dadurch besteht die Tendenz, die Querneigung zu vergrößern, wenn nicht konstruktive Maßnahmen wie die V-Stellung diesem Vorgang entgegenwirken. Je nach Flugzeugmuster ist daher das Querruder mehr oder weniger entgegen der Kurvenrichtung auszuschlagen (Abstützstellung).
  Da der äußere Flügel schneller umströmt wird, erzeugt er auch etwas mehr Widerstand. Es kann – wiederum abhängig von der Konstruktion – etwas Seitenruder in Kurvenrichtung notwendig werden.

Die **optimale Kurvenflugstellung** von Seiten- und Querruder hängt sowohl vom **Flugzeugmuster** als auch von der **Querneigung** ab. Um die Schnauze in Steilkurven sauber parallel zum Horizont herumzuführen, ist der Einsatz aller Ruder notwendig. Dabei ist zu beachten, dass in jeder Fluglage jedes Ruder immer um die ihm zugeordnete Achse wirkt. Das heißt aber auch, dass man bei Kurven, die außer Kontrolle zu geraten drohen, das **Seitenruder** mit zunehmender Querneigung zur Fahrtkorrektur und das **Höhenruder** zur Korrektur der Drehgeschwindigkeit einsetzen muss. Man denke dabei an den Extremfall des **Messerflugs** (Geradeausflug mit 90° Querneigung): Nur das Seitenruder erlaubt es, die Schnauze am Horizont zu halten, nur das Höhenruder erlaubt eine Richtungsänderung.

4.5 Umkehrkurve auf dieselbe Grundlinie (Procedure Turn)

Eine Möglichkeit, um auf derselben Linie wieder zurück zu fliegen, auf der man gekommen ist, bietet der sog. 45°-Procedure-Turn:

- Mit einer Standardkurve 45° von der Kurslinie wegdrehen.
- Eine Minute lang geradeaus fliegen. Bei Gegenwind etwas länger, bei Rückenwind etwas kürzer.
- Mit einer Standardkurve auf die andere Seite auf den Umkehrkurs drehen.

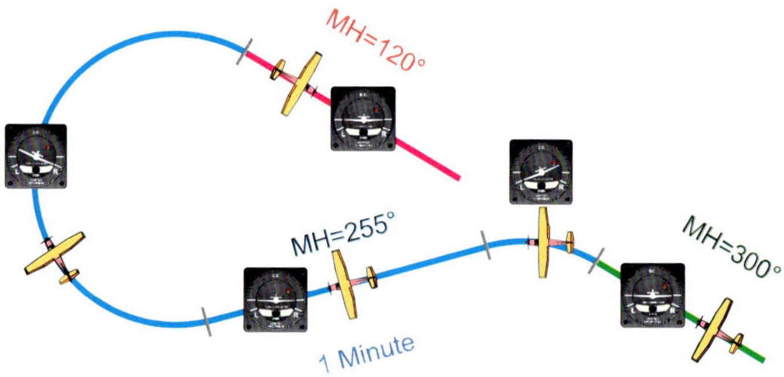

Abb. 5: Procedure Turn links von 300° auf 120°

Beispiel: Procedure-Turn links mit Ausgangskurs 300°

- Mit einer Standardkurve nach links auf Kurs 255° gehen (dauert 15 Sekunden).
- Eine Minute lang mit unveränderter Geschwindigkeit Kurs 255° halten.
- Mit einer Standardkurve auf Kurs 120° eindrehen (dauert 75 Sekunden).

Tipp: Die Ausholkurve in die Richtung anlegen, dass mit Rückenwind von der Kurslinie abgeflogen wird. Damit vermeidet man ein Überschießen bei der Rückkehr auf die Kurslinie, falls man den Wind zu schwach eingeschätzt hat.

5 Der Seitengleitflug (Slip)

Der Seitengleitflug dient dazu, rasch Höhe abzubauen und wird bei Flugzeugen angewendet, die keine oder schlecht wirkende Landeklappen haben. Bei diesem Flugmanöver lässt man das Flugzeug absichtlich **schieben**. Es wird dabei mehr oder weniger seitlich angeströmt und bietet viel **Widerstand**. Die Nase zeigt jetzt nicht mehr in Flugrichtung, sondern beim Linksslip nach rechts und beim Rechtsslip nach links.

Zum Einleiten des Seitengleitflugs nützt man das **negative Wendemoment** aus. Man beginnt mit einem Querruderausschlag und wartet, bis die Schnauze in die entgegengesetzte Richtung gedreht hat. Das Zurückdrehen bzw. den Übergang in die Kurve verhindert man durch Gegenseitenruder.

Das Flugzeug nimmt jetzt eine Stellung schräg zur Flugrichtung ein. Ein Flügel ist vorgeschoben und nach unten geneigt, die Rumpflängsachse bildet einen Winkel von mehreren zehn Grad zur Flugrichtung. Der andere Flügel liegt teilweise im Windschatten des Rumpfs. Die Schnauze hat die Tendenz, sich zu senken, was durch Ziehen des Höhensteuers ausgeglichen wird.

Beispiel für einen Seitengleitflug links:

a) Ausgangssituation Geradeausflug (z.B. im Endanflug):

1. Einleiten mit Querruder links.
   Auswirkungen: Linker Flügel senkt sich, Schnauze wandert zunächst nach rechts.
2. Seitenruder rechts geben, Querruder links halten.
   Auswirkungen: linker Flügel bleibt unten, Schnauze bleibt rechts vom Blickpunkt, Flugzeug schiebt, Fahrtmesser zeigt zu wenig oder gar nichts mehr an, Flugbahn wird steiler.
3. Höhenruder etwas ziehen.
   Auswirkungen: Schnauze bleibt am Horizont.
4. Beenden des Seitengleitflugs durch
   - Nachlassen des Höhenruders.
   - Querruder in Neutralstellung bzw. etwas rechts.
   - Herausnehmen des Seitenruders kurz vor der gewünschten Richtung.

b) Ausgangssituation Kurvenflug (z.B. Landekurve):

1. Bei Kurvenrichtung links etwa 30° vor der gewünschten Richtung Seitenruder rechts geben.
2. Auswirkung: Drehung wird gestoppt, Schnauze wandert nicht mehr weiter.
3. Querruder links halten.
4. Auswirkung: Flügel bleibt links unten.
5. Korrekturen zur Horizontlage mit dem Höhenruder.

Selbstverständlich kann man im Seitengleitflug auch **Kurven** fliegen. Dabei kurvt man über den hängenden Flügel. Das Querruder muss dazu auf dieser Seite etwas mehr ausgeschlagen werden, das Seitenruder wird gegenüber dem geradlinigen Seitengleitflug etwas zurückgenommen. Die Korrekturen zum steileren oder flacheren **Kurvenslip** erfolgen wie beim Kreisflug mit koordinierten Seiten- und Querruderausschlägen in die gewünschte Richtung.

Jede unsauber geflogene Kurve ist eigentlich ein Seitengleitflug, der erhöhten Widerstand zur Folge hat. Die aus der Mitte ausgewandert Kugel zeigt das an.

An sich ist der Seitengleitflug ein harmloser, stabiler **Flugzustand**. Jedoch muss beim **Einleiten** darauf geachtet werden, dass der Anstellwinkel durch zu frühes Ziehen nicht so stark vergrößert wird, dass die Strömung abreißt, da durch die gekreuzte Stellung von Quer- und Seitenruder das Einleiten zum **Trudeln** erfolgt.

Zweckmäßigerweise slippt man zum raschen Höhenabbau bei **Seitenwind** mit dem hängenden Flügel **in den Wind**, um größere Schiebewinkel zu erzielen. Bei Wind von links wird demnach mit dem Querruder links der Linksslip eingeleitet. Je steiler geslippt wird, desto größer muss aber auch die Höhenreserve sein, bei der man den Slip noch sicher beenden kann.

6 Die Landung

Die Vorbereitungen zur Landung werden im Gegenanflug getroffen *(siehe Checkliste im Kapitel Technik und Abbildung 2)*. Spätestens im Queranflug wird durch Verringerung der Motorleistung die Fahrt so weit reduziert, dass die Klappen auf die erste Stufe bzw. ca. 10° gesetzt werden können. Je nach örtlichen Verhältnissen baut man bis zur Endanflugkurve langsam Höhe ab, wenn der Landeanflug relativ kurz angelegt werden muss. Eine Mindesthöhe von 500 ft über Grund sollte allerdings bis zur Endanflugkurve nicht unterschritten werden. Erst im geraden Endteil werden die Klappen auf Landestellung gebracht und die Geschwindigkeit auf die im Handbuch empfohlene Anflugfahrt ausgetrimmt, das ist im Normalfall das 1,3- bis 1,4-fache der Mindestgeschwindigkeit V_S. Mit Hilfe des Gashebels nimmt man eine möglichst konstante Gleitflugbahn ein, die zum Aufsetzpunkt führt. Gelungen ist der Anflug ideal, wenn man aus etwa 500 ft mit konstanter Sinkrate die Schwelle der Piste erreicht.

Unmittelbar nach dem Absetzen der Meldung, dass man sich im Endanflug befindet, wird der **Final Check** (Endanflug-Check) durchgeführt, mit dem sichergestellt wird, dass alle zur Landung notwendigen Einstellungen durchgeführt sind. Jedes Flugzeug hat zwar seine individuelle Checkliste *(siehe Kapitel Flugzeugkunde 5.2.2)*, jedoch ist es überaus empfehlenswert, einen Standard-Check **auswendig** zu lernen, der für alle Flugzeugmuster passt, die man gerade benützt, auch wenn der eine oder andere Punkt für das momentane Fluggerät entfällt. Das hat den Vorteil, dass man nicht bei jedem neuen Typ überlegen muss, ob man etwas vergessen hat.

Tipp: Bewährt haben sich folgende 8 Punkte (Golden Eight), am besten gleich in Englisch:

- **GEAR DOWN** (Fahrwerk ausgefahren und verriegelt)
- **MIXTURE RICH** (Gemisch reich)
- **PROPELLER FORWARD** (Propeller auf kleinste Steigung)
- **CARBURATOR HEATER** (Vergaservorwärmung)
- **LANDING LIGHT ON** (Landescheinwerfer EIN)
- **FUEL PUMP ON** (Benzinpumpe EIN)
- **FLAPS** (Landeklappen gesetzt)
- and **SPEED** (Anflugfahrt angepasst)

6.1 Gleitpfad im Endanflug

Im Normalfall erfolgen Landeanflüge unter Winkeln von ca. 3 bis 5° bzw. mit einem Gefälle von ca. 5 bis 10% zur Horizontalen. Das bedeutet, dass der Landeanflug von der Höhe her richtig angesetzt ist, wenn man in einer Entfernung von 1 NM vor der Schwelle 300 bis 600 ft über dem Aufsetzpunkt ist.
Bei einem Standardanflug mit 3° (ca. 5%) bleibt man auf dem Gleitpfad, wenn man z.B. bei einer Geschwindigkeit über Grund von 100 kt eine Sinkrate von 500 ft/min einhält.

Faustregel: Sinkrate (ft/min) = Geschwindigkeit über Grund (kt) mal 5

Als Anflughilfe gibt es auf gut ausgestatteten Flugplätzen (z.B. auf Flughäfen mit IFR-Verkehr) optische Gleitpfadanzeigen, z.B. Visual Approach Slope Indicator (VASI) oder Precision Approach Path Indicator (PAPI), die mit Lichtsignalen anzeigen, ob man sich über, unter oder auf einem 3°-Anflugpfad befindet.

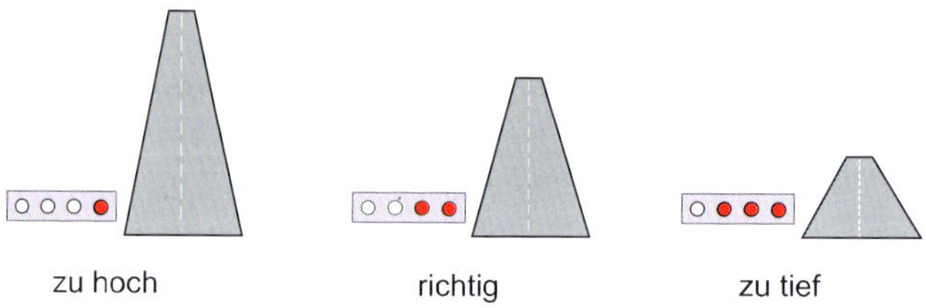

Abb. 6: Optische Gleitpfadanzeige, Beispiel PAPI

Prinzip: Je mehr Lampen rot, desto flacher der Anflugwinkel. Sind alle Lampen rot oder weiß, befindet man sich außerhalb eines sicheren Gleitpfads.

6.2 Abfangen und Aufsetzen

Ideal gelungen ist das Aufsetzen bei Flugzeugen mit Dreibeinfahrwerk, wenn es bei Mindestfahrt auf dem Hauptfahrwerk auf der Mittellinie der Piste erfolgt. Lässt man das Höhenruder gezogen, dann berührt das Bugrad die Piste einige Sekunden später, wenn die Fahrt nachgelassen hat. Die Richtung wird mit dem Seitenruder gehalten, falls notwendig, wird gefühlvoll gebremst, und mit Radfahrertempo kann die Piste verlassen werden.

Der anspruchvollste Teil der Landung ist der Abfangbogen, der mit dem Fahrtabbau in unmittelbarer Bodennähe (Ausschweben) und dem Aufsetzen endet: Mit zunehmender Annäherung an den Boden nimmt man bei Leerlauf oder wenig Motorleistung durch vorsichtiges Ziehen des Höhensteuers die Schnauze immer höher, ohne aber wieder in den Steigflug überzugehen und hält auf diese Weise das Flugzeug so lange einige Zentimeter über dem Boden, bis es nicht mehr flugfähig ist und sich von selbst auf die Piste setzt. Falls das Triebwerk noch mit Leistung läuft, wird jetzt auf Leerlauf reduziert.

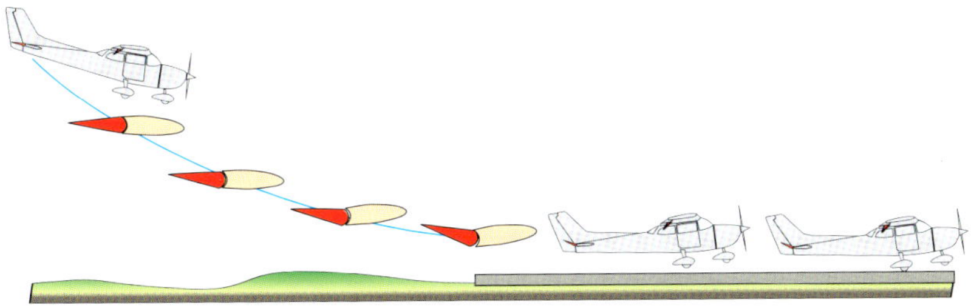

Abb. 7: Einsatz des Höhenruders im Abfangbogen

Die Landung gehört zu den **kritischen Phasen** eines Flugs und muss daher in allen Variationen geübt werden. Nicht umsonst lautet ein Spruch: »Fliegen können heißt Landen können.«

Unfallträchtige Fehler sind:

- Unterschreiten der sicheren Anflugfahrt in der Landekurve.
- Zu schneller oder zu langsamer Endanflug.
- Zu steiler oder zu flacher Landeanflug.
- Erhebliche Abweichungen von der Anfluglinie, die Richtungskorrekturen von mehr als ca. 10° erfordern.
- Zu frühes oder zu spätes Einleiten des Abfangbogens.
- Zu hohes oder zu spätes Abfangen.
- Zu spätes Durchstarten nach einem missglückten Landeanflug.

Im Gegensatz zum Segelflieger hat der Motorpilot die Möglichkeit, einen vermurksten Landeanflug zu wiederholen. Der häufigste Fehler besteht darin, dass man zu schnell oder zu hoch angeflogen ist und Fahrt und/oder Höhe bis zum Aufsetzpunkt nicht mehr abbauen kann. Versucht man nun, das Flugzeug ohne abzufangen an den Boden zu zwingen, wird es nach dem gewaltsamen Aufsetzen wieder einige Meter hoch springen. Der unerfahrene Pilot begeht dann in der Regel gleich den nächsten fatalen Fehler und drückt es per Höhenruderausschlag nach unten. Das nächste Aufsetzen erfolgt zwar umgehend, aber erheblich härter und mit dem Bugrad zuerst. Der nächste Sprung ist unvermeidlich und bei gleicher Fehlreaktion endet das Ganze als Flugunfall mit Bugradbruch und Bodenberührung des Propellers. Daher:

Regel: Sofort Durchstarten, wenn man vermutet, dass die Restlänge der Piste für eine normale Landung nicht mehr reicht.

Ist es wegen zu hoher Fahrt beim Aufsetzen zum nochmaligen Abheben gekommen, gilt das Gleiche: Vollgas geben, Höhenruder nicht drücken, normale Fluglage einnehmen und erst mal wieder fliegen. Reicht der Rest der Landebahn, kann man noch einmal eine Landung versuchen, wenn nicht, rechtzeitig durchstarten!

6.3 Durchstarten

Das Durchstarten sollte in zwei Varianten geübt werden: Durchstarten vor dem Aufsetzen und nach dem Aufsetzen.

Die Reihenfolge der Maßnahmen beim **Durchstarten vor dem Aufsetzen**:

1. Volle Leistung setzen: Vollgas, Vergaservorwärmung kalt.
2. Klappen langsam auf Startstellung einfahren, Durchsacken durch angepasstes Ziehen des Höhensteuers verhindern.
3. Ohne zu steigen auf die Geschwindigkeit für bestes Steigen beschleunigen.
4. Steigfluglage für bestes Steigen einnehmen.

Hat das **Flugzeug bereits aufgesetzt**, empfiehlt sich als Reihenfolge der Maßnahmen:

1. Klappen noch beim Rollen im Leerlauf auf Startstellung bringen
2. Volle Leistung setzen: Vollgas, Vergaservorwärmung kalt.
3. Abheben und Steigen wie beim Normalstart

Das Einfahren der Klappen noch am Boden bewirkt ein sicheres Rollen auch beim Gasgeben. Das aufbäumende Moment, das beim Vollgasgeben mit ausgefahrenen Klappen sofort ein gefährlich steiles Wegsteigen bewirken kann, kommt bei eingefahrenen Klappen nämlich nicht zur Wirkung, da in dieser Konfiguration die Mindestfluggeschwindigkeit zunächst noch nicht erreicht ist.
In beiden Fällen ist zu beachten, dass das Flugzeug für den Landeanflug schwanzlastig getrimmt war und mit dem Einsetzen der vollen Triebwerksleistung die Schnauze kräftig nach oben nehmen will. Daher: Beim Durchstarten keine steilere Lage als die normale Steigfluglage zulassen!

6.4 Ziellandungen

Jede Landung sollte als Ziellandung geplant werden, so dass ein Aufsetzen innerhalb von etwa 100 m hinter der Schwelle bzw. dem beabsichtigen Landepunkt erfolgt.

6.4.1 Ziellandung mit Motorhilfe aus dem normalen Endanflug der Platzrunde

Das ist der Normalfall: Die Triebwerksleistung wird so rechtzeitig reduziert, dass der Anflug mit ausgefahrenen Landeklappen und etwas Gas auf einer gleichmäßigen, flachen Bahn von etwa 3 bis 5° Neigung erfolgt. Bei einer Höhe von ca. 500 ft GND und einer Entfernung von ca. 1 NM bis zum Pistenanfang merkt man sich den Anflugwinkel und behält ihn bei: Fällt man darunter, gibt man etwas mehr Gas, steigt man darüber, reduziert man die Drehzahl. Die Fahrt sollte sich dabei auf die empfohlene Anfluggeschwindigkeit eingespielt haben.

6.4.2 Ziellandung ohne Motorhilfe aus der Platzrunde

Das ist die anspruchsvollere Landung: Je nach Flugzeugmuster wird das Triebwerk erst dann in den Leerlauf gebracht, wenn unter Berücksichtigung von Windrichtung und -stärke mit halb ausgefahrenen Klappen bzw. Stufe 1 der Aufsetzpunkt noch mit Höhenreserve erreicht werden kann. Erst wenn man sicher ist, dass die Schwelle überflogen werden kann, fährt man die Landeklappen etwas weiter aus.
Zu hoch angesetzte Anflüge korrigiert man durch weiteres Ausfahren der Klappen, rechtzeitiges Nachdrücken und/oder Seitengleitflug. Merkt man, dass man zu kurz kommt (Übung misslungen!), muss man wieder Gas geben. Die Landeklappen (Motorflugzeug) dürfen im Endanflug wegen der Gefahr des Durchsackens nicht mehr eingefahren werden. Bei Reisemotorseglern mit Störklappen dagegen fährt man diese wieder etwas oder ganz ein.

Tipp gegen das Zukurzkommen:
Zunächst auf einen Punkt ca. 200 m hinter dem vorgesehenen Aufsetzpunkt zielen.

6.4.3 Landung aus 2.000 ft GND ohne Motorhilfe

Um für den Fall einer Außenlandung wegen Triebwerksversagens auf einem Streckenflug gerüstet zu sein, werden Ziellandungen aus größerer Höhe geübt. Dazu steigt man in einer kurzen Platzrunde auf 2.000 ft über den vorgesehenen Aufsetzpunkt, nimmt das Triebwerk auf Leerlaufleistung zurück und gleitet als ›Segelflugzeug‹ zur Landung.

Voraussetzung für das Gelingen der Ziellandung ist eine gute Einteilung der zur Verfügung stehenden Höhe und das Einhalten der Fahrt für das beste Gleiten, die man dem Handbuch entnimmt. Sie liegt bei den üblichen Schulmotorflugzeugen bei etwa 70 kt (Cessna 172 mit ca. 65 kt, Piper PA 28 Archer ca. 75 kt, DR 400 ca. 80 kt). Dabei wird eine Gleitzahl von etwa 1 zu 10 erreicht. Das heißt, aus einer Höhe von 1 NM (etwa 6.000 ft) kommt man ohne Windeinfluss etwa 10 NM weit. Die Reisemotorsegler wie z.B. Dimona oder SF25 weisen naturgemäß bessere Gleitflugleistungen auf (etwa 1:25).

Merke: Die beste Gleitleistung wird immer mit eingefahrenen Landeklappen und eingefahrenem Fahrwerk erzielt.

Mit einem **Motorflugzeug** bereitet man beim Anflug auf den Zielplatz das Flugzeug nach Checkliste zur Landung vor, nimmt über dem Landefeld das Gas weg und kommt in 500 ft-Stufen mit einer Kurzplatzrunde zur Landung:

- Ein kurzes Stück geradeaus, bis die Gleitfluggeschwindigkeit anliegt.
- Querabflug bis 1.500 ft GND
- Gegenanflug bis ca. 1.000 ft GND
- Queranflug
- Eindrehen in den Endanflug bei spätestens 500 ft
- Klappen erst dann setzen, wenn der Aufsetzpunkt mit Sicherheit erreicht werden kann.

Die **Queranflugkurve** wird etwa dann eingeleitet, wenn der Aufsetzpunkt etwa 30° hinter einem liegt. Die richtige Platzierung dieser Kurve erfordert einige Übung und stellt bereits erhebliche Anforderungen an das räumliche **Orientierungsvermögen**, zumal dabei Windrichtung, Windstärke, Geländebeschaffenheit und die Gleitleistungen zu berücksichtigen sind.

Bei Seitenwind verkürzt bzw. verlängert man den Querabflugteil entsprechend. Erkennt man bei stärkerem Wind, dass man mit dem Standardverfahren zu kurz kommen wird, zielt man aus dem Gegenanflug heraus direkt auf den Aufsetzpunkt.

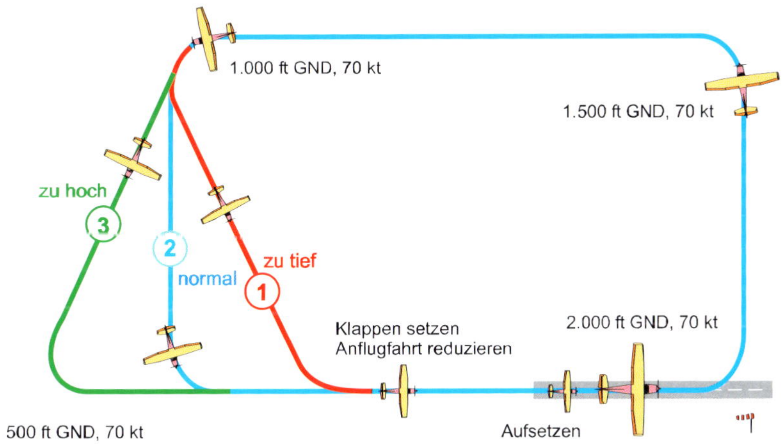

Abb. 8: Landeeinteilung für eine Ziellandung aus 2.000 ft GND mit einem Motorflugzeug. Mit der besseren Gleitleistung der Reisemotorsegler lassen sich die Höhenstufen für die Landeeinteilung in etwa halbieren.

Grundsätzlich gilt: Bei starkem Wind bleibt man näher am Landefeld, bei schwachem Wind oder gar leichtem Rückenwind holt man etwas weiter aus.

Der **Queranflug** muss so gewählt werden, dass ein Fehler beim Anlegen der Queranflugkurve wieder ausgeglichen werden kann: Merkt man, dass man zu viel Höhe verloren hat, schneidet man den Weg etwas ab, ist man noch zu hoch, holt man noch einmal etwas aus und verlegt damit die **Landekurve** vom Aufsetzpunkt weg.

Die maximale Entfernung der Landekurve vom Aufsetzpunkt *(siehe Abb. 9)* kann höchstens so groß sein, dass man unter Berücksichtigung von Wind und Hindernissen mit bestem **Gleitwinkel** gerade noch das **Landefeld** erreicht ❶. Sie darf aber nur so nahe am Aufsetzpunkt liegen, dass man nicht trotz Ausnützung aller **Landehilfen** wie voll ausgefahrene Klappen und Seitengleitflug über die Landebahn hinausschießt ③. Der ideale Punkt liegt in der Mitte, so dass man nach beiden Seiten **Reserven** hat ❷. Anders ausgedrückt: Wenn der Gleitflug auf der Anfluggrundlinie (Centerline) mit etwa halb gesetzten Klappen auf einer geraden Linie erfolgt, dann war die Landeeinteilung optimal. Die Übung gilt als gelungen, wenn innerhalb von 150 m nach der Schwelle bzw. dem vereinbarten Landezeichen aufgesetzt wird.

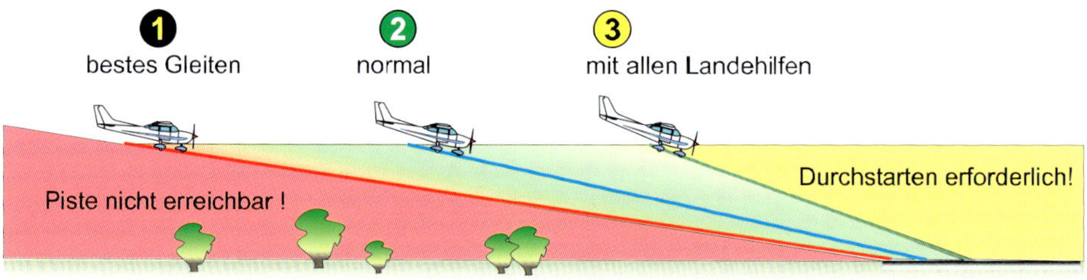

Abb. 9: Landeanflug ohne Motorhilfe, Gleitwinkelbereich

6.4.4 Außenlandeübungen

Anflüge zum Üben von Landungen außerhalb von Flugplätzen dürfen nur mit Fluglehrer durchgeführt werden und nur dort, wo weder Mensch noch Tier gefährdet wird. Aufsetzen ist dabei nicht erlaubt. Die Landetechnik ist dabei die gleiche wie unter 6.4 beschrieben. Die Bedienung des Flugzeugs richtet sich dabei nach der Notfall-Checkliste des Flughandbuchs. *Siehe dazu auch Kapitel ›Verhalten in besonderen Fällen‹.*

6.5 Kurzlandung

Steht nur eine kurze Landepiste zur Verfügung, dann befragt man zunächst das Flughandbuch, ob unter den gegebenen Umständen (Flugmasse, Wind, Pistenzustand) eine sichere Landung überhaupt möglich ist und wendet dann das beschriebene Verfahren an *(siehe dazu Kapitel Technik »Landestrecke und Landerollstrecke«)*. Um wirklich die kürzeste Landestrecke zu erzielen, ist viel Übung erforderlich. Das genaue Einhalten der empfohlenen Anflugfahrt in der letzten Phase und eine gleichmäßige Sinkrate bei voll gesetzten Klappen sowie das punktgenaue Aufsetzen an der Schwelle mit nachfolgender maximaler Bremsleistung, ohne die Räder zu blockieren, werden nur gelingen, wenn man sich das verwendete Flugzeug bereits ›erflogen‹ hat.

6.6 High Speed Approach

Bei Landeanflügen auf Flughäfen muss man als Pilot eines einmotorigen Flugzeugs mit Wartezeiten rechnen, weil dem Verkehr der Airliner Vorrang eingeräumt wird. Die Fluglotsen schieben die 'Kleinen' dazwischen, wann immer es gerade passt. Am wenigsten stört man den Verkehrsfluss, wenn man der Aufforderung nachkommt, so lange wie möglich eine möglichst hohe Geschwindigkeit bei einem längeren Endanflug (Final) beizubehalten. Also behält man die Reiseleistung bzw. -drehzahl bis etwa 1 bis 2 NM vor der Schwelle bei und erreicht dabei im Sinkflug ohne Klappen eine Fahrt, die je nach Flugzeugmuster deutlich höher als die Reisegeschwindigkeit ist.
Das Problem ist nun, im letzten Teil des Anflugs die überhöhte Fahrt wieder weg zu bekommen. Am schnellsten geht das, indem man die Leistung auf Leerlauf reduziert, dabei so lange die momentane Höhe hält, bis die Fahrt im weißen Bereich ist, danach die Klappen voll setzt und das aufbäumende Moment unterdrückt, indem man mit der Schnauze auf den Aufsetzpunkt zielt. Liegt die gewünschte Anflugfahrt an, gibt man wieder so viel Gas, dass ein konstanter Gleitpfad erzielt wird.

6.7 Landeanflüge auf steigende oder fallende Pisten

Im Laufe der praktischen Ausbildung bekommt man einen Blick für den richtigen Anflugwinkel auf die Piste. Er prägt sich ein und erleichtert den Landeanflug nach Sicht. Allerdings hat das den Nachteil, dass man sich beim Anflug auf eine geneigte Landebahn verschätzt, wenn man den gewohnten Blickwinkel einnimmt *(siehe Abbildung 10)*.

- Bei ansteigender Piste erfolgt der Anflug zu tief
- Bei fallender Piste kommt man zu hoch zur Landung.

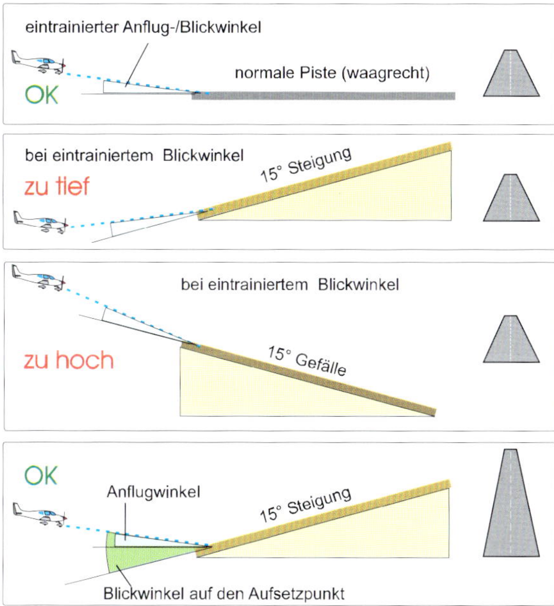

Abb. 10: Anflug- und Blickwinkel im Landeanflug

7 Langsamflug

Langsamflug wird in verschiedenen Geschwindigkeitsstufen zunächst im Horizontalflug geübt, um ein Gefühl für das Verhalten des Flugzeugs zu bekommen, wenn es nicht mehr im gewohnten Reiseflug betrieben wird. Eine Fahrtverringerung ist nur bis zur **Mindestgeschwindigkeit** (Stall Speed) möglich. Wird sie unterschritten, dann bricht der Auftrieb über dem Flügel zusammen, das Flugzeug geht in den **Sackflug** über oder kippt nach vorn oder zur Seite ab.

1. Stufe: Verringerte Reisefahrt (Slow Flight)
Nehmen wir an, die normale Reisegeschwindigkeit liege bei ca. 100 kt und soll auf 80 kt verringert werden, dann nimmt man die Leistung etwa um die Hälfte zurück, hält durch sukzessives Ziehen die Höhe konstant und wartet bis etwa 85 kt anliegen, gibt dann wieder so viel Gas, dass die Fahrt nicht weiter als bis 80 kt abnimmt und die Höhe gleich bleibt. Haben sich Fahrt und Höhe stabilisiert, trimmt man das Flugzeug aus. Die Schnauze liegt dabei etwas höher als im normalen Reiseflug. In diesem Zustand werden nun Kurven geübt. Dabei gilt: Je größer die Querneigung, desto mehr muss die Leistung während des Kurvens erhöht werden, um den verringerten Auftrieb auszugleichen. Die Rückkehr zur Ausgangsgeschwindigkeit erfolgt aus der Horizontallage durch zügiges Gasgeben, sanftes Nachdrücken des Höhensteuers, um einen Steigflug zu verhindern, und Austrimmen.

Diese Übung lässt sich beliebig variieren, wenn andere Geschwindigkeiten für den Langsamflug vorgegeben werden.

2. Stufe: Langsamflug mit ausgefahrenen Klappen
Das Prinzip ist das Gleiche wie bei Stufe 1, jedoch wird das Gas gleich zu Anfang weiter heraus genommen, die Klappen werden voll ausgefahren, wenn der weiße Bereich erreicht ist. Die Schnauze liegt beim Erreichen von etwa 60 kt deutlich höher als normal, die Ruder reagieren schlechter und es muss ordentlich Gas nachgeschoben werden, um die Höhe halten zu können, da die ausgefahrenen Klappen einen erheblichen Widerstand erzeugen. Zum Fliegen einer Kurve muss noch mehr Gas gegeben werden.
Beendet wird diese Übung durch Vollgas bei gleichzeitigem Nachdrücken. Hat die Fahrt um ca. 10 bis 15 kt zugenommen, werden die Klappen stufenweise langsam eingefahren. Die dadurch auftretende Tendenz zum Durchsacken wird durch Ziehen des Höhenruders verhindert. Ist die Ausgangsfahrt wieder erreicht, wird das Triebwerk wieder auf Reiseleistung reduziert.

3. Stufe: Überziehen ohne Klappen (Clean Stall)
Die Leistung wird aus dem Reiseflug heraus bis etwas über Leerlauf zurück genommen. Durch Ziehen hält man die Ausgangshöhe. Dadurch nimmt die Fahrt relativ rasch ab. Die Annäherung an die Mindestgeschwindigkeit macht sich bemerkbar durch Ertönen der Überziehwarnung bei Überschreitung eines bestimmten Anstellwinkels (vom Konstrukteur festgelegt), Erreichen des Endes des grünen Bogens am Fahrtmesser *(siehe dazu Kapitel Instrumentenkunde)* und schließlich durch Schütteln des Flugzeugs, wenn die teilweise am Flügel abgerissene Strömung das Leitwerk trifft. Umgehend wird nun die Schnauze in Normallage gebracht und dabei zügig volle Leistung gegeben. Der Tendenz nach links wegzudrehen (wie beim Startlauf) wird mit Seitenruder rechts begegnet.
Optimal ist diese Übung geflogen, wenn bis zur Mindestgeschwindigkeit die Höhe konstant gehalten wurde, bis zum Wieder-Erreichen der Normalfluglage nicht mehr als 200 ft Höhe benötigt wurden und während der gesamten Übung die Kursabweichung geringer als 10° war.

4. Stufe: Überziehen in Landekonfiguration (Approach Stall)
Diese Übung wird wie Stufe 3 geflogen, jedoch in Landekonfiguration, also mit ausgefahrenen Landeklappen und ggf. ausgefahrenem Fahrwerk und kleinster Propellersteigung. Wird das untere Ende des weißen Bereichs erreicht oder treten die Überziehwarnungen auf, wird das Triebwerk auf maximale Leistung gebracht (Vollgas, Vergaservorwärmung kalt), jedoch nur so viel Höhenruder nachgelassen, dass das Flugzeug weder steigt noch sinkt. Sobald es deutlich in den grünen Bereich hinein beschleunigt hat, fährt man die Klappen stufenweise langsam ein.
Die Übung ist richtig geflogen, wenn über den gesamten Verlauf Höhe, Kurs und Querneigung konstant gehalten wurden.

5. Stufe: Überziehen in Startkonfiguration (Departure Stall)
Mit dieser Übung lernt man, das Überziehen im Steigflug beim Start oder beim Durchstarten zu verhindern:
Als Ausgangszustand werden Steigflugleistung und Steigflugfahrt eingenommen. Zunächst im Geradeausflug, danach auch im Kurvenflug bis ca. 20° Querneigung vergrößert man den Anstellwinkel durch langsames Ziehen bis zur Annäherung an die Überziehgeschwindigkeit. Beendet wird der Langsamflug bzw. der überzogene Flugzustand durch Nachdrücken bis in Normalfluglage bei gleichzeitigem Zurücknehmen einer eventuellen Querneigung. Liegt die normale Steigflugfahrt wieder an, kann der Steigflug fortgesetzt werden.
Die Übung ist richtig geflogen, wenn vom Erkennen des überzogenen Flugzustands bis zum Wiedererlangen der üblichen Steigfluggeschwindigkeit kein Höhenverlust aufgetreten ist und der Kurs beibehalten wurde.

In der Nähe des **überzogenen Flugzustands** kann es bei manchen Mustern zu einer unerwünschten, überraschenden **Umkehrung der Querruderwirkung** kommen, wenn im Bereich des nach unten ausschlagenden Querruders die Strömung zuerst abreißt. Dieser Flügel verliert mehr an Auftrieb als der andere mit dem nach oben ausgeschlagenen Querruder und senkt sich, obwohl er sich von der Knüppelstellung her heben müsste. Deswegen vertragen solche Flugzeugmuster auch kein Gegenquerruder zum Verhindern des seitlichen Abkippens im **überzogenen Flugzustand**. Im Gegenteil, diese Tendenz wird dadurch auch noch unterstützt. Das **Gegenseitenruder** dagegen wirkt immer der seitlichen **Abkippbewegung** entgegen.

8 Mindestfluggeschwindigkeit

Es ist wichtig, die **Mindestfluggeschwindigkeit** des Musters zu kennen, das man fliegen will. Nur dadurch ist gewährleistet, dass man imstande ist, eine **sichere Fahrt** in den kritischen Phasen von Start und Landung einzuhalten. Für Start und Landeanflug gilt im Normalfall: Die Fahrt darf das 1,3-fache der Mindestgeschwindigkeit (Stall Speed) nicht unterschreiten.

Achtung:
Erhöhte Flächenbelastung durch hohe Zuladung im Cockpit oder volle Tanks erhöht auch die Mindestgeschwindigkeit, die mit zunehmender Querneigung noch weiter steigt. Siehe Beispiele in Abbildung 8 bei einer Piper Archer.

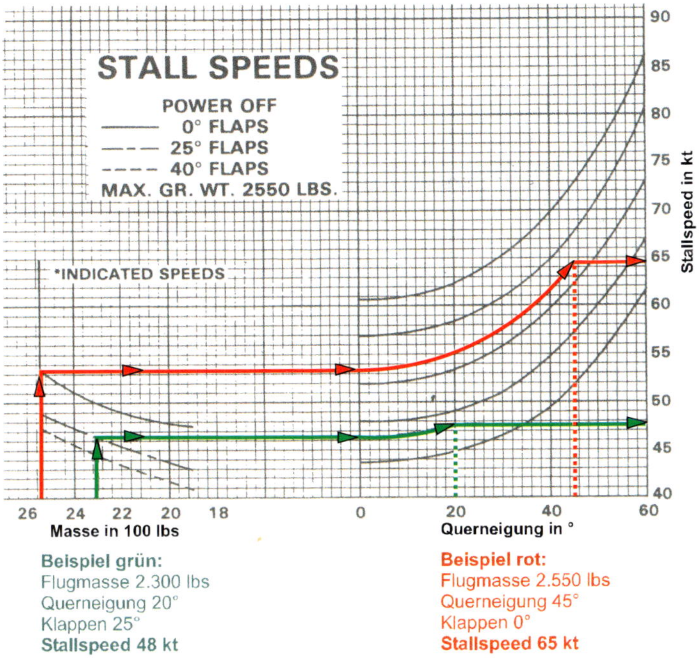

Abb. 11: Mindestgeschwindigkeit in Abhängigkeit von Flugmasse und Querneigung

9 Trudeln

Trudeln gehört mit zu den am meisten gefürchteten Flugfiguren, weil es mit starkem **Höhenverlust** und **ungewohnter Fluglage** verbunden ist. Inzwischen hat man es in die Ausbildung einbezogen und jeder Pilot sollte diesen Flugzustand zumindest einmal erlebt und selbst beendet haben.

Doch Vorsicht:
Nicht jedes Fluggerät ist für Trudelübungen geeignet. Die meisten **Ultraleichtflugzeuge** sind überhaupt **nicht trudelerprobt** und weisen in dieser Beziehung oft gefährliche Eigenschaften auf. Absichtliches Trudeln ist daher nur mit solchen Luftfahrzeugen gestattet, die laut Flughandbuch dafür zugelassen sind.

Trudeln kommt durch **einseitigen Strömungsabriss** am Tragflügel zustande. Das kann durch **Überziehen** bei ungleichmäßig angeströmtem Flügel (Schieben) bewirkt werden, aber auch durch kräftigen Seitenruderausschlag im Horizontalflug bei gleichzeitigem Ziehen des Höhensteuers.

Das Flugzeug dreht dann zunächst um die Hochachse, der vorgeschobene Flügel behält Auftrieb, am zurückbleibenden reißt die Strömung ab. Es erfolgt eine Drehung um die Längsachse, die zunächst so heftig sein kann, dass Rückenlage erreicht wird. Die Schnauze neigt sich dann nach unten und das Flugzeug geht in eine Bewegung über, die der eines fallenden Ahornsamens ähnelt.

Trotz steiler Fluglage zeigt der **Fahrtmesser** relativ normale Werte an, das **Fahrtgeräusch** ist schwach, aber verändert. Die Erde dreht sich rasch und kommt schnell näher. Das Gefährliche an diesem Flugzustand ist, dass ein ungeübter Pilot ihn für eine **steile Kurve** nach unten halten kann und ihn mit den entsprechenden Methoden zu beenden versucht. Man muss deshalb wissen, dass man weder die Abwärtsbewegung durch **Ziehen** am Steuerknüppel, noch die Drehbewegung bzw. die starke Querneigung durch **Querruderausschlag** verringern, geschweige denn beenden kann.

Achtung: Trudeln lässt sich nur mit solchen Flugzeugen beenden, deren Leitwerkskonfiguration dafür geeignet ist: Das Seitenleitwerk muss auch in Trudellage mit ausreichend großer Fläche angeströmt werden, sonst reichen die Luftkräfte zum Beenden der Drehbewegung nicht aus.

Aus den Strömungsverhältnissen ergeben sich die Maßnahmen, die zum Beenden des Trudelns führen:

- Durch die starke Abwärtsbewegung ist der Anstellwinkel so groß, dass die Strömung über dem Flügel nicht mehr anliegen kann und somit auch kein Auftrieb im üblichen Sinn mehr entsteht. Ein Querruderausschlag bleibt deshalb sinnlos. Bei manchen Mustern kann die Drehgeschwindigkeit sogar noch verstärkt werden, wenn Querruder entgegen der Trudelrichtung gegeben wird.
- Da die Steuerung des Flügel-Anstellwinkels immer über das **Höhenruder** erfolgt, muss es **zum Beenden des Trudelns gedrückt** werden, um den Anstellwinkel so weit zu verringern, dass sich wieder normale Strömungsverhältnisse aufbauen können.
- Das **Seitenleitwerk** liegt in Strömungsrichtung. Mit einem Ausschlag entgegen der Trudelrichtung lässt sich die **Drehbewegung stoppen** und ein schiebender Übergang in den Bahnneigungsflug vermeiden. Bei reinrassigen Kunstflugzeugen kann dabei die Drehbewegung punktgenau gestoppt werden, während die üblichen Muster mehr oder weniger träge reagieren. **Voraussetzung zum Beenden des überzogenen Flugzustands ist jedoch immer ein mehr oder weniger gedrücktes Höhenruder**.
- Nach Beendigung der Drehbewegung befindet sich das Flugzeug in einem steilen **Bahnneigungsflug** und holt je nach aerodynamischer Güte schnell Fahrt auf. Jetzt muss abgefangen werden. Der dafür notwendige Höhenrudereinsatz sollte so bemessen sein, dass einerseits der tiefste Punkt des **Abfangbogens** mit möglichst wenig Höhenverlust erreicht wird, andererseits kein erneutes Überziehen ausgelöst wird. In Bodennähe ist diese Abfangtechnik lebensrettend und kann daher – natürlich in größerer Höhe – nicht oft genug geübt werden.

Man unterscheidet zwischen Flachtrudeln und Steiltrudeln. Das **Steiltrudeln** mit einem Trudelwinkel von mehr als ca. 45° ist der Normalfall. Dabei gilt: Je größer die **Schwerpunktvorlage** eines Flugzeugs ist, desto steiler und unwilliger trudelt es. Liegt der Flugmassenschwerpunkt sehr weit vorn, dann lässt sich die Trudellage nicht halten und das Flugzeug geht in der Regel von selbst in einen **Spiralsturz** über, der mit Quer- und Seitenruder wie beim Kurvenflug beendet werden muss, bevor die **höchstzulässige Geschwindigkeit** überschritten wird.

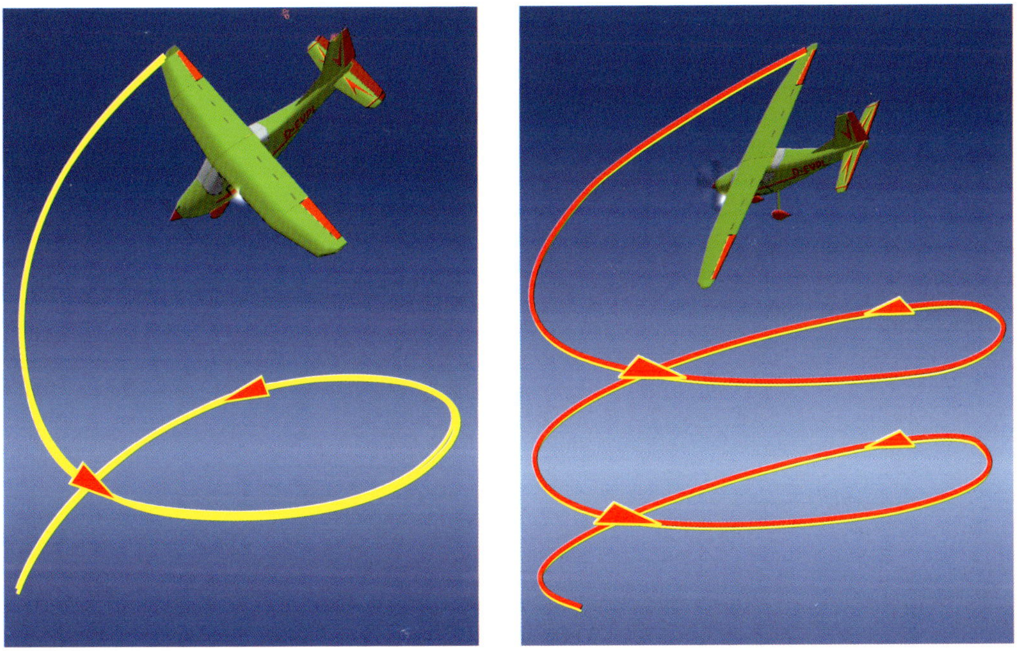

Abb. 12: Steiltrudeln (Normalfall) und gefährliches Flachtrudeln

Von **Flachtrudeln** spricht man, wenn die Strömung am Höhenruder auch nicht mehr anliegt, so dass das Trudeln mit Steuerausschlägen **nicht mehr beendet** werden kann. Aus dem normalen, beendbaren Trudeln, kann dieses gefährliche Flachtrudeln auch bei normaler Schwerpunktlage werden, wenn man Gas oder gar Vollgas gibt. Das aufbäumende Moment sorgt dafür, dass die Schnauze hoch genommen wird, die Drehung wird schneller und energiereicher. Jetzt dauert das Ausleiten wesentlich länger: Das Triebwerk muss auf Leerlaufleistung gebracht werden, und alle Steuerausschläge sind so lange sinnlos, bis die Trudelbewegung steiler und langsamer geworden ist. Erst dann kann sie mit den üblichen Maßnahmen beendet werden.
Trudelwinkel und Trudelneigung hängen in erster Linie von der Lage des Schwerpunkts ab. Deshalb ist es unbedingt erforderlich, die **Mindestzuladung** im Führersitz einzuhalten, falls diese vorgeschrieben ist.

Heute werden in Europa nur Flugzeuge zugelassen, bei denen sich das Trudeln ohne Schwierigkeiten schnell beenden lässt. Oft genügt dazu schon die Normalstellung aller Ruder. Voraussetzung ist allerdings, dass der **Flugmassenschwerpunkt** im zulässigen Bereich liegt. **Das optimale Verfahren zum Beenden des Trudelns findet man jedoch immer im Flughandbuch, an dessen erprobte Anweisungen man sich im eigenen Interesse strikt halten sollte.** *Siehe dazu auch Abschnitt 7 Beladung und Schwerpunkt im Kapitel Flugzeugkunde.*

Zusammenfassung:

Einleiten des Trudelns

- Bei großen Anstellwinkeln, also z. B. bei Geschwindigkeiten in der Nähe der Mindestfahrt, genügt meist ein kräftiger Seitenruderausschlag bei gleichzeitigem Durchziehen des Höhenruders zum Einleiten des Trudelns, wenn der Flugmassenschwerpunkt im normalen Bereich liegt.
- Mit gezogenem Höhenruder und ausgeschlagenem Seitenruder wird die Trudelbewegung beibehalten.

Beenden des Trudelns:
- Gas ganz raus, Leerlauf.
- Durch Nachdrücken des Höhenruders und gleichzeitigem Seitenruderausschlag entgegen der Drehrichtung lässt sich das Trudeln beenden, sofern der Schwerpunkt im zulässigen Bereich liegt.
- Mit Nachdrehen muss gerechnet werden, umso mehr, je flacher die Trudelbewegung war.
- Durch kontrolliertes Ziehen des Höhenruders – zu viel bewirkt wieder Strömungsabriss, zu wenig kostet viel Höhe – bringt man die Schnauze über den Horizont, um den steilen Bahnneigungsflug zu beenden und die überschüssige Fahrt abzubauen. Mit Annäherung an die Normalfahrt nimmt man durch Nachlassen des Höhensteuers wieder die Normallage zum Horizontbild ein.

Fehler, die das Beenden des Trudelns verhindern:
- ungeeignetes Flugzeug verwendet
- Anweisungen des Flughandbuchs nicht beachtet
- Gas gegeben
- Höhenruder gezogen gehalten
- Gegenquerruder gegeben
- Trudelrichtung nicht erkannt und falsches Seitenruder gegeben

Meteorologie

1 Der Aufbau der Atmosphäre

1.1 Die Luft, ein Gasgemisch

Die relativ dünne Lufthülle unserer Erde wird **Atmosphäre** genannt. Sie ist ein **Gasgemisch** aus Stickstoff, Sauerstoff, Wasserstoff, Edelgasen und Kohlendioxid. Die trockene »Naturluft« setzt sich aus 78% Stickstoff, **21% Sauerstoff**, etwa 0,7% Edelgasen und ca. 0,3% Kohlendioxid zusammen.

Daneben kann dieses Gasgemisch durch Wasser in Form von Dampf angereichert sein, was für die Wettererscheinungen entscheidend ist. Außerdem weisen besonders die industriellen Regionen neben einem erhöhten Anteil an Kohlendioxid eine erhöhte Verschmutzung durch Staub- und Rußpartikel auf.

Bis zu einer Höhe von etwa 80 km nimmt man eine Luftmasse an, deren **Zusammensetzung** konstant ist (Homosphäre). Darüber überwiegen die leichten Gase, vor allem der Wasserstoff.

1.2 Die Gliederung der Atmosphäre

Die Lufthülle gliedert sich auf Grund unterschiedlicher Eigenschaften in **mehrere** Schichten, besser gesagt in Schalen:

a) Die **Troposphäre** ist die bodennahe Luftschicht, in der sich das **Wettergeschehen** abspielt. Sie reicht an den Polen bis etwa 8 km und am Äquator bis etwa 16 km Höhe. In unseren Breiten schwankt sie je nach Jahreszeit zwischen **10 km** im Winter und **12 km** im Sommer.
Die durchschnittliche **Temperatur** in der Troposphäre unterliegt tages- und jahreszeitlichen **Schwankungen**, nimmt aber bis zur Obergrenze dieser Schicht, der Tropopause, mehr oder weniger regelmäßig ab. Die Höhe der **Tropopause** ist bedeutsam für die Lage der Jetstreams, die wiederum das großräumige Wettergeschehen steuern.

b) Die **Stratosphäre** liegt über der **Tropopause** und erstreckt sich bis in eine Höhe von etwa 50 km. Zunächst bleibt hier die Temperatur bis etwa 25 km gleich (**Isothermie**), darüber steigt sie unregelmäßig mit zunehmender Höhe an. An der Obergrenze dieser Sphäre, der **Stratopause**, werden in etwa wieder die gleichen Temperaturen gemessen wie am Erdboden.
Weitere Kennzeichen sind gleichmäßige (laminare) Luftströmungen, sehr seltene Wolkenbildung und ein hoher **Ozongehalt**. Ozon ist eine dreiatomige Sauerstoffart, bei deren Bildung harte, ultraviolette Strahlung ›verbraucht‹ wird. Auf diese Weise wird die Erdoberfläche vor der an sich lebensfeindlichen **UV-Strahlung** geschützt.

c) Die **Mesosphäre** reicht von der Stratopause bis etwa 80 km Höhe. Hier nimmt die Temperatur mit der Höhe wieder ab. An ihrer Obergrenze, der **Mesopause**, werden gelegentlich leuchtende Nachtwolken beobachtet, die vermutlich aus kosmischem Staub bestehen.

d) Die **Ionosphäre** schließt an die Mesopause an. Hier nimmt die Temperatur der teilweise ionisierten Luftteilchen wieder zu. An solchen ionisierten Schichten werden Radiowellen reflektiert. Hier treten auch die Nordlichter auf. Allerdings ist die Luftdichte bereits außerordentlich gering und nimmt mit der Höhe weiterhin schnell ab. Bereits ab 100 km Höhe können Satelliten um die Erde kreisen, ohne wesentlich durch Luftwiderstand abgebremst zu werden. Ab ca. **600 km** Höhe kann man bereits vom luftleeren Raum sprechen. Hier beginnt dann die **Exosphäre**.

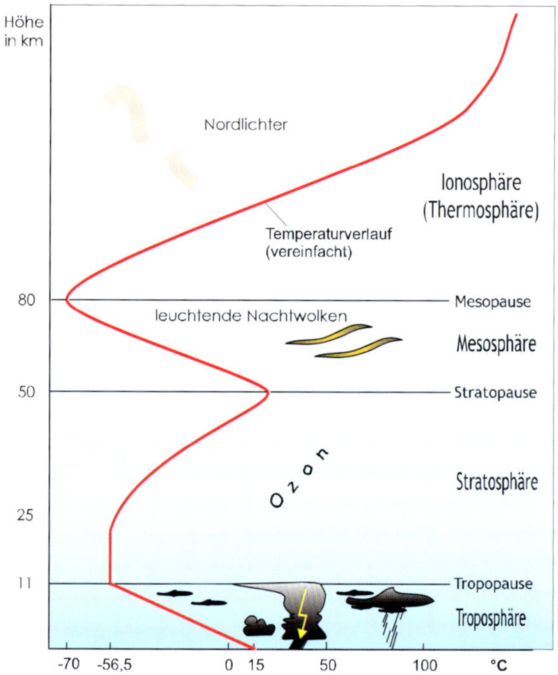

Abb. 1:
Aufbau der Atmosphäre

Zusammenfassung:
Grundsätzlich sind die Grenzen der Sphären nicht an feste Höhen gebunden, sondern die veränderten Eigenschaften zeigen den Beginn einer neuen Schicht an.

2 Die Standard-Atmosphäre

Die Standard-Atmosphäre ist eine angenommene Luftmasse mit **Durchschnittswerten**, die sich als Erfahrungswerte ergeben haben. Höhenmesser, Fahrtmesser, Korrekturskalen usw. sind nach diesen **Einheitswerten** gebaut. Sie zeigen deshalb nur dann absolute Werte an, wenn der tatsächliche Zustand der Luft mit dem der Standard-Atmosphäre übereinstimmt.

Für die Standard-Atmosphäre hat die **ICAO** *(siehe auch Luftrecht)* folgende Werte festgelegt:
- **Luftdruck** in Meereshöhe 1.013,25 hPa (29,92 ins Hg)
- **Temperatur** in Meereshöhe 15 °C (59 °F)
- **Temperaturabnahme** bis zu einer Höhe von 11 km: 0,65 °C pro 100 m bzw. 2 °C pro 1.000 ft
- konstante Temperatur von 11 bis 20 km Höhe (–56,5 °C)
- **Luftfeuchte** 0 %
- **Luftdichte** in Meereshöhe 1,226 kg pro m³

Beispiele:

Höhe	Std.-Temperatur	Std.-Druck
Meereshöhe	+15°C	1.013 hPa
5.000 ft	+ 5°C	850 hPa
10.000 ft	– 5°C	700 hPa
18.000 ft	–21°C	500 hPa
30.000 ft	–45°C	300 hPa

3 Die Eigenschaften der Luft

3.1 Die Luft als Gas

Der Aggregatszustand eines Stoffes hängt von seiner Temperatur ab. Während im festen Zustand die kleinsten Teilchen eines Stoffes (Atome bzw. Moleküle) ein festes Gefüge bilden, geraten sie bei **Energiezufuhr** in zunehmende Schwingungsbewegung, bis sie sich aus ihrem Verband lösen und der Körper seine starre Form aufgibt (schmilzt), also flüssig wird. Bei weiterer Wärmezufuhr wird die noch bestehende lockere Bindung der Teilchen ganz aufgelöst, sie verdampfen. Mit hoher Geschwindigkeit bewegen sie sich frei im Raum. Der Stoff ist nun gasförmig.

Gasförmige Körper nehmen jeden Raum ein, der sich ihnen bietet. Je höher die mittlere **Bewegungsenergie** der Gasteilchen ist, desto größer ist das Bestreben des Gases, sich auszudehnen. Auf Grund der großen Bewegungsfreiheit der Gasteilchen tritt ständige Diffusion (Durchdringung) zwischen den verschiedenen Gasarten auf. Dadurch wird verhindert, dass sie sich entsprechend ihres spezifischen Gewichts in Schichten über der Erde ablagern. In großen Höhen (ab etwa 80 km) nimmt der Anteil der leichten Gase Wasserstoff und Helium jedoch trotzdem deutlich zu.

3.2 Luftdruck und Luftdichte

Ein Gas dehnt sich unendlich weit aus, wenn es nicht durch andere Kräfte daran gehindert wird. Die **Gravitationskräfte** verhindern, dass unsere Atmosphäre sich in den Weltraum verteilt. Die Luftteilchen werden an die Erdoberfläche gezogen und üben durch ihr **Gewicht** einen Druck aus, eben den **Luftdruck**.

Die Luftteilchen in den tiefsten Schichten sind dabei in ihrer Bewegungsfreiheit eingeschränkt, da auf ihnen die darüber liegenden Teilchen lasten. Sie werden daher enger zusammengedrängt. Die **Luftdichte** und damit der **Luftdruck** sind somit in Bodennähe am größten und nehmen mit der Höhe **überproportional** ab.

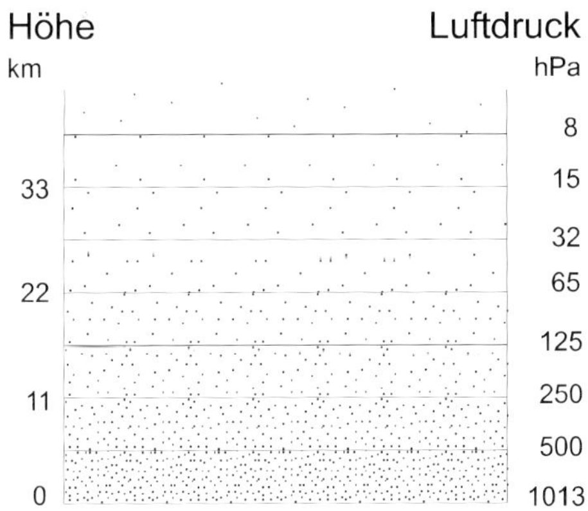

Abb. 2: Abnahme der Luftdichte mit der Höhe

3.3 Die Volumenänderung der Luft

a) Abhängigkeit vom Druck

Steht ein Gas unter einem bestimmten Druck, so nimmt es ein bestimmtes Volumen ein. Es gilt die Regel: Das **Volumen** eines Gaskörpers ist umgekehrt proportional zum **Druck**, konstante Temperatur vorausgesetzt. Zum Beispiel: Doppelter Druck ergibt halbes Volumen, halber Druck ergibt doppeltes Volumen.

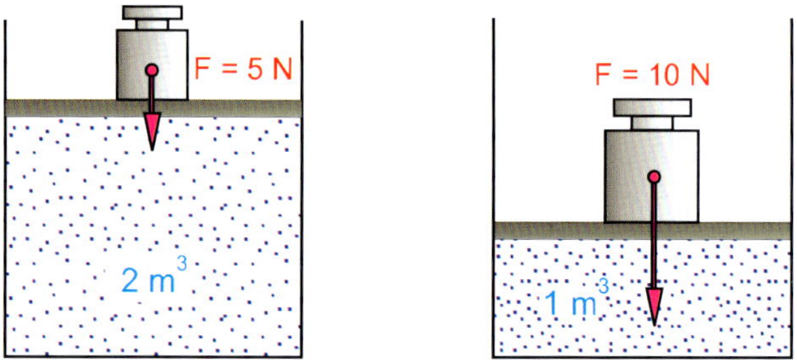

Abb. 3: Zusammenhang von Volumen und Druck

Anders ausgedrückt: Die **Luftdichte** vergrößert sich mit zunehmendem **Druck**. Die Masse des Gaskörpers ändert sich dabei natürlich nicht, nur das **Volumen** wird geringer.

b) Abhängigkeit von der Temperatur
Zunehmende Temperatur ist immer ein Zeichen für die erhöhte Bewegung der Gasteilchen. Dadurch erhöht sich auch das Bestreben, mehr Raum einzunehmen. Hat ein Gaskörper die Möglichkeit, sich auszudehnen, so nimmt sein Volumen pro Grad Celsius **Temperaturerhöhung** um 1/273 zu, vorausgesetzt der Druck bleibt konstant.

Anders ausgedrückt: Die **Luftdichte** verringert sich mit steigender **Temperatur**, wenn der **Luftdruck** gleich bleibt.

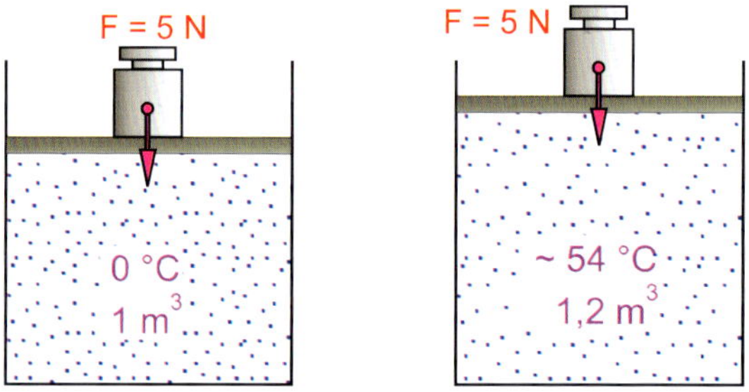

Abb. 4: Zusammenhang von Volumen und Temperatur

Umgekehrt tritt bei der Volumenänderung eines Gases auch eine **Temperaturänderung** ein. Wird das Volumen eines Gaskörpers verkleinert, dann haben die Luftteilchen weniger Bewegungsfreiheit, stoßen häufiger zusammen und beschleunigen sich auf diese Weise gegenseitig. Die Temperatur steigt. Andererseits kann man ein Gas abkühlen, indem man sein Volumen gewaltsam vergrößert. An diese Eigenschaften werden wir im Laufe dieses Kapitels noch erinnert werden.

Zusammenfassung:
Luftdichte, Luftdruck und Lufttemperatur sind direkt voneinander abhängig. Verändert man eine Größe, werden die beiden anderen ebenfalls beeinflusst.

4 Die wetterbestimmenden Größen

Alle Erscheinungen des Wetters lassen sich letztlich auf drei **physikalische Größen** zurückführen, deren Zusammenspiel wiederum den Gesetzen unterliegt, die wir im vorigen Abschnitt besprochen haben: **Luftdruck**, **Lufttemperatur** und **Luftfeuchtigkeit**.

4.1 Der Luftdruck

4.1.1 Luftdruckmessung

Der Druck der Atmosphäre ist auf **Meereshöhe** so groß, dass er einer **Quecksilbersäule** von etwa 76 cm Höhe das Gleichgewicht halten kann. In der englischen Einheit Inch sind das 29,92 ins.

Der Physiker Torricelli hat als erster diesen Luftdruck demonstriert, indem er ein mit Quecksilber gefülltes Rohr in eine Wanne mit gleichem Inhalt tauchte.

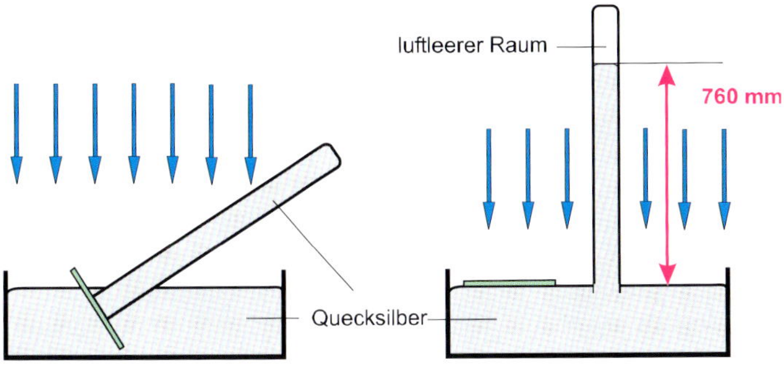

Abb. 5: Luftdruckmessung nach Torricelli

Das Quecksilber im Rohr kann nicht weiter absinken, weil der atmosphärische Druck nicht auf die Quecksilbersäule einwirken kann, sondern nur auf die Oberfläche des offenen Quecksilbers. Würde man diesen Versuch mit Wasser durchführen, so ergäbe sich in Meereshöhe eine 13,6 mal 0,76 m = 10,34 m hohe Wassersäule.

Gewichtsmäßig liegt demnach über der Erdoberfläche eine Luftschicht, die einer über 10 m hohen Wasser- oder einer 76 cm hohen Quecksilberschicht entspricht. Damit errechnet sich ein **Druck** von ca. 10 Ncm^{-2} = 100.000 Pascal = 1.000 **Hektopascal** (früher Millibar).

Es gilt: 1 Pa = 1 Nm^{-2}
1 bar = 100.000 Pa = 1.000 hPa
1 mb = 1 hPa

Luftdruckmessgeräte heißen **Barometer**. Neben dem **Quecksilberbarometer** wird insbesondere das **Dosenbarometer** verwendet. Kernstück dieses Geräts ist eine fast luftleere elastische Dose, die **Aneroiddose**, die sich bei erhöhtem Druck zusammendrücken lässt und bei niedrigem Außendruck wieder ausdehnt. Diese Bewegungen werden über ein Zeigerwerk auf eine Skala übertragen, die in Hektopascal (hPa) geeicht ist. Barometrische Höhenmesser arbeiten nach dem gleichen Prinzip *(siehe Kapitel Instrumentenkunde)*.

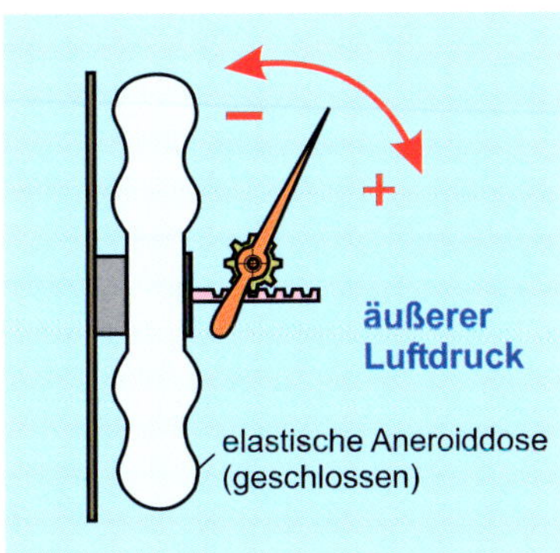

Abb. 6: Das Prinzip des Dosen- oder Aneroid-Barometers

4.1.2 Luftdruckabnahme mit der Höhe

Mit zunehmender Höhe nimmt der Luftdruck rasch ab, da sich die Zahl der Luftteilchen verringert, deren Gewicht den Druck auslöst. Die Teildrücke der einzelnen Gasarten nehmen entsprechend anteilig ab. Die prozentuale Zusammensetzung bleibt aber erhalten.

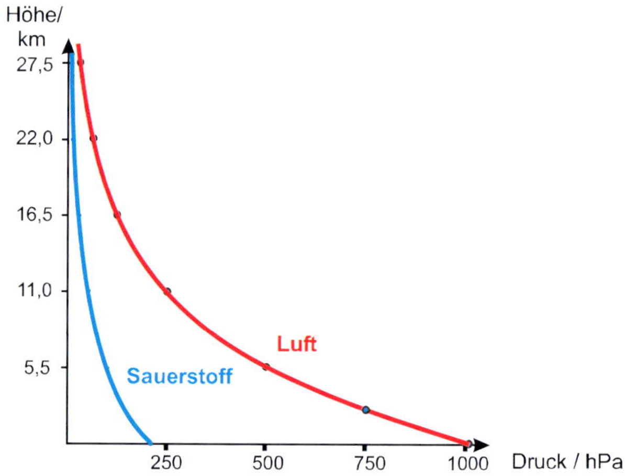

Abb. 7: Luftdruckänderung in der Atmosphäre (Standardwerte)

Als Faustregel gilt: Alle 5,5 km (18.000 ft) halbiert sich der Luftdruck.

In ca. **5.500 m** über dem Meeresniveau herrscht nur noch der halbe **Bodendruck**, also etwa 500 hPa, in 11.000 m beträgt der Luftdruck nur noch etwa 250 hPa usw. *(siehe Abbildung 7).*

Der Höhenunterschied, der eine Luftdruckänderung von 1 hPa bewirkt, wird **barometrische Höhenstufe genannt**. Ihr Wert ändert sich ebenfalls mit der Höhe.

Ein paar Beispiele (Näherungswerte):

Höhe	**barometr. Höhenstufe in m / ft**	
Meereshöhe (0 m):	8 m	ca. 25 ft
5.500 m (18.000 ft):	16 m	ca. 50 ft
11.000 m (36.000 ft):	32 m	ca. 100 ft
16.500 m (54.000 ft):	64 m	ca. 200 ft

Von einer bestimmten Höhe an (etwa ab 14.000 m) treten durch den stark verminderten Luftdruck für den Menschen **tödliche Gefahren** auf, wenn er sich ohne **Schutzvorrichtungen** (Druckkabine, Druckanzug) in diesen Regionen bewegt. Der menschliche Organismus ist auf den relativ hohen Luftdruck eingerichtet. Fehlt der Druck von außen, dann treten Gasembolien, Erweiterungen und schließlich Zerstörungen der Gefäße ein.

Früher als der fehlende Druck macht sich jedoch der **Mangel an Sauerstoff** bemerkbar. Bereits ab 3.000 m Höhe über dem Meeresspiegel können sich bei untrainierten Personen Änderungen in den **Reaktionen** bemerkbar machen. Ab etwa 5.000 m muss mit **Störungen** der Wahrnehmungsorgane und des Denkvermögens gerechnet werden, ab 6.000 m kann Bewusstlosigkeit eintreten. Über 9.000 m Höhe ist der Sauerstoffmangel bereits so groß, dass der Mensch innerhalb weniger Minuten den **Höhentod** stirbt. In noch größeren Höhen nimmt die Zeit bis zum Tod auf Sekunden ab. Verantwortungsbewusste Luftfahrer führen daher bei langen Flügen über 3.000 m (10.000 ft) **Sauerstoff** mit, auch wenn der **Gesetzgeber** erst ab einer Höhe von **13.000 ft (ca. 3.900 m)** oder bei Flügen, die länger als 30 Minuten über eine Höhe von **12.000 ft (3.600 m)** führen, eine zusätzliche **Sauerstoffversorgung** vorschreibt. *Siehe dazu auch Kapitel Menschliches Leistungsvermögen.*

4.1.3 Luftdruckschwankungen

Auslöser für Veränderungen der Luftdichte und damit Schwankungen des Luftdrucks sind **Temperaturänderungen** und dynamische Vorgänge (Strömungen) in der Luftmasse. Daraus lassen sich unterscheiden:

- jahreszeitliche Schwankungen
- tageszeitliche Schwankungen
- unregelmäßige, vom Wettercharakter bestimmte Schwankungen, die thermische und/oder dynamische Ursachen haben.

Die tageszeitlichen Schwankungen sind in unseren Breiten gering. Ansonsten bewegen sich die **Luftdruckwerte** bezogen auf Meereshöhe etwa zwischen 960 hPa und 1040 hPa.

Die **Wetterstationen** messen unter anderem ständig den Luftdruck, der zusammen mit weiteren Daten an die Wetterämter (meist stündlich) weitergeleitet wird. Dort werden die Werte in die Wetterkarten übertragen.

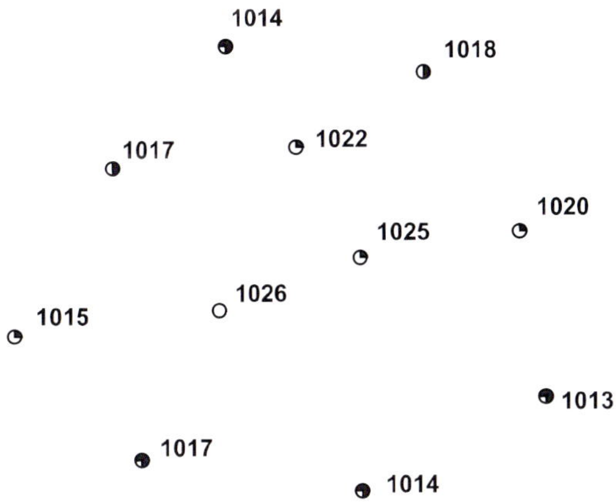

Abb. 8: Luftdruckwerte verschiedener Wetterstationen

Verbindet man die Punkte gleichen Luftdrucks (meist im Abstand von 5 hPa), so erhält man ein Bild, aus dem man sofort die Zentren (Kerne), Ausläufer und Ausdehnungen der Druckgebilde erkennen kann. Diese Linien gleichen **Bodenluftdrucks** heißen **Isobaren**. Sind sie weit auseinander gezogen, spricht man von einem flachen **Druckgebilde**, liegen sie dagegen dicht beieinander, so spricht man von einem kräftigen **Hoch** oder **Tief**. Je nach Form unterscheidet man Hochdruckrücken, -brücken, -keile, -sättel und Tiefdruckrinnen, -tröge usw.

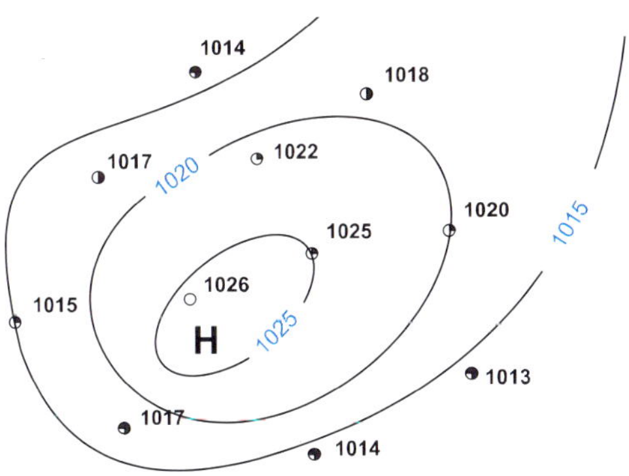

Abb. 9: Verlauf der Isobaren

4.1.4 Berechnete Luftdruckwerte

Da die Wetterstationen nicht alle auf gleicher Höhe liegen, braucht man zum Vergleichen eine **Standardhöhe** und verwendet dazu die **Meereshöhe** (Normal Null = NN). Da der Luftdruck aber auch von der Temperatur abhängig ist, nimmt man in Meereshöhe den Standardwert 15 °C an. Die Wetterstation misst zunächst den Luftdruck auf **Stationshöhe**, der mit **QFE** bezeichnet wird, rechnet ihn unter Berücksichtigung der aktuellen **Lufttemperatur** auf Meereshöhe um und erhält den **QFF-Wert**, der für die Einträge in die **Wetterkarten** verwendet wird.

Für die untere Luftschicht nimmt man eine **Höhenänderung von 30 ft pro hPa Luftdruckänderung** an. Rechnet man das QFE auf diese Weise auf Meereshöhe zurück, dann erhält man das **QNH**. Den Höhenmessern liegt dieses Prinzip zugrunde *(Siehe Instrumentenkunde, Einstellungen des Höhenmessers).*

Fassen wir die erläuterten Bezeichnungen zusammen:

QFE = Luftdruck auf **Stationshöhe**

QFF = auf Meereshöhe **reduzierter Luftdruck**, wobei man von der tatsächlichen **Lufttemperatur** ausgeht

QNH = auf Meereshöhe reduzierter Luftdruck unter Annahme von **Standard-Bedingungen**

QNH, **QFF** und **QFE** sind Werte, die sich mit dem atmosphärischen Druck ständig ändern. Sie stimmen nur in Meereshöhe (0 m Höhe) oder bei **Übereinstimmung** der atmosphärischen Bedingungen mit der Standard-Atmosphäre überein. Da die Höhenmesser nach der angenommenen Durchschnittsatmosphäre gebaut sind, zeigen sie eigentlich nur dann exakt an, wenn die tatsächliche Atmosphäre die Werte der Standard-Atmosphäre annimmt. Für den Flugbetrieb spielen aber diese absoluten Werte keine Rolle. Wichtig ist hier, dass man eine einheitliche **Vergleichsbasis** hat. Das heißt, wenn sich zwei Flugzeuge im gleichen Luftraum mit gleicher **Höhenmesseranzeige** bewegen, dann sind sie auch gleich hoch. Ob sie dann bei einer Anzeige von 1.000 m bezüglich ihrer Höhendifferenz eine tatsächliche Höhe von 1.020 m oder 970 m haben, ist unerheblich.

Für die Sichtflüge schreibt der **Gesetzgeber** deshalb folgendes vor:
Bei Flügen bis 5.000 ft MSL (Mean Sea Level = mittlere Meershöhe) oder bis 2.000 ft GND, sofern dabei 5.000 ft MSL überschritten werden, ist der Höhenmesser auf den **QNH-Wert** des nächstgelegenen **Flugplatzes mit Flugverkehrskontrollstelle** einzustellen. Oberhalb dieser Höhe ist die sog. **Standard-Höhenmesser-Einstellung** mit 1.013,2 hPa bzw. 29,92 ins vorgeschrieben.

In der Praxis stellt man den QNH-Wert beim **Start** ein, indem man auf dem Höhenmesser die Platzhöhe eindreht. Beim **Anflug** auf einen Flugplatz erhält man über Funk das dortige aktuelle **QNH**, mit dem man die Höhenmesseranzeige zur **Landung** korrigiert.

Die **Standardeinstellung** auf 1.013,25 hPa hat den Vorteil, dass unabhängig vom aktuellen Luftdruckwert jedes Flugzeug am gleichen Ort und zur gleichen Zeit die gleiche Höhenmesseranzeige hätte, gleichgültig woher es kommt. Bei Beibehaltung einer bestimmten Höhenmesseranzeige bewegt man sich dabei auf einer sog. **Flugfläche** (Flight Level, Abk. FL), die nur unter Standardbedingungen der tatsächlichen Höhe über NN entspricht. Flugflächen sind immer ganzzahlig und werden in Hektofuß angegeben.

Beispiel:
FL 100 ist Höhenmesseranzeige 10.000 ft bei 1.013,2 hPa- bzw. 29,92 ins-Einstellung.

Die Umstellung des Höhenmessers von QNH auf 1.013 hPa erfolgt im Steigflug beim Erreichen der sog. Übergangshöhe (**Transition Altitude**), in der BRD im Normalfall bei 5.000 ft. Im Sinkflug wird beim Erreichen der sog. Übergangsflugfläche (**Transition Level**), die in der Regel von der

Flugsicherung 1.000 ft höher als die Übergangshöhe angesetzt wird, die Rückstellung von 1.013 hPa auf das QNH des entsprechenden Flugplatzes vorgenommen. Die ATIS-Informationen der Flughäfen enthalten diese Angaben *(siehe Abschnitt 9.8)*.

Zusammenfassung:
Der Luftdruck ändert sich mit der Höhe und mit der Wetterlage. Er wird in Hektopascal (hPa) angegeben und liefert die Bezugswerte für die Höhenmesseranzeigen.

4.2 Die Temperatur

4.2.1 Temperaturmessung

Wenn wir im Folgenden von Temperatur sprechen, dann ist immer die **Lufttemperatur** gemeint.

Um genaue Messwerte zu erzielen, sind die Thermometer der Wetterstationen in schattigen, gut belüfteten **Schutzhütten** (englische Hütten) aufgehängt. Thermographen (Temperaturschreiber) zeichnen die Temperaturwerte in Abhängigkeit von der Zeit auf.

Als Einheit wurde **Grad Celsius** (°C) gewählt, während man in den Naturwissenschaften mit Kelvin (K) rechnet, also vom absoluten Nullpunkt (ca. –273 °C) ausgeht. Im angloamerikanischen Raum wird °F (Fahrenheit) verwendet mit dem Gefrierpunkt bei 32 °F. 10 °C-Schritte entsprechen 18 °F-Schritten auf den Temperaturskalen.

Beispiele:

Celsius	Fahrenheit	Kelvin
–20 °C	–4 °F	253 K
–10 °C	14 °F	263 K
0 °C	32 °F	273 K
10 °C	50 °F	283 K
20 °C	68 °F	293 K
50 °C	122 °F	323 K
100 °C	212 °F	373 K

4.2.2 Erwärmung der atmosphärischen Luft

Die Luft unserer Atmosphäre wird nur zu einem kleinen Teil direkt von der Sonne erwärmt, weil die relativ großen Abstände zwischen den Gasteilchen die Strahlung fast ungehindert bis zur Erdoberfläche durchlassen. Der Erdboden nimmt **tagsüber** diese Energie größtenteils auf und speichert sie in Form von Wärme. Die unmittelbar darüber liegende Luftschicht wird nun vorwiegend durch **Wärmeleitung** aufgeheizt, die etwas höheren Luftschichten durch die langwellige **Wärmestrahlung** des Untergrunds.

Gase sind schlechte Wärmeleiter und deshalb würde die erwärmte Bodenluft nur eine dünne Schicht bleiben, hätte sie nicht eine geringere Dichte gegenüber der kälteren Umgebungsluft. Durch den damit verbundenen Auftrieb kann sie aufsteigen. Kalte Luft fließt nach, die sich nun ebenfalls über dem Boden erwärmt. Es entsteht eine sog. **Konvektionsströmung**, die erst dann zum Stillstand kommt, wenn die Erdoberfläche und die darüber liegende Luftmasse dieselbe Temperatur haben. Das ist aber nie überall gleichzeitig der Fall und deswegen bestehen praktisch immer irgendwelche Konvektionsströmungen.

Der Konvektionsraum reicht vom Boden bis in eine stabile Luftschicht (z.B. isotherme Schicht oder Inversion), die keinen weiteren Aufstieg mehr zulässt. Großräumig gesehen ist die Tropopause die Obergrenze für variable Temperaturen und somit für das übliche Wettergeschehen.

Insbesondere die thermischen **Vertikalbewegungen** im **Konvektionsraum** sorgen für ständige Durchmischung der Luft. Außerdem wird beim Aufsteigen feuchter Luftmassen die im **Wasserdampf** gespeicherte Wärme nach oben transportiert, wo sie beim **Kondensieren** wieder frei wird.

Nachts strahlt ein Teil der Wärme wieder in den Weltraum ab. Die bodennahen Schichten kühlen sich dabei am schnellsten ab, Wolkendecken vermindern die Strahlungsprozesse.

Die Differenz zwischen der aufgenommenen und der abgegebenen Energie nennt man **Energiebilanz**. Tagsüber ist sie in der Regel positiv. Wird jedoch mehr Energie abgegeben als aufgenommen (z.B. nachts), ist sie negativ.

4.2.3 Temperaturänderungen mit der Höhe

Dass in der **Troposphäre** die Temperatur mit zunehmender Höhe abnimmt, ist nur eine grobe Vereinfachung zur Annahme von Standardbedingungen.

Mit Hilfe von **Radiosonden** wird der **Temperaturverlauf** in den unteren Schichten genauer untersucht. Dabei stellt man fest, dass die Temperatur in den seltensten Fällen gleichmäßig mit der Höhe abnimmt, sondern mehr oder weniger starken Schwankungen unterworfen ist und sogar wieder zunehmen kann.

Trägt man die gemessenen Temperaturen und die zugehörigen Höhen in einem Diagramm ab, so erhält man einen sog. **Temp**, die **Zustandskurve** der Luftschicht.

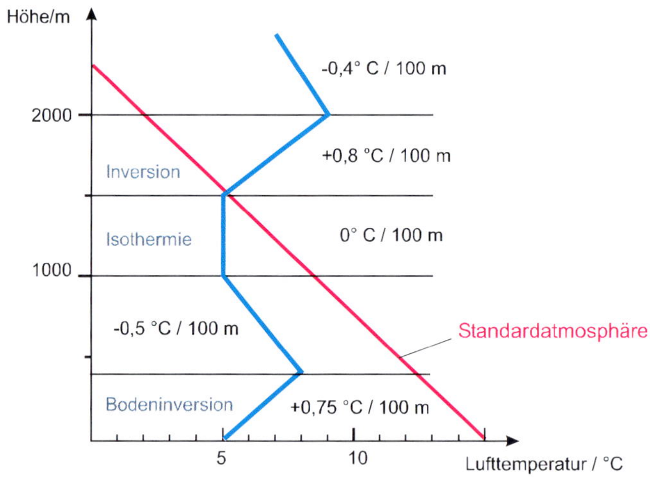

Abb. 10: Zustandskurve – Beispiel

Mit dem **vertikalen Temperaturgradient** lässt sich der Temperaturverlauf in einer Luftschicht beschreiben. Dieser **Schichtungsgradient** wird in Grad Celsius pro 100 m **Höhenänderung** angegeben.

Beispiel:
Nimmt z.B. zwischen 400 und 1.000 m Höhe die Temperatur um 3 °C ab *(siehe Abbildung 10)*, so beträgt der durchschnittliche Temperaturgradient –0,5 °C/100 m, während er in der nächsten Schicht 0 °C/100 m ausmacht. Von 1.500 bis 2.000 m nimmt die Temperatur dagegen mit einem Gradient von +0,8 °C/100 m zu, während er darüber wieder negativ ist.

In Schichten mit gleich bleibender Temperatur spricht man von **Isothermie**.

Luftschichten, in denen die Temperatur mit der Höhe zunimmt, heißen **Inversionen**. Treten Sie direkt über dem Boden auf, werden sie **Bodeninversionen** genannt. Diese Bodeninversionen entstehen dadurch, dass durch nächtliche Wärmeabstrahlung die Bodentemperatur sinkt und sich dadurch die Bodenluftschicht abkühlt.

4.3 Die Luftfeuchtigkeit

Die Tatsache, dass die Luft Wasser in Form von **Dampf** aufnehmen kann, ist die Ursache für die Vielfalt der **Wettererscheinungen**.

4.3.1 Die maximale Luftfeuchte

Wasser braucht nicht erst zum Sieden gebracht werden, um in den gasförmigen Zustand überzugehen. Wasserteilchen können auch bei sehr niedrigen Temperaturen aus der Wasseroberfläche austreten. Diesen Vorgang nennt man **Verdunsten**. Allerdings kann die Luft als Gas nicht unbegrenzt viel Dampf aufnehmen. Ist ein bestimmtes Maß an **Feuchtigkeit** erreicht, kondensiert genau so viel Wasserdampf wie Wasser **verdunstet**. Es stellt sich ein Gleichgewicht ein, die Luft hat ihre **maximale Feuchtigkeit** (kurz maximale Feuchte) erreicht, sie ist **gesättigt**.

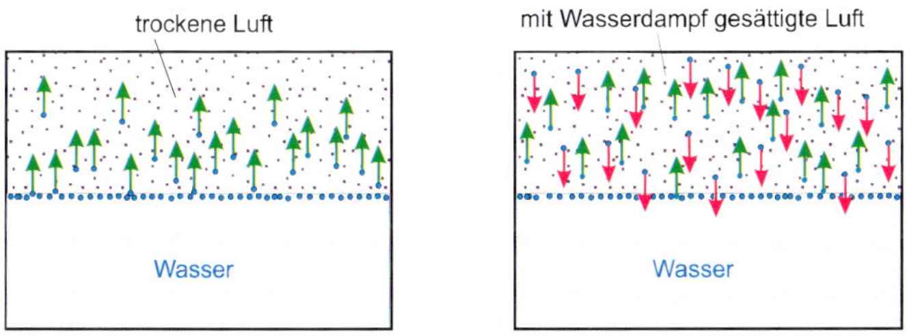

Abb. 11: Verdunstung

Luft kann umso mehr Wasser aufnehmen, je höher ihre Temperatur ist. Als **Faustregel** für Lufttemperaturen um 20 °C herum gilt:
1 Kilogramm (ca. 1 Kubikmeter in Bodennähe) Luft kann pro Grad Celsius maximal etwa 1 Gramm Wasser in Form von Dampf (Gas) aufnehmen.

Wasser verdunstet aber auch noch bei Temperaturen unter dem Gefrierpunkt, also wenn es in Form von **Eis** vorliegt. Das ist der Grund dafür, dass selbst steif gefrorene Wäsche an der Luft trocknet, allerdings entsprechend langsamer. Diesen direkten Übergang vom festen in den gasförmigen Zustand nennt man **Sublimation** (umgekehrt ebenfalls).

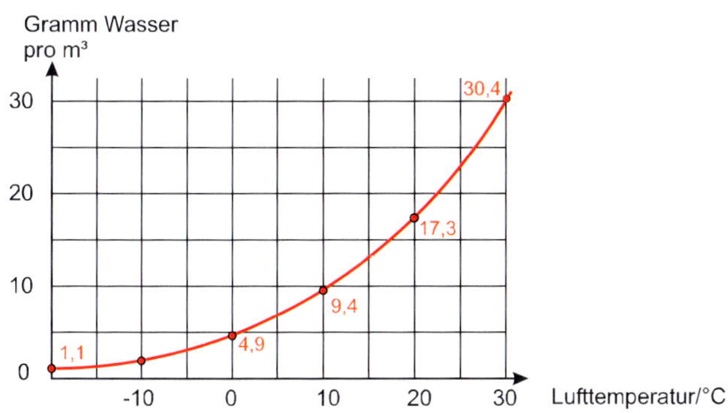

Abb. 12: Diagramm für die maximale Luftfeuchte in Abhängigkeit von der Lufttemperatur

Der Wasserdampf macht einen Teil des atmosphärischen Drucks aus. Man sagt, der **Dampfdruck** ist ein Teildruck (**Partialdruck**) des Gesamtdrucks. Die zum Verdunsten notwendige Energie bleibt als **innere (latente) Energie** im Wasserdampf erhalten. Je wärmer und feuchter eine Luftmasse ist, desto mehr **innere Energie** besitzt sie also. Beim Kondensieren wird diese Energie wieder in Form von Wärme frei. Auf diese Weise erfolgt ein mehr oder weniger großräumiger Energietransport innerhalb der Troposphäre.

4.3.2 Die relative Luftfeuchte

Die **tatsächliche (absolute) Luftfeuchte** ist meist geringer als die höchstmögliche (maximale). Sie wird ebenfalls in Gramm pro Kilogramm bzw. Kubikmeter angegeben.

Beispiel:
Hat 1 m^3 Luft bei einer Temperatur von 30 °C nur 15 Gramm Wasser aufgenommen, so ist das die Hälfte der maximalen Luftfeuchte, also 50 %, denn 30 Gramm könnte die Luft bei dieser Temperatur ja »tragen«.

Das Verhältnis aus absoluter zu maximaler Luftfeuchte wird **relative Luftfeuchte** genannt und in **Prozent** angegeben.

Es gilt:

$$\text{relative Luftfeuchte} = \frac{\text{absolute Luftfeuchte x 100}}{\text{maximale Luftfeuchte}} \; \%$$

4.3.3 Der Taupunkt

Wir haben schon erklärt, dass Luft umso mehr Wasserdampf aufnehmen kann, je wärmer sie ist. Umgekehrt gilt, dass ein Luftpaket nicht mehr so viel Wasser aufnehmen kann, wenn es abkühlt.

Beispiel:
Nehmen wir an, eine Luftmasse von 1 kg hat bei einer Temperatur von 25 °C eine relative Luftfeuchte von 80 %. Dann bedeutet das, dass maximal etwa 23 g Wasser in Form von Dampf aufgenommen werden können *(siehe Diagramm Abb. 12)*. 80 Prozent davon sind rund 18 g, so viel wurde tatsächlich aufgenommen. Kühlt sich diese Luft nun auf 15 °C ab, dann kann sie nur noch etwa 13 g Dampf »halten«. Der Rest, nämlich 5 g, geht wieder in den flüssigen Zustand über, er **kondensiert**.

Man nennt diejenige Temperatur, bei der die **maximale Luftfeuchte** erreicht wird, **Taupunkt**.

In unserem Beispiel liegt der Taupunkt bei etwa 20 °C, denn bei dieser Temperatur liegt die maximale Luftfeuchte bei ca. 18 g/kg *(siehe Diagramm!)*.

Anders ausgedrückt: Kühlt feuchte Luft sich ab, so sinkt die maximale Luftfeuchte, die relative Luftfeuchte steigt bis zur **Sättigung**. Bei weiterer Abkühlung unter den Taupunkt bleibt die relative Luftfeuchte bei 100 %, überschüssiger Wasserdampf muss **kondensieren**.

Die Differenz zwischen aktueller Temperatur und Taupunkt ist ebenfalls ein Anhaltspunkt für die relative Luftfeuchte. Man nennt diese **Taupunktsdifferenz** oder **Spread**. In den **Wettermeldungen** *(siehe hinten)* wird die Luftfeuchte nicht eigens angegeben. Sie ergibt sich aus Temperatur und Taupunkt. In unserem vorherigen Beispiel wäre der Spread 5 °C.

Zusammenfassend unterscheiden wir:
- Die absolute Luftfeuchte gibt den tatsächlichen Wassergehalt einer Luftmasse an.
- Die maximale Luftfeuchte gibt die höchstmögliche Wassermenge einer Luftmasse einer bestimmten Temperatur an.
- Die relative Luftfeuchte ist das Verhältnis von absoluter zu maximaler Luftfeuchte in Prozent.
- Die spezifische Luftfeuchte (hier nicht verwendet) gibt die Wassermenge an, die in 1 kg feuchter Luft enthalten ist.

4.3.4 Messung der Luftfeuchte

Geräte zum Messen der Luftfeuchte nennt man **Hygrometer**. An ihnen lässt sich nur die relative Luftfeuchte direkt ablesen.

Die handelsüblichen Feuchtemessgeräte sind **Haarhygrometer**, deren Funktion darauf beruht, dass feuchte Haare oder geeignete Kunstfasern eine größere Länge haben als trockene. Das heißt, diese Materialien dehnen sich bei höherer relativer Luftfeuchte aus und ziehen sich bei trockenerer Luft wieder zusammen. Die Längenausdehnung wird über eine Mechanik auf einen Zeiger übertragen.

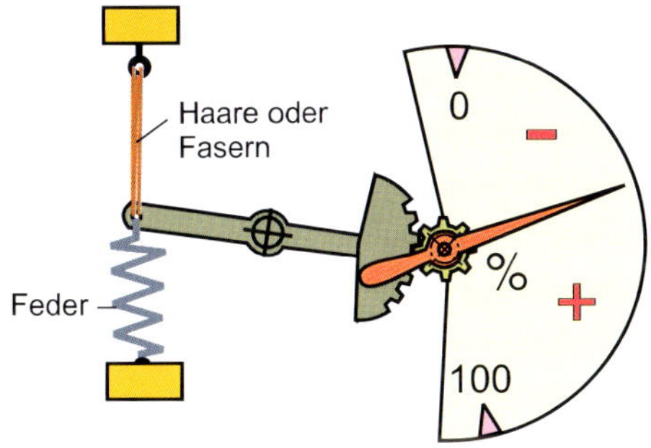

Abb. 13: Prinzip des Haarhygrometers

4.4 Zusammenhang der Wettergrößen

Als wichtige meteorologische Größe hat sich die Lufttemperatur herausgestellt, von ihr hängen die Luftdruckunterschiede und die Luftfeuchten ab. Das Wettergeschehen bestimmt sich aus den aktuellen Werten dieser Einzelgrößen, die sich wiederum gegenseitig beeinflussen. Gäbe es keine Temperaturunterschiede mehr, so käme auch das Wetter zum Stillstand. Die **Wärmestrahlung** der Sonne mit ihren tages- und jahreszeitlichen Schwankungen ist demnach der Motor, der das gesamte komplizierte Wettergeschehen ständig in Bewegung hält. Sie trifft auf Körper, die sich sehr unterschiedlich erwärmen bzw. abkühlen, so dass die Atmosphäre nie zur Ruhe kommt, solange die Sonne aktiv ist.

5 Die Wettererscheinungen

5.1 Die adiabatischen Vorgänge

Wie wir im ersten Abschnitt erfahren haben, steigt warme Luft auf Grund ihrer geringeren Dichte auf, gelangt dabei aber in Schichten **geringeren Luftdrucks**. Das bedeutet, dass ein Luftpaket mit **zunehmender Höhe** sein Volumen vergrößert, was wiederum eine **Temperaturverringerung** zur Folge hat.

Umgekehrt wird **absinkende Luft** durch den höheren äußeren Druck komprimiert. Sie verringert ihr Volumen und **erwärmt** sich dabei.

Merke: Aufsteigende Luft kühlt sich ab, absinkende Luft erwärmt sich. Wir unterscheiden umgebende Luft von vertikal bewegter.

Eigentlich müsste man nun den **Wärmeaustausch** zwischen dem Luftpaket und der Umgebung berücksichtigen. Es hat sich aber herausgestellt, dass man ihn für die weiteren Betrachtungen vernachlässigen kann. Es werden daher sogenannte **adiabatische Vorgänge** angenommen, bei denen kein Wärmeaustausch mit der umgebenden Luftmasse stattfindet.

Da das Ausmaß der Erwärmung beim Auf- oder Absteigen eines Luftpakets auch noch davon abhängt, ob in ihm Kondensations- bzw. Verdampfungsvorgänge stattfinden oder nicht, unterscheidet man zwischen **feuchtadiabatischen** und **trockenadiabatischen** Vorgängen.

5.1.1 Trockenadiabatischer Auf- bzw. Abstieg eines Luftpakets

Liegt während der **vertikalen Bewegung** eines Luftpakets seine Feuchte unterhalb der Sättigungsgrenze, dann findet ein trockenadiabatischer Vorgang statt.

Die **trockenadiabatische Temperaturänderung** beträgt dabei ziemlich genau **1 °C pro 100 m** Höhenunterschied. Sie ist unabhängig von der Temperatur der umgebenden Luft.

Anders ausgedrückt: Der **trockenadiabatische Hebungsgradient** beträgt –1 °C pro 100 m Höhenzunahme.

Achtung: Der adiabatische Gradient (Hebungsgradient) ist unabhängig vom vertikalen Temperaturgradient (Schichtungsgradient). Während ein **Schichtungsgradient** den Temperaturverlauf in der ruhenden Umgebungsluft beschreibt, gibt der **Hebungsgradient** die Temperaturänderung an, der ein vertikal bewegtes Luftpaket unterliegt.

Beispiel:
Ein Luftpaket wird durch irgendeine Kraft von 0 auf 1.000 m angehoben. Die Bodentemperatur sei 15 °C. Dann hat es in 1.000 m Höhe nur noch eine Temperatur von 5 °C. Sinkt es z.B. wieder auf 500 m, dann erwärmt es sich auf 10 °C.

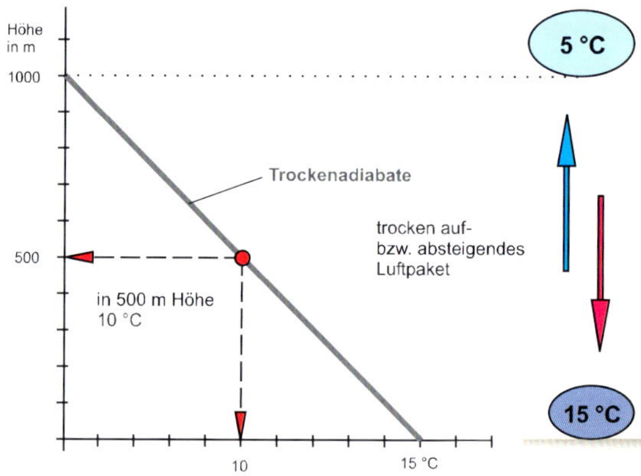

Abb. 14: Der trockenadiabatische Vorgang.

5.1.2 Feuchtadiabatischer Auf- bzw. Abstieg

Unter **feuchter Luft** versteht man eine Luftmasse, die mit Wasserdampf **gesättigt** ist.

Bei **Kondensation** von Wasserdampf, also dem Übergang vom gasförmigen in den flüssigen Zustand, wird Energie frei, die sog. **Kondensationswärme**. Feucht aufsteigende Luft wird sich deshalb weniger stark abkühlen als trockene. Die Mittelwerte des **feuchtadiabatischen Hebungsgradienten** liegen in unseren Breiten etwa bei **–0,5 bis –0,6 °C pro 100 m** Höhendifferenz. Die Linie im Diagramm heißt entsprechend Feuchtadiabate.

Beispiel:
In einem aufsteigenden Luftpaket findet ab 800 m Kondensation statt. Die Temperatur sei in dieser Höhe 13,5 °C. Steigt es weiter bis 1.400 m Höhe, dann nimmt die Temperatur um weitere 3 °C auf 10,5 °C ab. Sinkt diese feuchte Luft wieder und hat sie dabei Gelegenheit, Wasserdampf aufzunehmen, dann erwärmt sie sich entsprechend um ca. 0,5 °C pro 100 m.

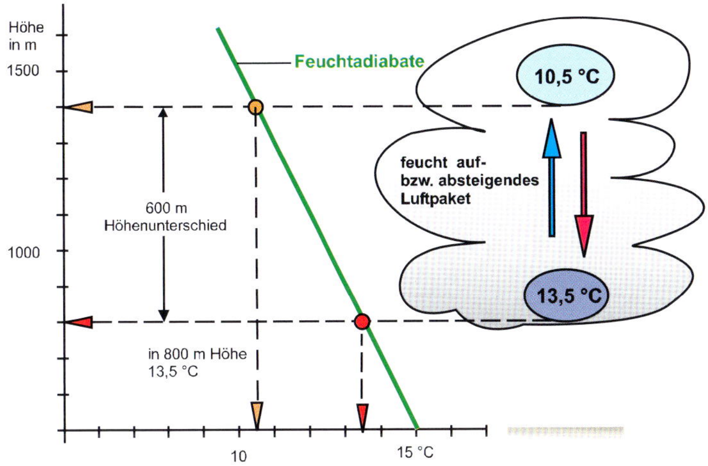

Abb. 15: Der feuchtadiabatische Vorgang

Die Temperaturänderung von vertikal bewegter feuchter Luft ist ebenfalls unabhängig von der Temperatur der umgebenden Luftmasse.

5.1.3 Stabile und labile Schichtung

Eine Luftmasse wird nur dann freiwillig aufsteigen, wenn ihre Temperatur höher ist als die der umgebenden Luft, denn dann ist ihre **Dichte** geringer. Und sie wird sich so lange nach oben bewegen, bis sie in eine Schicht gelangt, welche die gleiche Temperatur hat wie sie selbst.

Gerät ein aufsteigendes Luftpaket in eine Schicht, in der die Umgebungsluft schneller abkühlt als die aufsteigende, so bleibt dieses Luftpaket bei seinem **Aufstieg** immer wärmer als die umgebende Luft, die Temperaturdifferenz vergrößert sich sogar mit zunehmender Höhe. Die **Auftriebskraft** wird deshalb immer größer. Eine solche Luftschicht nennt man **labil**. Ihr **vertikaler Temperaturgradient** muss kleiner sein als –1 °C pro 100 m, d.h. die Temperatur der ruhenden Luft muss sich pro 100 m um mehr als 1 °C verringern, wenn sie labil gegenüber trocken aufsteigender Luft sein soll.

Nimmt dagegen die Temperatur der Atmosphäre mit zunehmender Höhe weniger als 1 °C pro 100 m Höhendifferenz ab, so wäre ein trockenes Luftpaket bereits nach dem Abheben vom Boden kälter als die umgebende Luft und würde zurück sinken. Ein Aufstieg wird damit verhindert. Diese Luftschicht ist **stabil**.

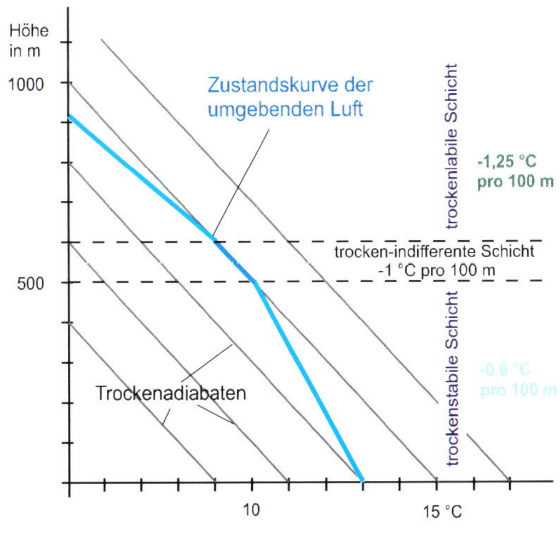

Abb. 16: Beispiel für trockenlabile und trockenstabile Luftschicht

Entsprechende Verhältnisse liegen bei feucht auf- bzw. absteigender Luft vor: Hat die Umgebungsluft einen kleineren vertikalen Gradienten als –0,5 °C/100 m (z.B. –0,8 °C/100 m), so bleibt sie gegenüber dem feucht aufsteigenden Luftpaket immer kälter. Diese Luftschicht ist **feuchtlabil**.

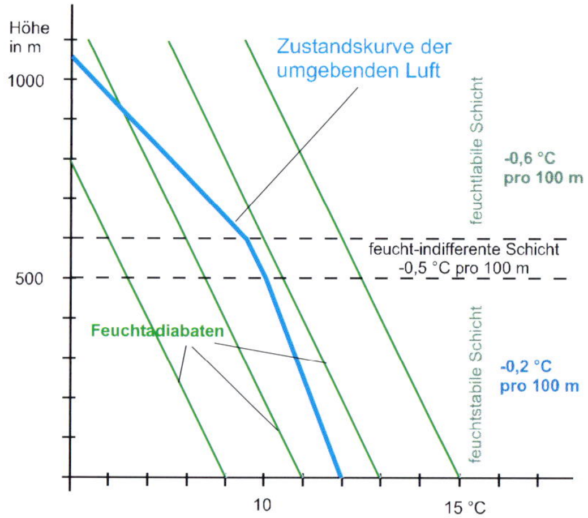

Abb. 17: Beispiel für feuchtlabile und feuchtstabile Luftschicht

Liegt der vertikale Gradient der Atmosphäre über –0,5 °C/100 m (z.B. –0,3 °C/ 100 m), so kann auch feuchte Luft nicht von alleine aufsteigen, da die abhebende Luftblase sofort kälter wäre als die Umgebung. Diese Luftschicht ist nicht nur trockenstabil, sondern auch **feuchtstabil**.

- Luftschichten, in denen der vertikale Temperaturgradient genauso groß ist wie der adiabatische, nennt man **indifferent**.
- Luftschichten mit Gradienten zwischen –0,5 °C/100 m und –1 °C/100 m sind **gleichzeitig trockenstabil und feuchtlabil**.

5.1.4 Inversion und Thermik

Aufsteigende Luft wird an einer Inversionsschicht zumindest gebremst, wenn nicht ganz in ihrer Bewegung aufgehalten, da die umgebende Luft mit der Höhe wärmer wird. Inversionen sind daher für die **Thermikentwicklung** hinderlich, weil sie den Konvektionsraum einschränken. Jedoch kann auch Inversionsluft dadurch **labilisiert** werden, dass sie sich von unten her erwärmt und/oder im oberen Bereich abkühlt. Man sagt, die Inversion wird **ausgeheizt**.

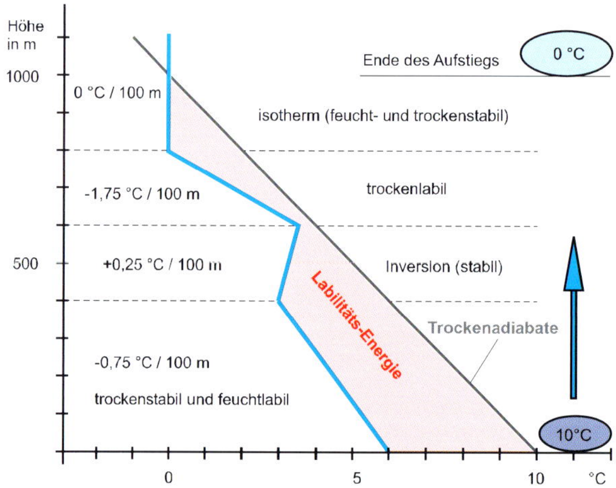

Abb. 18: Beispiel für den Aufstieg durch eine Inversion

Aber auch Luftpakete, die sich stark erhitzt haben, können so viel **Labilitätsenergie** besitzen, dass sie Inversionen durchdringen. Danach ist unter Umständen ein weiterer schnellerer Aufstieg möglich, wenn der vertikale Gradient der Umgebungsluft dies zulässt.

Beispiel *(siehe Abb. 18)*:
Nehmen wir an, ein Luftpaket hat sich am Boden auf 10 °C erwärmt und steigt bis zur Untergrenze der Inversion in 400 m trocken auf. Dann hat es in dieser Höhe immer noch eine Temperatur von 6 °C, während die beginnende Inversion nur 3 °C aufweist). Auch nach weiteren 200 m Höhe ist die aufsteigende Luft wärmer als die umgebende Inversionsluft. Der Aufstieg kann – allerdings verlangsamt – fortgesetzt werden. Erst in 1.000 m bei einer Temperatur von etwa 0 °C kommt sie in unserem Beispiel in einer **isothermen Schicht** zur Ruhe. Der farbige Bereich in der Grafik veranschaulicht die Energie, die dem Luftpaket zum Aufstieg zur Verfügung steht. Man nennt dies auch den Bereich der Labilitätsenergie.

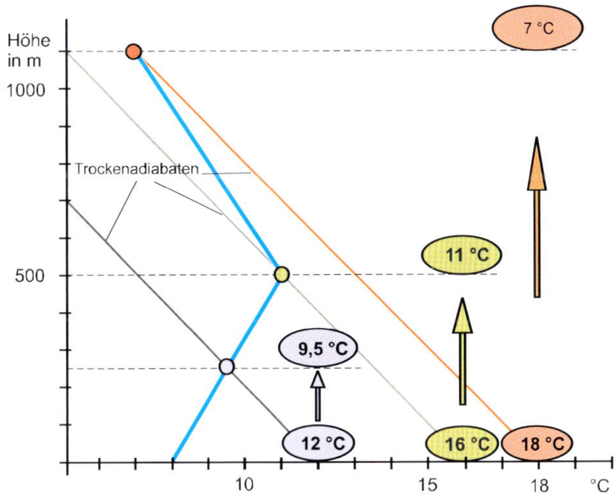

Abb. 19: Beispiel einer Bodeninversion

Um eine **Bodeninversion** zu durchdringen, muss die am Boden liegende Luftmasse eine so hohe **Ausgangstemperatur** erhalten, dass sie nach dem Aufstieg an der Obergrenze der Inversion immer noch wärmer ist als die Umgebungsluft. Beim **Ausheizen** der morgendlichen Bodeninversionen steigen vom Boden aus immer wieder erwärmte Luftblasen auf, dringen in die Inversionsluft vor und erwärmen diese Schicht auf diese Weise von unten her, so dass sie weniger stabil und schließlich **labiler** wird.

Im Beispiel der Abbildung 19 müsste sich die Bodenluft auf mindestens 16 °C erwärmen, damit sie trocken aufsteigend die Obergrenze der Inversion erreichen kann. Luftblasen, die mit einer kleineren Ausgangstemperatur aufsteigen, bleiben in der Inversion hängen, sorgen aber für die **Aufheizung**.

Sonneneinstrahlung und Bodenbeschaffenheit spielen beim Ausheizen einer Inversion die Hauptrolle, daneben sorgt auch ein kräftiger **Wind** für eine gute Durchmischung, verhindert aber gleichzeitig das Entstehen stark überhitzter Luftblasen, weil sie vorzeitig vom Boden abgelöst werden.

Oberhalb einer Inversion herrscht meist beste **Flugsicht**, auch die **Schrägsicht** und die **Vertikalsicht** sind brauchbar. Dagegen sind darunter auf Grund des eingeschränkten Konvektionsraums die Luftfeuchte und die Staubpartikelkonzentration höher, was zu eingeschränkten **Sichtweiten** führt.

Zusammenfassung:

- Die tatsächlichen Temperaturverhältnisse in der Atmosphäre werden durch die Zustandskurve veranschaulicht.
- Luft steigt nur von selbst auf, wenn sie wärmer ist als ihre Umgebung.
- Feucht aufsteigende Luft kühlt sich mit einem Hebungsgradient von –0,5 bis 0,6 °C pro 100 m langsamer ab als trocken aufsteigende (Hebungsgradient –1° C/100 m).
- Luftmassen werden labilisiert, wenn sie sich von unten her erwärmen oder von oben her abkühlen.

5.2 Wolkenbildung

Wolken entstehen, wenn aufsteigende Luft durch adiabatische Abkühlung den Taupunkt (Spread gleich Null) erreicht und dann unter Kondensation des überschüssigen Wasserdampfs feuchtadiabatisch weiter steigt.

Erwärmte, selbst aufsteigende Luft führt zu Quellwolkenbildung (**konvektiv, Cumulus**). Luft, die durch Hebungsvorgänge in stabiler Schichtung zum Aufstieg gezwungen ist, führt zur Schichtwolkenbildung (**stratiform, Stratus**), die meist großräumig an Luftmassenfronten stattfindet. Wird die Wolkenbildung durch Überströmung von Geländeformen ausgelöst, spricht man von **orographischer** Entstehung.

Wie viele Wolken sich bilden, hängt auch davon ab, ob die Luftmasse mehr von einem Tief oder einem Hochdruckgebiet beeinflusst wird. Bei zyklonaler Strömung (Tiefdruckeinfluss) ist mit mehr Wolken zu rechnen als bei antizyklonaler Strömung (Hochdruckeinfluss), da im zweiten Fall durch Absinkvorgänge die Konvektion erschwert wird.

Lassen die Hebungsvorgänge nach, kommt die Neubildung von Wolken zum Stillstand. Je nach Temperatur, Luftfeuchte und Bewegung der umgebenden Luftmasse verdunsten die Wasserteilchen mehr oder weniger schnell, die Wolken lösen sich auf.

5.2.1 Die thermische Wolkenbildung

Unter thermischer Wolkenbildung versteht man, dass sich Luftmassen erwärmen, sich beim **selbstständigen Aufsteigen** abkühlen, in einer bestimmten Höhe den Sättigungsgrad erreichen und beim weiteren Höhengewinn Wassertröpfchen bilden, die sichtbar als Wolke in Erscheinung treten. Die Entwicklung dieser Wolken verläuft immer vertikal. Die typische Wolkenform ist die **Haufenwolke** (Cumulus).

Beispiel *(siehe Abbildung 20)*:
Luft hat sich am Boden auf 20 °C erwärmt und steigt mit einem Feuchtegehalt von 60% (etwa 9,4 g/kg) auf. Da in dieser Luftmasse zunächst keine Kondensation stattfindet, kühlt sie sich **trockenadiabatisch** mit einem Gradient von –1 °C/100 m ab. Mit zunehmender Höhe verringert sich nun der **Spread** (Taupunktsdifferenz), d.h. die Temperatur nähert sich dem Taupunkt. Sobald sie einen Wert von +10 °C erreicht hat, ist **Sättigung** erreicht, der Spread ist Null *(siehe Diagramm Abbildung 14)*. Der weitere Aufstieg mit der damit verbundenen **Kondensation** erfolgt jetzt feuchtadiabatisch. Das **Kondensationsniveau**, auch Basis genannt, liegt demnach bei 1.000 m. Das ist im Diagramm die Stelle, wo sich die **Sättigungslinie** mit der Trockenadiabate schneidet. Unter **Wolkenbildung** steigt nun unser Luftpaket mit feuchtadiabatischer Abkühlung von ca. –0,5 °C pro 100 m so lange weiter, bis es die gleiche Temperatur angenommen hat wie die **umgebende Luft**. In der Abbildung 20 ist das in 2.000 m Höhe der Fall. Dort schneidet sich die **Feuchtadiabate** mit der **Zustandskurve**. Ein weiterer Aufstieg ist damit verhindert. Hier liegt die **Wolkenobergrenze**.

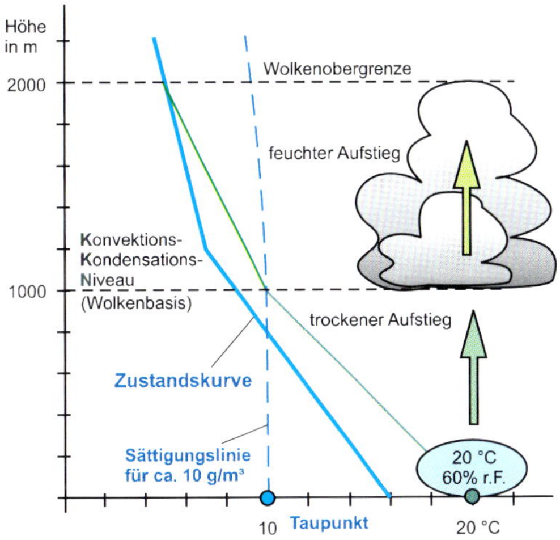

Abb. 20: Thermische Wolkenbildung – Beispiel

Für die Praxis lässt sich folgende **Faustregel** zur Bestimmung der Wolkenuntergrenze (Wolkenbasis) anwenden:

Basishöhe in m: Spread mal 125. Basishöhe in feet: Spread mal 400.

An sich ist die Bodenluft in unserem Beispiel *(siehe Abb. 20)* trockenstabil. Ein Luftpaket muss daher erst **übererwärmt** werden, damit es aufsteigen kann. Die minimale **Auslösetemperatur** zur Wolkenbildung beträgt in unserem Fall 18 °C. Das heißt, erst wenn sich die Luftmasse am Boden auf 18 °C erhitzt hat, kann sie so hoch steigen, dass der Sättigungsgrad erreicht ist.

Wird die **Wolkenobergrenze** durch eine **Inversion** erzwungen, dann breitet sich die Wolke an der Untergrenze der Inversion aus. Flache Quellwolken gehen dann – meist am Nachmittag – in **Schichtbewölkung** über, die große Teile des Himmels abdecken können und damit die weitere **Konvektion** dämpfen.

Bei hoch reichender Quellbewölkung bildet sich an einer **Höheninversion** ein Wolkenkopf, der die Form eines **Ambosses** annimmt.

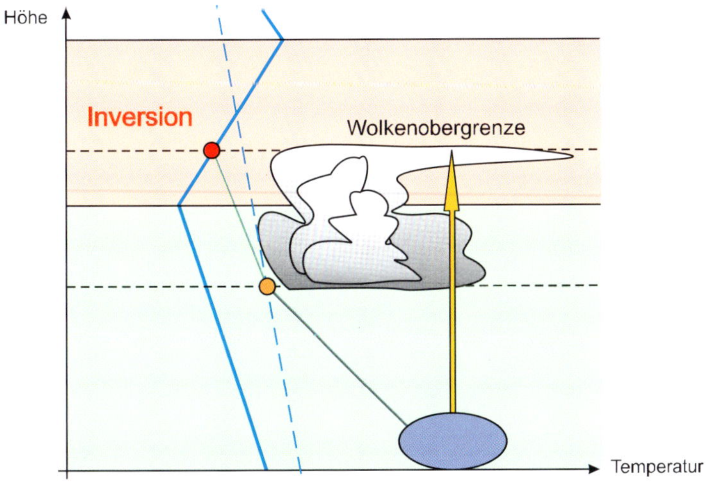

Abb. 21: Bildung einer Ambosswolke

Hat die aufsteigende Luft so viel Energie, dass sie die Inversion durchstoßen kann, dann ist darüber weitere Wolkenbildung möglich, wenn die nächste Luftschicht feuchtlabil ist.

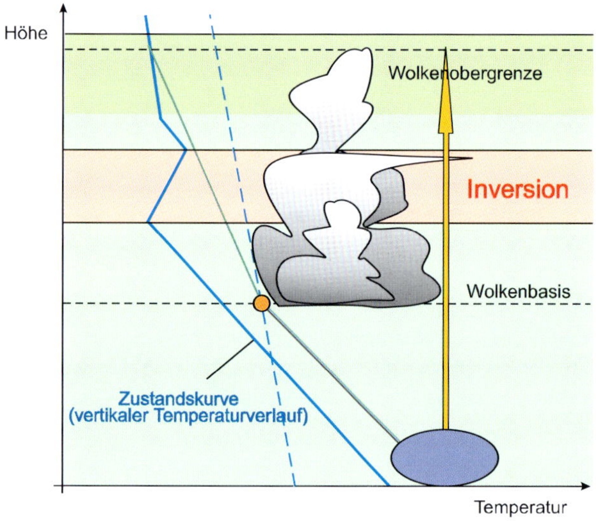

Abb. 22: Durchbruch durch eine Höheninversion

Wolken, die durch Thermik entstehen, bilden blumenkohlförmige Haufen. Man nennt diese Quellbewölkung deshalb Haufenwolken oder Cumuli (Einzahl Cumulus). Bei stark **labiler Schichtung** können thermische Wolken eine vertikale Ausdehnung von mehreren Kilometern, oft bis an die Grenze der **Troposphäre**, erreichen und werden dann **Cumulonimben** genannt. Solche **Überentwicklungen** führen in der Regel zu **Schauer- und Gewittertätigkeit**.

Die aufgestiegene warme Luft kühlt sich in der Höhe ab, fällt wieder ab und bildet einen Kreislauf, die **Konvektionsströmung**. An diesen Kreislauf können sich weitere Zirkulationen anschließen, so dass ganze **Systeme von Auf- und Abwinden** entstehen. Bei höheren **Windgeschwindigkeiten** (etwa ab 30 km/h) bilden sich in Windrichtung **Aufwindreihungen**, so dass sich bei genügender Feuchtigkeit regelrechte **Wolkenstraßen** bilden.

5.2.2 Orographische Wolkenbildung

Bei der orographischen Wolkenbildung spielt der Einfluss der **Bodenerhebungen** die entscheidende Rolle: Luft strömt gegen einen Bergzug, wird gezwungen aufzusteigen und sich so lange trockenadiabatisch abzukühlen, bis der Taupunkt erreicht ist. In dieser Höhe liegt das sog. **Hebungs-Kondensationsniveau**. Von nun an steigt die Luft feuchtadiabatisch unter Wolkenbildung auf.

Bei dieser Bewölkung, die sich im Stau von **Gebirgen** bildet, spricht man von **Staubewölkung**. Die physikalischen Vorgänge sind dieselben wie bei der thermischen Wolkenbildung. Die typische Wolkenform in stabiler Luft ist die **Schichtwolke** (Stratus).

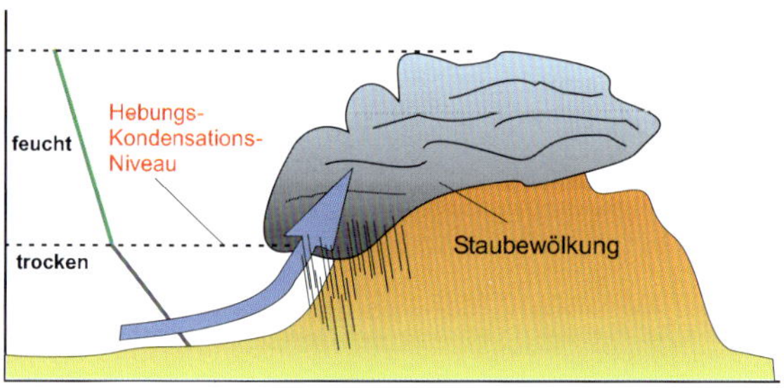

Abb. 23: Entstehung der Stau- oder Hinderniswolken

5.2.3 Klassifikation der Wolken

Wolken lassen sich nach verschiedenen Kriterien einteilen. Unterteilt man nach der **Form**, so ergeben sich folgende Hauptwolkenformen mit den typischen Flugbedingungen innerhalb der Wolken:

- **Quellwolken** (Cumulus, Abk. cu) in labiler Schichtung mit kurzen Sichtweiten, großtropfigem Regen, leichter bis mäßiger Turbulenz, Vereisung bei Temperaturen unter dem Gefrierpunkt.
- **Schichtwolken** (Stratus, Abk. st) in stabiler Schichtung mit Sichtweiten unter 1.500 m, feintropfigem Regen, Vereisung bei Temperaturen unter dem Gefrierpunkt.
- **Wellenwolken** (Lenticularis, Abk. lent) in laminaren Strömungen, Sichtweiten unter 1.500 m, kein Niederschlag, kaum Vereisung
- dazu die Zwischen- und Mischformen dieser drei Gruppen.

Abb. 24: Hauptwolkenformen

TIPP: *Im Internet gibt es unter http://weltderwolken.de einen Wolkenatlas mit vielen Bildergalerien, in der die Wolkenarten und -formen detailliert dargestellt sind.*

Nach der **Höhe** lassen sich unterscheiden

- im unteren Stockwerk (0 bis ca. 2 km): **niedrige** Wolken (C_L, kein Vorsatz)
- im mittleren Stockwerk (ca. 2 bis 6 km): **mittlere** Wolken (C_M, Vorsatz alto)
- im oberen Stockwerk (6 km bis Tropopause): **hohe** Wolken (C_H, Vorsatz cirrus)
- stockwerkübergreifende Wolken, aus denen ergiebige Niederschläge fallen, werden als **Nimben** bezeichnet. Sie können von Bodennähe bis ins obere Stockwerk reichen: Nimbostratus und Cumulonimbus.

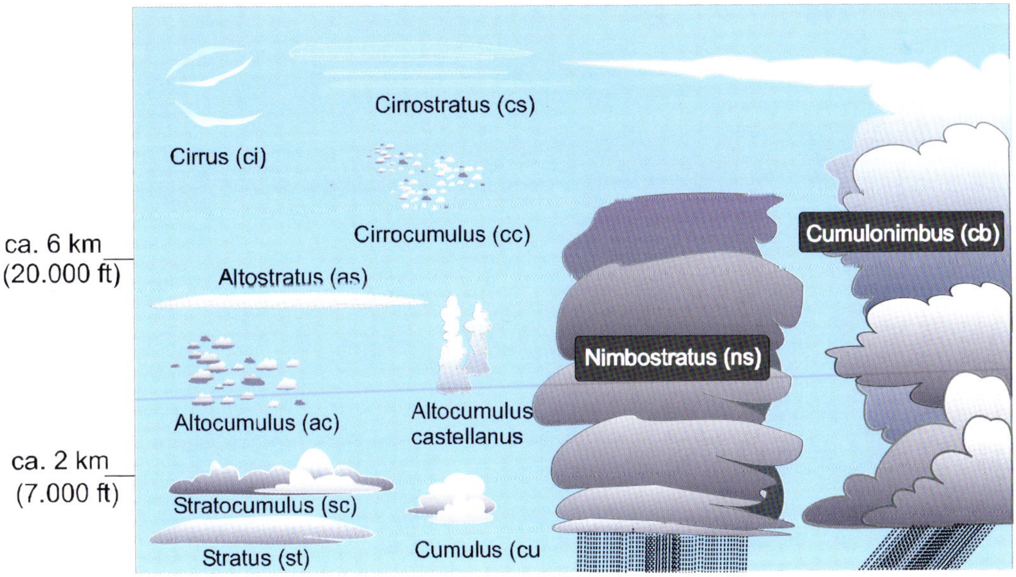

Abb. 25: Wolkengattungen

Die Wolken treten nicht nur in den Formen dieser zehn Hauptgruppen auf *(siehe auch Abschnitt 6)*, sondern bilden vielfach abgewandelte oder ineinander fließende Formationen, so dass eine Bestimmung, am »lebenden Objekt« nicht immer einfach durchzuführen ist.

5.3 Fronten

Definitionen:

- Unter einer **Luftmassengrenze** versteht man die Berührungsfläche zwischen zwei verschiedenen Luftmassentypen.
- Eine **Front** ist eine Luftmassengrenze, an der aktives Wettergeschehen mit Wolkenbildung, Niederschlägen usw. stattfindet. Dabei gibt die **vorstoßende Luftmasse** der **Front** den Namen.

In den Wetterkarten werden die Frontlinien mit verschiedenen Symbolen dargestellt:

- **Warmfronten** werden durch eine rote Linie oder durch angesetzte Halbkreise gekennzeichnet.
- **Kaltfronten** werden als blaue Linie oder mit angesetzten Dreiecken dargestellt.
- Den Zusammenschluss zweier Fronten nennt man **Okklusion**, symbolisiert durch eine violette Linie oder im Wechsel angesetzte Halbkreise und Dreiecke.
- Ausgefüllte Symbole weisen auf **Bodenfrontlinien** hin, nicht ausgefüllte auf Frontverläufe in der Höhe.

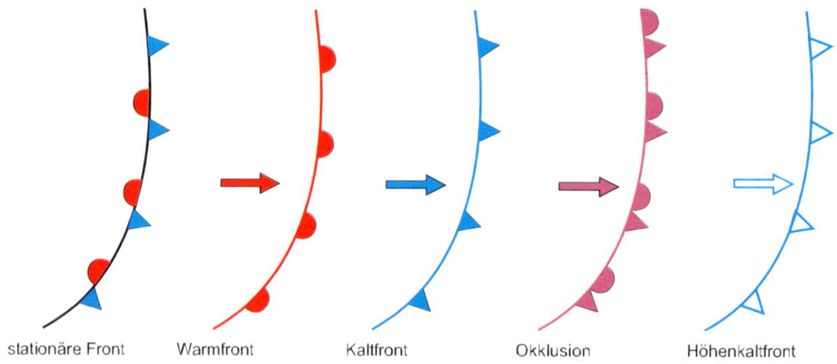

Abb. 26: Frontlinien

An den Fronten kommt es je nach **Fronttyp** zu unterschiedlich ausgeprägten Aufgleit-, Hebungs- und Kondensationsvorgängen mit charakteristischen **Wettererscheinungen**.

5.3.1 Die Warmfront

Schiebt sich eine warme Luftmasse gegen eine kältere vor, so gleitet die warme auf die kältere auf, da warme Luft spezifisch leichter ist als kalte. Die hochsteigende Warmluft kühlt sich adiabatisch ab, es entstehen Wolken.

Ist die aufgleitende Luft **labil**, so kann es bei Bildung mächtiger Cumulonimben zu Warmfrontgewittern kommen, während es bei **stabiler** Warmluft **Schichtbewölkung** mit zunehmender Mächtigkeit gibt (Nimbostratus).

Das **Herannahen** einer Warmfront zeigt sich mehrere hundert Kilometer vorher schon durch sehr hohe schleier- und hakenförmige Federwolken (Cirren) an, dann durch absinkende, sich verdichtende Schichtbewölkung mit beginnendem Nieseln bzw. Schneefall, schließlich durch tief liegende Wolken mit Dauerniederschlägen und eventuellen Gewittern.

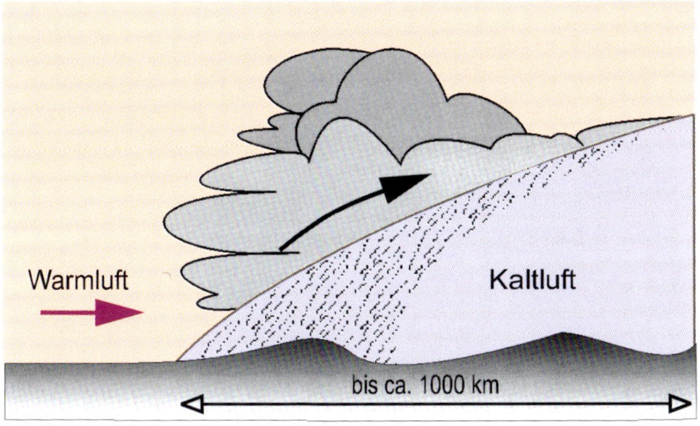

Abb. 27: Die Warmfront

Gefahren:

Im Bergland liegen die **Wolken** meist auf, die **Sicht** ist auch unterhalb der Wolken auf Grund dichter **Niederschläge** schlecht. Mit Schneefall ist zu rechnen, wenn der Niederschlag durch Luftschichten unter 0 °C fällt. Im **Winter** wird der Schnee im Laufe des Frontdurchgangs über Schneeregen in Regen übergehen, wenn die vordringende Warmluft nicht kalt genug ist. Mit **Vereisung** ist besonders im Winter zu rechnen, wenn der Regen an der Warmfront durch die darunter liegende Kaltluft fällt und dabei unterkühlt.

5.3.2 Die Kaltfront

Bewegt sich eine kältere Luftmasse gegen eine wärmere, so spricht man von einer Kaltfront. Dabei schiebt sich die Kaltluft unter die Warmluft und drückt sie nach oben, wobei es bei **stabiler** Warmluft zu hoch reichenden **Schichtwolken** (Nimbostratus) mit einer breiten **Niederschlagszone** kommt, während **labile** Warmluft die Bildung von **Cumulonimben** zur Folge hat, aus denen starke Schauer und heftige **Gewitter** hervorgehen können.

Bei schnellem Vorstoß einer Kaltfront bildet sich in Bodennähe – bedingt durch Reibungsvorgänge – ein Kaltluftkopf aus, der oft eine **Böenwalze** mit kräftiger Turbulenz, tiefer Quellbewölkung und streifenförmigen Regenfällen vor sich her treibt.

Gefahren:

Im Frontbereich kommt es zu rapider **Sichtverschlechterung** durch **Kondensationsvorgänge** auf Grund der schnellen Abkühlung und zu oft heftiger **Böigkeit** wegen der schnellen Hebungsvorgange (Böenkragen).

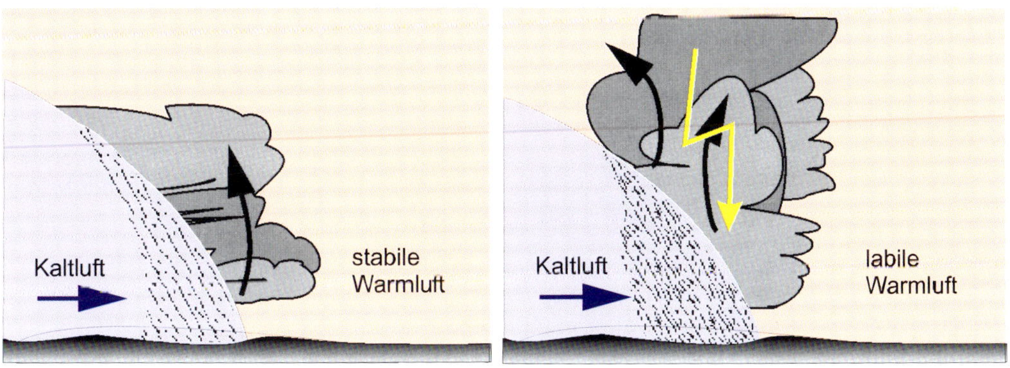

Abb. 28: Kaltfronten

Nach dem **Durchzug** einer Kaltfront kommt es zur Aufhellung. Die frische Kaltluft bringt sehr gute **Sichtverhältnisse**. Die Sonne kann einstrahlen und erwärmt vom Boden her die Luft, so dass **Quellbewölkung** mit rasch abnehmender **Schauerneigung** entstehen kann. Der Wind ist meist böig, beruhigt sich aber. Diese Erscheinungen werden als **Rückseitenwetter** bezeichnet. Durch die **Labilisierung** ergibt sich für die Segelflieger meist gute **Wolkenthermik**.

Ein **Sonderfall** ergibt sich, wenn eine Kaltfront auf eine Warmluftmasse trifft, die sich vorzugsweise im Winter in Bodennähe so stark abgekühlt hat, dass sie kälter als die heranziehende Kaltluft ist. Beim Durchgang dieser sog. **maskierten Kaltfront** stellt man nun paradoxerweise eine Temperaturerhöhung in der unteren Luftschicht fest. Betrachtet man nicht den generellen Temperaturverlauf, sondern nur die Temperaturänderungen am Boden, dann kann man diese Erscheinung mit einer Warmfront verwechseln.

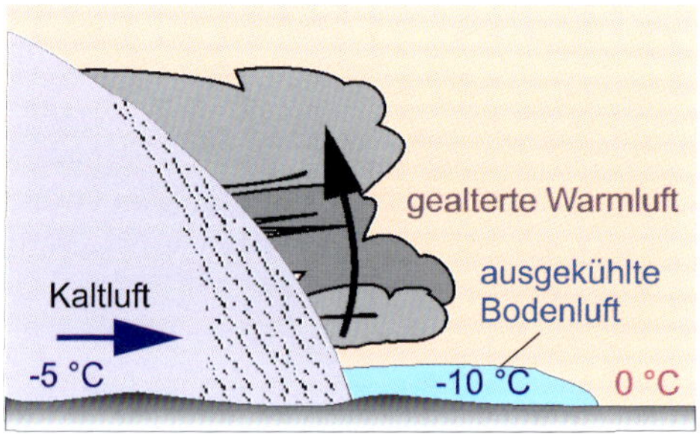

Abb. 28a: Maskierte Kaltfront: Die vorstoßende Kaltluft ist wärmer als die bodennahe ›alte‹ Warmluft.

5.3.3 Okklusionen

Kaltfronten bewegen sich schneller vorwärts als Warmfronten. Verfolgt eine Kaltfront eine Warmfront, so wird diese schließlich von der Kaltfront eingeholt. Die zwei Fronten vereinigen sich zu einem neuen System, sie bilden eine Okklusion.

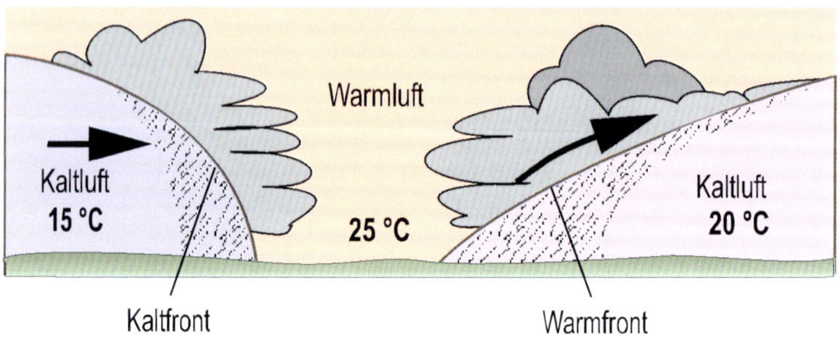

Abb. 29: Eine Kaltfront mit ihren typischen Wolkenformen bei stabiler Schichtung verfolgt eine Warmfront, wobei die Luft vor der Warmfront wärmer ist als die der Kaltfront.

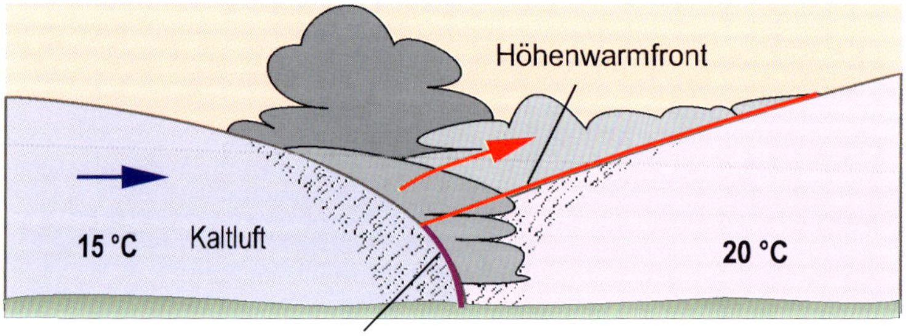

Abb. 30: Die Kaltfront hat die Warmfront eingeholt und schiebt sich auch unter die weniger kalte Luft, die vor der Warmfront liegt. Der Warmsektor wird angehoben, die Warmfront besteht nur noch in der Höhe.

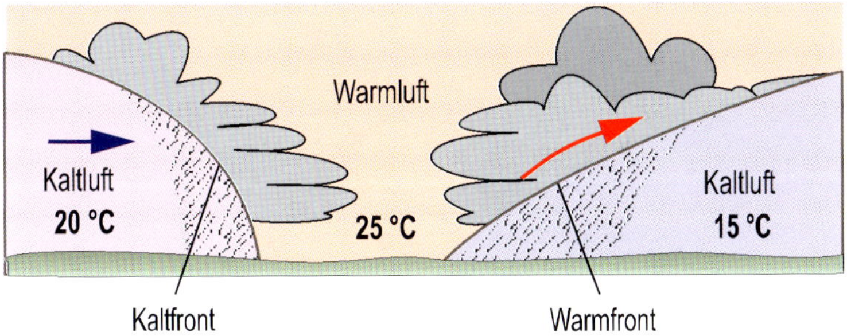

Abb. 31: Eine Kaltfront dringt gegen eine Warmfront vor, wobei die Luft vor der Warmfront kälter ist als die nachstoßende Kaltluft.

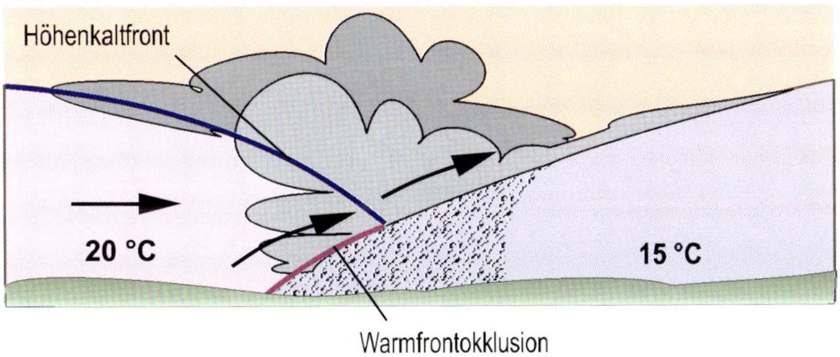

Abb. 32: Die Kaltfront ist mit der Warmfront okkludiert und schiebt sich über die eingeholte Kaltluft, da ihre Luftmassen noch wärmer sind als die der eingeholten Kaltluft. Die Kaltfront besteht nur noch in der Höhe.

Zwei **Okklusionstypen** sind möglich:

- Okklusion mit Kaltfrontcharakter *(Abb. 29 und 30)*
- Okklusion mit Warmfrontcharakter *(Abb. 31 und 32)*

Die Okklusionen vereinigen die **Wettererscheinungen** von Warm- und Kaltfront in sich. Da die einzelnen Charakteristika von der Stabilität bzw. Labilität der beteiligten Luftmassen abhängen, ist eine Vielzahl von Varianten möglich. Allerdings sind Bewölkung und Niederschläge in einer Warmfrontokklusion grundsätzlich ausgedehnter.

5.4 Entstehung einer Zyklone (Tiefdruckwirbel)

Die gemäßigten Breiten Mitteleuropas sind ständig von Tiefdruckwirbeln beeinflusst. Für die Nordhalbkugel ist folgender Prozess typisch:

Um die Pole der Erde liegen **Kaltluftkappen**, an die sich auf der Nordhalbkugel wärmere Luft mit **westlicher Strömung** anschließt *(siehe auch Abschnitt 6)*. Die dadurch gebildete stationäre Frontlinie kommt durch **Temperaturunterschiede** zwischen den Meeren und Kontinenten in Bewegung. Es treten an dieser **Polarfront** Verformungen auf, in die warme Luft vorstoßen kann, während kalte Luft nach Süden vordringt.

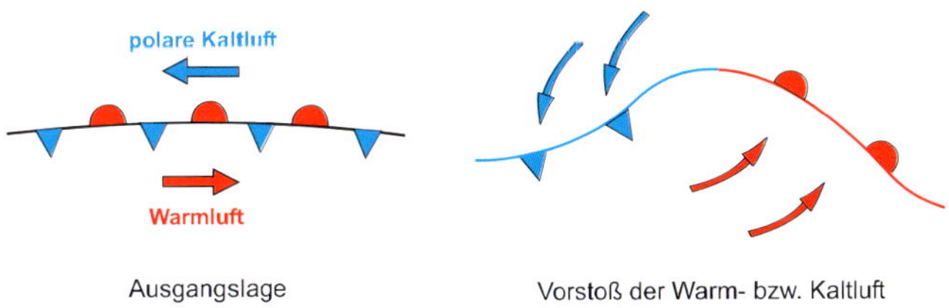

Abb. 33: Ausgangslage und Verformung der stationären Polarfrontlinie

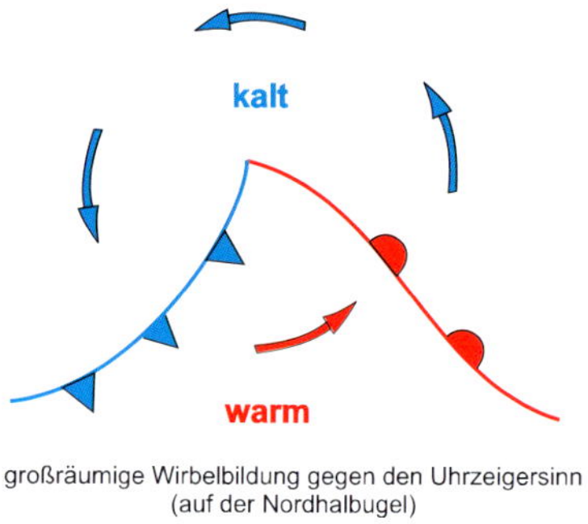

Abb. 34: Zyklone

Durch das weitere Vordringen der Luftmassen entsteht eine großräumige **Wirbelbewegung** entgegen dem Uhrzeigersinn (von oben betrachtet). Es bilden sich eine **Warmfront** und eine nachstoßende **Kaltfront**.
Niederschlagszonen, Luftdruck- und Windverhältnisse lassen sich aus der *Abbildung 35* erkennen:

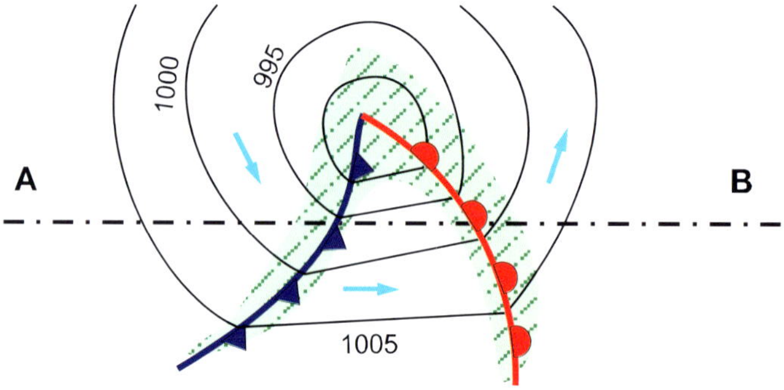

Abb. 35: Typisches Tiefdruckgebilde

Die **Wettererscheinungen** entsprechen denen an den Fronten. In der Schnittfläche A-B der *Abbildung 35* zeigen sie sich folgendermaßen:

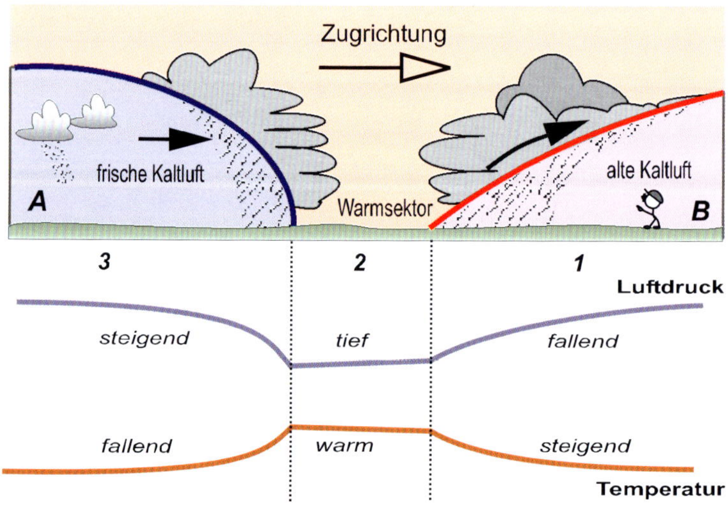

Abb. 36: Querschnitt durch eine Zyklone

Beim **Durchzug** eines Tiefdruckwirbels kann ein **Beobachter** folgendes Wetter feststellen (Zuglinie A ⇨ B):

1. Durchzug der Warmfront:

- hohe Stratusbewölkung mehrere hundert Kilometer vor der ersten Front
- absinkende Bewölkung (Aufgleitvorgang)
- fallender Luftdruck
- langsam steigende Temperatur
- südwestliche Winde
- Thermikverschlechterung
- dichter und mächtiger werdende Bewölkung
- Nieseln bzw. Schneefall, evtl. gefrierender Regen
- zunehmende, anhaltende Niederschläge

2. Durchzug des Warmsektors

- Wetterberuhigung mit lockeren Wolkenfeldern
- Winddrehung auf westliche Richtungen
- Aufklaren mit meist mäßiger Sicht
- Temperaturanstieg
- geringe bis mäßige Thermik

3. Durchzug der Kaltfront

- kräftiger, rascher Temperaturabfall
- Sichtverschlechterung
- vorauseilende Böenwalze
- starke Quell- und Quellschichtbewölkung
- schauerartige Niederschläge, Gewitterneigung
- Windsprung auf Nordwest
- Böigkeit, zunehmender Wind
- Rückseitenwetter mit abnehmender Schauertätigkeit
- steigender Luftdruck
- gute bis sehr gute Sicht
- gute bis sehr gute Thermik

Im **weiteren Verlauf** wird die Kaltfront die Warmfront einholen und mit ihr **okkludieren**. Der **Warmsektor** wird in die Höhe abgedrängt. Der am Boden verbleibende Teil wird immer kleiner, bis sich schließlich wieder Kalt und Warmfront in einer Linie gegenüberstehen. Nur in der Höhe bleibt die Wirbelströmung noch eine Zeitlang erhalten.

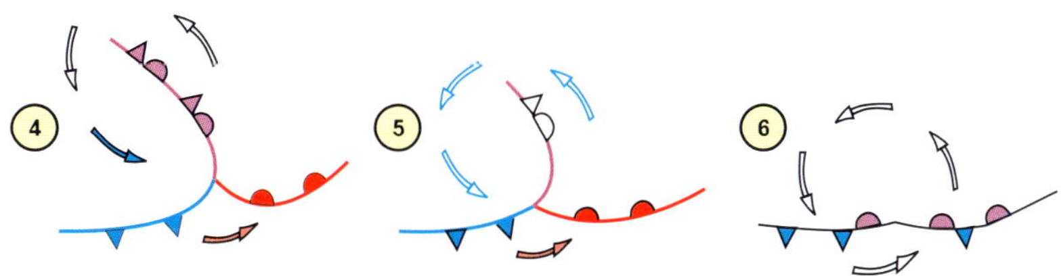

Abb. 37: Bildung und Auflösung einer Zyklone

Der tiefste **Luftdruck** wird dabei im **Reifestadium** (3) erreicht, da hier die Luftbewegungen am größten sind (dynamische Verstärkung des Tiefs).

Am Rande der Polarfront entstehen Zyklonen nicht allein, sondern in ganzen Serien, deren Glieder unterschiedliche Stadien aufweisen. Man spricht hier von **Zyklonenfamilien**.

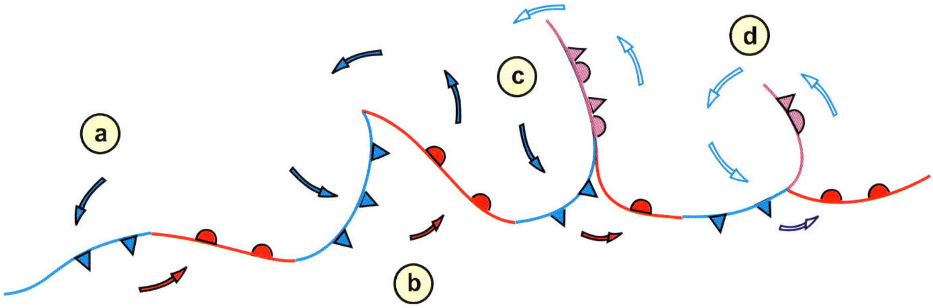

Abb. 38: Zyklonenfamilie mit entstehender (a), reifer (b), stark okkludierter (c) und sterbender (d) Zyklone

Zusammenfassung:
Zyklonen sind Tiefdruckwirbel, die am Rande der Polarfront entstehen und beim Durchzug von West nach Ost veränderliches Wetter mit oft abrupten Schwankungen bringen.

5.5 Niederschläge

5.5.1 Entstehung und Messung

Unter Niederschlägen versteht man **Wasser**, das in flüssiger oder fester Form aus der Atmosphäre ausfällt.

Beim **Kondensieren** feuchter Luft entstehen winzige Wassertröpfchen, die sich an sog. **Kondensationskerne** anlagern. Das sind Schmutzpartikel, Eiskristalle oder andere Schwebeteilchen. Sie haben zunächst nur sehr geringe Sinkgeschwindigkeiten, schließen sich aber bei weiterer Kondensation zu größeren Tropfen zusammen und fallen schließlich aus der Wolke heraus, wenn ihre Sinkgeschwindigkeit größer als die Aufwindgeschwindigkeit wird. Dabei reißen sie die umgebenden Luftteilchen mit, so dass sich in gealterten Niederschlagszonen **Abwindfelder** entwickeln.

Ein Teil des Niederschlags **verdunstet** bereits auf dem Weg nach unten, so dass der Regen **feintropfiger** wird. In vielen Fällen erreicht er an warmen Tagen erst gar nicht den Erdboden, was sich an grauen, streifigen Fahnen erkennen lässt, die aus der Wolke kommen und meist wenige hundert Meter unterhalb der Wolke schon aufhören.

In hohen Wolken liegt die Temperatur meist unterhalb der **Nullgradgrenze**. Dabei gefriert das kondensierende Wasser zunächst nicht, sondern verbleibt oft bis minus 15 °C in flüssigem Zustand oder es bilden sich **Eiskristalle**, an die sich weiteres Kondensat anlagern kann. **Eiswolken** sind an ihrem gefaserten, unscharfen Rand zu erkennen.

Zur Messung werden Niederschläge in einem speziellen Gefäß, einem **Pluviometer**, aufgefangen und wenn nötig geschmolzen. Der Messwert ist eine Angabe in Millimeter Höhe.

5.5.2 Niederschlagsarten

Niederschläge fallen entweder über eine längere Zeitspanne mehr oder weniger gleichmäßig als **Dauerregen** aus **Stratusbewölkung** oder gehen aus **Cumulusbewölkung** als kurzzeitige **Schauer** nieder.

Man unterscheidet:

- **Regen** mit relativ **großen Tropfen** ab ca. 0,5 mm Durchmesser, der aus fast allen Wolkenarten fallen kann. Je länger die Verweildauer der Tropfen beim Durchqueren von Wasser- und Eiszonen der Wolke, desto großtropfiger ist der Niederschlag.
- **Sprühregen** und **Nieseln**, mit **kleinen Tröpfchen** unter 0,5 mm Durchmesser, der aus meist mittelhohen Stratuswolken geringerer Mächtigkeit fällt.
- **Schnee**, der durch Zusammenschluss von Eiskristallen entsteht.
- **Eiskörner**, die sich aus gefrorenen Regentropfen gebildet haben, mit einem Durchmesser unter 5 mm.
- **Hagel**, der in Cumulonimben durch längeres Schweben oder durch Auf- und Abbewegungen der Eiskristalle entsteht. Je länger der Aufenthalt in einer Gewitterwolke ist, desto mehr Eis kann sich zusammenlagern. Je höher die Schichten sind, in denen sich Hagel bildet, desto kälter und härter wird er. Dabei entstehen Brocken mit 50 mm Durchmesser und mehr. Beim Herausfallen aus der Wolke in wärmere Schichten werden die Hagelkörner kleiner und runden sich etwas ab. Der **großtropfige** Regen, der aus Gewittern auf dem Boden aufschlägt, stammt von geschmolzenen Hagelkörnern.
- **Eisnadeln** sind nichtverzweigte Eiskristalle, die aus hohen Stratuswolken oder auch aus wolkenlosem Himmel fallen können.
- **Schneegriesel**, **Frostgraupeln** und **Reifgraupeln** sind den Eiskörnern verwandt, entstehen jedoch auf andere Weise.
- **Reif** schlägt sich bei Temperaturen unter Null Grad an ausgekühlten Körpern nieder, in deren Umgebung der Taupunkt unterschritten wird. Die Oberflächen beziehen sich dabei mit einer gleichmäßigen, samtigen Eiskristallschicht, die aber in jedem Fall auf Flügelflächen aerodynamische Verschlechterung hervorruft. Raue, unpolierte Flächen begünstigen die Reifbildung.
- **Tau** bildet sich an Pflanzen, in deren Umgebung die Luftfeuchte größer ist, so dass bei Abkühlung Kondensation eintreten kann, aber auch an Körpern, die rasch Wärme abstrahlen (z.B. abends auf Flügeln, hier zuletzt die Holmgegenden, die am meisten Wärme gespeichert haben).

Achtung:
Alle Niederschläge führen beim Fliegen zu **Auftriebsverlust** am Flügel und bewirken eine Erhöhung der **Mindestgeschwindigkeit**. Deshalb wird man beim **Landen** in Niederschlagsgebieten mit **erhöhter Fahrt** anfliegen. **Hagelzonen** sollten auf jeden Fall gemieden werden, weil hier Luftfahrzeuge schwerste **Beschädigungen** erleiden können. Wird man vom Hagel überrascht, dann fliegt man mit verminderter Geschwindigkeit (nicht beim Landen!), um die **Aufschlaggeschwindigkeit** der Eiskörner an den Stirnflächen (Flügelnase, Cockpitscheibe usw.) möglichst gering zu halten und versucht, die Hagelzone auf kürzestem Weg zu verlassen.

5.6 Vereisung

Vereisungen von Flugzeugzelle und Propeller treten im Nebel (Raureif) bzw. in Wolken oder in Niederschlagszonen bei Temperaturen zwischen 0 °C und –15 °C auf, besonders häufig um –5 °C.

Dagegen wird die Vereisungsgefahr mit zunehmender Kälte geringer. Feuchte Luft lagert sich durch Sublimation zwar in Eiskristallen an den angeströmten kalten Stirnflächen an, die Auswirkungen dieses Raureifs auf die Flugeigenschaften sind jedoch vernachlässigbar.

Mit einem Flugzeug ohne Enteisungsanlage wird man versuchen, Vereisungszonen entweder möglichst schnell zu durchsteigen oder Höhen mit **wärmeren Luftschichten** aufzusuchen. Die Kenntnis der **Nullgradgrenze** der durchflogenen Luftmasse ist daher für die **Flugvorbereitung** sehr wichtig. Man entnimmt sie am besten der aktuellen Significant Weather Chart *(siehe Abschnitt 7.3.3)*, die auch gleich die zu erwartende maximale Vereisung für verschiedene Zonen vorhersagt.

Art und Stärke der Vereisung hängt von folgenden Faktoren ab:

- Temperatur des Luftfahrzeugs
- Temperatur des Niederschlags
- Tröpfchengröße
- Wolkendichte
- Profilform der angeströmten Teile
- Fluggeschwindigkeit
- Verweildauer in der Vereisungszone

Bei der Eisbildung am fliegenden Luftfahrzeug unterscheidet man **Klareisbildung** und **Raueisbildung**.

5.6.1 Klareis (Glatteis)

Unterkühlter Regen erreicht nicht selten Temperaturen unter minus 15 °C und **erstarrt** erst beim Aufschlag zu Eis. Andererseits bildet Eis sich auch an einem **unterkühlten Flugzeug** bei Lufttemperaturen über dem Gefrierpunkt, wenn es sich durch Wolken oder Niederschlagsgebiete bewegt. Befindet sich ein Luftfahrzeug in einer dieser Situationen, so überziehen sich die angeströmten Flächen von der Stirnseite her in beängstigender Geschwindigkeit mit einer relativ glatten **Eisschicht**. Besonders **gefährlich** sind dabei Temperaturzonen zwischen -4 und 0 °C bei großtropfigem Regen. Die Eisschicht dehnt sich über Flügel-, Rumpf- und Leitwerksnasen nach hinten aus, verändert aber die **Profile** zunächst nicht wesentlich. Jedoch wird dadurch der Auftrieb geringer, der Widerstand höher. Die größere Gefahr liegt in der Vereisung der Verglasung und dem Zufrieren der Ruderschlitze, was in Minutenschnelle zur **Fluguntüchtigkeit** führen kann.

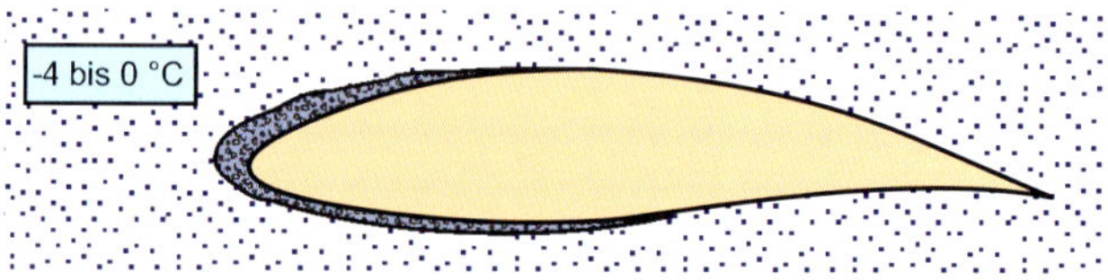

Abb. 39: Klareis (Glatteis)

5.6.2 Raueisbildung

Vorwiegend bei Temperaturen zwischen –9 und –4 °C entsteht in relativ kleintropfigem unterkühltem Regen sog. Raueis, das durch Schnee- und Eisteilchen verstärkt wird. Dieser Eisansatz kann bizarre **Auswüchse** bilden, die einen gefährlich störenden Einfluss auf die aerodynamischen Verhältnisse haben.

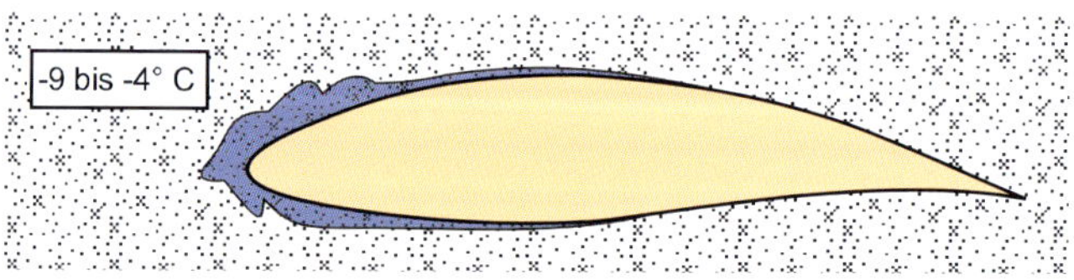

Abb. 40: Raueisbildung

5.6.3 Gefahren

In kalten Wetterlagen kann sich Eis bereits gefährlich bemerkbar machen, wenn beim Rollen Schneematsch oder Spritzwasser an Fahrwerk, Bremsen und Ruder gelangt, während des Fluges unbemerkt anfriert und bei der Landung zum Versagen dieser Teile führt.

Bei jeder Vereisungsart **verschlechtern** sich im Flug die aerodynamischen Verhältnisse, die Propellerleistung wird geringer, die Mindestgeschwindigkeit wird größer, die **Ruder** können blockiert werden, der **Schwerpunkt** kann sich verlagern und die Lufteinlässe des Triebwerks können verschlossen werden. Weniger bedeutsam ist zwar die Gewichtszunahme, sie kann aber zusammen mit Auftriebs- und Fahrtverlust zur **Fluguntüchtigkeit** führen, weil dadurch die Mindestgeschwindigkeit weiter erhöht wird.

Man wird daher mit einem auch nur leicht vereisten Flugzeug nicht an die **Betriebsgrenzen** gehen, sondern in allen Bereichen (Start, Flug, Landung) Sicherheitsreserven durch sinnvoll **erhöhte Fahrt** schaffen. Die beste Vorbeugung: **Nicht in bekannte Vereisungszonen einfliegen!**

5.7 Nebel

Erfolgt die **Kondensation** des in der Luft enthaltenen Wasserdampfs weder durch Aufstiegs- oder Hebungsvorgänge, so spricht man von Nebel. Die entstandenen kleinen Wassertröpfchen befinden sich in einem **Schwebezustand**, schließen sich bei größerer Dichte zusammen und verursachen das **Nebelnieseln.** Von oben sieht eine Nebeldecke wie eine Stratuswolke aus.

5.7.1 Voraussetzungen zur Nebelbildung

Nebel kann nur entstehen, wenn die **relative Luftfeuchte sehr hoch** ist. **Windstille** begünstigt Nebelbildung, während bei kräftiger Luftbewegung eine bessere Durchmischung der Luftmassen auftritt. Kondensation setzt bei etwa 95% relativer Luftfeuchte ein, wenn **Kondensationskerne** wie Staub-, Ruß- oder ändere Schwebeteilchen vorhanden sind.

Nach der **Entstehungsart** unterscheidet man:
- Nebel, der durch Zufuhr von Luftfeuchtigkeit entsteht.
- Nebel, der durch Abkühlung feuchter Luft bis zum Sättigungsgrad entsteht.

5.7.2 Nebelarten

- Der **Strahlungsnebel** ist in der kalten Jahreszeit bei uns die häufigste Form über Landflächen. Bei **wolkenlosem Himmel** strahlt der Boden seine Wärme am schnellsten ab und erkaltet. Die **bodennahen Luftschichten** werden dadurch ebenfalls abgekühlt. Besonders bei **feuchtem Untergrund** (Moor, Sumpf, See, feuchte Niederungen, Flusstäler) ist der **Sättigungsgrad** schnell erreicht, der vorhandene Wasserdampf kondensiert. Zunächst bildet sich an den Pflanzen, in deren Umgebung die Feuchtigkeit am größten ist, der Tau, wenig später entstehen die ersten Nebelschwaden.

Die auf diese Weise entstehende Nebelschicht kann Ausmaße von nur wenigen Zentimetern bis zu mehreren hundert Metern erreichen. Strahlungsnebel entsteht immer vom Boden her und erreicht sein **Maximum** zum Zeitpunkt der stärksten Auskühlung, also etwa bei **Sonnenaufgang** oder kurz danach.

An Küsten und Seeufern entstehen in feuchter Luft gegen Sonnenuntergang die **Seenebel (Sea Fog)**, die sich in Minutenschnelle entwickeln können und Landungen in solchen Gebieten vereiteln.

- Strömt warme, feuchte Luft über kalte Flächen, so kühlt sie sich an ihnen ab. Großräumig geschieht das, wenn erwärmte Meeresluft über kaltes Festland fließt. Es entsteht der sog. **Advektionsnebel** (Waschkücheneffekt).
- Umgekehrt kann **Verdunstungsnebel** entstehen, wenn sehr kalte Luft über warme Wasseroberflächen streicht, weil das verdunstete Wasser in der darüber liegenden Kaltluft gleich wieder kondensiert.

- **Mischungsnebel** treten immer dann auf, wenn sich feuchte Luftmassen unterschiedlicher Temperatur begegnen. In der Mischungszone kühlt sich die wärmere Luft ab und unterschreitet den Taupunkt. Bei horizontaler Schichtung (Inversionslage) entsteht der im Herbst so hartnäckige **Hochnebel**, während man bei vertikaler Lage von **Frontalnebel** spricht.

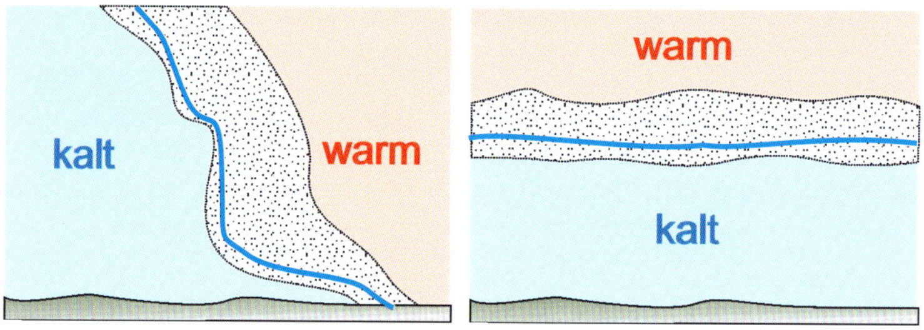

Abb. 41: Mischungsnebel bei horizontaler und vertikaler Schichtung

Bilden sich an einem Berghang Wolken, so erscheint dies einem bodenständigen Beobachter ebenfalls als Nebel.

Für die **Nebelvorhersage** ist die Beobachtung von **Temperatur** und **Taupunkt** entscheidend. Je kleiner der **Spread**, desto wahrscheinlicher ist die Nebelbildung. Wetterlagen mit niedriger Inversion und somit eingeschränktem Konvektionsraum begünstigen lang anhaltenden Nebel. Andererseits löst sich Nebel mit größerer Wahrscheinlichkeit auf, wenn **kräftige Winde** blasen, die für **Nebellücken** sorgen, so dass durch die Erwärmung vom Boden her Konvektion einsetzen kann und die Aufnahmefähigkeit der Luft für Wasserdampf wieder erhöht wird.

Erwärmt sich die bodennahe Nebelschicht im Tagesgang und wird sie noch durch leichte Luftbewegung (kleinräumige Konvektion, Luftbewegungen durch Verkehrsbetrieb o. ä.) durchmischt, dann bildet sich über dem Erdboden meist eine nebelfreie Zone, der Bodennebel geht dann in einen **Hochnebel** über.

Zusammenfassung:
Nebel entsteht ohne Hebungsvorgänge, wenn feuchte Luft den Sättigungsgrad erreicht. Erwärmung und gute Durchmischung der Luftmassen verhindern Nebelbildung.

5.8 Dunst und Sicht

Unter **Dunst** versteht man eine **Trübung** der Atmosphäre durch Partikel, die in der Luft schweben und die **Sichtweiten** begrenzen.

- **Trockener Dunst** (engl. haze) wird durch Staub-, Rauch-, Salz- oder ähnliche Teilchen hervorgerufen, wobei die relative Luftfeuchte weniger als etwa 80% und die Sichtweite zwischen 2 und 8 km beträgt.
- Liegt die Luftfeuchte über 80%, dann wirken die Schwebeteilchen als Kondensationskerne und lagern Wasserteilchen an. Es entsteht **feuchter Dunst** (engl. mist) mit Sichtweiten von 1.000 bis 2.000 m.
- Der in den Flugwettermeldungen verwendete **METAR/TAF-Code BR** (brume, mist) wird bei Sichtweiten von mehr als 1.000 m, aber nicht mehr als 5.000 m ausgegeben.
- **Unter 1 km** Sicht spricht man von **Nebel**.

Nahezu dunstfreie Luft und damit gute Sichtverhältnisse finden sich nach **Niederschlägen** oder bei **Föhnlagen**, während **Inversionen** starken Dunst fördern, da bei eingeschränktem **Konvektionsraum** die Konzentration der Partikel und die Luftfeuchte höher sind. Die meist scharfe **Dunstobergrenze** zeigt den Beginn einer **Höheninversion** an.

In der Luftfahrt unterscheidet man mehrer Arten von **Sichtweiten**:

- Unter **meteorologischer Sichtweite** versteht man die Entfernung, bei der am Tage dunkle Gegenstände gegen den hellen Horizont mit dem bloßen Auge gerade noch klar erkennbar sind.
- Die **Bodensicht** wird von einer amtlich dafür beauftragten Person auf Flughäfen festgestellt. Sie wird in m oder km angegeben.
- Für den startenden und landenden Verkehr ist die **Pistensichtweite (Runway Visual Range, RVR)** entscheidend. Sie wird mit einem sog. **Transmissiometer** automatisch gemessen und dann bekannt gegeben, wenn die meteorologische Sicht unter 1.500 m fällt.
- Die **Flugsicht** ist die Sichtweite in **Flugrichtung** aus dem **Cockpit** eines Luftfahrzeugs. Sie kann nur vom **Luftfahrzeugführer** selbst geschätzt werden und ist stark von der Flugrichtung abhängig.
  So kommt es am späten Nachmittag häufig vor, dass man mit der **Sonne im Rücken** noch beste Flugsicht hat, während man mit **Gegenlicht** und niedrigem Sonnenstand schon bei schwachem Dunst auf Grund der **Reflexionswirkungen** so gut wie keine Geländemerkmale voraus erkennen kann. In solchen Fällen orientiert man sich nach seitlichen Merkmalen und verstärkt die **Luftraumbeobachtung** voraus. Wer dagegen mit Rückenlicht unterwegs ist, muss damit rechnen, dass er vom **Gegenverkehr** nicht gesehen wird.
- Unter **Vertikalsicht** versteht man in Wettermeldungen die Sicht senkrecht nach oben. Bei nicht erkennbarem Himmel (Nebel, starken Niederschlägen o. Ä.) wird in den Wettermeldungen anstelle der Wolkenuntergrenzen die Vertikalsicht in ft angegeben.
- **Erdsicht** ist die Sicht aus dem Cockpit nach unten, um Navigationsmerkmale am Boden erkennen zu können.
- Unter **Schrägsicht** versteht man die Sichtweite zum Erdboden, wie man sie bei der terrestrischen Navigation benötigt, um markante Details zu erkennen. Auch beim Endanflug zur Landung ist diese Sicht voraus bedeutsam: Liegt über einem Landeplatz leichter Nebel, dann ist er aus größerer Höhe oft noch gut zu erkennen, während im Landeanflug bei wesentlich flacherem Blickwinkel – und dadurch geringerer Schrägsicht – keine Sichtflugbedingungen mehr gegeben sind.

5.9 Wind

Unter Wind versteht man die **horizontalen Bewegungen** der Luft. Die plötzlichen Änderungen von Windgeschwindigkeit und/oder Windrichtung bezeichnet man als **Böigkeit**.

5.9.1 Windrichtung und Windstärke

Der Wind wird nach seiner Richtung und seiner Geschwindigkeit über Grund bestimmt. Dabei gibt man als **Windrichtung** immer diejenige Richtung an, aus welcher der Wind kommt. Nordwind weht deshalb aus Norden.

In der Meteorologie verwendet man die 360°-Skala der **Kompassrose** zur Angabe der Windrichtung *(siehe auch Navigation)*. Dabei ist Nord 360 oder 0°, Ost = 90°, Süd = 180° und West = 270°. Entsprechend kann man die **Zwischenrichtungen** angeben.

Beispiele:

Südwest (SW)	= 225°	Nordost (NE)	= 45°
Westnordwest (WNW)	= 292,5°	Südsüdost (SSE)	= 157,5°

Die Windstärke wird in der Luftfahrt in **Knoten** angegeben. Für die Umrechnungen gilt:

1 kt	=	1,852 kmh^{-1}
1 ms^{-1}	=	3,6 kmh^{-1}
1 ms^{-1}	=	ca. 2 kt

5.9.2 Windmessung

Geräte zur Bestimmung der Windstärke nennt man **Anemometer**. **Bodenwinde** werden meist mit einem **Schalenwindmesser** bestimmt. Dieses Gerät besteht aus zwei oder mehr halbkugelförmigen Schalen, die an einer senkrechten Achse drehbar gelagert sind. Die Anzeige erfolgt nach dem Prinzip des Tachometers. Zur dauerhaften Registrierung werden die Ausschläge auf eine Schreibtrommel übertragen (Anemograph).

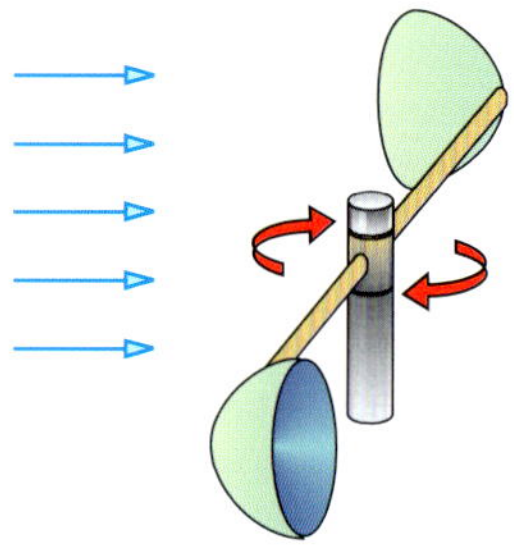

Abb. 42: Schalen-Anemometer

Eine weitere Art der Windmessung erfolgt mit Hilfe einer **Messdüse**, die sich mit Hilfe einer **Windfahne** in den Wind stellen kann. Das Prinzip ist das gleiche wie beim Fahrtmesser *(siehe Kapitel Instrumentenkunde)*.

Zur Bestimmung der **Höhenwinde** lässt man **Radiosonden** aufsteigen, die mit Hilfe eines kleinen Senders außerdem Luftdruck, Temperatur und Taupunkt zur Bodenstation funken. Sie werden mit **Radar** angepeilt. Aus den gewonnenen Höhen- und Seitenwinkeln lassen sich Windrichtung und Windgeschwindigkeit für die einzelnen Höhenstufen berechnen.

5.9.3 Entstehung des Windes auf der Nordhalbkugel

Luftbewegungen entstehen durch **Druckunterschiede**, deren Ursache letztlich wieder **Temperaturunterschiede** sind. Gase haben das Bestreben, Druckunterschiede auszugleichen. Dabei hat die Luftmasse mit dem höheren Druck das Bestreben, in Gebiete niedrigeren Drucks zu fließen. Die dabei auftretende Kraft wird **Druckkraft** genannt. Sie wirkt immer senkrecht zu den **Isobaren** und ist umso größer, je dichter diese beieinander liegen. Der sog. **horizontale Druckgradient** ist dabei ein Maß für die Druckkraft. Er gibt das **Druckgefälle** in hPa pro 60 NM (1 Breitengrad) an. Verstärkt sich das Hoch oder fällt der Luftdruck im Tief noch weiter, dann verstärkt sich auch der Druckgradient. Umgekehrt schwächt sich der Druckgradient ab bei steigendem Druck des Tiefs oder sinkendem Druck im Hoch.

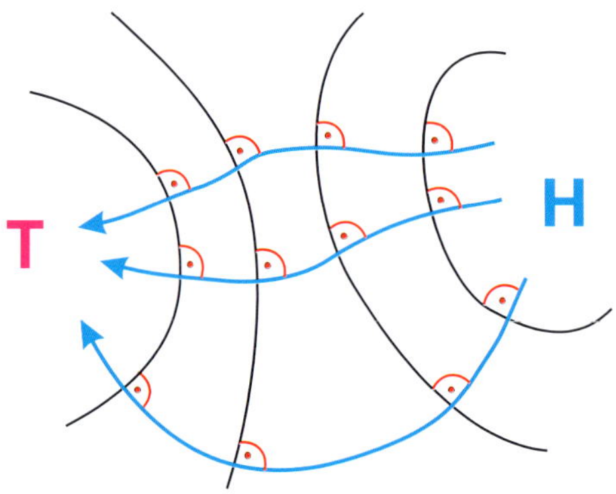

Abb. 43: Richtung der Druckkraft

Der Einfluss der Erdrotation

Wenn keine weiteren Kräfte auf die Luftmassen einwirkten, dann müsste der Wind immer direkt vom Hoch ins Tief wehen. Die Bewegung der Luftteilchen ist allerdings noch einer anderen Kraft unterworfen, die aus der Rotation der Erde um ihre eigene Achse resultiert. Sie bewirkt, dass alle sich im Luftraum bewegenden Körper, also auch Luftmassen, auf der **Nordhalbkugel nach rechts abgelenkt** werden. Diese sog. **Corioliskraft** ist an den **Polen** am größten und nimmt zum **Äquator** hin auf Null ab.

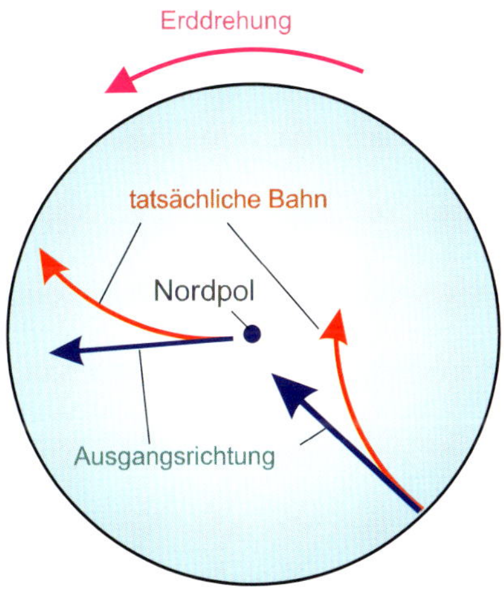

Abb. 44: Einfluss der Corioliskraft

Da die Luft das Bestreben hat, vom Hoch ins Tief zu fließen, wird sie durch die Rechtsablenkung im **Uhrzeigersinn um das Hoch** und im **Gegenuhrzeigersinn um das Tief** herumgelenkt. Bei reibungsfreiem Verlauf, der in größeren Höhen nahezu erreicht wird, bewegen sich die Luftströmungen parallel zu den **Isobaren**. Dieser Wind, der den Einfluss der Corioliskraft einbezieht, wird **geostrophischer Wind** genannt.

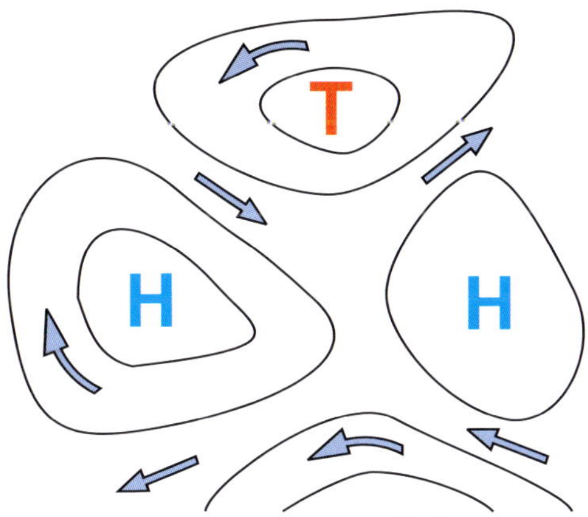

Abb. 45: Richtung des geostrophischen Winds

Weil die Luftteilchen auf Grund der Corioliskraft den Krümmungen der Isobaren folgen, sind sie der **Fliehkraft** unterworfen. Bei zyklonalem Isobarenverlauf, also um das Tief herum, wird dabei eine Verringerung der Windstärke beobachtet, bei antizyklonalem Verlauf (um das Hoch herum) eine Erhöhung. Dieser Wind wird **Gradientwind** genannt.

Einfluss der Reibung

Durch die unterschiedliche **Bodenbeschaffenheit wird der Wind** in **Bodennähe** mehr oder weniger stark gebremst. Er erreicht deshalb nicht die gleiche Geschwindigkeit wie in der Höhe, über rauen Landschaften nur etwa 50 %, über weiten Wasserflächen dagegen mehr. Etwa 1.000 m über dem Boden ist dieser **Reibungseinfluss** praktisch aufgehoben, wenn nicht andere Luftschichten wie Inversionen schon in geringer Höhe die Reibungsschicht begrenzen.

Durch die veränderte Windgeschwindigkeit wird auch die Richtung beeinflusst. Die Ablenkung nach rechts ist am Boden geringer als in der Höhe. Oder umgekehrt ausgedrückt: Die Ablenkung nach rechts nimmt mit der Höhe auf den vollen Wert zu. Der **Bodenwind** verläuft daher nicht parallel zu den Isobaren, sondern schneidet sie in einem **Winkel** von etwa 30°. Er hat eine Komponente aus dem Hoch bzw. in das Tief.

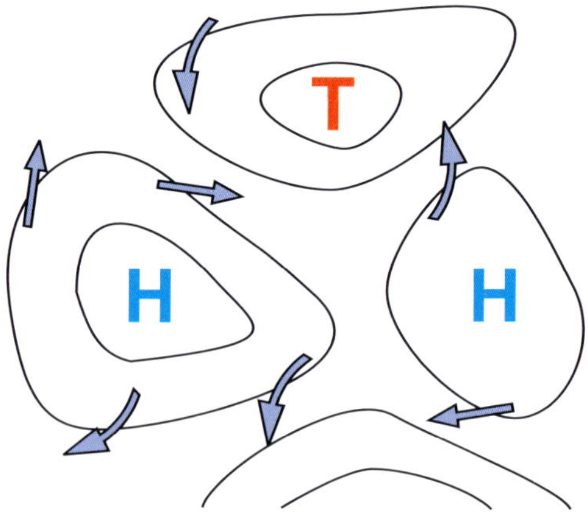

Abb. 46: Verlauf des Bodenwinds

Faustregel: Höhenwind = Bodenwindrichtung + 30° / doppelte Bodenwindstärke

Beispiel:
Nehmen wir an, der Bodenwind kommt aus 60° mit 10 kt, dann dreht der Wind mit zunehmender Höhe nach rechts und erreicht in etwa 1.000 m über Grund seine volle Geschwindigkeit mit etwa 20 kt bei einer Windrichtung von 90°. Die **Lage des Tiefdruckgebiets** erhält man, wenn man in Richtung des Höhenwinds blickt und dann rechtwinklig nach links zeigt. Das Hoch liegt entsprechend rechts. In unserem Fall wäre das Tief im Süden, das Hoch im Norden.

5.9.4 Schwankungen des Bodenwinds

Die Stärke des Bodenwinds schwankt im Tagesgang. Während abends der Wind bei Hochdrucklagen durch Bildung von Bodeninversionen abflaut und nachts zur Ruhe kommt, lebt er tagsüber mit dem Einsetzen der thermischen Konvektionsströmungen wieder auf und erreicht in den Nachmittagsstunden seinen Höhepunkt. Verstärkt wird die Belebung des Windes, wenn die Luftströmungen im bergigen Gelände durch Taleinschnitte kanalisiert werden.

5.9.5 Windscherung

Von Windscherung spricht man, wenn sich zwei horizontal gelagerte Luftschichten mit unterschiedlichen Windstärken und Windrichtungen berühren. An der Grenzfläche kommt es zu teilweise heftigen Turbulenzen, die besonders bei Start und Landung gefährlich werden können, weil dadurch erhebliche Fahrtschwankungen hervorgerufen werden können. In den Wettermeldungen werden daher gegebenenfalls entsprechende Warnungen ausgegeben.

Mit Windscherung ist fast immer bei Inversionslagen an der Obergrenze des Konvektionsraums bzw. oberhalb einer Bodeninversion zu rechnen.

Man unterscheidet:

- **horizontale Windscherung** mit markanten Änderungen von Windrichtung oder Windgeschwindigkeit auf etwa gleicher Höhe (Auswirkungen beim Horizontalflug)
- **vertikale Windscherung** mit markanten Änderungen von Windrichtung oder Windgeschwindigkeit innerhalb kleiner Höhenstufen *(Auswirkungen bei Steig- und Sinkflug, siehe dazu auch Kapitel Verhalten in besonderen Fällen).*

Zusammenfassung:

- Die Entstehung des Windes wird von folgenden Größen beeinflusst: Druckkraft (Druckgradient), Corioliskraft, Fliehkraft, Reibung.
- Der Höhenwind entspricht in etwa dem Isobarenverlauf.
- Umgekehrt kann man aus dem Isobarenverlauf bzw. der Windrichtung die Lage der Druckgebiete grob bestimmen.
- Je dichter die Isobaren bzw. die Isohypsen liegen, desto größer ist das Druckgefälle und damit die Windstärke.
- Die Windrichtung dreht mit zunehmender Höhe nach rechts, bis die Luftströmung nicht mehr von der Reibung beeinflusst wird. Welche Werte die Drehrichtungen der darüber liegenden Höhenwinde haben, hängt von der Wetterlage ab *(siehe dazu Abschnitt 4).*

5.10 Vertikale Strömungen zwischen Hoch und Tief

Tiefdruckgebiete entstehen durch intensive Sonneneinstrahlung und sind durch aufsteigende Luftmassen gekennzeichnet, die in der Höhe spätestens an der Tropopause seitlich ausweichen. In einem großräumigen Kreislauf bildet die absinkende Luft ein dynamisches Hochdruckgebiet, aus dem die Luft wieder gegen das Tiefdruckzentrum strömt.

Aufsteigende Luft hat **Wolkenbildung** zur Folge, sofern sie genügend feucht ist, absinkende Luft dagegen bewirkt **Wolkenauflösung**. Tiefdruckzonen sind deswegen meist **Schlechtwettergebiete**, wogegen dynamische Hochdruckgebiete Erwärmung und **Wetterberuhigung** bringen.

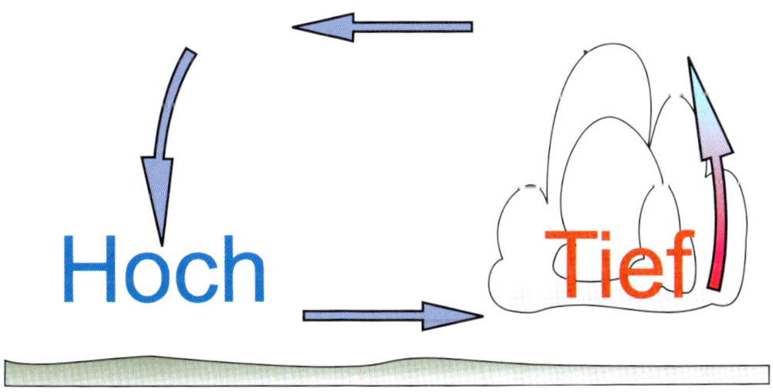

Abb. 47: Vertikale Strömungen zwischen Hoch und Tief

5.11 Hochdruckgebilde

- Bilden sich **(warme)** Hochdruckgebiete durch großräumiges **Absinken** von Luftmassen, spricht man von **dynamischer Entstehung**, während **thermische (kalte)** Hochdruckgebiete durch **Einfließen von Kaltluft** auf der Rückseite von Kaltfronten entstehen.
- Von einem **Zwischenhoch** spricht man, wenn sich zwischen zwei Tiefdruckgebieten eine Zone höheren Drucks aufbaut.

- Eine lang gestreckte Hochdruckzone zwischen zwei Tiefdruckgebieten nennt man **Hochdruckrücken**.
- Eine **Hochdruckbrücke** dagegen verbindet zwei großräumige Hochdruckgebiete durch eine Zone hohen Luftdrucks.
- Mit einem **Hochdruckkeil** wird das Vorstoßen eines Hochdruckgebiets in ein Tief bezeichnet.

Im Frühjahr und Frühsommer bringen **Hochdrucklagen** besonders in den ersten Tagen gute Flugbedingungen mit Quellwolkenbildung, solange durch die **Absinkvorgänge** die Luftmassen noch nicht **stabilisiert** wurden. Haben sich dann die Absinkinversionen festgesetzt, werden die **Quellwolken** immer flacher und weniger. Schließlich bleibt der Himmel wolkenlos.

In der **kalten Jahreszeit** heizen sich bei Hochdrucklagen die bodennahen Schichten nicht mehr genügend auf. Es kommt zu **Inversionslagen** mit niedrigen Untergrenzen und zum Teil anhaltender **Nebel- und Hochnebelbildung** mit **geringen Sichtweiten**.

5.12 Tiefdruckgebilde

- **Höhentief:** Tiefdruckgebiet in der Höhe, das in der Bodenwetterkarte in der Regel nicht erkennbar ist. Der Bodenluftdruck liegt dabei über dem Standardwert, während der Druck in der Höhe geringere als Standardwerte aufweist.
- **Trog:** Ein Tiefdruckgebiet, das von Zonen höheren Drucks einer Kaltluftmasse umgeben ist und keine Verbindung zu anderen Tiefdruckgebieten hat. Die Luftmassen der umgebenden Hochs fließen in den Trog ab, was zur Konvergenz mit Wolkenbildung und Schauerniederschlägen führt und bei höherer Labilität auch mit Gewittern verbunden ist.
- **Höhentrog:** Trog in der Höhe mit Labilisierung durch Kaltluftzufuhr in höheren Schichten. Typisch ist Quellbewölkung mit Schauern und kurzen Gewittern. In der Höhenwetterkarte sind die Isohypsen in Zonen höheren Drucks hinein ausgebuchtet.
- **Hitzetief:** Durch lokale Erwärmung verringert sich die Luftdichte und damit der Luftdruck. Die Luftschicht wird labilisiert.

5.13 Konvergenz und Divergenz

Infolge der **Bodenreibung** fließen besonders bei Tiefdruckrinnen und -trögen die Luftmassen gegeneinander. Man spricht von **Konvergenz**. Die Linie, an der sich die Luftmassen treffen, heißt Konvergenzlinie. Sie ist durch **verstärkte Wolkenbildung** – bei Labilität und hoher Feuchtigkeit verbunden mit Schauern und Gewittern – und Windsprüngen charakterisiert. In der **Wetterkarte** wird sie als **Troglinie** schwarz gestrichelt oder orangefarbig dargestellt.

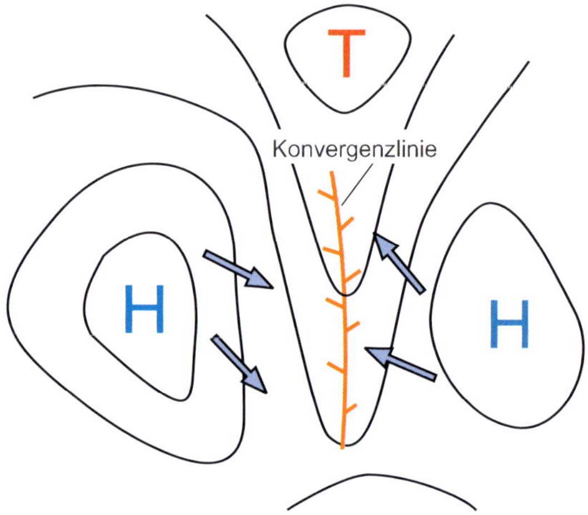

Abb. 48: Konvergenz an einem Tiefdrucktrog

Beim umgekehrten Vorgang, dem Auseinanderfließen von Luftmassen, spricht man von **Divergenz**. Bei den damit verbundenen **Absinkvorgängen** kommt es zu Wolkenauflösungen und zur Abschwächung der Konvektionsströmungen.

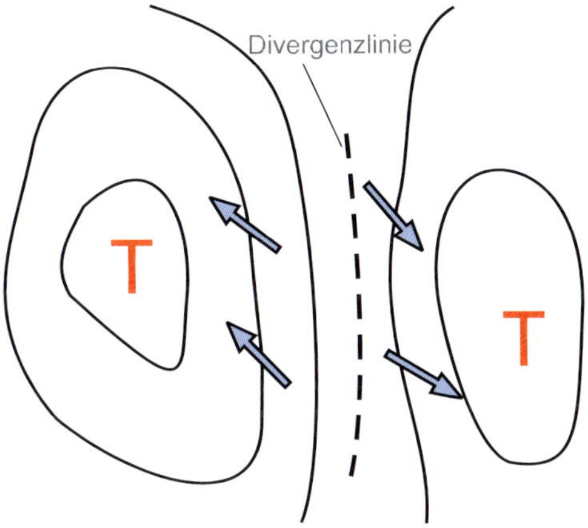

Abb. 49: Divergenz an einem Hochdruckrücken

5.14 Windsysteme

5.14.1 Lokale landschaftsabhängige (orographische) Windsysteme

Land- und Seewind

Die unterschiedliche Erwärmung von Land- und Seeflächen bewirkt, dass am Tage die Landflächen stärker **aufgeheizt** werden als die Wassermassen. Die warme Luft steigt auf, von See her strömt kühle Luft nach. Der Kreislauf schließt sich in der Höhe. Der **Seewind** erreicht sein **Maximum** am **Nachmittag**.

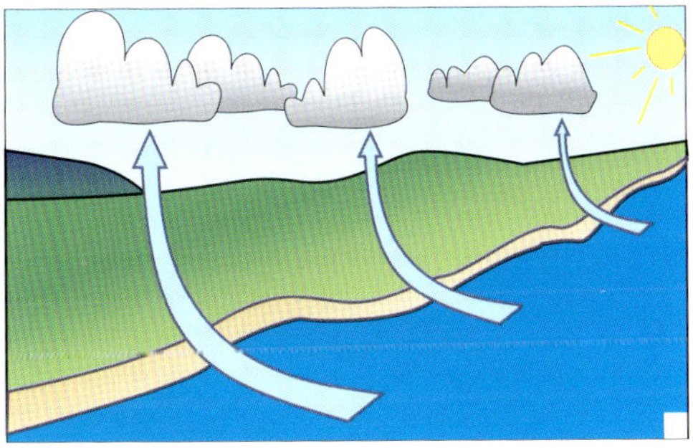

Abb. 50: Seewind am Tag

In der Nacht kehrt sich die Strömung um, weil sich die Bodenflächen schneller abkühlen, Wasser dagegen erkaltet langsamer. Der Wind bläst nun vom Land zur See **(Landwind)** und erreicht sein **Maximum** etwa bei **Sonnenaufgang**.

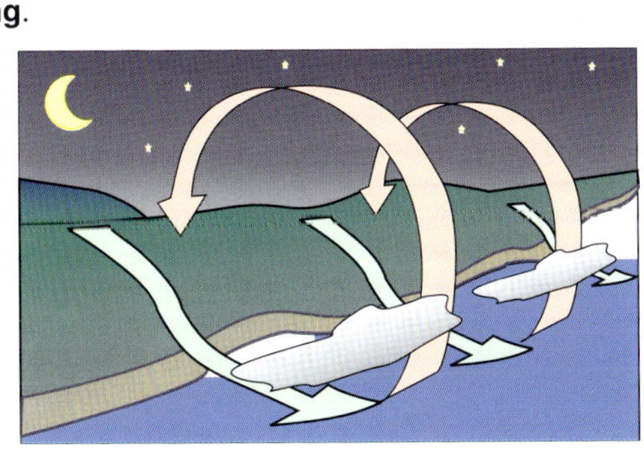

Abb. 51: Landwind bei Nacht

Berg- und Talwind

Im Gebirge erwärmen sich **tagsüber** diejenigen hangnahen Luftschichten am schnellsten, die der Sonnenstrahlung am besten ausgesetzt sind (rechtwinkliger Einfall). Thermik gibt es über den sonnenbeschienenen Hangflächen. Von dort aus steigt die Luft auf und fließt an den Schattenhängen wieder ab. In Taleinschnitten weht deshalb der Wind talaufwärts (**Talwind**).

Abb. 52: Talwind am Tag (anabatisch)

Nachts kühlen sich die Bergflanken ab, die Luft fließt in den Talgrund ab **(Bergwind)**. Aufwinde können daher auch beim Zusammenbruch der **Thermik** am Abend in **Talmitte** gefunden werden, wenn von zwei gegenüberliegenden Hängen abgekühlte Luft abfließt und die beiden Luftströme sich treffen.

Großräumig treten diese anabatischen bzw. katabatischen Winde auch zwischen Berg- und Flachlandschaften auf. Im Sommerhalbjahr strömen aus den tiefer gelegenen Landstrichen die anabatischen Winde gegen die aufgeheizten Gebirgszüge. Dieser **Absaugeffekt** wirkt sich in den Vorgebirgslandschaften auch im Tagesverlauf **thermikschwächend** aus, während er die **Aufwindbereitschaft** in den Bergen steigert. Im Winterhalbjahr findet der umgekehrte Vorgang mit den katabatischen Strömungen statt.

Abb. 53: Bergwind nachts (katabatisch)

Der Föhn

Unter Föhn versteht man warme, relativ trockene Luft, die auf der **Leeseite** von Gebirgszügen in die Ebenen abfließt.

Die für uns typische **Föhnwetterlage** in Süddeutschland tritt dann ein, wenn über die Alpen eine südliche Luftströmung bläst. Das Hochdruckgebiet muss im Osten, das Tief im Westen liegen.

Im Süden wird feuchte Luft gegen die Alpen geführt und kühlt sich zunächst trockenadiabatisch (–1 °C pro 100 m) ab. Sobald Wolkenbildung eintritt, steigt der adiabatische Gradient auf etwa –0,5 °C pro 100 m. Durch Ausregnen verliert die Luft ihre ursprüngliche Feuchtigkeit.

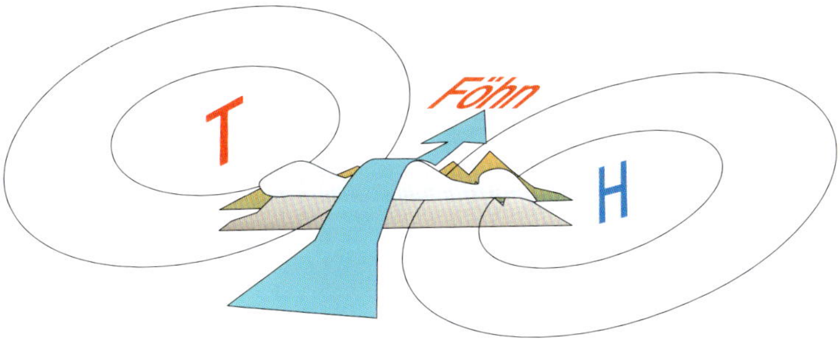

Abb. 54: Föhnlage

Nach Erreichen des Hauptkamms muss die Luft wieder absinken. Dieser Vorgang verläuft nach kurzer Zeit auf Grund der geringen absoluten Luftfeuchte trockenadiabatisch, so dass die Luftmasse auf der Nordseite trockener und wärmer ankommt als sie auf gleicher Höhe der Südseite war. Die Sichtweiten reichen hier oft bis an den Horizont.

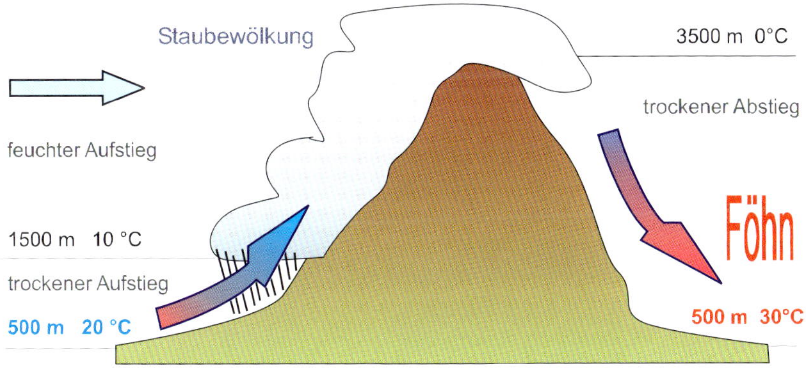

Abb. 55: Beispiel für die Entstehung des Föhns

Rotoren und Leewellen

Mit Föhnlagen verbunden sind Rotoren und Leewellen. Man stellt sie bei höheren **Windgeschwindigkeiten** (ab etwa 25 Knoten) im **Lee** von Gebirgszügen fest. Die starke Strömung überweht den Gebirgskamm und stürzt mit hohen Abwindgeschwindigkeiten auf der Leeseite hinunter. Das kann den Anstoß zum Auslösen einer **Wellenbewegung** geben, die über dem Kamm beginnt und sich hinter dem Gebirge fortsetzt. Es bilden sich walzenförmige Luftbewegungen, die parallel zum Gebirgszug verlaufen. In diesen sog. **Rotoren** treten bei hohen Windgeschwindigkeiten die wildesten Verwirbelungen auf, in denen Luftfahrzeuge manövrierunfähig werden oder gar zu **Bruch** gehen können.

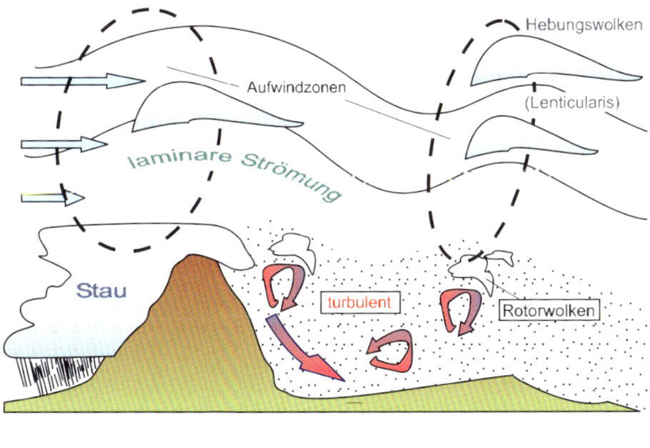

Abb. 56: Wellenbildung bei Föhnlage

Die stärksten **Aufwindzonen** finden sich vor den Rotoren, die sich bei ausreichender Feuchtigkeit durch zerfetzte **Cumuluswolken** zu erkennen geben. Vor einem Unterfliegen oder Einfliegen in die quellende, aber stationäre Rotorwolke mit ihren turbulenten Luftmassen ist unbedingt abzuraten.

Oberhalb der Rotoren ist die Strömung laminar und aufgewellt. In den **Hebungszonen** bilden sich linsenförmige **Wellenwolken** (Lenticularis), an deren Luvseite man wie am Hang emporsteigen kann. Die **Leeseite**, oft als fransenförmiger Auflösungsbereich der Wellenwolke zu erkennen, führt in die **Abwindzone**.

Solche Wellenbewegungen reichen nicht selten bis an die Grenze der **Stratosphäre**. Deswegen sind die Föhnlagen bei den Segelfliegern beliebte Wetterlagen, in denen bei Wellenbildung große **Höhengewinne** relativ mühelos erzielt werden können. Liegt der Flugweg in etwa zur Windrichtung, so durchquert man im laminaren Höhenband im Wechsel starke Steig- und Fallzonen. Dagegen bleibt man bei Kursen, die quer zur Windrichtung liegen, lange Zeit in Auf- bzw. Abwindbereichen. Kennt man diese Vorgänge, so wird sich auch der Motorflieger längs und über den Bergkämmen bewegen und Talquerungen an engen Stellen vornehmen, wenn in den Bergen hohe Windgeschwindigkeiten (mehr als ca. 20 kt) angetroffen werden.

Bise
Ein Nordostwind im Schweizer Mittelland entlang dem Schweizer Jura und dem Engadin, der durch tagsüber durch den Talwindeffekt verstärkt wird.

Bora
Ein kalter Nordostwind aus dem dalmatinischen Hochland, der mit Sturmgeschwindigkeiten zur Adria hinunterstürzt. Er tritt besonders intensiv im Winter auf, wenn ein Hochdruckgebiet über dem Balkan Polarluft heranführt.

Mistral
Durch die **Kanalwirkung** des relativ tief eingeschnittenen Geländes kommt es bei nördlicher Hauptströmung im **Rhônetal** zu einem sturmartigen Wind, der in Bodennähe mit heftiger Turbulenz verbunden ist. Über Bodenerhebungen, die quer zu diesem Mistral liegen, stellen sich Wellen ein, die von den Segelfliegern in Südfrankreich für Höhenflüge genützt werden, während an manchen Flugplätzen, die im Lee eines Bergrückens (z. B. Aspres sur Buech) liegen, der Flugbetrieb wegen brutaler Turbulenzen eingestellt werden muss.

5.14.2 Großräumige Windsysteme

Monsun
Ähnlich wie zwischen Tag und Nacht die See- bzw. Landwinde wechseln, ändern sich im tropischen und subtropischen Wettergeschehen zwischen Sommer und Winter die Windrichtungen der Monsune. Ihr Einsetzen hängt von den jahreszeitlichen Verschiebungen der Strömungsgürtel über der Erde ab.

Passat
Auf der Nordhalbkugel eine globale nordöstliche, auf der Südhalbkugel südöstliche Strömung, ausgelöst von der intensiven Sonneneinstrahlung im äquatorialen Landbereich.

Scirocco (in Spanien Leveche)
Heißer Wüstenwind aus der Sahara, der bei subtropischen Wetterlagen bis nach Mitteleuropa große Mengen rötlichen Sandstaub mit sich bringt.

5.15 Turbulenz

Unter Böen versteht man plötzliche Schwankungen der horizontalen Luftbewegung. Treten dazu noch **vertikale Geschwindigkeitsänderungen**, so spricht man von Turbulenz, die vor allem bei Start und Landung heftige **Schwierigkeiten** verursachen kann.

- **Dynamische Turbulenz** entsteht, wenn Luft über Hindernisse hinwegströmt. Dadurch wird eine laminare Strömung verhindert, die Luft bildet Wirbel.
- Aufwinde sorgen dagegen für **thermische Turbulenz**, die oberhalb des Konvektionsraums aufhört.
- **Scherungsturbulenz** tritt an der Grenzfläche zweier Luftschichten mit unterschiedlicher Strömungsrichtung oder -stärke auf.

Abb. 57: Wirbelbildung hinter Hindernissen

Turbulenz wird in **vier Graden** für den Luftverkehr angegeben:
0: keine oder kaum spürbare Einwirkungen auf das Luftfahrzeug (keine, none)
1: häufige seitliche Stöße, leichtes Schlingern (leicht, slight)
2: Kursabweichungen, Schlingern, Rollen, plötzliche Vertikalbewegungen (mäßige, moderate)
3: schlechte Steuerbarkeit, Gefahr von Strukturschäden und Brüchen ist nicht auszuschließen (starke, severe)

In heftiger Turbulenz wird man seine **Reisegeschwindigkeit** verringern und unterhalb der zulässigen **Manövergeschwindigkeit** halten; denn je höher die Geschwindigkeit ist, desto kürzer werden zwar die Stöße, dafür aber auch um so härter. Die **Anfluggeschwindigkeit** zur Landung ist dagegen zu erhöhen, denn man muss bei Turbulenz und Böigkeit mit **Fahrtverlust** rechnen, der ein Zusammenbrechen des Auftriebs zur Folge haben kann, wenn die **Fahrtreserven** nicht hoch genug sind.

5.16 Gewitter

Hochschießende **Quellwolken** (Cumulonimben) erreichen in unseren Breiten Obergrenzen bis etwa 12 km (36.000 ft). Dabei fallen Niederschläge in heftigen **Schauern**. Elektrische **Entladungen** sorgen für krachenden **Donner**

Voraussetzungen zur Entstehung von Gewittern sind:
- feuchte warme Luft
- hoch reichende labile Luftschicht
- Hebungsvorgänge (begünstigt von Windstille) bis zum Kondensationsniveau

Bedingt durch unterschiedliche Entstehung unterscheidet man verschiedene Gewitterarten:
- **Wärmegewitter** bilden sich thermisch. Sie sind meist von **geringer Ausdehnung** und oft umfliegbar. Voraussetzung dafür ist **labile** Luft bis in große Höhen (möglichst starke Temperaturabnahme mit der Höhe), eine **hohe Luftfeuchtigkeit**, **schwacher Wind** und große Temperaturunterschiede durch starke **Sonneneinstrahlung**. Im Sommer ist meist eine feuchte Luftmasse, die vom Mittelmeer oder der Biskaya mit südwestlicher Höhenströmung zu uns gelangt, für hohe **Gewitterneigung** verantwortlich. Als **Vorboten** erkennt man in den meisten Fällen einige Stunden **vorher türmchenartige Cumuluswolken** (Altocumulus castellanus), die sich im **mittleren Stockwerk** aufreihen. Über **Land** bilden sich Wärmegewitter vorwiegend in den **Nachmittagsstunden**, über **See** vorwiegend **nachts**. Während die Haupttätigkeit der Wärmegewitter im Landesinneren im Sommer liegt, treten sie über Nord- und Ostsee verstärkt im Herbst auf, wenn die Landgebiete sich schneller abkühlen als die Meeresoberflächen.

- **Orographische Gewitter** benötigen die gleichen Voraussetzungen wie Wärmegewitter, werden aber durch **Hebungsvorgänge** an Gebirgszügen ausgelöst bzw. verstärkt, so dass sie zu **jeder Tageszeit** auftreten können.
- **Frontgewitter** können sich unabhängig von der Tages- und Jahreszeit an allen Fronten bei **Feuchtlabilität** bilden. Sie erreichen bei nicht allzu großer Tiefe (ca. 10 bis 30 km) große Ausmaße entlang der Frontlinie und können nicht mehr umflogen werden. Nach ihrer Herkunft unterscheidet man Warmfrontgewitter, Kaltfrontgewitter, Okklusionsgewitter, Höhen(kaltfront)-gewitter. Besonders gefährlich sind Gewitterserien die sich vor einer kräftigen Kaltfront in einer Böenlinie (Squall line) aufreihen können.

Der Lebenslauf eines Gewitters gliedert sich in drei Stufen:

1) Cumulusstadium (Dauer ca. 30 bis 40 Minuten)

Zunächst bildet sich eine Cumuluswolke, die rasch bis in große Höhen quillt. Die durch Kondensation entstehenden Wassertröpfchen werden durch starke Aufwinde, die an der Obergrenze der Wolke bis ca. 20 m pro Sekunde erreichen, nach oben transportiert, so dass in diesem Stadium kein Niederschlag fällt. Oberhalb der Nullgradgrenze entstehen bei weiterem Wachstum der Wolke Eiskristalle. Damit ist das Ende des Cumulusstadiums erreicht. Der scharfe Rand der Wasserwolke geht in eine unscharfe Eiskappe über. Der Cumulus wird jetzt zum Cumulonimbus.

2) Reifestadium (Dauer ca. eine Stunde)

Nach dem Cumulusstadium dehnt sich die Wolke weiter aus und erreicht einen Durchmesser von 20 bis 30 km und eine Höhe bis an die Grenze der Troposphäre, in unseren Breiten im Sommer also bis ca. 12.000 m (36.000 ft). An der Tropopause wird die Aufwärtsbewegung abgebremst, die aufsteigenden Luftmassen weichen nach der Seite aus, es bildet sich ein ambossförmiger Wolkenkopf aus Eisteilchen. Jetzt muss auch mit Blitz und Donner gerechnet werden. Innerhalb der einzelnen Zellen erreichen die Aufwindstärken bis zu 40 m/s und mehr. Die Wassertröpfchen lagern sich immer wieder zusammen und werden zerstiebt, bis schließlich so viel Wasser in der Luft enthalten ist, dass der Aufwind nicht mehr ausreicht, um es in der Schwebe zu halten. Großtropfiger Niederschlag, der Abwindzonen erzeugt, ist die Folge. Das enge Nebeneinander von Auf- und Abwindgebieten führt zu heftigsten Turbulenzen.

Abb. 58: Klassische Gewitterwolke im Reifestadium

Jetzt gelangen die Wassermassen auch über die **Nullgradgrenze** hinaus und gefrieren zu Eis- und Hagelkörnern. Neben relativ kleinräumigen Regenbereichen entstehen **Hagelzonen**, in denen die durch die Wolke fallenden Eisstücke auch die Luftteilchen mitreißen und rabiate **Fallgebiete** erzeugen. Vor der Gewitterwolke bildet sich dadurch eine sog. **Gewitterwalze** mit starken Quellungen, an deren Aufwindseite relativ ruhiges Steigen herrscht, während unterhalb der Wolke bis in Bodennähe eine Böenwalze mitzieht, die schon manches ungesichert abgestellte Flugzeug zerstört hat. Auf ihrer Rückseite werden Abwindfelder mit 10 m/s und mehr produziert. Solche Böenwalzen können dem Gewitterkern um bis zu etwa 20 km vorauseilen und Spitzenböen in Orkanstärke mit sich bringen.

Die elektrische **Aufladung** der Gewitterwolke erfolgt durch die schnellen mechanischen Vorgänge an den Luft- und Wasserteilchen. Gebiete mit unterschiedlichen Ladungen entladen sich blitzartig mit einem gewaltigen Funken. Dabei sind die **Blitze** innerhalb der Wolke häufiger als zwischen Wolke und Erdboden. Erdblitze treten nur auf, wenn die Wolkenuntergrenze unterhalb ca. 3.000 m liegt, was in Mitteleuropa aber häufig der Fall ist.

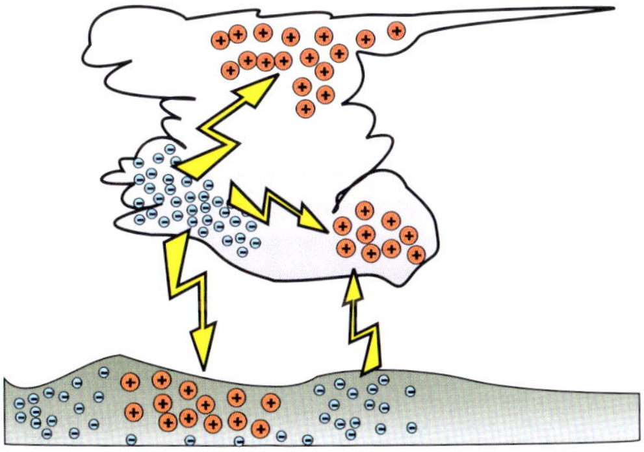

Abb. 59: Spannungsverhältnisse in einer Gewitterwolke

3) Auflösungsstadium

Nach ca. ein bis eineinhalb Stunden aktiver Tätigkeit stirbt ein Gewitter in der Regel. In diesem Stadium überwiegen zunehmend die Abwinde, so dass oberhalb der Nullgradgrenze bald kein Wasser mehr in flüssiger Form zu finden ist. Die Blitztätigkeit lässt schnell nach, die großtropfigen Schauerniederschläge gehen in leichten Dauerregen über. Dadurch löst sich die Wolke langsam auf. In der Höhe bleibt ein Teil des Amboss zurück und bildet eine dichte Cirrenschicht.

Gefahren im Gewitter oder in der Nähe eines Gewitters:

- **Hagelschlag** birgt die größte Gefahr für das Luftfahrzeug.
- **Turbulenzen** sind oft nicht mehr aussteuerbar, Autopiloten versagen.
- **Starke Abwindfelder**, die mit Motorleistung oft nicht zu kompensieren sind, treten auch unterhalb der Wolkenbasis auf,.
- **Sichtverringerung** in den teils wolkenbruchartigen Niederschlagszonen führt zu Verlust von Orientierung und Fluglagekontrolle.
- **Blitzschlag** ist nicht auszuschließen. Die **Blendwirkung** eines nahen Blitzes kann den Luftfahrzeugführer außer Gefecht setzen. Funkgeräte und Magnetkompass werden gestört. Bei direktem Blitzschlag können Flugzeugteile abgeschlagen und die **Elektronik** durch die starken elektromagnetischen Felder beschädigt werden.
- **Stress**, Überbelastung und Schockwirkungen durch die Gewittertätigkeit gefährden die sichere Führung des Luftfahrzeugs.

Merke:
- Der Einflug in ein Gewitter ist **lebensgefährlich** und wird daher grundsätzlich vermieden.
- Besonders aktiv sind Gewitter, wenn sie sich in **Squall lines** anordnen.
- Lokale Wärmegewitter können zwar umflogen werden, ein **Sicherheitsabstand** von 10 bis 20 km vor einer Gewitterzelle ist dabei aber dringend zu empfehlen.
- An ein **Überfliegen** von Gewittern ist **nicht** zu denken.

- Die SWC-Vorhersagen, die Wetterradarbilder und die Blitzkarten des Flugwetterdienstes sind eine optimale Entscheidungshilfe dafür, ob man bei **Gewitterlagen** noch sicher fliegen kann oder nicht.
- Vor ausgedehnten Gewittern **landet** man **rechtzeitig** und sichert das Flugzeug mindestens durch Verankern, besser noch durch Unterstellen.

6 Großräumiges Wettergeschehen

6.1 Druck- und Windverteilung

Analog zu den kleinräumigen Druck- und Windsystemen die Land- und Seewind, Berg- und Talwind usw. entstehen lassen, bilden sich über der Erdkugel großräumige horizontale und vertikale Strömungssysteme. Dabei treten u. a. **gürtelartige Drucksysteme** auf, die sich mit den Jahreszeiten nach Norden bzw. Süden verschieben.

Auf Grund der unterschiedlichen Sonneneinstrahlung und der unterschiedlichen Wärmeaufnahme der Erd- bzw. Wasserflächen der Erde bilden sich Gebiete unterschiedlicher Luftdichte und damit unterschiedlicher Luftdrücke aus. Die erwärmte, weniger dichte Luft der Tiefdruckgebiete hat die Tendenz aufzusteigen, während kalte, dichtere Luft absinkt und zur Bildung von Hochdruckgebieten führt.

Demzufolge liegen über den Polen der Erde großräumige Hochdruckkappen, während sich über den Landflächen der tropischen Zone auf Grund der intensiven Sonneneinstrahlung tagsüber riesige Tiefdruckgebiete mit heftigen Gewittern bilden. Großräumig erfolgt zum Ausgleich dieser Aufstiegsvorgänge das Absinken in den subtropischen Rossbreiten, was zur Ausbildung eines Hochdruckgürtels führt, an den sich wiederum die vom wechselnden Wetter bestimmten gemäßigten Breiten zwischen 30 und 60° anschließen, in denen auch Mitteleuropa liegt.

Daneben erfolgt der Ausgleich zwischen Hoch- und Tiefdruckgebieten in horizontaler Richtung. Alle diese Zirkulationsströmungen fallen unter die **allgemeine Zirkulation**. Je nach den meist periodisch auftretenden Wettererscheinungen haben sich unterschiedliche **Klimaregionen** gebildet, in denen das Wetter über Jahre und Jahrzehnte hinweg immer wieder die gleichen **Mittelwerte** zeigt. Diese Klimawerte liefern u. a. die **Grundlagen für die Planung** des Luftverkehrs und der Flughäfen. Auch der Deutsche Wetterdienst hat für die Luftfahrt solche Klimadaten bereit zu stellen, deren Umfang **international geregelt** ist. Für die einzelnen Flughäfen findet man solche klimatologischen Daten im Hauptband des Luftfahrthandbuchs (AIP).

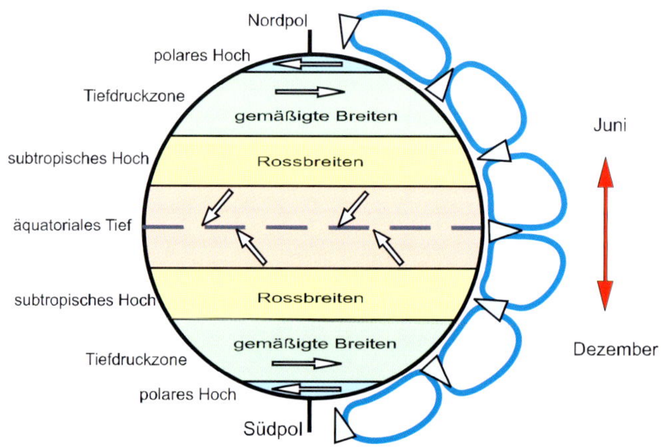

Abb. 60: Druck- und Windverhältnisse in den Hauptklimazonen (stark vereinfacht)

6.2 Luftmassenarten

Nach ihrem Ursprung unterscheiden wir in Europa

- **Tropikluft**: afrikanische Tropikluft aus der Saharagegend
  Tropikluft (über den Balkan oder die Azoren kommend)
  gemäßigte Tropikluft aus Südeuropa
- **Polarluft**: gealterte Polarluft
  maritime Polarluft (über den Atlantik kommend)
  arktische Polarluft (direkter Weg)

Nach ihrer **relativen Temperatur** unterscheidet man kalte und warme Luftmassen. So kann z.B. gealterte Polarluft die Rolle der **Warmluft** gegenüber frischer arktischer Polarluft annehmen, während gemäßigte Tropikluft gegenüber afrikanischer Tropikluft **kalt** ist.

Hat eine Luftmasse einen längeren Weg über einen **Ozean** hinter sich, so kommt sie bei uns mit relativ hoher **Luftfeuchtigkeit** an. Man spricht jetzt von einer **maritimen Luftmasse**. Dagegen unterliegt Luft, die über das Festland strömt, durch Ausregnen und Mangel an Wasserdampfnachschub einer **Austrocknung**. Man spricht in solchen Fällen von **kontinentalen Luftmassen**.

Ein **Luftmassentyp** unterliegt demnach drei Faktoren:

- der geographischen Herkunft
- seiner relativen Temperatur
- und seinem Reiseweg über Land oder Wasser

Beispiel:
Maritime polare Warmluft ist dann gegeben, wenn ehemals kalte polare Luft sich bei ihrem Weg über den Nordatlantik unter Aufnahme von Wasserdampf erwärmt hat und eine kältere Luftmasse verdrängt.

6.3 Luftmassen in Mitteleuropa

Mitteleuropa liegt in den sog. **gemäßigten Breiten**, wo das Klima überwiegend beeinflusst wird von **maritimer Polarluft**, die von den Polarzonen über den Atlantik mit der Westwinddrift herangeführt wird und dabei viel Feuchtigkeit aufnimmt. **Nebeltendenz**, **häufige Niederschläge** und **eingeschränkte Sichtweiten** sind die Folge.

Im Winter kann die **Polarluft** auch auf direktem Weg aus der **Grönland/Nordatlantik**-Zone einfließen, was tiefe Temperaturen bedeutet, weil die Erwärmung über dem Atlantik entfällt. Der relativ kurze Weg über die kalte Nordsee liefert zwar Feuchtigkeit, trägt aber nur wenig zur Erwärmung bei. Norddeutschland ist dann vom schlechten Flugwetter am stärksten betroffen.

Andererseits kann **kontinentale trockene Festlandsluft** aus Osteuropa herangeführt werden, die kaum Niederschläge und gute Sicht mit sich bringt. Im Winter ist sie **sehr kalt**, wenn sie aus Nordosten kommt, im Sommer sehr heiß bei Südostlage.

Niederschlags- und **gewitterträchtig** sind die Luftmassen, die mit hoher Feuchte und hoher Temperatur als **Südwest-Strömung** aus dem **Mittelmeerraum oder der Biskaya** stammen.

Im Sommer überwiegt zeitweise der Einfluss von **Subtropikluft**, die bis aus der Saharagegend stammen kann, oder über den Balkan, die Azoreninseln oder aus Südeuropa kommt.

Auf ihrem Reiseweg trocknen die Luftmassen über den Kontinenten ab oder nehmen über Wasserflächen Feuchtigkeit auf. Dadurch ändert die Luft ständig ihren Typ. Man spricht von **Luftmassentransformation**.

Wird eine Kaltluftmasse, die nach Süden vorgedrungen ist, von ihrem Ursprungsgebiet abgeschnitten, so kann sie in unseren Breiten ihr Eigenleben führen, was Wettervorhersagen oft unmöglich macht. Solche **Kaltlufttropfen** erreichen Durchmesser bis über 1.000 km. Auf ihrer Vorderseite zeigen sie Kaltfrontcharakter, auf ihrer Rückseite dagegen Aufgleitvorgänge wie an einer Warmfront. Außerdem lösen sie sich nur zögernd auf.

6.4 Kalt- und Warmluftadvektion

Das horizontale Heranströmen einer Luftmasse mit anderen Eigenschaften (Feuchte, Temperatur) nennt man **Advektion**. Der Zufluss kann bodennah oder in der Höhe erfolgen.

Beim Zustrom von Kaltluft **(Kaltluftadvektion)** ist neben einer **Labilisierung** der Luftmasse oberhalb der Reibungsgrenze ein Drehen des **Höhenwindes** nach **links** mit zunehmender Höhe zu beobachten. Umgekehrt lässt diese Erscheinung auf Kaltluftzufuhr schließen.

Beispiel:
in 3.000 ft Wind aus 130° mit 20 kt
in 5.000 ft Wind aus 110° mit 20 kt
in 10.000 ft Wind aus 090° mit 25 kt
Beobachtung: Wind dreht mit der Höhe nach links ⇨ Kaltluftadvektion

Dagegen kann man bei **Warmluftadvektion** und **Stabilisierung** der Luftmassen mit Beruhigung im Konvektionsraum (Thermikverschlechterung) rechnen, wenn der **Höhenwind** auch oberhalb der Reibungszone mit zunehmender Höhe nach **rechts** abgelenkt wird.

Beispiel:
in 3.000 ft Wind aus 180° mit 10 kt
in 5.000 ft Wind aus 200° mit 15 kt
in 10.000 ft Wind aus 240° mit 20 kt
Beobachtung: Wind dreht mit der Höhe nach rechts ⇨ Warmluftzufuhr

6.5 Jet Stream

Jet Streams treten in der Nähe der Tropopause auf. Es sind schlauchförmige Zonen von etwa 100 km Breite und 10 km Höhe mit sehr **hohen Windgeschwindigkeiten** (bis über 200 kt), die gürtelförmig über der Erde liegen und sich mit den Jahreszeiten verschieben. Ab 80 kt werden sie in der EUR-SWC *(siehe Abbildung 77)* durch lange Pfeile und angesetzten Windfedern dargestellt. Sie verdanken ihre Entstehung den Temperatur- und Druckunterschieden zwischen den Luftmassen großräumiger Frontensysteme. Ihre Lage entscheidet über kurz- bis mittelfristige klimatische Bedingungen. Für die Luftfahrt sind sie insofern von Bedeutung, da sie bei der Planung von **Langstrecken** berücksichtigt werden können, so dass sich die Reisezeiten zum Teil erheblich verkürzen lassen. Allerdings kommt es wegen horizontaler und vertikaler Windscherungen in und in der Nähe der Jet streams zu heftigen Turbulenzen, die eine ernsthafte Gefahr für die Luftfahrt in diesen Höhen darstellen. Da diese Turbulenzart nicht von Bewölkung oder anderen Wettererscheinungen begleitet wird, spricht man von **Clear Air Turbulence (CAT)**.

7 Wetterkarten

7.1 Boden-Analysekarte

Die Bodenkarte enthält die Mess- und Beobachtungswerte der Bodenwetterstationen. Daraus lassen sich Druckgebilde und Fronten erkennen.

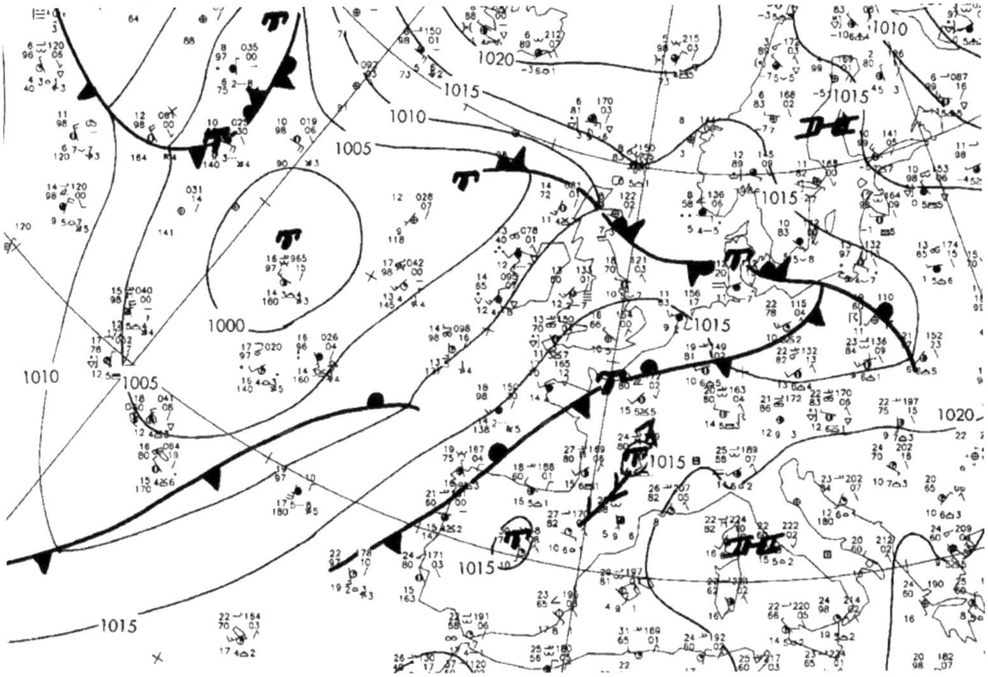

Abb. 61: Bodenwetterkarte aus den Daten der Wetterstationen

In der Abb. 61 erkennt man außer den Werten der Wetterstationen eine stark okkludierte Zyklone mit Kern über der Ostsee, ein Tief über dem Atlantik, eine stationäre Front in der Nähe der Atlantikküste, eine Konvergenzlinie über der Mitte Frankreichs, ein kräftiges Hoch über Island und zwei weitere schwache Hochdruckgebiete über Skandinavien und Italien.

7.1.1 Der Stationskreis

Die Position einer Wetterstation wird mit einem Stationskreis dargestellt. Das Innere des Kreises gibt den **Bewölkungsgrad** in Achteln an.

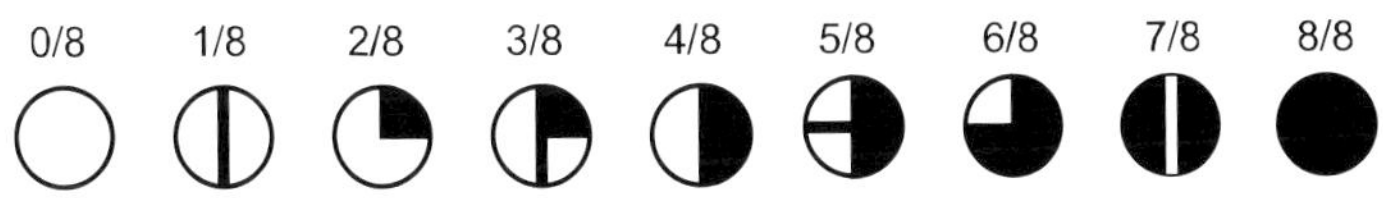

Abb. 62: Bewölkungsgrade

Eine **Fahne** am Stationskreis ist das Zeichen für **Windrichtung** und **Windstärke**. Die Windrichtung entspricht dem »Mast« der Fahne mit Richtung auf die Station zu. Die Windstärken sind **gerundet** auf 5 bzw. 10 Knoten. Jeder ganze Strich als Fahne bedeutet 10 Knoten, jeder halblange Strich 5 Knoten Wind. Ein ausgefülltes Dreieck zeigt 50 Knoten an.

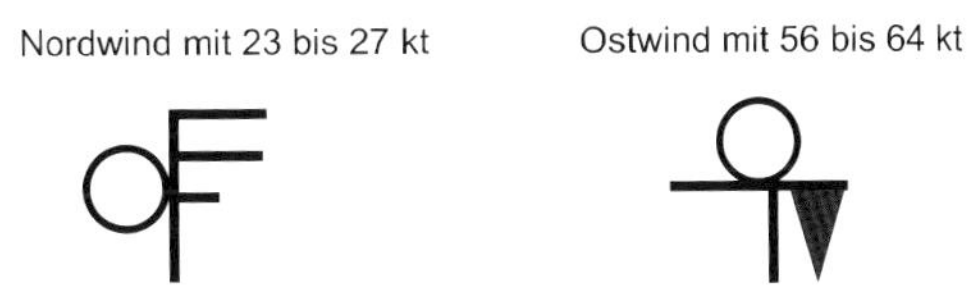

Abb. 63: Windrichtung und -stärke am Stationskreis

7.1.2 Synoptische Wettermeldung

Um eine **Zusammenschau** (Synopse) der Wettermeldungen zu ermöglichen, müssen diese in einheitlicher Form erfasst werden. Um den Stationskreis herum sind die **Symbole** für die wetterbestimmenden Faktoren und Erscheinungen nach einem festen **Schema** angeordnet. Außer den Temperaturangaben sind alle Werte **verschlüsselt**.

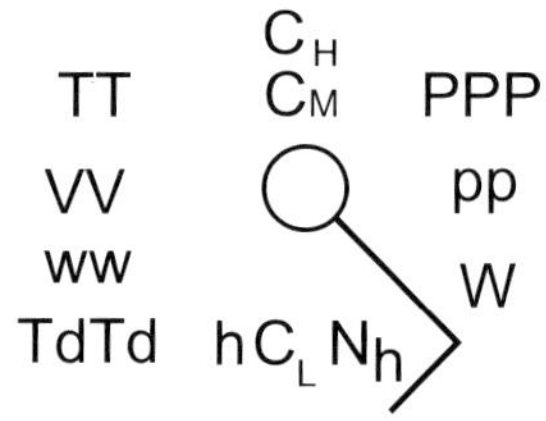

Abb. 64: Schema einer Wettermeldung am Stationskreis

Die einzelnen Abkürzungen haben folgende Bedeutung:

PPP Der Luftdruck (QFF) wird in Zehntel hPa angegeben, wobei nur die letzten drei Ziffern einschließlich einer Dezimalstelle angeführt sind.
Beispiele: 102 = 1010,2 hPa; 876 = 987,6 hPa

pp Druckänderung in den letzten drei Stunden, ebenfalls in Zehntel hPa.
Aus den Zeichen _/ oder —— usw. ist die Art der Änderung ersichtlich.
Beispiele: ‾\ 05 = Druckfall um 0,5 hPa
_/ 10 = Anstieg um 1,0 hPa

W Wettererscheinungen der vorangegangenen 3 bis 6 Stunden

C_L Art der tiefen Wolken in Symbolen *(siehe unten)*

N_h Bedeckungsanteil der tiefen Wolken in Achteln

h Schlüsselzahl für die Wolkenhöhen der niedrigen Bewölkung

0 =	0 bis 50 m;	5 =	600	bis	1.000 m;
1 =	50 bis 100 m;	6 =	1.000	bis	1.500 m;
2 =	100 bis 200 m;	7 =	1.500	bis	2.000 m;
3 =	200 bis 300 m;	8 =	2.000	bis	2.500 m;
4 =	300 bis 600 m;	9 =	2.500	bis	3.000 m;

TdTd Taupunkt unverschlüsselt

ww gegenwärtiges Wetter (Niederschläge, Nebel, Dunst usw.)

VV Sichtweite in km, verschlüsselt:
bis zur Zahl 50 ist die Sicht ein Zehntel der Zahl, ab Schlüsselzahl 50 sind 50 km abzuziehen.
Beispiele: 40 = 4 km Sicht; 80 = 30 km Sicht;

TT Lufttemperatur, unverschlüsselt

C_M Art der mittelhohen Wolken in Symbolen

C_H Art der hohen Wolken in Symbolen

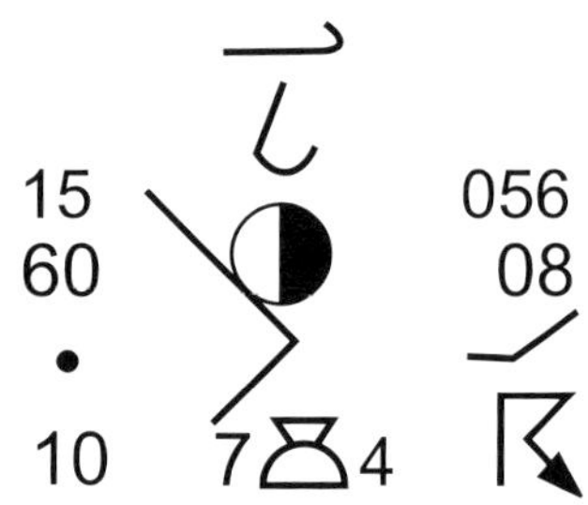

Abb. 65: Beispiel für eine Wettermeldung

7.1.3 Wichtige Symbole

Die wichtigsten Wolkensymbole (der Wetterschlüssel kennt 37 Arten):

Symbol	Wolkenart	Abk..
	Cirrus	ci
	Cirrocumulus	cc
	Cirrostratus	cs
	Altocumulus	ac
	Altostratus	as
	Nimbostratus	ns
	Stratocumulus	sc
	Stratus	st
	Cumulus	cu
	Cumulonimbus	cb
	nicht erkennbar	-

Abb. 66: Symbole für die Wolkengattungen

Die wichtigsten Symbole für die Wettererscheinungen (der Wetterschlüssel kennt 100 Arten):

Abb. 67: Die wichtigsten Symbole für Wettererscheinungen

Alle diese Symbole werden für die Datenübertragung wiederum in Ziffern verschlüsselt, so dass das gesamte Wetter einer Station in 25 Ziffern angegeben werden kann (5 Gruppen zu je 5 Ziffern).

In den Wetterämtern laufen die Beobachtungen der einzelnen Stationen zusammen und werden in Texte, Karten und Bilder übertragen. Was früher von Hand erledigt werden musste, schafft heute in einem Bruchteil der Zeit der Computer. Mit seiner Hilfe werden Isobaren geplottet, Fronten und Okklusionen eingetragen und Winde ermittelt. Zur optischen Verstärkung werden Niederschlagsgebiete grün und Nebelzonen gelb gefärbt.

Aus dem Vergleich mit vorangegangenen Boden- und Höhenwetterkarten kann nun eine mehr oder weniger genaue **Vorhersage** erstellt werden.

7.2 Höhenwetterkarten

Ähnlich den Höhenschichtlinien der physikalischen Landkarten stellt man den Luftdruck in den Höhenwetterkarten durch Linien gleicher Höhe, sog. **Isohypsen**, dar. Sie geben für die jeweilige **Standarddruckfläche** die Höhenwerte an, in denen der gleiche Druck gemessen wurde. Diese **Höhenlinien** werden in Abständen von mehreren Dekametern gezeichnet, so dass man daraus ebenfalls Tief- und Hochdruckzonen herauslesen kann, die sich in der Höhe gebildet haben.

Da der Reibungseinfluss in der Höhe vernachlässigt werden kann, lässt sich die Richtung des **Höhenwinds** direkt **parallel** zu den Isohypsen entnehmen. Auch hier gilt: Die Luft bewegt sich im Uhrzeigersinn um das Hoch, im Gegenuhrzeigersinn um das Tief. Je enger die Isohypsen liegen, desto höher die Windgeschwindigkeit.

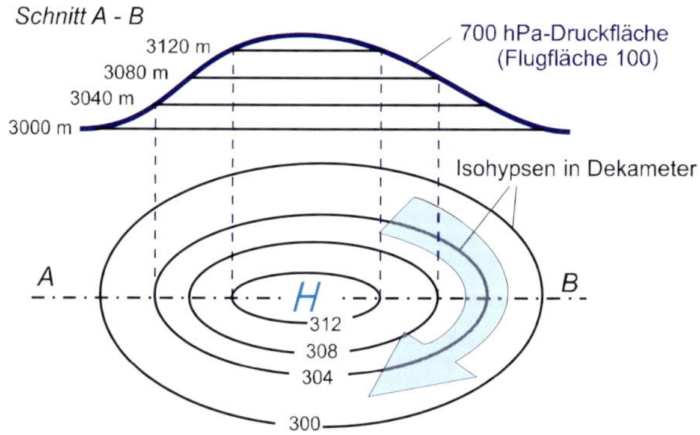

Abb. 68: Isohypsen in der Höhenwetterkarte, Beispiel Höhenhochdruckgebiet im Bereich FL 100

Interessant dabei ist, dass z.B. eine **Bodenwetterkarte** durch ihren Isobarenverlauf ein Hochdruckgebiet ausweisen kann, während in der 500 hPa-Karte ein **Höhentief** erkennbar wird, das eine durchgreifende **Wetterbesserung** verhindert. Erst eine **Zusammenschau** aus Boden- und Höhenwetterkarten kann einen Überblick über das Wettergeschehen vermitteln und **Vorhersagen** ermöglichen.

7.3 Vorhersagekarten

7.3.1 Wind/Temperatur-Karten

Windkarten werden als Vorhersagekarten erstellt für den Wind am Boden und in bestimmten Höhen bzw. **Druckflächen**. Für den mitteleuropäischen Raum (CEU) bietet der deutsche Flugwetterdienst für die allgemeine Luftfahrt die **CEU-Karten** für 2.000 ft, 3000 ft, FL 050 (850 hPa), FL 100 (700 hPa) und FL 180 (500 hPa) an.

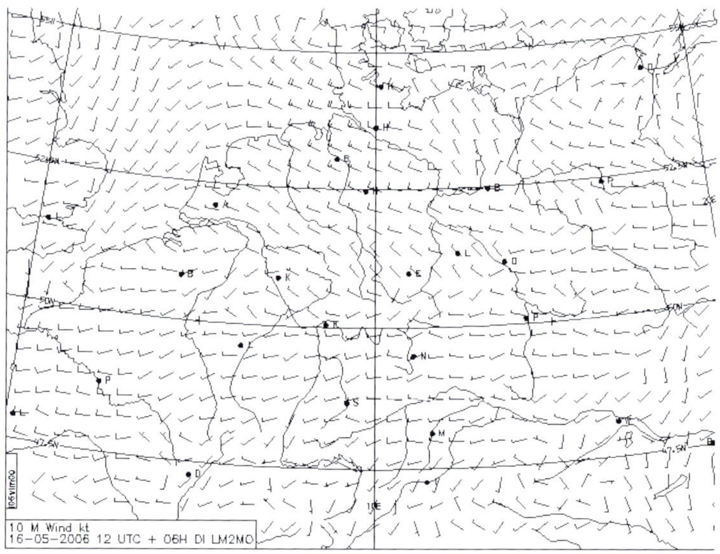

Abb. 69: CEU-Bodenwindkarte (Wind in 10 m Höhe), Vorhersage für Dienstag 18.00 UTC)

Für größere Höhen sind für die Verkehrsluftfahrt Karten für 400 hPa (FL 240), 300 hPa (FL 300), 250 hPa (FL 340), 200 hPa (FL 390), 150 hPa (FL 450) und 100 hPa (FL 530) üblich. Windrichtung und -stärke werden durch Windpfeile dargestellt, ab Flugfläche 50 enthalten sie auch die Temperaturen.

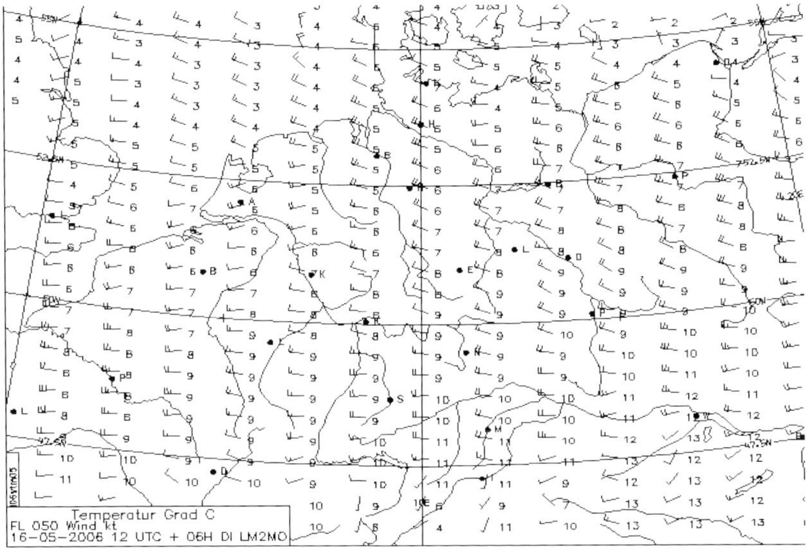

Abb. 70: CEU-Windkarte für Flugfläche 050 mit Temperaturangaben, Vorhersage für Dienstag, 16. Mai, 18.00 UTC)

In den **EUR-Karten** (Vorhersagekarten für den europäischen Raum) die von der Londoner Wetterzentrale ausgegeben werden, sind die **Temperaturangaben negativ**, wenn nicht eigens ein Pluszeichen davor gestellt ist.

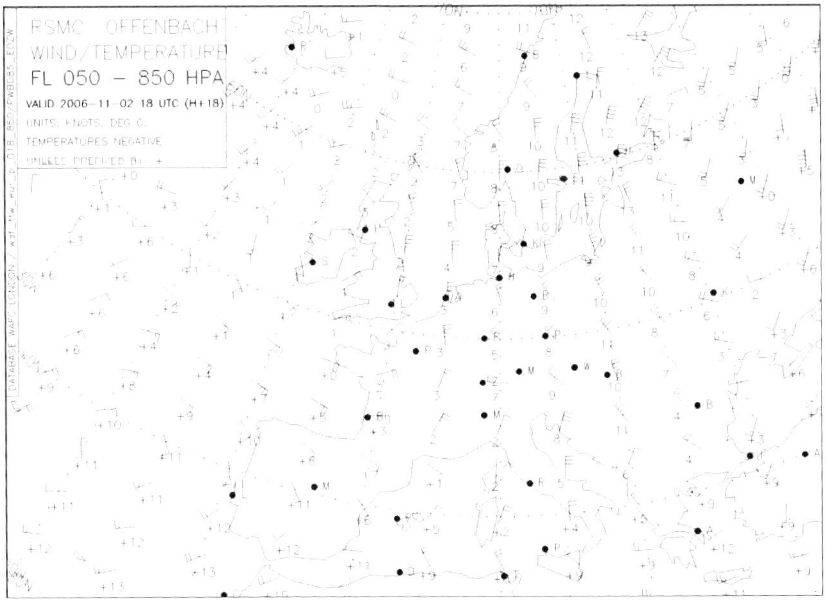

Abb. 71: EUR-Wind/Temperaturkarte für FL 050

7.3.2 Höhenwettervorhersagen

Höhenvorhersagekarten mit Druck- und Temperaturverteilung werden vom Deutschen Wetterdienst für FL 50, FL 100 und FL 180 in 12-Stunden-Intervallen angeboten.

I Mi 12 UTC I Do 00 UTC I Do 12 UTC I Fr 00 UTC I Fr 12 UTC I Sa 00 UTC I

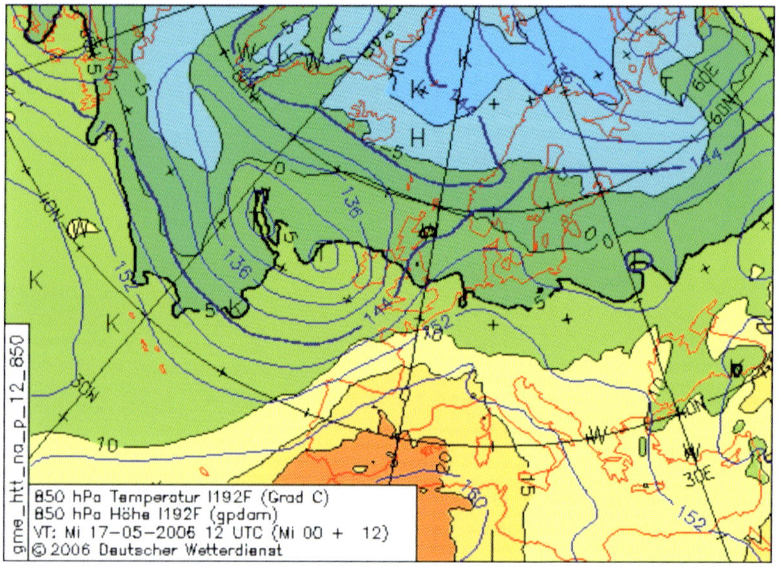

Abb. 72: Höhenvorhersage für die 850 hPa-Druckfläche (FL 50).

Erläuterungen:

Der Vorhersagezeitpunkt (VT) für dieses Höhenwetter ist Mittwoch 12 UTC. Die Vorhersage wurde aus den Daten der Analysekarte von Mittwoch 00 UTC erstellt. Die Isohypsenhöhen sind in Dekametern angegeben. Die Isolinien für die Standardtemperatur (5 °C in FL 50, schwarz) und Standarddruckhöhe (1.440 m, blau) sind verstärkt gezeichnet. Kalt- und Warmluftzentren sind mit den Buchstaben K bzw. W gekennzeichnet, Druckzentren mit T bzw. H.

7.3.3 Significant Weather Charts (SWC)

Für die Luftfahrt bedeutsames bzw. gefährliches Wetter wird in besonderen Wetterkarten ausgegeben. Zwei Arten sind für die Vorbereitung von VFR- und IFR-Flügen wichtig:

- Die **Low-Level Significant Weather Chart** Mitteleuropa (CEU) wird für 3-Stunden-Intervalle erstellt und umfasst signifikantes Wetter vom Boden bis Flugfläche 245. Im Kartenteil werden Fronten mit Verlagerungsvektor, Bodendruckzentren, Jetstreams unterhalb FL 245, Gebiete mit Clear Air Turbulence (CAT) und durch Wellenlinien abgegrenzte Wetterfelder dargestellt. Der Textteil beschreibt die Wettererscheinungen in den einzelnen Wetterfeldern mit Abkürzungen des METAR-Schlüssels *(siehe hinten)*.

  Mit den Daten der Low Level Significant Weather Chart lassen sich die meisten Informationen für einen Flug nach Sichtflugregeln gewinnen: Sicht, Wettererscheinungen, Bewölkung (Bedeckungsgrad, Art, Ober- und Untergrenzen), Turbulenz, Vereisung, Nullgradgrenze.

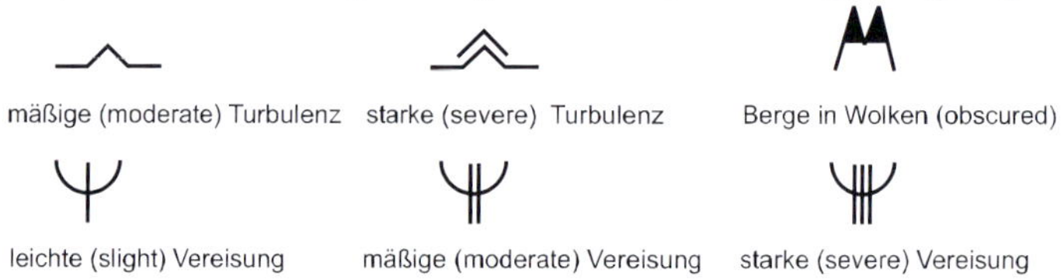

Abb. 73: Wichtige Symbole der LL-SWC

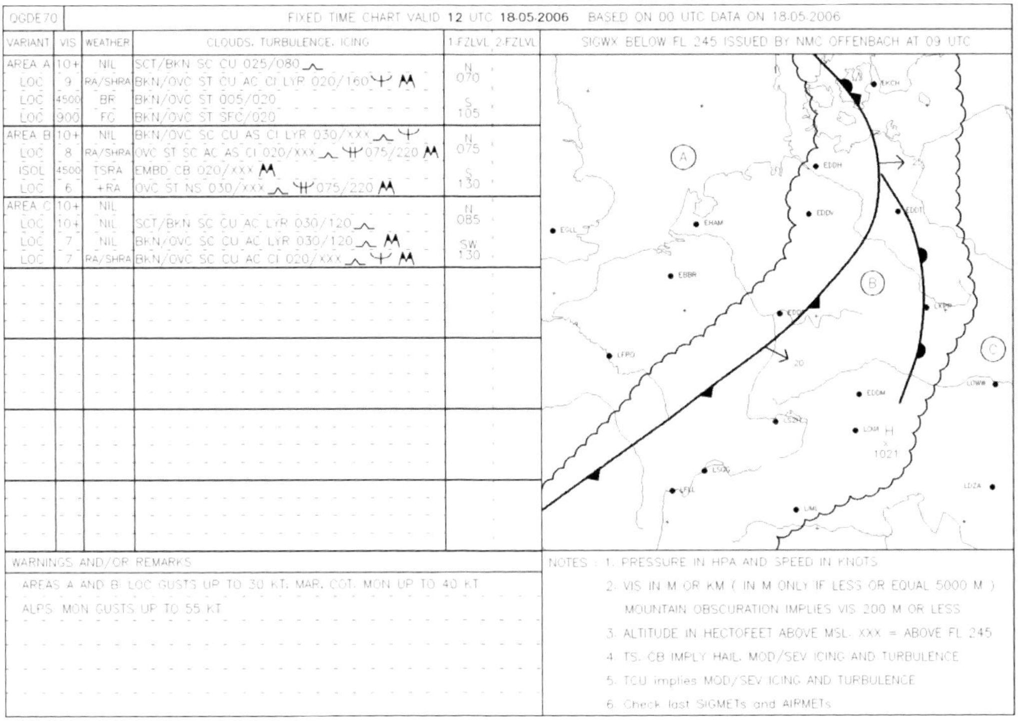

Abb. 74: Low-Level SWC für 12 UTC mit den Wetterfeldern A bis C

Erklärungen zur Significant Weather Chart in Abb. 74:

Bildteil:

Die Kaltfront der Zyklone mit Kern über Norddeutschland bewegt sich in südöstlicher Richtung mit 20 kt, dahinter folgt etwas kühlere Luft (Feld A).

Textteil Wetterfeld B, exemplarisch:

Zeile 1: Grundzustand: Generell ist die Sicht besser als 10 km (10+), keine wesentlichen Wettererscheinungen (NIL), 5 bis 8/8 (BKN/OVC) Bewölkung als Stratocumulus (SC), Cumulus (CU), Altostratus (AS) und Cirrus (CI), geschlossene Schicht (LYR) von 3.000 ft bis über FL 245 (Bereich dieser Vorhersagekarte) mit mäßiger Turbulenz und leichter Vereisung

Zeile 2: Örtlich (LOC) 8 km Sicht, bei Regen und Regenschauern (RA/SHRA), bedeckt (OVC) mit Stratus-, Stratocumulus-, Altocumulus-, Altostratus- und Cirrusbewölkung von 2.000 ft bis über FL 245 (XXX) mit leichter Turbulenz, mäßige Vereisung im Bereich von FL 75 bis FL 220, Berge in Wolken

Zeile 3: Vereinzelt 4.500 m Sicht, Gewittrige Regenschauer (TSRA), eingelagerte Cumulonimben (CB) mit Untergrenze 2.000 ft und Obergrenze oberhalb FL 245 – hier ist automatisch mit Hagel, mäßiger bis schwerer Vereisung und Turbulenz zu rechnen (siehe NOTES), Berge in Wolken

Zeile 4: Örtlich 6 km Sicht, starker Regen (+RA), bedeckt mit Stratus und Nimbostratus von 3.000 ft bis über FL 245 mit mäßiger Turbulenz, mäßige Vereisung von FL 75 bis FL 220, Berge in Wolken

Nullgradgrenze im Norden des Feldes B in 7.500 ft, im Süden in 13.000 ft NN

- Insbesondere für IFR-Flüge über FL 100 bis FL 450 gibt es die **EUR-Significant Weather Chart** mit 6-stündigen Vorhersageintervallen. Sie gibt neben den Frontlinien die Lage der gefährlichen Wettererscheinungen mit Hilfe von Symbolen an: aktive Gewittertätigkeit, tropischen

Wirbelsturm, Sand- oder Staubsturm, markante Böenlinie (Squall Line), Hagel, mäßige und starke Turbulenz, mäßige und starke Vereisung, aktive Vulkantätigkeit, Leewellen. Außerdem sind die Jet Streams mit Höhenangaben und Maximalgeschwindigkeiten, sowie die Höhen der Tropopause (Rechteck mit Angabe der Flugfläche) und die Gebiete mit Clear Air Turbulence (Quadrat mit Zahl) eingetragen.

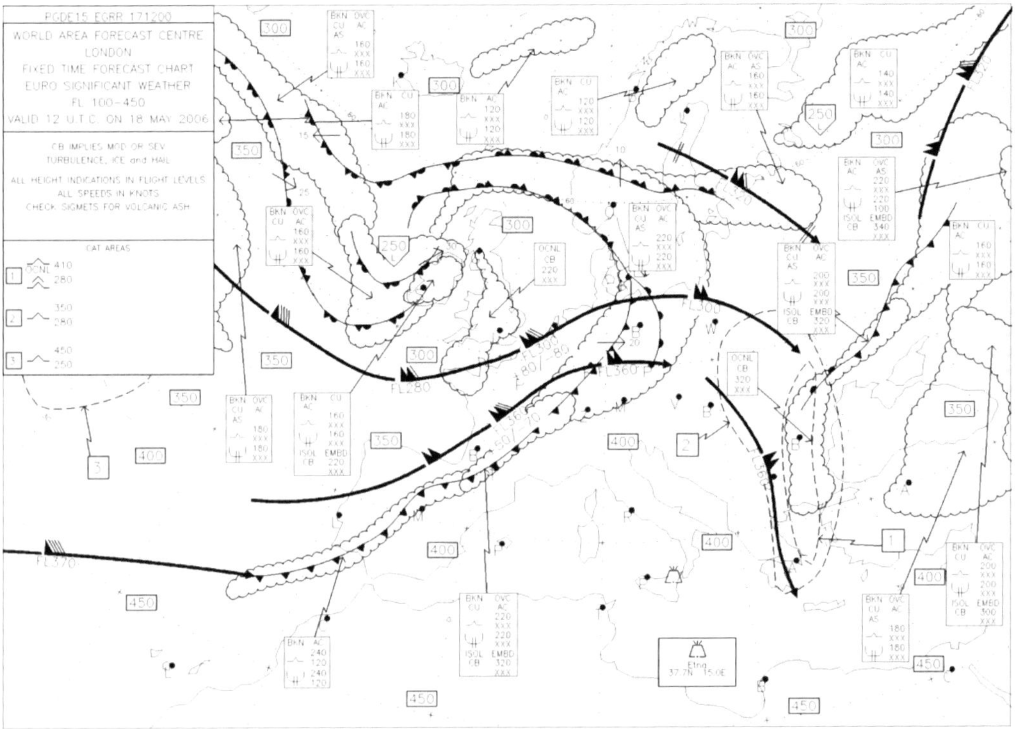

Abb. 75: Significant Weather Chart für den oberen Luftraum, gültig für 12 UTC. Die Höhenangaben zu den Wetterfeldern erfolgen in Flugflächen, liegt eine Untergrenze unterhalb FL 100, wird das mit XXX gekennzeichnet.

8 Flugwetterdienst

8.1 Aufgaben des Flugwetterdienstes

Um die meteorologische Sicherheit der Luftfahrt zu gewährleisten, ist in der BRD der **Deutsche Wetterdienst (DWD)** in Offenbach mit der Durchführung des Flugwetterdienstes beauftragt. Dazu wurden sieben **Luftfahrtberatungszentralen** (LBZ) und 17 **Flugwetterwarten** auf den internationalen Flughäfen eingerichtet.

Die **Aufgaben** des Flugwetterdienstes umfassen folgende Bereiche:

- **Wetterbeobachtung und Wettermeldung** nach den Erfordernissen der Luftfahrt.
- schriftliche und mündliche **Wetterberatung** des Luftfahrtpersonals.
- **Versorgung der Flugsicherungsdienststellen** mit Wettermeldungen und -vorhersagen
- **kontinuierliche Flugwetterüberwachung** und Ausgabe von **Warnungen**
- Arbeiten in den Bereichen **Flugmeteorologie** und **Flugklimatologie**

8.2 Flugwetterberatung

Für den **Sichtflugverkehr** sind vor allem die Faktoren **Sichtweite**, **Windverhältnisse** und **Bewölkung** und **Wettererscheinungen** für die Entscheidung über die **Flugdurchführung** maßgebend. Der Deutsche Wetterdienst hält für die Luftfahrt folgendes Informationsangebot bereit:

- **Individuelle Beratung** (kostenpflichtig) durch die **Luftfahrtberatungszentralen**. Zentrale Rufnummer: 09001-077-22-0.
- **INFOMET**, ein Telefondienst zum Abfragen von Flugwetterinformationen, allerdings ohne Beratung: 09001-088-33-1...6
- Abruf über **Telefax** von detaillierten Wettermeldungen für die verschiedenen Luftfahrtsparten mit einer 3-Tage-Vorhersage: Übersicht unter 069-8056-0002
- Der Internetshop des DWD bietet gegen Gebühr GAFOR und Flugwetterberichte zum **Abruf als Textdateien** an.
- Automatische telefonische **Flugwetteransagen** für Flüge nach Sichtflugregeln. **GAFOR-Nord**: 09001-191519, **GAFOR-Süd**: 09001-191619.
- **Internet-Dienst** (kostenpflichtig) für alle Luftfahrtarten mit Wetterkarten, Satelliten- und Radarbildern, Analysen, Vorhersagen, METAR, TAF, Warnungen usw. unter *http://www.flugwetter.de*, mit einem Extra-Login für mobile Geräte (Pocket-PC o. ä.).
- **Einzelabrufe** (kostenpflichtig) sind im Internet-Shop des DWD erhältlich unter *http://www.dwd-shop.de*.
- Mit dem gleichen Zugang wie für den Standard-Internetdienst werden in Zusammenarbeit mit Austrocontrol und Meteoschweiz die Wetterdaten speziell für den Alpenraum bereit gestellt unter *http://www.alpenflugwetter.com*.
- **PC_MET**
  Der DWD vertreibt das Programm **pc_met** zur Verarbeitung der Flugwetterdaten, die auf dem DWD-Server bereitgehalten werden. Über eine Internet-Verbindung können gezielt für die Bedürfnisse der verschiedenen Luftfahrtarten die benötigten Daten abgerufen werden: Satelliten- und Radarbilder, Analyse- und Vorhersagekarten für verschiedene Höhen usw. Im gewählten Modus (Segelflug, VFR- oder IFR-Flug) erfolgt die Darstellung. Wer sich für diese moderne Form der Wetterberatung interessiert, sollte immer wieder mal in die Homepage des DWD schauen: *http://www.dwd.de*
- **PC_MET WAP-Service**: Mit WAP-fähigen Mobiltelefonen können auch unterwegs aktuelle Daten abgerufen werden: METAR, TAF, GAFOR unter *wap.pcmet.de*.
- **FlugMet**, ebenfalls ein Softwareprodukt des DWD, steht meist auf Flughäfen und Verkehrslandeplätzen für die gezielte Flugstreckenvorbereitung zur Verfügung. Es ist ähnlich aufgebaut wie pc_met.
- Ansagen auf bestimmten **Flugfunkfrequenzen**

Eine detaillierte Übersicht über die verschiedenen Dienste, die laufend verbessert werden, mit den aktuellen Abrufnummern erhält man kostenlos vom DWD.

9 Wettermeldungen und -vorhersagen des deutschen Flugwetterdienstes

9.1 Automatische Flugwetteransage (AFWA) nach dem GAFOR-System

General Aviation Forecasts (GAFOR) sind Vorhersagen über die Befliegbarkeit bestimmter Gebiete nach Sichtflugregeln. Sie werden in der BRD für die Bereiche NORD und SÜD ausgegeben. Beide Bereiche sind wiederum in einzelne wettertypische Gebiete (insgesamt 64) unterteilt und mit Zahlen codiert.

In der Flugplatzliste des **Luftfahrthandbuchs** AIP VFR Teil AD ist für jeden Flugplatz unter dem Punkt MET die **GAFOR-Gebietskennzahl** angegeben *(siehe Beispiele im Kapitel Navigation)*.

In deutscher Sprache enthält die GAFOR-Tonbandinformation neben den Angaben über die **allgemeine Wetterlage** und die **Sichtflugmöglichkeiten** auch die **Höhenwinde** in 1.500 (nur NORD), 3.000, 5.000 und 10.000 ft MSL.

Die **Neuausgabe** der GAFOR-Aufsprache erfolgt **alle 3 Stunden**, beginnend mit 05.30 UTC (vom 01.04. bis 30.09. ab 02.30 UTC), und hat eine **Gültigkeitsdauer** für die folgenden vollen **sechs Stunden**, die wiederum in drei je **zweistündige Perioden** unterteilt sind.

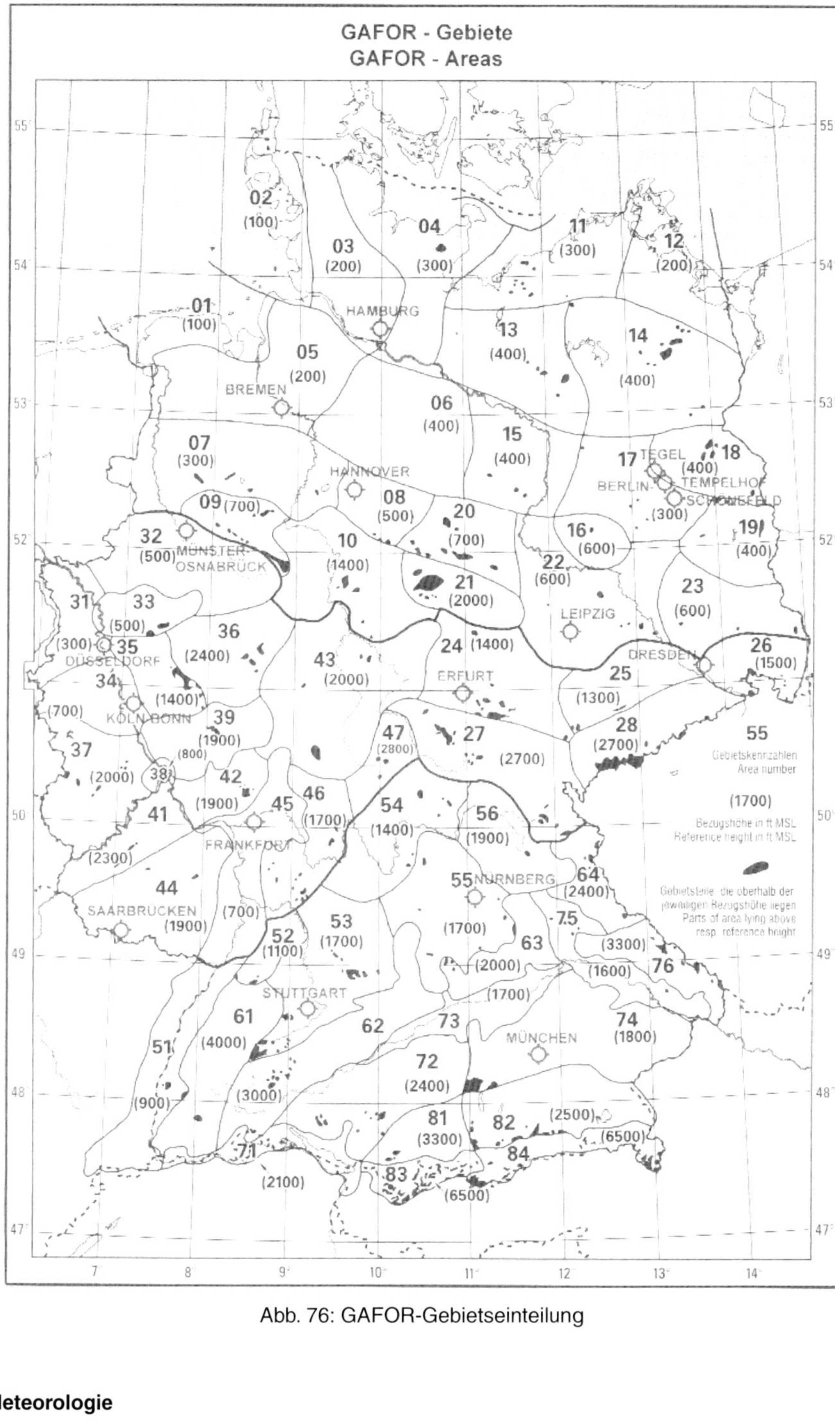

Abb. 76: GAFOR-Gebietseinteilung

Hier die Gebiete mit ihren **Kennziffern** und den Bezugshöhen in ft, auf die sich die Angaben der Wolkenuntergrenze beziehen:

01 Ostfriesland 100
02 Nordfriesland-Dithm. 100
03 Schleswig-Holsteinische Geest 200
04 Schleswig-Holsteinisches Hügelland 300
05 Nordwestliches Niedersachsen 200
06 Lüneburger Heide 400
07 Westl. Niedersachsen 300
08 Hannover 500
09 Teutoburger Wald 700
10 Weser-Leine-Bergland 1.400
11 Mecklenburg. Tiefland 300
12 Vorpommern 200
13 Westl. Mecklenburg. Seenplatte und Prignitz 400
14 Östl. Mecklenburg. Seenplatte und Uckermark 400
15 Altmark 400
16 hoher Fläming 600
17 Rhin-Havelluch und Ostbrandenb. Seengebiet 300
18 Barnim und Oderbruch 400
19 Spreewald und Gubener Waldland 400
20 Magdeburger Börde und Nördliches Harzvorland 700
21 Harz 2.000
22 Leipziger Tieflandsbucht und Elbe-Elster-N. 600
23 Niederlausitzer Heiden 600
24 Thüringer Becken 1.400
25 Mittelsächsisches Hügell. 1.300
26 Oberlausitz und Lausitzer Gebirge 1.500
27 Thüringer Wald, Frankenwald, Fichtelgebirge 2.700
28 Erzgebirge 2.700
31 Niederrhein. Tiefland 300
32 Münsterland 500
33 Ruhrgebiet 500
34 Niederrheinische Bucht 700
35 Bergiges Land 1.400
36 Sauerland 2.400
37 Eifel 2.000
38 Neuwieder Becken 800
39 Westerwald 1.900
41 Hunsrück 2.300
42 Taunus 1.900
43 Nordhessisches Bergland mit Vogelsberg 2.000
44 Rheinland-Pfalz und Saarland 1.900
45 Rhein-Main-Gebiet und Wetterau 700
46 Odenwald und Spessart 1.700
47 Rhön 2.800
51 Oberrheinische Tiefebene 900
52 Kraichgau 1.100
53 Neckar-Kocher-Jagst-Gebiet 1.700
54 Mainfranken und nördl. Unterfranken 1.400
55 Mittelfranken 1.700
56 Oberfranken 1.900
61 Schwarzwald 4.000
62 Schwäbische Alb 3.000
63 Fränkische Alb 2.000
64 Oberpfälzer Wald 2.400
71 Hochrhein- und Bodenseeraum 2.100
72 Schwäbische Hochebene 2.400
73 Westl. Donauniederung 1.700
74 Südbayer. Hügelland 1.800
75 Östliche Donau- und Naabniederung 1.600
76 Bayerischer Wald 3.300
81 Westliches Alpenvorland 3.300
82 Östliches Alpenvorland 2.500
83 Allgäuer Alpen 6.500
84 Östl. Bayerische Alpen 6.500

In der Übersichtskarte *(siehe Abbildung 76)* sind diejenigen Gebiete gekennzeichnet, die oberhalb der Bezugshöhen liegen, denn beispielsweise gibt es in den Bayerischen Alpen etliche Gipfel, die über Bezugshöhe 6.500 ft hinausragen.

Die Angabe der Sichtflugmöglichkeiten erfolgt für jedes Gebiet mit den Bezeichnungen **CHARLIE**, **OSKAR**, **DELTA**, **MIKE** und **X-RAY** für jede der drei Perioden. Die Einstufung in eine dieser fünf Möglichkeiten erfolgt nach den Kriterien **horizontale Sichtweite am Boden** und **Wolkenuntergrenze**.

Definition:
Unter **Hauptwolkenuntergrenze** (Ceiling) versteht man die niedrigste Wolkenschicht über Grund oder Wasser, die mehr als die Hälfte des Himmels bedeckt und unterhalb 6.000 m (20.000 ft) liegt.

Kürzel	Bezeichnung	Bodensicht	Wolkenuntergrenze über der Bezugshöhe
C	**Charlie** (Clear, klar)	10 km und mehr	mindestens 5.000 ft
O	**Oscar** (Open, offen)	8 km und mehr	2.000 ft oder höher
D	**Delta** (Difficult, schwierig)	5 bis 8 km	1.000 bis 2.000 ft
M	**Mike** (Marginal, kritisch)	1,5 bis 5 km	500 bis 1.000 ft
X	**X-Ray** (Closed, geschlossen)	unter 1,5 km	unter 500 ft

Abb. 77: GAFOR-Stufen

Die jeweils schlechtere Bedingung entscheidet über die **Einstufung**. Bei geschlossenen Gebieten (X-RAY) sind **VFR-Flüge** nicht möglich.
Den Einstufungen DELTA und MIKE ist eine Ziffer angefügt, aus der man erkennen kann, ob die jeweilige Einstufung aufgrund der Sichtweite oder der Höhe der Wolkenuntergrenze erfolgte *(siehe Abbildung 80)*.

Im Internet und über die Software pc_met bietet der DWD das GAFOR-Wetter für Deutschland und einige Nachbarländer zusätzlich als Übersichtsgrafiken an.

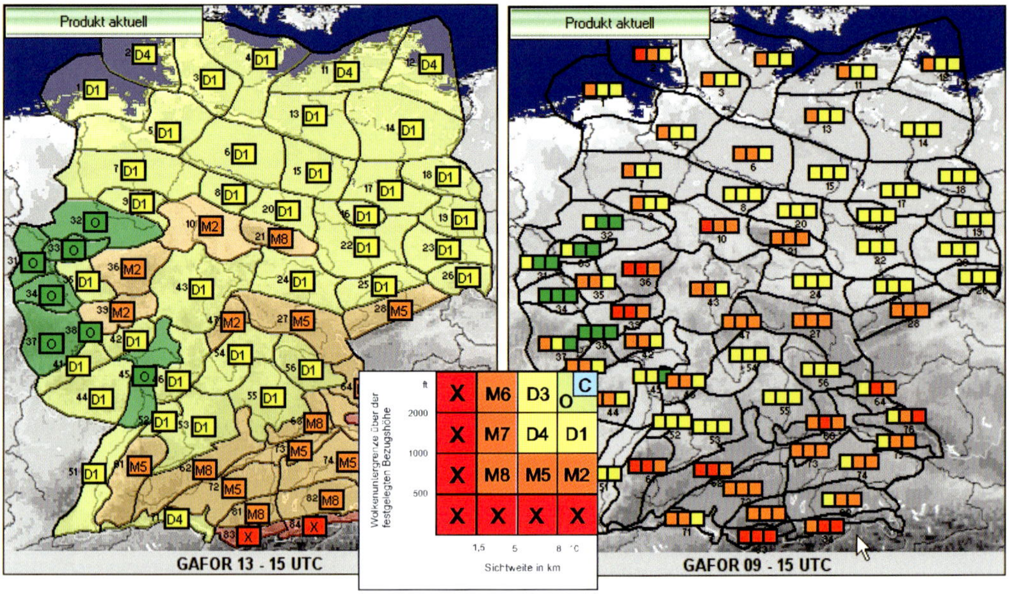

Abb. 78: GAFOR-Einstufungen, Beispiel BRD aus pc_met: 3. Periode und alle 3 Perioden

Beispiel:

- **Abruf** der Aufsprache bzw. der Meldung um 11.00 MEZ.
- **Meldung:** ".. 37 - MIKE 5 - DELTA 3 - OSKAR...,"
- **Interpretation:** Die Aufsprache stammt von 08.30 UTC bzw. 09.30 MEZ.
  Die Vorhersage gilt für die Eifel (Gebiet 37)
  von 09.00 bis 11.00 UTC: kritisch wegen Wolkenuntergrenze zwischen 500 und 1.000 ft
  von 11.00 bis 13.00 UTC: schwierig wegen Sicht zwischen 5 und 8 km
  von 13.00 bis 15.00 UTC: offen
  Die nächste Aussprache erfolgt um 11.30 UTC bzw. 12.30 MEZ mit einer Gesamtgültigkeitsdauer von 12.00 bis 18.00 Uhr UTC.

9.2 Meteorological Aerodrome Report (METAR) und Trend

Auf den Flughäfen werden halbstündlich detaillierte **Bodenwettermeldungen** erstellt. Diese Meteorological Aviation Routine Weather Reports werden fernschriftlich und über das Internet verbreitet. Sie enthalten verschlüsselte Meldungen, die speziell auf die Bedürfnisse der Luftfahrt zugeschnitten sind.

Eine METAR-Meldung besteht aus mehreren Gruppen, von denen die in Klammern gesetzten nur bei Bedarf ausgegeben werden *(siehe nächste Seite).*

METAR YYCCCC GGggZ $\mathbf{dddffGf_mf_mKT}$ ($d_nd_nd_nVd_xd_xd_x$) $\mathbf{VVVVD_V}$ ($V_xV_xV_xD_v$)
$\mathbf{RD_RD_R/V_RV_RV_RV_Ri}$ ($RD_RD_R/V_RV_RV_RV_RVV_RV_RV_RV_Ri$)
w'w' $\mathbf{N_SN_SN_Sh_Sh_Sh_S}$ **(CC)** oder $\mathbf{VVh_Sh_Sh_S}$ oder **SKC**
$\mathbf{T'T'/T'_dT'_d}$ $\mathbf{QP_HP_HP_HP_H}$ (REw'w' $WSRWRD_RD_R$)

Die Bedeutung der einzelnen METAR-Gruppen:

Gruppe	Bedeutung	Beispiel(e)	Klartext
CCCC	ICAO-Flugplatzkennung	EDDM	München
YYGGggZ	Beobachtungstag und -zeit, Z = Zuluzeit UTC	280625Z	am 28. des Monats um 6.30 UTC
dddff	Windrichtung und -stärke	21020KT	Wind aus 210° mit 20 kt
Gfmfm	Böen beobachtet bis max.	G42KT	Böen bis 42 kt
dndndnVdxdxdx	extreme Schwankungen der Windrichtung	180V250	Wind aus 180° bis 250°
VVVVDv	schlechteste horizontale Bodensicht	2500NE	nach Nordosten nur 2,5 km Bodensicht
VxVxVxDv	maximale Bodensicht in m	3500S	nach Süden 3,5 km Bodensicht
1. R-Gruppe	Landebahnsichtweiten (RVR) für die verschiedenen Landebahnen	R27L/2000N R27R/1500U	2 km Sicht auf RWY 27L 1,5 km Sicht auf RWY 27R U = verbessernd, D = verschlechternd, N = keine Änderung
2. R-Gruppe	Schwankungen der RVR		
w'w'	gegenwärtiges Wetter verschlüsselt (siehe unten)	+RASH	starke Regenschauer
NsNsNshshshs (CC)	Bedeckung und Wolkenuntergrenze in Hektofuß (100 ft) GND (über Flugplatzhöhe). Nur Cumulonimben (CB) oder hoch türmende Cumuli (TCU) werden eigens angegeben.	BKN 006 OVC 020 FEW 080	Bewölkungsgrade mit Wolkenuntergrenze in 100 ft: **FEW** = 1 bis 2 Achtel **SCT** = 3 bis 4 Achtel **BKN** = 5 bis 7 Achtel **OVC** = 8 Achtel
VVhshshs	Vertikalsicht in Hektofuß, wird bei nicht erkennbarem Himmel angegeben.	VV002	Vertikalsicht 200 ft
SKC	wolkenlos	SKC	Sky Clear = wolkenlos
T'T'/T'dT'd	Temperatur und Taupunkt in Grad Celsius	12/08	Temperatur 12 °C, Taupunkt 8 °C
QPhPhPhPh	Luftdruck reduziert auf NN	Q1005	QNH 1005 hPa
REw'w'	vergangenes Wetter im w'w'-Schlüssel (siehe unten)	RETS	Gewitter seit letzter Meldung
WS-Gruppe	Windscherung im An- oder Abflugsektor	WSLdg RWY27	Windscherung im Anflug auf Landebahn 27

CAVOK

Sind gute VFR-Bedingungen gegeben, so werden die Gruppen bezüglich Bodensicht, Wettererscheinungen und Bewölkung durch das Wort **CAVOK** (**C**louds **A**nd **V**isibility **OK**) ersetzt. Dazu mussen folgende Bedingungen erfüllt sein:

- Sichtweite 10 km oder mehr
- kein Niederschlag, keine Gewitter, kein flacher Nebel oder Schneefegen o. Ä.
- keine Wolken unterhalb 5.000 ft GND
- keine Cumulonimben

Trend

Hinter den Beobachtungsgruppen des METAR folgt die Entwicklungsvorhersage, der Trend, für die folgenden **zwei Stunden** in ähnlicher Form:

TTTTT TTGGgg dddffG$f_m f_m$ VVVVw'w' $N_S N_S N_S h_S h_S h_S$ (CC)

Änderungskürzel

Die Ausgabe der Einzelmeldungen für Wetteränderungen erfolgt mit den gleichen Gruppen und wird mit einer der folgenden Kennungen (TTTTT) eingeleitet:

BECMG = Becoming (Änderung auf ...)
TEMPO = Temporary (zeitweise ...)
NOSIG = No Significant Change (keine signifikanten Änderungen zu erwarten)

Dahinter folgt der Zeitpunkt bzw. Zeitraum der erwarteten Änderungen:

Gruppe	Bedeutung	Beispiel	Klartext
TTGGgg	erwarteter Zeitpunkt der Änderung	*AT0800*	*um 0800 UTC*

Kürzel für die Wettererscheinungen (w'w'-Schlüssel):

Intensität oder Nähe	nähere Beschreibung	Niederschlagsart erscheinungen	Trübungs- erscheinungen	andere Wetter-	Zusätze
- leicht	MI flach	DZ Sprühregen	BR feuchter Dunst	PO Staubwirbel	**NSW**:
	BC-Schwaden	RA Regen	FG Nebel	SQ Böen	keine signifikanten
ohne	DR -fegen	SN Schnee	FU Rauch	FC Wolken-schlauch	Wettererschei-nungen
Symbol:	PR teilweise	SG Schneegriesel	VA Vulkanasche	SS Sandsturm	
mäßig	BL -treiben	IC Diamantstaub	DU verbreit. Staub	DS Staubsturm	**FRQ** =
	SH Schauer	PE Eiskörner	SA Sand		häufig auftretende
+ stark	TS Gewitter	GR Hagel	HZ trockener Dunst		Erscheinungen mit
	FZ gefrierend	GS Graupel			geringer oder
VC in der Nähe					keiner räumlichen Trennung

Beispiel für eine METAR-Ausgabe:
METAR EDDF 091120Z 24010KT 9999 BKN017 09/07 Q1030 NOSIG=

Bedeutung im Klartext:
METAR von Frankfurt, Beobachtung vom 9. des Monats um 11.20 UTC: Wind aus 240° mit 10 kt, Bodensicht mehr als 10 km, 5 bis 7 Achtel Bewölkung in 1.700 ft GND, Temperatur 9 °C, Taupunkt 7 °C, QNH 1030 hPa, keine wesentlichen Änderungen zu erwarten.

9.3 Terminal Aerodrome Forecast (TAF-FC und TAF-FT)

TAF-Meldungen sind Flugplatzwettervorhersagen für die Vorbereitung von Streckenflügen als **Landewettervorhersagen** gedacht und für alle Flughäfen in deren Betriebszeitraum erhältlich.

Kurzzeit-TAF (TAF-FC) werden alle drei Stunden mit einer Gültigkeitsdauer von neun Stunden aktualisiert, während der **Langzeit-TAF (TAF-FT)** alle sechs Stunden mit einer Gültigkeitsdauer von 24 Stunden ausgegeben wird.
Die Meldungen sind entsprechend dem METAR-Code verschlüsselt. Der Vorhersagezeitraum wird hinter der Beobachtungszeit angegeben. Bei Bedarf können noch drei weitere Gruppen eingefügt werden:

- Temperaturvorhersage, eingeleitet mit dem Buchstaben T
- Vereisungsvorhersage, eingeleitet mit der Ziffer 6
- Turbulenzvorhersage, eingeleitet mit der Ziffer 5

Wahrscheinliche Änderungen werden mit dem Wort **PROB** eingeleitet. Dahinter folgen die **Wahrscheinlichkeit** des Eintreffens in Prozent (30 oder 40 %) und der Zeitraum, in dem das Wetterereignis erwartet wird.

Weitere selbständige Vorhersageabschnitte werden mit der Buchstabengruppe FMGGgg eingeleitet, z.B. FM1200 (gültig ab (from) 12 Uhr UTC).

Beispiel für TAF-FC:
LOWI 250950Z 251019 VRB05 1500 OVC006 BECMG 1012 5000 BKN 015 OVC035=

Bedeutung im Klartext:
Flugplatzvorhersage für Innsbruck für den 25. des Monats, ausgegeben um 09.50 UTC, Vorhersage für den 25. des Monats von 10.00 bis 19.00 UTC: Wind variabel mit 5 kt, Bodensicht 1.500 m, bedeckter Himmel mit Untergrenze zunächst bei 600 ft GND, zwischen 10 und 12 Uhr UTC Bodensicht verbessernd auf 5.000 m und Bewölkung aufreißend (5 bis 7 Achtel Bedeckung) mit Untergrenze 1.500 ft GND, darüber 8 Achtel in 3.500 ft GND.

Weitere Beispiele für Wettermeldungen:

METAR EDDB 300820Z 27005 1200E 4000W R27LP1500 27R1400 RA SCT001 BKN007 OVC030 12/11 Q1004 NOSIG =

TAF-FC EDDB 130600Z 130716 27015G25KT 5000 RA BKN008 OVC020 TEMPO 0712 5000 +RASH BKN005 BECMG 1215 29010KT 6000 BR BKN015 OVC 030 =

TAF-FT EDDW 150400Z 151206 31015G25KT 9999 BKN025 PROB30 TEMPO 1218 SHRA BKN015 BECMG 1821 30008KT=

9.4 GAMET

GAMETs sind Gebietsvorhersagen für Streckenflüge im unteren Luftraum. Sie werden für jedes Fluginformationsgebiet (FIR) der BRD vier Mal pro Tag mit einem Gültigkeitszeitraum von 6 Stunden über Internet, pc_met, FlugMet und Faxserver ausgegeben. Sie bestehen aus zwei Abschnitten:

- **SECN1**: besondere Streckenwettererscheinungen, wenn daraus Gefahren entstehen können. Bei gutem Wetter wird nur **HAZARDOUS WX NIL** (keine gefährlichen Wettererscheinungen) angegeben. Werden bereits vorhergesagte Wettererscheinungen nicht mehr erwartet, wird das in einem außerplanmäßigen GAMET berichtigt (amendiert) und mit **AMD** gekennzeichnet. Detailinformationen erfolgen jedoch nur beim Auftreten festgelegter Wettererscheinungen:
  Bodenwind > 30 kt (**SFC WSPD**)
  horizontale Sicht verbreitet unter 5.000 m (**SFC VIS** = Bodensicht)
  signifikantes Wetter (**SIGWX**): vereinzelte (**ISOL**) oder gelegentliche (**OCNL**) Gewitter mit/ohne Hagel
  Berge ganz oder teilweise in Wolken (**MT OBSC**)
  Bewölkung verbreitet unter 1.000 ft oder hoch reichend (**SIG CLD**, BKN oder OVC)
  mäßige Vereisung (**ICE**) mit Intensität und Höhenbereich
  mäßige Turbulenz (**TURB**) mit Intensität und Höhenbereich
  mäßige Leewellen (**MTW**) mit Intensität und Höhenbereich
  Hinweis auf eventuelles SIGMET (**SIGMET APPLICABLE**)
- **SECN2**: zusätzliche Wetterinformationen
  Drucksysteme und Fronten (**PSYS**) mit evtl. Zugrichtung (**MOV**...) und Intensitätsänderungen (**NC** = keine Änderung, **INTSF** = verstärkend, **WKN** = abschwächend)
  Wind und Temperatur in verschiedenen Höhen (**WIND/T**),
  Wolken (**CLD**)
  Nullgradgrenze (**FZLVL**)
  QNH-Minima für 2-Stunden-Intervalle (**MNM QNH**).

Beispiel:

GAMET für FIR München (EDMM) ausgegeben am 03. des Monats um 14.00 UTC gültig von 15.00 bis 21.00 UTC für den Luftraum bis Flugfläche 150:

FADL41 EDZM 031400
EDMM GAMET VALID 031500/032100 EDZM-
MUENCHEN FIR BLW FL150
SECN I
SFC VIS : 15/18 2000 M SN ALONG ALPS
MT OBSC : ABV 4000 FT AMSL ALPS
SIG CLD : 15/18 OCNL TCU 4000 FT AMSL/FL120 S PART
15/18 ISOL TCU 3500 FT AMSL/FL080 N PART
SIGMET APPLICABLE: AT TIME OF ISSUE NIL
SECN II
PSYS : 18 L 995 HPA N OF ICELAND NE NC
18 WARMFRONT LINE EDDW-EDDK-LFSI MOV SE NC
18 H 1036 HPA WALES STNR NC
WIND/T : 3000 FT AMSL 290/20KT MS02
FL050 330/20KT MS07

```
            FL100             350/30KT MS16
CLD     :  SCT CU 4000 FT AMSL/FL060
            19/21 BKN SC/AS FL050/FL120
FZLVL   :  2000 FT AMSL
MNM QNH :  15/17 1026 HPA
            17/19 1026 HPA
            19/21 1025 HPA
CHECK GAFOR (VIS AND CLD BASE), AIRMET AND SIGMET-INFORMATION
```

9.5 SIGMET

SIGMETs sind Wetterwarnungen über das Vorkommen oder über das voraussichtliche Vorkommen von signifikanten meteorologischen Erscheinungen, die Luftfahrzeugen gefährlich werden können. Folgende signifikante Wettererscheinungen werden in SIGMETs aufgenommen und in Kürzelform mit einer Gültigkeitsdauer von maximal 4 Stunden für jedes Fluginformationsgebiet (FIR) ausgegeben:

- OBSC TS = Gewitter verborgen, z. B. im Dunst
- EMBD TS = Gewitter in Wolken eingebettet
- FRQ TS = häufige Gewitter
- SQL TS = Gewitter in einer Böenlinie

  Ist starker Hagel bei einer dieser Gewitterformen anzunehmen oder anzutreffen, dann folgt der Zusatz GR.
- SEV TURB oder SEV CAT = starke Turbulenz bzw. Clear Air Turbulence
- SEV ICE = starke Vereisung
- SEV ICE (FZRA) = starke Vereisung durch unterkühlten Regen
- SEV MTW = starke Leewellen
- HVY SS = starker Sandsturm
- HVY DS = starker Staubsturm
- TC = tropischer Wirbelsturm
- VA + Name des Vulkans = Vulkanaschewolke

Bei Gewittern entfallen Hinweise auf Vereisung und Turbulenz.

Die Verbreitung von SIGMETs erfolgt zusammen mit allen Wetterberatungen und über die Fluginformationsfrequenzen. Warnungen der stärkeren Form, die im SIGMET ausgegeben wurden, werden in GAMETs nicht wiederholt.
In der Praxis schaut man sich daher zuerst das GAMET für den in Frage kommenden Luftraum an. Wird dort auf ein SIGMET verwiesen, bekommt man dort Informationen über die gefährlicheren Wettererscheinungen.

9.6 AIRMET

AIRMETs sind Hinweise für die allgemeine Luftfahrt auf gefährliche Wettererscheinungen, die jedoch wegen ihrer geringeren Intensität noch nicht unter die SIGMET-Kriterien fallen oder in Sektion 1 der GAMETs noch nicht erfasst wurden. Im Aufbau und in der Verwendung von Kürzeln entsprechen sie dem METAR-System. Gewarnt wird vor:

- Bodenwind (im Mittel > 30 kt)
- Bodensicht < 5.000 m (inkl. der verursachenden Wettererscheinung)
- vereinzelte oder gelegentliche (ISOL bzw. OCNL) Gewitter mit/ohne Hagel
- Berge in Wolken
- Wolken verbreitet BKN/OVC <1.000 ft GND
- Cumulonimben oder hoch reichende Quellwolken (CB bzw. TCU) ohne Gewitter
- mäßige Vereisung
- mäßige Turbulenz
- mäßige Leewellen

AIRMETs werden wie SIGMETs über pc_met, FlugMet, Fax-Server, INFOMET, Flugwetterberatung, Flugrundfunk (FIS-Frequenzen) verbreitet.

9.7 VOLMET

Auf eigens dafür reservierten Frequenzen werden für Luftfahrzeuge im Flug rund um die Uhr die Wettermeldungen der Flughäfen und der Trend in englischer Sprache ausgestrahlt. Diese sog. **VOLMET-Sender** informieren über das Platzwetter von etwa 10 bis 15 **Flughäfen**.

Einige VOLMET-Frequenzen:

Frankfurt 1:	127.600 MHz	Frankfurt 2:	135.775 MHz
Bremen:	127.400 MHz	Berlin:	128.400 MHz
Zürich:	127.200 MHz	Innsbruck:	130.475 MHz

9.8 ATIS

Auf eigenen Flugfunkfrequenzen, aber auch von einigen **VOR-Stationen** werden Lande- und Startinformationen im Klartext in englischer Sprache von einem Tonband abgestrahlt. Dieser sog. **Automatic Terminal Information Service (ATIS)** enthält neben wichtigen Wettermeldungen auch Informationen über die aktive Landebahn, so dass man sich schon im Anflug auf einen Flughafen über die Platzverhältnisse informieren und damit die Flugsicherung entlasten kann. Neu aufgelegte Meldungen werden täglich nach dem internationalen Alphabet durchnummeriert. Vor dem Start oder der Landung auf einem Verkehrsflughafen hört man ATIS ab und teilt der entsprechenden **Flugsicherungskontrollstelle bei Kontaktaufnahme** mit, dass man die aktuelle ATIS-Meldung (z.B. Information DELTA) abgehört hat.

Beispiel für eine ATIS-Aufsprache:
This is Stuttgart Information DELTA, expect ILS-approach runway two-five, transition level six-zero, wind two-one-zero degrees, one-five knots, visibility three kilometers, clouds scattered niner hundred feet, broken five thousand feet, temperature eight, dewpoint six, Q-N-H one-zero-one-three hectopascal equals two-niner decimal niner-two inches, NOSIG, information DELTA out.

10 Selbstbriefing im DWD

Um die zeitaufwändige individuelle Beratung zu reduzieren, bietet der DWD – allerdings nicht kostenlos – eine Reihe von Möglichkeiten an *(siehe Abschnitt 8.2)*, sich ohne Inanspruchnahme eines Flugwetterberaters bedarfsgerecht entsprechend den Erfordernissen der **LuftVO** (Pflicht zur Wetterberatung bei Überlandflügen) über das Flugwetter zu informieren. Der **verantwortliche Luftfahrzeugführer** entscheidet dabei selbst, wann und welche Wetterinformationen er für seinen Flug einholt. Der **Zeitpunkt** der Abfrage sollte umso näher an der Startzeit liegen und die Informationen sollten umso detaillierter sein, je zweifelhafter die Wetterlage im Flugzeitraum erscheint.

Die aktuellen Kontaktnummern und Preise findet man z. B. im 14-tägig erscheinenden VFR-Bulletin, das an jedem Flugplatz aufliegt, oder im Internet unter *http://www.dwd.de/de/SundL/Luftfahrt/Luftfahrt.htm*.

Ist ein Flug über mehrere Tage geplant, dann kann man sich für die BRD in den drei Bereichen Nord, Mitte und Süd mit den **Drei-Tage-Prognosen** schon mal vorab über die Wetterlage und die voraussichtliche Wetterentwicklung der nächsten drei Tage ein Bild machen. Komfortabel ist bei diesen Vorhersagen, dass sie die unterschiedlichen Bedürfnisse von Motorfliegern, Segelfliegern und Ballonfahrern berücksichtigen.

Auch aus den täglichen Wetterberichten von Rundfunk, Fernsehen und den Tageszeitungen lassen sich für den Streckenflieger viele Wetterinformationen entnehmen. Wer auf diese Weise über längere Zeit die Satellitenbilder, die Wandlung der Druckgebilde und die Temperaturverläufe verfolgt und dazu auch mal bewusst aus dem Fenster schaut, kann sich bald selbst an eine Vorhersage wagen, die allerdings die vorgeschriebene Wetterberatung für Überlandflüge nicht ersetzen kann.

Luftrecht und Flugsicherung – Regeln, Vorschriften und Bekanntmachungen für den Privatflugzeugführer (April 2007)

1 Nationale Organisation der Luftfahrt

Die Lufthoheit in der Bundesrepublik Deutschland liegt bei der Bundesregierung, die Gesetzgebung auf diesem Gebiet ist somit Bundessache.

Die höchste behördliche Stelle für die Luftfahrt ist das Bundesministerium für Verkehr, Bau und Stadtentwicklung (BMVBS). Es bedient sich zur Erfüllung überregionaler Aufgaben folgender Einrichtungen:

- Luftfahrtbundesamt (LBA) in Braunschweig, Bundesoberbehörde, direkt dem BMVBS unterstellt
- Deutsche Flugsicherung GmbH (DFS) in Langen, privatisiertes Unternehmen mit Bundesbeteiligung
- Bundesstelle für Flugunfalluntersuchung (BFU), Geschäftsbereich des BMVBS
- Deutscher Wetterdienst (DWD) in Offenbach (Zentralamt), teilrechtsfähige Anstalt im Geschäftsbereich des BMVBS

Staatliche Aufgaben auf dem Gebiet der Luftfahrt werden aber auch von den Regierungen der einzelnen Bundesländer übernommen, sofern sie regionalen Charakter haben.

1.1 Aufgaben der Landesluftfahrtbehörden

Die Länder erteilen Erlaubnisse für Privatflugzeugführer ohne Instrumentenflugberechtigung, Privathubschrauberführer, Segelflugzeugführer, Freiballonführer und Steuerer von Flugmodellen bis 150 kg. Dazu die Berechtigungen für Schleppflüge, Kunstflug, Wolkenflug und Ausbildung von Luftfahrern.

Weitere Aufgaben:

- Genehmigung von Flugplätzen, soweit sie nicht die Interessen des Bundes berühren.
- Erteilung der Erlaubnis zum Starten und Landen außerhalb von Flugplätzen.
- Erteilung der Erlaubnis zur besonderen Nutzung des Luftraums (Kunstflug, Akrobatik, Reklameflüge mit Bannern usw.).
- Ausübung der Luftaufsicht durch Beauftragte für Luftaufsicht (BfL), sofern nicht Bundesorganisationen dafür zuständig sind. Diese BfL führen unter anderem Überprüfungen der Flugplätze durch und stellen fest, ob ein Flugplatz ordnungsgemäß betrieben wird. Sie haben z.B. auch das Recht, zur Durchführung eines Fluges Verfügungen zu erlassen, wenn Gefahr für die öffentliche Sicherheit und Ordnung erkennbar ist, beispielsweise wenn nicht zugelassenes oder nicht lufttüchtiges Gerät in Betrieb genommen werden soll oder die Ausstattung des Fluggeländes nicht den Anforderungen entspricht.

Alle Anträge, die diese genannten Bereiche betreffen, sind an die zuständige Luftfahrtbehörde des Landes zu richten.

1.2 Deutsche Flugsicherung GmbH (DFS)

Die DFS ist seit 1992 ein privatwirtschaftliches Unternehmen. Ihre Zentrale befindet sich in Langen. Hauptaufgabe ist die Sicherung der Luftfahrt durch Flugverkehrskontrolle (Bewegungslenkung) und Beratung. Zur Durchführung dieser Aufgaben wurden folgende Dienstzweige eingerichtet:

• **Flugverkehrskontrolle**	ATC	(Air Traffic Control) mit
– Bezirkskontrolle	ACC	(Area Control Center)
– Anflugkontrolle	APP	(Approach Control)
– Flugplatzkontrolle	TWR	(Tower)
• **Flugberatungsdienst**	AIS	(Aeronautical Information Service) für

- Flugplanmanagement
- Beratung bei der Flugvorbereitung
- Sammlung, Auswertung, Bekanntmachung von Daten, die für eine sicheren und flüssigen Flugverkehr relevant sind

• **Fluginformationsdienst**	FIS	(Flight Information Service) für Informationen und Hinweise für Luftfahrzeuge **während des Fluges**
• **Flugalarmdienst**	ALS	(Alert Service)
• **Flugfernmeldedienst**	AFS	(Aeronautical Fixed Service)

Diese Aufgaben der DFS werden von drei Geschäftsbereichen wahrgenommen:

- Geschäftsbereich Center (Area of Operations Center) mit sieben Stellen in Berlin, Bremen, Langen (2), Karlsruhe, München und Maastricht (NL) für die Führung des Streckenverkehrs..
- Geschäftsbereich Tower auf jedem Verkehrsflughafen für den an- und abfliegenden Verkehr.
- Geschäftsbereich Datenmanagement mit den Aeronautical Information Service-Center (AIS), dem NOTAM-Office und dem Büro der Nachrichten für Luftfahrer (NfL).

1.3 Luftfahrtbundesamt (LBA)

Das LBA ist überwiegend für die technischen Belange der Luftfahrt zuständig. Es hat seinen Sitz auf dem Flughafen Braunschweig und führt u. a. folgende Aufgaben im Auftrag bzw. mit Abstimmung der EASA durch:

- Musterzulassung für Luftfahrtgerät (nur noch über die EASA)
- **Verkehrszulassung** der Luftfahrtgeräte
- Flugbetriebsinspektion
- Führung der deutschen **Luftfahrzeugrolle** (Verzeichnis der zum Verkehr zugelassenen Luftfahrzeuge, sofern sie im ausschließlichen Eigentum deutscher Staatsangehöriger stehen) und sonstiger Verzeichnisse für Luftfahrtgerät (z.B. Verzeichnis der Luftsportgeräte)
- Führung der zentralen **Luftfahrerdatei** (Erfassung aller Erlaubnisse und Berechtigungen eines Luftfahrers)
- Führung einer **Luftfahrer-Eignungsdatei** (Erfassung von Zuverlässigkeitsdaten)
- Zulassung von Prüfern für Luftfahrtgerät
- Mitwirkung bei Bau- und Prüfvorschriften
- **Sammeln von Nachrichten und Berichten** aus Gebieten, die für das LBA von Bedeutung sind.
- Abnahme von Prüfungen und Berechtigungen für Berufsflugzeugführer u. ä.

Die technischen Prüfungen der Luftfahrtgeräte werden dafür geeigneten Institutionen wie Institutionen wie denen des Deutschen Zentrums für Luft- und Raumfahrt (DLR) übertragen.

1.4 Bundesstelle für Flugunfalluntersuchung (BFU)

Aufgabenbereich:

- Meldestelle für Störungen und Unfälle.
- Untersuchungen bezüglich Gründe und Ursachen von Flugunfällen.

1.5 Deutscher Wetterdienst DWD

Die Zentrale des Deutschen Wetterdienstes ist in Offenbach/Main. Nähere Einzelheiten über den Flugwetterdienst finden Sie im Kapitel Meteorologie.

2 Internationale Organisation

2.1 Die ICAO (International Civil Aviation Organisation)

Internationale Regelungen für den zivilen Luftverkehr wurden mit dem sog. Chicagoer Abkommen geschaffen. Die 1947 daraus entstandene **Internationale Zivilluftfahrt-Organisation (ICAO)** hat ihren Sitz in Montreal/Kanada. ihr sind nahezu alle westlichen Staaten angeschlossen.

2.1.1 Aufgaben der ICAO

Die ICAO hat sich zur Aufgabe gesetzt, einheitliche Richtlinien festzulegen und Normen zu schaffen, die über die einzelnen Staatsgrenzen hinausgreifen, um die internationale Zusammenarbeit in der zivilen Luftfahrt zu erleichtern und zu verbessern.

So wurden z.B. einheitliche Abkürzungen, Definitionen und Symbole festgelegt, Englisch als einheitliche Sprache bestimmt und ein einheitliches Maßsystem geschaffen, um Umrechnungen zu ersparen oder zu vereinfachen. Es wurden gemeinsame Mindestanforderungen an das Luftfahrtpersonal gestellt und vieles mehr. Die der ICAO angeschlossenen nationalen Organisationen richten sich nach diesen Empfehlungen und binden sie in ihre nationalen gesetzlichen Regeln ein.

Einige wichtige Punkte sind:

- Das Recht, ohne eine Genehmigung der betreffenden Staatsregierung in einen Mitgliedstaat einzufliegen oder ihn zu überfliegen. Wer in einen Staat, der **nicht der ICAO** angehört, aus der BRD **ausfliegen** will, muss das **zwei Werktage vorher** beim zuständigen Bundesministerium (Verkehr) beantragen.
- **Ausländische Erlaubnisse** zur Führung von Luftfahrzeugen bedürfen der Anerkennung des Staates, in dem das Luftfahrzeug betrieben wird. Das bedeutet, dass z.B. die BRD – zuständig ist hier der **Bundesminister für Verkehr** mit seiner Behörde – einen amerikanischen Luftfahrerschein nicht ohne weiteres anerkennt und umgekehrt. Unterschiedliche Regelungen gelten dabei für **Staats- und Privatluftfahrzeuge**.
- Der Luftraum ist nach den **Regeln** desjenigen Staates zu benützen, der überflogen wird.

2.1.2 Das ICAO-Maßsystem

<table>
<tr><td>• Strecken in Nautical Miles (Seemeilen):
1 NM = 1,852 km</td><td>Faustregel zur Umrechnung:
NM mal 2 minus 10% = km/h
km/h durch 2 plus 10% = NM
Beispiele:
100 NM = (2 mal 100 – 10%) km
= 200 km – 20 km = 180 km
200 km = (200 : 2 + 10%) NM
= 100 NM + 10 NM = 110 NM</td></tr>
<tr><td>• Höhen über MSL (mittlere Meereshöhe) oder GND (Grund) in Fuß:
1.000 ft = 304,8 m (rund 300 m)
1.000 m = 3281 ft (rund 3300 ft)</td><td>Faustregel zur Umrechnung:
Meter = Fuß durch 10 mal 3
Fuß = Meter durch 3 mal 10 oder Meter mal 3 + 10%
Beispiel:
1.000 ft = (1.000 durch 10 mal 3) m
= (100 mal 3) m
= 300 m</td></tr>
<tr><td>• Horizontale Geschwindigkeiten (auch Windstärken) in Knoten:
1 kt = 1 NMh^{-1}</b>
<b>1 kt = 1,852kmh^{-1}</b></td><td><b>Faustregel zur Umrechnung (wie bei Strecken):</b>
<b>kt mal 2 minus 10% = kmh^{-1}</b>
<b>kmh^{-1} durch 2 plus 10% = kt
Beispiele siehe Strecken</td></tr>
</table>

	Faustregel zur Umrechnung in m/s: **m/s = kt durch 2** **kt = m/s mal 2** **Beispiele:** **50 kt** = (50 : 2) m/s = **25 m/s** **10 m/s** = (10 mal 2) kt = **20 kt**
• **Vertikalgeschwindigkeiten (Steig/Sinkgeschwindigkeiten) in ft/min:** 1.000 ft/min = 5,08 m/s	**Faustregel zur Umrechnung:** **ft/min durch 1000 mal 5 (oder durch 200) = m/s** **Beispiel:** **1.000 ft/min** = (1.000 : 200) m/s = **5 m/s**
• **Sicht in Kilometer oder Meter**	**Beispiele:** Flugsicht 10 km, Landebahnsicht 800 m
• **Luftdruck in Hektopascal**	**Beispiel:** QNH 1.020 hPa
• **Temperatur in Grad Celsius (°C)** °C = (°F –32) mal 5 durch 9 °F = (°C mal 9 durch 5) +32	**Umrechnungen und Beispiele siehe Kapitel Meteorologie**
• **Gewicht (Masse) in Kilogramm (kg)** 1 lbs = 0,4536 kg 1 kg = 2,2046 lbs	**Faustregel zur Umrechnung in lbs (Pfund):** **lbs = kg mal 2 + 10%** **kg = lbs durch 2 – 10%** **Beispiele:** **1.000 kg** = (1.000 mal 2 + 10%) lbs = **2.200 lbs** **100 lbs** = (100 durch 2 – 10%) kg = **45 kg**
• **Volumen in Liter** **1 USGal = 0,3785 Liter** **1 Liter = 0,264 USGal**	**Beispiele:** **25 USGal = ca. 95 Liter** **50 Liter = ca. 13 USGal**

Im angloamerikanischen Raum wird mit Statute Miles gerechnet:

• **Entfernungen (Strecken) in Statute Miles** **1 SM = 1,609 km** **1 km = 0,6214 SM**	**Faustregel:** **km = SM mal 2 minus 20%** **SM = km durch 2 plus 20%**
• **Geschwindigkeit in Meilen pro Stunde (mph)** **1 mph = 1,609 km/h** **1 kt = 1,1508 mph**	**Faustregel:** **km/h = mph mal 2 minus 20%** **mph = kt plus 15%** **kt = mph minus 15%** **Beispiele:** **100 kt = ca. 115 mph** **100 mph = ca. 85 kt**

2.1.3 Das Zeitsystem

In der Luftfahrt wird international eine einheitliche Uhrzeit über der gesamten Erde verwendet, die an Stelle der örtlich verschiedenen Lokalzeiten tritt. Man richtet sich nach der Uhrzeit, die auf den Längengrad Null bezogen ist. Sie wird mit **Universal Time Coordinated (UTC)** bezeichnet. Für die Bundesrepublik bedeutet das eine Verschiebung um eine Stunde gegenüber der mitteleuropäischen Uhrzeit MEZ. Wenn es z.B. nach MEZ 15.00 Uhr ist, dann ist die UTC 1400.

Merke: Für die BRD gilt
MEZ minus 1 Stunde = UTC
bei Sommerzeit (MESZ): MESZ minus 2 Stunden = UTC

2.2 EASA

Im Rahmen der Europäisierung wird auch der Luftverkehr harmonisiert. Dazu wurde 2003 die **European Aviation Safety Agency (Europäische Agentur für Flugsicherheit)** mit dem Standort in Köln gegründet. Ziel ist die Entwicklung höchstmöglicher gemeinsamer Sicherheits- und

Weltstandards für die Zivilluftfahrt in Europa in Zusammenarbeit mit internationalen Organisationen wie ICAO oder FAA (USA-Luftfahrtbehörde).

Die aktuellen Aufgaben sind:
- Musterzulassung von luftfahrttechnischen Produkten (Flugzeuge, Triebwerke, Ausrüstungsteile)
- Genehmigung und Aufsicht von Entwicklungs-, Herstellungs- und Instandhaltungsbetrieben
- Durchführung von Inspektionen, Ausbildungs- und Standardisierungsprogrammen
- Vorschriftenerstellung, Gesetzesvorschläge und technische Beratung für die Europäische Kommission
- Datenerhebung, Analyse und Forschung zur Verbesserung der Flugsicherheit

Weitere kommende Aufgaben:
- Vorschriften und Verfahren für den Flugbetrieb
- Vorschriften für die Erteilung von Pilotenlizenzen
- Genehmigung von Luftfahrtunternehmen aus Nicht-EU-Staaten

2.3 JAA

Die Joint Aviation Authorities (JAA) ist ein freiwilliger Zusammenschluss von europäischen Regulierungsbehörden (auch Nicht-EU-Mitglieder), die ebenfalls die Standards bezüglich der Sicherheit in der Luftfahrt verbessern und vereinheitlichen wollen. Allerdings wird die JAA sich in Zukunft in die EASA integrieren müssen, die ja bereits europäischen Behördencharakter hat und im Prinzip die gleichen Ziele verfolgt.

Folgende Aufgaben sind zurzeit aktuell und werden auch in der BRD größtenteils umgesetzt:
- Entwicklung von standardisierten Anforderungen (Joint Aviation Requirements, JAR) in Flugzeugbau, Flugbetrieb und Wartung sowie beim Luftfahrtpersonal.
- Entwicklung von Verwaltungs- und technischen Verfahren zur Umsetzung der JARs.
- Anpassung von Vorschriften zur Erhaltung der Konkurrenzfähigkeit der europäischen Luftfahrtindustrie.
- Bereitstellung von Expertenwissen.
- Zusammenarbeit mit anderen Luftfahrtbehörden, insbesondere mit der FAA.

In der BRD wurden die JAR-Anforderungen zum Erwerb von Lizenzen und Berechtigungen übernommen. Sie sind detailliert in JAR-FCL1 (Flight Crew Licensing) aufgeführt. Wird ein Pilot nach diesen Vorschriften ausgebildet und geprüft, dann erhält er eine JAR-FCL-Lizenz, die ihn im Gegensatz zur nationalen Lizenz berechtigt, auch im europäischen Ausland zu fliegen.

3 Gesetzliche Grundlagen

3.1 Das Luftverkehrsgesetz (LuftVG)

Das Luftverkehrsgesetz (LuftVG) bildet die gesetzliche Grundlage für alle Vorschriften, die in der bundesdeutschen Luftfahrt erlassen werden. Es gliedert sich in die drei Hauptabschnitte Luftverkehr, Haftpflicht und Straf- und Bußgeldvorschriften. Die folgenden Verordnungen sind Ausführungsbestimmungen zum LuftVG.

3.2 Die Luftverkehrs-Ordnung (LuftVO)

Die Luftverkehrs-Ordnung (LuftVO) regelt den Luftverkehr und schreibt in Einzelheiten vor, wie sich die Teilnehmer im Luftverkehr zu verhalten haben. Sie enthält die Abschnitte
- Pflichten der Teilnehmer am Luftverkehr
- Allgemeine Regeln
- Sichtflugregeln

- Instrumentenflugregeln
- Bußgeld- und Schlussvorschriften

Außerdem sind in den Anlagen Vorschriften über Lichterführung, Signale, Zeichen und Flughöhen zu finden.

3.3 Die Luftverkehrs-Zulassungs-Ordnung (LuftVZO)

Die LuftVZO legt fest, welche Betätigungen, Geräte und Einrichtungen zulassungspflichtig sind und unter welchen Bedingungen sie zugelassen werden. Außerdem sind jeweils die Behörden aufgeführt, die berechtigt sind, die Zulassung zu erteilen. Im Einzelnen enthält sie folgende Abschnitte:

- Zulassung des Luftfahrtgeräts und Eintragung der Luftfahrzeuge
- Luftfahrtpersonal
- Flugplätze
- Verwendung und Betrieb von Luftfahrtgerät (u. a. Veranstaltungen, Ein- und Ausreisebestimmungen, Mitführen gefährlicher Güter)
- Haftpflicht- und Unfallversicherung, Hinterlegung von Sicherheiten
- Kosten, Ordnungswidrigkeiten und Schlussbestimmungen

3.4 Die Verordnung über Luftfahrtpersonal (LuftPersV)

Nach der LuftPersV ist die Ausbildung der Luftfahrer vorzunehmen. Sie legt fachliche Voraussetzungen für Luftfahrer und sonstiges Luftfahrtpersonal fest bezüglich

- Art der Prüfung
- Umfang der Erlaubnis
- Gültigkeitsdauer von Erlaubnissen und Berechtigungen
- Verlängerungs- und Erneuerungsbedingungen

3.5 Die Verordnung zur Prüfung von Luftfahrtgerät (LuftGerPV)

Die LuftGerPV legt die Anforderungen und die Verfahren für die Prüfung von Luftfahrtgerät auf seine Lufttüchtigkeit fest. Luftfahrtgeräte werden nur dann zum Betrieb zugelassen, wenn Sie den Bestimmungen dieser Prüfordnung entsprechen. Diese **Prüfungen auf Lufttüchtigkeit** (Stückprüfung, **Nachprüfung**) dürfen nur anerkannte Prüfer durchführen und werden durch Stückprüfscheine bzw. Nachprüfscheine dokumentiert. Instandhaltungsmaßnahmen sind nach den Bestimmungen der Betriebsordnung von Luftfahrtgerät durchzuführen.

3.6 Die Betriebsordnung für Luftfahrtgerät (LuftBO)

In der LuftBO sind die technischen Betriebsvorschriften, die allgemeinen Flugbetriebsvorschriften sowie die Ausrüstung der Luftfahrzeuge erfasst. Sie gilt nur für den Betrieb des zum Verkehr zugelassenen Luftfahrtgeräts.

Bei der Instandhaltung und Nachprüfung sind die von dem Hersteller des Luftfahrtgeräts erstellten Betriebsanweisungen und technischen Mitteilungen zu berücksichtigen.

Zur **Instandhaltung** gehören die Wartung einschließlich kleiner Reparaturen, große Reparaturen, Überholungen von Triebwerk und Zelle.

3.7 Durchführungsverordnungen (DV)

Zu den aufgeführten Verordnungen werden zusätzlich Durchführungsbestimmungen herausgegeben, welche die einzelnen Vorschriften genauer erläutern und für den Einzelfall präzisieren. Für die Ausbildung regeln zwei Durchführungsverordnungen zur LuftPersV (1. DVLuftPersV vom April 2003 und 2. DVLuftPerV vom Januar 2006) die theoretischen und praktischen Anforderungen im Detail.

4 Der Luftfahrzeugführer

Die Ausbildung für Motorflieger richtet sich nach der LuftPersV und ist mit der zweiten Durchführungsverordnung den Regeln der JAA (Joint Aviation Authorities) gemäß JAR-FCL1 angepasst.

4.1 Erlaubniserteilung

Luftfahrzeugführer bedürfen laut LuftVZO einer Erlaubnis. Die Erteilung der Erlaubnis (Ausstellung der Lizenz) obliegt der Luftfahrtbehörde des Landes, in dem der Bewerber seinen Wohnsitz hat oder ausgebildet worden ist. Ob ein Pilot mit einer ausländischen Lizenz ein Luftfahrzeug in der BRD führen darf, entscheidet der Bundesminister für Verkehr. Innerhalb der Europäischen Union sind die JAR-Lizenzen anerkannt.

Für die Erteilung einer Erlaubnis sind nach einer theoretischen und praktischen Ausbildung auch eine theoretische und eine praktische Prüfung zu bestehen. Folgende Luftfahrerscheine werden für Privatpiloten ausgestellt:

- Privatpilotenlizenz (Flugzeug) nach JAR-FCL1, kurz PPL(A)
- Privatpilotenlizenz (Hubschrauber) nach JAR-FCL2, kurz PPL(H)
- Lizenz für Privatflugzeugführer (nationaler PPL A nach der LuftPersV §1)
- Lizenz für Segelflugzeugführer nach den ICAO-Richtlinien (national, GPL)
- Lizenz für Freiballonführer (Free Balloon Pilot Licence)
- Lizenz für Luftsportgeräteführer (Sport Pilot Licence)

Achtung: Keine Erlaubnis schließt eine andere automatisch ein.

4.2 Voraussetzungen für die Ausbildung (§24 LuftVZO)

Die Ausbildung zum Luftfahrzeugführer ist nur zulässig, wenn

- das Mindestalter erreicht ist,
- der Bewerber tauglich ist,
- keine Tatsachen vorliegen, die den Bewerber als unzuverlässig erscheinen lassen, die beabsichtigte Tätigkeit als Luftfahrer auszuüben,
- bei einem minderjährigen Bewerber der gesetzliche Vertreter (Erziehungsberechtigte) zustimmt.

4.3 Das Mindestalter für den Beginn der Ausbildung beträgt:

- 14 Jahre für Segelflugzeugführer und Führer nicht motorgetriebener Luftsportgeräte.
- 16 Jahre für Privatflugzeugführer, Privathubschrauberführer, Führer motorgetriebener Luftsportgeräte und Freiballonführer.
- 17 Jahre für Berufsflugzeugführer.

4.4 Mindestalter für den Erwerb einer Lizenz (§23 LuftVZO)

- 16 Jahre für Segelflugzeugführer (ohne Klassenberechtigung für Reisemotorsegler), Führer nicht motorgetriebener Luftsportgeräte.
- 17 Jahre für Privatflugzeugführer, Privathubschrauberführer, Segelflugzeugführer (mit Klassenberechtigung für Reisemotorsegler), Führer motorgetriebener Luftsportgeräte und Freiballonführer.
- 18 Jahre für Berufsflugzeugführer, Berufshubschrauberführer.
- 21 Jahre für Verkehrsflugzeugführer, Verkehrshubschrauberführer, Flugingenieure, Luftschiffführer.

Die zuständige Stelle kann im Einzelfall einen früheren Ausbildungsbeginn zulassen.

4.5 Lizenz für Privatflugzeugführer (nach der LuftPersV §1)

4.5.1 Fachliche Voraussetzungen:

Theoretische Ausbildung in den Sachgebieten :

- Luftrecht, Luftverkehrs- und Flugsicherungsvorschriften, einschließlich Rechtsvorschriften des beweglichen Flugfunkdienstes und die Durchführung des Sprechfunkverkehrs bei Flügen nach Sichtflugregeln,
- Navigation,
- Meteorologie,
- Aerodynamik,
- allgemeine Luftfahrzeugkenntnisse, Technik,
- Verhalten in besonderen Fällen,
- menschliches Leistungsvermögen.

Flugausbildung
mit mindestens 35 Flugstunden auf Flugzeugen verschiedener Muster mit einer Höchstabflugmasse bis zu 750 Kilogramm innerhalb der letzten vier Jahre vor Ablegung der Prüfung nach § 2, davon 10 Stunden Alleinflug. Wird die Flugausbildung innerhalb von vier Monaten abgeschlossen, ermäßigt sie sich auf mindestens 30 Flugstunden, davon 10 Stunden im Alleinflug.

In der Flugausbildung müssen enthalten sein:

- Die Flugvorbereitung einschließlich Bestimmung von Masse und Schwerpunktlage, Kontrolle und Bereitstellung des Flugzeuges.
- Platzrundenverfahren, Verfahren zur Vermeidung von Zusammenstößen und Vorsichtsmaßnahmen,
- Führen des Flugzeuges mit Sicht nach außen,
- Grenzflugzustände im unteren Geschwindigkeitsbereich, Erkennen und Beenden von beginnenden überzogenen Flugzuständen,
- Grenzflugzustände im oberen Geschwindigkeitsbereich, Erkennen und Beenden von Spiralsturzflugzuständen,
- Starts und Landungen bei Seitenwind,
- Starts und Landungen mit höchstzulässiger Leistung auf kurzen Pisten und unter Berücksichtigung der Hindernisfreiheit auf kurzen Pisten,
- Notverfahren einschließlich simulierter Ausfälle der Flugzeugausrüstung,
- An- und Abflüge zu und von kontrollierten Flugplätzen, Flüge durch Kontrollzonen, Einhaltung von Flugverkehrsverfahren, Sprechfunkverkehr,
- ein Überlandflug im Alleinflug über eine Strecke von mindestens 270 Kilometer, bei dem auf zwei vom Startflugplatz verschiedenen Flugplätzen Landungen bis zum vollständigen Stillstand durchzuführen sind.

In der Flugausbildung mit Fluglehrer können Reisemotorsegler als zweites Muster mit einer Flugzeit von insgesamt nicht mehr als 15 Stunden verwendet werden.

Erfolgreiche Teilnahme an einer Ausbildung in Sofortmaßnahmen am Unfallort.
Es genügt der Nachweis einer Fahrerlaubnis.

4.5.2 Erleichterungen

- Für Bewerber mit einer Lizenz für **Segelflugzeugführer** oder **Hubschrauberführer** verringert sich die Flugausbildung nach § 1 Abs. 3 auf mindestens 20 Flugstunden auf Flugzeugen mit einer Höchstabflugmasse bis zu 750 Kilogramm.
- Für Bewerber mit einer Lizenz für **Segelflugzeugführer** mit **Klassenberechtigung Reisemotorsegler** verringert sich die Ausbildung auf fünf Flugstunden, darin müssen 10 Starts und Landungen mit Lehrer und 10 Starts und Landungen im Alleinflug enthalten sein.

- Für Bewerber mit einer Lizenz für **Führer von aerodynamisch gesteuerten Ultraleichtflugzeugen** verringert sich die Ausbildung auf sieben Flugstunden, darin müssen10 Starts und Landungen mit Lehrer und 10 Starts und Landungen im Alleinflug sowie An- und Abflüge zu und von kontrollierten Flugplätzen, Flüge durch Kontrollzonen, Einhaltung von Flugverkehrsverfahren, Sprechfunkverkehr und Sprechgruppen enthalten sein.

4.5.3 Prüfung (§2 LuftPersV)

(1) Der Bewerber hat in einer theoretischen und praktischen Prüfung nachzuweisen, dass er nach seinem praktischen Können und seinem fachlichen Wissen die an einen Privatflugzeugführer zu stellenden Anforderungen erfüllt.
(2) Die Prüfung erstreckt sich auf
- die in § 1 Abs. 2 aufgeführten Sachgebiete,
- die notwendigen Kenntnisse und Fähigkeiten zum Führen und Bedienen von Flugzeugen mit einer Höchstabflugmasse bis zu 750 Kilogramm,
- das Verhalten in besonderen Flugzuständen und in Notfällen.

4.5.4 Erteilung und Umfang der Lizenz (§3 LuftPersV)

(1) Die Lizenz wird durch Aushändigung des Luftfahrerscheines mit der Klassenberechtigung einmotorige kolbengetriebene Landflugzeuge bis zu einer Höchstabflugmasse von 750 Kilogramm erteilt. Werden während der Ausbildung auch die Voraussetzungen nach § 3a für den Erwerb der Klassenberechtigung für Reisemotorsegler nachgewiesen, wird zusätzlich die Klassenberechtigung für Reisemotorsegler in den Luftfahrerschein eingetragen. Der Luftfahrerschein wird bei Erteilung, Verlängerung, Erneuerung einer Berechtigung, sonstige Änderung der eingetragenen Daten neu ausgestellt.

(2) Die Lizenz berechtigt zum Führen der in (1) genannten Flugzeuge
im nichtgewerbsmäßigen Luftverkehr als verantwortlicher Flugzeugführer am Tage auf Flugzeugen der eingetragenen Muster innerhalb des Hoheitsgebietes der Bundesrepublik Deutschland und

zu einer berufsmäßigen Tätigkeit als verantwortlicher Flugzeugführer auf Flugzeugen der im Luftfahrerschein eingetragenen Muster, beschränkt auf das Schleppen von Gegenständen hinter Flugzeugen und die Ausbildung von Privatflugzeugführern auf diesen Mustern innerhalb des Hoheitsgebietes der Bundesrepublik Deutschland.

(3) Die Lizenz kann um die Nachtflugqualifikation erweitert werden.

4.5.5 Klassenberechtigung für Reisemotorsegler (§3a LuftPersV)

Definition:
Reisemotorsegler sind eigenstartfähige Motorsegler, die über ein fest eingebautes Triebwerk und einen nicht einklappbaren Propeller verfügen.

(1) Privatflugzeugführer nach § 1 bedürfen zur Führung von Reisemotorseglern der Klassenberechtigung.

(2) Fachliche Voraussetzungen für den Erwerb der Klassenberechtigung für Reisemotorsegler sind
der Besitz der Lizenz für Privatflugzeugführer sowie eine Einweisung von mindestens fünf Flugstunden in die Führung und Bedienung von Reisemotorseglern, deren Beherrschung in besonderen Flugzuständen und das Verhalten in Notfällen; darin müssen 10 Starts und Landungen mit Lehrer, fünf Landungen mit abgestelltem Triebwerk und 10 Starts und Landungen im Alleinflug, davon fünf Landungen mit abgestelltem Triebwerk enthalten sein,

die Ablegung einer praktischen Prüfung, in der der Bewerber nachweist, dass er die erforderlichen Kenntnisse und Fähigkeiten zur Führung und Bedienung von Reisemotorseglern im Normalflugbetrieb und bei besonderen Flugzuständen besitzt.

4.5.6 Klassenberechtigung für einmotorige kolbengetriebene Landflugzeuge bis zu einer Höchstabflugmasse von 2.000 Kilogramm (§3b LuftPersV)

(1) Privatflugzeugführer nach § 1 bedürfen zur Führung von einmotorigen kolbengetriebenen Landflugzeugen bis zu einer Höchstabflugmasse von 2.000 Kilogramm der Klassenberechtigung.

(2) Fachliche Voraussetzungen für den Erwerb der Klassenberechtigung zur Führung von einmotorigen kolbengetriebenen Landflugzeugen bis zu einer Höchstabflugmasse von 2.000 Kilogramm sind

der Besitz der Lizenz für Privatflugzeugführer nach § 1 sowie eine Einweisung von fünf Flugstunden in die Führung und Bedienung von einmotorigen kolbengetriebenen Landflugzeugen bis zu einer Höchstabflugmasse von 2.000 Kilogramm, deren Beherrschung in besonderen Flugzuständen und das Verhalten bei Notfällen, darin müssen mindestens 10 Starts und Landungen mit Lehrer und 10 Starts und Landungen im Alleinflug enthalten sein,

die Ablegung einer praktischen Prüfung, in der der Bewerber nachweist, dass er die erforderlichen Kenntnisse und Fähigkeiten zur Führung und Bedienung von einmotorigen kolbengetriebenen Landflugzeugen bis zu einer Höchstabflugmasse von 2.000 Kilogramm im Normalbetrieb und bei besonderen Flugzuständen besitzt.

4.5.7 Gültigkeit der Lizenz und der Klassenberechtigungen (§4 LuftPersV)

(1) Die Lizenz wird mit einer Gültigkeitsdauer von 60 Monaten erteilt. Die Gültigkeit der Lizenz richtet sich nach der Gültigkeit des Tauglichkeitszeugnisses. Die Klassenberechtigung, für die der Bewerber ausgebildet worden ist und die Prüfung abgelegt hat, wird in den Luftfahrerschein eingetragen.

(2) Die Rechte einer im Luftfahrerschein eingetragenen Klassenberechtigung dürfen nur ausgeübt werden, wenn der Inhaber der Lizenz mindestens **12 Flugstunden** auf einmotorigen kolbengetriebenen Landflugzeugen, Reisemotorseglern oder aerodynamisch gesteuerten Ultraleichtflugzeugen innerhalb der **letzten 24 Monate** durchgeführt hat. In den 12 Flugstunden müssen mindestens sechs Stunden als verantwortlicher Luftfahrzeugführer, **12 Starts und 12 Landungen** sowie **ein Übungsflug** von mindestens einer Stunde Flugzeit in Begleitung eines Fluglehrers auf einem Luftfahrzeug, für das die Klassenberechtigung erteilt wurde, enthalten sein. Diese Voraussetzungen können durch eine Befähigungsüberprüfung mit einem anerkannten Prüfer auf einem Luftfahrzeug, für das die Klassenberechtigung erteilt wurde, ersetzt werden. Die Nachweise sind im Flugbuch zu führen und durch Unterschrift des Fluglehrers oder Prüfers zu bestätigen.

(3) Die Lizenz nach § 3 Abs. 1 kann um die Gültigkeit nach Absatz 1 verlängert oder erneuert werden, wenn der Bewerber die Erfüllung der Voraussetzungen nach Absatz 2 nachweist und ein gültiges Tauglichkeitszeugnis vorlegt.

4.6 Lizenz für Privatflugzeugführer (nach JAR-FCL1)

Wer eine Privatpilotenlizenz nach JAR-FCL deutsch erwerben will, muss eine erweiterte theoretische und praktische Ausbildung absolvieren, die derjenigen der CVFR-Berechtigung entspricht.

4.6.1 Zusätzliche theoretische Ausbildung

- Flugplanung unter besonderer Berücksichtigung der Lufträume C und D, Flüge ins Ausland und bei Nacht mit Kontakt zur entsprechenden Flugverkehrskontrollstelle.
- Verwendung von Funknavigationskarten, insbesondere der Streckenkarte für den unteren Luftraum der BRD.
- Erstellen und Aufgeben von Flugplänen.

- Erweiterte Kenntnisse in der Funknavigation (Grundlagen der Funktechnik, ADF/NDB, VOR, GPS, Radar.
- Funknavigationsverfahren (Homing, Tracking, Eigen- und Fremdpeilung, Entfernungsmessungen).
- Erweiterte Kenntnisse in Instrumentenkunde, insbesondere Kreiselgeräte und ihr Antrieb.

4.6.2 Zusätzliche praktische Flugausbildung

- Navigation nur mit bordeigenen Funknavigationsgeräten oder bodengestützter Dienste wie Radar oder Funkpeilung nach standardisierten Verfahren.
- Fliegen nach Instrumenten ohne Sicht nach außen, insbesondere Beherrschen der 180°-Umkehrkurve.

4.7 Klassenberechtigung Reisemotorsegler (§40a LuftPersV) für Inhaber der Lizenz Segelflug

Wer bereits eine Segelfluglizenz (GPL) besitzt, kann dazu eine Klassenberechtigung für Reisemotorsegler mit verkürzter Ausbildung erwerben. Der Eintrag dieser TMG-Berechtigung hat den Vorteil, dass sie unbefristet ausgestellt wird. Allerdings muss man sich stets selbst überwachen, ob man die Bedingungen zum Ausüben dieser Berechtigung auch erfüllt *(siehe 4.7.2)*.

4.7.1 Fachliche Voraussetzungen für den Erwerb der TMG-Berechtigung

1. der Besitz der Lizenz für Segelflugzeugführer
2. eine theoretische Ausbildung mit Erweiterung auf die Kenntnisse, die ein Bewerber für die Lizenz für Privatflugzeugführer nachweisen muss.
3. eine Flugausbildung zum Führen und Bedienen von Reisemotorseglern, deren Beherrschung in besonderen Flugzuständen und zum Verhalten in Notfällen mit mindestens 10 Flugstunden, in denen enthalten sein müssen:
   - 20 Alleinstarts und 20 Alleinlandungen,
   - An- und Abflüge von und zu kontrollierten Flugplätzen, Flüge durch Kontrollzonen, Einhaltung von Flugverkehrsverfahren, Sprechfunkverkehr
   - die selbständige Vorbereitung und Durchführung von mindestens zwei Navigationsdreiecksflügen, davon einer in Begleitung eines Fluglehrers und einer als Alleinflug über eine Strecke von jeweils mindestens 270 Kilometer, bei dem auf zwei vom Startplatz verschiedenen Flugplätzen Landungen bis zum vollständigen Stillstand durchzuführen sind.
4. Die Ablegung einer theoretischen Ergänzungsprüfung und einer praktischen Prüfung, in der der Bewerber nachweist, dass er die erforderlichen Kenntnisse und Fähigkeiten zur Führung und Bedienung von Reisemotorseglern im Normalbetrieb und bei besonderen Flugzuständen besitzt.

4.7.2 Ausübung der Klassenberechtigung für Reisemotorsegler (§41 LuftPersV)

Die Rechte einer im Luftfahrerschein eingetragenen Klassenberechtigung für Reisemotorsegler dürfen nur ausgeübt werden, wenn der Inhaber der Lizenz mindestens 12 Flugstunden auf Reisemotorseglern, einmotorigen Landflugzeugen mit Kolbentriebwerk oder aerodynamisch gesteuerten Ultraleichtflugzeugen innerhalb der letzten 24 Monate durchgeführt hat. In den 12 Flugstunden müssen mindestens sechs Stunden als verantwortlicher Luftfahrzeugführer sowie 12 Starts und 12 Landungen sowie ein Übungsflug von mindestens einer Stunde Flugzeit in Begleitung eines Fluglehrers auf Reisemotorseglern enthalten sein. Die Voraussetzungen nach den Sätzen 1 und 2 können durch eine Befähigungsüberprüfung mit einem anerkannten Prüfer auf einem Reisemotorsegler oder, bei Inhabern der Lizenz für Privatflugzeugführer, auf einem einmotorigen Landflugzeug mit Kolbentriebwerk ersetzt werden. Die Nachweise sind im Flugbuch zu führen und durch Unterschrift des Fluglehrers oder Prüfers zu bestätigen.

Inhaber einer Klassenberechtigung für Reisemotorsegler bedürfen zur Durchführung von Flügen bei Nacht der Nachtflugqualifikation.

4.8 Erweiterung der Erlaubnis (§§81–86 LuftPersV und JAR-FCL 1)

Eine Erlaubnis für Privatpiloten kann von der Luftfahrtbehörde des Landes nach entsprechender Ausbildung und eventueller Prüfung erweitert werden auf:

- Nachtflugberechtigung
  Für die Durchführung von Flügen bei Nacht sind mindestens fünf zusätzliche Stunden auf Flugzeugen bei Nacht durchzuführen, davon drei Stunden mit Lehrberechtigtem mit mindestens einer Stunde Überlandflugnavigation sowie fünf Alleinstarts und fünf Alleinlandungen bis zum vollständigen Stillstand. Diese Qualifikation wird in die Lizenz eingetragen.
- Berechtigung zum Kunstflug
- Berechtigung zum Wolkenflug (nur für die Segelfluglizenz)
- Berechtigung zur Ausbildung von Luftfahrern (Lehrberechtigung)
- Berechtigung zur Durchführung kontrollierter Sichtflüge (CVFR-Berechtigung)
- Schleppberechtigung
- Streu- und Sprühberechtigung

4.9 Behördliche Überwachung der Lizenzen

4.9.1 Überprüfung durch die Luftfahrtbehörde

Die Erlaubnisbehörde kann immer dann eine fliegerische Überprüfung von Luftfahrerscheininhabern anordnen, wenn Tatsachen bekannt werden, die Zweifel am ausreichenden Können des Inhabers einer Erlaubnis rechtfertigen.

4.9.2 Widerruf (Entzug) einer Erlaubnis

Die Erlaubnis wird widerrufen, wenn sich herausstellt, dass der Inhaber

- für die Erlaubnis ungeeignet ist
- ausreichendes Können nicht mehr nachweisen kann oder
- eine von der Erlaubnisbehörde angeordnete Überprüfung verweigert.

Bei den Verfahren zur Erteilung oder zum Widerruf einer Erlaubnis werden in der Regel auch die Eintragungen im Verkehrszentralregister (Flensburg) verwertet. So können Luftfahrerscheine z.B. dann entzogen bzw. nicht verlängert werden, wenn der Betreffende wegen eines Alkoholdelikts im Straßenverkehr für schuldig befunden wurde.

4.9.3 Überprüfung der Zuverlässigkeit (§7 LuftSiG)

Zu Beginn einer Ausbildung zum Privatflugzeugführer, bei der Verlängerung einer Lizenz oder auch beim Erwerb einer neuen Berechtigung führen die Behörden »zum Schutz vor Angriffen auf die Sicherheit des Luftverkehrs« eine **Zuverlässigkeitsüberprüfung** nach dem **Luftsicherheitsgesetz (LuftSiG)** durch, die verhindern soll, dass Personen aus der terroristischen Szene Zugang zu Luftfahrzeugen bekommen.

Weiterhin ist geplant, diese Sicherheitsüberprüfung in periodischen Abständen zu wiederholen.

5 Luftfahrzeuge

5.1 Arten

Nach dem LuftVG §1 Abs. 2 werden als Luftfahrzeuge betrachtet:

- Flugzeuge (darunter werden angetriebene Flächenflugzeuge verstanden)
- Drehflügler (Trag-, Hub- und Flugschrauber)
- Luftschiffe
- Segelflugzeuge
- Motorsegler
- Frei- und Fesselballone
- Drachen
- Rettungsfallschirme
- Luftsportgeräte
- Flugmodelle
- Sonstige für die Benutzung des Luftraums verwendeten Geräte, sofern sie in Höhen von mehr als dreißig Metern über Grund oder Wasser betrieben werden können.
- Raketen, Raumfahrzeuge und ähnliche Flugkörper gelten als Luftfahrzeuge, solange sie sich im Luftraum befinden.

5.2 Zulassung

Zwei grundsätzliche Zulassungsverfahren sind zu unterscheiden:

5.2.1 Musterzulassung

Die Musterzulassung wird vom Hersteller für ein neues Muster beantragt. Die EASA bzw. in ihrem Auftrag das LBA prüft das Gerät nach festgelegten Verfahren, legt **Betriebsgrenzen** fest, stellt die Daten zusammen, die in einem Kennblatt erfasst werden, genehmigt die **Handbücher** für Betrieb und Instandhaltung und erteilt die Musterzulassung. Erst jetzt darf der Luftfahrzeugtyp in Serie gebaut werden.

Die Zulassung eines neuen Musters wird in den Nachrichten für Luftfahrer veröffentlicht.

5.2.2 Verkehrszulassung

Alle Luftfahrzeuge bedürfen der behördlichen Zulassung zum Verkehr durch das Luftfahrtbundesamt und erhalten je nach Art ein Kennzeichen zugeteilt, das am Luftfahrzeug nach der Vorschrift der LuftVZO angebracht werden muss. Außerdem muss die Bundesflagge auf beiden Seiten des Leitwerks angebracht sein.

Die Kennzeichen (Call Sign) der in der BRD zugelassenen Luftfahrzeuge beginnen mit einem D. Dahinter folgt bei Segelflugzeugen eine vierstellige Zahl (z.B. D-6302), bei Motorflugzeugen, Motorseglern und Ultraleichtflugzeugen eine vierstellige Buchstabengruppe. Der Anfangsbuchstabe richtet sich nach der maximalen Startmasse:

E für einmotorige Flugzeuge bis 2.000 kg (z.B. D-ECHO)
G für mehrmotorige Flugzeugen bis 2.000 kg (z.B. D-GOLF)
F für einmotorige Flugzeugen von 2 bis 5,7 t (z.B. D-FOXL)
I für mehrmotorige Flugzeugen von 2 bis 5,7 t (z.B. D-INNA)
K für Reisemotorsegler oder motorisierte Segelflugzeuge (z.B. D-KILO)
H für Drehflügler (z.B. D-HOPP)
M für Ultraleichtflugzeuge (z.B. D-MIKE)

Jedes Luftfahrzeug wird gleich nach der Produktion in einer **Stückprüfung** daraufhin untersucht, ob es in Übereinstimmung mit den Musterunterlagen gebaut wurde. Erst wenn keine Abweichungen festgestellt wurden, wird von einem zugelassenen Prüfer für Luftfahrtgerät der Stückprüfschein ausgestellt und es kann zum Verkehr zugelassen werden. Dabei werden zwei Dokumente ausgestellt, die zu den Bordpapieren genommen werden müssen:

Der **Eintragungsschein** weist nach, wer als **Eigentümer** in der Luftfahrzeugrolle erfasst wurde. Dieses Verzeichnis ist auf Verlangen für jedermann einsehbar.

Das **Lufttüchtigkeitszeugnis** weist in Verbindung mit dem Stückprüfschein (später mit dem Nachprüfschein) die **Verkehrszulassung** nach. Hier ist unter anderem der **Verwendungszweck** eingetragen (Kategorie kommerziell oder nicht kommerziell). Ändert er sich, dann ist die beabsichtigte Art der Änderung dem LBA zu melden. Die Verkehrszulassung gilt bis auf Widerruf. Das Luftfahrzeug darf allerdings nur in Betrieb genommen werden, wenn die erforderlichen **Nachprüfungen** durchgeführt wurden. Das Datum der letzten Jahresnachprüfung wird sowohl im Nachprüfschein als auch im Bordbuch jedes Luftfahrzeugs festgehalten und vom Prüfer abgezeichnet.

Eine **Nachprüfung** in einem anerkannten **luftfahrttechnischen Betrieb** ist immer dann erforderlich, wenn eine Grundüberholung oder eine größere Reparatur durchgeführt wurde, wenn das Luftfahrzeug exportiert werden soll oder wenn seit der letzten Nachprüfung **12 Monate** vergangen sind.

5.3 Flugsicherungsausrüstung

Für Flüge nach Sichtflugregeln benötigen u. a. Flugzeuge, Motorsegler und Ultraleichtflugzeuge folgende Flugsicherungsausrüstung:

- **UKW-Sprechfunkgerät** für den Bereich 118,000 bis 136,975 MHz, ausgenommen für Flüge bei Tag in der Umgebung von unkontrollierten Flugplätzen. Die Flugverkehrskontrollstellen können im Einzelfall Flüge ohne Sprechfunk zulassen.
- **Transponder** für Flüge in den Lufträumen der Klassen **C und D (nicht Kontrollzone)**, in Transponderpflicht-Zonen **(TMZ)**, für Flüge bei Nacht im kontrollierten Luftraum und für Flüge **oberhalb 5.000 ft MSL oder oberhalb 3.500 ft GND**, wenn dabei 5.000 ft MSL überschritten werden.
- **VOR** oder Flächennavigationsgerät (z.B. **GPS**) für Flüge in Lufträumen der Klasse C, Flüge bei Nacht in kontrollierten Lufträumen außerhalb der Sichtweite eines für Nachtflug genehmigten und befeuerten Flugplatzes, Flüge über Wolkendecken.
- VOR oder GPS oder **ADF** für Flüge bei Nacht in unkontrollierten Lufträumen.

5.4 Verantwortlichkeit für das Luftfahrzeug

Der **Halter** ist für den sicheren Betrieb seines Luftfahrzeugs verantwortlich, insbesondere hat er dafür zu sorgen, dass die Vorschriften der LuftBO, der LuftVZO und der LuftVO eingehalten werden. Dazu gehören u. a. die Einhaltung der zulässigen Betriebszeiten, die Überwachung der Instandhaltung und die Führung der Betriebsaufzeichnungen.

Dagegen ist der **Luftfahrzeugführer** für die sichere Führung des Luftfahrzeugs verantwortlich. Er hat das alleinige **Entscheidungsrecht** in allen Betriebsphasen (Rollen, Start, Flug und Landung). Bei Ausbildungsflügen – auch beim sog. Vertrautmachen mit einem neuen Muster – ist stets der Fluglehrer der verantwortliche Pilot, bei Prüfungsflügen der Prüfer, während derjenige Inhaber einer Erlaubnis auch dann verantwortlich fliegt, der aus Sicherheitsgründen einen erfahrenen Piloten mitnimmt. Im Zweifelsfall ist bei zwei Piloten derjenige der verantwortliche, den der Halter dazu bestimmt hat.

Werden **Mängel** am Luftfahrzeug festgestellt, dann hat sie der Luftfahrzeugführer in das **Bordbuch** einzutragen und dem Halter zu **melden**. Dieser wiederum ist verpflichtet, technische Mängel, welche die Lufttüchtigkeit beeinträchtigen, dem LBA anzuzeigen. Das gilt insbesondere für so genannte Störungen *(siehe unten)*.

Anzeigepflicht

Der Halter eines Luftfahrzeugs hat dem Luftfahrtbundesamt den Wechsel des regelmäßigen Standorts seines Luftfahrzeugs unverzüglich zu melden.

Ein Wechsel des Halters ist anzuzeigen, wenn der neue Halter das Luftfahrzeug mindestens länger als sechs Monate benützt.

Unfälle und schwere Störungen hat der verantwortliche Luftfahrzeugführer (bei Verhinderung ein anderes Besatzungsmitglied oder der Halter des Luftfahrzeugs) der **Bundesstelle für Flugunfalluntersuchung (BFU) unverzüglich** zu melden. Dies gilt auch für Unfälle und schwere Störungen deutscher Luftfahrzeuge im Ausland.

Daneben sind die Flugleitungen an Flugplätzen und die Flugsicherungsdienststellen verpflichtet, einen Unfall oder eine schweren Störung der BFU zu melden.

Eine Liste der meldepflichtigen Ereignisse zu §5 LuftVO findet man in der Anlage 6 zur LuftVO.

Definition eines Unfalls:

Unfall im Sinne des Flugunfall-Untersuchungs-Gesetz (FlUUG) ist ein Ereignis beim Betrieb eines Luftfahrzeugs (vom Einsteigen bis zum Verlassen) wenn hierbei

- Tod oder schwere Verletzung einer Person eingetreten ist oder
- schwerer Schaden am Luftfahrzeug entstanden ist (Festigkeitsverbund, Flugleistungen oder Flugeigenschaften beeinträchtigt sind und eine große Reparatur erforderlich ist)
- das Luftfahrzeug vermisst oder nicht zugänglich ist

Definition einer schweren Störung:

Ein Ereignis beim Betrieb eines Luftfahrzeugs, dessen Umstände darauf hindeuten, dass sich beinahe ein Unfall ereignet hätte. Beispiele:

- Ausfall eines Besatzungsmitglieds durch gesundheitliche Störung
- Störungen an den Steueranlagen
- Abkommen von Start- oder Landebahnen
- unkontrollierte Fluglagen
- besondere meteorologische Einwirkungen auf den Flug
- Schäden an tragenden Bauteilen
- gefährliche Begegnungen/Fastzusammenstöße zwischen Luftfahrzeugen
- Notlandungen (Außenlandungen von Segelflugzeugen gelten nicht als Notlandungen)

Sind bei einem Unfall oder einer Störung Personenschäden oder schwere Beschädigungen am Luftfahrzeug entstanden, muss der Vorfall unverzüglich der nächsten Polizeidienststelle gemeldet werden. Diese leitet die Anzeige an die Flugunfalluntersuchungsstelle und an die Flugsicherung weiter.

Der Halter des Luftfahrzeugs ist verpflichtet, auf Verlangen der Bundesstelle für Flugunfalluntersuchung zur Vervollständigung der Meldung einen ausführlichen Bericht innerhalb von 14 Tagen vorzulegen.

In allen Fällen dürfen nach einem Unfall das Luftfahrzeug und die Spuren der Störung erst dann beseitigt werden, wenn die Bundesstelle für Flugunfalluntersuchung die Genehmigung dazu erteilt hat.

5.5 Instandhaltung des Luftfahrzeugs

Jedes Luftfahrzeug und jedes Ausrüstungsteil darf nur innerhalb der zulässigen Betriebszeit verwendet werden (§4 LuftBO). Ist diese erreicht oder stellen sich vorher schon Mängel heraus, die im Rahmen der Wartung nicht zu beheben sind, so ist das Gerät ganz oder teilweise zu überholen (§7 LuftBO).

Unter **Wartung** versteht man die Durchführung planmäßiger Kontrollen zur Aufrechterhaltung und Überwachung der Lufttüchtigkeit sowie zusätzliche kleinere Reparaturen (§6 LuftBO). Im nichtgewerblichen Verkehr dürfen Wartungsarbeiten einschließlich kleiner Reparaturen des Luftfahrtgeräts (Ausnahme Verkehrsflugzeuge und Drehflügler) auch von sachkundigen Personen durchgeführt werden. Bei einfachen Kontrollen und Arbeiten im Rahmen der Wartung können in diesem Fall die Nachprüfungen nach der Verordnung zur Prüfung von Luftfahrtgerät zusammengefasst bei der Jahresnachprüfung durchgeführt werden.

Wer eine Erlaubnis als Luftfahrzeugführer besitzt, kann an einem Luftfahrzeug, dessen Eigentümer oder Halter er ist und das nicht für die gewerbsmäßige Beförderung von Personen oder Sachen verwendet wird, einfache Kontrollen und Arbeiten im Rahmen der Wartung selbst durchführen, wenn er die notwendigen Kenntnisse und Fähigkeiten besitzt. Auch in diesem Fall können die Nachprüfungen zusammengefasst bei der Jahresnachprüfung durchgeführt werden.

Flugzeuge, die zur Ausbildung eingesetzt werden, müssen von einem zugelassenen luftfahrttechnischen Betrieb instand gehalten werden.

Luftfahrzeuge, die **nicht mehr lufttüchtig** sind – z.B. beim Überschreiten der Gültigkeitsdauer des **Nachprüfscheins** – dürfen nicht mehr in Betrieb genommen werden. Nur in Ausnahmefällen dürfen sie mit Genehmigung des LBA an einen anderen Flugplatz zum Zwecke der Instandsetzung überführt werden.

Oft stellen sich im Laufe der Zeit bei einem Muster Unzulänglichkeiten oder typische Störungen heraus, welche die Lufttüchtigkeit beeinträchtigen. Das sind meist konstruktive Schwachstellen, die bei der Musterprüfung nicht erkannt wurden oder erkannt werden konnten. In Zusammenarbeit mit dem Hersteller gibt das LBA in solchen Fällen sog. **Lufttüchtigkeitsanweisungen (LTA)** heraus. Das sind Anordnungen zur Behebung von Mängeln, die sich erst beim Betrieb des Luftfahrzeugs herausgestellt haben. Dazu werden Fristen gesetzt (sofort, im Rahmen der nächsten Wartungsarbeit, bis zur nächsten Nachprüfung o. Ä.), die unbedingt einzuhalten sind, da der einzelne Halter nicht absehen kann, wie sich die schlummernde Gefahr auf sein Luftfahrtgerät auswirkt.

Zu jedem Muster gehören zur Instandhaltung und Nachprüfung Unterlagen, die mit dem Kennblatt des Musters übereinstimmen müssen. Das sind vor allem die Betriebshandbücher mit den Wartungsanweisungen, die Lufttüchtigkeitsanweisungen und die Empfehlungen des Herstellers. Alle Vorgänge und Maßnahmen an einem Luftfahrzeug werden in einer **Lebenslaufakte** gesammelt, so dass nachvollziehbar ist, wer wann was durchgeführt hat.

5.6 Betriebsaufzeichnungen

5.6.1 Verpflichtungen

Halter von Luftfahrzeugen sind verpflichtet, Betriebsaufzeichnungen zu führen und sie bei den Nachprüfungen vorzulegen (§15 LuftBO). Sie müssen enthalten:

- alle Stück- und Nachprüfscheine seit der Verkehrszulassung
- Angaben über Wartungsarbeiten
- Angaben über Reparaturen und Überholungen
- Die Betriebsaufzeichnungen können in Form des Bordbuchs geführt werden. Oft sind sie aber auch der Lebenslaufakte des Luftfahrzeugs beigefügt.

5.6.2 Bordbuch (§30 LuftBO)

(1) Für jedes Luftfahrzeug mit Ausnahme der Luftsportgeräte ist ein Bordbuch zu führen.

(2) Das Bordbuch ist den für die Nachprüfung des Luftfahrzeugs nach der Verordnung zur Prüfung von Luftfahrtgerät zuständigen Stellen bei der Prüfung vorzulegen. Die zuständigen Luftfahrtbehörden können die Einsicht in das Bordbuch jederzeit verlangen.

(3) Das Bordbuch muss enthalten:
- das Staatszugehörigkeits- und Eintragungszeichen;
- Art, Muster, Geräte- und Werknummer des Luftfahrzeugs;

für die durchgeführten Flüge:

- Ort, Tag, Zeit (UTC) des Abflugs und der Landung sowie die Betriebszeit; die an einem Tage während des Flugbetriebs auf einem Flugplatz und in dessen Umgebung durchgeführten Flüge können unter Angabe der Anzahl der Flüge und der gesamten Betriebszeit eingetragen werden;
- Name des verantwortlichen Luftfahrzeugführers;
- Anzahl der zur Besatzung gehörenden Personen;
- Anzahl der Fluggäste;
- technische Störungen und besondere Vorkommnisse während des Flugs;
- Gesamtbetriebszeit und Betriebszeit nach der letzten Grundüberholung;
- Angaben über die Instandhaltung und Nachprüfung des Luftfahrzeugs.

(4) Für die Führung des Bordbuches ist der Halter verantwortlich. Daneben ist der verantwortliche Luftfahrzeugführer für die seinen Flug betreffenden Angaben verantwortlich. Die Eintragungen sind alsbald und dauerhaft vorzunehmen und von den dafür verantwortlichen Personen abzuzeichnen. Die Bordbücher sind zwei Jahre nach dem Tage der letzten Eintragung aufzubewahren.

(5) Das Bordbuch ist an Bord des Luftfahrzeugs mitzuführen.

Der Luftfahrzeugführer hat außerdem festgestellte Mängel im Bordbuch einzutragen und umgehend dem Halter zu melden. Auf diese Weise wird dafür gesorgt, dass nicht ein anderer Pilot ahnungslos ein Luftfahrzeug mit einem gefährlichen Defekt übernimmt.

5.6.3 Flugbuch

Jeder Luftfahrzeugführer ist außerdem verpflichtet, ein persönliches Flugbuch zu führen, mit dessen Eintragungen er den Nachweis der fliegerischen Voraussetzungen zur Verlängerung oder Erneuerung seines Luftfahrerscheins erbringen muss.

Die Luftfahrtbehörden können jederzeit Einsicht in die Betriebsaufzeichnungen verlangen.

5.7 Haftung

In der Luftfahrt unterscheidet man

- Haftung für **Schäden**, die durch ein Luftfahrzeug an Personen oder Sachen angerichtet wurden, die sich **außerhalb des Luftfahrzeugs** befinden. Gegen diese Ansprüche sog. Dritter sichert man sich mit einer Haftpflichtversicherung ab.
- Haftung für Schäden, die den **Insassen** eines Luftfahrzeugs entstanden sind. Als Absicherung werden die Insassenunfall- und die Passagierhaftpflichtversicherung angeboten.

In beiden Fällen treten die Versicherungen aber nur in Kraft, wenn der Schaden durch einen Unfall entstanden ist.

5.7.1 Halter-Haftpflicht

Grundsätzlich haftet der Halter eines Luftfahrzeugs für alle Schäden, an Personen oder Sachen, die nicht im Luftfahrzeug befördert wurden, bis zur gesetzlich vorgeschriebenen Mindesthaftungssumme. Lediglich wenn ein Pilot ohne Wissen und Willen und ohne Verschulden des Halters ein Luftfahrzeug in Betrieb genommen hat, haftet bei Schäden außerhalb des Luftfahrzeugs nicht der Halter, sondern der Pilot selbst. Begeht aber ein Pilot schuldhaft eine unerlaubte Handlung, haftet er dafür in unbegrenzter Höhe.

Der Halter eines Luftfahrzeugs ist verpflichtet, zur Deckung seiner Haftung eine Versicherung abzuschließen. Die gesetzlichen Mindesthaftungssummen für diese Halterhaftpflicht in der BRD (Stand 01.12.06) für

- Luftfahrzeuge unter 500 kg: 750.000 Rechnungseinheiten (ca. 950.000 €)
- Luftfahrzeuge unter 1.000 kg: 1.500.000 Rechnungseinheiten (ca. 1.875.000 €)
- Luftfahrzeuge unter 2.700 kg: 3.000.000 Rechnungseinheiten (ca. 3.750.000 €)

Anmerkung: Eine Rechnungseinheit des sog. Sonderziehungsrechts hat einen schwankenden – täglich neu ermittelten – Gegenwert von zurzeit ca. 1,15 bis 1,20 EURO.

5.7.2 Passagier-Haftpflicht (§ 45 LuftVG, Stand 01.12.06)

Der sog. **Luftfrachtführer** (das ist derjenige, zu dessen Gunsten der Flug gegen Entgelt durchgeführt wird), haftet zunächst in unbegrenzter Höhe gegenüber einem Fluggast, der getötet, verletzt oder gesundheitlich geschädigt wurde. Diese Haftung kann nicht durch anderweitige Vereinbarungen ausgeschlossen werden. Sie ist aber dann – und nur dann – auf 100.000 Rechnungseinheiten pro Fluggast begrenzt, wenn

- kein rechtswidriges oder schuldhaftes Handeln oder Unterlassen des Luftfrachtführers vorliegt oder
- ausschließlich rechtswidriges oder schuldhaftes Handeln oder Unterlassen eines Dritten vorliegt.

Für Luftfahrzeuge, in denen Passagiere befördert werden, ist eine Passagier-Haftpflicht-Versicherung für die genutzten Passagiersitze Pflicht (§ 50 LuftVG). Die derzeit als ausreichend betrachtete Deckungssumme ist 600.000 € pro Sitzplatz.

Bei Flügen ohne sog. Beförderungsvertrag, also ohne vereinbarte Gegenleistung haftet der Luftfrachtführer auch in unbegrenzter Höhe, jedoch muss ihm der Geschädigte das schuldhafte Verhalten nachweisen.

5.7.3 Unfallversicherungen

Unfallversicherungen sind in Form von sog. Sitzplatz-Unfallversicherungen für die Luftfahrzeuge abzuschließen, die in der Ausbildung eingesetzt werden. Sie haben auch für Fluggäste Gültigkeit.

Zusammenfassung:
Vor Antritt einer Flugausbildung sollte sich jeder Interessent bei der Vereinsleitung bzw. Flugschule über die abgeschlossenen Versicherungsverträge schriftlich informieren lassen. Passagierflüge mit Luftfahrzeugen ohne Passagierhaftpflichtversicherung sind verboten!

6 Flugbetrieb

6.1 Flugplätze

Flugplätze werden eingeteilt in

- **Flughäfen** (Verkehrsflughäfen, Sonderflughäfen)
- **Landeplätze** (Verkehrslandeplätze, Sonderlandeplätze)
- **Segelfluggelände**

Flugplätze dürfen nur mit Genehmigung der Luftfahrtbehörde des Landes angelegt oder betrieben werden.

Für jeden Flugplatz sind **Verwendungszweck** (Gewichtsbeschränkung, Startarten, Luftfahrzeugarten usw.) und **Betriebszeiten** festgelegt. Abweichungen davon sind nur mit Zustimmung des Flugplatzunternehmers und der zuständigen Luftfahrtbehörde des Landes zulässig

Flugplätze oder auch einzelne Einrichtungen (z.B. Zollabfertigung), die **keine ständige Betriebspflicht** haben, können auf Anforderung (On Request, Abk. O/R) aktiviert werden.

Sonderlandeplätze ohne Betriebspflicht dagegen können nur nach vorheriger Genehmigung (Prior Permission Required, Abk. PPR) des Flugplatzunternehmers angeflogen werden.

Segelfluggelände sind Flugplätze, die für Start und Landung von Segelflugzeugen zugelassen sind, die nicht mit eigener Kraft starten, können aber auch bei geeignetem Gelände dafür zugelassen werden. Auf Segelfluggeländen mit Zulassung für Flugzeugschlepp dürfen nur die Motorflugzeuge starten und landen, die eigens für diesen Flugplatz genehmigt sind. Andere Flugzeuge, z.B. auch fremde Schleppflugzeuge dürfen nur mit Erlaubnis der zuständigen Luftfahrtbehörde des Landes und mit Zustimmung des Flugplatzhalters landen.

Militärflugplätze und andere Flugplätze mit militärischem Flugbetrieb sind in den ICAO-Ländern mit Hilfe von **Drehscheinwerfern** optisch auffällig gemacht. Sie erzeugen ein weithin sichtbares Blinklicht in den Farben Weiß und Grün. Landungen auf **Militärflugplätzen** dürfen nur durchgeführt werden, wenn vom **Flugplatzkommandanten** vorher die Erlaubnis dazu erteilt wurde. Einzelheiten dazu im AIP VFR Teil AD-1.

Außerhalb von Flugplätzen dürfen Starts und Landungen nur mit Erlaubnis der Landesluftfahrtbehörde und der Zustimmung des Grundstückeigentümers durchgeführt werden (Flugplatzzwang). Ausnahmen:

- wenn der Ort der Landung infolge der Eigenschaften des Luftfahrzeugs (z. B. Ballon, Segelflugzeug) nicht vorausbestimmbar ist oder
- wenn die Landung aus Gründen der Sicherheit oder zur Hilfeleistung bei einer **Gefahr** für Leib oder Leben einer Person erforderlich ist. Das gleiche gilt für den Wiederstart nach einer solchen Landung mit Ausnahme des Wiederstarts nach einer Notlandung.

Die Besatzung des Luftfahrzeugs ist aber verpflichtet, dem Berechtigten über Namen und Wohnsitz des Halters, des Luftfahrzeugführers sowie des Versicherers Auskunft zu geben. Nach Erteilung der Auskunft darf der Berechtigte den Abflug oder die Abbeförderung des Luftfahrzeugs nicht verhindern.

Die **Genehmigung** des Flugplatzunternehmers und der zuständigen Luftfahrtbehörde ist außerdem erforderlich für Starts und Landungen auf Flugplätzen

- außerhalb der in der Flugplatzgenehmigung festgelegten Start- oder Landebahnen oder
- außerhalb der Betriebsstunden des Flugplatzes oder
- innerhalb von Betriebsbeschränkungszeiten für den Flugplatz

Außenlandungen von Segelflugzeugen und Motorseglern, die sich auf einem Überlandflug befinden, bedürfen keiner Erlaubnis (§15 LuftVO).

Definitionen:

- Zum **Flugplatzverkehr** gehören alle Bewegungen eines Luftfahrzeugs, die sich in der Platzrunde oder auf dem Rollfeld abspielen.
- Eine **Standardplatzrunde** führt nach dem Start in **Linkskurven** wieder zur Landung, im umgekehrten Fall spricht man von einer Rechtsplatzrunde *(siehe auch Kapitel »Grundtechniken des Fliegens«).*
- Zum **Rollfeld** werden die Start- und Landebahnen einschließlich der sie umgebenden Sicherheitsstreifen sowie die Rollbahnen gezählt, nicht jedoch das Vorfeld (Abstellflächen usw.)

6.2 Regeln auf einem Flugplatz ohne Flugverkehrskontrolle

- Veröffentlichte Anordnungen und Regelungen zum Flugplatzverkehr beachten.
- Anweisungen der Luftaufsicht bzw. des Flugplatzunternehmers beachten.
- Triebwerke nur anlassen, wenn sich eine sachkundige Person im Führersitz befindet.
- Standlauf des Triebwerks nur mit genügend gesichertem Fahrwerk.
- Im Normalfall gegen den Wind starten und landen.
- Flugplatzverkehr beobachten, um Zusammenstöße zu vermeiden.
- In den Verkehrsfluss einfügen oder heraushalten.
- Standardplatzrunde mit Linkskurven fliegen, wenn nicht anders geregelt.
- Auf Funkanweisungen, Licht- und Bodensignale und Zeichen achten.
- Vor dem Start und nach der Landung bei der Luftaufsicht bzw. der Flugleitung melden.
- Beim Rollen andere Bahnen rechtwinklig kreuzen, ohne Gefährdung des startenden oder landenden Verkehrs.

- Landebahn so schnell wie möglich verlassen.
- Rechts neben dem Landezeichen aufsetzen, wenn nicht anders geregelt.
- Nach dem Start bzw. Durchstarten so rasch wie möglich Höhe gewinnen.
- Flugplatzverkehrszonen meiden, wenn dort nicht gelandet werden soll.

Aus eigener Kraft rollende Luftfahrzeuge sind auf Flugplätzen gegenüber anderen Fahrzeugen oder Fußgängern bevorrechtigt.

Flugplätze **ohne Flugverkehrskontrollstelle** bieten lediglich einen **Flugplatz-Informationsdienst** über Funk an, der folgende Punkte umfasst:

- Start-, Lande- und Verkehrsinformationen
- signifikante Wettererscheinungen
- Besonderheiten über den Flugplatzzustand
- Peilungen, sofern dafür eine Ausrüstung vorhanden ist

Das Rufzeichen dieser Bodenstellen lautet sinngemäß: **INFO**. Betrieben wird dieser Dienst von einem **Beauftragten für Luftaufsicht (BfL)** oder einem Beauftragten des Flugplatzhalters **(Flugleiter)**. Bewegungslenkung durch diese Personen ist an solchen Flugplätzen nicht zulässig, sie dürfen nur Informationen oder Empfehlungen geben.

6.3 Zusätzliche Regeln auf Flugplätzen mit Flugverkehrskontrollstelle

Folgende Regeln sind auf kontrollierten Plätzen zusätzlich zu beachten:

- Die Bewegungslenkung wird von Controllern der DFS über Funk durchgeführt. Die Rufzeichen (z.B. INFORMATION, RADAR, TOWER, GROUND usw.) und die Frequenzen für die verschiedenen Dienste sind in den Anflugkarten veröffentlicht. *Siehe dazu Kapitel Navigation.*
- Hörbereitschaft auf der vorgesehenen Frequenz einhalten, sofern keine Betreuung durch die FVK stattfindet.
- Ist keine Funkverbindung möglich, ist auf Licht- und Bodensignale sowie Zeichen zu achten.
- Genehmigung für alle Bewegungen einholen, durch die das Rollen, Starten und Landen eingeleitet wird oder die damit in Zusammenhang stehen.
- Auf dem Vorfeld und den Abstellflächen den Signalen und Zeichen des Flugplatzunternehmers folgen.

6.4 Sorgfaltspflicht des Luftfahrzeugführers

Der Luftfahrzeugführer ist für die sichere Führung des Luftfahrzeugs sowie für **Sicherheit und Ordnung** an Bord der Alleinverantwortliche. Sind mehrere Luftfahrzeugführer an Bord, dann bestimmt der Halter des Luftfahrzeugs den verantwortlichen.

Wie jeder Teilnehmer am Luftverkehr hat er sich nach der **Grundregel** so zu verhalten, dass Sicherheit und Ordnung gewährleistet sind und kein anderer gefährdet, geschädigt oder mehr als den Umständen nach unvermeidbar behindert oder belästigt wird (§ 1 LuftVO). Dazu gehört zum Beispiel, dass die vorgeschriebenen Kontrollen gemäß den **Klarlisten (Checklisten)** für Start, Flug, Landung und Notverfahren durchgeführt werden, aber auch dass der Lärmpegel so niedrig wie möglich gehalten wird.

Der Genuss von Alkohol, Drogen oder Medikamenten ist untersagt. Ein Flug darf nicht angetreten werden, wenn der Gesundheitszustand des Flugzeugführers Zweifel an der sicheren Durchführung des Fluges aufkommen lässt.

6.5 Flugvorbereitung

- Bei der Vorbereitung eines Fluges hat sich jeder Luftfahrzeugführer mit allen **Unterlagen und Informationen**, die für die sichere Durchführung des Fluges von Bedeutung sind, vertraut zu machen und sich davon zu überzeugen, dass das Luftfahrzeug und die Ladung sich in ver-

kehrssicherem Zustand befinden (Bordpapiere, Bordbuchaufzeichnungen!), das zulässige Fluggewicht nicht überschritten wird (Betriebshandbuch!), die vorgeschriebenen Ausweise vorhanden und die erforderlichen Angaben im Bordbuch eingetragen sind (§3 LuftVO).
- Der Luftfahrzeugführer muss mit allen Betriebsgrenzen und Eigenarten des Musters vertraut sein.
- Vor jedem Flug ist eine Schwerpunkts- und Gewichtskontrolle vorzunehmen (Einhalten des Beladeplans!).
- Für einen Flug, der über die Umgebung des Flugplatzes hinausführt **(Überlandflug)**, hat sich der Luftfahrzeugführer über die verfügbaren Flugwettermeldungen und -vorhersagen ausreichend zu informieren. *(Näheres dazu im Kapitel Meteorologie.)*

Definition:
Unter einem **Überlandflug** versteht man einen Flug, bei dem der Luftfahrzeugführer den Verkehr in der Platzrunde nicht mehr beobachten kann.

Für jeden Flug ist eine ausreichende **Betriebsstoffmenge** mitführen, die unter Berücksichtigung der Wetterbedingungen und der zu erwartenden Verzögerungen die sichere Durchführung des Flugs gewährleistet. Darüber hinaus muss eine Betriebsstoffreserve mitgeführt werden, die für unvorhergesehene Fälle und für den Flug zum Ausweichflugplatz zur Verfügung steht, sofern ein Ausweichflugplatz im Flugplan angegeben ist.

- Vor einem Flug, für den ein Flugplan *(siehe unten)* abzugeben ist, muss eine Beratung bei der Flugberatungsstelle (AIS) eingeholt werden.
- **Fluggäste** dürfen nur dann mitgenommen werden, wenn der Luftfahrzeugführer innerhalb der vorangegangenen 90 Tage mindestens drei Starts und Landungen mit demselben oder einem ähnlichen Muster durchgeführt hat.
- Die Beauftragten für Luftaufsicht (BfL) haben das Recht, die Flugvorbereitungen und die Vollständigkeit der Bordpapiere zu überprüfen.

6.6 Mitzuführende Unterlagen

Beim Betrieb eines Luftfahrzeugs sind an Bord mitzuführen:

Bordpapiere:
- Bordbuch
- Lufttüchtigkeitszeugnis mit neuestem Nachprüfschein
- Eintragungsschein
- Flug- und Betriebshandbuch
- Haftpflichtversicherungs-Nachweis
- Klarlisten für Verfahren vor dem Flug, beim Flug und für Notfälle

Persönliche Papiere:
- Luftfahrerschein und Identifikationsausweis (Personalausweis, Reisepass)
- Tauglichkeitszeugnis
- persönliches Flugbuch
- Sprechfunkzeugnis, wenn es nicht im Luftfahrerschein eingetragen ist
- Luftfahrtkarten nach dem neuesten Stand
- ggf. weitere navigatorische Unterlagen

7 Luftraumgliederung

Nach internationalen Vereinbarungen (ICAO-Richtlinien) wird der Luftraum in die Klassen A bis G eingeteilt. Die Luftraumgliederung in der BRD ist Sache des Bundesministers für Verkehr, der sich diesbezüglich auf die Empfehlungen der Deutschen Flugsicherung stützt. Zurzeit gibt es **in Deutschland nur die Klassen C bis G**.

Grundsätzlich unterschieden wird zwischen kontrolliertem (Klassen A bis E) und unkontrolliertem Luftraum (Klassen F und G).

7.1 Kontrollierter Luftraum

In den kontrollierten Lufträumen übernimmt die Flugsicherung die Führung des Luftverkehrs, der sich nach Instrumentenflugregeln (IFR = Instrument Flight Rules) bewegt. Luftfahrzeuge, die nach Sichtflugregeln (VFR = Visual Flight Rules) fliegen, dürfen diese Lufträume zwar auch benützen, sind aber bestimmten Beschränkungen und strengeren Regelungen unterworfen. Insbesondere darf in die Lufträume C und D nicht ohne eine Freigabe der Flugverkehrskontrollstelle eingeflogen werden.

Definition:
Flugverkehrskontrollfreigabe (ATC Clearance) ist die für ein Luftfahrzeug von einer Flugverkehrskontrollstelle erteilte Genehmigung, ein Verfahren unter bestimmten Bedingungen durchzuführen. Ein Antrag auf eine **bevorzugte Freigabe** muss begründet werden.

7.1.1 Luftraum A (nicht in der BRD eingerichtet)

Nur für den IFR-Verkehr.

7.1.2 Luftraum B (nicht in der BRD eingerichtet)

- Flugverkehrskontrollfreigabe erforderlich.
- Ständige **Hörbereitschaft** notwendig.
- Sichtflugmindestbedingungen:
  – 8 km in und oberhalb FL 100, darunter 5 km
  – frei von Wolken

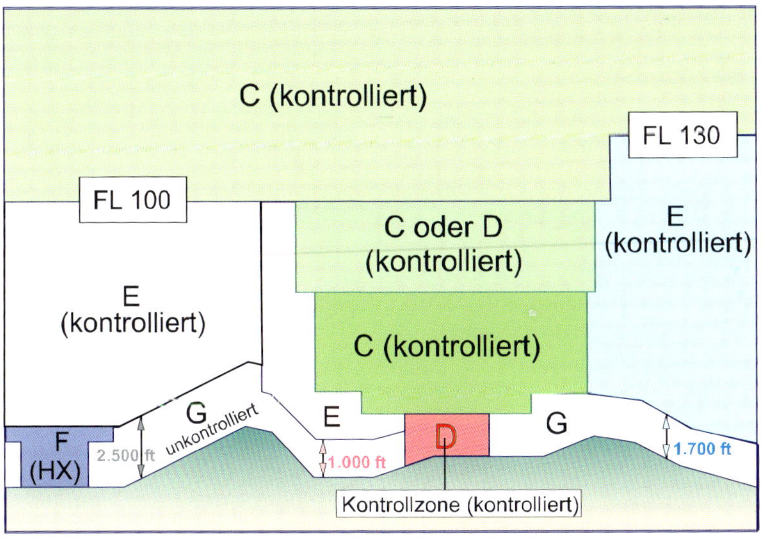

Abb. 1: Luftraumgliederung in der BRD

7.1.3 Luftraum C unterhalb Flugfläche 100 (10.000 ft):

Schließt sich in der Regel oberhalb einer Kontrollzone an. Hier gelten folgende Regeln:

- Nur mit besonderer Berechtigung (CVFR oder höher) benutzbar. Für Segelflugzeuge daher nicht erlaubt.
- **Flugverkehrskontrollfreigabe** erforderlich.
- Ständige **Hörbereitschaft** notwendig.
- Besondere Ausrüstung (Transponder und VOR) obligatorisch.
- Flugverkehrskontrolle über Sprechfunk.
- **VFR/VFR-Verkehrsinformation**: Mit Radar geortete Luftfahrzeuge in der Nähe werden gemeldet, man selbst wird dem anderen ebenfalls gemeldet, falls er auf derselben Frequenz ist. Auf Anfrage erhält man eine **Ausweichempfehlung**, wenn man den gemeldeten Verkehr nicht sieht.
- **Staffelung** von IFR-Flügen (Man wird so geführt, dass man mit Luftfahrzeugen, die nach Instrumentenflugregeln fliegen, nicht in Konflikt kommt.)
- Geschwindigkeitsbeschränkung auf maximal 250 kt.
- **Sichtflugmindestbedingungen**:
  – Flugsicht 5 km
  – Wolkenabstände 1.500 m horizontal, 300 m vertikal.

7.1.4 Luftraum C in und oberhalb Flugfläche 100 (10.000 ft) bzw. FL 130 (13.000 ft):

Der Luftraum ist fast über der gesamten BRD oberhalb FL 100 in die Klasse C eingestuft. Lediglich im Voralpen- und Alpengebiet ist die Untergrenze auf FL 130 angehoben. Die Grenzlinie ist in den ICAO-Karten 1:500.000 in den Blättern München und Stuttgart eingetragen.

- Regeln wie im Luftraum C unterhalb FL 100, jedoch
  – Flugsicht 8 km
- kein Geschwindigkeitslimit
  – Sprechfunkverkehr in englischer Sprache

7.1.5 Luftraum D (nicht Kontrollzone):

In Lufträumen der Klasse D, die nicht Kontrollzonen sind, gelten die gleichen Bedingungen wie in den Lufträumen der Klasse C, jedoch

- Keine besondere Berechtigung für die Benutzung erforderlich.
- Verkehrsinformation über IFR-Flüge.

7.1.6 Luftraum D (Kontrollzone):

Form und Obergrenze einer Kontrollzone sind aus der ICAO-Karte 1:500.000 ersichtlich *(siehe Einband-Innenseiten)*. Die Standardkontrollzone hat Rechteckform mit den Maßen 10 NM auf 6 NM.

Kontrollzonen reichen vom Boden bis in den nächsten kontrollierten Luftraum. Sie sind dem startenden und landenden Verkehr vorbehalten und unterliegen folgenden Regeln:

- Einflug nur mit **Flugverkehrskontrollfreigabe**.
- Dauernde **Hörbereitschaft** ist aufrechtzuerhalten.
- Bei **Funkausfall nach Erteilung der Einflugfreigabe** ist entsprechend der Freigabe weiterzufliegen und auf Lichtsignale zu achten.
- Bei **Funkausfall vor Erteilung** der Einflugfreigabe ist die Kontrollzone zu meiden.
- Anflug und Abflug nach festgelegten, veröffentlichten Verfahren. Dazu gehört die Beachtung der **Pflichtmeldepunkte**, das rechtzeitige Aufnehmen des Sprechfunkkontakts, das Einhalten der vorgeschriebenen Höhen. Für jeden Flugplatz mit Kontrollzone sind diese Verfahren in den **Sichtflugkarten (Visual Operation Charts)** im Luftfahrthandbuch VFR Teil AD veröffentlicht.
- **Sichtflugmindestbedingungen im Normalfall:**
  – Flugsicht 5 km

- Bodensicht 5 km
- frei von Wolken
- Hauptwolkenuntergrenze mindestens 1.500 ft
- keine Staffelung durch die Flugverkehrskontrolle

- **Im Sonderfall, wenn es die Verkehrslage erlaubt (Sonder-VFR-Flüge):**
  - Bodensicht nicht unter 1,5 km
  - Flugsicht mindestens 1,5 km
  - Wolken dürfen nicht berührt werden
  - Hauptwolkenuntergrenze mindestens 500 ft
  - Sicherheitsmindesthöhen sind einzuhalten
  - Staffelung zu anderen Sonder-VFR-Flügen und zu IFR-Flügen über Sprechfunkanweisungen

Achtung: In den Nachbarstaaten der BRD sind außer den Kontrollzonen auch andere Lufträume in die Klasse D eingestuft. Ohne die genannten Voraussetzungen darf kein Einflug erfolgen.

7.1.7 Militärische Kontrollzonen

Die meisten militärischen Kontrollzonen sind im Normalfall an den Wochenenden und an Feiertagen oder an bestimmten Tagen nicht aktiv. Auf den ICAO-Karten 1:500.000 ist dies mit dem **Zusatz HX** oder der Angabe der entsprechenden Wochentage vermerkt. Vor dem Einflug in solche Kontrollzonen ist aber über Funk beim **Fluginformationsdienst (FIS)** die **Bestätigung der Nichtwirksamkeit** einzuholen, denn eine **Aktivierung ist jederzeit möglich**. Im übrigen ist es immer zweckmäßig, in der Nähe einer aktiven militärischen Kontrollzone Sprechfunkkontakt mit dem zuständigen Towerlotsen aufzunehmen und zur eigenen Sicherheit eine Positionsmeldung abzusetzen oder eine Freigabe zum Einflug bzw. Durchflug zu erbitten.

7.1.8 Luftraum E

Lufträume der Klasse E haben **Untergrenzen von 1.000 ft GND, 1.700 ft GND oder 2.500 ft GND**. Sie schließen sich in der Regel an die Kontrollzonen oder an die Lufträume C an.

- Keine Flugverkehrskontrollfreigabe notwendig.
- Sprechfunkverkehr mit der Flugsicherung ist nicht erforderlich, jedoch möglich für **Verkehrsinformationen**.
- Luftraum E mit einer Untergrenze von 1.000 ft GND ist auf der ICAO-Karte rot umrandet.
- Luftraum E mit einer Untergrenze von 1.700 ft GND ist auf der ICAO-Karte mit einem blauen Rand gekennzeichnet.
- Der auf der ICAO-Karte nicht eigens gekennzeichnete Luftraum über 2.500 ft GND ist automatisch Luftraum E.
- **Sichtflugmindestbedingungen:**
  - Flugsicht 8 km
  - Wolkenabstand horizontal 1,5 km, vertikal 300 m.

7.2 Unkontrollierter Luftraum

In der BRD gibt es nur **unterhalb des Luftraums E** unkontrollierte Gebiete. Das heißt, dass dort keine Luftfahrzeuge von der Flugsicherung geführt werden.

7.2.1 Luftraum F in der BRD

Lufträume der Klasse F gibt es in der BRD mit dem **Zusatz (HX)**. Sie sind an Flugplätzen eingerichtet, die zwar unkontrolliert sind, an denen aber An- oder Abflüge nach Instrumentenflugbedingungen (IFR-Flüge) stattfinden. Der Zusatz (HX) bedeutet, dass keine festen Zeiten für diese Lufträume festgelegt sind. Nur bei IFR-Verkehr wird der Luftraum F aktiviert. Er bleibt aber nach wie vor unkontrolliert.

- **Sichtflugmindestbedingungen, Luftraum F aktiviert:**
  - 5 km Flugsicht
  - Wolkenabstand horizontal 1,5 km, vertikal 300 m
- Ist der Luftraum F(HX) **nicht aktiviert**, gelten die Sichtflugregeln für die Lufträume, in welche der Luftraum F(HX) eingebettet ist. Das ist in der Regel Luftraum E oder G.

In der Nähe eines Luftraums F(HX) verhält man sich richtig, wenn man sich über Funk rechtzeitig vor dem Einflug über den Status dieses Luftraums informiert. Auskunft darüber erhält man entweder vom zuständigen Fluginformationsdienst oder von der Bodenstelle des betreffenden Flugplatzes. Zweckmäßigerweise bleibt man auf der Flugplatzfrequenz in Hörbereitschaft, um eventuellen IFR-Verkehr mitverfolgen zu können.

7.2.2 Luftraum G:

Sichtflugmindestbedingungen:
- Flugsicht 1,5 km;
- frei von Wolken,
- Erdsicht muss gewährleistet sein.

Anmerkung: Diese Regelung weicht von der ICAO-Empfehlung ab. In unseren Nachbarländern gelten meist andere Regeln.

7.3 Fluginformationsgebiete

Die Deutsche Flugsicherung bietet für den gesamten Bereich der BRD einen Fluginformationsdienst (FIS = Flight Information Service) an, der von verschiedenen Zentralen aus operiert. Dazu sind über der BRD die drei Fluginformationsgebiete (FIR = Flight Information Region) Bremen, Langen und München eingerichtet.

Die FIS-Gebiete sind in Zuständigkeits-Sektoren *(siehe Abbildung 2)* unterteilt, deren Grenzen in der ICAO-Karte 1:500.000 mit blau gestrichelten Linien dargestellt sind. Dort findet man auch das entsprechende Rufzeichen und die passende Frequenz. Beispielsweise kann man dort nachfragen, ob ein Beschränkungsgebiet oder eine militärische Kontrollzone aktiv ist.

Anmerkung: Die Angaben in der ICAO-Karte gelten für den unteren Luftraum. Dieser reicht vom Boden bis FL 245, darüber liegt der obere Luftraum, der in die beiden oberen Informationsgebiete (UIR = Upper Information Region) Hannover und Rhein gegliedert ist.

7.4 Gebiete mit Flugbeschränkungen

- Lufträume, die ständig oder zeitweise mit Beschränkungen belegt sind, werden im Luftfahrthandbuch veröffentlicht. Auf den ICAO-Karten sind sie mit einem blauen Schraffurrand dargestellt und tragen in der BRD die Bezeichnungen **ED-R** mit einer nachfolgenden Nummer *(siehe Einband-Innenseiten)*. Solche Beschränkungsgebiete dürfen nur beflogen werden, wenn es die Beschränkung zulässt oder wenn der Ein- oder Durchflug genehmigt wurde. Der Fluginformationsdienst FIS gibt den Piloten auf Anfrage darüber Auskunft.
- Lufträume, die den Zusatz **TRA** (Temporary Reserved Airspace) tragen, sind zu bestimmten Zeiten beschränkt.
- Luftsperrgebiete mit dem Bezeichner P (für prohibited) dürfen überhaupt nicht durchflogen werden. In der BRD existieren solche Lufträume z. Z. nicht.
- Aus Angst vor terroristischen Anschlägen wurden in sinnlos-panischem politischem Aktionismus um alle **Kernkraftwerke** Beschränkungsgebiete gelegt, die im Umkreis von 0,8 NM nicht unter 2.000 ft GND beflogen werden dürfen. Das gilt auch für motorlose Luftfahrzeuge – und es gibt hier bereits Mitmenschen, denen es Spaß macht sogar Segelflieger anzuzeigen.
- Für Gebiete mit hoher Verkehrsdichte werden **Segelflug-Beschränkungsgebiete** eingerichtet, die Flüge zu bestimmten Zeiten oder dauernd einschränken. Das bedeutet in der Regel,

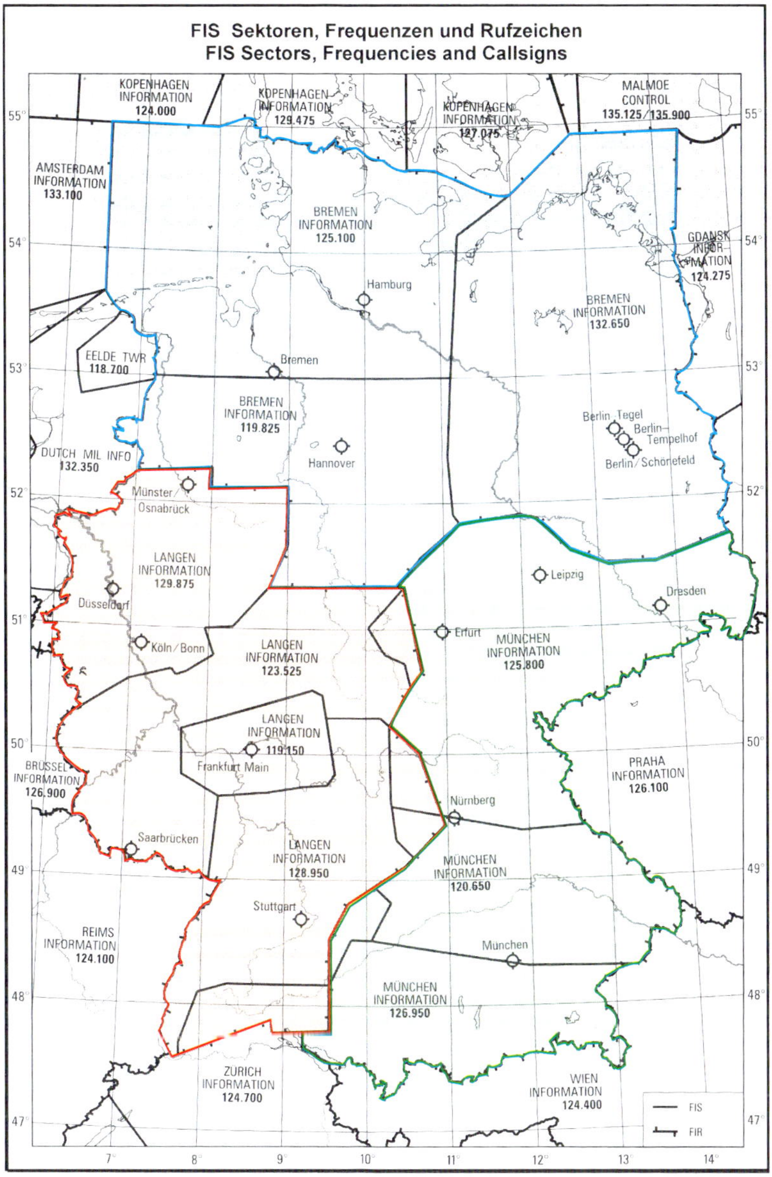

Abb. 2: Fluginformationsgebiete und -Sektoren in der BRD mit Frequenzen und Rufzeichen (01-2007)

dass solche Gegenden nur bis zu einer bestimmten Höhe ohne Genehmigung beflogen werden dürfen. (Tipp: Abhören der ATIS-Frequenz des entsprechenden Flughafens, dort werden in der Regel die aktuellen Höhenfreigaben aufgesprochen).

- In **Gefahrengebieten** finden Vorgänge statt, die Luftfahrzeuge gefährden können, also z. B. Schießübungen der Militärs. Ein unbehinderter Durchflug ist zwar erlaubt, geschieht jedoch auf eigene Gefahr des verantwortlichen Luftfahrzeugführers. Gefahrengebiete sind auf der ICAO-Karte mit der Kennung ED-D und einer Nummer gekennzeichnet.
- In den sog. **Transponder Mandatory Zones (TMZ)** dürfen Luftfahrzeuge nur mit betriebstüchtigem Transponder einfliegen, um eine Radarüberwachung zu gewährleisten. Er ist hier bei VFR-Flügen unaufgefordert auf Code 7-0-0-0 mit Höhencodierung (Betriebsmodus ALT) zu schalten.

7.5 Tiefflüge militärischer Luftfahrzeuge (AIP VFR ENR-3)

Fast über dem gesamten Gebiet der BRD finden an den Werktagen Tiefflugübungen militärischer Strahlflugzeuge vorwiegend unterhalb 2.000 ft GND statt:
Im Höhenband von 1.000 bis 2.000 ft:
am Tag in der Zeit von SR-30 (nicht vor 0600 UTC, in der Sommerzeitperiode nicht vor 0500 UTC) bis SS+30 (nicht nach 1600 UTC, in der Sommerzeitperiode nicht nach 1500 UTC), außerhalb dieser Zeiten in einer Mindesthöhe von 1.500 ft.
im Luftraum G bei einer Mindestsicht von 5 km und einem Wolkenabstand von 500 ft
in den anderen Lufträumen nach den dort geltenden Sichtflugbedingungen
Unterhalb 1.000 ft GND:
mit Mindesthöhe 500 ft

In besonderen Tieffluggebieten, die auf der ICAO-Karte mit einer rot gepunkteten Linie umgrenzt und mit der Bezeichnung AREA versehen sind, ist die Mindestflughöhe auf 250 ft GND herabgesetzt.
Im eigenen Interesse sollte man sowohl das allgemeine Tiefflugband von 500 ft bis 2.000 ft als auch die Tiefflug-Areas meiden bzw. zwecks Start oder Landung so schnell wie möglich durchfliegen.

8 Wichtige Regeln und Vorschriften

Alle Flüge müssen grundsätzlich nach den Regeln desjenigen Staates durchgeführt werden, dessen Luftraum benützt wird.

8.1 Sichtflugregeln (Visual Flight Rules, VFR), §28ff LuftVO

Sichtflug findet nach dem Prinzip »Sehen und gesehen werden« statt. Um die Zusammenstoßgefahr zu vermindern, wurden bestimmte **Sichtflugbedingungen** (Visual Meteorological Conditions, VMC) angesetzt, die einzuhalten sind. Sie sind wichtiger Bestandteil der Luftverkehrsordnung. Verstöße werden deshalb als Ordnungswidrigkeiten oder Straftaten geahndet. Je nach Luftraumklasse sind unterschiedliche Mindestbedingungen bezüglich Flugsicht, Bodensicht und Wolkenabständen festgelegt *(siehe Abschnitt 7)*.

Definitionen:

- Unter **Flugsicht** versteht man die Sichtweite in Flugrichtung aus dem Führerraum eines Luftfahrzeugs.
- Die **Bodensicht** auf einem Flugplatz wird von einer amtlich beauftragten Person festgestellt.

8.2 Sicherheitsmindesthöhen (§6 LuftVO)

Sicherheitsmindestflughöhe ist die Höhe, bei der im Falle einer Notlandung weder eine Gefährdung von Personen noch Sachen zu befürchten ist. Als Minima sind vorgeschrieben:

- Über **besiedeltem** Gebiet oder über Menschenansammlungen 1000 ft (300 m) über dem höchsten Hindernis im Umkreis von 600 m.
- Über **freiem Gelände** darf eine Höhe von 500 ft (150 m) nur von Segelflugzeugen und nur dann unterschritten werden, wenn dadurch keine Gefährdung eintritt. Freileitungen dürfen nicht unterflogen werden.
- **Kunstflüge** dürfen nur über freiem Gelände mit einer Mindesthöhe von 1.500 ft (450 m) GND durchgeführt werden. Ausnahmen – beispielsweise für Flugtage – kann die Luftfahrtbehörde des betroffenen Landes genehmigen.

8.3 Sicherheitsabstand (§12 LuftVO)

Zur Vermeidung von Zusammenstößen ist ein ausreichender Abstand zu Luftfahrzeugen und anderen Hindernissen einzuhalten. Im Fluge, ausgenommen bei Start und Landung ist zu einzelnen Bauwerken oder anderen Hindernissen ein **Mindestabstand von 150 m** einzuhalten (ausgenommen Segelflugzeuge, Hängegleiter, Gleitsegel, Freiballone).
Luftfahrzeuge dürfen im **Verband** nur nach **vorangegangener Vereinbarung** der Luftfahrzeugführer fliegen.

8.4 Ausweichregeln (§13 LuftVO)

- Auf Gegenkurs müssen beide Luftfahrzeuge nach rechts ausweichen.
- Bei kreuzenden Flugwegen hat der von rechts kommende das Vorrecht, jedoch haben die beweglicheren Luftfahrzeuge den unbeweglicheren auszuweichen. Die Reihenfolge des Vorrechts bezüglich der Beweglichkeit: Ballon, Gleitsegel, Hängegleiter, Segelflugzeug, Luftschiff, Flugzeug.
- Motorgetriebene Luftfahrzeuge haben Schleppflügen auszuweichen.
- Motorsegler mit abgestelltem Triebwerk gelten als Segelflugzeuge.
- Überholt wird rechts. Das überholende Luftfahrzeug hat in jedem Fall den Flugweg des anderen zu meiden.

Definition:
Von Überholen spricht man dann, wenn das von hinten kommende Luftfahrzeug die Flugbahn des vorausfliegenden in einem Winkel von weniger als 70 Grad schneiden würde.

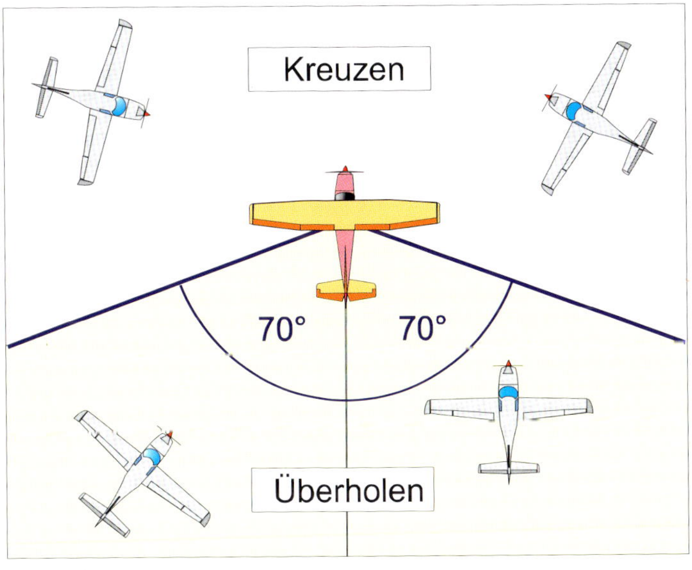

Abb. 3: Kreuzen und Überholen

- Landende Luftfahrzeuge haben Vorrecht. Das im Endteil zur Landung tiefer fliegende hat Vorrecht vor dem höheren.
- Nicht auf einem Vorrecht bestehen! Wer Vorrecht hat, behält Kurs und Höhe bei, bis die Zusammenstoßgefahr vorbei ist, sollte aber damit rechnen, dass er übersehen wird.

8.5 VFR-Reiseflug

8.5.1 Höhenmessereinstellung

Der Höhenmesser ist je nach Gelände und Höhe wie abgebildet einzustellen:

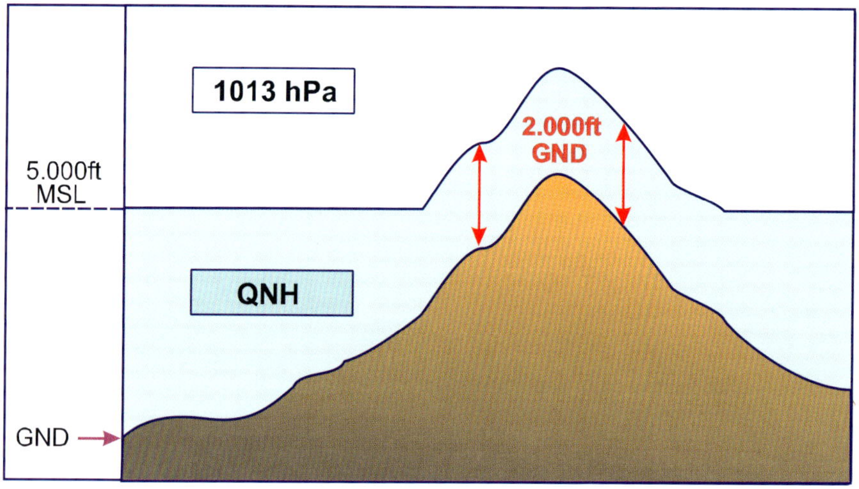

Abb. 4: Höhenmessereinstellung

Näheres zum Thema Höhenmesser in den Kapiteln Technik und Meteorologie.

8.5.2 Halbkreisflughöhen

Im Reiseflug über 5.000 ft MSL bzw. 2.000 ft GND, wenn dabei 5..000 ft MSL überschritten werden, sind – sofern es die Sichtflugbedingungen zulassen – sog. Halbkreisflughöhen einzuhalten, die für **missweisende Kurse** von 0 bis 179 Grad und Kurse von 180 bis 359 Grad unterschiedlich **gestaffelte Höhen** bei **Standard-Höhenmessereinstellung** (1.013,25 hPa) vorschreiben:

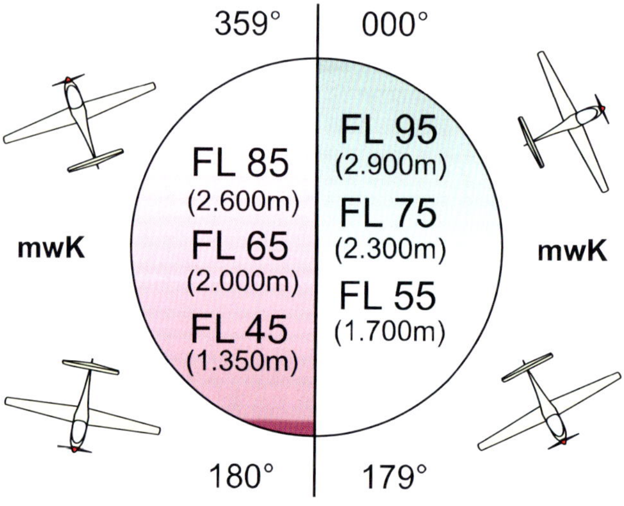

Abb. 5: VFR-Halbkreisflughöhen bei Standard-Höhenmessereinstellung

8.5.3 Mindesthöhe für Überlandflüge

Aus Lärmschutzgründen wurde für motorgetriebene Luftfahrzeuge eine **Mindest-Reiseflug-Höhe** von **600 m (2.000 ft) über Grund** festgelegt, die nur dann unterschritten werden darf, wenn die Sichtflugregeln oder andere Flugsicherungsbestimmungen nicht mehr eingehalten werden könnten.

8.5.4 Transponderschaltung

In den Lufträumen C und D (nicht Kontrollzone) erhält man zwecks Radarkontrolle die Anweisung, den Transponder auf einen bestimmten Code zu schalten. In den übrigen Lufträumen ist der Transponder ohne Aufforderung wie abgebildet mit Höhencodierung (Betriebsart ALT) zu schalten, wenn keine andere Anweisung durch die Flugverkehrskontrolle erfolgt:

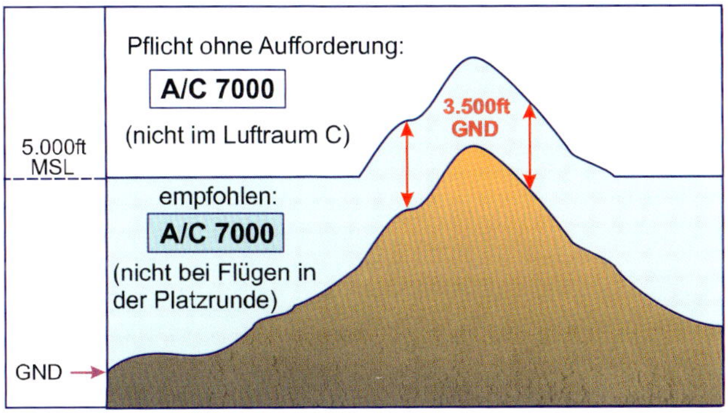

Abb. 6: Transponderschaltung in der BRD

8.6 Flugplan (§25 LuftVO und AIP Teil ENR)

8.6.1 Flugplanpflicht

Ein Flugplan ist eine schriftliche oder telefonische Meldung an die zuständige Flugverkehrskontrollstelle über einen geplanten Flug. Er enthält alle Daten, die zur sicheren Durchführung bestimmter Flüge wichtig sind (siehe dazu AIP und AIP VFR Teil ENR). Für flugplanpflichtige Flüge muss eine Beratung bei einer FS-Beratungsstelle (AIS) eingeholt werden (kann auch über das Internet http://www.dfs-ais.de erfolgen).

Für folgende Flüge sind Flugpläne vorgeschrieben:

- Flüge nach Instrumentenflugregeln (IFR)
- Flüge aus oder in die BRD, soweit nicht europäische Staaten auf Grund des sog. Schengener Abkommens darauf verzichten
- Flüge in Gebiete mit Flugbeschränkungen, falls dort Flugplanpflicht besteht
- Flüge bei Nacht, die über die Flugplatzumgebung hinausführen
- Kunstflüge im kontrollierten Luftraum und über Flugplätzen mit Flugverkehrskontrolle
- Wolkenflüge mit Segelflugzeugen

Für nicht flugplanpflichtige Flüge können aus Sicherheitsgründen ebenfalls Flugpläne aufgegeben werden.

8.6.2 Flugplanabgabe

Für VFR-Flüge kann ein Flugplan persönlich, fernmündlich, per Fax oder über die Internetseite http://www.dfs-ais.de beim Flugberatungsdienst (AIS) der Flugsicherung aufgegeben werden.

- Übermittelt man den Flugplan telefonisch, so orientiert man sich am Flugplanformular *(siehe Abbildung)*, gibt zunächst die Kennnummer des auszufüllenden Feldes und sodann den zugehörigen Kurztext im ICAO-Alphabet durch. Bei Unklarheiten hilft der AIS weiter.

- Gibt man den Flugplan über das Internet auf, dann erhält man umgehend eine automatisierte Rückmeldung über die angegebene E-Mail-Adresse, dass der Flugplan empfangen wurde. Die eingegebenen Daten werden nun verarbeitet und in einer zweiten E-Mail erhält man die Akzeptierungsmeldung. Kann die Flugstrecke nicht wie gewünscht angenommen werden, erhält man gleichzeitig die korrigierten Flugplandaten. Eventuelle Unstimmigkeiten können telefonisch geklärt werden.

In allen Fällen ist der Flugplan **frühestens 120 Stunden (fünf Tage)** und **spätestens 60 Minuten** vor der voraussichtlichen Abblockzeit (EOBT) aufzugeben. Die Abblockzeit (Off Block Time) ist der Zeitpunkt, zu dem sich ein Luftfahrzeug zum Zwecke des Starts in Bewegung setzt.

Ist abzusehen, dass bei einem VFR-Flug die voraussichtliche Abblockzeit EOBT um **mehr als 30 Minuten überschritten** wird, muss eine Verspätungsmeldung beim Flugberatungsdienst abgegeben werden. Falls die Angabe einer neuen Abblockzeit nicht möglich ist, muss der Flugplan vom Luftfahrzeugführer aufgehoben werden.

Während des Flugs kann ein Flugplan aufgegeben werden, wenn besondere Umstände dies erfordern, jedoch nicht für Flüge ins Ausland.

8.6.3 Ausfüllen des Flugplan-Formulars

Füllt man das Formular des Internet-Flugplans aus, dann erhält man die passenden Hinweise (Hints) zu den einzelnen Feldern, wenn man mit dem Mauszeiger darüber fährt. Ansonsten liefert das AIP detaillierte Erläuterungen. Hier eine Kurzfassung mit den für VFR-Flüge wichtigen Eintragungen in die Datenfelder *(siehe dazu auch Abbildung 7)*:

7: • **Kennzeichen** des Luftfahrzeugs, nur Buchstaben, keine Sonderzeichen, in der Regel 5 Zeichen.

8: • **Flugregeln: V** für VFR (auch für Nachtflüge), I für IFR, Y für IFR/VFR, Z für VFR/IFR
- **Art des Fluges:** z.B. G für General Aviation (allgemeine Luftfahrt), X für andere Flüge mit näherer Erläuterung im Feld 18

9: Die **Anzahl** ist nur anzugeben, wenn mehrere Flugzeuge des gleichen Musters gemeinsam unterwegs sind.
- Die **Abkürzungen für die Luftfahrzeugmuster** sind vierstellig standardisiert (ICAO-Document 8643) und abrufbar über die Internetseite *http://www.icao.int/anb/ais/8643/index.htm*.

Beispiele:
C150 (Cessna 150), C72R (Cessna 172RG), P28A (Piper-Serien Archer, Warrior, Cherokee), DIMO (HK-36 Dimona), SF25 (Scheibe-Falke).
- **Für Luftfahrzeugmuster ohne ICAO-Code ist ZZZZ** anzugeben mit genauer Erläuterung hinter TYP/ im Feld 18.
- **Wirbelschleppenkategorie: L** (Light) bis 7.000 kg, **M** (Medium) bis 136 t, **H** (Heavy) über 136 t.

10: • **Funknavigationsausrüstung: S** für Standardausrüstung, **N** Ausrüstung nicht vorhanden oder betriebsbereit.
- **Transponder: N** (nicht vorhanden), **C** (Mode A und C), **S** (Mode S)

13: • **Startflugplatz:** ICAO-Kennung, Flugplätze ohne ICAO-Kennung werden mit ZZZZ angegeben und hinter **DEP/ in 18** beschrieben.
- **Voraussichtliche Abblockzeit** (Estimated Off Block Time, EOBT) in UTC

15: • **Geschwindigkeit:** Einheit **N** (Knoten) oder **K** (km/h) und vierstellige Zahl für True Air Speed **(TAS)**
- **Reiseflughöhe: VFR** für Flug nach Sichtflugregeln
- **Flugstrecke (Routing):** Wegpunkte und/oder Streckenbezeichnungen aus der Streckenkarte, Stelle des Grenzüberflugs bei Auslandsflügen mit Angabe der bis dorthin benötigten Zeit (Estimated Elapsed Time) hinter EET/ in 18. Direkten Anflug von Streckenpunkten mit DCT bezeichnen.

BUNDESREPUBLIK DEUTSCHLAND

DFS Deutsche Flugsicherung

INTERNET FLUGPLAN

FPL

(7) LFZ.-KENNUNG: DEPPL
(8) FLUGREGELN: V
ART DES FLUGES: G

(9) ANZAHL:
MUSTER DES LFZ.: DR40
WIRBELSCHLEPPENKATEGORIE: L
(10) AUSRÜSTUNG: S
TRANSPONDER: C

(13) STARTFLUGPLATZ: EDNE
EOBT: 1115

Daten des vorherigen Abschnitts

(15) GESCHWINDIGKEIT: N 0110
REISEFLUGHÖHE: VFR

Location-Indicator Assistent

ROUTE: DCT TGO EDDS

(16) ZIELFLUGPLATZ: EDDS
GESAMTFLUGDAUER: 0045
AUSWEICHFLUGPLATZ: EDTY
2. AUSWEICHFLUGPLATZ:

(18) ANDERE ANGABEN
REQ/ 1 ILS APP AT EDDS
RMK/LIC

DATE OF FLIGHT (DOF): 061209
IFPS REROUTE ACCEPTED: ☐

(19) ERGÄNZENDE ANGABEN

HÖCHSTFLUGDAUER -E/ 0300
PERSONEN AN BORD -P/ 2
NOTFUNKFREQUENZ -R/ UHF ☑ VHF ☑ ELT ☐

RETTUNGSAUSRÜSTUNG S/ ☑ POLAR ☑ DESERT ☑ MARITIME ☑ JUNGLE ☑
SCHWIMMWESTEN J/ ☑ LIGHT ☑ FLUORES ☑ UHF ☑ VHF ☑

SCHLAUCHBOOTE D/ ☑ ANZAHL: TRAGFÄHIGKEIT: COVER: ☐ FARBE:

FARBE UND MARKIERUNG DES LFZ.
A/ WHITE BLUE

VERANTWORTLICHER LFZ.-FÜHRER
C/ KASSERA

NAME DES FLUGPLANAUFGEBERS: KASSERA
TELEFONISCHE ERREICHBARKEIT: 00491781896946

BEMERKUNGEN

BITTE BERATUNG
nein ja 3+

EMAIL-ADRESSE / TELEFAX-NUMMER: w.kassera@kassera.de
EMAIL FAX

AUTOMATISCHE ÜBERMITTLUNG DER ACK/REJ BZW. STATUSMELDUNG
EMAIL-ADRESSE: w.kassera@kassera.de
und ☐
SMS-NUMMER:

ÜBERMITTLUNG DER ATFCM MELDUNGEN
ja ☐
SMS-NUMMER:

Abb. 7: Flugplanbeispiel für einen VFR-Flug von Ulm/Erbach nach Stuttgart mit einem Trainings-ILS-Anflug (Practice ILS-Approach) mit Flugplanaufgabe per Internet

16: • **Zielflugplatz** mit ICAO-Kennung. Flugplätze ohne ICAO-Kennung werden mit ZZZZ angegeben und hinter **DEST/ in Feld 18** beschrieben.
- **Voraussichtliche Gesamtflugzeit** (Total Estimated Elapsed Time): vierstellig in Stunden und Minuten (HHMM).
- **Ausweichflugplätze** im ICAO-Code

18: Andere oder zusätzliche Angaben wie:
- **DEP**/Ehingen-Schlechtenfeld
- **EET/**RHEINFELDEN 0120 (voraussichtliche Zeit bis Rheinfelden)
- **DEST/**MAYZERAT France
- **DOF/: Day Of Flight (Tag des Abflugs),** sechsstellig in der Form Jahr/Monat/Tag
- **RMK/**LIC 3 LA (3 Tiefanflüge zum Lizenzerwerb)
- **RMK/IFPS REROUTE ACCEPTED**, wenn eine durch die Flugsicherung geänderte Streckenführung angenommen wird (nur für I-, Y- und Z-Flugpläne). Gegebenenfalls wird der Flugplanaufgeber darüber informiert. Im Internetformular ist dafür ein Kontrollkästchen vorgesehen.

19: **Ergänzende Angaben:**
- **E/:** Höchstflugdauer (Endurance) vierstellig in Stunden und Minuten
- **P/:** Anzahl Personen an Bord
- **R/, S/, J/ und D/:** Was an Ergänzungsausrüstung NICHT vorhanden ist, ist anzukreuzen bzw. abzuhaken!
- **A/:** Farbe(n) des Luftfahrzeugs
- **C/:** Name des verantwortlichen Luftfahrzeugführers (Pilot-In-Command, PIC)
- Name des **Flugplanaufgebers**, sowie eine Telefonnummer, unter der man bis zum Start erreichbar ist:
- Eine **Fax- oder E-Mail-Adresse**, an welche die **Flugberatung** – falls gewünscht – gesendet werden soll.
- Eine **E-Mail-Adresse**, an welche die **Empfangsbestätigung** und ggf. die Berichtigung des Flugplans geschickt werden soll.
- Außerdem besteht die Möglichkeit, sich per SMS über das aktuelle Zeitfenster (Slot) für Start und Landung informieren zu lassen.

Nach dem Abflug ist die **tatsächliche Startzeit** (ATD = actual time of departure) über Funk oder Telefon an den AIS zu übermitteln, wenn auf einem Flugplatz ohne Flugverkehrskontrolle gestartet wurde. Erfolgt die Landung nicht auf einem der internationalen Flughäfen oder auf einem anderen als dem im Flugplan angegebenen Flugplatz, ist die Flugberatungszentrale (AIS Center) umgehend anzurufen, um den **Flugplan** zu **schließen** (to close).

Anmerkung: Die kontrollierten Flugplätze, auf denen nach der Landung auch ein VFR-Flugplan automatisch geschlossen wird, sind im AIP Teil ENR veröffentlicht.

Ein Flugplan kann auch im Flug über Funkkontakt mit dem Fluginformationsdienst FIS geschlossen werden, wenn der Landeplatz in Sicht ist und die Landung sichergestellt zu sein scheint.

8.7 Grenzüberschreitende Flüge (Auslandsflüge)

Neben der Flugplanabgabe ist bei Flügen, die über die Grenzen führen, eine Personen- und Zollkontrolle bei Aus- und Einreise vorgeschrieben, wenn der Flugverkehr von oder zu einem Staat führt, der sich nicht dem sog. Schengener Abkommen angeschlossen hat. Ein- und Ausflüge in solche Länder dürfen nur über solche Flugplätze erfolgen, die als **Grenzübergangsstelle** zugelassen sind.

In den Flugplatzdatenblättern des AIP VFR Teil AD-2 findet man unter CUST (Customs) die Zeiten für Zoll- und Passabfertigungen, falls der Flugplatz dafür genehmigt ist.

Trotz der Vereinfachungen, die das Schengener Abkommen vorsieht, ist es empfehlenswert, sich vor einem Auslandsflug zu vergewissern, welche Erfordernisse der jeweilige Staat an den Einflug stellt.

8.8 VFR-Flüge über geschlossenen Wolkendecken (§32 LuftVO)

Bei Flügen nach Sichtflugregeln dürfen Wolkendecken nur dann überflogen werden, wenn

- die Flughöhe mindestens 300 m (1.000 Fuß) über Grund oder Wasser beträgt und die Flugsicht und die Wolkenabstände für den Luftraum der Klasse E eingehalten werden;
- der Luftfahrzeugführer in der Lage ist, den beabsichtigten Flugweg einzuhalten;
- der Anflug zum Zielflugplatz und die Landung bei Flugverhältnissen, bei denen nach Sichtflugregeln geflogen werden darf, gewährleistet ist;
- der Luftfahrzeugführer die Berechtigung zur Ausübung des Flugfunkverkehrs hat.

8.9 VFR-Flüge bei Nacht (§33 LuftVO)

Definition:
Nacht ist der Zeitraum zwischen einer halben Stunde nach Sonnenuntergang (SS+30) und einer halben Stunde vor Sonnenaufgang (SR-30).

Für Nachtflüge, die über die Umgebung des Flugplatzes hinausführen, ist ein Flugplan aufzugeben. Voraussetzungen sind die Zulassung des Luftfahrzeugs für Nachtflug und die Nachtflugberechtigung des Piloten. Segelflugzeuge dürfen nur am Tag betrieben werden, denn für die Segelfluglizenz gibt es keine Nachtflugberechtigung.

8.10 Lichterführung

Zusammenstoß-Warnlichter (Anti Collision Light, ACL) gibt es als rote Dreh- oder Blinklichter und/oder weiße Blitzlichter (Strobe Lights). Sie sind immer bei Inbetriebnahme eines Luftfahrzeugs einzuschalten, also bereits vor dem Anlassen des Triebwerks bis zu dessen Stillstand.
Positionslichter sind jedoch schon von SS (Sunset) bis SR (Sunrise) zu setzen, wenn ein Luftfahrzeug in dieser Zeit in Betrieb ist. Sie sind an den Flügelspitzen (rechts grün, links rot, je 110°) und am Heck (weiß mit 140°-Abstrahlung) gefordert.
Landescheinwerfer werden beim Starten und beim Landeanflug eingeschaltet, nachts auch beim Rollen.

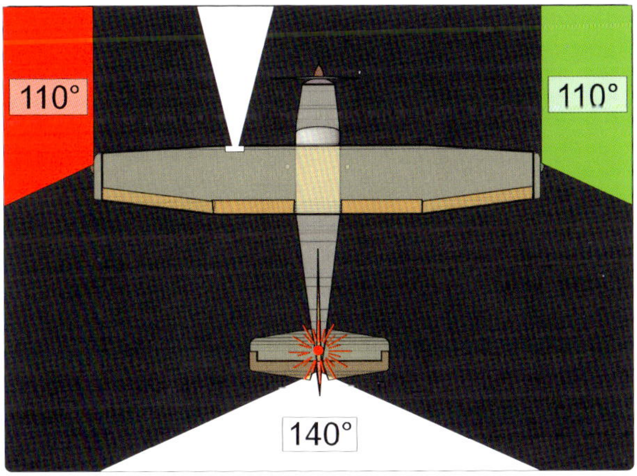

Abb. 8: Befeuerung mit Positionslichtern, Landescheinwerfer und Zusammenstoßwarnlicht

8.11 Kunstflüge (§§ 8, 25, 26 LuftVO)

- Kunstflüge dürfen nur bei Flugverhältnissen, bei denen nach Sichtflugregeln geflogen werden darf, und nur mit ausdrücklicher Zustimmung aller Insassen des Luftfahrzeugs ausgeführt werden.
- Kunstflüge mit Luftsportgeräten sind verboten.
- Für Kunstflüge im kontrollierten Luftraum oder über kontrollierten Flugplätzen ist ein Flugplan aufzugeben und eine Flugverkehrsfreigabe einzuholen.
- Kunstflüge in Höhen von weniger als 450 m (1.500 ft) sowie über Städten, anderen dicht besiedelten Gebieten, Menschenansammlungen und Flughäfen sind verboten. Die örtlich zuständige Luftfahrtbehörde des Landes kann im Einzelfall Ausnahmen zulassen.
- Kunstflüge bedürfen, soweit sie in der Umgebung von Flugplätzen ohne Flugverkehrskontrollstelle durchgeführt werden, der Zustimmung der Luftaufsichtsstelle.
- Flüge im Verband fallen nicht unter Kunstflug, müssen aber mit allen beteiligten Luftfahrzeugführern vorher abgesprochen worden sein.

8.12 Ausbildungsflüge

Für Flüge zur Ausbildung von Luftfahrern muss der verantwortliche Luftfahrzeugführer eine Lehrberechtigung und diejenigen Berechtigungen (z.B. Kunstflug, Schleppflug, Nachtflug) in seiner Erlaubnis eingetragen haben, für die ausgebildet wird.

Alleinflüge eines Flugschülers bedürfen grundsätzlich eines Flugauftrags. Soll der Flug außerhalb der Sichtweite des Fluglehrers stattfinden, dann ist er in schriftlicher Form auszustellen und mitzuführen. Der Fluglehrer darf diesen Flugauftrag aber nur dann erteilen

- wenn der Flugschüler die theoretische Prüfung zum Luftfahrerschein bestanden hat,
- mindestens zwei Überlandflugeinweisungen mit ihm durchgeführt wurden,
- die Einweisung in besondere Flugzustände und Notfälle abgeschlossen ist.

8.13 Schlepp- und Reklameflüge (§9 LuftVO)

- Schleppflüge dürfen nur mit der entsprechenden Berechtigung und mit dafür zugelassenem Gerät durchgeführt werden.
- Reklameflüge mit geschleppten Gegenständen bedürfen der Erlaubnis der Luftfahrtbehörde des Landes, in dem der Antragsteller seinen Wohnsitz hat. Ein geeichter Barograph muss mitgeführt werden. Ausnahme: Schleppen von Segelflugzeugen.
- Schleppflüge gelten als Arbeitsflüge. Passagiere dürfen daher nicht mitgenommen werden. Zur Arbeitserleichterung kann dagegen ein zweiter Luftfahrerscheininhaber mit der entsprechenden Erlaubnis für Flugzeug- bzw. Motorseglerführer mitfliegen, wenn die Situation dies erfordert.
- Reklameflüge mit akustischen Mitteln sind verboten.
- Reklamebeschriftungen von Flugzeugen bedürfen keiner Erlaubnis.

8.14 Höhenflüge (§21 LuftBO)

Luftfahrzeuge im nichtgewerbsmäßigen Verkehr, die länger als 30 Minuten in Höhen von mehr als 12.000 ft (3.600 m) MSL fliegen, müssen mit einer **Sauerstoffanlage** und Atemgeräten mit entsprechendem Sauerstoffvorrat ausgerüstet sein. Die Höhe von 13.000 ft (4.000 m) MSL darf ohne diese Ausrüstung nicht überstiegen werden. Unabhängig davon ist für Flüge im Luftraum C oberhalb FL 100 bzw. FL 130 eine Flugverkehrskontrollfreigabe erforderlich.

8.15 Mitführen gefährlicher Güter

Das Mitnehmen von gefährlichen Gütern in Luftfahrzeugen bedarf der Genehmigung des **Luftfahrtbundesamts**.

Gefährliche Güter im Sinne der LuftVZO sind:

- Waffen, Munition, Sprengstoffe,
- sonstige feste, flüssige oder gasförmige Stoffe, die leicht entzündbar, selbstentzündlich, entzündend, ätzend, giftig, radioaktiv oder magnetisch sind oder zur Polymerisation neigen, soweit es sich nicht um geringe Mengen handelt, die üblicherweise für den täglichen Gebrauch verwendet werden,
- Stoffe, die bei Berührung mit Wasser entzündliche oder die Verbrennung unterstützende Gase entwickeln,
- verdichtete, verflüssigte oder unter Druck gelöste Gase, soweit sie nicht zur Ausrüstung des Luftfahrzeugs gehören,
- Gegenstände oder Stoffe, die das Luftfahrzeug oder dessen Ausrüstung oder Zubehör in einer die Sicherheit beeinträchtigenden Weise beschädigen können oder andere schädliche oder belästigende Merkmale besitzen, die sie zu Beförderungen in Luftfahrzeugen ungeeignet machen.

8.16 Meldungen im Flugbetrieb (§§ 21, 27 LuftVO)

8.16.1 Standardmeldungen

Vor einem Start und **nach der Landung** auf einem Flugplatz hat sich der Luftfahrzeugführer bei der Luftaufsichtstelle bzw. der Flugleitung zu melden.

- **Vor dem Start sind anzugeben:**
  - Luftfahrzeugmuster
  - Kennzeichen
  - Anzahl der Insassen
  - Art des Fluges
  - Zielflugplatz.
- **Nach der Landung sind anzugeben:**
  - Kennzeichen
  - Startflugplatz
  - Luftfahrzeugmuster

8.16.2 Meldungen bei Flügen mit Flugplan

Nach Flügen, für die ein **Flugplan** aufgegeben wurde, sind **Start- und Landemeldung** unverzüglich eine an den nächsten Flugberatungsdienst (AIS) abzugeben, wenn der Start bzw. die Landung nicht auf einem der internationalen Flughäfen (siehe AIP ENR-1) erfolgte. Dies gilt vor allem für die Fälle, bei denen die Landung nicht auf dem vorgesehenen Zielflugplatz stattfand, weil sonst niemand weiß, wo im Zweifelsfall nachgefragt werden kann.

- Die **Startmeldung** kann über Telefon oder über Funk übermittelt werden muss enthalten:
  - Kennung des Luftfahrzeugs
  - Startflugplatz
  - Startzeit
  - Zielflugplatz
- Die **Landemeldung** muss enthalten:
  - Kennung des Luftfahrzeugs
  - Startflugplatz
  - Landeflugplatz
  - Landezeit

Anstelle der tatsächlichen kann die **voraussichtliche Landezeit** über Funk an ATC oder FIS abgegeben werden, sofern sich das Luftfahrzeug bereits in der Platzrunde befindet und die Landung sichergestellt erscheint.

8.16.3 Standortmeldungen

Standortmeldungen sind auf Anfrage der Flugverkehrskontrolle bzw. der Flugleitung oder an den Pflichtmeldepunkten beim Ein- oder Ausflug in Kontrollzonen abzugeben.

- Bei Überlandflügen müssen folgende Angaben gemacht werden;
  - Kennzeichen
  - Standort (Position)
  - Überflugzeit, falls die angegebene Position bereits passiert wurde
  - Flughöhe

Beispiel: DELTA-ECHO-GOLF-KILO-LIMA; OSCAR um 3-5; DREI TAUSEND FUSS.

- In der Platzrunde:
  - Kennzeichen
  - Standort (Position)

Beispiel: DELTA-ECHO-GOLF-KILO-LIMA; rechter Queranflug ZWO-SIEBEN.

8.16.4 Meldungen in besonderen Fällen

- Beobachtungen über Gegebenheiten, die den **Luftverkehr gefährden** können, sind der nächsten Flugverkehrskontrolle zu melden.
- Luftfahrzeuge in unmittelbarer **Not** haben ihre Meldung mit dem dreimaligen Ruf **MAYDAY** abzusetzen.
- Dringlichkeitsmeldungen über **eigene Schwierigkeiten** oder über **beobachtete Notsituationen** beginnen mit dem dreimaligen Ruf **PANPAN**.
- Außenlandungen von Segelflugzeugen sind nicht meldepflichtig.

8.17 Flugfunkverkehr (§26a LuftVO)

Kontakt mit der zuständigen Flugverkehrskontrollstelle ist aufrechtzuerhalten bei

- Anflügen zu kontrollierten Flugplätzen
- Flügen innerhalb der Lufträume D (z. B. Kontrollzonen)
- Flügen innerhalb der Lufträume C
- Flügen, die der Flugverkehrskontrolle unterliegen, z.B. Wolkenflüge
- Flügen bei Nacht im kontrollierten Luftraum

Flugfunk darf nur mit dem entsprechenden Flugfunkzeugnis (BZFII, BZFI oder AZF) ausgeübt werden. Dabei ist größtmögliche Sprechdisziplin zu halten, die durch Anwendung der Standard-Sprechgruppen (siehe AIP VFR Teil GEN) gewährleistet wird.

8.18 Abwerfen von Gegenständen (§6 LuftVO)

Das Abwerfen oder Ablassen von Gegenständen oder sonstigen Stoffen aus oder von Luftfahrzeugen ist **verboten**. Dies gilt nicht für Ballast in Form von Wasser oder feinem Sand, für Treibstoffe, Schleppseile, Schleppbanner und ähnliche Gegenstände, wenn sie an Stellen abgeworfen werden, an denen eine Gefahr für Personen und Sachen nicht besteht.
Ausnahmen, z.B. für den Abwurf von Futtermitteln, erteilt die örtlich zuständige **Landesluftfahrtbehörde**.

9 Signale und Zeichen (LuftVO, ANLAGE 2)

9.1 Notsignale

In einer Notlage kann **jedes verfügbare Mittel** genutzt werden, um sich bemerkbar zu machen, seinen Standort bekannt zu geben und Hilfe herbeizurufen. Definierte Notsignale, die **schwere und unmittelbare Gefahr** bedeuten, die sofortige Hilfe erfordert (z. B. nach einer Bruchlandung mit Verletzten), sind:

- die auf jede Art abgegebene Buchstabengruppe S-O-S, in Morseform (... - - - ...)
- durch Sprechfunk: das Wort **MAYDAY**
- einzelne, in kurzen Abständen abgefeuerte rote Leuchtkörper
- Leuchtfallschirm mit rotem Licht

9.2 Dringlichkeitssignale

Folgende definierte Signale bedeuten, dass sich ein **Luftfahrzeug** in einer **schwierigen Lage** befindet, die es zur Landung zwingt, jedoch keine unmittelbare Hilfe erfordert (z.B. bei Triebwerksstörungen):

- Wiederholtes Ein- und Ausschalten der Landescheinwerfer.
- Wiederholtes Ein- und Ausschalten der Positionslichter, in der Form, dass sie nicht mit blinkenden Positionslichtern verwechselt werden können.

Will ein Luftfahrzeug eine dringende Meldung über die Sicherheit anderer Personen oder Sachen abgeben, wird das signalisiert durch

- das Wort **PANPAN** über Sprechfunk oder
- die Buchstabengruppe X-X-X (Morsecode -..- -..- -..-) in jeder Form

9.3 Warnsignale

Rote und grüne Feuerwerkskörper bedeuten: Sie sind im Begriff in ein Gefahrengebiet oder unbefugt in ein Gebiet mit Flugbeschränkung einzufliegen oder befinden sich bereits darin. Verlassen Sie es sofort!

9.4 Signale für den Flugbetrieb

Signalen und Zeichen ist Folge zu leisten. Funkanweisungen haben aber Vorrang vor Sichtzeichen. Ausnahme: Rote Leuchtkugeln.

9.4.1 Bodensignale

Bodensignale werden in einem dafür vorgesehenen Feld (Signalgarten) in der Nähe bzw. auf der Landebahn ausgelegt bzw. angebracht. Sie haben folgende Bedeutung:

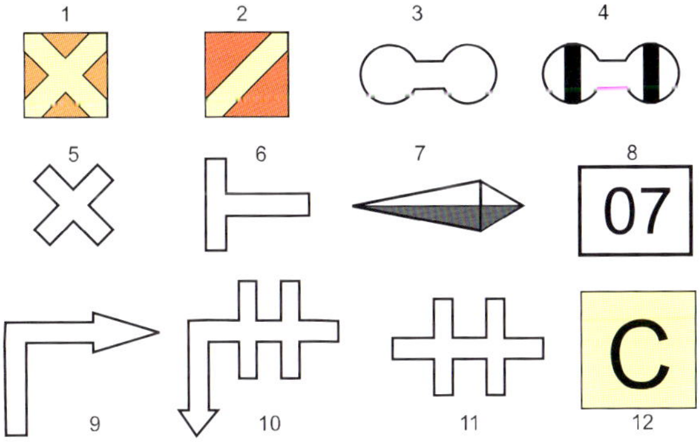

Abb. 9: Bodensignale

1 Landeverbot
2 Vorsicht beim Landeanflug und bei der Landung (z.B. schlechter Bahnzustand)
3 Starten, Landen und Rollen nur auf den dafür vorgesehenen Start-, Lande- und Rollbahnen
4 Rollen auch außerhalb der Rollbahnen möglich
5 Platz zwischen diesen Zeichen unbenutzbar

6 Start- und Landerichtung auf den Querbalken zu
7 Start- und Landerichtung in Richtung der Tetraederspitze
8 Angabe der missweisenden Landerichtung, gerundet auf 10 Grad. 06 bedeutet ca. 60 Grad.
9 Rechtsplatzrunde. Bei Standardplatzrunde links wird kein derartiges Zeichen ausgelegt.
10 Flugplatz mit Segelflugbetrieb. Der Pfeil gibt die Platzrundenrichtung für motorgetriebene Luftfahrzeuge an.
11 Segelflugbetrieb am Platz
12 Flugleitung bzw. Flugsicherungsmeldestelle

9.4.2 Lichtsignale

Farbige Lichtsignale aus Scheinwerfern (Lichtkanonen) werden vor allem bei Funkausfall angewendet. Sie haben jeweils zweierlei Bedeutung, je nachdem ob sich das Luftfahrzeug am Boden oder im Flug befindet.

Für Luftfahrzeuge am Boden bedeutet

- rotes Dauerlicht = Halt
- rotes Blinklicht = Landefläche freimachen
- grünes Dauerlicht = Starterlaubnis
- grünes Blinklicht = Rollerlaubnis
- weißes Blinklicht = Aufforderung zum Zurückrollen

Für Luftfahrzeuge im Flug bedeutet

- rotes Dauerlicht = anderes Luftfahrzeug hat Vorrecht
- rotes Blinklicht = Landeverbot
- grünes Dauerlicht = Landefreigabe
- grünes Blinklicht = Anflug fortsetzen bzw. zur Landung zurückkehren
- weißes Blinklicht = Landen Sie hier!
- rote Leuchtkugel = Zurzeit nicht landen, auch wenn über Funk eine Landeerlaubnis erteilt wurde!

Die Bestätigung der Lichtsignale erfolgt am Tage nach Sonnenaufgang durch wechselweise Betätigung der Querruder, nach Sonnenuntergang durch zweimaliges Aus- und Einschalten der Positionslichter oder der Landescheinwerfer.

Sollten Sie ein grün-weißes **Drehfeuer (Beacon)** auf einem Flugplatzgebäude erkennen, dann befinden Sie sich an einem Militärflugplatz.

9.4.3 Winkzeichen (§7 Anlage 2 LuftVO)

Bei den Rollbewegungen auf den Flugplätzen werden die Luftfahrzeuge durch besondere Einwinkzeichen gelenkt. Dafür ist der Flugplatzunternehmer zuständig, um die Abstellflächen wirtschaftlich zu nutzen.

Abb. 10: Die wichtigsten Einwinkzeichen

9.5 Signale ansteuernder militärischer Luftfahrzeuge

Anweisungen:

- Wechselweise Querruderbetätigung und anschließende flache Kurve bedeutet: Folgen Sie mir!
- Hochgezogene 90°-Kurve bedeutet: Sie können weiterfliegen!
- Ausfahren des Fahrwerks und Überfliegen einer Landebahn bedeutet: Landen Sie auf diesem Flugplatz!

Bestätigung (›Habe verstanden und folge der Anweisung‹):
Wechselweise Betätigung der Querruder (wackeln), bei Nacht zusätzlich unregelmäßiges Ein- und Ausschalten der Positionslichter. Bei Landeaufforderung ggf. Fahrwerk ausfahren und Landescheinwerfer einschalten.

Kann man den Anweisungen aus irgendeinem Grund nicht folgen oder gerät man in **Not**, sind alle zur Verfügung stehenden Lichter (Landescheinwerfer, ACL, Positionslichter, Landescheinwerfer, Kabinenbeleuchtung) wiederholt ein und auszuschalten.
Siehe dazu auch Kapitel »Verhalten in besonderen Fällen«.

10 Straftaten und Ordnungswidrigkeiten

Verstöße gegen die gesetzlichen Bestimmungen werden analog zum Straßenverkehr als Straftaten oder Ordnungswidrigkeiten geahndet.

Für Ordnungswidrigkeiten können von den Behörden Geldbußen bis zu 50.000.– EURO ausgesprochen werden (§§58 LuftVG, §43 LuftVO, §57 LuftBO, §108 LuftVZO).

Ordnungswidrigkeiten sind beispielsweise

- Nichtmitführen von geforderten Unterlagen und Papieren
- keine oder mangelhafte Flugvorbereitung
- Fliegen unter Alkoholeinfluss
- falsche Eintragungen im Flug- oder Bordbuch

Als **Straftaten** (§§ 59,60,62 LuftVG) werden gewertet:

- Zuwiderhandlungen gegen die Sicherheit des Luftverkehrs und gemeingefährliches Verhalten
- das Führen eines Luftfahrzeug ohne Verkehrszulassung oder ohne Erlaubnis
- Starten und Landen außerhalb von Flugplätzen
- Mitführen erlaubnispflichtiger Gegenstände ohne Erlaubnis (Auch Funkgeräte, die nicht zur Ausrüstung gehören, dürfen nur mit Genehmigung mitgeführt werden).
- Missachtung von Anordnungen über Luftsperrgebiete oder Gebiete mit Flugbeschränkung
- Grenzverletzungen

Als Strafe werden je nach Schwere des Verstoßes Gefängnis bis zu fünf Jahren und/oder Geldstrafen angedroht, sofern nicht andere Vorschriften eine schwerere Strafe vorsehen.

Rechtsmittel
Gegen einen Bußgeldbescheid bei Ordnungswidrigkeiten kann bei der entsprechenden Behörde Einspruch eingelegt werden, dann kommt es zur gerichtlichen Verhandlung. Gegen ein Urteil aus einem Strafprozess sind je nach Rechtslage Berufung oder Revision möglich.

11 Amtliche Veröffentlichungen

11.1 Das Luftfahrthandbuch (Aeronautical Information Publication, AIP)

Das AIP ist die amtliche Veröffentlichung von Informationsmaterial über die Luftfahrt und ihre Organisation. Für Flüge nach Sichtflugregeln gibt es einen eigenen Band, das AIP VFR. Es enthält die Teile

- **GEN** (GENERAL): allgemeiner Teil mit allgemeinen Informationen, Luftfahrtverwaltung, Berichtigungen zur ICAO-Karte, Kartensymbole, **Abkürzungen**, Flugwetterdienst, **Sprechfunkgruppen**, **Flugplatzkennungen**, Umrechnungstabellen, Sonnenauf- und Untergangszeiten, GAFOR-Gebiete, Fluginformationsdienst, Fluginformationen
- **ENR** (ENROUTE): Streckeninformationen für unterwegs mit Luftraumstruktur, Höhenmesser- und Transpondereinstellungen, Mindesthöhen, **Flugpläne**, Meldungen, **Funknavigationsanlagen**, Gebiete mit Flugbeschränkungen, Ansteuerungssignale, militärische Tiefflüge, Vogelkonzentrationen,
- **AD** (AERODROMES): VFR-Flüge an Flugplätzen ohne und mit Flugverkehrskontrolle, ATIS-Frequenzen, Landungen auf militärischen Flugplätzen, Gleitwegbefeuerung, Signale für den Flugplatzverkehr, Liste der Flugplätze samt Flugplatzdaten, Sichtanflug- und Flugplatzkarten.

Jeder Flugplatzhalter hat ein AIP für die Teilnehmer am Luftverkehr auszulegen und ist verpflichtet, es durch die regelmäßig erscheinenden Nachführungen auf dem Laufenden zu halten. Unter Nachführung fallen die regelmäßig herausgegebenen AIP-Nachträge (AMD = Amendments) sowie die bei Bedarf erscheinenden AIP-Ergänzungen (SUP = Supplements).

Der VFR-Flieger sollte über den GEN-Teil und die genannten Abschnitte des Teils ENR auf dem Laufenden sein. Auch der Umgang mit dem Teil AD (Flugplätze) muss zur Vorbereitung von Streckenflügen geübt werden. Hier findet man Angaben über die Flugplätze in Form von Sichtflugkarten, Datenblättern und Hinweisen. Wichtig sind vor allem die An- und Abflugverfahren. *Näheres dazu im Kapitel Navigation.*

11.2 Nachrichten für Luftfahrer (NfL)

Das Büro für Nachrichten für Luftfahrer (Frankfurt), eine Einrichtung der DFS, gibt in deutscher Sprache die Nachrichten für Luftfahrer in gedruckter Form und mit Zugangsberechtigung im Internet heraus. Sie enthalten Anordnungen, Informationen und Hinweise der Luftfahrtbehörden und anderer zuständiger Stellen über Luftfahrtanlagen aller Art, sowie Dienste, Verfahren oder Gefahren, die für Luftfahrt- und Flugsicherungspersonal wichtig sind. NfL werden in zwei Teilen herausgegeben.

- **NfLI** informiert über alles, was die Durchführung des Flugbetriebs betrifft (Flugsicherung, Flugplätze, Wetterdienst usw.)
- In den **NfLII** findet man Informationen über Luftfahrtgerät (z.B. Lufttüchtigkeitsanweisungen des LBA) und Luftfahrtpersonal (z.B. Änderungen der LuftPersV).

Die Luftfahrtteilnehmer können sich bei den Flugleitungen über den Inhalt der NfL informieren.

11.3 NOTAM (NOTICE TO AIRMEN)

Informationen über zeitlich befristete Änderungen zum AIP, die von Bedeutung für den Flugverkehr sind, werden als NOTAM bekannt gegeben. Diese Meldungen werden in englischer Sprache fernschriftlich über das feste Flugfernmeldenetz (AFTN) verbreitet und sind auch als gezieltes NOTAM-Briefing über die Homepage der DFS (*http://www.dfs-ais.de*) abrufbar.

NOTAM werden in sechs Serien unterteilt, die von A bis F nummeriert sind. Für den VFR-Verkehr sind nur die Serien D und E relevant, die übrigen betreffen den IFR-Betrieb.

11.4 VFR-Bulletin

Zur Veröffentlichung von Informationen, die nur den **VFR-Verkehr** betreffen, werden VFR-Bulletins herausgegeben, die an jedem Flugplatz ausgelegt werden. Sie erscheinen 14-tägig und enthalten die neuesten Änderungen bezüglich Flugplatzeinrichtungen, Anflugverfahren, Hindernisse, Betriebszeiten, Bodeneinrichtungen usw. **Aktualisierungen**, die nicht mehr vor der Drucklegung aufgenommen werden konnten, können über FAX oder über die Internet-Einstiegseite der DFS http://www.dfs-ais.de abgerufen werden.

Ein VFR-Bulletin umfasst folgende Sachgebiete:

- Flugwarnungen/Navigationsanlagen
- Aktuelle temporäre Beschränkungen
- Änderungen der Luftraumstruktur
- Überregionale Informationen
- Flugplätze und Hubschrauberlandeplätze
- Allgemeine Hinweise
- Grenznahe Auslandsflugplätze

Das VFR-Bulletin wird zusammen mit dem **Nachtrag** zum NOTAM-**Selbstbriefing** bei der Vorbereitung eines Überlandflugs herausgegeben.

Einige Beispiele:
Flugwarnungen:
... EDMM: Segelkunstflug am Berg Wasserkuppe, 3 NM um 6030N 00958E (17 NM SE Fulda VOR FUL) aus FL080. Täglich SR-SS. Bis 30.04.
Lufträume:
... EDFF: Wiesbaden CTR aktiv, 20.09. 03:00-22:00.
Navigationsanlagen:
... EDBB Schoenefeld NDB SLN 362 außer Betrieb. 15.09.11:00 - 22.09.11:00.
Flugplätze:
... EDLN VDF außer Betrieb
... EDBJ RWY 02/20 und RWY 08/26 wegen Veranstaltung geschlossen. 20.10.08:00-21.10.SS

11.5 Weitere regelmäßige Informationen für den VFR-Verkehr

11.5.1 AIP SUP VFR (Supplements)

AIP SUP VFR sind Ergänzungen zum AIP VFR, die Anordnungen und Informationen von befristeter Dauer beinhalten. Die Gültigkeit solcher Veröffentlichungen beträgt in der Regel 3 Monate oder mehr, in Ausnahmefällen auch weniger.

11.5.2 AIC VFR

Durch Luftfahrtinformationsrundschreiben (AIC = Aeronautical Information Circular) werden solche Informationen verbreitet, die internationale Bedeutung haben, die aber nicht im AIP oder per NOTAM zu veröffentlichen sind. Beispielsweise wird in dieser Form eine neue Luftraumgliederung vor ihrem Inkrafttreten veröffentlicht.

11.6 Sonderdrucke

Gesetzestexte, Verordnungen, Ausbildungsrichtlinien für Luftfahrtpersonal, Lufttüchtigkeitsanforderungen, Gerätekennblätter, Formblätter usw. werden von der DFS als Sonderdrucke in deutscher Sprache herausgegeben. Der Vertrieb dieser Schriften erfolgt unter anderem durch die Wirtschaftsdienste des Deutschen Aeroclubs (DAeC) und der Landesverbände in gedruckter Form oder über das Internet.

Navigation und Kartenkunde

1 Die Erde

1.1 Gestalt und Bewegung der Erde

Unser Planet ist von annähernd kugelförmiger Gestalt. Die **Abplattung** an den Polen macht sich nur mit einer Differenz von 43 km zwischen dem Durchmesser am Äquator (12.756 km) und dem Durchmesser an den Polen (12.714 km) bemerkbar. Für Streckenberechnungen wird daher ein **Erdradius** von 6.378,245 km angenommen, woraus sich ein **Erdumfang** (am Äquator) mit ca. 40.076 km (21.600 nautische Meilen) ergibt.

Als Bezugsfläche für Erhebungen dient die mittlere **Meereshöhe MSL** (Mean Sea Level) der Ozeane, auch Normal-Null (NN) genannt. Die höchsten Gebirge finden sich mit knapp 9.000 m MSL im Himalaya-Gebiet.

Die Erde dreht sich in 24 Stunden einmal von **West nach Ost** um die eigene **Achse**. Die Schnittpunkte dieser Achse mit der Erdoberfläche werden als **geographische Pole** bezeichnet.

Pro Stunde durchläuft die Sonne – von einem festen Punkt der Erde aus betrachtet – daher scheinbar von Osten nach Westen ein Winkelfeld von 15°; pro Minute also ein Viertel Grad. Oder umgekehrt: Um ein Grad (etwa zwei Sonnendurchmesser) zu durchwandern, werden 4 Minuten benötigt.

Gegenüber der schwach **elliptischen Sonnenumlaufbahn** ist die Erdachse um etwa 23 Grad geneigt. Anders ausgedrückt: Die Erdachse bildet mit der sog. **Ekliptik-Ebene** einen Winkel von knapp 67 Grad.

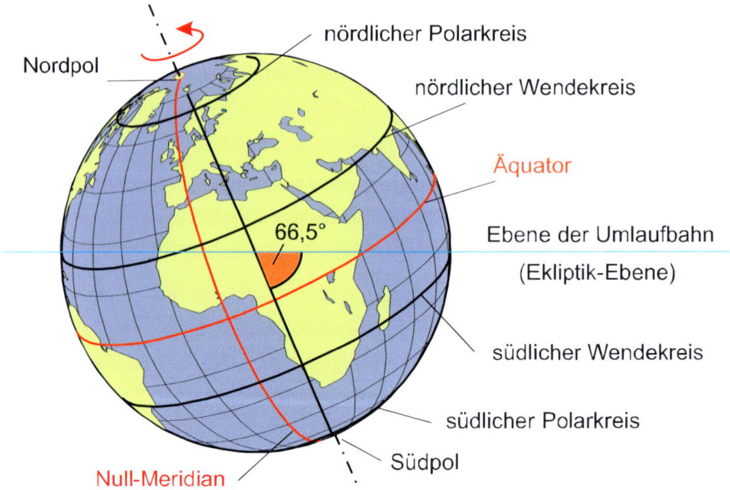

Abb. 1: Lage der Erdachse

1.2 Breitenkreise

Legt man senkrecht zur Erdachse einen Schnitt durch den Erdmittelpunkt, so wird dadurch die Erde in eine Nord- und eine Südhalbkugel geteilt. Die Trennungslinie heißt **Äquator**.

Weitere Schnitte parallel zur Äquatorebene liefern mit der Erdoberfläche weitere Kreise, die **Breitenkreise** oder Breitenparallelen. Man benennt sie nach dem Winkel, den ihre Verbindungslinie zum Erdmittelpunkt mit der Äquatorebene bildet.

Auf diese Weise erhält man Breitenkreise von 0° Nord bis 90° Nord auf der Nordhalbkugel und von 0° Süd bis 90° Süd auf der südlichen Hälfte. Bis auf den Äquator sind das sog. **Kleinkreise**, die ihren Mittelpunkt nicht im Erdmittelpunkt haben.

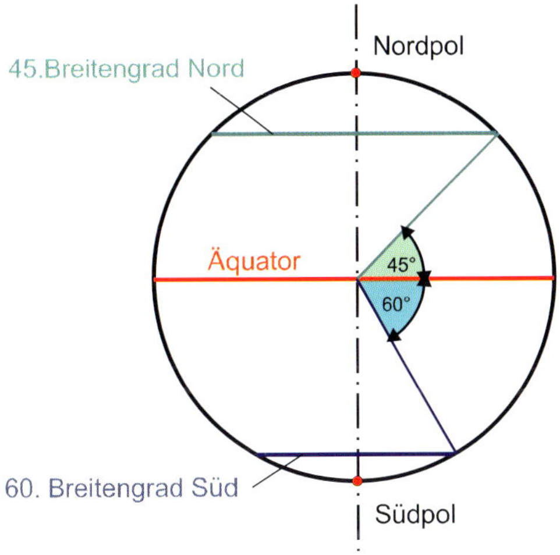

Abb. 2: Definition der Breitengrade

Sonderfälle der Breitenkreise:

- Der **Äquator** ist der Breitengrad Null (0 °N oder 0 °S).
- Die beiden Breitenkreise mit 23,5 °S und 23,5 °N werden **Wendekreise** genannt. In dem Band zwischen dem nördlichen und dem südlichen Wendekreis kann die Sonne – auf Grund der Schiefe der Erdachse – abhängig von der Jahreszeit – senkrecht auf die Erdoberfläche scheinen.
- Die beiden Breitenkreise von 66,5 °N und 66,5 °S heißen **Polarkreise**. An den beiden Polkappen herrscht bis zu diesen Breiten – wiederum abhängig von der Jahreszeit – zeitweise Mitternachtssonne (24 Stunden Tag) bzw. Winternacht (24 Stunden Nacht).

Abstand zwischen den Breitengraden:

Der Abstand zwischen zwei Breitengraden beträgt 1/360 des Erdumfangs, das sind 60 nautische Meilen (Abk. NM) oder ca. **111,12 km**.

Die **Einheit Grad** wird – analog zur Uhrzeit – in Minuten und Sekunden unterteilt. Es gilt:

1 Breitengrad	= 60 Breitenminuten	= 60 nautische Meilen
1 Breitenminute	**= 60 Breitensekunden**	**= 1 nautische Meile (Seemeile)**

In Kilometern ausgedrückt:

1 Breitenminute	**= 111,12 km : 60 = 1,852 km**
1 Breitensekunde	= 1,852 km : 60 = ca. 31 m

Merke: 1 nautische Meile (NM) = 1,852 km

Im angloamerikanischen Raum wird die Einheit Statute Mile (SM) verwendet. Für die Umrechnung gilt:

1 Statute Mile = 1,609 km = 0,8688 NM

Faustregel: km = SM mal 2 – 20 %

Mit Hilfe der Grad.Minuten.Sekunden-Darstellung (DMS-System) kann der **Abstand** aller Punkte der Erde **zum Äquator** auf etwa 30 m genau angegeben werden. Das ist für die **Navigation** mehr als ausreichend.

Berechnung der **Breitendifferenz** zwischen zwei Orten:

- Hamburg liegt auf einer Breite von etwa 53°38'N, Stuttgart auf etwa 48°41'N. Die Breitendifferenz wird analog zu den Uhrzeiten berechnet:
  53°38' – 48°41' = 4°57'
- Liegt der Äquator zwischen zwei Orten, dann werden zur Differenzbildung die Beträge der Breitengrade addiert.

  Beispiel:
  Die Differenz zwischen 53°38'N und 5°52'S beträgt 59°30'.

1.3 Die Meridiane

Während die Mittelpunkte der Breitenkreise auf der Erdachse liegen, gehören alle Kreise, die durch die **Pole** laufen, zu den sog. **Großkreisen**, die dadurch definiert sind, dass sie ihren gemeinsamen Mittelpunkt im Erdmittelpunkt haben. Allerdings werden diese Linien im Gegensatz zu den Breitenkreisen nur als Halbkreise verwendet, die man **Meridiane** nennt.

Ein Meridian verläuft immer von Pol zu Pol und schneidet alle Breitenkreise im **rechten Winkel**. Als Ausgangslinie wurde der Meridian gewählt, der durch die Sternwarte von Greenwich/Großbritannien geht. Außerdem wurde eine Unterteilung in **Ost- und Westmeridiane** vorgenommen, so dass sich die sog. Längengrade von 0°E bis 180°E und 0°W bis 180°W ergeben, wobei die beiden Meridiane mit 180° identisch sind.

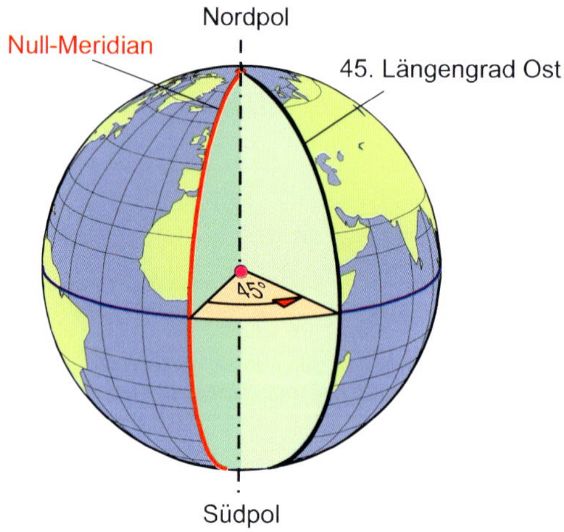

Abb. 3: Die Meridiane

Im Gegensatz zu den Breitenkreisen ist der **Abstand** zwischen zwei Meridianen **nicht konstant**. Vielmehr ist er am Äquator mit ca. 111 km am größten und nimmt zu den Polen hin bis auf Null ab.

Auch die Längengrade werden in Minuten (') und Sekunden (") unterteilt. Eine Differenz zwischen zwei Meridianen (**Längendifferenz**) wird genau so gerechnet wie bei den Breitengraden. Jedoch lässt sie sich nicht ohne weiteres in der Einheit km angeben, da die Abnahme zu den Polen hin nicht linear erfolgt.

1.4 Standortbestimmung auf der Erde

Da sich die Erdoberfläche mit einem Netz von Meridianen und Breitenkreisen überziehen lässt, kann man jeden Punkt auf der Erde als Schnittpunkt eines Meridians mit einem Breitenkreis finden. In diesem **Erdkoordinatensystem** nennt man als erste Koordinate **die geographische Breite** mit der Angabe Nord (N) oder Süd (S) und danach die **geographische Länge** mit der Angabe Ost (E) oder West (W). Die Einheiten Grad, Minute, Sekunde können in der Navigation weggelassen werden. Dafür muss die sechs- bzw. siebenstellige Form gewahrt werden, die zur besseren Übersicht Leerzeichen enthalten kann:

Beispiel:
Der **Bezugspunkt** des Flugplatzes Königsdorf liegt auf 47°49'52" nördlicher Breite und 11°27'48" östlicher Länge.
Kurz: Königsdorf (F) 47 49 52 N, 011 27 48 E
oder in Dezimalschreibweise 47°49,87' N, 011°27,80' E

Faustregel zur Umrechnung der Sekunden in die Minutendezimalstellen: Sekunden durch 6

Anmerkung: Die Längengrade werden dreistellig geschrieben, da der Bereich von 180° W bis 180° E reicht, während die Breitengrade im zweistelligen Bereich von 90° S bis 90° N liegen.

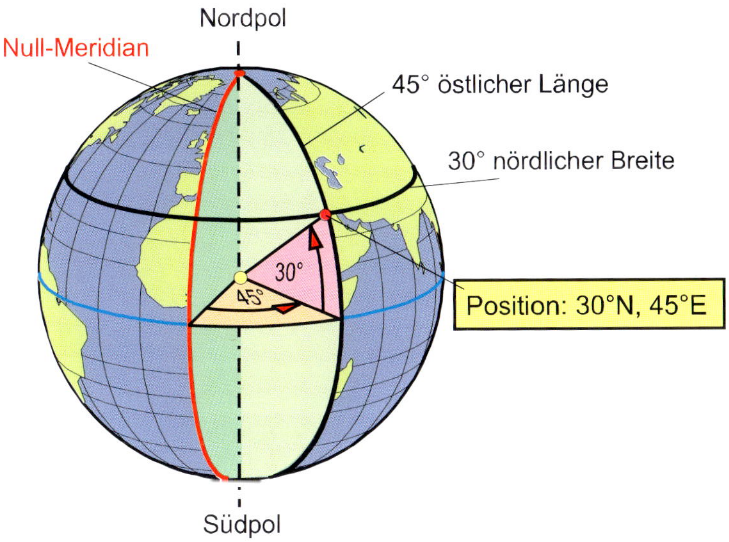

Abb. 4: Ortsbestimmung mit Hilfe des Erdkoordinatensystems

Bei gegebenen Koordinaten *(siehe Beispiel Abb. 5)* findet man einen Geländepunkt in der Karte, indem man auf einem Meridian die Breite sucht **1** und eine Parallele zur nächst liegenden Breitenlinie zieht **2**. Die Länge wird analog dazu zunächst auf einem Breitengrad gesucht **3**; nun kann man eine Parallele zum nächst liegenden Meridian ziehen **4**. Im Schnittpunkt der beiden Hilfslinien liegt der gesuchte Punkt **5**.

Beispiel:
Welches Merkmal befindet sich in der ICAO-Karte an der Position 48°48'00" N, 013°32'40" E?

Lösung:

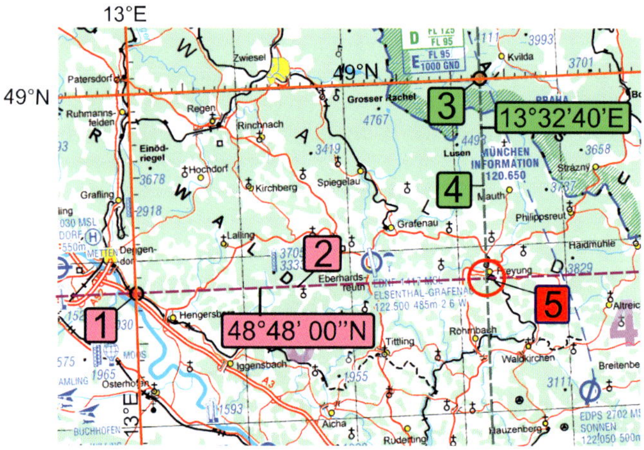

Abb. 5: Positionsbestimmung bei gegebenen Koordinaten: Freyung mit Sackbahnhof

Zusammenfassung:

- Alle Punkte auf der Erde lassen sich mit Hilfe von Breiten- und Längenangabe (bei Sekundengenauigkeit) auf etwa 30 m genau bestimmen.
- Breitenkreise verlaufen parallel zum Äquator, Meridiane verlaufen von Pol zu Pol.
- Der Abstand zwischen zwei Breitengraden ist konstant mit 60 NM = 111,12 km anzunehmen, der Abstand zwischen zwei Meridianen nimmt zu den Polen hin ab.

1.5 Richtungen auf der Erde

Richtungen auf der Erdoberfläche werden durch die **Himmelsrichtungen** angegeben. Dabei heißt die Richtung, die auf einem Meridian zum geographischen Nordpol führt, **rechtweisend Nord**, zum Südpol **rechtweisend Süd**. Bewegt man sich auf einem **Meridian**, so kann das immer nur eine rechtweisende Nord- oder Südrichtung sein.

Dreht man von Nordkurs aus 90° nach rechts, so heißt die neue Richtung Ost, dreht man von Nord ausgehend 90° nach links, heißt sie West. Auf den **Breitenkreisen** bewegt man sich demnach immer entweder in rechtweisender Ost- oder Westrichtung.

Die dazwischen liegenden Richtungen kann man grob in Nord-Nord-Ost, Ost-Nord-Ost usw. unterteilen, was in der Fliegerei aber für die Navigation unzureichend ist. Vielmehr wird die Richtung in Grad angegeben, die Bezugsrichtung ist dabei Nord. Jede Richtung kann nun mit einer positiven Zahl im Bereich von 0 bis 360 angegeben werden:

Nord (N)	= 0°	= 360°;	Ost (E)	= 90°;
Süd (S)		= 180°;	West (W)	= 270°;

Missweisende Richtungen sind auf die magnetischen Pole der Erde bezogen. *Näheres dazu im Kaptitel Instrumentenkunde/Kompass.*

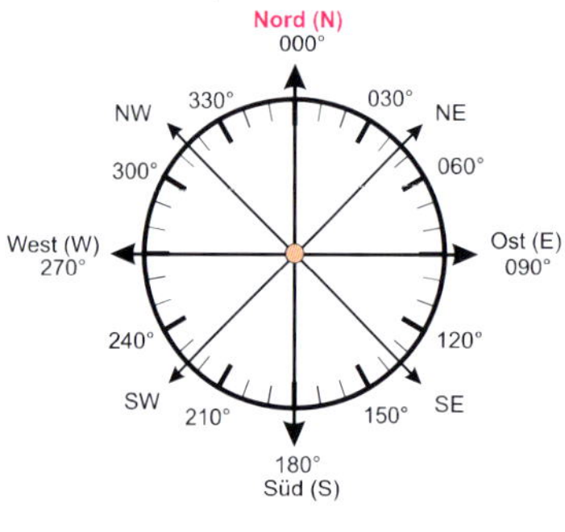

Abb. 6: Die Himmelsrichtungen

Auf den **Kompassrosen** und bei den **Start- und Landerichtungen** wird die letzte Ziffer weggelassen. Steht also z.B. auf einem Landebahnende die Zahl 22, dann bedeutet das: Die Piste wird in einer Richtung von ca. 220 Grad (etwa nach Südwest) angeflogen. Auf dem Kompass muss also bei Start und Landung stets die gleiche, gekürzte (!) Ziffernfolge erscheinen wie sie für die Start- bzw. Landebahn angegeben wird. *Siehe dazu Instrumentenkunde Teil 3.*

2 Luftfahrtkarten

Um sich aus der Luft nach **Sicht** zurechtzufinden, muss man ein einigermaßen ähnliches **Abbild** der Erde, eben eine Landkarte, mit der Wirklichkeit vergleichen, sobald man sich nicht mehr an bereits bekannten Merkmalen orientieren kann. Nun kann man aber die **Kugelgestalt** der Erde nicht ohne weiteres auf die ebene Fläche einer Karte verkleinert übertragen, weil sich die Oberfläche einer Kugel nicht abwickeln lässt. Um trotzdem einigermaßen genaue Aufzeichnungen zu bekommen, wendet man sog. **Projektionsverfahren** an, bei denen jedem Punkt der Erde genau ein Punkt der Kartenebene zugeordnet wird.

Die Kartographen können aber keine absolut verzerrungsfreien Karten konstruieren, sondern müssen je nach Einsatzbereich Kompromisse finden zwischen Flächen- und Winkeltreue. Bei regionalen Karten gelingt das zwar gut. Je größer jedoch der Kartenausschnitt auf dem Globus gewählt wird, desto größer werden die Verzerrungen. Flächentreue und gleichzeitig winkeltreue Karten gibt es nicht. Es gilt:

Mit verbesserter Flächentreue leidet die Winkeltreue und umgekehrt. Längentreue Karten gibt es überhaupt nicht.

Definitionen:

- **Längentreue:** Alle Abstände zwischen beliebigen Punkten auf der Karte werden im gleichen Maßstab dargestellt wie in Wirklichkeit. Daher auch: Maßstabstreue.
- **Flächentreue:** Gleiche Flächeninhalte beliebiger Formen in Wirklichkeit werden mit gleicher Fläche in der Karte dargestellt.
- **Winkeltreue:** Schnittwinkel zwischen beliebigen Linien auf dem Globus sind gleich groß wie die Winkel zwischen den entsprechenden Linien auf der Karte.

2.1 Zylinderprojektionen – Definitionen

Denkt man sich einen Zylinder über den Globus gestülpt, so lassen sich die Punkte der Globusoberfläche vom Kugelmittelpunkt aus auf den abwickelbaren **Zylindermantel** projizieren.

Verläuft die Zylinderachse durch die Pole und berührt der Mantel den Äquator, so ist hier die Genauigkeit am besten, während sich mit zunehmender Polnähe die Verzerrung verstärkt. Die Pole selbst sind nicht projizierbar. In dieser sog. **polständigen Zylinderprojektion** erscheinen die **Meridiane** als abstandsgleiche parallele Geraden, die von den **Breitenkreisen** rechtwinklig geschnitten werden. Die Abstände zwischen zwei benachbarten Breitengraden nehmen zu den Polen hin rasch zu.

Legt man die Zylinderachse so, dass sie durch den Äquator verläuft **(äquatorständige Projektion)**, so lassen sich die **Polgegenden** recht genau abbilden, aber jetzt gibt es Bereiche am Äquator, die nicht mehr darstellbar sind. Meridiane und Breitenkreise erscheinen auf diesen Karten als gekrümmte Linien.

Reine Zylinderkarten sind weder winkel-, noch längen- oder flächentreu und damit in dieser Form für die Navigation ungeeignet. Würde man mit einem konstanten Kompasskurs von A nach B fliegen, so ergäbe sich auf diesen Karten in der Regel eine gekrümmte Linie.

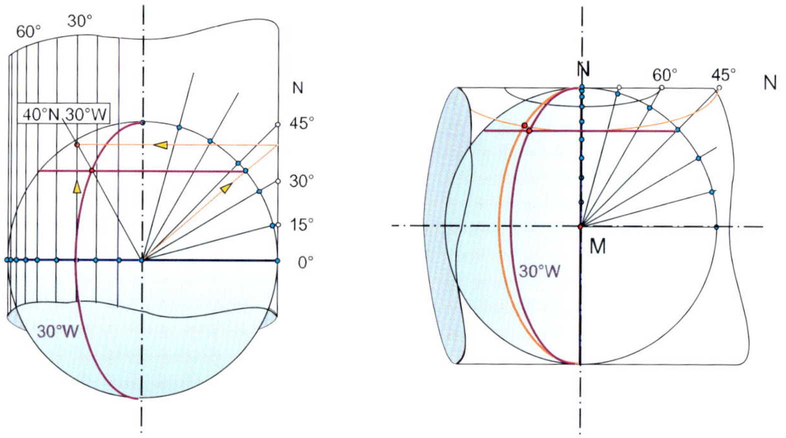

Abb. 7: Polständige und äquatorständige Zylinderprojektion

Definition:
Eine Kurslinie, die alle Meridiane unter dem gleichen Winkel schneidet, heißt **Loxodrome** (Kursgleiche). Auf dem Globus führt jede Loxodrome, die nicht in einer der Hauptrichtungen N, E, S oder W liegt, in einer Spirale zu einem der Pole.

Die **kürzeste Entfernung** zwischen zwei Punkten liegt aber nicht auf einer loxodromen Verbindungslinie, sondern immer auf einem **Großkreis**.

Definition:
Großkreise, die ihren Mittelpunkt im Erdmittelpunkt haben, heißen **Orthodromen**. Orthodrome Linien stellen die kürzeste Verbindung zwischen zwei Punkten auf der Erdoberfläche her.

Mit keiner Kartenprojektion ist es möglich, sowohl die Linien gleichen Kurses (Loxodromen) als auch die kürzesten Verbindungen (Orthodromen) gleichzeitig als gerade Linien darzustellen und gleichzeitig auch noch mit demselben Maßstab über der ganzen Karte zu arbeiten. Je nach Verwendungszweck benützt man deshalb Projektionen, die eine der gewünschten Eigenschaften erfüllen oder einen brauchbaren **Kompromiss** bieten.

2.2 Mercatorkarten

Die nach ihrem Erfinder benannte Mercatorkarte ist eine rechnerisch korrigierte Zylinderprojektion. Dabei werden bei der polständigen Version die Abstände zwischen den Breitengraden so gewählt, dass die Loxodromen gerade Linien sind.

Kurslinie und **Loxodrome** sind also in der Mercatorkarte **identisch**.

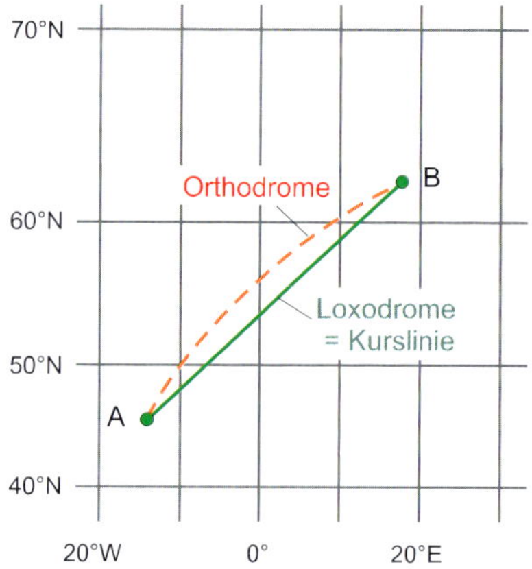

Abb. 8: Gradnetz der polständigen Mercatorkarte

Bewegt man sich auf der Kurslinie, so ist das – außer auf Nord- oder Südkurs – nicht die kürzeste Entfernung zum Ziel; denn die Orthodromen sind auf diesen Karten polwärts ausgebogene Linien.

In der Luftfahrt werden u.a. auch **äquatorständige** Mercatorkarten im Maßstab 1:250.000 verwendet. Jede Projektion erfasst dabei eine Zone von jeweils 3° östlich und westlich des Berührmeridians. Die übrigen Meridiane sind auf den Kartenblättern so schwach gekrümmt, dass eine Kursentnahme so gut wie keine Fehler mehr aufweist. Zur genaueren Entfernungsbestimmung sind außerdem Gitterlinien im Abstand von 10 km eingedruckt. Daneben weisen diese Karten den üblichen Flugsicherungsaufdruck auf.

Merke: Mercatorkarten sind winkeltreu, aber nicht längen- und nicht flächentreu. Die Luftfahrtkarten im Maßstab 1:250.000 bieten einen guten Kompromiss.

2.3 Kegelprojektionen

Statt eines Zylinders lässt sich auch ein Kegel als Projektionsfläche verwenden. Eine **polständige Berührkegelprojektion** erhält man, wenn man einen Kegelmantel so über den Globus legt, dass die Kegelachse durch die Pole verläuft und der Kegelmantel in einem Breitenkreis, der sog. **Standardparallelen**, anliegt. Die beste maßstäbliche Genauigkeit findet sich hier wieder in den Berührungszonen. Je nach Öffnungswinkel des Kegels lässt sich dieser Bereich frei wählen. Als Grenzfälle erhält man die Zylinderprojektion bzw. die Azimutmalprojektion, bei welcher der Globus von einer Ebene berührt wird *(siehe 2.5)*.

Bei der **Schnittkegelprojektion** schneidet der Kegelmantel den Globus in **zwei Standardparallelen**. Dies hat den Vorteil, dass die **Verzerrungen** in einer breiteren Zone nur gering ausfallen.

Wickelt man den Kegel ab, so erscheinen die **Meridiane** als gerade Linien, die zum Pol hin zusammenlaufen (konvergieren), die **Breitenkreise** dagegen werden als Kreisbögen abgebildet, deren Abstand sich mit zunehmender Entfernung von den Standardparallelen vergrößert.

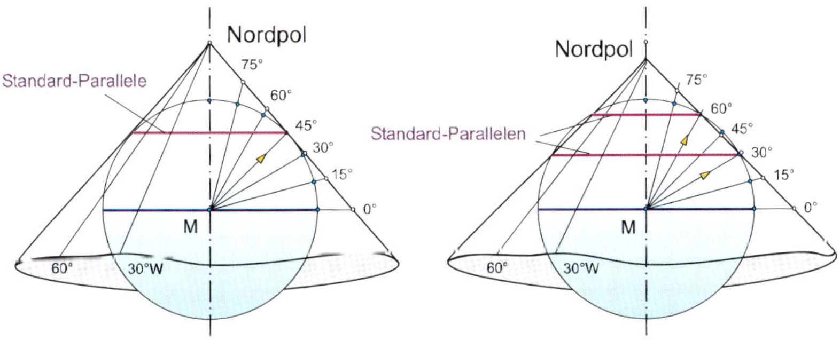

Abb. 9: Polständige Berühr- bzw. Schnittkegelprojektion

Reine Kegelkarten sind weder winkeltreu, noch maßstabstreu. Sowohl die Loxodromen als auch die Orthodromen sind – bis auf Ausnahmen – gekrümmte Linien, was für die Navigation unerwünscht ist.

2.4 Lambertprojektionen

Grundlage für die Lambertkarten sind **Schnittkegelprojektionen**, die rechnerisch so verbessert sind, dass sie winkeltreu werden. Die in der Fliegerei üblichen **ICAO-Karten** im Maßstab **1:500.000** werden nach diesem Verfahren gezeichnet. Auf Grund ihrer Eigenschaften bieten sie für die Navigation nach Erdsicht (terrestrische Navigation) mehr Vor- als Nachteile:

- Die Orthodromen erscheinen als nahezu gerade Linien. Vorteil: Man befindet sich auf der kürzesten Verbindungslinie, wenn man dem Kartenkurs folgt.
- Die Loxodromen verlaufen spiralig zum Pol hin (Ausnahme die Haupthimmelsrichtungen). Nachteil: Zwischen dem Kartenkurs am Startort und dem Kurs am Ziel ergibt sich eine Winkeldifferenz, die umso größer ist, je länger die gewählte Strecke ist.

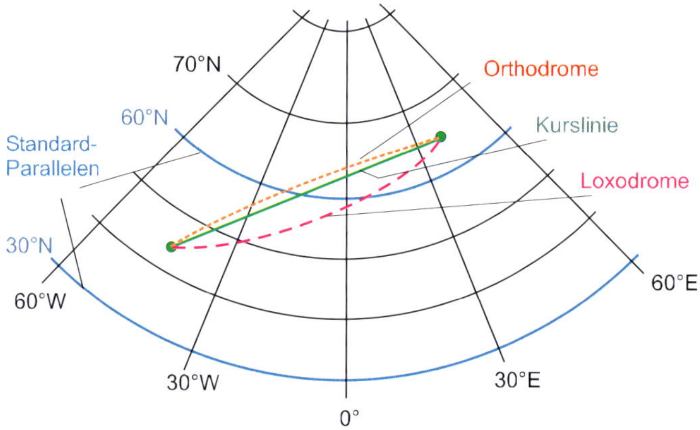

Abb. 10: Gradnetz der Lambertkarte

Man entnimmt deshalb den Lambertkarten den **Kartenkurs** an einem Meridian, der etwa in der **Mitte** der Flugstrecke liegt *(siehe Abb.11)*.

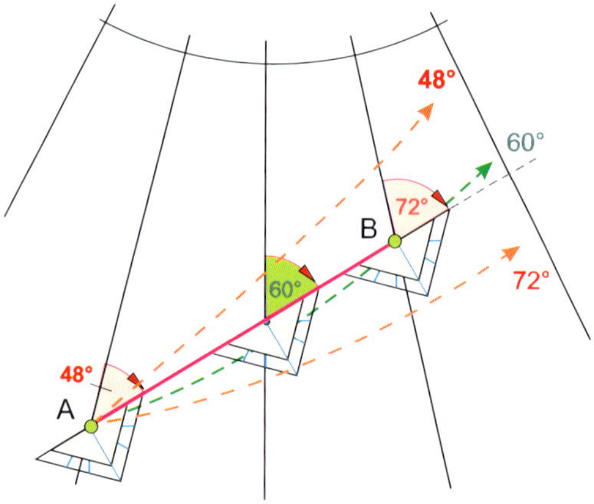

Abb. 11: Kursentnahme in der Lambertkarte

Beispiel *(Abb.11)*:
Um von A nach B mit konstantem Kurs zu fliegen, müsste ein **Kartenkurs** von 60° angenommen werden, der sich in der Mitte zwischen Start und Zielort ablesen lässt. Für den Flug auf der kürzesten (orthodromen) Linie müsste der Kurs kontinuierlich von 48° auf 70° vergrößert werden.

Größere Strecken werden deshalb in **Teilstrecken** zerlegt. Von Abschnitt zu Abschnitt ändert sich dann zwar der Kurs etwas, aber man bleibt in der Nähe des Großkreisbogens.

- An den **Standardparallelen** ist die Lambertkarte **längentreu**. Außerhalb der Berührkreise vergrößert sich der Kartenmaßstab geringfügig.
- Der Bereich zwischen den **Standardparallelen** – auf den ICAO-Karten der BRD ein Abstand von **4 Breitengraden** – weist für den Kurzstreckenflieger vernachlässigbare Längenänderungen auf.

Merke: Lambertkarten sind winkeltreu und ausreichend längen- und flächentreu. Die ICAO-Karten im Maßstab 1:500.000 sind die gebräuchlichen Navigationskarten für den Sichtflug. Sie enthalten außerdem einen Flugsicherungsaufdruck und werden auch im Hinblick auf die geographischen Veränderungen regelmäßig auf den neuesten Stand gebracht. Das Datum der Aktualisierung ist am Kartenrand verzeichnet.

2.5 Gnomonische Projektion

Verwendet man als Projektionsfläche eine Ebene, welche die Erdkugel in einem Punkt berührt, und nimmt die Abbildung vom Mittelpunkt aus vor, so erhält man die sog. gnomonische Projektion. Wählt man als Berührpunkt einen Pol, so erscheinen die Breitenkreise als konzentrische Kreise und die Meridiane gehen sternförmig vom Pol aus. Diese Karten sind weder winkel- noch längentreu, sondern weisen mit zunehmender Polferne große **Verzerrungen** auf. Sie haben aber den Vorteil, dass hier jede eingetragene Flugstrecke auf einem **Großkreis** liegt. Mit Hilfe markanter Punkte kann man nun diesen kürzesten **orthodromen Flugweg** auf eine Flugnavigationskarte übertragen, wo er in der Regel als gekrümmte Linie erscheint.

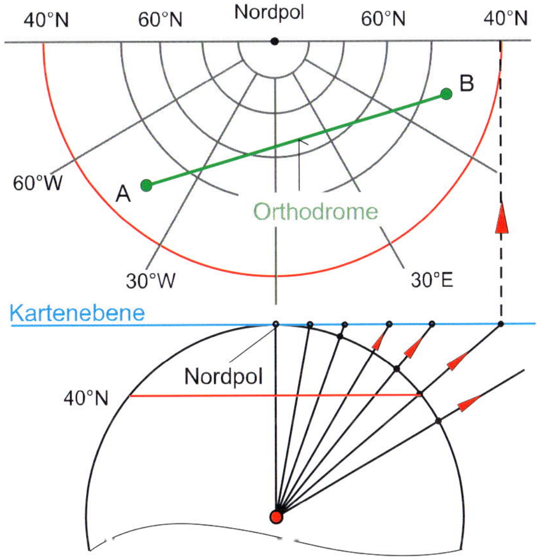

Abb. 12: Gnomonische Projektion (polständig)

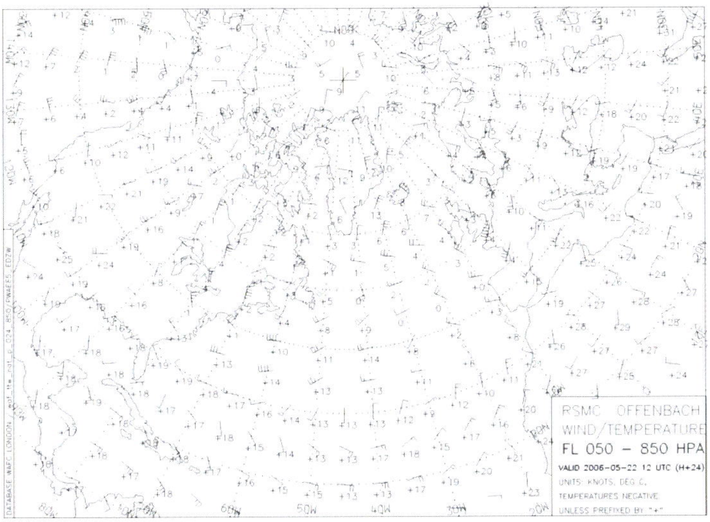

Abb. 13: Gnomonische Windkarte Nordatlantik für FL 50 – Beispiel

Zusammenfassung:

- Die kürzeste Verbindung (orthodrome Linie) zwischen zwei Punkten auf der Erdkugel kann nicht mit gleich bleibendem (loxodromem) Kurs erflogen werden, es sei denn, Start und Ziel liegen auf demselben Meridian oder dem Äquator.
- In den Mercatorkarten erscheinen die Loxodromen als gerade Linien.
- Die Orthodromen entnimmt man mit ausreichender Genauigkeit den Lambertkarten, mit Exaktheit den gnomonischen Projektionen.

2.6 Kartenmaßstäbe

Definition:
Unter Kartenmaßstab versteht man das Verhältnis aus »Länge in der Karte« zu »Länge in Wirklichkeit«. Der Maßstab, der das größere Bild liefert, hat auch das größere Verhältnis (1:100 ist z. B. größer als 1:1.000.000!)

Für den Sichtflug sind Luftfahrtkarten in den Maßstäben 1:1.000.000, 1:500.000, 1:250.000 und 1:200.000 gebräuchlich.

Zur **Navigationsvorbereitung** verwendet man zweckmäßigerweise die **ICAO-Karten** (Lambert) im Maßstab **1:500.000**. Dabei entspricht 1 cm auf der Karte 5 km in der Natur bzw. 1 km in der Natur wird auf 2 mm in der Karte abgebildet.

Umrechnungen für den Maßstab 1:500.000:

Beispiel:
Der ICAO-Karte wird eine Strecke von 24,5 cm entnommen. Das sind 24,5 mal 5 km = 122,5 km in Wirklichkeit.

Beispiel:
Ein Flugplatz liegt 87 km vom Startpunkt entfernt. Er muss also auf der Karte auf einem Kreis mit einem Radius von 17,4 cm (87 cm : 5) liegen.

Die Karten in den Maßstäben 1:250.000 und die sog. **Generalkarten** im Maßstab 1:200.000 (Mercator) enthalten bereits so viele Einzelheiten, dass sie bei der Streckennavigation verwirrend wirken. Man verwendet sie höchstens zur **Kleinorientierung**, da die ICAO-Karten alle zur Navigation wichtigen Elemente enthalten.

Umrechnungen für den Maßstab 1:200.000:

Beispiel:
Der Karte wird eine Strecke von 24,5 cm entnommen. Das sind 24,5 mal 2 km = 49 km in Wirklichkeit.

Beispiel:
Eine Strecke soll 87 km lang sein. Das sind in dieser Karte 43,5 cm (87 cm : 2).

2.7 ICAO-Karten der BRD

2.7.1 ICAO-Kartenblätter

Zur Sichtflug-Navigation werden üblicherweise die ICAO-Karten im Maßstab 1:500.000 verwendet. Für die BRD gibt es sie jedes Jahr neu in digitaler Form auf CD oder in Papierform (8 Blätter). Jedes Kartenblatt ist mit einem markanten Städtenamen benannt und mit einer Koordinaten-Bezeichnung versehen. So bedeutet z.B. Hannover (NO 51/6), dass die linke untere Ecke dieser Karte bei 51° Nord, 06° Ost liegt.

Der Stand der Flugsicherungsangaben ist auf dem Deckblatt verzeichnet. Permanente Ergänzungen oder Änderungen, die nach dem Erscheinen der Neuauflage notwendig sind, werden im VFR-

Luftfahrthandbuch veröffentlicht. Temporäre Änderungen findet man im 14-tägig erscheinenden VFR-Bulletin *(siehe dazu auch Kapitel Luftrecht)*.

2.7.2 Die Kartensymbole der ICAO-Karte

Die ICAO-Karten (nach internationalem System) enthalten die topographische Struktur der Erdoberfläche, wobei größere Höhen grau unterlegt sind. Da die Höhen sich aber nicht auf Grund ihrer Farbe unterscheiden lassen, enthalten die Karten Höhenpunkte, die so ausgewählt sind, dass sich zwischen zwei benachbarten Einträgen keine weitere Erhebung mehr befindet, welche die beiden markierten überragt. Außerdem wird auf jedem Kartenblatt die **höchste Erhebung** durch den Eintrag in ein **weißes Rechteck** besonders gekennzeichnet.

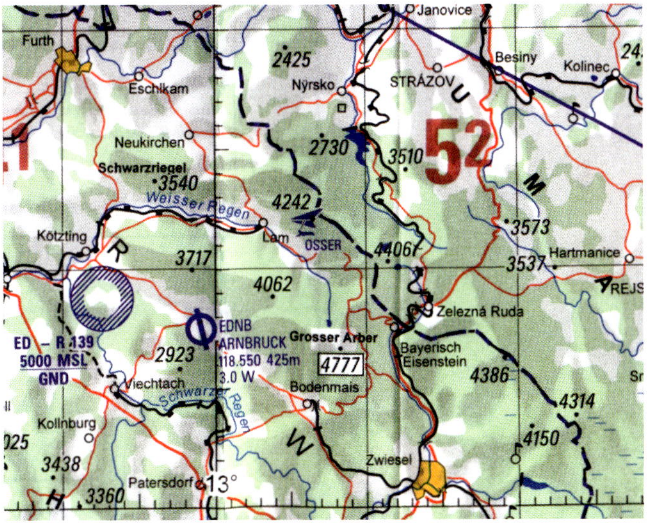

Abb. 14: Ausschnitt aus der ICAO-Karte, Einheit ft, höchste Erhebung 4.777 ft (Großer Arber)

Gewässer erscheinen blau, große Städte gelb. Wälder sind als grüne Flecken gekennzeichnet, Straßen sind als rote, Eisenbahnen als schwarze Linien dargestellt, wobei ein- und mehrgleisige Anlagen unterschieden werden. Ortschaften mit Bahnhof werden durch ein kleines schwarzes Quadrat markiert.

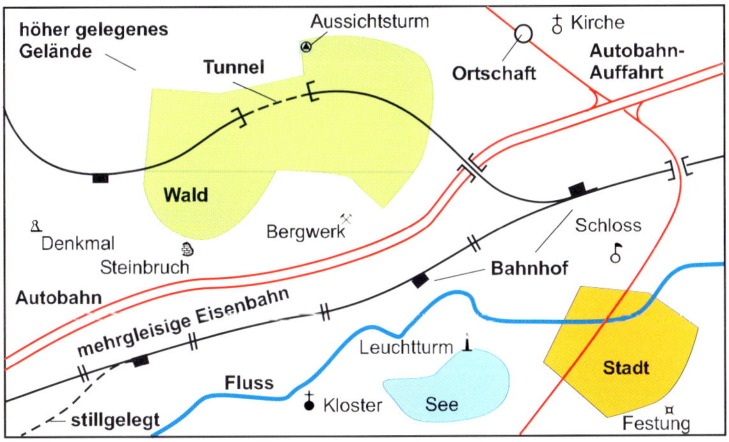

Abb. 15: Wichtige Verkehrswege und Symbole in der ICAO-Karte

Außerdem enthalten die ICAO-Karten im Maßstab 1:500.000 farbige **Flugsicherungsaufdrucke**, die über zivile und militärische Kontrollzonen, Nahverkehrsbereiche, Flugplätze, Funknavigationsanlagen usw. Auskunft geben.

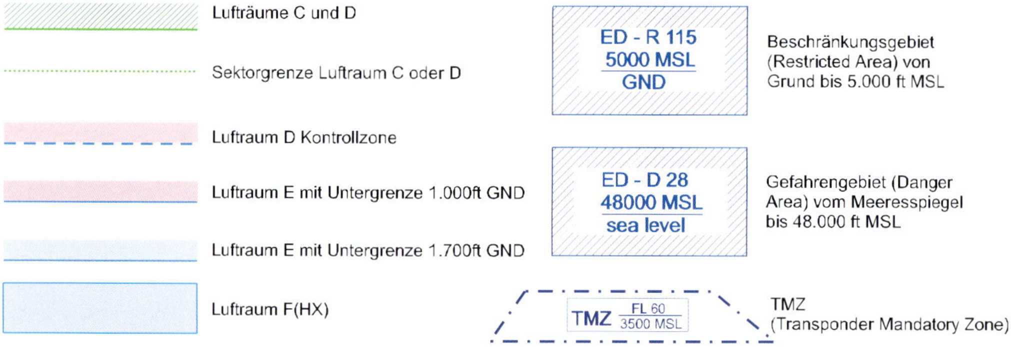

Abb. 16: Luftraumdarstellung auf der ICAO-Karte

Für die Kursvorbereitung sind dazu noch die Linien gleicher Missweisung, die **Isogonen**, blau gestrichelt eingetragen.

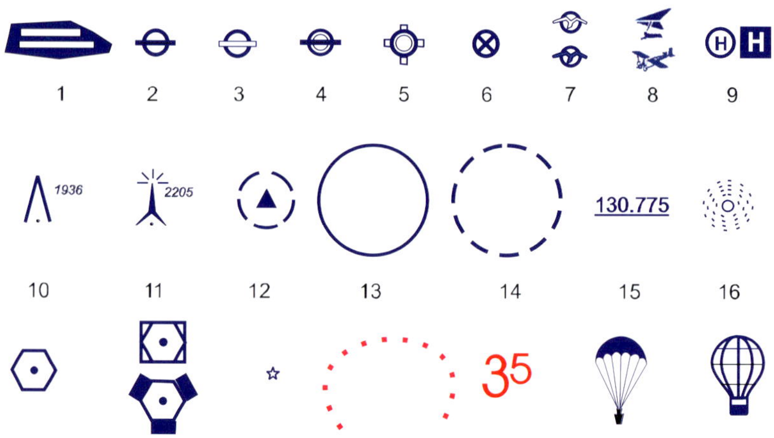

Abb. 17: Wichtige Kartensymbole der ICAO-Karte

Erklärungen:

1	Internationaler Flughafen
2	Landeplatz mit befestigter Bahn
3	Landeplatz mit unbefestigter Bahn (Gras)
4	Militärflugplatz
5	Zivil/Militär-Landeplatz
6	geschlossener Flugplatz
7	Segelfluggelände (Winden- bzw. Flugzeugschlepp)
8	Gleitflug- bzw. Ultraleichtfluggelände
9	Hubschrauberlandeplatz
10	unbefeuertes Hindernis (1.936 ft MSL) evtl. mit markantem Symbol
11	befeuertes Hindernis (2.205 ft MSL) evtl. mit markantem Symbol
12	Pflichtmeldepunkt einer Kontrollzone für den Ein- bzw. Ausflug
13	ständige Tiefflugschutzzone
14	nicht ständige Tiefflugschutzzone
15	VDF-Frequenz (hier QDM erhältlich)
16	NDB-Funkfeuer
17	VOR-Funkfeuer
18	VOR/DME bzw. TACAN (mit Entfernungsmessung)
19	Luftfahrtbodenfeuer (Nachtflugbefeuerung)
20	militärisches Tieffluggebiet (250ft-Area)
21	Maximum Elevation Figure in der Einheit 100 ft MSL
22	Fallschirmsprunggelände
23	Freiballonstartplatz

In großen roten Ziffern sind die sog. **Maximum Elevation Figures** aufgedruckt, welche die größten Erhebungen in jeweils einem rechteckigen Gebiet von jeweils einem halben Grad Seitenlänge angeben. Bei Höhenpunkten wird zuzüglich ein fiktives Hindernis von 100 m (328 ft) angenommen und ein Zuschlag von 30 ft addiert. Bei echten Hindernissen ist ein Zuschlag von 60 ft einkalkuliert. Die größere Zahl gibt die vollen tausend Fuß an, die kleinere die aufgerundeten Hunderter. Auf diese Weise erhält man schnell einen Überblick über die Geländehöhen auf Kurs.

Beispiel für die Maximum Elevation Figure 5^2 *(siehe Abb. 14)*:
In diesem Gebiet (30 mal 30 Minuten, Ziffern im mittleren Feld) ist die höchste Erhebung 4.777 ft MSL + fiktives Hindernis 328 ft + Zuschlag 30 ft, ergibt auf 100 ft aufgerundet 5.200 ft.

Auf den Innenseiten des Einbands finden Sie zwei ausgewählte Ausschnitte aus den ICAO-Karten der BRD, welche die genannten Details enthalten. Die Nummerierung korrespondiert dabei mit derjenigen in der Abbildung 17.

2.8 Die Streckenkarte (Enroute Chart) 1:1.000.000

Dem Luftfahrthandbuch AIP liegt eine Streckenkarte im **Maßstab 1:1.000.000** in **Schnittkegelprojektion** bei, die mehrfach pro Jahr berichtigt neu erscheint. Sie dient vor allem zur Vorbereitung für Streckenflüge nach **Funknavigation** mit Flugplan, z.B. IFR- oder Nachtflüge, wenn die An- und Abflüge zu den Flughäfen über die ausgewiesenen ATS-Routen (Flugverkehrsstrecken) angegeben werden müssen.

Die Streckenkarte enthält keinerlei landschaftliche Details, jedoch die **Luftraumstruktur** des unteren Luftraums mit Kontrollzonen, kontrollierten Lufträumen, Beschränkungsgebieten und Nachtflugstrecken sowie die Flugplätze mit den Tower-Frequenzen. Die Positionen der **Funknavigationsanlagen (Nav-Aids)** und der **Strecken-Meldepunkte (Reporting Points)** sind mit Koordinaten aufgelistet, um exakte GPS-Navigation zu erleichtern.

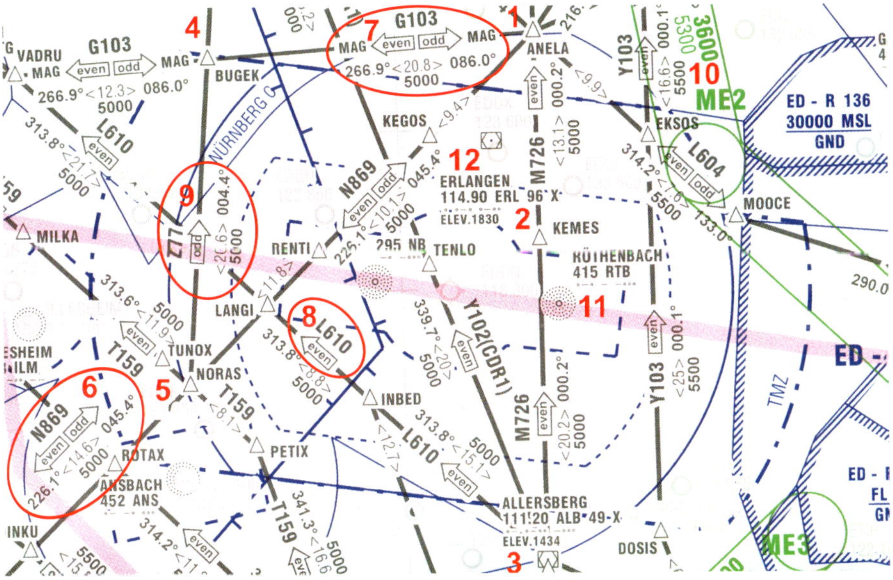

Abb. 18: Ausschnitt aus der Streckenkarte für den unteren Luftraum, Umgebung von Nürnberg

Die Eintragungen in der Streckenkarte gleichen zunächst einem verwirrenden Schnittmuster, bis man erst einmal die Systematik erkannt hat: Die mit einem Dreieck gekennzeichneten Meldepunkte tragen Fantasienamen und bilden die Endpunkte von Streckenabschnitten einer längeren Flugverkehrsstrecke (ATS Route). Der Datenblock eines Streckenabschnitts enthält folgende Angaben *(Beispiel Ziffer 7 in Abb. 18, Erklärungen in Abb. 19)*:

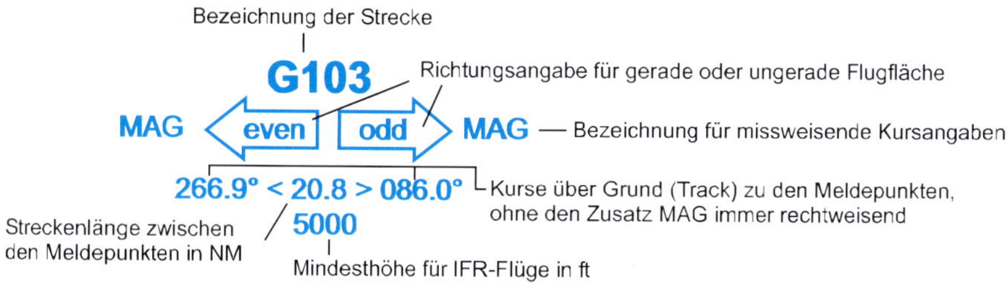

Abb. 19: Datenblock in der Streckenkarte

Weitere Erklärungen zur Abbildung 18:

1 – 5: ausgewählte Meldepunkte ANELA, KEMES, ALLERSBERG, BUGEK, NORAS

3: ALLERSBERG ist gleichzeitig VOR mit der Kennung ALB auf der Frequenz 111.20 MHz

6 – 9: Die Flugverkehrsstrecken tragen Bezeichnungen wie N869, G103, L610, Z77

6 – 9: Die Pfeile geben an, in welcher Richtung der jeweilige Streckenabschnitt beflogen werden darf. Bei der Bezeichnung **even** wird eine gerade Flugfläche verlangt (z.B. FL 80), bei ***odd*** eine ungerade (z.B. FL 90).

6 – 9: Unter den Kursangaben des jeweiligen Streckenabschnitts findet man die Mindesthöhe für Instrumenten-Flüge (Minimum IFR Cruising Level). Eine darunter gesetzte Zahl in Klammern (z.B. FL 80) gibt die operationelle Flughöhe an. Das ist die Höhe, in der Funknavigation und Sprechfunk uneingeschränkt von Reichweitenproblemen o. Ä. sichergestellt sind.

6: Die Entfernung zwischen den Meldepunkten INKU und NORAS beträgt 14,6 NM, die Kurse sind rechtweisende Anfangskurse, rwK = 045,4° von INKU nach NORAS, von NORAS nach INKU 226,1°.

7: Steht die Bezeichnung MAG an einem Streckenabschnitt, dann sind die angegebenen Kurse missweisend. Beispiel: mwK = 086,0° von BUGEK nach ANELA.

8: Die Strecke ALLERSBERG – VADRU darf nur in nordwestlicher Richtung auf geraden Flugflächen beflogen werden.

9: Von NORAS nach BUGEK ist nur eine ungerade Flugfläche zulässig.

10: Nacht-Tiefflugstrecken sind grün gekennzeichnet.

11: Ungerichtetes Funkfeuer (ROTHENBACH NDB) mit der Kennung RTB auf der Frequenz 415 kHz. Dies ist jedoch kein Meldepunkt.

12: Auch das VOR/DME ERLANGEN wird nicht als Meldepunkt verwendet.

3 Navigationsarten

3.1 Terrestrische Navigation (Navigation nach Erdsicht)

3.1.1 Orientierung

Für einen Laien ist es zunächst unverständlich, wie man auch ohne technische Hilfsmittel nur mit **Kompass, Uhr und Karte** exakt sein Ziel finden kann; denn aus der Luft ist ja kein Punkt namentlich erkenntlich, und die Vielfalt der Eindrücke verwirrt.

Der Pilot betrachtet dagegen zur Navigation nicht jede Einzelheit, sondern sucht sich als Anhaltspunkte **markante Stellen**, die sowohl auf der Karte verzeichnet, als auch aus der Luft gut erkennbar sind. Damit scheiden Bodenerhebungen aus, da sie sich aus größerer Höhe kaum von der Umgebung unterscheiden lassen. Sie werden erst wichtig, wenn man tief fliegt. Vielmehr wird sich die Suche auf Eisenbahnlinien, Flüsse, Kanäle, Hauptstraßen wie Autobahnen, die Form der Waldstücke und -lichtungen, große Städte oder Seen, Burgen, Schlösser und Türme beschränken. Das Zusammentreffen solcher Merkmale wie z.B. eine Autobahnunterführung unter einer Bahnlinie erhöht den Orientierungswert. Dörfer, Felder, Wege und kleinere Straßen werden im wahrsten Sinne des Wortes übersehen.

Bei der **terrestrischen Navigation** fliegt man von einem **markanten Punkt** zum anderen. Man überfliegt ihn, lässt ihn links oder rechts liegen und versucht so, den vom Kompass abgelesenen Kurs mit der in die Karte eingezeichneten **Kurslinie** in Übereinstimmung zu bringen. Dabei ist es wichtig, dass man es versteht, aus der Luft **Entfernungen** zu schätzen. Das erfordert allerdings einige Übung, die man sich aber aus **Platzflügen** verschaffen kann, wo man bereits die Distanz zwischen bekannten Punkten kennt.

3.1.2 Orientierungsverlust

Hat man sich doch einmal »verfranzt« – wie die Flieger sagen –, so braucht man deswegen nicht gleich in Panik zu geraten. Als erstes muss man sich an den letzten mit Sicherheit bekannten Punkt erinnern, schätzt dann den ungefähren Raum. in dem man sich befinden muss und fliegt nach Kompass in die Richtung, in der eine sog. **Auffanglinie** liegt. Das kann eine Autobahn, ein Fluss, ein See, eine Eisenbahn- oder Küstenlinie sein. Wichtig dabei ist, dass man den **Kurs** so wählt, dass man etwa senkrecht auf die Auffanglinie trifft. Bei einem zu spitzen Winkel besteht die Gefahr, dass man nahezu parallel zu ihr fliegt und sie nicht erreicht.

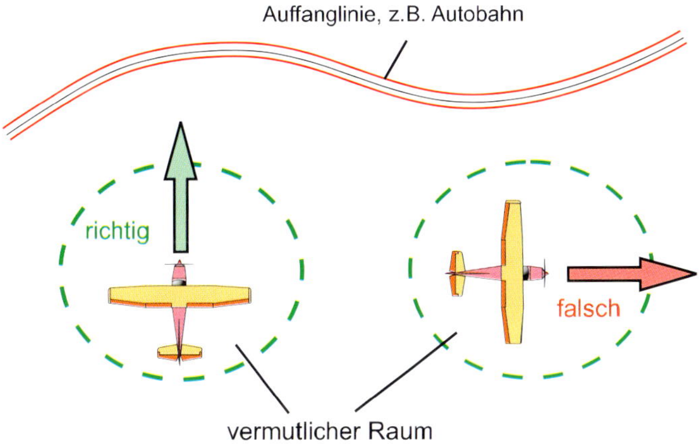

Abb. 20: Anfliegen einer Auffanglinie

Hat man zum Beispiel über dem Schwarzwald die **Orientierung** verloren, dann fliegt man nach Westen und erreicht garantiert das markante **Rheintal**. Beim Orientierungsverlust über der Schwäbischen Alb dagegen wird man die **Donau** mit Südkurs anpeilen.

Nicht zu verwechseln sind die Auffanglinien mit den **Leitlinien**. Diese liegen in etwa parallel zum Kurs und erleichtern die Navigation, da man ihnen nur nachzufliegen braucht. Auffang- bzw. Leitlinien sind in der Regel größere **Verkehrswege**, an denen auch Städte mit weiteren markanten Merkmalen wie Schnittpunkte von Autobahnen mit Eisenbahnlinien oder Flüssen usw. angesiedelt sind. Hier findet man immer wieder markante Orientierungsmerkmale, von denen aus man die Navigation wieder aufnehmen kann.

Nicht zu unterschätzen ist ein gewisser Grundstock an **geographischem Wissen** über den Bereich, den man befliegt. Als Flieger sollte man sich deswegen die Lage der wichtigsten Flüsse, Kanäle, Städte und Gebirge und die Grenzen zu den Nachbarländern in dem Raum einprägen, in dem man zu fliegen beabsichtigt *(siehe dazu Abb. 17)*.

Gebirge (von Nord nach Süd):
Teutoburger Wald, Weserbergland, Harz, Sauerland, Rothaargebirge, Westerwald, Eifel, Taunus, Vogelsberg, Schwäbische Alb, Spessart, Rhön, Hunsrück, Odenwald, Thüringer Wald, Erzgebirge, Vogesen, Schwarzwald, Fränkische Alb, Bayerischer Wald, Böhmerwald, Alpen

Abb. 21: Karte der BRD mit angrenzenden Nachbarstaaten

Die großen Flüsse und ihre wichtigen Nebenflüsse:
Rhein, Main, Mosel, Neckar, Weser, Elbe, Saale, Oder, Donau, Iller, Lech, Isar, Inn

Städte mit Verkehrsflugplätzen/-flughäfen:
Altenburg, Augsburg, Barth, Bautzen, Bayreuth, Berlin (3), Braunschweig, Bremen, Bremerhaven, Coburg, Cottbus, Donaueschingen, Dortmund, Dresden, Düsseldorf, Eggenfelden, Emden, Erfurt, Frankfurt, Friedrichshafen, Hahn, Hamburg (2), Heringsdorf, Hof, Karlsruhe, Kassel, Kiel, Köln, Lahr, Leipzig, Lübeck, Magdeburg, Mannheim, Mönchengladbach, München, Münster, Niederrhein, Nürnberg, Oberpfaffenhofen, Paderborn, Saarbrücken, Schwäbisch Hall, Schwerin, Siegerland, Straubing, Stuttgart, Westerland/Sylt, Zweibrücken.

3.2 Meteorologische Navigation

Hier ist eigentlich der Segelflieger in seinem Element, denn er muss für einen schnellen Flug seine Navigation auf thermikgünstige Gebiete, Wolkenstraßen und die Beobachtung der Wetterentwicklung stützen. Diese Kenntnisse kommen natürlich auch dem Motorflieger zugute, der auch mal einen Umweg in Kauf nimmt, um seinen Flug möglichst sicher, schnell und bequem durchführen zu können. Einige Möglichkeiten zur Optimierung des Überlandflugs:

- Ausnützen von Höhenwinden, Hangaufwinden, Strömungsverhältnissen
- Ausweichen von Unwettern, insbesondere Gewittern
- Entlangfliegen von Fronten
- Überqueren von geschlossenen Wolkendecken
- Beachten der Wellenerscheinungen in der Nähe von Gebirgen

3.3 Koppelnavigation

Exakte Navigation – auch für den VFR-Flieger – ist Koppelnavigation, die sich aller Möglichkeiten von der terrestrischen bis zur astronomischen bedienen kann.

Dazu zerlegt man die Kursstrecke in Teilstücke, fliegt sie nach Uhr und Kompass ab und überprüft den erreichten **Teilzielort** an Hand von Karte, markanten Punkten, Standlinien oder Peilungen. An den auf diese Weise ermittelten **Standort** (Koppelort) koppelt man die nächste **Teilstrecke** in gleicher Weise an und kommt auf diese Weise zum **Zielort**.

Erreicht man einen Punkt nicht genau, so sucht man nach den Gründen dafür. Das kann ein falsch angenommener Wind sein, die nicht exakt eingehaltene **Fluggeschwindigkeit**, aber auch ein Fehler in den **Berechnungen**. Auf jeden Fall wird diese **Abweichung** in die nächste Teilstrecke mit einkalkuliert.

3.4 Radionavigation

Während die klassische terrestrische Navigation ohne Hilfe von außen mit einfachen Geräten (Landkarte, Uhr und Magnetkompass) durchgeführt wird, werden bei der Radionavigation an Bord und am Boden Sende- und Empfangsstationen verwendet, deren Signale mit Bord- bzw. Bodengeräten (Eigen- bzw. Fremdpeilung) ausgewertet werden. *Im nächsten Kapitel »Funknavigation« werden die Verfahren ausführlich beschrieben.*

4 Ermittlung von Kursen

Der Kurs, der aus einer Karte entnommen wird, ist nicht ohne weiteres als Steuerkurs verwendbar, da er weder die Missweisung einbezieht, noch den Wind oder die Abweichung der Kompassanzeige durch Teile des Flugzeugs berücksichtigt.

4.1 Der rechtweisende Kurs (True Course, TC)

Der **rechtweisende Kurs (rwK)** ist der Winkel zwischen geographisch Nord – also einem nach Norden orientierten Meridian – und der Verbindungslinie zwischen Start und Ziel.

Trägt man die Kurslinie auf einer Karte ein, dann kann man den rechtweisenden Kurs als Winkel ablesen. Die speziell für diesen Zweck erhältlichen **Kursdreiecke** sind nichts anderes als Winkelmesser, die beim Anlegen an die Kurslinie sowohl den rwK als auch den entsprechenden **Gegenkurs** an dem betreffenden Meridian anzeigen.

Beispiel: Der Kurs verläuft von A nach B

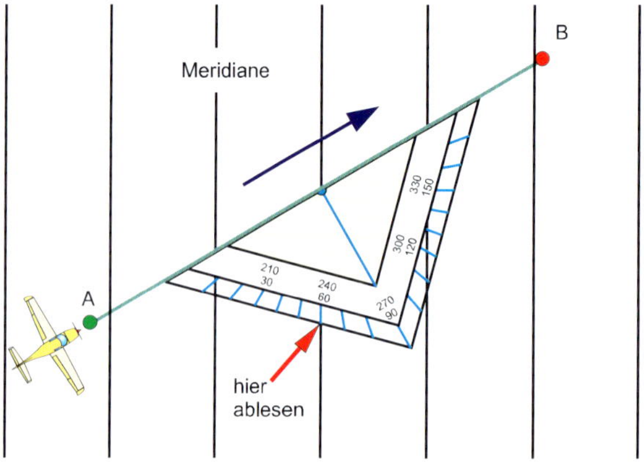

Abb. 22: Ablesen des rwK von A nach B

Der **Gegenkurs**, also die Richtung von B nach A, lässt sich in der gleichen Stellung mit 240° ablesen. Er kann aber auch berechnet werden, indem man vom ursprünglichen Kurs **180**° subtrahiert bzw. addiert.

Beispiel:
rwK von A nach B: 060°
rwK von B nach A: 060°+ 180° = 240°

In der Praxis überlegt man sich zunächst die **grobe Richtung** und ordnet dann die richtige Gradzahl zu. In unserem Beispiel erkennt man sofort, dass der rwK von A nach B zwischen 0 und 90° liegen muss, so dass ein abgelesener Wert von 240° überhaupt nicht in Frage kommt.

4.2 Der missweisende Kurs (Magnetic Course, MC)

Der missweisende Kurs (mwK) ist der Winkel zwischen magnetisch Nord und der Kurslinie. Man erhält ihn, indem man vom **rwK** die **Missweisung Mw** subtrahiert, d.h. mit dem entgegen gesetzten Vorzeichen addiert.

Beispiel:
rwK = 060°; Mw = –3° (3° West); mwK = 063°

Nur wenn der Kompass keine weiteren Anzeigefehler aufweist, lässt sich dieser Kurs bei **Windstille** bereits als **Steuerkurs** verwenden.

4.3 Berücksichtigung des Windes

4.3.1 Gegen-, Rücken- und Seitenwind

Die horizontale Luftströmung, also der Wind, unterliegt zwei Größen: der **Windrichtung** und der **Windstärke**. Solche gerichteten Größen bezeichnet man als **Vektoren** und stellt sie als **Pfeile** dar. Je nach Flugrichtung wirkt sich der Wind mehr oder weniger stark als Gegen-, Rücken- oder Seitenwind aus.

Der **Windvektor** lässt sich zerlegen in eine Seitenwindkomponente und eine Komponente in Flugrichtung. Nehmen wir an, wir haben als Flugrichtung Nord (0°) gewählt und der Wind kommt aus 60 mit 20 kt, also von rechts vorn. Dann bildet die **Kurslinie** mit dem **Windvektor** einen **Winkel** von 60°. Das ist der **Windwinkel**. Zerlegen wir nun den Windvektor in eine **Gegenwindkomponente**, die in **Kursrichtung** liegt und eine senkrecht zur Kurslinie liegende **Seitenwindkomponente**:

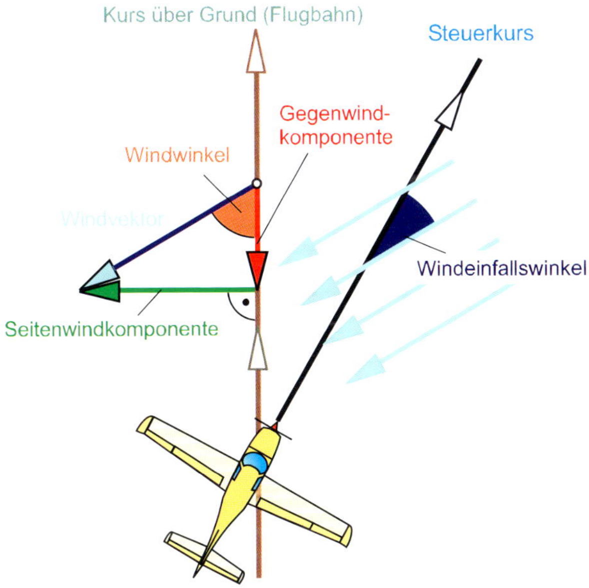

Abb. 23: Windkomponenten

Wir stellen in unserem Beispiel (Windwinkel 60°) fest, dass eine Gegenwindkomponente auftritt, die genau halb so groß ist wie der Windvektor, nämlich 10 kt, während die Seitenwindkomponente ca.17 kt ausmacht. Für Rückenwind gilt entsprechendes.

Hier eine kleine Hilfe zur Bestimmung der Seiten- und Gegenwindkomponenten für Windwinkel bis 90°:

Windwinkel	Wind-Geschwindigkeit	Seitenwind-Komponente	Gegen-/Rückenwind-Komponente
0°	10 kt	0,0 kt	10,0 kt
15°	10 kt	2,6 kt	9,7 kt
30°	10 kt	5,0 kt	8,7 kt
45°	10 kt	7,1 kt	7,1 kt
60°	10 kt	8,7 kt	5,0 kt
75°	10 kt	9,7 kt	2,6 kt
90°	10 kt	10,0 kt	0,0 kt

Diese Windkomponenten lassen sich mit einfachen Winkelfunktionen berechnen:

$$\text{Seitenwindkomponente} = V_{wind} \cdot \text{SIN (Windwinkel)}$$
$$\text{Gegenwindkomponente} = V_{wind} \cdot \text{COS (Windwinkel)}$$

4.3.2 Ermittlung des Luvwinkels (Wind Correction Angle, WCA)

Will der Pilot bei **Seitenwind** auf seiner Kurslinie bleiben, dann muss er mit der Flugzeugschnauze in den Wind **vorhalten**. Die Flugzeuglängsachse bildet mit der Kurslinie über Grund den sog. **Luvwinkel** (WCA = wind correction angle). Dieser Luvwinkel hängt nicht nur vom **Windvektor** und dem **rwK** ab, sondern auch von der **Eigengeschwindigkeit** des Luftfahrzeugs. Dabei gilt grundsätzlich: Je höher die Eigengeschwindigkeit, desto kleiner der Luvwinkel. Wir ermitteln ihn zunächst zeichnerisch.

Gehen wir dazu ein **Beispiel** mit folgenden Ausgangsdaten durch:
Gegeben: rwK(TC) = 060°; Wind aus 120° mit 20 kt; Eigengeschwindigkeit v_e (TAS) = 80 kt;
Gesucht: Luvwinkel L (WCA), Geschwindigkeit über Grund v_g und rechtweisender Steuerkurs rwSK (True Heading; TH), der auf geographisch Nord bezogen ist.

Vorüberlegungen:
- Wir stellen zunächst einmal fest, dass der Wind eine Gegenkomponente hat, welche die Geschwindigkeit über Grund gegenüber der Eigengeschwindigkeit verringert.
- Außerdem erkennen wir eine kräftige Seitenwindkomponente, der nach rechts gegengesteuert werden muss.

Aufbau des Winddreiecks:
1. Schritt: Wir zeichnen eine Meridianlinie und tragen den **rwK** mit 60° im Uhrzeigersinn ab. Den Schnittpunkt A betrachten wir als Startort:

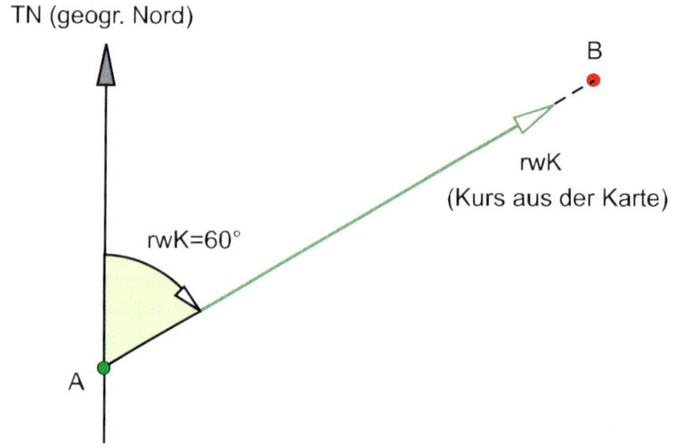

Abb. 24: Abtragen des rwK

2. Schritt: Wir tragen die **Windrichtung** ausgehend von der Nord-Südlinie mit 120° ein, so dass sie vom **Startort weg** gerichtet ist. Wir erkennen dabei einen Windwinkel von 060°:

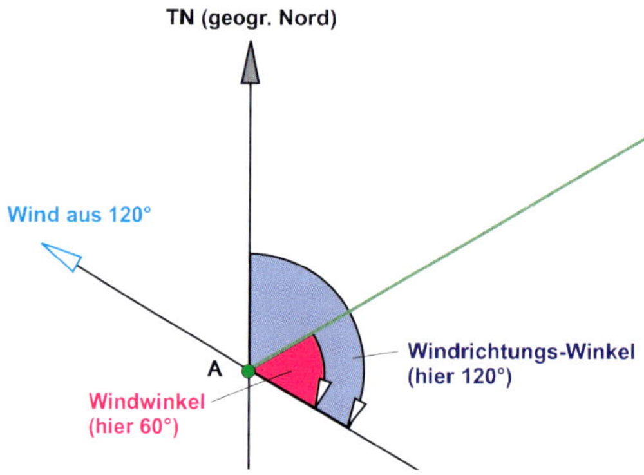

Abb. 25: Abtragen der Windrichtung

3. Schritt: Wir tragen die **Windgeschwindigkeit** mit 20 kt auf der Windlinie mit einem sinnvollen Maßstab (z.B. 1 mm entspricht 1 kt) ab. Das ergibt den **Windvektor**, der mit **drei Pfeilen** gekennzeichnet wird.

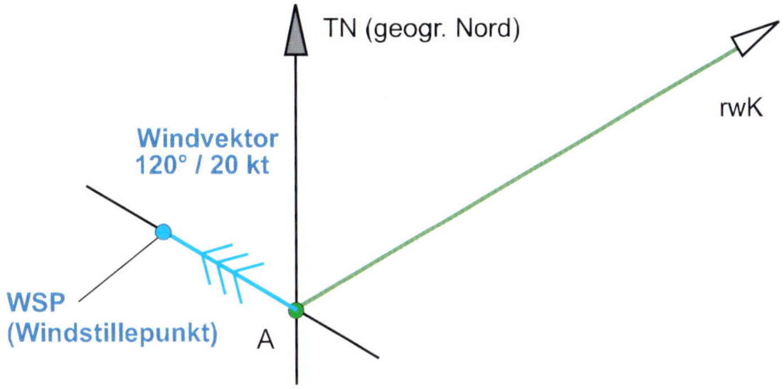

Abb. 26: Abtragen der Windgeschwindigkeit

Die Spitze des Windvektors bildet den sog. **Windstillepunkt** WSP (engl.: AP = Air Position). Beziehen wir alles auf eine Stunde, dann hätte uns der Wind in dieser Zeit vom Startpunkt A bis zu diesem Punkt WSP geblasen. Von dort aus können wir also unter Annahme von **Windstille** den Kurs zum Ziel aufnehmen.

4. Schritt: Um nach einer Stunde wieder auf der gewünschten Grundlinie zu sein, schlagen wir vom Windstillepunkt aus die **Eigengeschwindigkeit** ve im gleichen Maßstab (hier 80 mm) mit dem Zirkel ab. Es entsteht der **Steuerkursvektor** (gekennzeichnet mit **einem Pfeil**) als Verbindung zwischen Windstillepunkt und dem neuen Schnittpunkt mit dem rwK. In der Richtung dieses Steuerkursvektors ist die **Flugzeuglängsachse** zu halten, um auf der Kurslinie zu bleiben.

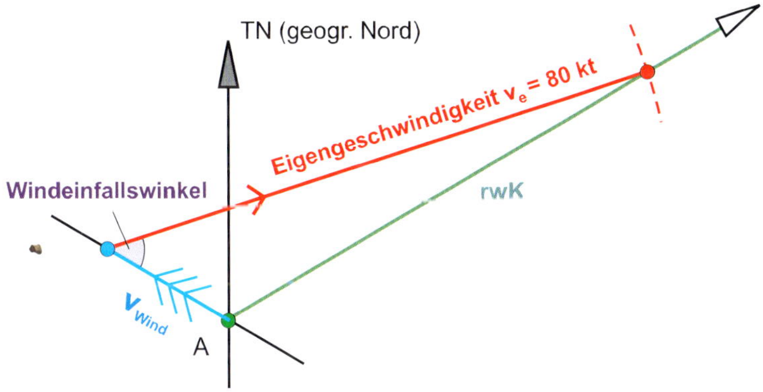

Abb. 27: Abtragen der Eigengeschwindigkeit – Steuerkursvektor

Der Winkel zwischen dem Windvektor und dem Steuerkursvektor heißt **Windeinfallswinkel** WE (Relative Wind Angle, RWA).

5. Schritt: Der gesuchte Vorhaltewinkel oder **Luvwinkel** ist der Winkel zwischen der Kurslinie (rwK) und dem Steuerkursvektor. Er kann jetzt mit dem **Kursdreieck** ausgemessen werden. Als weiteres Ergebnis erhalten wir den sog. **Grundvektor** (gekennzeichnet durch **zwei Pfeile**), der in **rwK-Richtung** liegt und dessen Länge ein Maß für die **Geschwindigkeit über Grund** ist.

Für unser Beispiel erhalten wir folgende gemessene Ergebnisse:

- Geschwindigkeit über Grund: v_g = 68 kt (68 mm gemessen)
- Betrag des Luvwinkels: I = ca. 13°

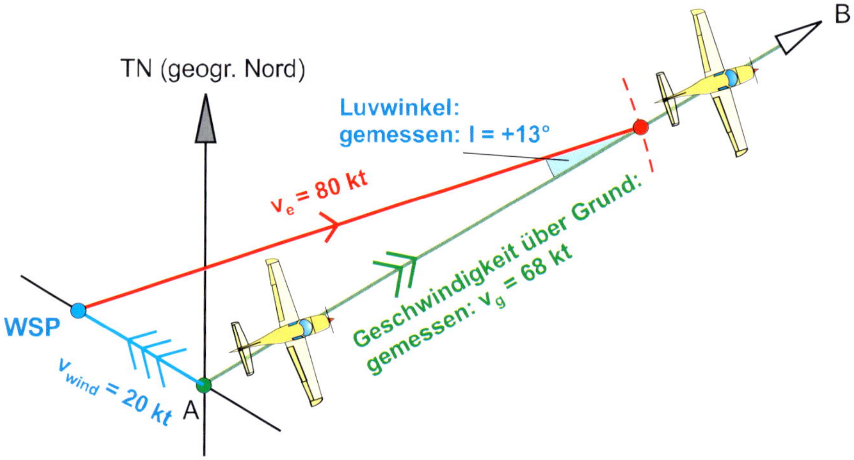

Abb. 28: Ablesen von Luvwinkel und Geschwindigkeit über Grund

6. Schritt: Der Wind kommt auf unserem Beispiel von rechts. Es ist demnach eine höhere Gradzahl zu fliegen, als es der rwK vorschreibt. Der als Windkorrektur zu addierende Luvwinkel ist also positiv. Der nun entstandene Kurs heißt **rechtweisender Steuerkurs** rwSK (engl.: TH = true heading):

rwK	=	060°
plus I	=	+13°
rwSK	=	073°

Merke:
- Der Luvwinkel ist der Winkel zwischen rechtweisendem Steuerkurs rwSK und dem Grundvektor (rwK).
- Wind von rechts: Luvwinkel positiv, rwSK ist größer als rwK.
- Wind von links: Luvwinkel negativ, rwSK ist kleiner als rwK.

Anmerkung: Erhält man als Ergebnis für den rwSK einen Wert über 360° oder unter 0°, so ist er durch Subtrahieren bzw. Addieren von 360° zu korrigieren.

Beispiel: Wenn rwK = 005° und I = –20°, dann ist rwSK = –15° = 345°

4.4 Berechnungen von Luvwinkel und Geschwindigkeit über Grund

4.4.1 Formeln für Luvwinkel und Geschwindigkeit über Grund

Mit Hilfe des Sinussatzes lassen sich für Luvwinkel I und Geschwindigkeit über Grund v_g folgende Formeln ableiten:

$$\sin(I) = \frac{\text{Windgeschwindigkeit}}{\text{Eigengeschwindigkeit}} \cdot \sin(\text{Windrichtung} - \text{rwK})$$

$$v_g = \text{Windgeschwindigkeit} \cdot \frac{\sin(\text{Windrichtung} - \text{rwK} - \text{Luvwinkel})}{\sin(I)}$$

Mit einem Taschenrechner ergeben sich für unser Beispiel folgende Werte:

$$\sin(l) = \frac{20\ \text{kt}}{80\ \text{kt}} \cdot \sin(120° - 60°) = 0{,}2165 \quad \Rightarrow \quad \mathbf{l = ca.\ 13°}\ (12{,}5°)$$

$$vg = 20\ \text{kt} \cdot \frac{\sin(120° - 60° - 12{,}5°)}{\sin 12{,}5°} = \mathbf{ca.\ 68\ kt}$$

Der Luvwinkel wird dabei gleich mit dem richtigen **Vorzeichen** ausgeworfen. Für den **Sonderfall**, dass der Luvwinkel gleich Null ist, also bei reinem Gegen- oder Rückenwind, ist die Formel für die Grundgeschwindigkeit nicht anwendbar. Es gilt dann:

- bei Rückenwind: $v_g = v_e + v_{wind}$
- bei Gegenwind: $v_g = v_e - v_{wind}$

4.4.2 Faustregel zur Bestimmung des Luvwinkels

Im Flug wird man sich nicht mit Formeln oder Winddreiecken beschäftigen, um den Vorhaltewinkel bei Seitenwind zu ermitteln, damit man auf der Kurslinie bleibt. Eine schnell anwendbare Faustformel liefert ausreichend genaue Werte, denn der Luvwinkel ist auf Strecke sowieso kein konstanter Wert, sondern ändert sich mit dem Wetter, der Flughöhe und der Eigengeschwindigkeit, so dass er immer wieder neu erflogen werden muss. Außerdem sind die Windvorhersagen für den Streckenflug auch nur auf 5 Knoten gerundete Angaben.

Je nach Windwinkel kann man der Seitenwindkomponente einen Faktor von 0 bis 6 zuordnen. Faktor 0 bedeutet kein Seitenwind, bei Faktor 6 rechnet man mit vollem Querwind.

Schema für den Windwinkelfaktor F:

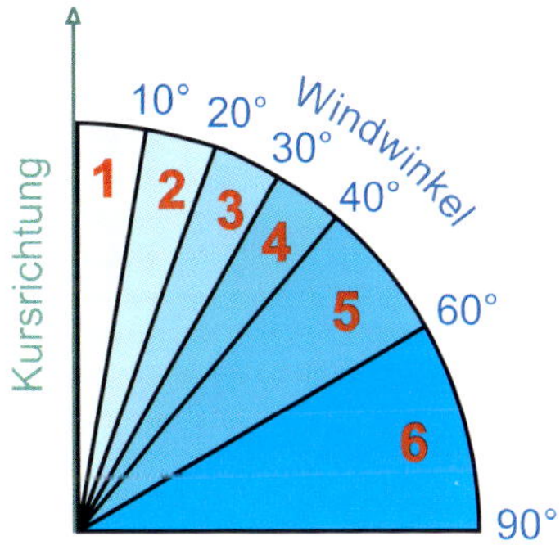

Abb. 29: Windwinkelfaktoren

Faustformel für den Betrag des Luvwinkels: $$\text{WCA} = \frac{F \cdot \text{WindSpeed}}{0{,}1 \cdot \text{TAS}}$$

Beispiel:
Kurs 300°, Wind 270°/20 kt, Eigengeschwindigkeit (TAS) = 120 kt

Lösung: $$\text{WCA} = \frac{3 \cdot 20\ \text{kt}}{0{,}1 \cdot 120\ \text{kt}} = \frac{60°}{12} = 5°$$

Ergebnis: Der Luvwinkel beträgt –5°, weil der Wind von links kommt.

Wird z.B. die Fahrt beim Landeanflug auf die Landebahn 30 (Anflugrichtung 300°) auf 60 kt reduziert, dann erhöht sich der Luvwinkel unter sonst gleichen Bedingungen auf –10°.

4.4.3 Vorhalten mit den GPS-Anzeigen

Am einfachsten und genauesten ermittelt man den Luvwinkel, wenn man am GPS die Werte für die Peilung zum Ziel (Bearing, BRG) und den Kurs über Grund (Track, TRK) abliest und mit dem am Kurskreisel geflogenen Kurs vergleicht.

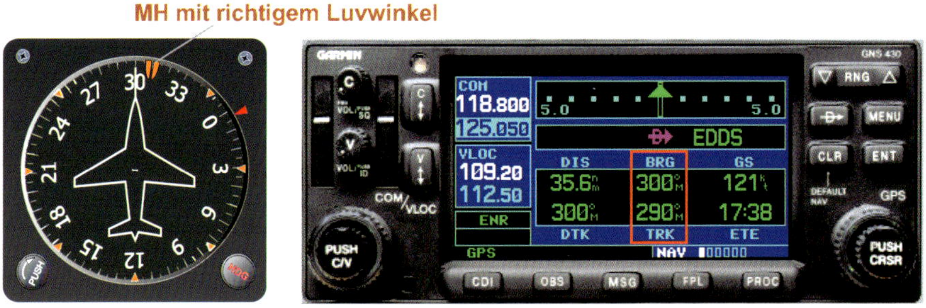

Abb. 30: Luvwinkel per GPS erfliegen

Beispiel:
GPS-Kurs-Peilung zum Ziel: BRG = 300°, momentaner Kurs (Anzeige am Kurskreisel): MH = 300°, Kurs über Grund vom GPS: TRK = 290°. Gesucht: MH für eine stehende Peilung.
Lösung:
Es muss nach rechts um 10° korrigiert werden (neues MH = 310°), um auf den Track von 300° zu kommen, der zum Ziel führt. Der Luvwinkel beträgt also bei der momentanen Fahrtanzeige +10°.

4.4.4 Bestimmung der Position aus TAS, TH, Wind und Flugzeit

Die Bestimmung der Position bei der klassischen Koppelnavigation von einem Kontrollpunkt zum nächsten lässt sich vornehmen, wenn man an den Windvektor 1 den Steuerkursvektor 2 ansetzt. Als Ergebnis erhält man den Grundvektor 3, dem man Geschwindigkeit und Kurs über Grund (Ground Speed und True Track) entnehmen kann. *Siehe dazu Abb. 31.*

Beispiel:
Wind aus 300° mit 15 kt, Ve (TAS) = 90 kt, rwSK (TH) = 050°, Flugzeit 20 Minuten, Abflugpunkt (oder letzter Koppelpunkt) Flugplatz Burg Feuerstein.

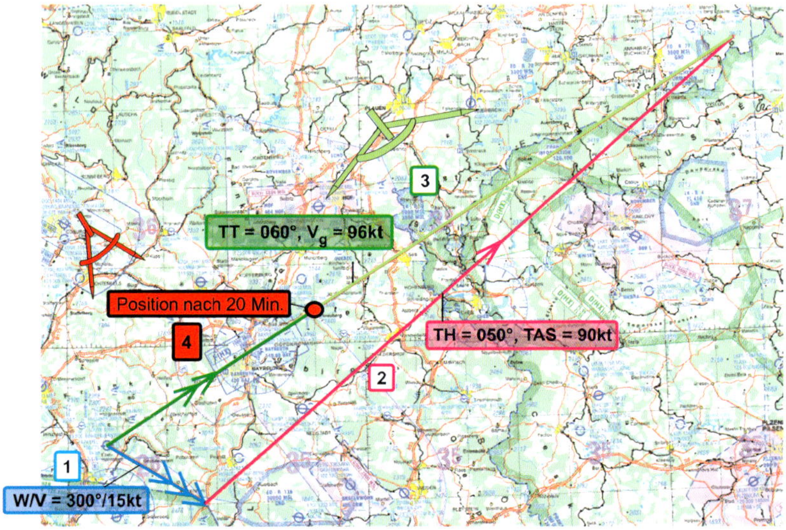

Abb. 31: Positionsbestimmung per Koppelnavigation

Aus der Abbildung lässt sich am Grundvektor entnehmen: Die Geschwindigkeit über Grund beträgt 96 kt. In 20 Minuten wurden also 32 NM auf einem Track von 060° zurückgelegt.

4.5 Berücksichtigung der Missweisung

Bezieht man neben dem Luvwinkel auch die **Missweisung** (Deklination) ein, so erhält man den **missweisenden Steuerkurs** (engl.: MH = Magnetic Heading).

Beispiel:

rwSK (TH) = 073°; Mw = –3°;
⇨ mwSK (MH) = 073° + 3° = 076°;

Dieser missweisende Steuerkurs kann nur dann als Steuerkurs Verwendung finden, wenn keine weiteren Einflüsse die Kompassanzeige verfälschen.

4.6 Berücksichtigung der Deviation (DEV)

Eisenteile, stromführende Kabel oder elektromagnetische Felder, wie sie bei eingeschalteten elektrischen Geräten wie z.B. Funkgerät, Wendezeiger, Bordcomputer usw. auftreten, **beeinflussen** die **Kompassanzeige**. Die daraus entstehende Abweichung heißt **Deviation**.

In einer **Deviationstabelle** werden deshalb die Abweichungen, die auch nach einer sorgfältigen **Kompensation** noch in Erscheinung treten, erfasst und für den Piloten gut sichtbar im Cockpit angebracht. Dazu sind zwei Varianten möglich:

Entweder man gibt zum beabsichtigten Steuerkurs den berichtigten Kurs an *(siehe Beispieltabelle im Kapitel Technik, Abschnitt Kompass)* oder man erfasst die einzelnen Abweichungen *(siehe Abb. 32)*.

000	030	060	090	120	150
+1	0	–2	–3	–3	–1

180	210	240	270	300	330
+1	+3	+5	+5	+3	+1

Abb. 32: Beispiel für eine Deviationstabelle mit Abweichungen

Beispiel:
Bei einem Steuerkurs von 90°, beträgt die Deviation laut Tabelle –3°. Das bedeutet, der Kompass zeigt drei Grad zu wenig an. Um tatsächlich die Längsachse auf eine Richtung von 90° auszurichten, muss ein Kompasskurs von 93° gesteuert werden.

Für unser Beispiel mit dem Winddreieck, das einen missweisenden Steuerkurs von 76° forderte, **interpolieren** wir eine Deviation von ebenfalls –3° weil 76 näher bei 90 liegt. Wir müssen demnach 3 Grad addieren, um die Kompassfehlanzeige auszugleichen und erhalten mit 79° den endgültigen **Kompass-Steuerkurs KSK (CH = Compass Heading)**.

4.7 Das Kursschema

Es ist empfehlenswert, alle Kursberechnungen nach einem einheitlichen **Schema** durchzuführen und sich dieses einzuprägen. Für unser voriges **Beispiel** ergeben sich folgende Werte:

	rwK (TC)	**=**	**60°**	**(rechtweisender Kurs aus der Karte)**
plus	l (WCA)	=	+13°	(Luvwinkel aus dem Winddreieck)
ergibt	**rwSK (TH)**	**=**	**73°**	**(rechtweisender Steuerkurs)**
minus	Mw (VAR)	=	+3°	(Missweisung mit anderem Vorzeichen)
ergibt	**mwSK (MH)**	**=**	**76°**	**(missweisender Steuerkurs)**
minus	DEV (DEV)	=	+3°	(Deviation mit anderem Vorzeichen)
ergibt	**KSK (CH)**	**=**	**79°**	**(Kompass-Steuerkurs)**

Wir müssen demnach statt des aus der Karte entnommenen Kurses von 60° mit einer Kompassanzeige von 79° fliegen, um unter den gegebenen Bedingungen von A nach B zu gelangen.

Tipps zur Unterscheidung der Kursarten:

- In Kursen mit der Bezeichnung ›Steuer (S)‹ bzw. ›Heading (H)‹ ist der Luvwinkel (WCA) bereits berücksichtigt.
- In Kursen mit der Bezeichnung ›Missweisend (mw)‹ bzw. ›Magnetic (M)‹ ist die Missweisung bereits berücksichtigt.
- In Kursen mit der Bezeichnung ›Kompass‹ (K) bzw. ›Compass‹ (C) ist die Deviation (DEV) bereits berücksichtigt.

4.8 Zusammenstellung von Kursen und Winkeln

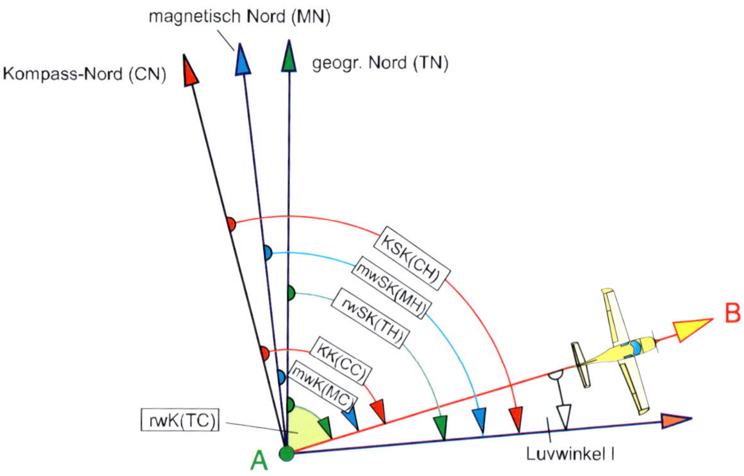

Abb. 33: Schema der Winkel zur Kursberechnung

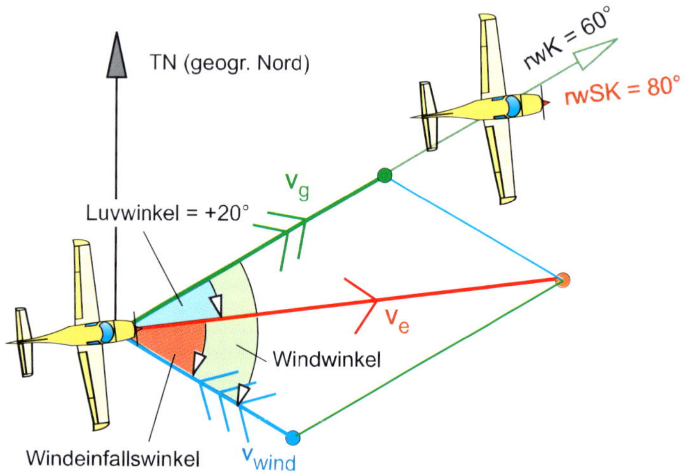

Abb. 34: Winkel am Winddreieck

Zusammenfassung der zur Navigation notwendigen Kurse und Winkel. Beachten Sie, dass jeder Kurs entweder auf geographisch Nord, auf magnetisch Nord oder auf die Nordrichtung des Flugzeugkompasses bezogen ist.

Abkürzung		Winkel zwischen ...
Mw (VAR)	=	geographisch Nord und magnetisch Nord
I (WCA)	=	Kurslinie und Flugzeuglängsachse
DEV (DEV)	=	magnetisch Nord und Kompassnord
W (W)	=	Windrichtung und geographisch Nord
WW (WA)	=	zwischen rwK und Windrichtung
WE (RWA)	=	Steuerkurs und Windrichtung
KK (CC)	=	Kompassnord und rwK (Kompasskurs)
rwK (TC)	=	geographisch Nord und Kurslinie
mwK (MC)	=	magnetisch Nord und Kurslinie
rwSK (TH)	=	geographisch Nord und Längsachse
mwSK (MH)	=	magnetisch Nord und Längsachse
KSK (CH)	=	Kompassnord und Längsachse

Wie man Kurse mit gegebenen Daten auf einfache Weise zurück- und umrechnen kann, wie es bei (reichlich praxisfremden) Prüfungsfragen verlangt wird, wird im Kapitel Funknavigation Teil 7.2.3 beschrieben.

4.9 Windbestimmung während des Fluges

Die Windvorhersagen für einen Überlandflug sind meist einige Stunden alt und daher werden während des Fluges oft andere Bedingungen vorgefunden, als bei der Flugplanung berücksichtigt. Wie man den Seitenwind in den Griff bekommt, haben wir im *Abschnitt 4.4* gesehen. Die Gegen- bzw. Rückenwindkomponente lässt sich durch Geschwindigkeitsvergleiche beobachten.

Beispiel:
Bei der Flugplanung wurde eine Geschwindigkeit über Grund von 100 kt bei leichtem Gegenwind angenommen. Nach einer Reiseflugzeit von 20 Minuten stellt man fest, dass in diesem Zeitraum eine Strecke von 30 NM zurückgelegt wurde. Das entspricht einer Geschwindigkeit von 90 kt. Es herrscht also 10 kt mehr Gegenwind als angenommen.

Beispiel:
Bei der Flugplanung wurde eine Geschwindigkeit über Grund von 130 kt bei kräftiger Rückenwindkomponente angenommen. Nach einer Reiseflugzeit von 15 Minuten stellt man fest, dass in diesem Zeitraum eine Strecke von 35 NM zurückgelegt wurde. Das entspricht einer Geschwindigkeit von 140 kt. Es herrscht also 10 kt mehr Rückenwind als angenommen.

Beispiel:
Bei der Flugplanung wurde bei einer TAS von 120 kt eine Geschwindigkeit über Grund von 110 kt bei leichtem Gegenwind ermittelt. Nach einer Reiseflugzeit von 20 Minuten stellt man fest, dass in diesem Zeitraum eine Strecke von 40 NM zurückgelegt wurde. Das entspricht einer Geschwindigkeit von 120 kt. Die Gegen-/Rückenwindkomponente ist also Null.

4.10 Kursverbesserungen

Zur Vereinfachung der folgenden Überlegungen vernachlässigen wir Missweisung und Deviation.

Beispiel:
Nehmen wir wieder an, unser Flug führt von A nach B. Die Entfernung betrage D = 90 NM. Der Steuerkurs sei 080° bei angenommener Windstille.
Nach einiger Flugzeit stellen wir fest, dass wir nicht auf dem markanten Punkt P der Kurslinie sind, den wir uns als Navigationspunkt bei der Vorbereitung ausgesucht haben, sondern 5 NM querab davon auf dem Punkt Q. Das bedeutet, dass Wind von rechts die Kursabweichung nach links verursacht hat.

Der Abstand zwischen Q und der vorgesehenen Kurslinie heißt sinngemäß **Querablage**. Der Winkel zwischen dem Steuerkurs (Heading) und der Linie über Grund (Track) heißt **Abtriftwinkel (Drift Angle, DA)** oder kurz **Abtrift** (in der Abbildung mit α bezeichnet).

Ohne Vorhaltewinkel ist die Kursabweichung so groß wie die Abtrift. Dieses Winkelmaß kann der Karte entnommen werden, wenn man zusätzlich zur Kurslinie die Tracklinie einzeichnet. In unserem Beispiel ist das ca. 10° nach links.

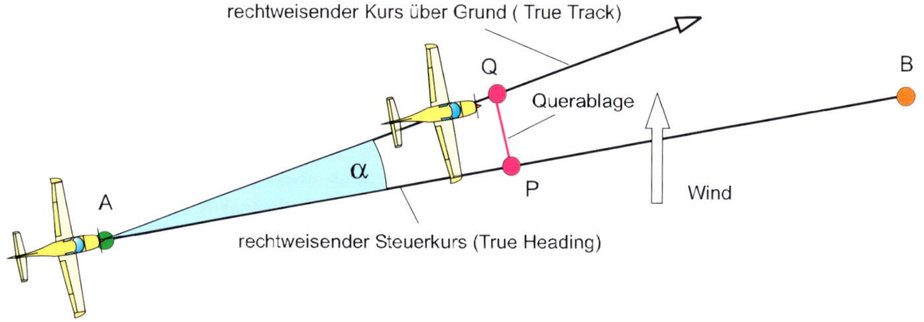

Abb. 35: Querablage und Abtrift

4.10.1 Kursabweichung und Abtrift

Fliegt man mit einem Luvwinkel, weil man bereits den Wind zu kennen glaubt, dann unterscheiden sich Kursabweichung und Abtrift: Stimmt der angenommene Wind mit dem tatsächlich vorgefundenen überein, dann sind Abtrift- und Luvwinkelmaße gleich. Wenn nicht, unterscheiden sich Kursabweichung und Abtrift.

Beispiel:
Gleicher Fall wie im vorigen Beispiel, aber mit einem Luvwinkel von +5° geflogen, also mit einem Steuerkurs von 085°. Trotzdem wird nach 30 NM die gleiche Ablage festgestellt. Die Kursabweichung beträgt zwar wieder 10° links, die Abtrift jedoch 15° links, weil sich die Abtrift auf den Steuerkurs bezieht, die Kursabweichung (oder auch Kursfehler) aber auf den Kurs von A nach B.

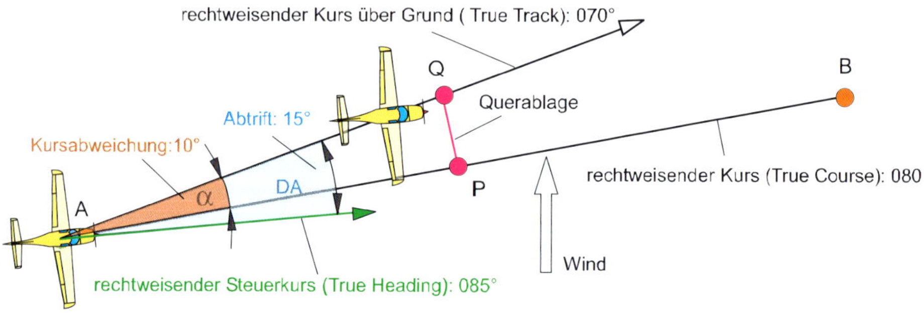

Abb. 36: Abtrift und Kursabweichung beim Flug mit Vorhaltewinkel

4.10.2 Berechnung der Kursabweichung

Bei einer angenommenen Teilstreckenlänge zwischen A und P von 30 NM, lässt sich der Winkel α der Kursabweichung aus den Strecken PQ und AP nach der sog. **1:60-Regel**, berechnen. Es gilt mit guter Genauigkeit für kleine Winkel α:

$$\alpha = 60 \cdot \frac{\text{Querablage PQ}}{\text{Teilstrecke AP}} \text{ (Grad)}$$

In unserem Beispiel ergibt sich für α ein Wert von $(60 \cdot 5 : 30)° = 10°$.

Anmerkung:
Im annähernd rechtwinkligen Dreieck APQ (rechter Winkel bei Q angenommen) gilt für Winkel α bis etwa 40° mit zu vernachlässigenden Fehlern: $\alpha = (60 \cdot \sin\alpha)°$.

4.10.3 Regeln zur Kurskorrektur

Um von Q aus wieder zum Zielort zu kommen, ist eine Verbesserung notwendig, die wir mit φ bezeichnen wollen. Sie muss auf jeden Fall größer sein als die Kursabweichung α; denn wenn wir nur um α verbessern wollten, flögen wir in etwa parallel zu AB. Dies gilt nur näherungsweise, weil der **Abtriftwinkel nicht gleich dem Luvwinkel** ist.

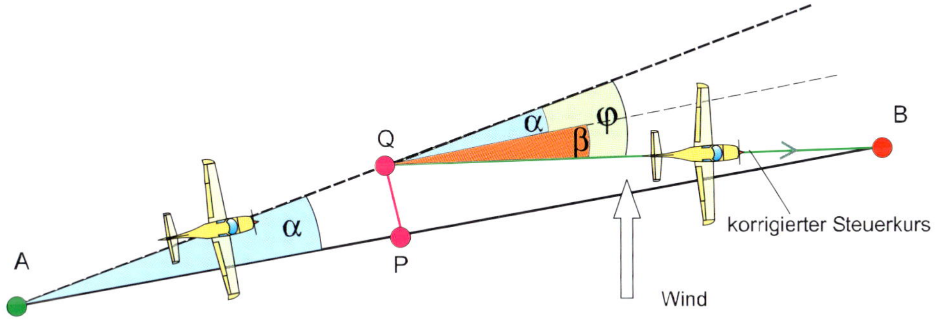

Abb. 37: Kursverbesserung

Die Reststrecke ist 60 NM lang Die zusätzliche Korrektur β lässt sich wieder mit der 1: 60-Regel berechnen:

$$\beta = 60° \cdot \frac{PQ}{PB} = \frac{60° \cdot 5}{60} = \frac{300°}{60} = 5°$$

Ergebnis: $\beta = 5°$;
Gesamtkorrektur: $\varphi = \alpha + \beta$
$\varphi = 10° + 5° = 15°$

Von Q aus ist der Flug zum Zielpunkt B also mit einem um 15° größeren Steuerkurs als bisher fortzusetzen. Die Verbesserung ist zum ursprünglichen Steuerkurs zu addieren, weil der Kurs nach rechts korrigiert werden muss. Unter Umständen ist eine veränderte Deviation zu berücksichtigen.

4.10.4 Rückkehr auf die vorgesehene Kurslinie

Im vorigen Beispiel führte die Kursverbesserung zum Zielpunkt. Will oder muss man bei festgestelltem Kursfehler wieder auf die vorgesehene Kurslinie zurückkehren, dann geht man folgendermaßen vor:

- Kursfehler (Abweichung vom vorgesehenen Kurs) feststellen.
- Kurs um den doppelten Wert des Kursfehlers in Richtung Kurslinie korrigieren.
- Bei Erreichen der vorgesehenen Kurslinie den ursprünglichen Kurs um den Kursfehler korrigieren.

Die alte Kurslinie erreicht man mit dieser Korrektur etwa in der gleichen Zeit, in welcher der Kursfehler entstanden ist.

Beispiel:
Mit MH(mwSK) = 080° stellt man nach 15 Minuten fest, dass man 10° links vom Kurs ist. Mit einer Kurskorrektur von +20°, also mit MH = 100° schneidet man die vorgesehene Kurslinie an und erreicht sie wieder nach weiteren 15 Minuten. Nun setzt man den Flug mit dem neuen Kurs von MH = 090° fort.

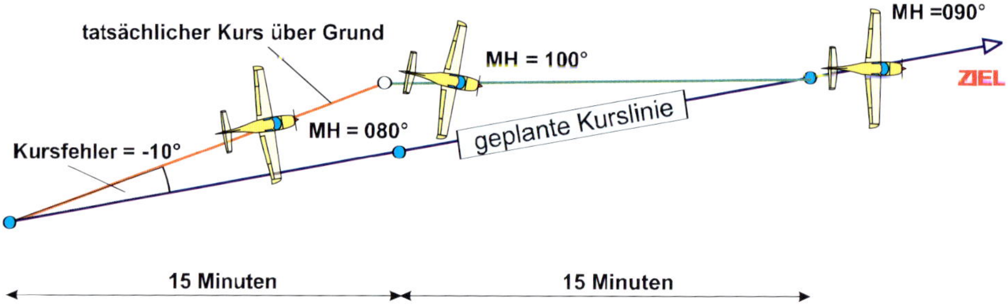

Abb. 38: Rückkehr auf die geplante Kurslinie

Wie man mit Funknavigationsgeräten bei Seitenwind zu seinem Ziel kommt, wird im Kapitel Funknavigation erklärt.

Zusammenstellung der verwendeten Symbole und Bezeichnungen:

Bezeichnung	**Abkürzung**	**engl. Abk. und Bezeichnung**		
geographisch Nord	GN	TN	=	True North
magnetisch Nord	MN	MN	=	Magnetic North
Kompassnord	KN	CN	=	Compass North
rechtweisender Kurs	rwK	TC	=	True Course
missweisender Kurs	mwK	MC	=	Magnetic Course
Kompasskurs	KK	CC	=	Compass Course
rechtweisender Steuerkurs	rwSK	TH	=	True Heading
missweisender Steuerkurs	mwSK	MH	=	Magnetic Heading
Kompass-Steuerkurs	KSK	CH	=	Compass Heading
Deviation	DEV	DEV	=	Deviation
Missweisung (Deklination)	Mw	VAR	=	Variation
Windrichtung	W	W	=	Wind
Windwinkel	WW	WA	=	Wind Angle
Windeinfallswinkel	WE	RWA	=	Relative Wind Angle
Luvwinkel	l	WCA	=	Wind Correction Angle
Eigengeschwindigkeit	v_e	TAS	=	True Air Speed
Geschwindigkeit über Grund	v_g	GS	=	Ground Speed
Windgeschwindigkeit	v_{wind}	WS	=	Wind Speed
Windrichtung	W	WD	=	Wind Direction
Windstillepunkt	WSP	AP	=	Air Position
Steuerkursvektor	>			Air Vector
Grundvektor	>>			Ground Vector
Windvektor	>>>			Wind Vector

Anmerkung: **Vektoren** sind gerichtete Größen, bei denen sich neben einem Wert auch eine Richtung angeben lässt. Graphisch werden auch Bewegungen eines Körpers als Pfeile dargestellt, wobei die **Länge** des Pfeils ein Maß für die **Geschwindigkeit** darstellt und die **Lage** des Pfeils die **Bewegungsrichtung** angibt.

5 Streckenflug im Motorflug

Vor jedem Streckenflug ist festzustellen:

- Welche Bedingungen (luftrechtliche, meteorologische, navigatorische) herrschen auf der Strecke?
- Welche Bedingungen (Anflugverfahren, Landebahnrichtung, Wetter) herrschen am Landeort?
- Welche Möglichkeiten und Hilfen gibt es für einen eventuellen Notfall (Motorausfall, Kraftstoffmangel, Schlechtwetter, Verfranzen)?

Jeder Flugplatz wird mit bestimmten An- und Abflugverfahren zugelassen, an die sich die Piloten aus **Sicherheits- und Lärmschutzgründen** zu halten haben. Die Kartenblätter im AIP VFR Teil AD geben darüber detailliert Auskunft. Sie sollten an Bord zumindest für diejenigen Flugplätze mitgeführt werden, die man in der Flugplanung berücksichtigt hat.

Vor allem sind folgende Punkte zu beachten:

- Pflichtmeldepunkte, Höhen und Streckenführungen für den An- und Abflug bei Verkehrsflugplätzen
- Anflug- und Bodenfrequenzen (Information, Tower, Rollkontrolle bzw. INFO)
- Einflug in die Platzrunde, Platzrundenhöhe, Warteräume
- Flugplatzhöhe und -besonderheiten (z.B. geneigte Bahn, versetzte Schwelle, Hindernisse)

5.1 Flugvorbereitung für eine Navigationsaufgabe

5.1.1 Daten für einen Überlandflug

Gehen wir an Hand einer **Musteraufgabe** die einzelnen Punkte durch, die zur Vorbereitung eines Streckenflugs notwendig sind. Folgende Bedingungen seien gegeben:

- Flug von Augsburg über Tannheim nach Stuttgart mit einer Cessna 172, wie sie im Kapitel Technik beschrieben wurde
- Steigflug mit TAS = 70 kt und einer durchschnittlichen Steigrate von 500 ft/min, bei einem Verbrauch von 40 L/h
- Reise- und Sinkflug mit TAS = 110 kt bei einem Verbrauch von 30 L/h
- Wetter: Wind in Reiseflughöhe 210°/15 kt, Sicht 10 km, QNH 998 hPa
- Missweisung: 1 °E
- Benötigtes Kartenmaterial: ICAO-Karte Stuttgart, Sichtflugkarten von Augsburg, Tannheim und Stuttgart
- NOTAM-Briefing: keine Besonderheiten oder Einschränkungen

5.1.2 Kurse und Entfernungen

Der erste Blick in die ICAO-Karte zeigt, dass sowohl Augsburg als auch Stuttgart Kontrollzonen haben und dass Pflichtmeldepunkte für den Ein- bzw. Ausflug vorgeschrieben sind. Als Streckenführung (Routing) ergibt sich somit bei der angenommenen Südwestwindlage über die Augsburger Abflugroute WHISKEY *(siehe Abbildung 39)*:

von – nach	Streckenlänge	Kartenkurs (rwK)
Augsburg RWY 25 – WHISKEY 1	9 NM	267°
WHISKEY 1 – Tannheim	35 NM	225°
Tannheim – SIERRA (Stuttgart)	50 NM	316°
SIERRA (Stuttgart) – Stuttgart RWY 25	5 NM	360°

mit einer Gesamtlänge von 99 NM *(siehe Abb. 40)*.

Anmerkung: Die Streckenlängen und die Kartenkurse können je nach Kartenzustand (neu oder zerknittert) und Messverfahren (Zirkel, Lineal, Kursdreieck, Computer usw.) geringfügig differieren. Die hier angegebenen Werte wurden mit der digitalen ICAO-Karte 2006 (Herausgeber DFS) überprüft und gerundet.

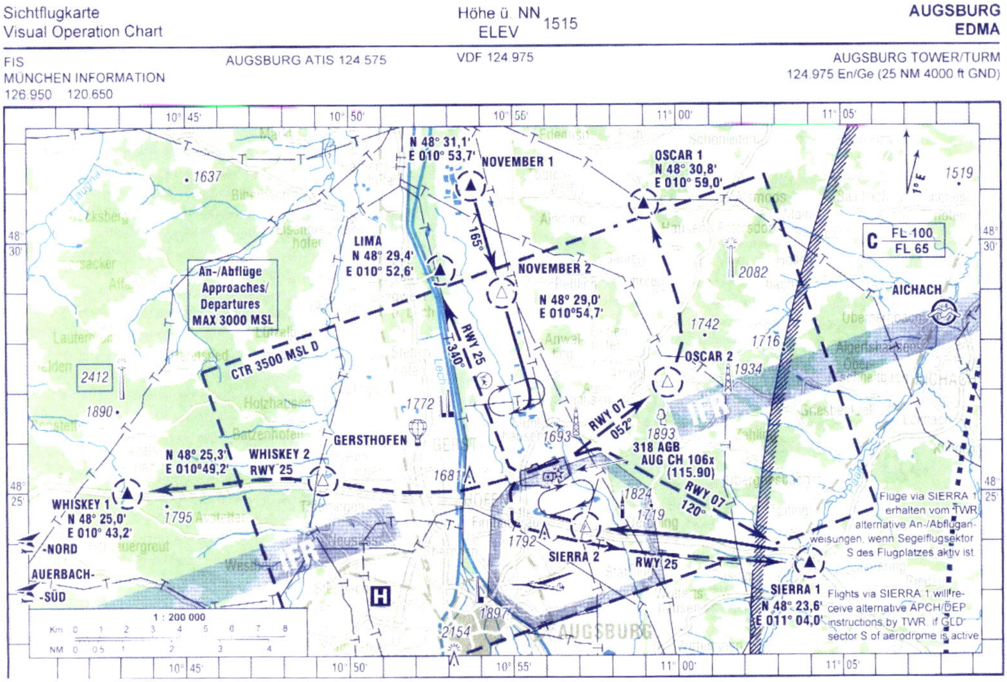

Abb. 39: Sichtflugkarte Augsburg

5.1.3 Kontrollpunkte (Koppelpunkte)

Zur Überprüfung der Position während des Fluges finden wir in der Karte markante Kontrollpunkte möglichst nahe der Kurslinie und Auffanglinien quer zur Kurslinie *(siehe Abb. 40)*:

(1) Überflug der zweigleisigen Bahnstrecke an der Weiche bei Dinkelscherben,

(2) Überflug der eingleisigen Bahnlinie südlich Krumbach,

(3) Überflug der Illerbrücke nordöstlich Flugplatz Tannheim,

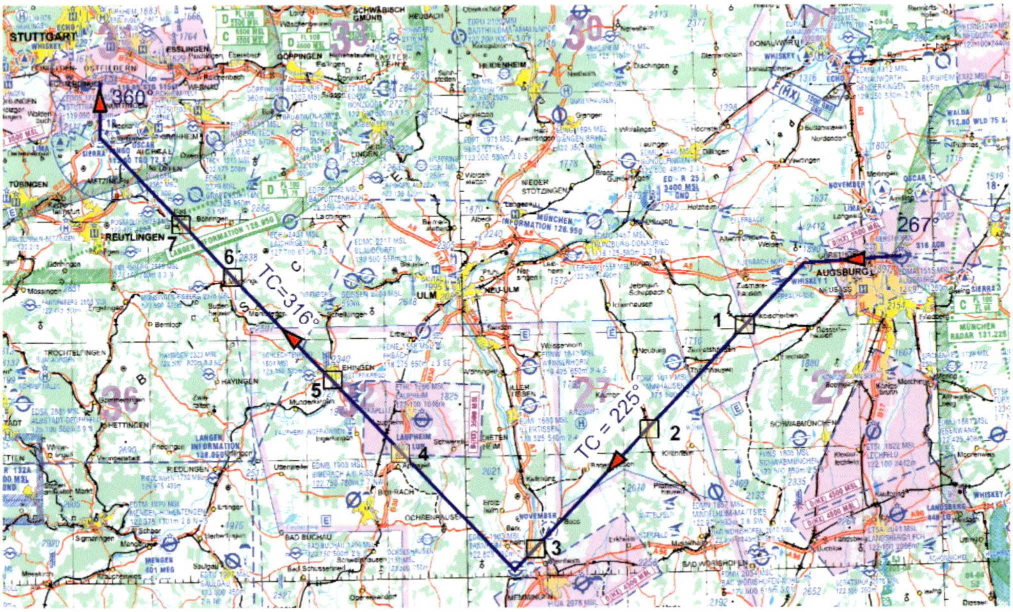

Abb. 40: Streckenführung von Augsburg nach Stuttgart mit rechtweisenden Kursen und Kontrollpunkten.

(4) Überflug der vierspurigen B30 südlich Laupheim, wo die stillgelegte Bahnlinie nach Süden schwenkt,
(5) Fabrikschornsteine am nördlichen Donauufer südlich der Ortschaft Ehingen
(6) Münsingen mit Bahnlinienknick und
(7) als letzten Checkpunkt vor dem Pflichtmeldepunkt SIERRA die Burgruine von Bad Urach.

Aus der Sichtflugkarte von Stuttgart *(Abbildung 41)* erkennt man, dass der Pflichtmeldepunkt SIERRA knapp 2 NM westlich des VOR TGO (Tango) liegt, unmittelbar östlich einer markanten Autobahnbrücke.

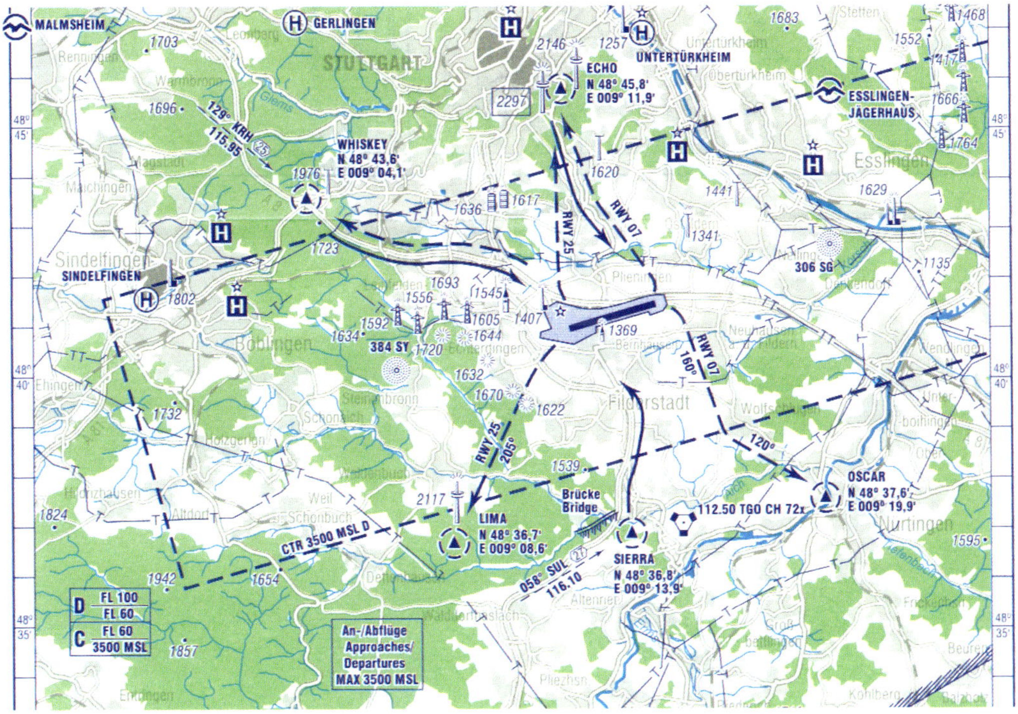

Abb. 41: Ausschnitt aus der Sichtflugkarte Stuttgart, Anflugbereich

5.1.4 Steigflug von 1515ft MSL auf FL 65 bei QNH 998 hPa

- Als Reiseflughöhe wählen wir FL 65, weil die missweisenden Kurse im Sektor von 180° bis 360° liegen *(siehe Kapitel Flugrecht, Halbkreisflughöhen)*.
- Der Anfangssteigflug führt von 1.515 ft auf 5.000 ft MSL, macht 3.485 ft Höhendifferenz. Um in der Kontrollzone Augsburg beim Abflug über 3.000 ft MSL steigen zu können, ist eine Freigabe von Augsburg Turm (Tower) erforderlich. Bekommt man diese nicht, dann bleibt man bis WHISKEY 1 auf 3.000 ft und steigt erst ab dort weiter. Wir nehmen für die weiteren Überlegungen an, dass diese Freigabe erteilt wird und in einem Zug auf Reisehöhe gestiegen werden kann.
- In 5.000 ft MSL wird der Höhenmesser von 998 auf 1013 hPa umgestellt und zeigt nun in dieser Höhe 450 ft (15 mal 30 ft, *siehe Abschnitt Höhenmesser*) mehr, also 5.450 ft an.
- Bis auf eine Anzeige von 6.500 ft, also FL 65, sind somit noch 1.050 ft zu steigen.
- Das ergibt eine Gesamtsteighöhe von 3.485 ft + 1.050 ft = 4.535 ft und bei der angenommenen Steigrate von 500 ft/min eine Gesamtsteigzeit von **9 Minuten**.
- Mit TAS = 70 kt und dem angenommenen Wind von 210°/15 kt ermittelt man (per Winddreieck, Formel oder Navigationsrechner, *siehe oben*) eine **Grundgeschwindigkeit von 61 kt** und einen **Luvwinkel von –10°**.
- Ergebnis: In der Steigzeit von 9 Minuten legt man daher 9 NM (gerundet) zurück und erreicht somit am Ausflugpunkt WHISKEY 1 den **Steigendpunkt** TOC (Top of Climb).

5.1.5 Reiseflug bis zum Wendepunkt Tannheim

Mit TC(rwK) = 225°, Wind 210/15 und TAS = 110 kt ergibt sich eine Geschwindigkeit über Grund von GS = 95 kt (abgerundet) und ein Luvwinkel von –2°. Die Flugzeit für die 35 NM lange Strecke von WHISKEY 1 bis Tannheim beträgt damit 22 Minuten.

Die Strecken zwischen den einzelnen Kontrollpunkten greift man am besten mit einem Navigationszirkel ab, auf dem man gleich die Flugzeiten (gerundet) ablesen kann:

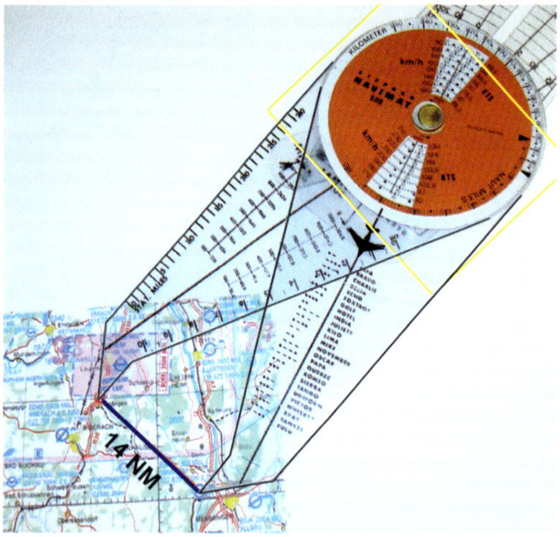

Abb. 42: Abgreifen einer Strecke mit dem Navigationszirkel

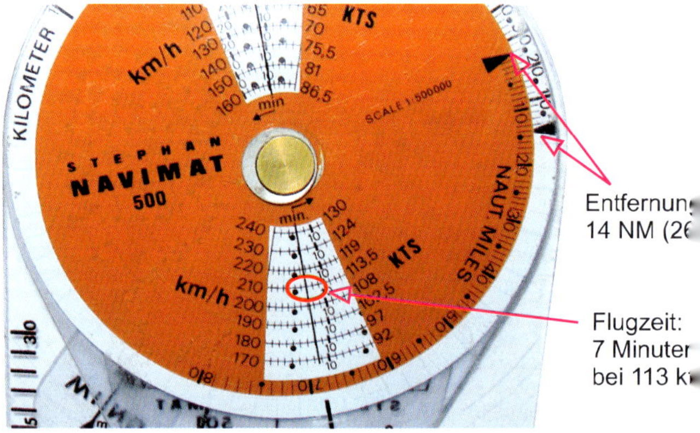

Abb. 43: Ablesen von Entfernung und Flugzeit an den Kreisskalen des Navigationszirkels. Beispiel: Strecke D = 14 NM; Flugzeit rund 7 Minuten bei GS = 113 kt

Wir erhalten (gerundet):

von – nach	Streckenlänge	Flugzeit
WHISKEY 1 – Checkpunkt (1):	7 NM	4 min
Checkpunkt (1) – Checkpunkt (2)	12 NM	8 min
Checkpunkt (2) – Checkpunkt (3)	14 NM	9 min
Checkpunkt (3) – Tannheim (F)	2 NM	1 min

Navigationshilfen: VOR Kempten 109,60 MHz und VOR Walda 112,80 MHz

Wenn ein Flugplatz angeflogen oder überflogen wird, schaut man sich vorher die Sichtflugkarte an und nimmt sie mit, falls man dort aus irgendeinem Grund landen will oder muss. Tannheim hat Nordplatzrunden, für Flugzeuge und Ultraleichtflieger eine vergrößerte, für Segelflugzeuge eine engere, der höchste Punkt in diesem Kartenausschnitt ist 2.113 ft MSL hoch *(siehe Abb. 44)*.

5.1.6 Reiseflug bis zum Kontrollpunkt (5) und Sinkflug unter die Lufträume D und C

Da Stuttgart von Lufträumen D und C umgeben ist *(siehe Abb. 40)*, müssen wir rechtzeitig den Sinkflug einleiten, um die Untergrenzen von zunächst 4.500 ft und dann 3.500 ft einhalten zu können.

Dabei dürfen wir nicht vergessen: Unser Höhenmesser steht noch auf 1.013 hPa und muss auf das QNH von Stuttgart umgestellt werden. Zu diesem Zweck hört man ATIS auf der Frequenz 126, 125 MHz ab und erfährt dabei auch gleich die Landerichtung und den Bodenwind.

Bleiben wir also in FL 65 bis Ehingen (Kontrollpunkt 5) und sinken danach mit 500 ft/min und TAS = 110 kt auf zunächst 4.300 ft, behalten diese Höhe bis kurz vor Bad Urach (Kontrollpunkt 7) bei und sinken von dort aus auf 3.300 ft, so dass wir uns sicher im erlaubten Luftraum befinden.

Der Flugweg führt zwischen den Segelfluggeländen Rossfeld und Hülben hindurch. Aufmerksame Luftraumbeobachtung und ggf. rechtzeitiges Ausweichen sind lebenswichtig. Sehr empfehlenswert

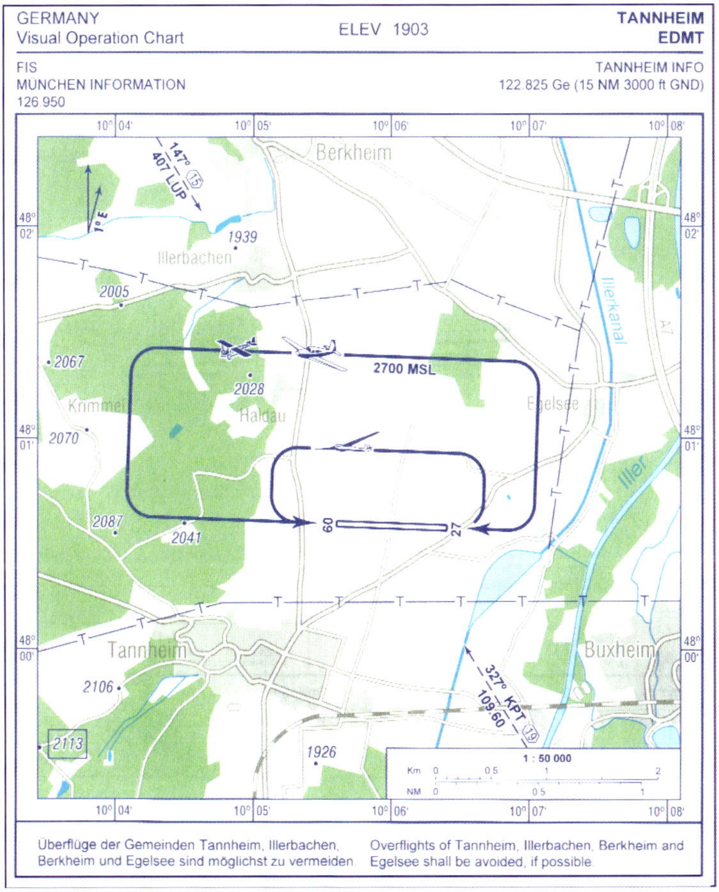

Abb. 44: Sichtflugkarte von Tannheim

ist es daher, möglichst frühzeitig mit dem Fluginformationsdienst LANGEN INFORMATION auf der Frequenz 128,950 MHz Kontakt aufzunehmen. Von dort erhält man nicht nur Verkehrsinformationen über erfasste Bewegungen von Luftfahrzeugen, die einem zu nahe kommen könnten, sondern wird auch beim Erreichen des Anflugbereichs rechtzeitig zum Umschalten auf die Turmfrequenz aufgefordert.

Die **Sprechfunkfrequenzen** findet man teilweise auf der ICAO-Karte und komplett in den Kopfzeilen der Sichtanflugkarte:

GERMANY Visual Operation Chart	ELEV 1276	**STUTTGART EDDS**
FIS LANGEN INFORMATION 128.950 STUTTGART ATIS 126.125 En	STUTTGART DELIVERY 121.900 En/Ge STUTTGART GROUND/ROLLKONTROLLE 118.600 En/Ge ILS 07 110.90 ILS 25 109.90 VDF O/R	STUTTGART TOWER/TURM **119.050** En/Ge 118.800 En/Ge

Abb. 45: Frequenzen für Stuttgart EDDS

Beim Einhalten einer Fahrt von TAS = 110 kt, einem TC(rwK) = 316° und einem Wind von 210°/15 kt ermitteln wir ein Geschwindigkeit über Grund von GS = 113 kt und einen Luvwinkel von L = –8°. Die 50 NM lange Strecke von Tannheim bis SIERRA wird dabei in 27 Minuten (aufgerundet) zurückgelegt.

Für die Teilstrecken zwischen den Kontrollpunkten ermitteln wir folgende gerundete Werte:

von – nach	Streckenlänge	Flugzeit
Tannheim (F) – Checkpunkt (4):	14 NM	8 min
Checkpunkt (4) – Checkpunkt (5)	8 NM	4 min
Checkpunkt (5) – Checkpunkt (6)	12 NM	6 min
Checkpunkt (6) – Checkpunkt (7)	7 NM	4 min
Checkpunkt (7) – SIERRA	9 NM	5 min

Navigationshilfen sind: VOR Kempten 109,60 MHz, NDB LUP 407kHz, VOR Tango 112,50 MHz. VOR Sulz 116,10 MHz, VOR STG 116,85 MHz

5.1.7 Anflug zur Landung in Stuttgart

Eigentlich ist es Unsinn, für einen VFR-Flug eine exakte Kursberechnung vom Pflichtmeldepunkt SIERRA bis zur Landung in Stuttgart durchzuführen, da man hier den Anweisungen des Tower-Fluglotsen folgen muss, und je nach Verkehrslage mit mehr oder weniger großen Verzögerungen zu rechnen hat.
Nehmen wir daher den besten Fall an, nämlich Nordkurs zur Schwelle der Piste 25 mit einer Entfernung von 5 NM und einer für den Anflug reduzierten Fahrt von durchschnittlich 80 kt, was eine Flugzeit von etwa 4 Minuten ausmacht, und planen zusätzlich für eventuelle Warteschleifen einen Zuschlag von 20 Minuten ein.

Zur Landung und zum späteren Wiederstart in Stuttgart macht man sich mit den Besonderheiten des Flugplatzes mit Hilfe der Sichtflugkarte (Visual Operation Chart) vertraut *(siehe Abb. 41 und 45)*. Man erkennt, dass keine bestimmte Platzrundenführung vorgeschrieben ist. Bei der zeitweise enormen Verkehrsdichte auf den Flughäfen muss man mit einem kleinen Flugzeug damit rechnen, so lange südlich der Piste zu kreisen, bis der Großverkehr eine Lücke zur Landung lässt. Je nach Verkehrslage kann dann ein extrem kurzer Anflug direkt auf die Schwelle der Piste oder ein sehr langer Endanflug hinter einem Airliner gefordert sein.

Das höchste Hindernis in diesem Kartenbereich mit 1.407 ft MSL (markiert durch ein Rechteck) bereitet in unserem Fall keine Probleme, weil es nördlich der Piste liegt. Die für Start und Landung zur Verfügung stehende Pistenlänge (Takeoff Runway Available TORA bzw. Landing Distance Available LDA) ist für einmotorige Kleinflugzeuge riesig, allerdings fällt die Landebahn in östlicher Richtung von 1.267 ft auf 1.181 ft um 86 ft ab.

Ein eigener Aufsetzpunkt für Leichtflugzeuge, der bei manchen Flughäfen ausgewiesen wird, um lange Rollwege zu vermeiden, ist in Stuttgart nicht markiert, jedoch wird empfohlen, bei aktiver Piste 25 an der Einmündung von Taxiway C aufzusetzen *(siehe Flugplatzkarte Abb. 47)*, um dann über die Rollbahn F die Landebahn zu verlassen und zu den Abstellplätzen für die allgemeine Luftfahrt (General Aviation, GA) zu rollen. Im Normalfall wird man vom Towerlotsen nach dem Abrollen von der Piste zum Frequenzwechsel aufgefordert. Die Boden- oder Rollkontrolle (Ground Control) übernimmt dann die weitere Führung mit Rollanweisungen bis zur Parkposition.

Nach der Landung auf einem großen Flugplatz geht die Orientierung schnell verloren, weil man keinen Überblick mehr hat. Die Flugplatzkarte, die gelb/schwarze **Beschilderung** und die Linienführung der **Rollwege** (Taxiways) helfen nun weiter.

Rollwege werden mit Buchstaben bezeichnet. Der Weg zu einer bestimmten Rollbahn wird mit einem schwarzem Buchstaben und einem schwarzen Pfeil auf gelbem Grund gekennzeichnet. Die Rollbahn, auf der man sich gerade befindet, hat die umgekehrte Farbkennzeichnung: gelber Buchstabe auf schwarzem Grund, kein Richtungspfeil.

STUTTGART N 48° 41,39' GERMANY
EDDS E 09° 13,32' Visual Operation Chart

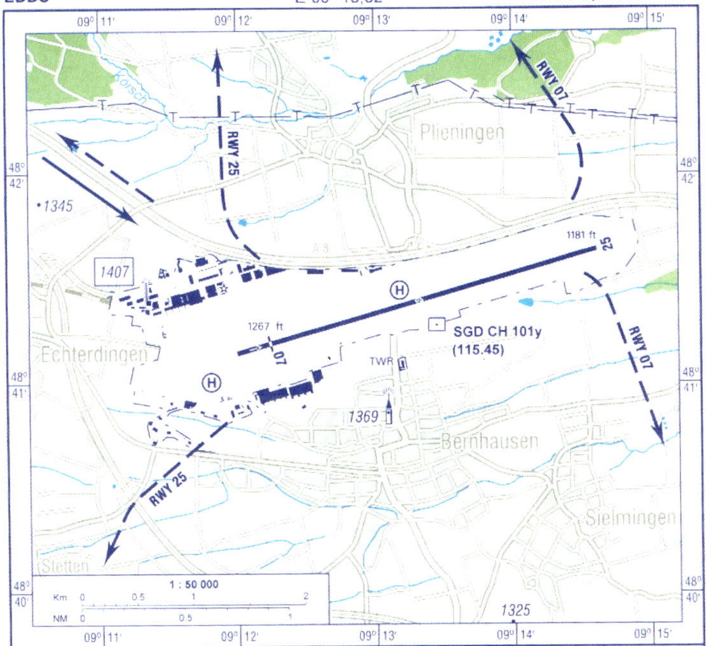

RWY (MAG)	Dimensions	Surface	Strength	TORA	LDA
07 (073)	3345 x 45 m	CONC	PCN 80 R/C/X/T	3345 m	3045 m
25 (253)				3045 m	3345 m

GEFAHR: Wirbelschleppen möglich. DANGER: Possible wake-turbulence.

Längsprofil / Longitudinal profile:

RWY 07/25

07: 1267 ft — 1226 ft — 25: 1181 ft

Abb. 46: Sichtflugkarte von Stuttgart, Flugplatzbereich

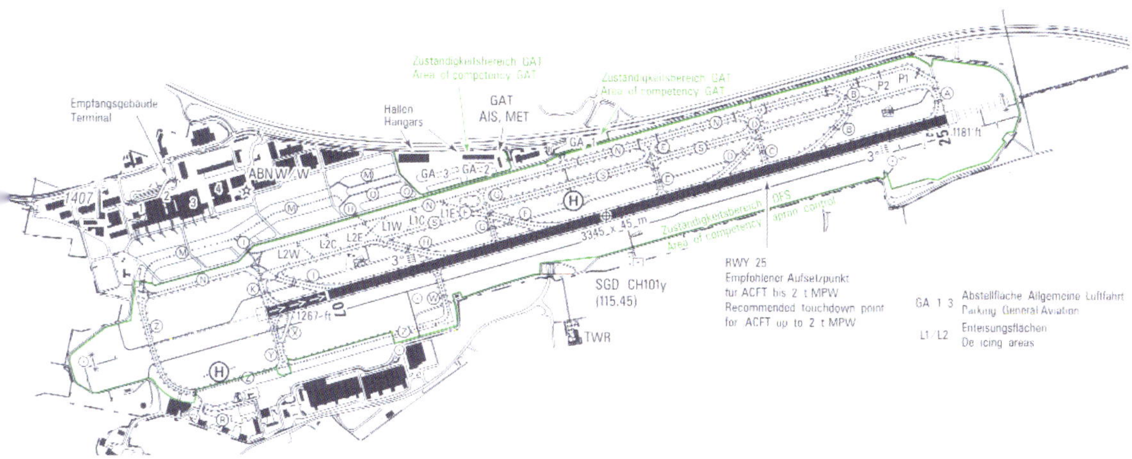

Abb. 47: Flugplatzkarte von Stuttgart

Entsprechend wird der Weg zu einer Landbahn dargestellt: Eine zweistellige Zahl mit Richtungspfeil führt zur entsprechenden Startbahn, die gelbe zweistellige Zahl auf schwarzem Grund sagt, dass man sich auf der Piste befindet *(siehe Beispiele Abb. 47)*

Abb. 48: Rollwegschilder auf Flughäfen

5.1.8 Berechnung des Kraftstoffverbrauchs

Grundsätzlich ist der **Treibstoffvorrat** so zu bemessen, dass eine **sichere Durchführung** des geplanten Fluges gewährleistet ist. In der Praxis kalkuliert man zusätzlich zu den Start-, Steig-, Zuschlags- und Streckenflugzeiten mindestens 30 Minuten Reserve ein.

Für die Kraftstoffberechnung gilt:

Kraftstoffbedarf = Verbrauch pro Stunde mal Zeit (in Stunden)

Beispiel:

Verbrauch im Reiseflug 25 L/h; Flugzeit 84 Minuten

$$\text{Bedarf} = \frac{84}{60}\,\text{h} \cdot 25\,\frac{\text{L}}{\text{h}} = 35 \text{ Liter}$$

Für unsere **Beispiel-Navigationsaufgabe** ergeben sich folgende Volumen-Werte:

- Für **Anlassen, Warmlaufen, Rollen** rechnen wir in Augsburg mit **5 Liter**
- Für 9 Minuten **Steigflug** bei 40 L/h: $\frac{9}{60} \cdot 40$ Liter = **6 Liter**
- Für 53 Minuten **Reiseflug** bis Stuttgart bei 30 L/h: $\frac{53}{60} \cdot 30$ Liter = **27 Liter** (aufgerundet)
- 20 Minuten **Zuschlag** für eventuelle Verzögerungen beim Anflug in Stuttgart bei einem Verbrauch von 30 Liter pro Stunde: **10 Liter**
- **Pflichtreserve** für 30 Minuten Reisezeit: **15 Liter**
- **Mindestkraftstoffvolumen also (5 + 6 + 27 + 10 +15) Liter = 63 Liter**
- Tanken wir also mal 100 Liter, dann steht noch eine **Extra**-Spritmenge von **37 Liter – ausreichend für 74 Minuten Reiseflugzeit** – für eventuelles Anfliegen von Alternativ-Flugplätzen zur Verfügung, falls man aus irgendeinem Grund in Stuttgart nicht landen kann oder darf.

Berechnung der Masse des Kraftstoffs für den Beladeplan *(siehe Kapitel Technik)*:
Flugbenzin hat eine Dichte von ca. 0,72 kg/Liter,
so dass sich eine **Kraftstoffmasse** von 100 · 0,72 kg = **72 kg** ergibt.

Formeln für die Umrechnungen von Masse und Volumen bei Benzin:

- Masse = Volumen mal Dichte (**Faustregel:** Kilogramm = Liter geteilt durch 4 mal 3)
- Volumen = Masse : Dichte (**Faustregel:** Liter = Kilogramm geteilt durch 3 mal 4)

Bei der Flugvorbereitung ist darauf zu achten, dass man zum Nachtanken diejenigen Flugplätze anfliegt, die über die richtige Benzinsorte verfügen. In den Flugplatzdatenblättern des AIP VFR ist dies verzeichnet *(siehe Abb. 48)*.

STUTTGART **EDDS**

Int. Verkehrsflughafen / Int. Airport; IFR, NVFR
5.5 NM S Stadtmitte Stuttgart / centre of Stuttgart
Flughafen Stuttgart GmbH
Postfach 230461
70624 Stuttgart
☎ (0711) 948-0
Fax (0711) 9482349 (Verwaltung)
9483711 (Verkehrsleitung)
Abfertigung Allgemeine Luftfahrt /
Handling General Aviation:
Kurz Luftverkehrsdienste GmbH
0600–2230 (0500–2130)
2230–0600 (2130–0500) O/R
☎ (0711) 948-3482, Fax 948-3481
NfL I-70/98, I-127/02, I-114/06; NfL I-220/01

ACFT	PCN 80/R/C/X/T, HEL, andere Luftfahrzeuge / other aircraft PPR; Einschränkungen siehe Kartenteil. / Restrictions see chart section.
TIME	H 24, **CTR** H 24
OPS	☎ (0711) 948-3482
ACC	EDDF ☎ (06103) 707620
MET	☎ (0900) 1 0 77 22 7 (53)
CUST	H 24
FUEL	100 LL, Turbo A 1, 0500–2100 (0400–2000), 2100–0500 (2000–0400) O/R, Aufschlag/surcharge
OIL	Alle gebräuchlichen Sorten/ All common grades, Zeiten/times s. FUEL
REP	Flugtechnik Stuttgart GmbH ☎ (0711) 795005, 795006, 9484581, Fax 799255 LBA-JAR 194
HOTEL	Flughafen
RST	ia / yes

TANNHEIM **EDMT**

Verkehrslandeplatz / Public Airfield
1 NM NE Tannheim
Tannheimer Flieger- und Freizeitzentrum GmbH
Max Dolderer, Flugplatz, 88459 Tannheim
☎ (08395) 1244
NfL I-165/00; NfL I-53/05

ACFT	2000 kg, 3000 kg PPR, HEL 6000 kg, GLD (P), GLD PPR, UL, motorisierte / powered P-GLD PPR, H-GLD PPR
TIME	**SUM** 1 APR – 30 SEP 0700–SS+30, O/T PPR; **WIN** 1 OCT – 31 MAR PPR
OPS	☎ (08395) 1567, 1244
ACC	EDDM ☎ (089) 9780330
MET	☎ (0900) 1 0 77 22 5 (72)
FUEL	100 LL, Mogas
OIL	80, 100
HANG	beschränkt / limited
HOTEL	Memmingen
RST	Mon geschlossen / closed

ACFT = zugelassene Luftfahrzeuge
TIME = Betriebszeit, H24=ganztägig
OPS = Flugbetrieb-Kontakt
ACC = Flugsicherung
MET = Wetterberatung, GAFOR-Gebiet
CUST = Zoll- und Passabfertigung
FUEL= verfügbare Treibstoffsorten
OIL = verfügbare Ölsorten
REP = Reparaturbetrieb
HOTEL am Platz
RST = Restaraurant am Platz

Abb. 49: Flugplatzdatenblätter – Beispiele

5.1.9 Berechnung der Flugzeit

Die errechnete Flugzeit EET (estimated elapsed time) ergibt sich aus der Groundspeed v_g (GS) und der Streckenlänge d (DIST) nach der Formel

$$t = \frac{d}{v_g} \quad \text{bzw. EET} = \frac{\text{DIST}}{\text{GS}}$$

Beispiel:
GS = 150 kmh^{-1} ; DIST = 100 km; ⇨ EET = 100 km durch 150 km/h = 2/3 h = 40 Minuten

5.2 Sicherheitsvorkehrungen bei der Navigationsvorbereitung

5.2.1 Ausweichplätze

Auf alle Fälle sind Ausweichplätze für die einzelnen Streckenabschnitte vorzusehen, die im Falle von **Schwierigkeiten** (z.B. Schlechtwetter, technische Störungen, Kraftstoffmangel usw.) angeflogen werden können.

5.2.2 Umkehrkurse

Bei schwierigen Wetterlagen empfiehlt es sich rechtzeitig umzudrehen, bevor man in Gebiete einfliegt, die keine ausreichenden Sichtflugbedingungen mehr bieten. Der recht- oder missweisende Umkehrkurs zum Ausgangspunkt ist bei Windstille schnell berechnet:

Umkehrkurs (ohne Windberücksichtigung) = Kurs +/– 180°.

Beispiele:
- MH = 075° ⇨ Umkehr-MH = 075° + 180° = 255°
- MH = 320° ⇨ Umkehr-MH = 320° – 180° = 140°

Fliegt man wegen Seitenwind mit einem Vorhaltewinkel, dann muss für die Berechnung des Umkehrkurses der Steuerkurs nicht nur um 180° korrigiert werden, sondern auch um den doppelten Luvwinkel (Faustregel), denn der Wind kommt beim Rückflug dann von der anderen Seite.

Beispiele:
- MH = 280°; L = +10° ⇨ Umkehr-MH = 280° – 180° – 20° = 080°
- MH = 080°; L = –10° ⇨ Umkehr-MH = 080° + 180° + 20° = 280°

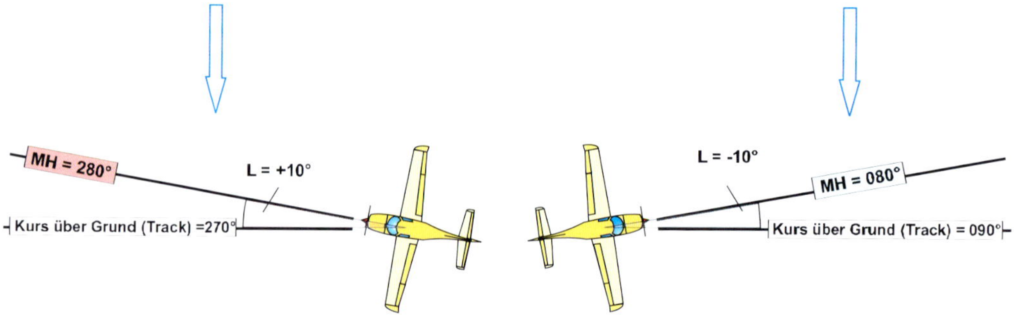

Abb. 50: Kurs und Umkehrkurs

5.2.3 Ermittlung der Sicherheitshöhen (Minimum Safe Altitude)

Die Sicherheitshöhe ist diejenige Höhe, die während des Fluges nicht unterschritten werden darf, um ausreichend Abstand zu Hindernissen zu haben.

Lässt das Wetter bezüglich der Wolkenabstände und der Flugsicht genügend Spielraum, dann bestimmt man die Sicherheitshöhe, indem man zum Wert der **Maximum Elevation Figure** *(siehe Abschnitt 2.8.2)* des jeweiligen Streckenabschnitts 500 ft dazu schlägt.

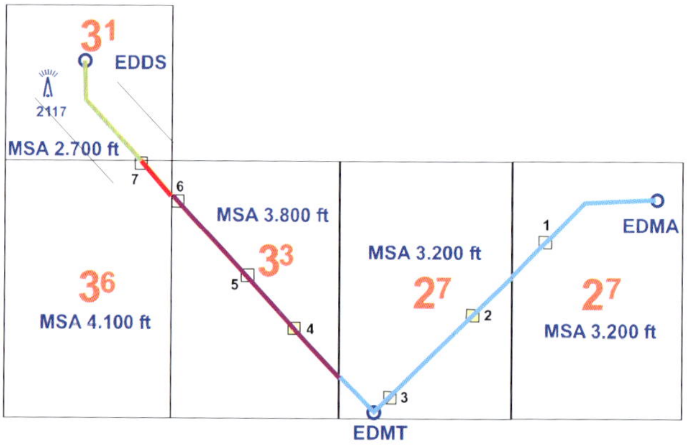

Abb. 51: Festlegen der Sicherheitshöhe (Minimum Safe Altitude, MSA)

Beim Anflug zur Landung oder bei Wetterbedingungen, die keine pauschale größere Flughöhe erlauben, gibt man einen Zuschlag von 500 ft auf den höchsten Punkt (Gelände oder Hindernis) innerhalb eines 10 NM breiten Streifens längs der Kurslinie (5 NM links und rechts) und rundet den Wert nach oben auf den nächsten Hunderter auf. In unserer Navigationsaufgabe steht nach dem Passieren der Albkante noch ein 2.117 ft hoher Sendeturm (Pflichtmeldepunkt LIMA) links unseres Flugwegs, so dass hier eine Sicherheitshöhe von 2.700 ft bis zum Einflug in die Kontrollzone angenommen wird.

5.4 Vorbereitungsschema, Flugdurchführungsplan (Flight Log)

Es empfiehlt sich, die Streckenvorbereitung nach einem festen Schema anzulegen und die wichtigen Daten zu notieren. Entsprechende Vordrucke und Computerprogramme sind im Handel erhältlich und im Internet abrufbar. Ein detaillierte Flugvorbereitung lässt sich z.B. kostenlos online über die Seite http://www.FL95.de durchführen.

VFR-Flight Log von **EDMA ELEV 1515** nach **EDDS ELEV 1276** am DD.MM.YY

Kennz.: **D-EABC**
Startzeit (ATD): __:__
sichere Flugzeit: (max. Flugzeit minus 30 Min) **02:36**

Startflugplatz/ Kontrollpunkte/ Zielflugplatz	Sicherh.-Höhe Safe Alt.	Flughöhe FL / ALT	rwK TC	mwSK MH	Entfernung Distance NM / km	Vg GS KT / km/h	Flugzeit Time Min	Überflugzeit UTC time overhead ETO	ATO	Frequenzen usw.
Augsburg EDMA	3.200 *	(70 kt)	267	256	9	61	9			TWR 124.975
EDMA WHISKEY 1		FL 65	225	222	7	95	4			ATIS 124.575
Dinkelscherben Bahn					12		8			MÜNCHEN 126.95
Bahnlinie S Krumbach					14		9			WLD 112.80 KPT 109.60
BAB/Illerbrücke					2		1			INFO 122.825
Tannheim EDMT	3.800 *		316	307	14	113	8			
BAB S Laupheim					8		4			LANGEN 128.950
Ehingen Fabrikschlote	4.100 *	(110 kt)			12		6			TGO 112.50
Münsingen Bahnknick		4.300			7		4			Luftraum D 4500!
Urach -Burgruine	2.700 *	3.300			9		5			Luftraum C 3500!
SIERRA (EDDS)	APPROACH	(80 kt)	360	355	5	80	4			ATIS 126.125
Stuttgart EDDS										TWR 119.050
Flugzeit: Total (EDMA - EDDS)					**99 NM**		**62 Min**			

Reise: 110 kt
Steig: 070 kt
Wind: 210°/ 15 kt
w: 1°E (+1°)

Kraftstoffberechnung		Kraftstoff / l	Flugzeit /Min
Steigflug	40 L/h	6	9
Reiseflug (Startort-Landeort)	30 L/h	27	53
Zuschläge: Anlassen, Rollen		5	
Steigflug		---	---
An-und Abflug (mind.10 Min)		10	20
zum Ausweichflugplatz		---	---
Reserve (mind. 30 Min.)		15	30
Mindestkraftstoff (Zwischensumme)		63	112
Extra Kraftstoff		37	74
Kraftstoff-Vorrat		100	186
sichere Flugzeit (max. minus 30 Min)			156

* Aus Maximum Elevation Figure plus 500 ft Zuschlag

* 500 ft über dem höchsten Hindernis 5NM rechts und links der Anflugkurslinie bis Stuttgart

Abb. 52: Flugdurchführungsplan zur Beispiel-Aufgabe.

Die Felder ETO (Estimated Time Over) und ATO (Actual Time Over) werden erst während des Fluges ausgefüllt.

Funknavigation

1 Grundlagen

1.1 Eigenschaften elektromagnetischer Wellen

Die Kommunikation zwischen Boden- und Bordanlagen erfolgt mit Hilfe von elektromagnetischen Signalen, die je nach Einsatzbereich entsprechend gestaltet (moduliert) bzw. ausgewertet werden. Die Sender strahlen Energie in Form von diesen elektromagnetischen Wellen ab, die mit Lichtgeschwindigkeit auf die Empfängerantennen treffen und so weiter verarbeitet werden, dass sie den menschlichen Sinnesorganen wieder zugänglich werden.

Wenn die Funkwellen die Luftschichten der Atmosphäre durchlaufen, verlieren sie an Energie **(Dämpfung)**, wenn sie auf Luft-, Schmutz- oder Wasserteilchen treffen. Diese nehmen die Energie in Form von Wärme auf. Das nennt man **Absorption**.

Im Laufe des Tagesgangs werden die Luftschichten über der Erde durch die **Sonneneinstrahlung** teilweise ionisiert. An solchen **ionisierten Schichten** werden elektromagnetische Wellen je nach Wellenlänge und Auftreffwinkel mehr oder weniger stark **reflektiert, gebrochen, gestreut oder absorbiert**.

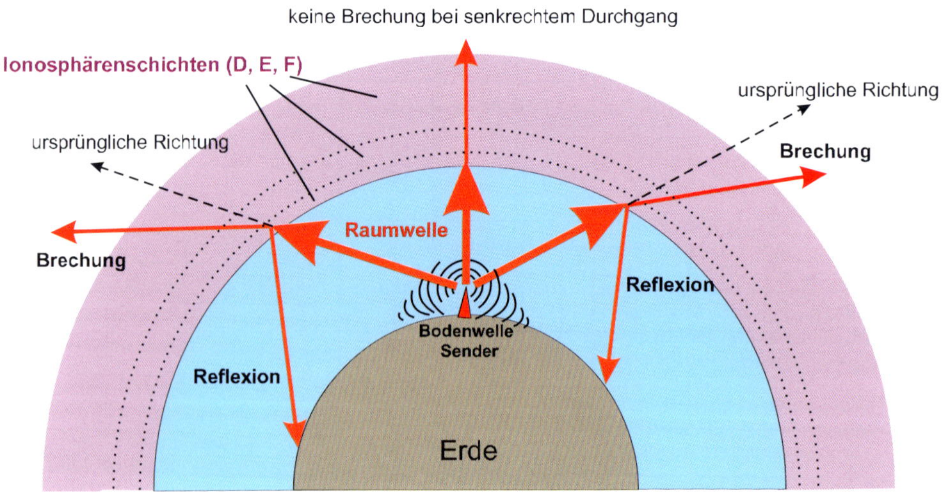

Abb. 53: Brechung und Reflexion von elektromagnetischen Wellen (nicht maßstäblich)

Es gilt:
Je höher die Frequenz, desto unempfindlicher ist eine elektromagnetische Ausstrahlung gegenüber Störeinflüssen wie gewittrige Entladungen, magnetische Felder oder Gravitationskräften, desto größer ist aber auch die Absorption beim Durchgang durch eine Luftmasse. Auch die Wasserteilchen in der Atmosphäre nehmen einen Teil der Strahlung auf: Je feuchter die Luft, desto höher ist der Energieverlust durch Absorption.

Je größer die Wellenlänge, desto besser folgen die elektromagnetischen Wellen der **Erdkrümmung**. Je nach Frequenz lassen sich ihnen folgende Eigenschaften zuordnen.

- **Längst- und Langwellen** breiten sich nur als Bodenwellen aus.
- Im **Mittelwellenbereich** (teilweise NDB-Bereich) erfolgt die Ausbreitung als Boden- und Raumwelle.
- Tagsüber werden Mittelwellen an den ionisierten D- und E-Schichten stark gedämpft, so dass nur die Bodenwelle nutzbar bleibt. **Nachts** lösen sich wegen der fehlenden Sonneneinstrahlung

die tagsüber ionisierten Schichten teilweise auf und es kommt zur Reflexion an der sog. F-Schicht in der Höhe. Dadurch erhöht sich zwar die Reichweite, gleichzeitig treten aber **Störungen** beim Empfang durch **Überlagerung** (Interferenz) von Boden- und Raumwelle auf **(Mehrfachempfang)**, die sich dabei zeitweise abschwächen oder verstärken können **(Schwund/Fading)**. Diesen Effekt nennt man **Dämmerungs- oder Nachteffekt (Twilight effect)**.

- **Kurzwellen** breiten sich vorwiegend als Raumwellen aus, die an allen ionisierten Schichten wenig gedämpft reflektiert werden.
- **Ultrakurzwellen** und **kürzere** breiten sich annähernd geradlinig **(quasioptisch)** aus. Die Reichweite ist daher neben der Sendeleistung durch die Erdkrümmung begrenzt.

1.2 Reichweite und Betriebsentfernung

Für die quasi-optische Ausbreitung lässt sich die Reichweite relativ einfach berechnen

Faustformel für die theoretische Reichweite von Ultrakurzwellen und kürzeren:
Reichweite (in NM) = 1,25 x Wurzel aus Flughöhe (in ft)

Beispiel: Flughöhe 6.000 ft NN, VOR auf 1.000 ft NN
Höhe über dem VOR: 5.000 ft.
⇨ **Theoretische Reichweite R:**
R = (1,25 x Wurzel aus 5.000) NM = ca. 88 NM

In der Praxis werden diese Reichweiten nur dann erzielt, wenn die Sendeleistungen ausreichend stark sind und keine Hindernisse zwischen Sender und Empfänger stehen.

Die **nutzbaren Reichweiten** der Navigationsanlagen, in denen die für die Luftfahrt sicheren Betriebsbedingungen in bestimmten Höhenbereichen gegeben sind, findet man Im Luftfahrthandbuch im Teil ENR 4.1.

Beispiel DVOR/DME Erfurt:
Festgelegte Betriebsentfernung 60 NM, FL 500
DVOR unbenutzbar ab 10 NM unterhalb 3.000 ft MSL
ab 20 NM unterhalb 4.500 ft MSL
ab 30 NM unterhalb 6.500 ft MSL

1.3 Zusammenhang zwischen Frequenz und Wellenlänge

Definitionen:

- Unter **Frequenz** (Basiseinheit 1 Hz) versteht man die Anzahl Schwingungen pro Sekunde. 1 Hertz = 1 Schwingung pro Sekunde.
- Die **Wellenlänge** (Basiseinheit 1m) ergibt sich aus der Frequenz, da sich alle elektromagnetischen Wellen im gleichen Medium mit gleicher Geschwindigkeit ausbreiten: ca. 300.000 km pro Sekunde (Lichtgeschwindigkeit).

Es gilt daher:

- **Wellenlänge = Lichtgeschwindigkeit : Frequenz**
- **Frequenz = Lichtgeschwindigkeit : Wellenlänge**

Merke: Je höher die Frequenz, desto kürzer die Wellenlänge und umgekehrt.

Beispiel für die Berechnung der Wellenlänge:
Bei einer Frequenz von 300 MHz (300 Millionen Schwingungen pro Sekunde) ergibt sich für eine Schwingung ein Weg von 1 m.

1.4 Modulation

Die Aufprägung von Signalen oder Sprache erfolgt im Sprechfunkverkehr oder bei der Ausstrahlung von Kennungen durch Variierung der Trägerwelle. Die Frequenz bleibt dabei gleich. Man spricht in diesem Fall von **Amplitudenmodulation**, die in je nach Bedarf verschiedenen Formen angewendet wird.

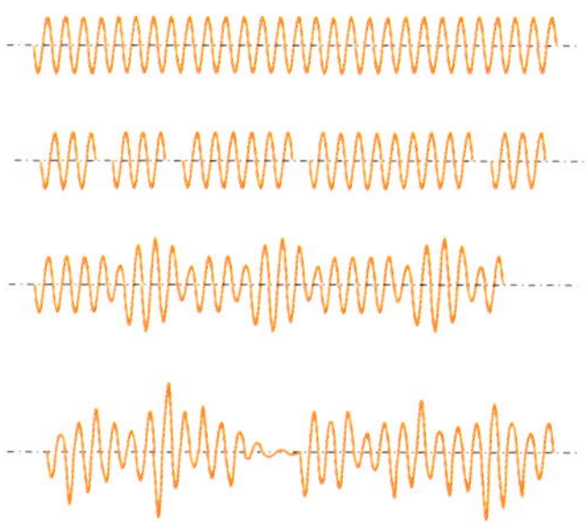

A0:
ohne Kennung, durchgehende Trägerwelle:

A0/A1:
Kennung durch unterbrochene Abstrahlung der Trägerwelle:

A2:
Kennung periodisch amplitudenmoduliert, Einzeltöne z.B. Kennungen

A3 und A9:
Sprachmodulation bzw. komplexe Modulation,
unregelmäßige, Veränderung der Trägerwelle

Abb. 54: Formen der Amplitudenmodulation für Sprache und Kennungen

Neben der Amplitudenmodulation (AM) werden noch weitere Arten verwendet, z.B. die **Frequenzmodulation** (FM), wo bei gleich bleibender Sendeleistung die Frequenz im Rhythmus der Signale verändert wird. Bei der Ausstrahlung des VOR-Bezugssignals *(siehe Abschnitt 5)* wird diese Form angewandt.

1.5 Frequenzbereiche

Wichtige Frequenzbereiche in der Luftfahrt:

Bezeichnung	Frequenzbereich	Wellenlänge	Luftfahrt-Verwendung
VLF (LLW) Längstwellen	10 bis 30 kHz	100 km bis 10 km	
LF (LW) Langwellen	30 bis 300 kHz	10 km bis 1 km	NDB
MF (MW) Mittelwellen	300 bis 3.000 kHz	1 km bis 100 m	NDB
HF (KW) Kurzwellen	3 bis 30 MHz	100 m bis 10 m	
VHF (UKW) Ultrakurzwellen	**30 bis 300 MHz**	**10 m bis 1 m**	**Sprechfunk, ILS Localizer (LLZ), VOR**
UHF Dezimeterwellen	300 bis 3.000 MHz	1 m bis 0,1 m	ILS Gleitpfad (GS), DME, Radar, GPS
SHF Zentimeterwellen	3 Ghz bis 30 Ghz	0,1 m bis 0,01 m	Bord-Wetterradar

Sprechfunk	**118,000 bis 136,975 MHz**
VOR, Localizer	**108,000 bis 117,975 MHz**
Großraum-Rundsicht-Radar (RSR, Primärradar)	1.000 bis 2.000 MHz
Sekundär-Rundsicht-Radar (SSR = Secondary Surveillance Radar)	1.000 bis 2.000 MHz
Flughafen-Rundsicht-Radar (ASR = Airport Surveillance Radar, Primärradar)	2.000 bis 4.000 MHz
Präzisions-Anflug-Radar (PAR = Precision Approach Radar, Primärradar)	8.000 bis 12.500 MHz
Rollfeld-Überwachungs-Radar (ASDE = Airport Surface Detection Equipment, Primärradar)	18 bis 26 GHz
Wetterradar in Luftfahrzeugen (Primärradar)	**4.000 bis 8.000 MHz**
GPS	**1.575,42 und 1.227,60 MHz**

Für die Umrechnung gilt:
1.000 Hz = 1 kHz; 1.000 kHz = 1 MHz; 1.000 MHz = 1 GHz (Gigahertz)

2 Peilungen

Peilungen sind Richtungsangaben für Kurse, die zu einer Station oder von einer Station weg führen. Man unterscheidet rechtweisende Peilungen, die sich auf die geographische Nordrichtung beziehen und missweisende Peilungen, die sich auf die magnetische Nordrichtung beziehen. Die Differenz zwischen geographisch und magnetisch Nord heißt Missweisung MW (engl. Variation VAR, *siehe dazu Instrumentenkunde 3.2*).

Sobald man als Basisgerät für die Navigation den Magnetkompass verwendet, müssen alle Kurse auf magnetisch Nord bezogen sein. Die Kurse, die aus einer Karte entnommen oder in eine Karte eingetragen werden, müssen dagegen rechtweisend (auf geographisch Nord bezogen) sein, damit man sie an den Meridianlinien antragen kann. Die Meridiane (Längengrade) verbinden die geographischen Pole.

2.1 Anflugkurse:

- **QDM: Missweisende** Peilung zur Station (Magnetic Bearing, MB), führt als missweisender Kurs zur Bodenstation.
- **QUJ: Rechtweisende** Peilung zur Station (True Bearing, TB), führt als rechtweisender Kurs zur Bodenstation (als Standlinie für den Eintrag in die Karte möglich).

Es gilt: QUJ = QDM + MW

Beispiel:
QDM = 240°; MW = 5°E (=+5°) ⇨ QUJ = 245°

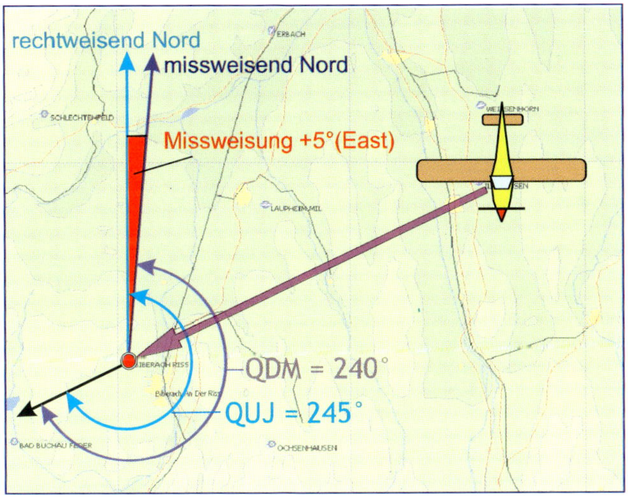

Abb. 55: QDM (bezogen auf mwN) und QUJ (bezogen auf rwN) sind Peilungen zur Station

2.2 Abflugkurse:

- **QDR:** Führt als **missweisender** Kurs radial von der Station weg.
- **QTE:** Führt als **rechtweisender** Kurs radial von der Station weg (Standlinie für den Karteneintrag).

Es gilt: QDR = QDM ± 180°   QTE = QDR + MW

Beispiel:
QDM = 240°; MW = 5°E (= +5°) ⇨ QDR = 060°; QTE = 065°;

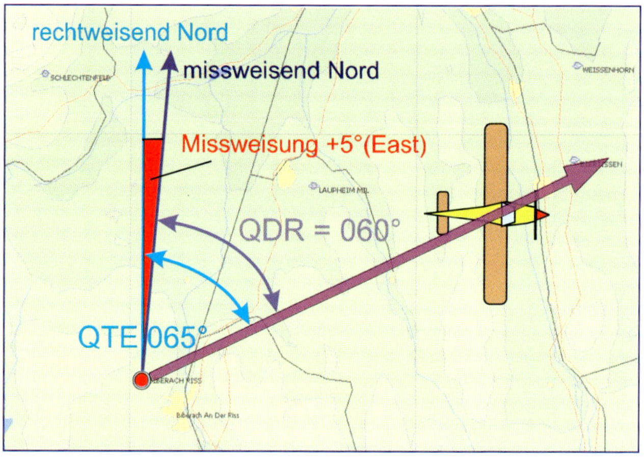

Abb. 56: QDR (bezogen auf mwN) und QTE (bezogen auf rwN) sind Peilungen von der Station weg.

2.3 Schema zum Umrechnen von Kursen und Peilungen:

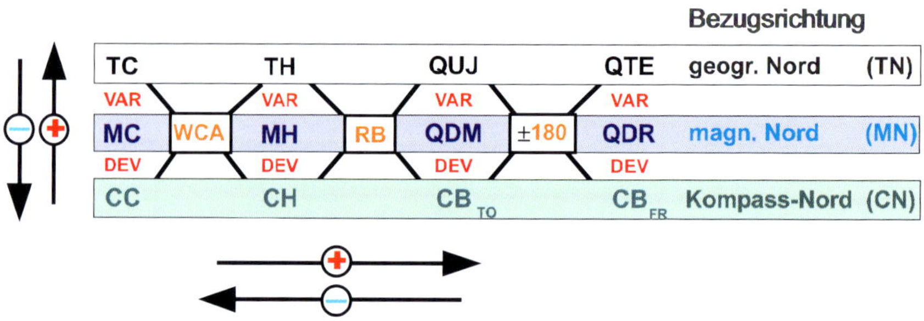

Abb. 57: Schema für Kursumrechnungen

Anwendung des Kursschemas:

- **Schrittweise vorgehen!**
- Eine Stufe senkrecht nach oben oder waagrecht nach rechts: Differenzwertwert (rot gekennzeichnet) mit gegebenem Vorzeichen addieren.
- Eine Stufe senkrecht nach unten oder waagrecht nach links: Differenzwertwert (rot gekennzeichnet) mit gegebenem Vorzeichen subtrahieren.
- **Keine Stufe überspringen, nicht diagonal vorgehen.**
- Subtrahieren eines negativen Werts ergibt Addition des Betrags.

Beispiel: 180° – (–5°) = 185°
Erhält man negative Kurswerte, so addiert man 360°.
Beispiel: 080° – 150° = –70° = 290°

Beispiele:
Gegeben sind mwSK(MH) = 225°, MW(VAR) = 9°W(= –9°), QTE = 223°; WCA = 10°;

1. QTE ± 180° = QUJ, **QUJ** = 223° – 180° = **043°**
2. QUJ – VAR = QDM, **QDM** = 043° – (–9°) = **052°**
3. MH + RB = QDM, RB = QDM – MH, **RB** = 052° – 225° = –173° = **187°**
4. QUJ – RB = TH, **TH** = 052° – 187° = –144° = **216°**
5. TH – WCA = TC; **TC** = 216°-10° = **206°** (Kartenkurs, rwK)

2.4 Homing

Unter Homing versteht man das **Anfliegen** (wörtlich übersetzt Heimfliegen) einer Sendestation mit der aktuellen Peilung, also **ohne Berücksichtigung des Windes**.

Homing kann mit ADF, VOR, GPS oder per VDF-Peilungen erfolgen. Dabei folgt man einfach der momentan angegebenen bzw. angezeigten Richtung zum Peiler, also z.B. einem QDM oder einem Bearing.

Ohne Windeinfluss gelangt man auf direktem zum Sender. Bei Seitenwind bleibt mit dem zunächst eingenommenen Steuerkurs die Peilung nicht konstant, sondern verändert sich je nachdem von welcher Seite der Wind kommt.

Es gilt:

- Wird die Peilung größer, dann kommt der Wind von rechts.
- Wird die Peilung kleiner, dann kommt der Wind von links.

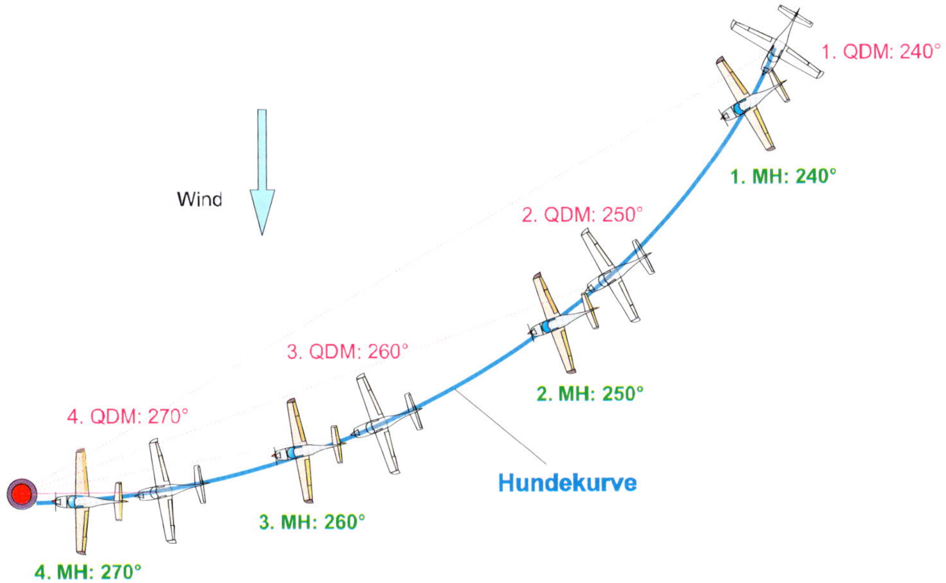

Abb. 58: Hundekurve beim Homing mit Seitenwind. Beispiel: QDM wird größer – Wind von rechts

Folgt man den sich ändernden Peilungen, ergibt sich eine **gekrümmte Tracklinie (Hundekurve)**, die vom Wind »eingebeult« erscheint. Zur Vermeidung dieses längeren Wegs zum Ziel, muss mit einem Luvwinkel geflogen werden. Als erste Korrektur setzt man ihn mit dem doppelten Peilsprung an und beobachtet, wie sich die Peilung bei dem neuen Kurs verhält. Hat man sich auf diese Weise den Luvwinkel erflogen, bleibt die Peilung konstant, man fliegt mit **stehender Peilung**. Die relative Peilung ist jetzt gleich dem Luvwinkel und kann z.B. am ADF direkt abgelesen werden *(siehe Abschnitt 4.2)* oder per GPS als Unterschied zwischen Steuerkurs und Bearing *(siehe Kapitel Allgemeine Navigation)*.

Beispiel:
Beim Homing-Anflug mit einem MH von anfangs 270° ist die Peilung um 5° (z. B. die ADF-Nadel nach einigen Minuten) nach rechts ausgewandert. Es muss also nach rechts korrigiert werden, um wieder die Richtung zur Peilstation einzunehmen. Der Wind kommt also von rechts und hat in diesem Fall eine nördliche Komponente. Zur Vermeidung der Hundekurve wird nun zunächst ein missweisender Steuerkurs von 280° statt der angezeigten 275° geflogen.

2.5 Anschneiden von Soll-Kursen (Interception)

Um von der momentanen Position auf eine vorgegebene Kurslinie (Soll-Kurs) zu kommen, muss diese unter einem bestimmten Winkel angeschnitten (intercepted) werden. Je nachdem ob der Soll-Kurs zu einer Station/einem Wegpunkt oder von ihm weg führt, spricht man von Inbound- bzw. Outbound-Interception. Übliche Anschneidewinkel sind 30°, 45°, 60° und 90°. Je flacher der Winkel, desto länger dauert es, bis die neue Soll-Peilung erreicht ist, desto geringer ist aber auch der Umweg. Folgender Kompromiss hat sich in der Praxis bewährt und ist im Instrumentenflug Standard (sog. D+30-Regel):

- Outbound: Differenz zwischen ist und Soll-Peilung feststellen und 30° addieren (D+30). Zum geforderten Soll-Kurs diese Summe addieren bzw. subtrahieren. Merkregel: ›Will ich größer, muss ich größer steuern‹ bzw. ›Will ich kleiner, muss ich kleiner steuern.‹
- Inbound: Als Anschneidekurs 30° von der momentanen Peilung (Ist-Peilung) in Richtung Soll-Peilung abweichen. Regel ›Will ich kleiner, muss ich größer steuern‹ und umgekehrt.

Anmerkung: Auch bei der Inbound-Regel wird die D+30-Methode angewandt, allerdings hebt sich die Differenz D auf, so dass die Korrektur von 30° direkt An die Ist-Peilung angelegt werden kann.

Beispiele D+30-Outbound-Interception (Abflug):

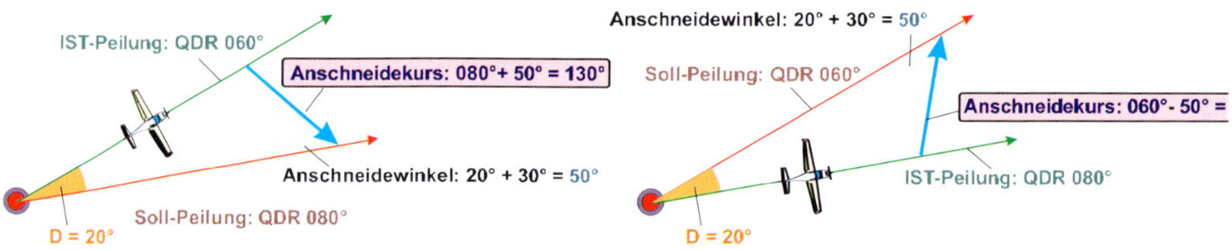

Abb. 59: Outbound-Interceptions: Soll- größer als Ist-Peilung (links), Soll- kleiner als Ist-Peilung (rechts)

Beispiele Inbound-Interception (Anflug):

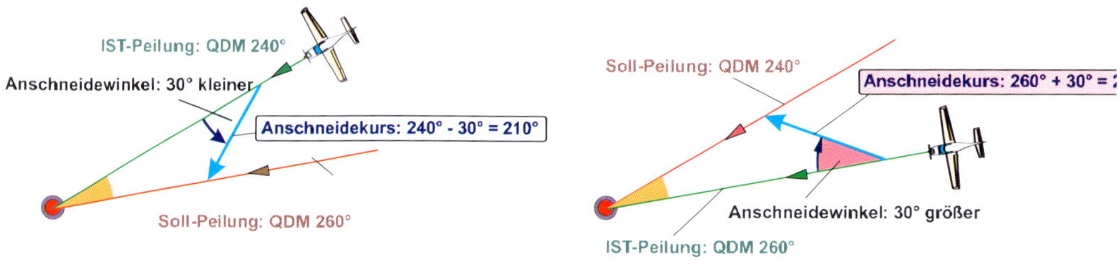

Abb. 60: Inbound-Interceptions: Soll- größer als Ist-Peilung (links) ⇨ kleiner steuern,
Soll- kleiner als Ist-Peilung (rechts) ⇨ größer steuern

Wie man mit VOR und HSI Sollkurse anschneidet wird im *Abschnitt 5.3* nochmals ausführlich beschrieben.

3 Fremdpeilung (Direction Finding, DF)

Flugplätze, bei denen in den ICAO-Karten die Frequenz unterstrichen ist, verfügen über eine UKW-Peilstelle (VHF Direction Finding, VDF).

Der auf dem Flugplatz stationierte Peiler empfängt eine über Sprechfunk abgegebene Sendung und stellt die Richtung fest, aus der sie kommt. Auf einer Kompassrose kann abgelesen werden, mit welchem missweisenden Kurs das sendende Luftfahrzeug zum Peiler kommt. Dieser **Anflugkurs**, das **QDM**, wird dem Pilot auf Anfrage mitgeteilt.

Beispiel:
D-ERBA, QDM 2-3-0

- Ohne Berücksichtigung des Windes fliegt man nun einen missweisenden Kurs von 230° und zielt damit auf den Flugplatz, von dem das QDM stammt.
- Bei Seitenwind **von links** ist das nächste **QDM kleiner** (z. B. 220°), man steuert deswegen einen kleineren Kurs (z. B. 210°), um eine Hundekurve zu vermeiden. Bei Seitenwind von rechts gilt entsprechend: Größeres QDM, größer steuern.

Zur Positionsbestimmung benötigt man zwei Peilungen, die sich möglichst rechtwinklig schneiden sollten (Kreuzpeilung).

Beispiel:
QDM-Peilungen von Aalen auf 122.400 MHz und Heubach auf 123.025 MHz, die Missweisung kann vernachlässigt werden, wenn sie nicht mehr als 2 Grad ausmacht.

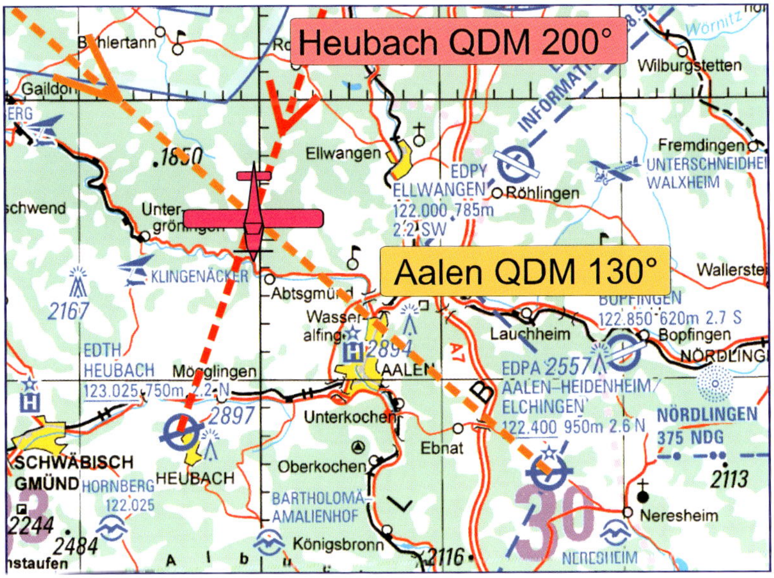

Abb. 61: Kreuzpeilung mit zwei VDF-Peilwerten

Den Gegenkurs zum QDM (das QDR) erhält man, wenn man 180° addiert. Korrigiert man diesen Wert noch um die Missweisung, dann bekommt man das **rechtweisende QTE** als eine Standlinie, die sich an den Meridianlinien der Karte abtragen lässt.

Da sich diese Peilungen im **UKW (VHF)-Bereich** abspielen, ist die Reichweite innerhalb des Sende-/Empfangsbereichs auf ›Sichtlinie‹ beschränkt (quasi-optische Ausbreitung). Die Genauigkeit der Peilung liegt bei etwa ± 2°.

4 Eigenpeilung mit dem ADF (Automatic Direction Finder)

Mit einem ADF lassen sich Sender im Mittel- und Langwellenbereich anpeilen. Die in der Luftfahrt üblichen Bordgeräte umfassen dabei einen Empfangsbereich von 190 bis 1.750 kHz **(Lang- und Mittelwellen)**.

Für diese Art von Funknavigation sind **NDB-Sender** (non directional beacon, ungerichtete Abstrahlung in alle Richtungen) für die **Streckennavigation** oder für die **Anflugverfahren** auf Flughäfen aufgestellt. In der BRD senden sie im Frequenzbereich von 200 bis ca. 530 kHz. Da der Empfangsbereich wesentlich größer ist, lassen sich auch gewöhnliche Rundfunksender für die Peilung verwenden. Statt einer Kennung hört man dann die entsprechende Radiosendung.

Die festgelegten Betriebsentfernungen mit eventuellen Einschränkungen findet man für die einzelnen Strecken-NDBs im Luftfahrthandbuch AIP ENR. Sie reichen von 25 NM bis etwa 100 NM. Die als sog. Locator eingerichteten Anflug-NDBs in der Nähe der Flughäfen haben grundsätzlich kleinere Leistungen mit einer kürzeren Reichweite von etwa 25 NM.

Mit der Einführung des GPS verliert die ADF-Navigation allerdings zunehmend an Bedeutung.

4.1 ADF-Bedienteil

Am Bediengerät wählt man die Frequenz des NDB, hört die Kennung in Form des auf der Karte angegebenen Morsecodes ab (Beispiel: NDB Nördlingen, NDG = -. -.. --.). Bei alten Sendeanlagen kann diese Kennung nur abgehört werden, wenn der Wahlschalter je nach Gerät auf BFO (Beat Frequency Oscillator) oder CW steht, weil hier die Kennung als Unterbrechung der Sendung übermittelt wird (Modulation A0/A1).

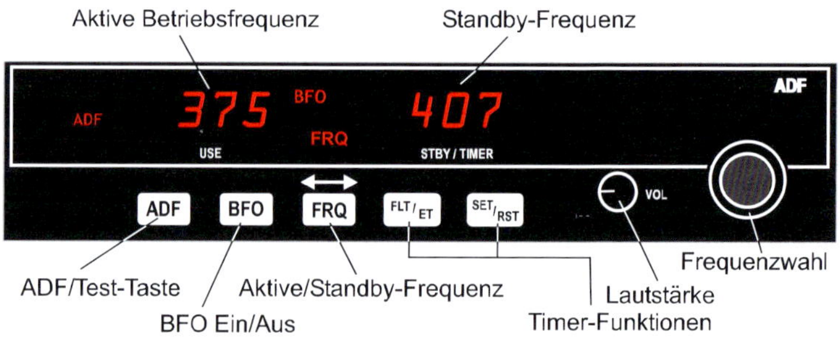

Abb. 62: ADF-Bedienteil

Mit der ADF/Test-Taste lässt sich prüfen, ob die Peilung verfügbar ist. Bei manchen Geräten wird diese Schaltung mit ANT bezeichnet. Die Anzeigenadel dreht sich dann waagrecht, die Kennung ist gut abhörbar. Aber nur in der Stellung/Anzeige ADF arbeitet das Gerät als Peiler. Nicht alle Bediengeräte verfügen über eine Timer(Stoppuhr)-Funktion.

4.2 ADF-Anzeigegeräte

Das Anzeigegerät besteht aus einer drehbaren Nadel in einer Kompassrose. Zeigt die Nadel nach oben, dann liegt der Sender genau voraus. Ansonsten kann man an der Spitze der Nadel ablesen, in welcher Richtung der Sender liegt. Bezugsrichtung ist also die Flugzeuglängsachse bzw. der missweisende Steuerkurs (MH). Der Winkel zwischen dieser Bezugslinie und der Richtung zum Sender heißt Relative Bearing RB (relative Peilung).

Addiert man zum momentan geflogenen Steuerkurs dieses Relative Bearing, dann erhält man den Anflugkurs zum Sender.

Es gilt: QDM = MH + RB (missweisender Steuerkurs + relative Peilung)

Für den missweisenden Abflugkurs vom Sender, das QDR, liest man den Wert am Ende der Nadel ab und addiert ihn zum missweisenden Steuerkurs.

Es gilt: QDR = MH + RB + 180°

Beispiele: ADF-Anzeigen (RBI) bei Peilungen mit dem NDB Nördlingen auf 375 kHz

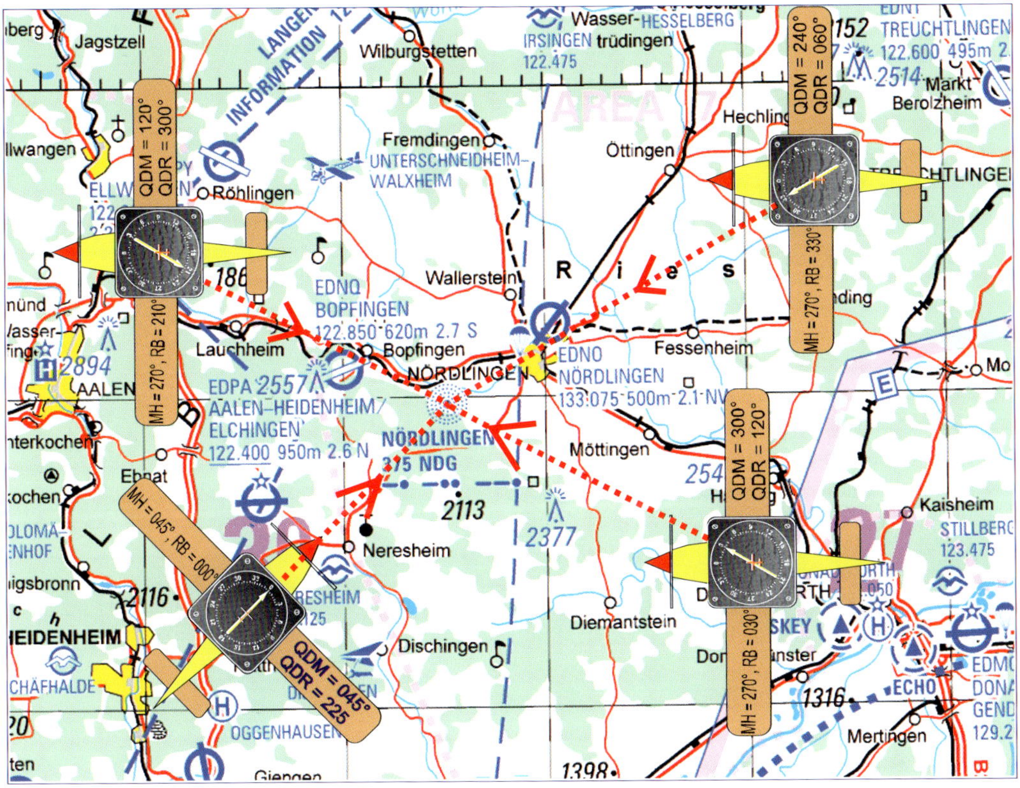

Abb. 63: ADF-Anzeigen bei verschiedenen Steuerkursen und Positionen zur Station

Tipp:
Ohne eine Berechnung durchführen zu müssen, lassen sich QDM bzw. QDR auf dem Kurskreisel ablesen, wenn man sich die Lage der RBI-Nadel in der Skala der Kurskreiselanzeige vorstellt.

Beispiel *(siehe Abbildung 64)*:
missweisender Steuerkurs (MH) = 240°; relative ADF-Peilung (RB) = 060°

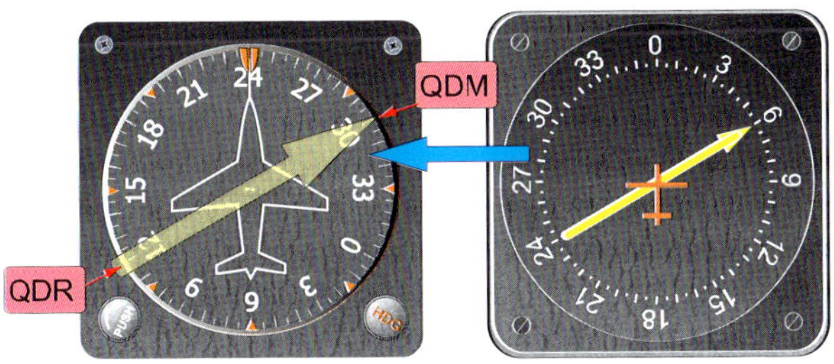

Abb. 64: Ermitteln von QDM und QDR über die Kurskreiselanzeige

4.3 RBI, MDI und RMI

Neben dem einfachen Relative Bearing Indicator mit fester Kompassrose (**RBI)** gibt es das **MDI** (Moving Dial Indicator) mit von Hand verstellbarer Rose und das von einem Mutterkompass automatisch nachgeführte **RMI** (Radio Magnetic Indicator). Bei beiden kann man sofort das QDM an der Nadelspitze und das QDR am Nadelende ablesen, wenn unter der Kursmarke das Magnetic Heading erscheint.

RBI
Anzeige: Relatve Bearing

MDI
Anzeige QDM/QDR, wenn MH von Hand eingedreht ist

RMI
Automatische Anzeige von Magnetic Heading, QDM und QDR

Abb. 65: ADF-Anzeigegeräte

Hat man bei Seitenwind einen Vorhaltewinkel (Luvwinkel) eingenommen, mit dem man auf gerader Linie bei gleich bleibender (stehender) Peilung den Sender anfliegt, dann zeigt die ADF-Nadel diesen Luvwinkel als negatives Relative Bearing RB an.

4.4 Nachteile der ADF-Navigation

ADF-Peilungen sind nicht sehr präzis. Mit einer **Ungenauigkeit von ± 5°** muss gerechnet werden. Da ADF-Geräte im Mittel- und Langwellenbereich arbeiten, sind sie außerdem anfällig gegen atmosphärische Störungen wie Starkregen, Hagel, usw. Bei **Gewittertätigkeit** wird die ADF-Anzeige daher nahezu **unbrauchbar**.

Die Sender sind zwar oft noch in Bodennähe zu empfangen, jedoch können sie vom **Gelände** beeinflusst werden, da sie sich durch Erhebungen oder Täler durch **Reflexion** an den Bergflanken **(Mountain Effect)** ablenken lassen.

Außerdem unterliegen sie dem sog. **Küsteneffekt (Shoreline effect)**, der auf der Brechung der Funkwellen im Mittel/Langwellenbereich beruht. Dabei tritt die Brechung beim Durchgang durch die Grenzfläche von feuchter zu trockener Luft auf. Auch hier gilt: Je spitzer der Winkel ist, unter dem die Funkwellen die Grenzfläche treffen, desto größer ist die Ablenkung.

In der Dämmerung ist wie bei allen Geräten, die auf Mittelwelle arbeiten, mit dem **Dämmerungseffekt** zu rechnen, der um Sonnenauf- und -untergang herum auftritt.

5 VOR-Navigation

VOR-Anlagen arbeiten im Ultrakurzwellenbereich als Drehfunkfeuer (**VOR** = **V**HF **O**mnidirectional **R**adio Range, UKW-Drehfunkfeuer)

5.1 Prinzip der VOR-Navigation

Von den Antennen einer VOR-Sendeanlage wird ein ungerichtetes **Bezugssignal** und ein gerichtetes **Umlaufsignal** (von einer Richtantenne mit 30 Umdrehungen pro Sekunde = 30 Hz) ausgestrahlt.

Das **Referenzsignal** (Bezugssignal) ist der VOR-Frequenz aufgeprägt und wird mit 30 Hz **frequenzmoduliert** gesendet, das **Richtungssignal** ist durch den Umlauf automatisch mit 30 Hz **amplitudenmoduliert**.

Immer wenn das Umlaufsignal durch die **magnetische Nordrichtung** läuft, liegt Phasengleichheit von Referenz- und Richtungssignal vor. Beim Empfang beider Signale lässt sich aus der **Phasenverschiebung** ermitteln, in welcher Richtung der Sender steht: Östlich des Senders wird eine Verschiebung um 90° gemessen, 180° entspricht Süd usw.

Abb. 66: Prinzip des UKW-Drehfunkfeuers (VOR)

Eine Richtungslinie, die vom VOR-Sender ausgeht, bezeichnet man als **Radial**. Ein Radial wird ganzzahlig mit der Winkelmaßzahl bezeichnet, die mit der **missweisenden** Nordrichtung entsteht.

Beispiel:
Befindet man sich auf Radial 225, dann ist die Position südwestlich des VORs.

Der VOR-Empfänger wertet beide Signale aus. Am bordseitigen Anzeigegerät lässt sich mit einem Drehknopf (OBS = Omni Bearing Selector) eine Bezugsrichtung vorwählen. Eine Anzeigenadel (CDI = Course Deviation Indicator) stellt die Ablage von der eingestellten Bezugsrichtung dar.

Genauigkeit des VOR-Systems:
- Die Genauigkeit der bordseitigen VOR-Anzeige liegt bei etwa ± 1°.
- Die Genauigkeit einer bodenseitigen VOR-Ausstrahlung liegt bei ± 2°.

5.2 Bedien- und Anzeigegerät

Der VOR-Bedienteil ist oft kombiniert mit dem Bedienteil für das Sprechfunkgerät. Man spricht dann von einer COMM/NAV-Einheit. Mit dem VOR lassen sich ATIS-Aufsprachen abhören, wenn der Audio-Bedienschalter in der Standard-Stellung oder auf VOICE steht. In der Stellung IDENT hört man die Morsekennung der Station zur eindeutigen Identifizierung ab.

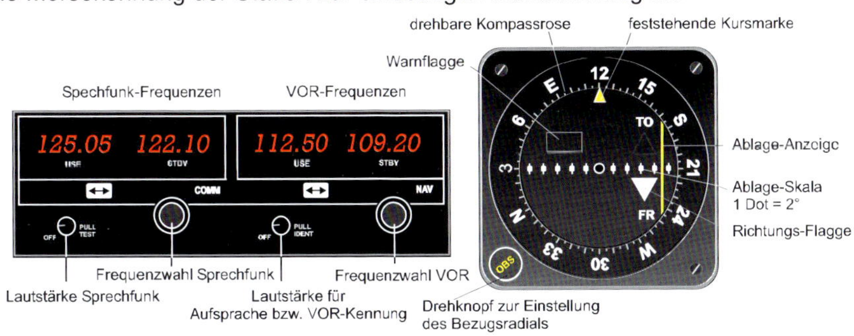

Abb. 67: Kombiniertes Bedienteil für Sprechfunk und VOR und VOR-Anzeigegerät

Das VOR-Gerät in der Abbildung zeigt einen Kombischalter, der in gezogener Stellung die Kennung hören lässt. Gleichzeitig kann man durch Drehen die Lautstärke anpassen. Beim Sprechfunkgerät (links) dagegen bewirkt der gezogene Schalter das Ausschalten der Rauschsperre (Squelch)) für volle Empfindlichkeit des Empfangs. Ein starkes Rauschen ist dann zu hören.

5.3 Navigieren mit dem VOR

Im Gegensatz zum ADF ist die Anzeige des VORs unabhängig von der Flugzeuglage. Das heißt, die Nadel und die TO/From-Flagge zeigen im Kurvenflug oder bei Richtungs- oder Querneigungswechseln keine Änderung, solange sich die Position des Flugzeugs nicht wesentlich ändert.

5.3.1 Feststellen der Standlinie

Verdreht man mit dem OBS-Knopf die Kursskala so lange, bis die Anzeigenadel (CDI) in der Mitte steht und die Flagge FROM zeigt, dann kann man unter der Kursmarke den Radial (Abflugkurs) ablesen, auf dem man sich befindet. Bei einer weiteren 180°-Drehung wird unter der Kursmarke der Anflugkurs angezeigt, die Flagge zeigt entsprechend TO. Jetzt kann der Radial am unteren Nadelende abgelesen werden.

Beispiel: VOR Sulz 116.10 MHz,
Bezugseinstellung R120, CDI Mittelstellung ⇨ 2 mögliche Positionen

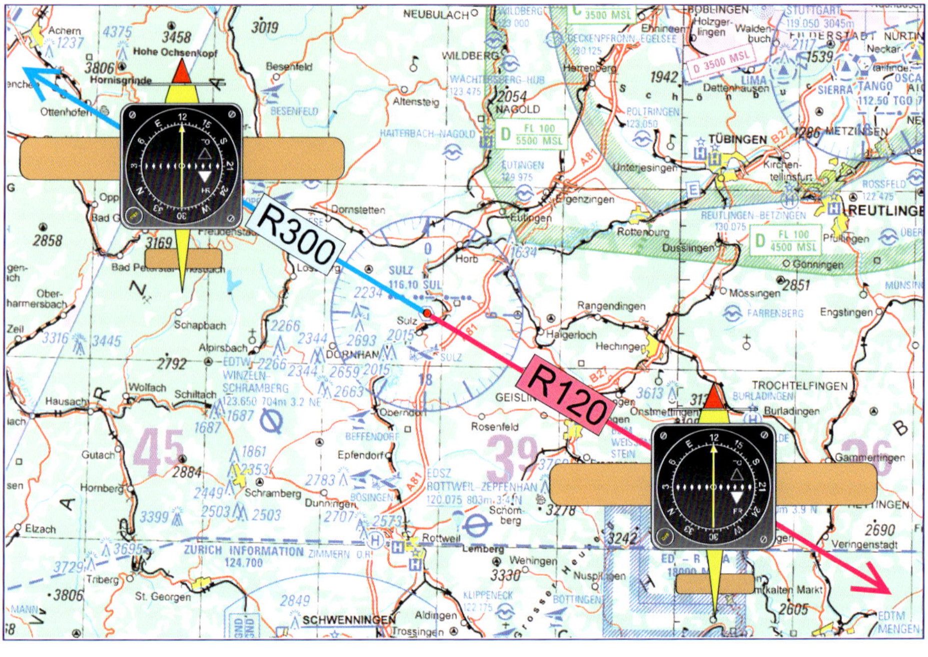

Abb. 68: Ermitteln der Standlinie (Line Of Position, LOP) mit dem VOR

5.3.2 Anzeigen bei Ablage vom vorgewählten Referenzradial

Am besten stellt man sich vor, man fliegt den eingestellten Kurs. Dann zeigt die Ablagenadel (CDI) die Lage des vorgewählten Radials in Bezug auf die Flugzeugposition, dargestellt durch den Mittelpunkt der Skala.

Beispiel: VOR Sulz 116.10 MHz,
Bezugseinstellung R120, Ablage mehr als 10°, daher Vollauschlag des CDI *(siehe Abb. 69)*

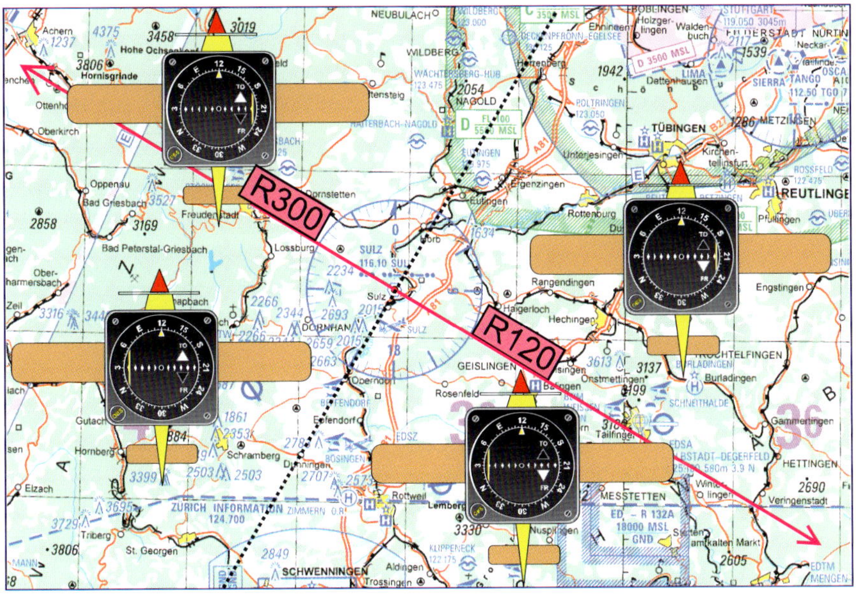

Abb. 69: Ablage-Anzeigen mit Bezugsradial 120 in den vier Quadranten.
Die VOR-Anzeigen sind unabhängig von der Flugrichtung

Die TO/FROM-Flagge wechselt beim Durchfliegen der Senkrechten zum eingestellten Radial (gestrichelte Linie).

5.3.3 Ermitteln der Position durch Kreuzpeilung

Die eigene Position lässt sich mit Hilfe von zwei VOR-Peilungen feststellen. Am genauesten wird die Auswertung, wenn die Peilungen etwa rechtwinklig zueinander stehen.

Beispiel: Kreuzpeilung mit VOR Sulz 116,10 und VOR Tango 112,50 MHz

Abb. 70: Standortbestimmung mit VOR-Kreuzpeilung

Steht nur ein VOR-Bordgerät zur Verfügung, muss zwischen den Frequenzen umgeschaltet werden. Das zweite VOR wird man also auf der Standby-Frequenz vorbereiten und während der Kreuzpeilung einen Vollkreis in der Nähe eines markanten Punktes fliegen, um bei einem Orientierungsverlust die Position einigermaßen konstant zu halten.
In Stress-Situationen – und Orientierungsverlust ist eine gewaltige – muss auf eintrainierte Verfahren zurückgegriffen werden können. Um Fehlinterpretationen zu vermeiden, empfiehlt es sich daher immer nach der gleichen Methode vorzugehen:

- Bei Kreuzpeilungen stets die CDI-Mittelstellung bei FROM-Flagge zu suchen, ...
- ... dann lässt sich der Radial immer oben ablesen ...
- ... und sofort mit Hilfe der Kompassrose in die Navigationskarte eintragen.

5.3.4 Anschneiden eines Radials (Interception Outbound)

Wenn auf einem bestimmten Radial von einem VOR-Sender weg (outbound) geflogen werden soll, schneidet man ihn gewöhnlich mit der D+30-Methode an:
1. Schritt: Feststellen, auf welchem Radial man sich befindet (IST-Radial).
2. Schritt: Differenz D zum vorgegebenen SOLL-Radial ermitteln.
3. Schritt: D+30° zum SOLL-Radial addieren bzw. vom SOLL-Radial subtrahieren und diesen Wert mit dem OBS eindrehen.
4. Schritt: Sollwert ± (D+30°) als missweisenden Kurs (MH) fliegen.

Regel für Radial-Outbound-Interceptions:
Der SOLL-Radial ist **größer** als der IST-Radial ⇨ (D+30) **zum SOLL addieren**.
Der SOLL-Radial ist **kleiner** als der IST-Radial ⇨ (D+30) **vom SOLL subtrahieren**.
OUTBOUND-Faustregel: Will ich größer, muss ich größer; will ich kleiner, muss ich kleiner!

Beispiel 1 für Outbound-Interception:
Position auf Radial 080, der Radial 100 soll angeschnitten (intercepted) werden.
1. festgestellter IST-Radial: R080
2. Schritt: Differenz zum Soll-Radial: 020°
3. Schritt: D + 30° = 50°
4. Schritt: Soll-Radial ist **größer** als Ist-Radial ⇨ MH = 100° + 50° = 150°

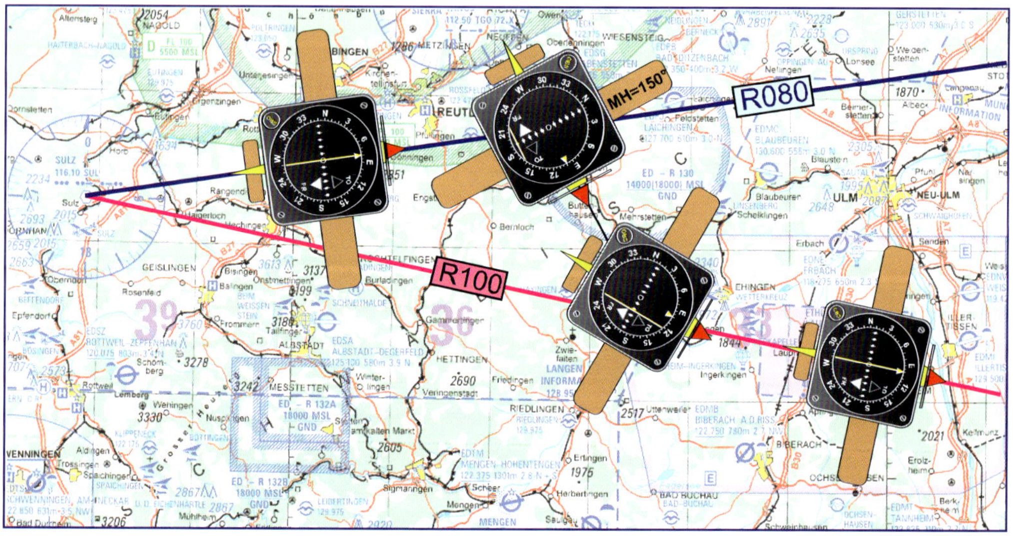

Abb. 71: Beispiel VOR-Interception Outbound, Soll-Radial größer als Ist-Radial

Beispiel 2 für Outbound Interception:
Position auf IST-Radial 300, der Radial 260 soll intercepted werden.
1. Schritt: festgestellter IST-Radial: R300.
2. Schritt: Differenz zum SOLL-Radial: 40°
3. Schritt: D + 30° = 70°
4. Schritt: Soll-Radial ist **kleiner** als Ist-Radial ⇨ MH = 260° – 70° = 190°

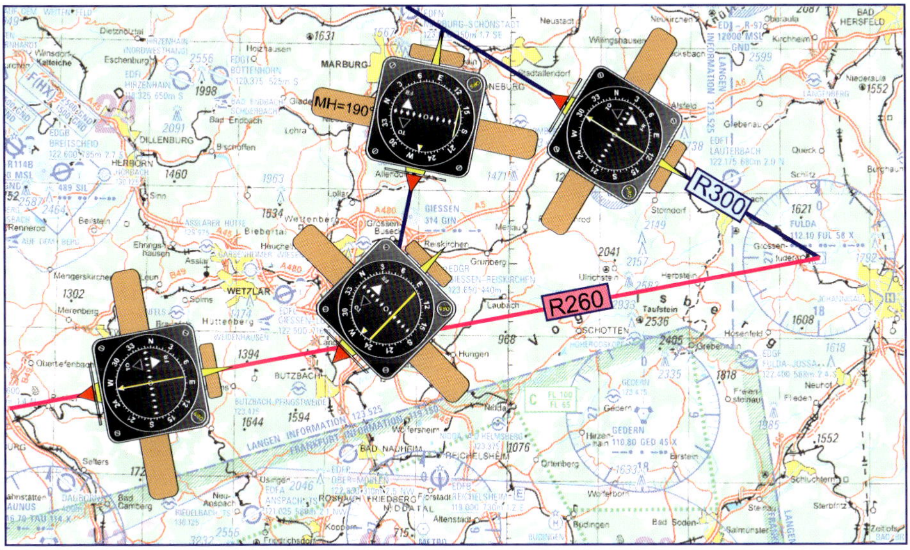

Abb. 72: Beispiel VOR-Interception Outbound, Soll-Radial kleiner als Ist-Radial

5.3.5 Anfliegen eines VOR auf vorgegebenem Radial (Interception Inbound)

Beim Anschneiden eines Radials zum Anfliegen eines VOR-Senders wird eigentlich auch die D+30-Methode angewandt, jedoch in die entgegen gesetzte Richtung.
Da sich aber der Differenzwert D beim Anlegen an den Soll-Kurs aufhebt, kann man ihn gleich an den IST-Kurs 30° anlegen, aber eben in die andere Richtung:
1. Schritt: IST-Kurs feststellen (CDI in der Mitte, TO-Flagge, IST-Radial wird unten abgelesen).
2. Schritt: Feststellen ob der SOLL-Kurs größer oder kleiner ist.
3. Schritt: Kursänderung um 30° (IST ± 30°) in die entgegen gesetzte Richtung zum SOLL-Kurs.
4. Schritt: SOLL-Kurs als Bezugskurs mit dem OBS eindrehen (SOLL-Radial unten abzulesen).

Regel für die Inbound-Interception:
SOLL-Kurs **größer** als IST-Kurs ⇨ IST-Kurs minus 30° steuern.
SOLL-Kurs **kleiner** als IST-Kurs ⇨ IST-Kurs plus 30° steuern.
INBOUND-Faustregel: Will ich größer, muss ich kleiner. Will ich kleiner, muss ich größer!

Beispiel 1 Inbound-Interception:
Position auf Radial 100, das VOR soll auf Radial 080 angeflogen werden. (Intercept Radial 080 Inbound!)
1. Schritt: IST-Kurs Inbound: 280° durch Eindrehen des CDI in die Mitte feststellen, Radial 100 wird am Nadelende abgelesen. Flagge zeigt TO!
2. Schritt: SOLL-Kurs ist **kleiner** als IST-Kurs ⇨
3. Schritt: Zum IST-Kurs 30° **addieren**: Intercept-MH = 280° **+ 30°** = 310° Anschneidekurs).
4. Schritt: SOLL-Kurs 260° (oben) bzw. SOLL-Radial 080 (unten) per OBS eindrehen.

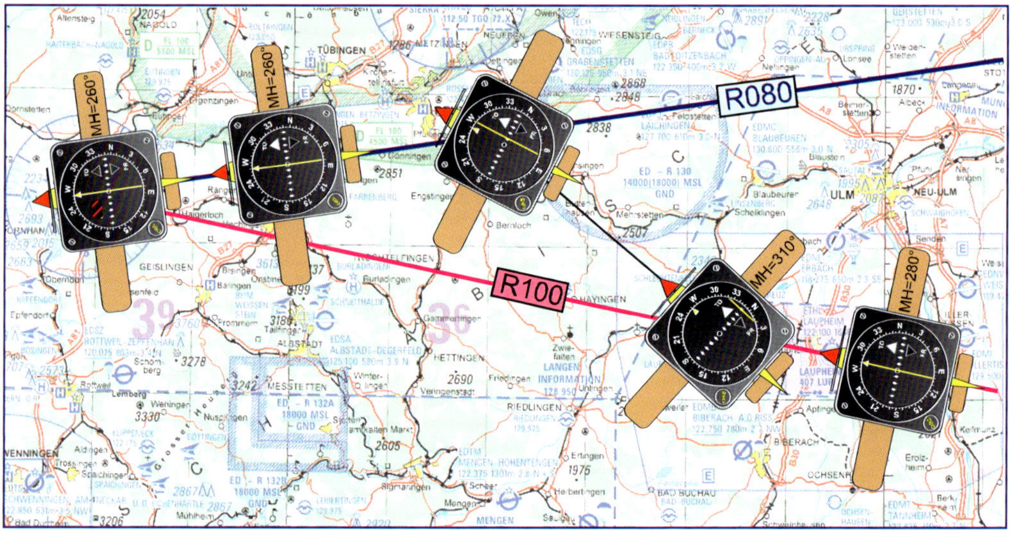

Abb. 73: VOR-Inbound-Interception: Soll-Radial kleiner als Ist-Radial

In der Nähe des VOR-Senders wird die CDI-Anzeige immer empfindlicher und über der Station, im sog. **Schweigekegel (Cone Of Silence)** gibt es kein auswertbares Signal mehr. Die TO/FROM-Flagge verschwindet und die Warnflagge (auch NAV-Flagge) erscheint.

Beispiel 2 Inbound-Interception:
Position auf Radial 260, das VOR soll auf Radial 300 angeflogen werden.

1. Schritt: IST-Kurs Inbound 080° durch Eindrehen des CDI in die Mitte feststellen, Radial 260 wird am Nadelende abgelesen. Flagge zeigt TO!
2. Schritt: Feststellung: SOLL-Kurs ist größer als IST-Kurs ⇨ SOLL-Kurs Inbound 120° bzw. Radial 300 am Nadelende eindrehen.
3. Schritt: Vom IST-Kurs 30° subtrahieren: Intercept-MH = 080° – 30° = 050°
4. Schritt: SOLL-Kurs 120° (oben) bzw. Radial 300 (unten) per OBS eindrehen.

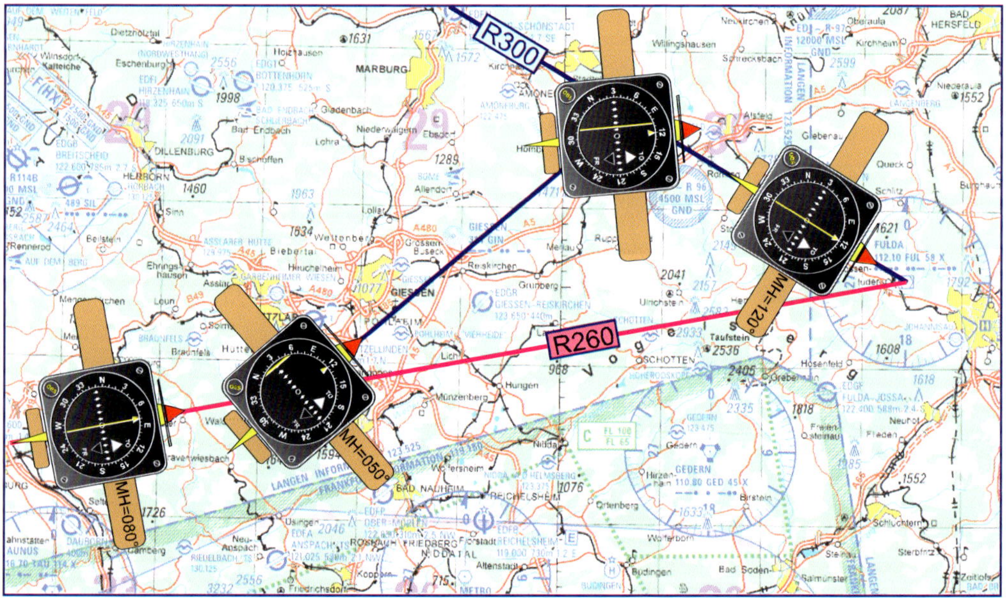

Abb. 74: VOR-Inbound-Interception: Soll-Radial größer als Ist-Radial

6 Navigation mit dem HSI (Horizontal Situation Indicator)

Der HSI vereinigt die Anzeige des automatisch nachgeführten Kurskreisels mit der VOR-Anzeige. Man erkennt im Anzeigebild sofort, die Flugrichtung bezüglich des eingestellten Radials, denn im Gegensatz zum einfachen VOR liegt die Ablagenadel (Course Deviation Indicator, CDI) immer parallel zum tatsächlichen Radial. Eine Einstellhilfe ist eine drehbare Marke, der Heading-Bug, mit dem man den zu fliegenden missweisenden Steuerkurs (Magnetic Heading, MH) markiert. Er dient vor allem beim Fliegen mit Autopilot dazu, den zu steuernden Kurs vorzugeben.

6.1 Inbound-Interception mit dem HSI

Beispiel:

IST-Position auf Radial 240 mit Inbound-Kurs 060°, Radial 200 soll Inbound angeschnitten werden.

Lösung:

1. Schritt: CDI-Nadel in die Mitte drehen und den Inbound-IST-Kurs 060° mit dem Heading-Bug markieren. Check: Radial 240 kann am Nadelende abgelesen werden.
2. Schritt: Der Inbound-SOLL-Kurs ist 020° ⇨ Bezugsradial nach links mit Spitze auf 020 eindrehen. CDI-Nadel liegt jetzt rechts ⇨
3. Schritt: Heading-Bug in Richtung Ablagenadel auf den Intercept-Kurs = 060° + 30° = 090° (›will ich kleiner, muss ich größer‹) stellen und diesen Kurs fliegen.
4. Schritt: Wenn die Nadel in die Mittel läuft, einkurven auf MH = 020° und den Heading-Bug ebenfalls auf 020° stellen.

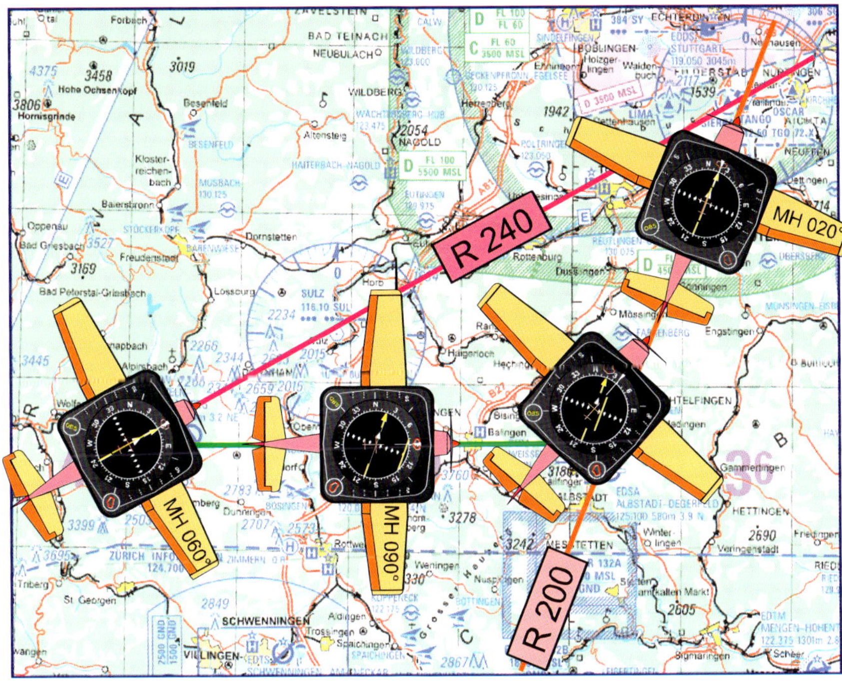

Abb. 75: Beispiel Inbound-Interception mit dem HSI, Soll-Radial ist kleiner als Ist-Radial.

6.2 Outbound-Interception mit dem HSI

Beispiel:

Ausgangsposition auf Radial 210 mit Outbound-Kurs 210°, Radial 250 soll Outbound angeschnitten werden *(Abb. 76)*.

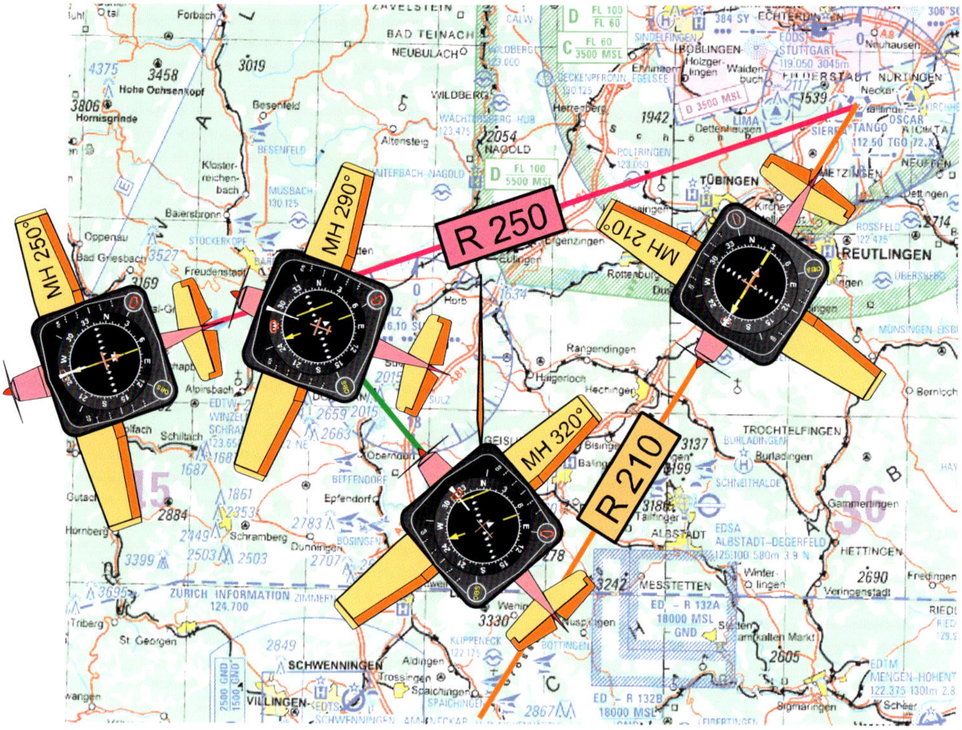

Abb. 76: Beispiel Outbound-Interception mit dem HSI, Soll-Radial ist größer als Ist-Radial:

Lösung:

1. Schritt: Inbound-IST-Kurs 210° mit dem Heading-Bug markieren, Radial 210 wird an der Nadelspitze abgelesen, CDI-Nadel liegt in der Mitte.
2. Schritt: Outbound-SOLL-Radial mit OBS auf 250 eindrehen. Differenz zum Heading-Bug 40° feststellen. CDI-Nadel liegt jetzt rechts ⇨
3. Schritt: Heading-Bug in Richtung Ablagenadel auf Intercept-Kurs = 250° **+ (40 + 30°)** = 320° (›will ich größer, muss ich größer‹) stellen und diesen Kurs fliegen.
4. Schritt: Wenn die Nadel in die Mittel läuft, einkurven auf MH = 320° und den Heading-Bug ebenfalls auf 320° stellen.

7 DME (Distance Measuring Equipment, Entfernungsmessung)

Das DME-System beruht auf der Laufzeitmessung von elektromagnetischen Impulsen zwischen der Boden- und Bordstation. Es arbeitet im Frequenzbereich von 960 bis 1215 MHz (UHF-Band). Die DME-Bodenanlagen stehen in der Regel an einer VOR-Station und die DME-Frequenz ist an diese VOR-Frequenz gekoppelt. Um ein DME anzuwählen, dreht man die entsprechende VOR-Frequenz ein, eine direkte DME-Frequenzwahl gibt es nicht. Deshalb wird bei den Standalone-DMEs der Flughäfen eine Frequenz im VOR-Bereich angegeben.

Reine DME-Sender werden durch ein Rechteck mit einem Mittelpunkt symbolisiert, VOR/DME-Stationen sind auf der Karte mit einem Sechsecksymbol in einem Rechteck gekennzeichnet. Daneben gibt es VORTAC-Anlagen, bei denen das militärische TACAN integriert ist, die jedoch sowohl als VOR wie DME zivil nutzbar sind. Beispiel VOR Fulda und VORTAC Gedern.

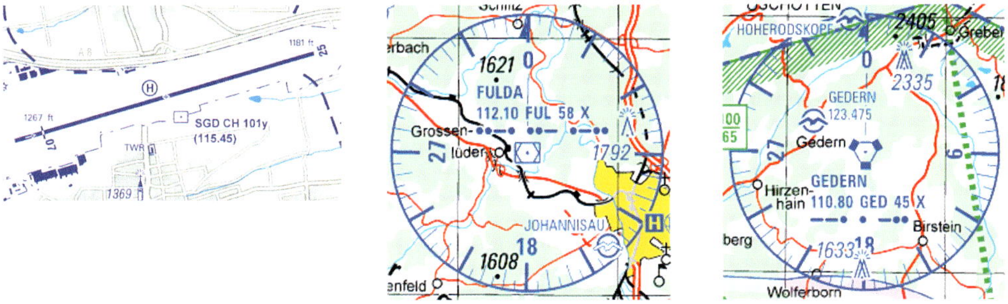

Abb. 77: Standalone-DME-Station (nicht als VOR-Frequenz nutzbar), VOR-DME und VORTAC-Station

Das DME-Bordgerät zeigt digital die **Schrägentfernung in NM** zu einer DME-Bodenstation an. Das bedeutet, dass über der Station die Flughöhe angezeigt wird.

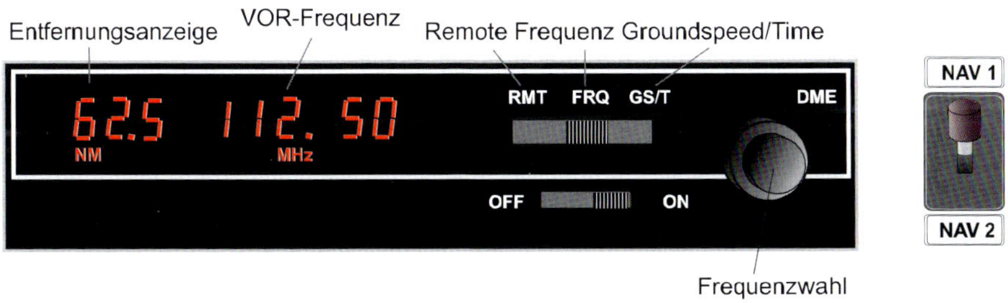

Abb. 78: DME- Gerät, Umschalter für Auswahl VOR 1 oder VOR 2

Steht der Umschalter auf RMT (Remote), dann wird automatisch das DME der aktiven VOR-Frequenz verwendet, falls die entsprechende Bodenstation ein VOR/DME ist. Gibt es zwei VORs im Panel, dann kann man mit einem Umschalter (NAV1/NAV2) wählen, welches VOR die DME-Anzeige liefern soll.

In der Abbildung wurde die Betriebsart FRQ gewählt. In dieser Stellung lässt sich eine VOR- oder DME-Frequenz mit den Drehknöpfen wählen.

Außerdem wird die **Geschwindigkeit in Knoten** ausgegeben, mit der man sich der Bodenstation nähert oder von ihr entfernt. Sie stimmt nur dann in etwa mit der angezeigten Fahrt überein, wenn Standardbedingungen und Windstille herrschen und man sich auf dem Gleitpfad zur oder auf dem Steigpfad weg von der DME-Station befindet.

In der Stellung GS/T werden die Annäherungsgeschwindigkeit an das DME und die daraus resultierende Anflugzeit zum DME angezeigt.

DME-Anlagen sind deshalb bei vielen VOR-Sendern aufgestellt, damit die Entfernung zu einem eingestellten VOR sofort verfügbar ist. Mit einer VOR/DME-Station lässt sich die **Position** bestimmen: Die VOR-Anzeige liefert bei Mittelstellung des CDI und FROM-Anzeige den Radial. Das DME derselben Anlage liefert die Schrägentfernung. Aus diesen beiden Daten ergibt sich ein Vektor, der die eindeutige Position bezogen auf die Station ergibt.

Beispiel:
FUL 240 025 bedeutet Position auf Radial 240 vom VOR/DME Fulda, 25 NM entfernt.

8 GPS (Global Positioning System)

8.1 Prinzip der GPS-Navigation

Zum einem Satelliten-Navigationssystem gehören:
1. **Raumsegment** mit den Satelliten
2. **Bodensegment** mit den Überwachungsanlagen
3. **Bordsegment** im Luftfahrzeug

Das **Raumsegment** besteht aus mindestens **24 Satelliten**, die in einer Bahnhöhe von 20.200 km (10.900 NM) die Erde genau **zwei mal am Tag** umrunden. Die Bahnebenen der GPS-Statelliten bilden mit der Äquatorebene einen **Inklinations-Winkel** von 55°. Auf diese Weise wird eine weltweite Abdeckung erzielt.

Jeder Satellit ist mit **supergenauen Atomuhren** ausgestattet und strahlt seine Navigationsinformationen (Nav Messages) in Form von Impulsketten ab. Diese **Nav Messages**, bestehend aus jeweils **25** Datengruppen (Data Frames), werden im Bordempfänger gespeichert und enthalten:
- die **Ephemeriden** (Angaben zur exakten individuellen Satellitenbahn mit der exakten Sendezeit). Jede Ephemeride hat eine Gültigkeit von 4 Stunden. Nach nur kurzen Unterbrechungen des Bordempfängers ist daher eine rasche Betriebsbereitschaft gegeben.
- den sog. **Almanach** (grobe Positionen aller Satelliten).
- und Korrektur- und Zuverlässigkeitswerte.

Um einen Data-Frame zu empfangen braucht ein GPS-Empfänger 30 Sekunden, für die komplette **Nav Message** also **12,5 Minuten**.

Da die Satelliten im Gigahertz-Bereich senden, ist die Übertragung relativ unempfindlich gegen Störungen. Gesendet wird im L-Band auf den Frequenzen **L1** mit **1.575,42 MHz** und **L2** mit **1.227,60 MHz**. Auf der Frequenz L1 werden Standardpositionsangaben sowie ein Präzisionscode gesendet, L2 sendet nur diesen Code, der maximale Genauigkeit bietet, aber nicht allgemein zugänglich ist.
Das **Bordsegment** besteht aus einer Antenne und einem Empfänger mit einer Rechnereinheit.

8.2 Prinzip der Positionsbestimmung

Jeder Satellit strahlt mit den Nav Messages ein periodisches codiertes sog. **Pseudo-Rausch-Signal** (PRN) aus, das im GPS-Empfänger nachgebildet wird. Dadurch kann jeder Satellit eindeutig identifiziert werden. Aus dem Zeitvergleich zwischen Bord- und Satellitenuhr lässt sich die Laufzeit des Signals zwischen Satellit und GPS-Empfänger ermitteln.
Aus den Entfernungen zu drei verschieden positionierten Satelliten lässt sich die eigene Position im Raum bestimmen. Aber jede **Entfernung**, die aus den Daten eines einzelnen Satelliten ausgewertet wird, ist noch mit dem Uhrenfehler behaftet, und heißt daher **Pseudo Range**. Diese nicht zu vermeidenden **Uhrenfehler** (die GPS-Borduhr hat nicht die Genauigkeit wie die superteuren Atomuhren) werden beim Ermitteln der Position dadurch korrigiert, dass über einen **vierten Satellit** ständig eine rechnerische Annäherung an die beste Genauigkeit erfolgt.

Diese Position kann nun nach einem auch für die Luftfahrt verbindlichen standardisierten **Koordinatensystem**, dem sog. **WGS84**, in Positionsangaben mit Längen-, Breiten- und Höhenangabe umgerechnet werden. Die ermittelte **Höhe** bezieht sich ebenfalls auf das WGS84-Erdmodell und weicht daher zum Teil beträchtlich von der Anzeige des barometrischen Höhenmessers ab.

Zur **Abgleichung** der Daten vom tatsächlichen Erdkörper (Geoid) und dem Rechenmodell des **WGS84-Ellipsoids** dienen Datenbanken, die für bestimmte Regionen erstellt werden, sog. **Map Datas**.

8.3 GPS-Empfang

Um Daten empfangen zu können, müssen Bord- und Raumsegment in **Sichtverbindung** stehen. Das bedeutet, dass bei jeder **Abschattung** – auch durch Flugzeugteile – der betreffende Satellit zur **Navigation ausfällt**.

Beim Einschalten des GPS-Empfängers läuft eine Routine ab, die den Himmel nach geeigneten Satelliten absucht. Dieses **›Searching the sky‹** kann bei älteren Empfängern **beschleunigt** werden, wenn man die ungefähre **momentane Position** eingibt. Da aus dem **Almanach** die groben Bahndaten der Satelliten abrufbar sind, können die 'sichtbaren' Satelliten schnell **identifiziert** werden.

Es genügen **3 Satelliten für eine zweidimensionale** Positionsbestimmung (nur Koordinaten). Zur sog. **3D-Navigation** mit Höhenbestimmung ist ein **vierter Satellit** notwendig. Allerdings entspricht die daraus berechnete Höhe nicht derjenigen des Höhenmessers, sondern bezieht sich auf die Oberfläche des Erdmodells des WGS84-Systems. Sind **nicht ausreichend viele** Satelliten abrufbar oder stehen sie in **ungünstiger** Konstellation, dann meldet das Bordgerät diesen Fehler mit **Poor Coverage** (unzureichende Abdeckung). In der Regel stehen aber mehr Satelliten zur Verfügung als benötigt werden. Alle im Sichtbereich befindlichen Stationen werden empfangen, die am günstigsten stehenden werden zur Positionsbestimmung verwendet (**All-in-View**-Technik).

Die **beste Genauigkeit** erhält man, wenn 3 Satelliten um je **120°** versetzt über dem Horizont stehen und der vierte **senkrecht** über dem Empfänger steht.

8.4 Fehler und Störungen im GPS-System

Das GPS ist zwar zurzeit mit einer Genauigkeit von unter ±100 m das beste und am wenigsten störanfällige Navigationssystem. Da es im **Gigahertz-Bereich** arbeitet, also mit ultrakurzen Wellen **(UHF)**, ist es gegen atmosphärische Störungen **relativ unempfindlich**. Allerdings unterliegen auch diese elektromagnetischen Wellen den unterschiedlichen Bedingungen beim Durchlaufen der **Atmosphäre**, so dass auch hier – in berechenbarem Rahmen – **Beugung**, **Brechung und Reflexion** auftreten. Diese Fehler, die beim Durchgang der Funksignale vor allem durch die unterschiedlichen Schichten der **Troposphäre** und der **Ionosphäre** hervorgerufen werden, bekommt man mit einem rechnerischen Modell der Lufthülle einigermaßen in den Griff.

Doch neben den Störungen durch die Lufthülle und die unterschiedliche Beschaffenheit der Erdoberfläche **(Topographie)** unterliegt das GPS den Fehlern aller technischen Geräte, die man zwar immer genauer, aber nie absolut genau bauen kann, also den Fehlern von **Uhren, elektronischen Bauteilen, Antennen** usw.
Die **Genauigkeit** des Systems kann vom Betreiber, dem **US-Verteidigungsministerium**, bei Bedarf **künstlich erheblich verringert** werden **(Selective Availability)**, um z.B. im Kriegsfall feindliche Systeme zu irritieren. Um die Brauchbarkeit der Signale sicher zu stellen, sind mehrere Überwachungssyteme aktiv.

Das für den Luftfahrer wichtigste System zur Überprüfung der **Zuverlässigkeit** der Satellitensignale ist das **bordseitige R**eceiver **A**utonomous **I**ntegrity **M**onitoring, kurz **RAIM**. Es erkennt defekte oder ungünstig stehende Satelliten und sortiert sie selbständig aus. Dazu ist allerdings der Empfang eines **fünften Satelliten notwendig**. Vorhersehbare GPS-Schwächen werden durch den GPS-Informations- und Beobachtungsdienst **GIBS** erfasst und **per NOTAM** bekannt gegeben.

8.5 Möglichkeiten und Grenzen der GPS-Navigation

Moderne GPS-Bordgeräte errechnen im Flug aus den sich ändernden Positionsangaben mit Hilfe von Datenbanken gleich Richtung, Entfernung und Flugzeit zu jedem beliebigen **Waypoint** (Flugplatz, Navigationsanlage, Wendepunkt) auf der Erde und stellen die Bewegung des Luftfahrzeugs auf einer digitalen **Luftfahrtkarte** dar. Außerdem lassen sich komplette Ab- und **Anflugverfahren** abrufen und **auf den Autopilot** schalten. Allerdings dürfen hier die Daten, die meist auf **Speicherkarten** geliefert werden, **nicht älter als zulässig** sein, weil sich ständig irgendwelche Änderungen in den Flugverfahren oder Luftraumstrukturen ergeben. Die **Gültigkeitsdauer** der GPS-Daten beträgt in der Regel 28 Tage. Der Ablauf der Gültigkeit ist auf der Karte vermerkt und wird außerdem bei der Einschaltroutine des GPS-Empfängers im Display angezeigt.

Soll der **GPS**-Empfänger direkt auf das **Autopilotsystem** geschaltet werden, dann muss im Cokkpitpanel ein Schalter **(Umschalter)** installiert sein, aus dessen Stellung klar hervorgeht, welches Navigationssystem aktiviert ist (z.B. VOR oder GPS).

Trotz der umfassenden Möglichkeiten, die das GPS bietet, darf man nicht vergessen, dass es sich um ein **technisches System** handelt, das auch **ausfallen kann**. Daher: Eine GPS-Anlage an Bord ersetzt nicht die sorgfältige **Flugvorbereitung** und darf nicht zur Unterschreitung der **Mindestflugbedingungen** führen. Bei VFR-Flügen (Flügen nach Sichtflugregeln) ist sie aber zur **Vorbereitung und Kontrolle** der Flugnavigation optimal geeignet.

Auch das GPS-Bordgerät muss bei Inbetriebnahme **gecheckt** werden:
- Datenbank aktuell?
- Koordinatensystem-Einheiten (GGGmmss oder GGGmm.m) angepasst?
- Navigationseinheiten angepasst? (Entfernung in km oder NM, Geschwindigkeit in kt oder km/h, Vertikalgeschwindigkeit in ft/min oder m/s)

Es macht z. B. wenig Sinn, wenn der Fahrtmesser in Knoten geeicht ist und das GPS auf km/h eingestellt ist oder umgekehrt; oder wenn auf der Karte die Position der Meldepunkte auf Zehntel-Minuten angegeben wird und bei der Eingabe eines User-Waypoints im GPS Minuten und Sekunden verlangt werden.

8.6 Beispiel für die Verwendung des GPS

Auch die vom VOR her gewohnte Anzeige mit Hilfe einer **Kursablagenadel (CDI)** lässt sich digital darstellen und zwar ohne die Unzulänglichkeiten der VOR-Navigation. Die Genauigkeit der Ablage vom eingestellten Bezugskurs lässt sich entweder vorwählen oder schaltet bei Anflügen auf einen Flugplatz **automatisch** auf einen kleineren Wert um. Die Ablage wird dabei nicht wie beim VOR in Winkelgraden, sondern in nautischen Meilen angezeigt, so dass man **absolute Längenwerte** zur Verfügung hat.

Beispiel: Anschneiden des Radials 150 Inbound VOR LUBURG mit dem GPS-CDI

Abb. 79: GPS mit Moving Map und Aufschaltung auf die HSI-Anzeige

Erläuterungen zu Abbildung 79:
Die linke Seite des Bediengeräts umfasst die Schalter und Drehknöpfe zum Einstellen der Funksprechfrequenzen (COM) und der VOR/Localizer-Frequenzen (NAV). Die rechte Seite enthält die

Bedienelemente für das GPS. Hier ist als Navigationspunkt (Waypoint) das VOR Luburg (nördlich von Stuttgart) mit der Kennung LBU ausgewählt worden. Als Navigationsdaten erhält man hier im Display:

- das Bearing BRG (den Anflugkurs zum Waypoint)
- die Distance DIS (Entfernung zum Waypoint)
- und die Groundspeed GS (Geschwindigkeit über Grund) in Knoten

Folgende Einstellungen wurden bei dem Gerät in *Abbildung 79* vorgenommen:

- Mit der Taste CDI wurde GPS gewählt und mit der Taste OBS wurde die Ablageanzeige mit der üblichen VOR-Nadel im Anzeigegerät (links) aktiviert.
- Als Bezugsradial wurde mit dem linken Drehknopf, dem OBS, Radial 150 (Nadelende!) vorgewählt.
- Die Flagge TO zeigt, dass das VOR beim Inbound-Kurs 330° voraus liegt. Momentan befinden wir uns auf dem Inbound-Kurs 010° (grüne Marke). Man erkennt aber sofort, dass der anzufliegende Radial rechts liegt. Zum Anschneiden des gewünschten Anflugkurses 330° ergibt sich ein MH von 040° (IST 010° + 030°).
- Auf dem GPS-Display wurde die NAV-Seite mit unterlegter Luftraumstruktur und 20 NM-Zoom gewählt. Man erkennt den vorgewählten Anflugkurs 330° auf Radial 150 (rote Linie) und die momentane Flugrichtung 010°.
- Die GPS-Anzeige ist auf das links abgebildete Anzeigegerät aufgeschaltet. Dieses HSI (Horizontal Situation Indicator), eine Kombination aus Kurskreisel und VOR-Anzeige, liefert einen kompletten Überblick über die momentane Flugsituation bezogen auf die eingestellte Station. Im Gegensatz zur einfachen VOR-Anzeige dreht sich die VOR-Rose mitsamt CDI und TO/FROM-Flagge, so dass das stationäre Flugzeugsymbol sofort die Lage relativ zum vorgewählten Radial darstellt *(siehe dazu 6 Navigation mit dem HSI).*

9 Radar

9.1. Radaranlagen und -frequenzen

Radaranlagen dienen der Flugsicherung zur Überwachung und Führung des kontrollierten Luftverkehrs. Sie arbeiten nach dem **Echo-Prinzip**: Ein Signal wird ausgesendet, vom Luftfahrzeug reflektiert und von der Bodenanlage wieder empfangen. Daraus lassen sich **Richtung** und **Entfernung** bzw. **Höhe** bezogen auf den Standort der Radarantenne ermitteln.

Man unterscheidet:
Primärradar, bei dem ein reflektiertes Signal als Echo nach dem Auftreffen des **Radarimpulses** auf ein Ziel (Luftfahrzeug) empfangen und ausgewertet wird und **Sekundärradar**, bei dem ein Transponder im Luftfahrzeug auf das Radarsignal aktiv mit einer Sende-Impulsfolge antwortet.

Je nach Einsatzbereich werden verwendet:

- **Militär. Frühwarnanlagen**: 300 bis 1.000 MHz
- **Großraum-Rundsicht-Radar**: 1.000 bis 2.000 MHz
  (**RSR** = EnRoute Surveillance Radar, Primärradar)
- **Sekundär-Rundsicht-Radar**: 1..000 bis 2.000 MHz
  (**SSR** = Secondary Surveillance Radar, Sekundärradar)
- **Flughafen-Rundsicht-Radar**: 2.000 bis 4.000 MHz
  (**ASR** = Airport Surveillance Radar, Primärradar)
- **Präzisions-Anflug-Radar**: 8.000 bis 12.500 MHz
  (**PAR** = Precision Approach Radar, Primärradar)
- **Rollfeld-Überwachungs-Radar**: 18 bis 26 GHz
  (**ASDE** = Airport Surface Detection Equipment, Primärradar)
- **Wetterradar in Luftfahrzeugen**: 4.000 bis 8.000 MHz, Primärradar

9.2. Reichweite des Radars

Die Radarstrahlung, je nach Art der Anlage mit einer Frequenz von 300 MHz bis 26 GHz, wird in Form von kurz hintereinander abgegebenen **Impulsen** während der Antennendrehung ausgestrahlt. Dieselbe Antenne empfängt die reflektierte Strahlung wieder und gibt sie einem Rechner zur Entfernungsauswertung weiter.

Die Antenne muss also ständig auf Senden und Empfangen umgeschaltet werden. Die Impulsfolge darf daher nicht so hoch sein, dass ein Impuls schon ausgestrahlt wird, bevor die Reflexionen des vorhergehenden Impulses eingetroffen sind.

Für eine große Reichweite ist daher neben einer großen Antennenanlage mit hoher Sendeleistung und einer geringen **Antennendrehzahl** (ca. 4- bis 7-mal pro Minute) eine relativ niedrige **Impulsfolgefrequenz** von ca. 400 bis 500 Hz (Impulsen pro Sekunde) notwendig. Großraum-Rundsichtanlagen erreichen je nach Typ Reichweiten von ca. 120 bis 150 NM bei Höhenbereichen von 50.000 bis 60.000 ft.

Beschränkt wird die Reichweite grundsätzlich durch Hindernisse oder die Erdkrümmung, da die hochfrequente Radarstrahlung quasi-optische Eigenschaften hat. Die von der Deutschen Flugsicherung herausgegebene Streckenflugkarte zeigt auf der Rückseite die Mindesthöhen für eine sichere Radarführung (Minimum Radar Vectoring Altitudes, MRVA).

9.3. Sekundärradar (SSR) und Transponder

Der **Sendeimpuls** (Frequenz **1030 MHz**) der bodenseitigen SSR-Radaranlage wird vom bordseitigen Gerät, dem Transponder, empfangen und veranlasst diesen zu einem Antwortsignal.

Der Sendeteil des **Transponders** antwortet sodann mit einem eigenen Impuls (Frequenz **1090 MHz**), der die gewünschten **Informationen** – ebenfalls in Form von **Impulsen** (maximal **12**) – für die Flugsicherung enthält (z.B. Flughöhe, Kennzeichen o. Ä.), so dass ein Luftfahrzeug eindeutig identifiziert werden kann.

Kurz: Die Bodenstation des Sekundärradarsystems veranlasst die Abfrage und wird daher als **Interrogator** bezeichnet. Der **Transponder antwortet** mit einem codierten Signal, so dass eine eindeutige **Identifizierung** des Luftfahrzeugs möglich ist.

Der Transponder wird nach den Anweisungen der Flugsicherung auf einen bestimmten Code geschaltet. Dadurch lässt sich das Luftfahrzeug von der Bodenstation aus eindeutig identifizieren und der Flugweg kann mit hoher Präzision beobachtet werden. Drei Schaltungen sind besonderen Fällen vorbehalten:

- **7-5-0-0:** Entführung des Flugzeugs
- **7-6-0-0:** Ausfall des Sprechfunks
- **7-7-0-0:** Notfall
- **7-0-0-0:** für den **VFR-Verkehr** reserviert *(siehe Kapitel Luftrecht)*

9.4 Bedienung des Transponders

Erkennbar ist der Transponder-Bedienteil an der vierstelligen, ganzzahligen Anzeige für den eingestellten Code. Die vier Stellen eines Transpondercodes werden einzeln über den Code-Selector (Drucktasten oder Drehschalter) auf den von der Flugsicherung vorgegebenen Code geschaltet. Jede Stelle kann 8 verschiedene Werte von (0 bis 7) einnehmen. Daraus ergeben sich 4096 (8 hoch 4 = 4-Bit-Breite) Möglichkeiten.

Abb. 80: Transponder im Betriebmodus ALT (Modus A plus Höhencodierung)

Mit einem Drehschalter lassen sich verschiedene Betriebsarten rasten:

- **OFF** = Transponder ausgeschaltet. Benötigt nach dem Einschalten eine **Aufwärmzeit** von ca. zwei bis drei Minuten.
- **SBY** = **Standby**-Schaltung (Gerät aufgewärmt und in **Betriebsbereitschaft**, jedoch nicht aktiv). Zum **Recyceln** bei Störungen wird kurz auf diese Stellung und dann wieder zurück auf ALT geschaltet.
- **ON** = Transponder eingeschaltet, jedoch ohne **Höhencodierung** (Modus A). Wird in der BRD nicht verwendet.
- **ALT** = In dieser Stellung gibt der Transponder mit dem Antwortimpuls einen Code für die momentane Höhe in Stufen von 100 ft ab. Voraussetzung ist, dass die Transponder-Bordanlage über einen speziellen Höhenmesser verfügt, der über eine Codiereinrichtung dem Transponder die verschlüsselte Höhe in Form eines elektrischen Signals liefert. Bezogen ist die Höhe dieses sog. **Encoding Altimeter** auf die **Druckhöhe** (Standardluftdruck **1013,2 hPa**). Sie ist **unabhängig** von der Einstellung des barometrischen Höhenmessers.

Anmerkung: Die Einstellung ALT (Modus A/C = CHARLIE) ist bei der Aufforderung ›Squawk ...‹ immer unaufgefordert zu wählen.

- **TST** = Stellung zum Selbsttest des Geräts, grüne Kontrollleuchte brennt, wenn das System funktioniert.
- Der **IDENT-Schalter** ist als **Drucktaste** ausgelegt, die nur auf Anforderung der Flugsicherung zur eindeutigen Identifizierung **kurz gedrückt** werden darf. Für etwa 15 Sekunden wird nun zusätzlich zum Antwortsignal auch ein Identifizierungsimpuls abgegeben, der auf dem Radarschirm der Flugsicherung ein **Identifizierungssignal** aufleuchten lässt.

Die bisher üblichen Transponder des Modus A müssen demnächst ersetzt werden durch Mode S-Transponder, die einen festen Identifizierungs-Code auf 24-Bit-Breite und eine feinere Höhenauflösung von 25 ft haben sowie weitere Daten wie z. B. die Flugzeugkennung ausstrahlen.

Abb. 81: Mode-S-fähiger Transponder mit digitalen Anzeigen:

9.5 Radarführung

Luftfahrzeugführer können Radarhilfe von einer Flugverkehrskontrollstelle anfordern, um sich auf einem bestimmten Flugweg (Routing) führen zu lassen oder um den Flugweg zu überwachen (Flight Following), damit nicht unbeabsichtigt in unerlaubte Lufträume eingeflogen wird oder damit man rechtzeitig anderem Luftverkehr ausweichen kann. Zur eindeutigen Identifizierung wird dabei das Sekundär-Radar-System verwendet.

Die Anweisungen des Fluglotsen lauten dann **zum Beispiel**:
D-EGSK, SQUAWK Three Seven Zero Two! (Transpondercode 3702 schalten!)
D-EGSK, identified. (Auf dem Radarbild identifiziert)
D-EGSK, turn right heading One Eight Zero! (Drehen Sie nach rechts auf Kurs 180°!)
D-EGSK, traffic information: military helicopter at two o'clock, distance 4 miles, opposite direction. (Verkehrsinformation: Ein Militärhubschrauber 4 Meilen rechts voraus auf Gegenkurs.)

Menschliches Leistungsvermögen

Von Natur aus ist der Mensch nicht recht zum Fliegen geeignet. Körper, Geist und Seele können in kritischen Situationen heftige Probleme bereiten. Die Unfallstatistik belegt das: Etwa 80% aller **Flugunfälle** sind auf direktes menschliches Versagen zurückzuführen. Und nur ein geringer Teil davon beruht auf körperlichen Ausfällen, der weitaus überwiegende Anteil liegt in der psychischen Ebene. Als Luftfahrzeugführer sollte man sich daher der menschlichen Leistungsgrenzen bewusst sein. Dabei gibt es Bereiche, in denen man durch Training Verbesserungen erzielen kann, andere dagegen lassen sich dadurch nicht beeinflussen.

1 Allgemeine psychisch-seelische und körperliche Kriterien

1.1 Merkmale der Persönlichkeitsstruktur

Je nach Charakter, Vorbildung und Erfahrung weist jeder Mensch Eigenschaften auf, die für bestimmte Tätigkeiten, wie eben das Führen eines Luftfahrzeugs, förderlich, hinderlich oder gar gefährlich sind. Auf folgenden Gebieten sollte bei aktiven Teilnehmern an der Luftfahrt eine positive Einstellung bzw. Entwicklung feststellbar sein:

- geistige und körperliche **Belastbarkeit** durch gesunde Ernährung, genügend Erholung, körperliche Betätigung
- **Lernwille**: Durchhaltevermögen auch in Lernphasen mit schwierigen Inhalten
- **Selbstbeherrschung** auch bezüglich Alkohol, Rauchen, Medikamenten, Essen
- **Handlungsbereitschaft**, also kein tatenloses Zuschauen in unangenehmen Situationen
- **Kooperationsfähigkeit**: Zusammenarbeit mit Bord- und Bodenpersonal
- **Organisationsvermögen**: Flugplanung, Zeiteinteilung, Ordnen von benötigten Materialien
- **technisches Verständnis**: Struktur und Aufbau von Bauteilen, Anbahnung von Fehlfunktionen erkennen
- **Raumvorstellung**: Orientierungsvermögen in Ebene (Karte) und Raum (Flug)
- **Koordination** von Gedanken und Handlungen: Herabsetzen von Reaktionszeiten, Trainieren von Automatismen
- **Risikobereitschaft** auf einem gesunden Niveau halten
  - **positiv**: Risiko wird einkalkuliert (z.B. schlechtes Wetter, Turbulenzen), aber die Minimalwerte (z.B. Wolkenabstände bzw. Geschwindigkeiten) werden nicht unterschritten.
  - **negativ**: Risiken werden nicht erkannt oder gar ignoriert, besonders wenn man meint, in den Augen anderer als nicht mutig/schneidig genug zu erscheinen.

1.2 Gefährliche und wünschenswerte Grundhaltungen

Umfeld und/oder Veranlagung können Menschen derart formen, dass sie unbewusst Grundeinstellungen entwickeln, mit denen sie sich selbst und andere in **Gefahr** bringen oder das wirksame Zusammenspiel der am Flugbetrieb beteiligten Personen massiv stören können. Dazu gehören:

- Disziplinlosigkeit: »Spielregeln sind für die Anderen/Feiglinge da.«
- Unbeherrschtes Verhalten: »Das muss jetzt so gehen.«
- Impulsivität, also gedankenloses, unüberlegtes Verhalten, z.B. grundloses Wechseln auf ein scheinbar besseres Außen- oder Notlandefeld.
- Überzeugung der eigenen Unverletzlichkeit: »Das kann mir nicht passieren.«
- Resignierende Grundhaltung: »Da kann ich sowieso nichts dagegen tun.«
- Macho-Haltung: »Weg da, ich zeige dir jetzt, wie das geht.«
- Selbstüberschätzung: »Ich kann das besser, lass mich mal ran.«
- Überheblichkeit: »Was kann der mir schon erzählen.«

Wünschenswerte Grundhaltungen:

- Disziplinierte Kommunikation, z.B. im Funksprechverkehr konzentriert zuhören, wiederholen, ausführen, Freigaben einhalten.
- Selbstkritik: Fehler aufarbeiten, analysieren, veröffentlichen (schwierig, weil sich der Mensch nicht selbst gern bloßstellt oder Angst vor Sanktionen hat).
- Realistische Selbsteinschätzung: Lernen aus den Fehlern Anderer, auch kleine Fehler können sich summieren und zum großen Risiko werden.
- Konstruktiver Umgang mit allen Beteiligten: Mit Tatsachen und Argumenten arbeiten, nicht mit Behauptungen und Vermutungen, Fehlhandlungen zugeben und Gegenmaßnahmen überlegen, erkannte fehlerhafte Angewohnheiten zugeben und ablegen.

1.3 Beanspruchung und Belastung

Über einen Punkt muss man sich – auch in der Luftfahrt – im Klaren sein: Der Mensch ist kein Computer. Auch wenn er noch so gut ausgebildet, trainiert und ausgeschlafen ist, es werden ihm doch **immer wieder Fehler** unterlaufen. Wie schwerwiegend diese sind, hängt ab von der Belastung und den Beanspruchungen, die während eines Flugs auf den Piloten einwirken.

Unter den Begriff **Belastung** fallen dabei alle objektiv von außen einwirkenden Faktoren wie Luftdruck, Temperatur, Sauerstoffmangel, Wetterprobleme usw. Dagegen fasst man unter **Beanspruchung** alle subjektiven Auswirkungen der Belastungen zusammen, also z.B. die verminderte Sehleistung bei Sauerstoffmangel, das Suchen nach Auswegen aus Schlechtwettergebieten usw.

Auf die Belastungen lässt sich kaum Einfluss nehmen. Man kann sie zwar teilweise z.B. durch Auswahl von Luftfahrtgerät und Flugweg vermeiden oder umgehen, jedoch wenn sie auftreten, sind sie nicht ohne Weiteres abzustellen. Wie man aber dabei beansprucht wird, hängt von der körperlich/psychischen Verfassung, vor allem von Kondition, Ausbildung und Erfahrung ab.

1.3.1 Eins nach dem anderen

Als verantwortlicher Pilot wird man die Arbeitsbelastung (engl. workload) so managen, dass man einem strukturierten **Ablaufplan** (z. B. Checkliste) folgt und für kritische Situationen oder Notlagen einen Maßnahmenkatalog bereit hat.

Vor dem Flug:

- Checkliste für mitzuführende Gegenstände/Ausrüstung durchgehen.
- Flugvorbereitung mit sortierten Karten, Wetterbedingungen einplanen.
- Überprüfung der eigenen Verfassung (Schlaf, Essen, Trinken, Gesundheit).
- Vorflugcheck am Flugzeug gewissenhaft durchführen.

Grundregel:
Was vor dem Flug erledigt werden kann, wird nicht erst während des Fluges getan.

Im Flug:
Nutzung von Hilfsmitteln (z.B. GPS, Bordcomputer, Anflughilfen), deren Bedienung man vor dem Flug einstudiert hat. Aber Vorsicht: Auch alle technischen Geräte können ausfallen. Blindes Vertrauen in die Technik ist genau so gefährlich wie die Überschätzung der eigenen Fähigkeiten. Regelmäßiges Checken der Funktionstüchtigkeit von Geräten und Instrumenten gehört daher zum Pflichtprogramm beim Fliegen.

Manchmal scheint es, als müsste man tausend Handlungen gleichzeitig ausführen. Dann gilt die Regel: Dem kritischsten Punkt wird die größte Aufmerksamkeit gewidmet. Welcher das allerdings ist, lässt sich nur in der augenblicklichen Situation bestimmen. Bei Einflug in eine Wolke z.B. ist das die kontrollierte Fluglage. Daher wird die Aufmerksamkeit sofort dem künstlichen Horizont bzw. Wendezeiger und Fahrtmesser gewidmet, die Navigation wird zunächst zurück gestellt. Dagegen muss bei drohender Notlandung auf einem Überlandflug zunächst nach einem geeigneten Landefeld gesucht werden, die kontrollierte Fluglage sollte dabei Selbstverständlichkeit sein.

Grundregel: First fly the plane!

1.3.2 Stress

Stress (Spannung, Anspannung) ist zunächst eine positive Lebenserscheinung, denn ohne einen gewissen Erregungszustand lässt sich keine Handlung vornehmen. Anders ausgedrückt, es ist ganz normal, dass eine erhöhte Erregung Hand in Hand mit einer Ausweitung der körperlichen oder auch geistigen Betätigungen einhergeht.

Mit zunehmender **Arbeitsbelastung** erhöht sich daher zunächst auch die **Leistungsfähigkeit** des Menschen, sie sinkt aber beim Überschreiten der individuellen Beanspruchungsgrenze ab und kann in Extremfällen sogar auf Null, also auf totale Handlungsunfähigkeit zurück fallen.

Man unterscheidet bei den Stress auslösenden Faktoren (kurz: **Stressoren**):
- psychische Stressoren wie Geld-, Ehe-, Berufs-, Lernprobleme, usw.
- körperliche Stressoren wie Lärm, extreme Temperaturen, Vibrationen, Turbulenzen usw.

Unter erhöhtem Stress
- sinken Konzentrations-, Aufnahme- und Kritikfähigkeit,
- gehen Überblick und logisches Denken verloren.

Stattdessen kommt es zu kanalisiertem Denken oder gar Denkblockaden, was wiederum Frust oder Wut auslösen kann, wenn nichts mehr gelingt. Auffallende äußere Merkmale für solche **Stresszustände** sind:
- zunehmende Nervosität mit erhöhtem Puls und Blutdruck
- fahrige Handlungen
- gestörte Kommunikationsfähigkeit mit unnatürlicher oder konfuser Sprechweise

1.3.3 Stressbewältigung

Dem **Distress**, der negativen Form von Stress, kann man entgegen wirken durch
- gute Vorbereitung und Planung.
- mentales Training, also geistiges Bereitstellen von Reaktionen auf zu erwartende Ereignisse durch mehrfaches Durchdenken eines kommenden Handlungsablaufs, einer anstehenden Prüfung o. Ä.
- Trainieren/Simulieren kritischer Situationen bis zum Automatismus, z.B. Verhalten beim Seilriss, Ausleiten des Trudelns, Notausstieg aus dem Cockpit usw.
- Überwachen des eigenen Erregungsgrades.
- Senkung des sog. Stress-Levels, also Zurückstellen oder Abgeben von Tätigkeiten, die momentan nicht notwendig sind.
- Vertrauen auf die gelernten Verfahren bei Kennen der eigenen Grenzen.

Je nach Trainingszustand, Erfahrung, geistiger Flexibilität und äußeren Umständen wie Cockpitverhältnisse oder Wetterbedingungen erfährt jeder Pilot individuell eine andere Stressempfindung. Was für den einen noch fast spielerisch zu bewältigen ist, kann für den anderen bereits ein unüberwindliches Hindernis sein.

2 Körperliche Belastbarkeit

2.1 Atmung und Kreislauf, Sauerstoffversorgung

Der zum Energiesystem des Körpers notwendige Sauerstoff wird mit der Atemluft in die Lunge gesogen und von dort über das Blut an die zu versorgenden Zellen gepumpt. Das sauerstoffreiche (hellrote) Blut fließt dabei von der linken Herzhälfte über die Arterien in den Körper. Dort gibt es den Sauerstoff ab, nimmt das als Verbrennungsprodukt entstandene **Kohlendioxid** (CO_2) auf und wird über die Venen zum rechten Herzteil zurückgeführt.

Der **äußere Gasaustausch** in der Lunge und der **innere Gasaustausch** in den Zellen ist dadurch möglich, dass die Zellwände für diese Diffusion durchlässig sind. Auslöser ist dabei die unterschiedliche Konzentration der Gasmoleküle zwischen Zelle und Blut. Der Unterschied der Partialdrücke (Teildrücke) bewirkt, dass die Diffusion immer vom Gebiet höherer zum Gebiet niedrigerer Konzentration stattfindet.

Steigt der Kohlendioxid-Anteil im Blut, was zur Folge hat, dass der **Säuregehalt** höher wird, dann wird über das Gehirn ein verstärkter Atemreiz ausgelöst. Es ist also das CO_2, das über die Atmung entscheidet, nicht der Sauerstoff. Das heißt, ein geringer Sauerstoffanteil im Blut löst keine verstärkte Atmung aus. Deswegen empfindet man bei **Sauerstoffmangel** auch **keine Atemnot**.

Gut versorgt wird der Körper, wenn mehr als **90% des Hämoglobins**, des sog. Blutfarbstoffs, mit Sauerstoff gesättigt sind. Steigt man nun auf größere Höhen, dann gelingt es dem Körper zunächst, sich auf die veränderten Gasdrücke einzustellen, aber das hat seine Grenzen, wenn nur Luft geatmet wird:

- In 6.000 bis 7.000 ft (ca. 2.000 m), der **Reaktionsschwelle**, reagiert der Körper mit Kompensationsmaßnahmen wie vertiefter Atmung, erhöhtem Herzschlag. Das Nachtsehen kann sich aber bereits ab ca. 5.000 ft (1.500 m) verschlechtern.
- In ca. **10.000 ft (ca. 3.000 m)** MSL ist mit 90%-Sättigung die **Störschwelle** erreicht, darüber erleidet der menschliche Körper zunehmenden Leistungsabfall. Eine Kompensation ist bis etwa 12.000 ft (3.600 m) möglich.
- In ca. **22.000 ft (ca. 6.600 m)** liegt die kritische Schwelle, hier beginnt die **Todeszone**, die Sauerstoffbeladung sinkt unter 65%, was auf Dauer nicht mehr ausreicht, lebensnotwendige Funktionen des Körpers aufrecht zu erhalten.
- In ca. **38.000 ft (ca. 11.500 m)** liegt die Störschwelle selbst bei einer Atmung von 100% Sauerstoff, da der geringe äußere Druck keine ausreichende Bindung des Sauerstoffs an das Blut mehr zulässt. Soll in den Lungenbläschen (Alveolen) der notwendige Sauerstoff-Partialdruck erhalten bleiben, muss **Druckatmung** angewendet werden, bei der reiner Sauerstoff über eine dichte Maske in die Lunge gedrückt wird, was aber wiederum das Ausatmen erheblich erschwert.

Das Tückische am **Sauerstoffmangel (Hypoxie)** ist, dass es keine eindeutigen **ersten Anzeichen** dafür gibt und die Reaktionen darauf individuell sehr verschieden sein können. Man unterscheidet:

- **subjektive Hypoxie-Symptome** wie Angst, Beklemmung, Müdigkeit, Sehstörungen, Übelkeit, Frieren oder auch Hitzewallung, Kribbeln in der Haut oder auch Euphorie
- **objektive Hypoxie-Symptome** wie Hyperventilation, blau Anlaufen, verminderte Auffassungs-, Urteils- und Kritikfähigkeit, Koordinationsstörungen

Die Mangelerscheinungen verstärken sich später über Schwindelgefühle, Tunnelblick, Muskelzittern, Verlust des Reaktionsvermögens bis zur Bewusstlosigkeit und schließlich zum Tod.

2.2 Selbstrettungszeit (engl. Time of Useful Consciousness, TUC)

Darunter versteht man den Zeitraum, der nach Eintritt des Sauerstoffmangels noch bleibt, um selbst noch Gegenmaßnahmen wie sofortige ausreichende Sauerstoffzufuhr oder Abstieg in sichere Höhe einzuleiten. Danach ist ohne Hilfe von außen keine Rettung mehr möglich. Folgende Werte wurden für gesunde Personen festgestellt:

- 18.000 ft (5.500 m): maximal ca. 30 Minuten
- 25.000 ft (7.500 m): maximal ca. 4 Minuten
- 35.000 ft (10.500 m): maximal ca. 45 Sekunden
- 43.000 ft (13.000 m): maximal ca. 15 Sekunden

Das bedeutet, wenn z. B. einem Piloten bei einem Höhenflug in 7.000 m die Sauerstoffversorgung ausfällt, hat er etwa 5 Minuten Zeit, um auf 4.000 m abzusteigen, vorausgesetzt er gerät nicht in Unruhe oder gar Panik. Die durchschnittliche Sinkrate müsste dabei etwa 10 m pro Sekunde betragen, was bei aerodynamisch guten Flugzeugen auch bei voll ausgefahrenen Landehilfen bereits zu Geschwindigkeits- und damit Festigkeitsproblemen führen kann.

Faktoren wie körperliche oder seelische Belastungen, extreme Hitze oder Kälte, schlechte oder untrainierte körperliche Verfassung, Schlafmangel, Alkohol und Rauchen reduzieren die Höhentoleranzwerte.

2.3 Beeinträchtigung der Atmung

Auch wenn ausreichend Sauerstoff zur Verfügung steht, kann es zu schwerwiegenden Versorgungsproblemen kommen:

Wird **Kohlenmonoxid (CO)** eingeatmet, dann nimmt das Hämoglobin dieses Gas etwa 300-mal »lieber« als Sauerstoff auf. Es treten schon bei geringsten Konzentrationen klopfender Kopfschmerz, Abgespanntheit, Übelkeit, Schwindel, Herzklopfen, Angst, Seh- und Denkstörungen auf. Ist der CO-Anteil der Blutbeladung höher als 50 %, kommt es zur Bewusstlosigkeit und zum Atemstillstand.

Kohlenmonoxid tritt als geruchloses Verbrennungsprodukt in Auspuffgasen, aber auch im Tabakrauch auf. Ein **Raucher** muss daher mit einer um ca. 4.000 ft **verringerten Höhentoleranz** rechnen.

Bei einer Kohlenmonoxid-Vergiftung ist zwar Zufuhr von Frischluft bzw. Sauerstoff die richtige Gegenmaßnahme, jedoch erfolgt der Abbau dieses Atmungsgifts sehr langsam und kann sich je nach Konzentration über mehrere Tage erstrecken.

Aber auch eine übermäßige Atmung, verursacht durch Aufregung, Stress, Panik oder durch Druckatmung, stört die Sauerstoffversorgung des Körpers. Durch diese sog. **Hyperventilation** wird zwar das Blut höher mit Sauerstoff beladen, aber auch Kohlendioxid verstärkt abgegeben und ausgeatmet. Durch den geringeren Kohlendioxidunterschied im Blut bzw. in den Zellen wird jedoch die Abgabefreudigkeit von Sauerstoff an die Körperzellen verringert. Zusätzlich erfolgt auch noch eine Verengung der Gefäße, die das **Gehirn** versorgen, so dass es dort rasch zum **Sauerstoffmangel** kommt.

Die ersten Anzeichen der Hyperventilation sind – ähnlich wie beim Sauerstoffmangel – meist schwer zu erkennen. Erst wenn es zu Kribbelgefühlen, Schwindel, Muskelkrämpfen und Sehstörungen kommt, merkt man, dass etwas nicht stimmt. Wird die Hyperventilation nicht gestoppt, kommt es zur Bewusstlosigkeit. Gegenmaßnahmen sind:

- Kontrolliertes flaches Atmen mit bewusster Pause vor dem erneuten Einatmen
- Atmen in eine Tüte, so dass auch Kohlendioxid wieder eingeatmet wird
- Laut vor sich hin sprechen oder singen: »Man hyperventiliert ja nicht, wenn man laut vom Fliegen spricht.«

Aber Achtung: Hyperventilation kann mit Hypoxie (Sauerstoffmangel) verwechselt werden, weil ähnliche Symptome auftreten. Lediglich die höchst gefährlichen euphorischen Zustände wird man beim Hyperventilieren nicht erleben.

2.4 Auswirkungen von Luftdruckänderungen

Grundsätzlich wirkt sich die Abnahme des äußeren Luftdrucks dahin aus, dass Gase, die in Hohlräumen des Körpers vorhanden sind, ein größeres Volumen einnehmen wollen und somit Druck auf die Hohlraumwände ausüben. Wenn ein sofortiger Druckausgleich nicht möglich ist, kommt es zu Beschwerden, Schmerzen oder gar Beschädigungen von Organen. Betroffen von diesen sog. **Barotraumen** sind vor allem der Magen-Darm-Trakt, die Nasennebenhöhlen und das Mittelohr.

Normalerweise erfolgt über natürliche Kanäle bzw. Öffnungen des menschlichen Körpers ein ständiger Druckausgleich zwischen Innen und Außen. Bei Erkrankungen mit Entzündungen, wie sie bei Erkältungen vorkommen, können aber diese Ausgleichswege z.B. durch Schwellungen der Schleimhäute verschlossen sein. Die wichtigsten Krankheitsbilder, die beim Fliegen Probleme bereiten können sind:

2.4.1 Aerosinusitis (oder Barosinusitis)

bei Entzündungen des Nasenraums mit stechenden oder dumpfen Schmerzen im Bereich von Stirn-, Kiefern- oder Nasenhöhlen. Während beim Steigflug eher noch ein Ausgleich durch abfließende Luft möglich ist, wird beim **Sinkflug** das Einfließen der Ausgleichsluft durch zugeschwollene Kanäle ventilartig be- oder gar verhindert. Einzige wirksame Maßnahme dagegen: **Bei entzündlichen Erkältungen gar nicht erst fliegen.**

2.4.2 Barotrauma des Mittelohrs (siehe dazu Abb. 1)

Hier wird der Ausgleich zwischen dem Paukenraum, wo die Gehörknöchelchen (Hammer, Amboss, Steigbügel) sitzen, und dem Rachenraum behindert. Beim Steigflug fließt die Luft über die **Ohrtrompete** (Eustachische Röhre) ab, beim Sinkflug dagegen wird sie erst durch Schluck-, Gähn- oder Kaubewegungen des Unterkiefers geöffnet. Erfolgt kein rechtzeitiger Ausgleich oder wird er durch entzündliche Schwellungen verhindert, dann kommt es durch die immer stärker werdende Wölbung des Trommelfells zu **Beschwerden** wie Druckgefühl im Ohr, verschlechtertes Hören oder gar zum Einreißen des Trommelfells.

Anfängliche Beschwerden lassen sich durch bewusste Ausgleichsbewegungen beheben. Reicht das nicht, dann hilft oft der sog. **Valsalva-Griff**, mit Zuhalten der Nase und kurzem, kräftigen Druckaufbau bei gleichzeitigem Schluckversuch. Weiß man von solchen Erkältungsbeschwerden, sollte man auch hier **auf einen Flug verzichten**. Treten diese Beschwerden im Sinkflug auf, sollte man ihn abbrechen, erneut steigen und mit Druckausgleichsversuchen im **verlangsamten Abstieg** die Probleme zu verringern versuchen.

2.4.3 Gase im Magen-Darm-Trakt

können erhebliche Schmerzen bereiten, wenn die Blähungen keinen Ausweg finden. Hier helfen folgende Maßnahmen: Vorbeugend keine blähenden Speisen oder kohlesäurehaltige Getränke zu sich nehmen, Lockern der Gurte, Gase ablassen (auch wenn es unangenehm riecht) und das Aufsuchen geringerer Höhen.

2.4.4 Druckfallkrankheit (engl. decompression sickness, DCS)

Symptome für die Druckfallkrankheit (auch als Taucherkrankheit bekannt) treten auf, wenn der menschliche Körper einem raschen **Druckverlust von 50%** oder mehr ausgesetzt wird. Das entspricht z.B.

- einem Aufstieg aus Meereshöhe auf etwa 18.000 ft (5.500 m)
- einem Auftauchen aus 10 m Wassertiefe an die Oberfläche
- einem Flug auf ca. 1.500 m Höhe nach einem Tauchgang mit Atemgerät in ca. 7 m Tiefe

Dabei werden Gase, die sich im Blut und anderen Flüssigkeiten naturgemäß unter höherem Druck besser gebunden haben, freigesetzt. Die dabei entstehenden Gasblasen, die auf Grund der Zusammensetzung der atmosphärischen Luft zum größten Teil aus Stickstoff bestehen, führen zu erheblichen Störungen, die meist erst 10 bis 20 Minuten nach dem Druckfall eintreten:

- Gelenkbeschwerden (Bends), vor allem in den großen Gelenken
- Beschwerden in der Haut wie wenn Ameisen darin laufen
- Beschwerden in der Brust und der Lunge (Chokes)
- starke Kopfschmerzen mit Sehstörungen
- Kreislaufkollaps (Schock), auch nach mehreren Stunden (Spätschock)

Daher gilt die Regel: Nach Tauchgängen tiefer als ca. 8 m darf innerhalb der nächsten 24 Stunden nicht geflogen werden.

Maßnahmen beim Auftreten von Symptomen der Druckfallkrankheit im Flug:

- sofortiger Sinkflug
- Atmung von 100% Sauerstoff
- umgehende Landung
- unverzügliche ärztliche Betreuung, evtl. mit Aufenthalt in einer Druckkammer

2.5 Auswirkung von Beschleunigungen

Beim Abfangen oder beim Fliegen von Steilkurven treten positive Beschleunigungskräfte auf, die in Längsrichtung nach unten auf den Körper einwirken. Säße man z.B. bei einer 60°-Kurve auf einer Waage, würde sie das doppelte Körpergewicht anzeigen, was der doppelten Erdbeschleunigung (2 g) entspricht. Das hat zur Folge, dass beim Überschreiten bestimmter Grenzwerte die Blutversorgung im Gehirn nicht mehr ausreicht, um wichtige Funktionen aufrecht zu erhalten. Mit folgenden Ausfallerscheinungen ist bei längerer Einwirkungszeit (mehr als ca. 5 Sekunden) zu rechnen, wobei die Grenzwerte stark von der individuellen Belastbarkeit abhängen:

- zwischen 3 bis 4,5 g: Verschlechterung der Sehleistung (Sehtrübung, Grayout)
- zwischen 3,5 und 5 g: Einschränkung des Gesichtsfelds (Tunnelblick)
- ab ca. 4,5 bis 5,5 g: Verlust des Sehvermögens (Blackout) bei noch vollem Bewusstsein
- darüber: Bewusstlosigkeit

Als Pilot kann man sich diese g-Belastungen selbst einstellen, indem man sie durch Ziehen des Höhenruders vergrößert bzw. durch Nachlassen verringert. Die Auswirkungen lassen sich reduzieren, indem man bei zu erwartenden positiven Beschleunigungen die **Muskeln stark anspannt** – und hier besonders die Bauchmuskeln – und mit **Pressatmung** arbeitet. Wenn die Möglichkeit besteht, sich nach vorn zu beugen, kann man dadurch ebenfalls seine Belastungsgrenzen etwas erhöhen, weil sich dadurch der Abstand zwischen Herz und Kopf verringern lässt.

3 Lage-Empfindungen

3.1 Funktion des Gleichgewichtssinns

Die Körperlage des Menschen wird über die Sinnesorgane registriert und dem Gehirn zugeleitet. Dort wird eine Empfindung über den momentanen Bewegungszustand oder die momentane Lage erzeugt.
Als Wahrnehmungsorgane stehen uns im Normalfall dafür zu Verfügung:

- zwei Augen
- zwei Gleichgewichtssysteme in den Ohren
- Zug- und Druckrezeptoren in Haut, Muskeln und Sehnen

Da wir in der Umgebung der Erde ständig einer Schwerkraft ausgesetzt sind, haben sich auch die Gleichgewichtsorgane darauf eingestellt und die Richtung der **Schwerkraft als Bezugsgröße** eingerichtet. Wirkt also eine Kraft senkrecht zum menschlichen Körper ein, meint er, seine Lage wäre aufrecht zur Erdoberfläche. Dass dies aber nicht immer der Fall ist, weiß man aus Erfahrung: Die Zentrifugalkraft bei einer Kurvenfahrt mit einem Zweirad oder bei einem Kurvenflug bewirkt bei der richtigen Schräglage (Querneigung), dass man eben nicht das Gefühl hat umzufallen, sondern aufrecht zu sitzen. Schließt man dabei die Augen (nicht für Zweiradlenker zu empfehlen), wird das sofort deutlich. Es stellt sich also ein scheinbares Lot ein, das sog. **Scheinlot**, welches die Zug- und Druckrezeptoren im Körper registrieren (Hosenbodengefühl). Erst der optische Vergleich mit der Umgebung macht dem Gehirn klar, dass man tatsächlich eine Querneigung eingenommen hat.

Für die Registrierung von **Drehungen** sind die drei Bogengänge im Innenohr zuständig, die in verschiedenen Ebenen liegen und daher auch Drehungen um alle drei Raumachsen erfassen können. Allerdings reagieren sie naturgemäß nur auf **Drehbeschleunigungen**. Das bedeutet: Nur das Einleiten bzw. das Beenden einer Drehbewegung, z.B. einer Kurve, der Übergang in den Steig- oder Sinkflug oder der Beginn einer Trudelbewegung lösen Sinnesreize aus. Konstanter Kurvenflug beispielsweise wird dagegen nicht empfunden. Wieder ist es das Auge, das diese Drehbewegung dem Gehirn zuleitet.

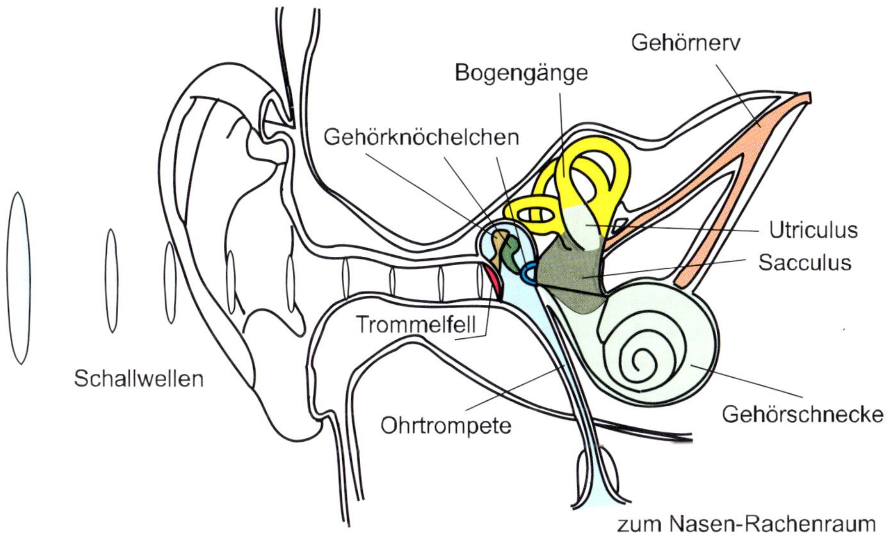

Abb. 1: Aufbau des Ohrs

Ähnliches gilt für Längsbeschleunigungen, also für Fahrtzu- oder Fahrtabnahme in Flugrichtung. Die dafür zuständigen Organe (im sog. Otolithen-Apparat) liegen ebenfalls im Innenohr (unterhalb der Bogengänge) und lösen immer dann Reize aus, wenn Verschiebungen oder Neigungen des Kopfes auftreten. Konstante Geschwindigkeiten können nicht empfunden werden. Daher merkt man es auch nicht, ob man mit 70 km/h oder mit 200 km/h unterwegs ist, wenn nicht andere Sinnesorgane wie Auge oder auch Ohr (Fahrtgeräusche) dabei mitwirken. Einerseits hat man ohne Sicht nach außen bei Fahrtzunahme (positiver Beschleunigung) das Gefühl, eine Neigung nach hinten zu erleiden, andererseits wird in einer sauber (koordiniert) geflogenen Kurve keine Lageänderung empfunden.

3.2 Sinnestäuschungen

Wir halten fest: Wichtigstes Organ zur Überprüfung der Körperlage ist das Auge. Ohne Sicht nach außen kommt es im Flug auf Grund von Beschleunigungen zu folgenden Interpretationen:

Manöver	Empfindung
Fahrtzunahme (positive Beschleunigung)	Steigflug
Fahrtabnahme (negative Beschleunigung)	Sinkflug
Einleiten einer Kurve	Steigflug
Ausleiten einer Kurve	Sinkflug
nach ca. 10 s stationärem Kurvenflug	Geradeausflug, evtl. mit Steigfluggefühl
nach ca. 10 s stationärem Trudeln	Geradeausflug
Ausleiten einer Kurve	Kurven in die Gegenrichtung
Ausleiten des Trudelns	Trudeln in die Gegenrichtung

3.3 Vertigo

Ohne Bezug nach außen kommt es beim Fliegen nicht nur zu Sinnestäuschungen, sondern auch zu massiven Beeinträchtigungen des Empfindens und Wohlbefindens, wenn sich **mehrere Beschleunigungen** überlagern, also gleichzeitig auftreten. Gefürchtet ist dabei der **Drehschwindel** in mehreren Richtungen, Vertigo genannt, der zum totalen Orientierungsverlust und damit zu gefährlichen Fluglagen führen kann.

Die Gefahr eines Vertigo ist insbesondere gegeben bei:

- Kurvenflug und gleichzeitigem Neigen des Kopfes (z.B. Suchen nach runter gefallenen Gegenständen)
- Kurvenflug und gleichzeitiger Kopfdrehung (z.B. zum seitlichen Hinausschauen)
- Übergang in den Steig- oder Sinkflug bei gleichzeitigen Kopfdrehungen oder -neigungen

Maßnahmen zur Überwindung des Vertigo:

- Geradeausflug nach Instrumenten herstellen
- streng nach den Instrumenten fliegen
- den Instrumenten glauben
- Kopf gerade halten, jede weitere Drehung vermeiden
- Kurven oder andere Manöver erst wieder beginnen, wenn der Vertigo überwunden ist

3.4 Illusionen

Aber auch das Auge lässt sich täuschen. Trotz Sicht nach außen kann es zu Fehlinterpretationen von Fluglagen und Positionen kommen:

- Eine schräg verlaufende **Horizontlinie** wie sie z.B. im Bergland, an Wolkenunterkanten oder über einer schrägen Wolkendecke vorkommt, verleitet dazu, die Querneigung nach dieser Bezugslinie auszurichten.
- Ein Pilot, der gewohnt ist, auf einer breiten Piste zu landen, neigt dazu, eine schmale **Landebahn** zu tief anzufliegen und zu spät abzufangen.
- Ist die Piste dagegen breiter als gewohnt, besteht die Gefahr zu hoch anzufliegen und zu früh abzufangen.
- Bei sehr flachen **Anflügen** scheint der Pistenanfang näher zu liegen.
- Bei sehr hohen Anflügen scheint der Aufsetzpunkt weiter entfernt zu liegen.
- Fliegt man eine ansteigende Landebahn mit der richtigen Höhe an, hat man das Gefühl zu hoch zu sein.
- Beim Anflug auf eine abfallende Landebahn neigt man dagegen dazu, zu hoch anzufliegen, weil man meint zu tief zu sein.

(Siehe dazu auch Kapitel Grundtechniken des Fliegens 6.7)

4 Sehen, Erkennen, Reagieren

4.1 Aufbau und Funktion des Auges im Überblick

Das menschliche Auge nimmt Licht im Wellenlängenbereich von 700 (Rot) bis 400 Nanometer (Violett) wahr. Über den Sehnerv werden die Reize zum Gehirn geleitet, wo sie als Bilder wahrgenommen werden. Räumliches Sehen ist nur mit zwei Augen möglich.

Das Licht fällt zunächst durch die Hornhaut in die vordere Augenkammer. Durch die Pupille, ein veränderliches Loch, das von der farbigen Regenbogenhaut gebildet wird, gelangt es über die Linse und den dahinter liegenden gallertartigen Glaskörper auf die Netzhaut. Letztere ist unterschiedlich dicht mit zwei verschiedenartigen Sehzellen bestückt: zum Farbsehen mit sog. Zapfen und zum Nachtsehen mit sog. Stäbchen. Gegenüber der Linse liegt in einer Netzhautgrube (lat. Fovea centralis) die größte Dichte von Zapfen. Hier, am **gelben Fleck**, wird ein fixiertes Objekt **am schärfsten** abgebildet, hier befindet sich aber auch die Stelle des **schlechtesten Nachtsehens**. Deswegen muss man nachts etwa 10° an Gegenständen vorbei schauen, um sie möglichst scharf erfassen zu können.

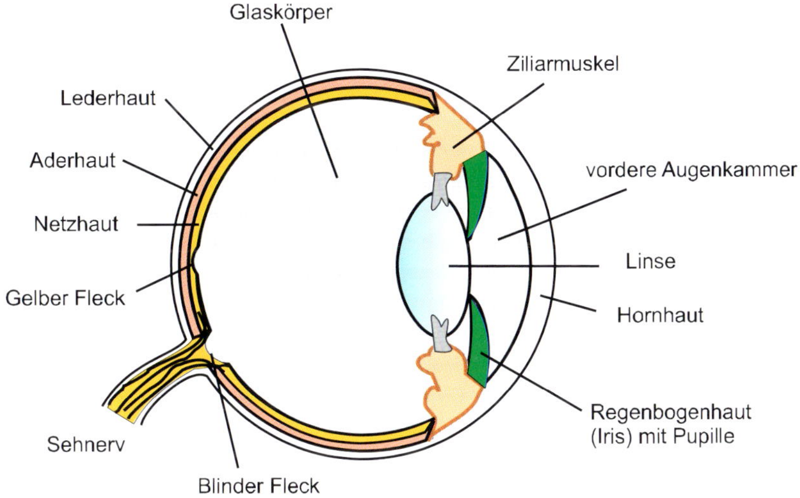

Abb. 2: Aufbau des Auges

Von den lichtempfindlichen Sehzellen gehen Nervenfasern aus, die gebündelt als Sehnerv aus dem Auge herausgeführt werden. Da an dieser Stelle weder Zapfen noch Stäbchen vorhanden sind, spricht man vom **blinden Fleck**.

Um ein scharfes Abbild von unterschiedlich weit entfernten Gegenständen auf der Netzhaut zu erzeugen, muss die Linse entsprechend gekrümmt werden, was über einen ringförmigen Muskel, den Ziliarmuskel, bewerkstelligt wird. Das bedeutet aber, dass nahe und weit entfernte Gegenstände nicht gleichzeitig scharf wahrgenommen werden können.

4.2 Erkennen

Erkannt werden können nur Gegenstände, von denen bereits ein Bild im Gedächtnis existiert. Das kann durch tatsächliches Sehen, über ein Medium (Fernsehbild, Foto, Zeichnung o. Ä.), aber auch durch Beschreibungen oder reine Vorstellung erzeugt und gespeichert worden sein.

Das (Wieder)-Erkennen von Objekten kostet Zeit, weil von der bloßen optischen Wahrnehmung bis zur Identifizierung mehrere Stufen durchlaufen werden müssen:

- Vom ersten Sichtkontakt zur Wahrnehmung im Gehirn (Hoppla, da fliegt doch was!): ca. 0,1 Sekunden
- Fixieren des Gegenstands (Hinschauen, Scharfeinstellung der Linse): ca. 0,2 Sekunden
- Erkennen (Aha, kein Vogel, sondern ein Segelflugzeug, kommt auf uns zu!): ca. 0,7 Sekunden

Man muss also mit mindestens einer Sekunde rechnen, bis man erfasst hat, was und wie sich etwas bewegt. Diese Zeitspanne ist individuell stark verschieden und kann unter Belastung, Müdigkeit oder Krankheit schnell auf ein Vielfaches anwachsen.

4.3 Reagieren

Wenn man bei der zwingend erforderlichen **Luftraumbeobachtung** Luftfahrzeuge erkannt hat, muss eine Entscheidung getroffen werden, die wiederum von der Einschätzung der Situation (gefährlich oder harmlos?) abhängt. Wird eine Maßnahme als notwendig erkannt, müssen Steuerbewegungen durchgeführt werden und das Flugzeug muss darauf reagieren. Auch das kostet wertvolle Zeit, die bei Untersuchungen (vor allem im militärischen Bereich) folgende Durchschnittswerte ergeben hat:

- Vom Erkennen bis zum Treffen einer Entscheidung (Gegenkurs erkannt, ich weiche nach rechts oben aus): ca. 2 Sekunden
- Steuerorgane bedienen (Knüppel und Seitenruder voll rechts, leicht ziehen): ca. 0,5 Sekunden
- Reaktion des Flugzeugs bis zur gewünschten neuen Lage (45° Querneigung, Schnauze oben, Beginn des Kurvenflugs): ca. 2 Sekunden

Das bedeutet: Im besten Fall braucht man nach dem Erfassen der Situation nochmals ca. 2,5 Sekunden, bis eine Fluglage zur Entschärfung einer gefährlichen Situation erreicht ist. Insgesamt vergehen also unter guten Bedingungen knapp fünf Sekunden von der ersten Wahrnehmung bis zur geänderten Flugbahn.

Ein Zahlenbeispiel:
Begegnen sich zwei Flugzeuge mit je 150 km/h auf **Kollisionskurs**, so wird von jedem ein Flugweg von ca. 40 Meter bis zum Erkennen, plus ca. 100 m bis zum Beginn des Ausweichens zurückgelegt. Das bedeutet, bei einem Abstand von ca. 300 m wird es bereits kritisch, wenn nur einer von beiden die Situation erfasst und richtig reagiert. Passen beide nicht auf, kommt es bei einer Annäherung von ca. 80 m unweigerlich zum **Zusammenstoß**, ohne dass einer den anderen überhaupt bewusst wahrgenommen hat.

Haben beide die Kollisionsgefahr rechtzeitig und richtig erkannt, besteht trotzdem höchste Gefahr, wenn die Ausweichbewegungen nicht so verlaufen, dass sich die Flugbahnen trennen, denn keiner der beiden Kontrahenten kann ahnen, in welche Richtung der andere korrigieren wird. Nahezu ausweglos wird die Situation, wenn beide merken, dass sie ihre Bahn in die gleiche Richtung geändert haben und somit wieder aufeinander zurasen. Die automatische Gegenkorrektur von beiden bringt das Problem dann nur in noch dramatischerer Form. Man kennt das als Fußgänger auf dem Gehsteig, wenn man seinem Gegenüber nach mehreren Rechts/Links-Versuchen plötzlich unmittelbar gegenüber steht.

4.4 Luftraumbeobachtung

Um Gefahren möglichst rasch zu erkennen, wendet man zur Luftraumbeobachtung das sog. **Scanning** an, bei dem man den Himmel abschnittsweise absucht und auf den sich überlappenden Beobachtungssektoren mit dem Blick kurz verweilt. Das Einschätzen von Entfernungen und Größen gelingt erst mit zunehmender Erfahrung relativ fehlerfrei. Aber auch der Geübte macht Fehler, die in der Arbeitsweise von Auge und Gehirn ihre Ursache haben.

Dabei gilt:

- Bei geringen Sichtweiten erscheinen Gegenstände weiter entfernt.
- Kleine Flugzeuge erscheinen weiter entfernt als große.
- Insekten auf der Cockpitscheibe werden zunächst als Luftfahrzeuge identifiziert.
- Die Annäherungsgeschwindigkeit wird unterschätzt, weil sie anfangs scheinbar langsamer ist.
- Das Auge stellt sich bei konturlosem Himmel auf kurze Entfernungen scharf (etwas weiter als bis zur Windschutzscheibe)

4.5 Schutz der Augen

Die lichtempfindlichen Sehzellen der Netzhaut können unwiederbringlich zerstört werden, wenn eine bestimmte Lichtintensität überschritten wird. Das ist zum Beispiel der Fall, wenn man längere Zeit direkt in die Sonne oder in eine Schweißflamme schaut. Aber auch UV-Licht, das in größeren Höhen weniger gedämpft ist, kann auf Dauer zu erheblichen Beeinträchtigungen der Sehkraft führen. Als wirksamen Schutz sollten Piloten daher **Sonnenbrillen** mit folgenden Eigenschaften tragen:

- Die Lichtintensität soll abgeschwächt werden, um Blendungen zu vermeiden, ohne aber die Sehschärfe zu beeinträchtigen.
- Farben sollten so absorbiert werden, dass die Farbunterscheidung nicht verringert wird.
- Möglichst viel UV-Licht sollte absorbiert werden.

Brillen, die automatisch abdunkeln, passen sich zwar unterschiedlichen Lichtverhältnissen relativ gut an, diese phototropen Gläser brauchen aber eine gewisse Zeit zur Umstellung, so dass bei schnellen Lichtwechseln (z.B. Blick nach außen zur Luftraumbeobachtung und Blick in die Karte zur Navigation) Probleme mit der Lichtstärke auftreten können.

Wenig geeignet für den Flugbetrieb sind Brillen, die das Licht ganz oder teilweise polarisieren, weil dadurch erhebliche Schwierigkeiten beim Ablesen von Instrumenten-Displays auftreten können.

5 Gesundheit und Wohlbefinden

Eine vernünftige Ernährung, ausreichende körperliche Betätigung und der überlegte Umgang mit Genussmitteln sind eine gute Grundlage für lange fliegerische Betätigung. Trotzdem kommt es auf Grund von Krankheiten oder unbedachtem Handeln immer mal wieder zu Ausfallerscheinungen. Deswegen im Folgenden die wichtigen Grundregeln.

5.1 Krankheit und Medikamente

Grundsätzlich müssen Flüge unterlassen werden, wenn man durch eine Krankheit in irgendeiner Form eingeschränkt ist. Wie im *Abschnitt 2.3* erläutert wurde, können bereits einfache Erkältungen erhebliche Probleme bereiten. Werden Medikamente – vom Arzt verschrieben oder selbst verordnet – eingesetzt, gilt in der Regel absolutes Flugverbot. Bei frei erwerblichen Mitteln muss eine Karenzzeit von mindestens 12 Stunden eingehalten werden, bei verschreibungspflichtigen Mitteln mindestens 24 Stunden auf einen Flug als Pilot verzichtet werden. Auch scheinbar harmlose Mittel wie Nasentropfen oder -spray enthalten Stoffe, welche die Wachsamkeit oder die Konzentrationsfähigkeit herabsetzen können. Ob im Einzelfall ein Luftfahrzeugführer ein Medikament einnehmen darf oder nicht, hat letztlich ein **Fliegerarzt** zu entscheiden, der Hausarzt ist dazu nicht berechtigt.

5.2 Impfungen und Stiche

Auch bei Impfungen ist Vorsicht geboten, da sie manchmal erst nach einigen Tagen je nach Konstitution, Veranlagung und Lebensweise nicht vorhersehbare Nebenwirkungen haben können. Ähnliches gilt bei **Insektenstichen**, weil z.B. nach einem Wespenstich noch Stunden später allergische Reaktionen auftreten können, die bis zur Handlungsunfähigkeit oder Bewusstlosigkeit reichen.

5.3 Alkohol, Drogen und Verwandte

Es versteht sich eigentlich von selbst, dass man nichts zu sich nimmt, was negativen Einfluss auf die körperliche und geistige Leistungsfähigkeit hat, wenn man sich hinter den Steuerknüppel setzen will.

Alkohol beeinflusst wie die meisten Drogen die Funktion von Hirn, Herz, Stoffwechsel und Kreislauf und führt bei ständiger Einnahme im Laufe der Zeit zu Persönlichkeitsveränderungen mit Nachlassen der geistigen und körperlichen Fähigkeiten und Fertigkeiten. In der Fliegerei gilt daher die **Null-Promille-Grenze**, das bedeutet, es darf nicht geflogen werden, auch wenn nur geringe Mengen alkoholischer Getränke konsumiert wurden. Denn mit zunehmender Höhe und damit abnehmendem Sauerstoff würden sich die alkoholbedingten Erscheinungen verstärken.

Über den Abbau des Alkohols im menschlichen Körper muss man wissen: Es dauert rund eine Stunde, um den **Blutalkohol** um 0,1 Promille zu reduzieren. Und das kann durch nichts beschleunigt werden, weder durch Kaffee oder Aspirin, noch durch andere Hausmittel. Im Gegenteil: Medikamente verstärken höchstens noch die negativen Erscheinungen. Doch auch nach dem vollständigen Abbau im Blut gibt es unangenehme Nachwirkungen wie Kopfschmerzen und Katerstimmung, die sich auf eine verantwortungsbewusste fliegerische Tätigkeit sicher nicht positiv auswirken. Daher ist die folgende Regel strikt zu beachten:

Merke: Kein Flug unter Einfluss von Alkohol. Nach erheblichem Alkoholgenuss mindestens 24 Stunden Flugpause.

5.4 Rauchen

Tabakrauch enthält als Verbrennungsrückstand unter anderem **Kohlenmonoxid**, welches heftige Vergiftungserscheinungen auslöst *(siehe dazu Abschnitt 2.2)*. Neben der verringerten Höhentoleranz wirken sich die vielen weiteren Substanzen, vor allem Nikotin und Teer, mit der Zeit verheerend auf den menschlichen Körper aus.

5.5 Bewegungskrankheit

Untrainierte oder empfindliche Piloten und Fluggäste verlieren mehr oder weniger schnell die Freude am Fliegen, weil sie – besonders beim Segelflug – durch die nicht zu vermeidenden ständigen **Beschleunigungswechsel** zunehmende Übelkeit empfinden, die sich über Angstgefühle bis zum Erbrechen und zur Handlungsunfähigkeit ausweiten kann. Auslöser für diese sog. **Kinetose** (Bewegungskrankheit) sind Reize des Gleichgewichtsapparats, die nicht verarbeitet werden können. Als Pilot ist man dafür weniger anfällig, weil man meist weiß, was für Empfindungen man nach Steuerausschlägen zu erwarten hat oder mit welchen Reaktionen man z.B. bei Turbulenzen rechnen muss. Bei Passagieren, die womöglich zum ersten Mal fliegen, kommt neben dem Auftreten von bisher unbekannten Empfindungen meist noch eine Portion Aufregung hinzu, was je nach Mentalität und Belastbarkeit die Luftkrankheit mehr oder weniger verstärken kann. Maßnahmen dagegen wären:

- Medikament gegen Luftkrankheit verabreichen (vor dem Flug), aber nicht für den Pilot!
- Beruhigend und erklärend mit den Passagieren sprechen.
- Koordinierte, weiche Flugbewegungen ausführen.
- Für gute Belüftung sorgen.
- Weit voraus auf den Horizont blicken lassen.
- Für alle Fälle Spucktüten bereithalten.
- Möglichst bald landen, wenn die ersten Anzeichen auftreten.

5.6 Zusammenfassung: Bewährte Maßnahmen zum Wohlbefinden

Nach den bisher besprochenen Punkten könnte der Eindruck entstehen, dass die vielen Unzulänglichkeiten, denen der Mensch unterworfen ist, den Aufenthalt im Luftraum nahezu unerträglich gestalten. Doch wenn man sich an ein paar Grundregeln hält und die Naturgesetze nicht missachtet, bleibt einem die Freude am Fliegen über Jahrzehnte erhalten:

- Nicht hungrig oder durstig, aber auch nicht voll gegessen ins Flugzeug steigen.
- Toilettengänge vor dem Flug nicht vergessen.
- Für ausreichend Flüssigkeitsnachschub bei längeren Flügen sorgen: Cola/Wasser-Mischung ist bewährt. Ein ausgeglichener **Flüssigkeitshaushalt** wirkt sich auch positiv auf die geistige Belastbarkeit aus.
- Bei langen Flügen immer wieder mal eine Kleinigkeit essen: eine Handvoll Früchtemischung mit Nüssen, ein paar Bissen Brot, eine Banane, einen Schokoladenriegel.
- Weder vor noch während des Flugs etwas zu sich nehmen, was Wahrnehmung, Wachsamkeit oder Konzentration beeinflussen könnte.
- An heißen Tagen Kleidung und Lüftung so bemessen, dass **kein Wärmestau** auftritt, der die körperliche und geistige Leistungsfähigkeit reduziert.
- An kalten Tagen oder für größere Höhen geeignete Kleidungsstücke anziehen bzw. bereithalten, denn auch bei **Unterkühlung** werden die Körperfunktionen reduziert.
- Sauerstoffversorgung für Flüge über 10.000 ft bereithalten.
- Bequeme, ergonomisch günstige **Sitze**, die auch den Blickwinkel auf Instrumente und Außenwelt nicht einschränken, sind kein Luxus, sondern Notwendigkeit für lange Flüge.
- Konzentrieren auf die fliegerische Tätigkeit mit **intensiver Vorbereitung** baut den Alltags-Stress ab.
- Für ausreichend Schlaf und körperliche Betätigung vor (z.B. morgendliche Gymnastik) und möglichst auch nach dem Flug (z.B. Ausdauer- oder Krafttraining) sorgen, denn Nach-dem-Flug ist auch schon wieder Vor-dem-(nächsten)-Flug.
- Keine Flüge unmittelbar nach großen körperlichen Anstrengungen oder Belastungen wie stundenlanges Laufen, Radfahren, Schwimmen oder Tauchen.
- Keine Flüge in Dauerstress-Situationen wie bei Existenzproblemen, familiärer oder beruflicher Überlastung.

Verhalten in besonderen Fällen

1 Startvorbereitung

1.1 Schäden an tragenden Teilen

Bei der Vorflugkontrolle ist besonderes Augenmerk auf die Oberflächen der Flügel und der Leitwerke zu legen. Löcher und Risse müssen fachmännisch repariert werden. Wellenartige Verformungen in der Beplankung oder Falten in der Bespannung deuten auf gefährliche Stauchungen und Beschädigungen der Struktur hin, die von mindestens einer harten Landung zeugen.

Maßnahmen:

- Beschädigungen ins Bordbuch eintragen.
- Den Halter des Flugzeugs umgehend informieren.
- Nicht mit unrepariertem Flugzeug starten.
- Nach jeder harten Landung eingehende Überprüfung des gesamten Flugzeugs.

1.2 Vorflugcheck nach dem Aufrüsten

Manche Reisemotorsegler (Touring Motor Glider) und Ultraleichtflugzeuge lassen sich zum Transport im Anhänger oder zur Platz sparenden Hangarierung mit wenigen Handgriffen ab- und aufrüsten.

Maßnahmen:

- Vor Inbetriebnahme sorgfältige Überprüfung sämtlicher Anschlüsse nach Checkliste.
- Ruderkontrolle auf feste Anschlüsse und sinngemäßen Ausschlag.

1.3 Nasses Flugzeug

Alle Arten von Verschmutzungen, aber auch Wassertropfen verschlechtern das Profil und beeinflussen die Strömungsverhältnisse eines Flügel negativ, was eine etwas geringere Reisegeschwindigkeit, im Gleitflug größeres Sinken und eine Erhöhung der Überziehgeschwindigkeit zur Folge hat.

Maßnahmen:

- Vor dem Start auf eingedrungenes Wasser (Rumpf, Klappenkästen, Leitwerk) kontrollieren, austrocknen.
- Beim Gleitflug mit schlechterer Gleitzahl (bis 25%!) rechnen.
- Bei der Landung die Anflugfahrt um etwa 10% erhöhen, wenn das Flughandbuch nichts anderes vorschreibt.

1.4 Beläge auf der Flugzeugzelle

Schnee, Eis oder Raureif auf dem Flügel beeinträchtigen die Flugleistungen und die Flugeigenschaften negativ, weil die Luftströmung am Profil gestört wird. Nasser Schnee bringt zudem noch eine massive Gewichtszunahme mit sich und würde beim Durchfliegen kälterer Luftschichten gefrieren und die Ruder blockieren.

Maßnahmen:

- Vor dem Start alle Beläge entfernen.
- Rudergelenke und -scharniere sorgfältig reinigen und trocknen, evtl. mit Silikonspray einsprühen.

1.5 Sicherheit beim Betanken

Maßnahmen:

- In der Nähe der Tankstelle (Umkreis von 15 m) keine offenen Feuer (Streichholz oder Feuerzeug) oder funkenbildende Vorgänge (z. B. Schleif- oder Schweißarbeiten) dulden.

- Rauchverbot strikt beachten.
- Vor dem Tanken das Erdungskabel, das an jeder Tankstelle vorhanden sein muss, anklemmen (am besten am Auspuffendrohr), um Funkenbildung durch statische Aufladungen zu verhindern.

1.6 Schwerpunkt außerhalb des zulässigen Bereichs

Maßnahme:

- Nicht starten.

1.7 Überschreitung der maximalen Abflugmasse

Maßnahme:

- Nicht starten, bevor die Zuladung entsprechend reduziert ist.

1.8 Richtige Treibstoffsorte nicht verfügbar

Maßnahme:

- Nicht tanken, geeigneten Treibstoff anfordern/besorgen.

1.9 Batterie zu schwach zum Anlassen

Maßnahmen:

- Batterie wechseln oder aufladen, sofern kein Außenbordanschluss installiert ist und eine Startbatterie zur Verfügung steht.
- Je nach Generatortyp ist es aber möglich, dass eine entladene Batterie auch nach dem Anlassen nicht mehr geladen wird, wenn die Anfangsspannung zu gering ist, um die Generatorfelder zu versorgen.
- Daher: Erst Batterie laden, dann Triebwerk anlassen!

1.10 Anwerfen des Motors von Hand

Flugmotoren ohne elektrischen Anlasser müssen von Hand durch Anreißen des Propellers angeworfen werden.

Maßnahmen:

- Flugzeug durch Bremsklötze sichern.
- Eine mit der Bedienung des Flugzeugs vertraute Person auf den Führersitz platzieren.
- Das Anwerfen nur von einer sachkundigen Person durchführen lassen.
- Derjenige, der den Propeller durchdreht, gibt die Kommandos zum Schalten der Zündung und für die Stellung der Bedienhebel (Primer, Gas und Gemischhebel).
- Die Person im Cockpit muss in der Lage sein, den Anweisungen zu folgen.

1.11 Keine Öldruckanzeige nach dem Anlassen

Maßnahme:

- Baut sich der Öldruck innerhalb von etwa 10 bis 20 Sekunden (genauen Wert im Flughandbuch nachlesen!) nicht auf, Triebwerk sofort abzustellen.
- Ölstand kontrollieren.
- Ölstand unter Minimum: Öl auffüllen.
- Kein Ölstand erkennbar: Flugzeug unklar melden.

2 Auf der Piste

2.1 Rollen bei Rückenwind

Beim Rollen mit Rückenwind darf das Höhenruder besonders bei Spornradflugzeugen nicht gezogen werden, damit der Wind den Schwanz nicht hoch drücken kann. Ein Kopfstand mit Motor- und Propellerschaden wäre die Folge.

Maßnahme:

- Höhenruder gedrückt halten, damit der Wind das Rumpfende belastet und dafür sorgt, dass es nicht abheben kann.

Maßnahme bei zusätzlicher Seitenwindkomponente:

- Analog zur Höhenruderbetätigung gilt für Querruderausschläge das Gleiche: Das Querruder wird so ausgeschlagen, dass es auf der dem Wind zugewandten Seite nach unten steht, damit der Flügel nicht angehoben werden kann. Also Wind von rechts hinten: Querruder links; Wind von links hinten: Querruder rechts.

2.2 Rollen auf unebenem Boden

Maßnahmen:

- Auf unebenen Bahnen muss langsam gerollt werden, weil das Fahrwerk sonst durch ungünstig aufeinander folgende Bodenwellen tief einfedern und der Propeller Bodenberührung bekommen kann, selbst wenn man mit voll gezogenem Höhenruder rollt.
- Querwellen rollt man schräg an (am besten im 45°-Winkel) und ändert die Richtung erst, wenn das ganze Flugzeug die Welle passiert hat.

2.3 Wirbelschleppen hinter Flugzeugen

Die Wirbelschleppen hinter Flugzeugen entstehen immer im Zusammenhang mit der **Auftriebserzeugung** am Tragflügel. Je größer der Auftrieb, umso stärker erfolgt der Strömungsausgleich zwischen dem Unterdruck auf der Oberseite und dem Überdruck auf der Unterseite des Tragflügels. Durch die Vorwärtsbewegung rollt sich die Luftströmung hinter den Flügelenden zu **nach unten gerichteten** Wirbelschleppen auf *(siehe Kapitel Aerodynamik und Technik)*.

Die Bildung der Wirbelschleppen beginnt im Startlauf, wenn durch das Heben der Schnauze (Rotieren) der Anstellwinkel vergrößert wird, um den notwendigen Auftrieb zum Abheben zu erzeugen. Sie endet beim Ausrollen nach der Landung, wenn das Bugrad den Boden wieder erreicht hat.

Die Wirbelstärke ist abhängig von der Fahrt, der Klappenstellung und der Masse des Flugzeugs. Immer dann, wenn Großflugzeuge **mit hohem Anstellwinkel** fliegen, also beim Starten und Landen, ist mit gewaltigen Wirbeln zu rechnen, die sich minutenlang hinter dem Flugzeug halten und bei Seitenwind so auf die Leeseite getrieben werden können, dass sie nahezu ortsfest (stationär) auf der Bahn liegen bleiben.

Nach der Abflugmasse unterscheidet man drei **Wirbelschleppenkategorien**:
L (Light) bis 7.000 kg, **M** (Medium) bis 136 t, **H** (Heavy) über 136 t

Maßnahmen:

- **Beim Start** hinter einem Großflugzeug achtet man darauf, dass man möglichst weit hinter dem Großflugzeug auf die Bahn rollt und möglichst früh abhebt, um über die Wirbelschleppen zu gelangen. Möglichst in den Wind ausweichend die Flugbahn des Vorausfliegenden meiden.
- **Beim Landen über dem Flugweg** des Großflugzeugs anfliegen, über dessen Aufsetzpunkt hinausfliegen und dort erst landen.
- **Mindestabstände** einhalten hinter einem Flugzeug der nächst höheren Wirbelschleppenkategorie: beim Rollen 200 m, beim Start 2 Minuten.

2.4 Hubschrauberturbulenz

Hubschrauber in der Start-, Lande- oder Schwebephase arbeiten mit hoher Leistung. Die Rotoren erzeugen dabei kräftige Abwindströme und heftige Turbulenzen.

Maßnahmen:

- Einen Start oder eine Landung vermeiden, wenn sich Hubschrauber in der Nähe der Landebahn bewegen.

2.5 Sinn der Halbbahn-Markierung

Die Kennzeichnung der Mitte der Startbahn durch eine sog. Halbbahnmarkierung (eine Tafel mit der Aufschrift 1/2) dient zur Kontrolle der Startrollstrecke bzw. der Landerollstrecke.

Maßnahmen:

- Den **Start** abbrechen, wenn nach dem Passieren der Halbbahnmarke erkennbar wird, dass bis zum Bahnende ein Abheben nicht mehr wahrscheinlich ist.
- Bei der **Landung**: Je nach Länge der Landebahn ist nach Passieren der Halbbahnmarke das Durchstarten einzuleiten, wenn erkennbar wird, dass das Flugzeug bis zum Bahnende nicht zum Stillstand kommen wird.

2.6 Kurze Pisten

Der Begriff »kurze Piste« ist relativ. Für eine einsitzig geflogene PA-18 (Piper Cub) ist eine 400 m lange Startbahn im Normalfall mehr als genug, während man mit einer voll beladenen PA-28 Warrior keine Chance für einen sicheren Start hat. Aber auch eine scheinbar genügend lange Piste kann unter widrigen Umständen schnell zu kurz werden. Faktoren, welche die Start- bzw. Landestrecke verlängern sind:

- große Dichtehöhe
- hohe Lufttemperatur
- niedriger Luftdruck
- feuchte Luft
- Rückenwind
- hohe Abflugmasse
- unebene, weiche Startbahn
- hoher Grasbewuchs
- ansteigende bzw. abfallende Piste

Maßnahmen:

- Nicht starten, wenn die berechnete Länge der Startstrecke kürzer ist als die zur Verfügung stehende.
- Fehlerfreies Handling des Flugzeugs ist Voraussetzung für einen sicheren Start bei knappen Startstrecken.
- Man betrachtet eine Piste als kurz, wenn sie nicht mindestens 1,5-mal so lang ist wie die berechnete Start- bzw. Landerollstrecke.
- Verfahren zum Kurzstart bzw. zur Kurzlandung anwenden *(siehe Kapitel »Grundtechniken des Fliegens«).*

2.7 Schneematsch auf der Startbahn

Beim Rollen, Starten und Landen spritzt Matsch und Schneematsch auch über und unter den Flügel und das Leitwerk. Besonders das Fahrwerk und die umgebenden Teile sind davon betroffen. Neben der Verschlechterung der aerodynamischen Verhältnisse besteht die Gefahr, dass während des Flugs die Verschmutzungen **gefrieren**. Die Folge können **blockierte Ruder** oder Räder sein. Bei Flugzeugen mit Einziehfahrwerk kann dadurch u. U. das Ausfahren verhindert werden.

Maßnahmen:

- Vor einem Wiederstart die Zelle reinigen.
- Nach dem Abspritzen mit Wasser muss das Flugzeug allerdings Gelegenheit zum Trocknen haben, da sonst erst recht die Ruderschlitze und andere wichtige Teile zufrieren.

3 Beim Start

3.1 Start bei aufgeweichter Bahn

Bei aufgeweichter Bahn wird unter Umständen die Abhebegeschwindigkeit überhaupt nicht erreicht. Davon kann immer ausgegangen werden, wenn die Räder beim Rollen erkennbar tief in den Boden einsinken. Neben der Verschmutzung ist auch mit Sichtbehinderung durch Spritzwasser und Matsch zu rechnen.

Maßnahmen:

- Mindestens 50 % Zuschlag auf die Startrollstrecke rechnen.
- Klappen auf Startstellung für Kurzstart nach den Empfehlungen des Flughandbuchs setzen.
- Keinen Startversuch unternehmen, wenn die Räder auf der Piste erkennbar einsinken.
- Rechtzeitigen Startabbruch vorsehen, wenn die Abhebegeschwindigkeit nicht erreicht wird.
- Spritzwasser, Gischt, Schneematsch einkalkulieren.
- Möglichkeit des Einfrierens der Verunreinigungen in Betracht ziehen.

bei Spornradflugzeugen zusätzlich:

- In Dreipunktlage anrollen.
- Höhenruder neutral, nicht drücken.
- Abheben bei Mindestgeschwindigkeit.
- Dicht über dem Boden Fahrt für sicheres Steigen aufholen.

Bei widrigen Bodenverhältnissen sollte auf einen Start verzichtet werden.

3.2 Starten auf hoch gelegenen Flugplätzen

Optimale Leistung erzielt ein Motor nur bei einem bestimmten Luft-Kraftstoff-Verhältnis. Steht der Gemischhebel in größeren Höhen auf VOLL REICH, dann können auch die Zündkerzen schneller verrußen, der Motor läuft dadurch rauer.

Maßnahme:

- Gemisch bei Vollgas nach den Anweisungen des Handbuchs mit Hilfe des EGT abmagern auf beste Leistung *(siehe dazu Fachgebiet TECHNIK)*.

3.3 Triebwerkausfall vor dem Abheben

Maßnahme:

- Je nach Restlänge der Startbahn mehr oder weniger stark bremsen und versuchen, das Flugzeug vor dem Bahnende zum Stehen zu bringen.

Bei zu kurzen Startbahnen lässt sich ein Überrollen des Bahnendes nicht vermeiden.

Maßnahmen:

- In leichte Hindernisse wie hohe Getreidefelder, Gebüsch, Zäune usw. voll gebremst geradeaus hinein rollen.
- Gekreuzte Arme vor den Kopf nehmen, bevor die Hindernisse erreicht werden.
- Vor kompakten Hindernissen wie dicht stehenden Bäumen, Mauern, massiven Zäunen o. Ä. rechtzeitig eine möglichst freie Bahn zur Seite suchen, das Abscheren des Fahrwerks bewusst in Kauf nehmen.

3.4 Aufspringen der Kabinentür

Springt die Kabinentür beim Start auf, dann ist dies solange nicht gefährlich, wie der Pilot das Flugzeug normal weiterbedient. Auf keinen Fall darf man während des Startvorgangs das Flugzeug mehr oder weniger sich selbst überlassen, um sich der offenen Tür zu widmen.

Maßnahmen:

- Platzrunde fortsetzen.
- Normal landen.
- Wiederstart nach einem erneuten (gründlicheren!) Startcheck.

4 Im Flug

4.1 Überzogener Flugzustand

Der überzogene Flugzustand kommt durch einen zu großen Anstellwinkel zustande. Die Überziehwarnung setzt akustisch und/oder optisch ein. Die meisten Muster lassen das Abreißen der Strömung am Flügel durch Schütteln des Leitwerks mit Vibration der Flugzeugzelle, hervorgerufen durch die Luftwirbel, erkennen. Das Flugzeug hat die Tendenz nach vorn oder seitlich abzukippen.

Maßnahmen zum Beenden:
- Knüppel nachlassen bzw. leicht nachdrücken.
- Vollgas geben.
- Querneigung und Richtung mit koordinierten Quer- und Seitenruderausschlägen korrigieren.

4.2 Abkippen – Trudeln

Achtung:
Für jedes Muster sind spezifische Maßnahmen im Flughandbuch festgelegt. Danach ist zu verfahren!

Standardmaßnahmen zum Verhindern bzw. Beenden des Trudelns bzw. des seitlichen Abkippens:
- Höhenruder nachlassen, evtl. nachdrücken.
- Seitenruderausschlag voll entgegen der Trudel- bzw. Abkipprichtung.
- Nach Beendigung der Drehbewegung Seitenruder normal, zügig abfangen.
- Querneigung mit koordinierten Rudern korrigieren.

4.3 Triebwerkausfall im Flug

Maßnahmen:
- Sofort Schnauze runter durch Nachdrücken.
- Gleitfluglage einnehmen (Schnauze unten lassen!) und Gleitflugfahrt herstellen.
- Geeignetes Gelände zur Notlandung aussuchen.
- Transponder auf 7-7-0-0 (Notfall) schalten.
- Keine Umkehrkurve in niedriger Höhe (Triebwerksausfall unter 1.000 ft GND) versuchen.
- Bei genügender Höhe und falls Notlandefeld in Reichweite: Tankschaltung überprüfen, auf volleren Tank umschalten, Anlassversuch nach Flughandbuch.
- Springt das Triebwerk nicht mehr an, Landung einleiten.
- Vor dem Aufsetzen: **Brandhahn ZU, Zündung AUS, Hauptschalter AUS**.

Triebwerkausfall in niedriger Höhe:
- Schnauze runter, Gleitfluglage einnehmen!
- Beim unvermeidbaren Landen in Hindernisse hinein: Lücke suchen, wo zumindest der Rumpf durchpasst; abreißende Tragflügel nehmen viel Energie auf.

Triebwerkausfall in größerer Höhe:
- Flugplatz in erreichbarer Nähe?
- Wenn nicht, die größte erreichbare freie Fläche suchen.
- Gleitstrecke abschätzen (Gleitleistung bekannt?).
- Mit der Geschwindigkeit des besten Gleitens zum gewählten Landegelände fliegen.
- Landeeinteilung und Landung wie bei Ziellandung ohne Motorhilfe.

Grundregel:
Je niedriger, desto kleiner die Richtungs- und Querneigungsänderungen, desto mehr Konzentration auf die rasch bevorstehende Landung.

Das Landemanöver richtet sich nach der noch zur Verfügung stehenden Höhe!

4.4 Rauchentwicklung

Rauchentwicklung im Cockpit mit dem beißenden Geruch von verbranntem Kunststoff kommt meist von durchgebrannten oder verschmorten elektrischen Leitungen. Durchlüften kann gefährlich werden, wenn dadurch glimmende Teile zu offenem Feuer entfacht werden.

Maßnahmen:

- Elektrische Anlage mit dem Hauptschalter abschalten.
- Lüftung und Heizung schließen.
- Droht Rauchvergiftung für den Piloten, dann durch das seitliche Fenster Frischluft atmen.
- Notlandung vorbereiten.
- Nächstgelegenen Flugplatz anfliegen.
- Das Flughandbuch gibt für das betreffende Flugzeugmuster die besten Empfehlungen.

4.5 Fliegen in den Bergen

Bereits bei mäßigem Wind bilden sich an den Luvseiten der Berghänge Hangaufwinde, während im Lee unterhalb der Gipfelhöhen turbulente **Abwindzonen** herrschen, in denen man **auch mit Vollgas nicht mehr steigen** kann. Außerdem sorgt die Sonneneinstrahlung für einen Konvektionskreislauf, der über den sonnenbeschienenen Bergflanken thermische Aufwinde ausgelöst, während in der Talmitte die Luft wieder nach unten abfließt.

Maßnahmen:

- Beim Entlangfliegen von Tälern die Leeseiten meiden.
- Für rascheren Steigflug der Talseite folgen, die von der Sonne beschienen und dem Wind zugewandt ist (Luvseite).

4.6 Überfliegen von Bergkämmen und Pässen

Maßnahmen:

- Rechtzeitig Höhe gewinnen.
- Mit starken Abwindfeldern und mit Turbulenzen rechnen.
- Leeseitigen Anflug erst bei genügender Höhenreserve ansetzen (einige hundert Meter über Kammhöhe). Den Kamm etwa im 45°-Winkel anfliegen, um ein eventuelles Abdrehen auch hersic0312unter der Hangkante noch zu ermöglichen.
- Rechtzeitig vom Hang weg kurven, wenn man in ein starkes Abwindfeld gerät.
- Bereits vor dem Einflug in schmale Täler deutlich über die Passhöhe steigen.
- Bei Windstille oder schwachem Wind auf die Passmitte zuhalten, an der Sonnenseite des Tals einfliegen.
- Bereits bei mäßigem Wind immer an der Luvseite des Tals bleiben.

4.7 Fliegen in großen Höhen

Maßnahmen:

- Sauerstoff spätestens ab 12.000 ft MSL nehmen, falls diese Höhe länger als 30 Minuten überschritten wird. Erste Mangelerscheinungen können bereits in Höhen von ca. 10.000 ft auftreten.
- Ab 13.000 ft (4.000 m) MSL grundsätzlich Sauerstoff nehmen.
- Bei verstopfter Nase, Schnupfen usw. auf Höhenflüge verzichten, weil der Druckausgleich im Mittelohr behindert ist.
- Größere Helligkeit in der Höhe führt zur Fehleinschätzung des Zeitpunkts für den Sonnenuntergang, die Landung mit dem amtlichen Sonnenuntergang planen.
- Zeit zum Abstieg einkalkulieren.
- Verschätzen in der Höhe beim Landeanflug einkalkulieren (Höhenmesser beachten!).
- Bei Wellenwetterlagen mit den typischen Linsenwolken schließen sich Föhnlücken beim Nachlassen der Windgeschwindigkeit oft sehr schnell: Sorgfältige Wetterbeobachtung bei Höhenflügen in den Bergen.

4.8 Dichter Verkehr

VOR- und NDB-Sender dienen für Luftfahrzeuge aller Art der Streckennavigation. In ihrer Nähe muss in allen Höhen mit verstärktem Verkehrsaufkommen gerechnet werden, da diese Sender meist als Wegpunkte angeflogen werden.

Maßnahmen:

- In der Umgebung von Funknavigationsanlagen besonders intensive Luftraumbeobachtung.
- Radarkontakt mit der Flugsicherung herstellen (Fluginformationsfrequenz).

4.9 Luftwirbel hinter größeren Flugzeugen

Luftwirbel von Großflugzeugen können sich minutenlang halten und Kleinflugzeuge wie welke Blätter herumwirbeln. Selbst etliche Kilometer hinter (beim Start auch unter) dem Flugzeug können sie noch gefährlich stark sein.

Maßnahmen:

- Die Bahn schneller oder schwerer Flugzeuge nicht in gleicher Höhe oder dicht darunter kreuzen.
- Horizontalen Abstand von 8 km und vertikalen Abstand von 300 m bei Großflugzeugen nicht unterschreiten, wenn die Bahn hinter ihnen gequert wird.
- Auch Hubschrauber im Schwebeflug erzeugen in weitem Umkreis gefährliche Wirbel.

4.10 Turbulenzen

Gerät man in wetterbedingte Turbulenzen oder in die Wirbelschleppen von Großflugzeugen, besteht die Gefahr der Überbeanspruchung des Flugzeugs und der Verlust der Steuerfähigkeit.

Maßnahmen:

- Fahrt verringern.
- Innerhalb der zugelassenen Manövergeschwindigkeit fliegen (grüner Fahrtmesserbereich).
- Anschnallgurte nachziehen.
- Harte Ruderausschläge vermeiden.

4.11 Gefahr durch Vogelschlag

Durch Vogelschlag können erhebliche Schäden an der Flugzeugzelle entstehen. Besonders gefährdet sind die Leitwerksflächen und die Cockpitscheibe, wenn sie nicht durch den Propellerkreis geschützt ist (z.B. bei Flugzeugen mit Druckpropeller). Aber auch die Flügelnase kann bis zum Holm durchschlagen werden. Besonders groß ist die Gefährdung im Frühjahr und im Herbst, wenn die Zugvögel in großen Scharen unterwegs sind.

Maßnahmen:

- Nicht auf Vogelschwärme zufliegen.
- Beim Starten mit aufgescheuchten Vögeln rechnen.
- Keine Ausweichbewegungen in der Start- und Landephase bei geringen Geschwindigkeiten.
- Landescheinwerfer auch beim Start einschalten.

4.12 Einbruch der Dunkelheit

Dauert ein Flug länger als geplant, oder hat man sich kurz vor Sonnenuntergang noch verflogen, dann darf mit der Landung nicht bis zum Einbruch der Dunkelheit gewartet werden.

Maßnahmen:

- Über Funk rechtzeitig Hilfe vom nächstgelegenen Flugplatz (das kann auch ein Militärplatz sein) erbitten und bei Wiedererlangen der Orientierung dort landen.
- Erkennt man, dass man keinen geeigneten Flugplatz mehr vor Einbruch der Nacht erreichen kann, bereitet man eine Sicherheitslandung auf einem geeigneten Gelände bei noch guten Lichtverhältnissen vor.
- Rechtzeitig zum Landen entschließen, solange alle Bodenmerkmale noch klar zu erkennen sind.

- Wenn keine Landung mehr bei Tageslicht möglich ist, über Funk mit der Flugsicherung Kontakt aufnehmen und sich mit Radarführung zu einem Flugplatz mit Nachtflugbetrieb führen lassen.

4.13 Kraftstoffvorrat knapp

Das Risiko gerade eben noch das Ziel erreichen zu können, darf in der Fliegerei nicht eingegangen werden. Nähern sich die geplanten Sicherheitsreserven aus irgendeinem Grund dem Ende, dann ist der Flug abzubrechen und ein Alternativ-Flugplatz anzusteuern, der mit einer ausreichenden Reserve erreichbar ist.

Maßnahmen:

- Triebwerkseinstellung für größte Reichweite wählen.
- Den nächsten Flugplatz anfliegen.
- Ist kein Flugplatz in Reichweite, rechtzeitig zu einer Sicherheitslandung auf einem geeigneten Gelände entscheiden. Rechtzeitig bedeutet, dass noch so viel Treibstoff vorhanden ist, dass die Landung mit Motorhilfe geplant und durchgeführt werden kann.

4.14 Defekte Heizung

Die Heizungen der meisten Flugzeuge werden durch die Warmluft gespeist, die von einer Ummantelung der Auspuffanlage in die Kabine geleitet wird. Bei Rissen oder Undichtigkeiten im Leitungssystem der Heizung können hochgiftige Abgase ins Cockpit gelangen und die Gesundheit der Insassen rasch beeinträchtigen. Besonders das nicht wahrnehmbare, geruchlose Kohlenmonoxid führt schon bei geringer Konzentration zu Benommenheit, Müdigkeit, Bewusstlosigkeit und Tod.

Maßnahmen:

- Schon beim Verdacht auf Abgase im Cockpit Heizung schließen.
- Rasch für eine gute Durchlüftung sorgen.
- Auf dem nächsten geeigneten Flugplatz landen.

4.15 Rauchen an Bord

Start und Landung gehören zu den kritischen Phasen des Flugs. Hier passieren auch die meisten Unfälle.

Maßnahme:

- Damit im Fall einer Störung oder eines Unfalls nicht auch noch eine zusätzliche Brand- oder Explosionsgefahr entsteht, darf während des Start- bzw. Landevorgangs nicht geraucht werden.

4.16 Bedrohung des Luftfahrzeugführers

Ein Passagier zwingt unter Androhung von Gewalt den Piloten zu einem Flug oder zu einer Kursänderung auf ein neues Ziel.

Maßnahmen:

- Den Forderungen so weit wie möglich nachkommen, um nicht größere Gefahren zu provozieren.
- Wenn möglich, den Transponder auf den für Entführung vorgesehenen Code 7-5-0-0 schalten.

4.17 Ansteuernde Militärflugzeuge

Wird man von einem militärischen Flugzeug oder einem Polizeihubschrauber abgefangen, dann hat man in der Regel etwas falsch gemacht.

Sofortmaßnahmen:

- Den Anweisungen unbedingt folgen *(siehe dazu Kapitel Luftrecht)*.
- Die nächste Flugverkehrskontrollstelle über Funk informieren.
- Über die Notfrequenz 121,500 MHz versuchen, Kontakt mit dem ansteuernden Flugzeug oder seiner Leitstelle aufzunehmen.
- Transponder auf 7-7-0-0 schalten.
- Im Zweifelsfall immer den Anweisungen des ansteuernden Flugzeugs folgen.

5 Steuerung

5.1 Versagen des Querruders oder des Seitenruders

Ursachen:

- Blockieren durch Fremdkörper im Bereich der Steuerungsanlagen.
- Beschädigte Seilzüge oder -stangen.
- Unsachgemäße Montage beim Aufrüsten.
- Fressen von Lagern.

Maßnahmen:

- Vorbeugung durch sorgfältige Vorflugkontrolle.
- Lagerfressen kündigt sich durch Schwergängigkeit an.
- Solange ein Ruder nicht in Extremstellung blockiert ist, kann mit dem anderen Ruder gegengesteuert werden. Im Seitengleitflug auf dem nächsten geeigneten Gelände landen.

5.2 Versagen des Höhenruders

Ursachen: wie bei Quer- und Seitenruder

Maßnahmen:

- Vorflugkontrolle zur Vorbeugung.
- Bleibt das Flugzeug in einem annähernd normalen Fahrtbereich, kann mit der Höhenrudertrimmung und mit der Variierung der Triebwerksleistung glatt gelandet werden.
- Leistungserhöhung bewirkt schwanzlastiges Moment, Leistungsrücknahme bewirkt kopflastiges Moment.
- Landeklappen, falls vorhanden, analog zum Höhenruder fahren.
- Auf dem nächsten geeigneten Flugplatz landen.
- Blockiert das Höhenruder, so dass die Fahrt nicht mehr kontrollierbar wird, bleibt nur der Fallschirmabsprung bzw. das Auslösen des Rettungssystems (falls vorhanden).

6 Instrumente, Geräte

6.1 Versagen bzw. Falschanzeige des Fahrtmessers

Bei Fehlanzeigen des Fahrtmessers kann entweder ein Verschluss des Staurohrs und/oder der statischen Druckleitung die Ursache sein. Beispielsweise können aufgeschlagene Insekten über das Staurohr in die Leitungen gelangen.

Maßnahmen:

- Fliegen nach dem gewohnten Horizontbild (Schnauze unter dem Horizont).
- Mit den gewohnten Drehzahlen fliegen.
- Beachten des Fahrtgeräuschs.
- Auf den gewohnten Steuerdruck achten.
- Möglichst bald landen und den Fehler beheben lassen.

Zu beachten:

Mit zunehmender Höhe zeigt der funktionstüchtige Fahrtmesser zu wenig an (TAS kleiner als IAS).

6.2 Fehlanzeigen des Höhenmessers

Reagiert der Höhenmesser auf Höhenänderungen nur sehr träge oder gar nicht, dann liegt das in der Regel an verstopften statischen Druckleitungen.

Maßnahmen:

- Höhe schätzen, wie bei den Platzflügen gelernt.
- Transponder- oder GPS-Anzeige (falls vorhanden) als Grobhöhenmesser verwenden.

6.3 Ausfall des Drehzahlmessers

Maßnahmen:

- Mit unveränderter Triebwerksleistung weiterfliegen.
- Drehzahl nach Motorengeräusch, Fahrtmesser und Variometer überwachen.
- Nach der Landung umgehend reparieren lassen.

6.4 Ausfall der pneumatisch angetriebenen Kreiselinstrumente

Kreiselinstrumente können mit elektrischem oder pneumatischem Antrieb ausgestattet sein. Die Aufschrift DC bedeutet elektrischer Antrieb mit Gleichstrom, AIR bedeutet Antrieb über einen Luftstrom. Mit dem Ausfall der Unterdruckpumpe (Suction Pump) fallen alle pneumatisch angetriebenen Instrumente aus. Das gilt auch beim Triebwerksausfall.

Maßnahme:

- Auf elektrisch angetriebene Geräte (falls vorhanden) zurückgreifen.
- Trainierte Verfahren anwenden.

6.5 Ausfall von elektrischen Geräten

Maßnahmen:

- entsprechende Sicherungen überprüfen, gegebenenfalls ersetzen bzw. wieder einschalten.
- Trainierte Verfahren anwenden.

6.6 Amperemeter im negativen Bereich

Ursache: Es wird mehr Strom entnommen als zugeführt. Die Batterie entleert sich also.

Maßnahmen:

- Prüfen, ob der Generator bzw. Alternator eingeschaltet ist, wenn nicht, dann einschalten.
- Ist der Generator bereits eingeschaltet, dann alle nicht benötigten elektrischen Geräte ausschalten.
- Strom sparen bis zur Landung, um dann wenigstens Landeklappen und Funk betreiben zu können.

6.7 Funkausfall

Maßnahmen:

- Transponder auf 7-6-0-0 schalten.
- Nicht in Kontrollzonen einfliegen. Wenn bereits Sprechverbindung bestand, nach der Landung auf einem nicht kontrollierten Flugplatz die Flugsicherungsdienststelle informieren.
- Nach dem genehmigten Einflug in eine Kontrollzone: wieder ausfliegen, sofern noch keine Landefreigabe erteilt wurde. Bei erteilter Landefreigabe auf Lichtzeichen achten, landen.
- Auf unkontrollierten Plätzen: verstärkte Luftraumbeobachtung, auf Sicht- und Lichtzeichen achten.
- Besteht die Vermutung, dass nur der eigene Empfänger ausgefallen ist, wichtige Mitteilungen als Blindmeldungen absetzen. Diese beginnen mit dem Wort **BLINDMELDUNG** (Transmitting blind) und werden jeweils zweimal gesprochen.

6.8 Versagen der Sauerstoffanlage in großen Höhen

Maßnahmen:

- Vergaservorwärmung einschalten, Leerlauf.
- Sofort maximalen Sinkflug mit allen Bremsen einleiten, ggf. Fahrwerk ausfahren.
- Mit höchstzulässiger Geschwindigkeit und großer Querneigung absteigen, dabei Fahrtmesserfehler berücksichtigen.
- Sich auf keinen Fall durch scheinbar körperliches Wohlbefinden dazu verleiten lassen, ohne Sauerstoffversorgung in größeren Höhen zu bleiben.

7 Triebwerk und Propeller

7.1 Schlechtes Anspringen des Triebwerks

Bei niedrigen Außentemperaturen und kaltem Triebwerk gelangt zunächst nicht genügend zündfähiges Gemisch in die Verbrennungsräume, weil ein Teil an den kalten Wänden wieder kondensiert.

Maßnahme:

- Anreichern des Gemischs vor dem Anlassen durch Einspritzen einer geringen Benzinmenge in die Ansaugschächte über die Handeinspritzpumpe (Primer) oder durch Pumpen mit dem Gashebel (nur bei Motoren mit Beschleunigerpumpe sinnvoll).

Bei heißer Außenluft und heißem Triebwerk tritt der umgekehrte Effekt ein: Das Gemisch kann durch rasches Verdampfen des Benzins zu fett werden, das Triebwerk »ersäuft«.

Maßnahmen bei Triebwerken mit elektrischem Anlasser und Gemischregelung:

- Anlassen bei voll gezogenem Gemischregler (ARM) und Gasstellung deutlich über Leerlauf.
- Erst beim Anspringen Gas zurücknehmen und Mixer langsam auf REICH stellen.

Maßnahmen bei Triebwerken ohne elektrischen Anlasser:

- Parkbremse setzen und/oder Bremsklötze vorlegen.
- Zündung aus.
- Gashebel auf Vollgas.
- Durch mehrfaches Rückwärtsdrehen des Propellers wird bei geöffneten Einlassventilen die überfettete Mischung über die offene Drosselklappe des Vergasers hinausgeschoben, bei geöffneten Auslassventilen dagegen wird Frischluft angesaugt.

Aber Vorsicht: Nicht alle Triebwerkssysteme vertragen ein Rückwärtsdrehen des Propellers. Daher: Handbuchanweisungen beachten!

7.2 Drehzahlabfall beim Magnetcheck zu groß

Je mehr Zündkerzen nicht die volle Leistung bringen, desto stärker ist der Drehzahlabfall, der sich unter Umständen gar nicht bemerkbar macht, wenn der Motor auf beiden Magneten (Stellung BOTH bzw. BEIDE) läuft.

- Nach längerem Standlauf in Leerlaufstellung können verrußte Zündkerzen wieder frei werden, wenn man das Triebwerk mit höherer Drehzahl laufen lässt und das Gemisch soweit verarmt, dass das Triebwerk gerade noch läuft.
- Tritt nach einem erneuten Magnetcheck immer noch unzulässiger Drehzahlabfall auf, dann ist das Flugzeug nicht lufttüchtig.

7.3 Kein Drehzahlabfall beim Magnetcheck

Beim Magnetcheck muss bei jedem einzeln geschalteten Zündmagneten ein Drehzahlabfall gegenüber der BOTH-Schaltung eintreten, andernfalls ist eine Masseverbindung unterbrochen. Folgende Schaltlogik ist zu beachten: Schaltet man auf MAGNET LINKS, wird der rechte abgeschaltet und umgekehrt. Fällt auf Stellung LINKS die Drehzahl nicht ab, dann ist auch der rechte Magnet aktiv!

Maßnahmen:

- Flugzeug unklar melden, Reparatur notwendig, Propeller nicht von Hand durchdrehen.
- Warntafel an den Propeller hängen!
- Defekt ins Bordbuch eintragen, dem Halter melden, erst nach erfolgreicher Reparatur starten.

7.4 Vergaserbrand

Beim Anlassen des Triebwerks nach mehreren Fehlversuchen mit zusätzlicher Benzineinspritzung kann es zu einem Zurückschlagen der Flammen durch die Auslassventile kommen, wenn sich überschüssiges Benzin in den Auspuffrohren entzündet hat. Ein Vergaserbrand ist die Folge, den man aus dem Cockpit heraus anfangs gar nicht bemerkt.

Maßnahmen:

- Beim Anlassen eines Triebwerks immer einen Feuerlöscher in greifbarer Nähe halten.
- Anlasser weiterlaufen lassen, damit die Flammen nach innen in die Verbrennungsräume gesaugt werden, wo sie hingehören.
- Nach dem Anspringen Gas geben und Brandhahn schließen, Zündung aus.
- Erlischt ein Brand nicht von selbst, aussteigen und löschen.
- Nach dem Stillstand Motorraum auf Schäden untersuchen.

7.5 Brand bei laufendem Motor

Fängt ein laufender Motor an zu brennen, dann läuft irgendwo Treibstoff aus.

Maßnahmen am Boden:

- Brandhahn schließen.
- Triebwerk mit dem Zündschalter sofort abstellen.
- Hauptschalter AUS.
- Flugzeug am Boden wegen drohender Explosionsgefahr schnell verlassen.

Maßnahmen in der Luft:

- Nach Anweisungen des Flughandbuchs vorgehen.

Standardmaßnahmen sind:

- Heizung abstellen.
- Brandhahn zu.
- Vollgas (um möglichst viel vom Resttreibstoff zu verbrennen).
- Zündung aus.
- Wenn der Motor steht, durch Seitengleitflug die Flammen so weit wie möglich vom Rumpf weg halten.
- Schnelle Notlandung einleiten.
- Wenn möglich Notmeldung absetzen.
- Transponder zur schnellen Standortbestimmung auf den für Notlagen vorgesehenen Code 7-7-0-0 schalten.

7.6 Einsatz von Feuerlöschern

Ein Brand am Flugzeug sollte immer mit einem dafür vorgesehenen Feuerlöscher bekämpft werden. In der Luftfahrt sind das mit Halonen gefüllte Löscher, die für alle Brandklassen geeignet sind. Geht man zu nahe an den Brand heran, kann der Löschstrahl die Glut auseinanderstieben, wodurch weitere Brände entfacht werden können. Geht man zu weit weg, wird der Löscherfolg geringer.

Maßnahmen:

- Möglichst weit von unten aus einem Abstand von 1,5 bis 2 m den Brandherd bekämpfen.
- Wasser ist weniger geeignet, weil ausgelaufenes, brennendes Benzin auf dem Löschwasser schwimmend weiter brennen kann.

7.7 Verlust des Öldrucks

Der Öldruck sinkt, wenn Unterbrechungen im Ölkreislauf auftreten. Meist ist Ölmangel die Ursache. Treten Ölfäden auf den Scheiben oder am Flügel auf oder entwickelt sich weißer Qualm, dann tritt Öl aus dem Triebwerk aus. Mit dem Ausfall des Triebwerks ist zu rechnen.

Maßnahmen:

- Öltemperatur und Öldruck beobachten.
- Bei sinkendem Öldruck und steigender Öltemperatur steuert man den nächstgelegenen Flugplatz an.
- Über landbarem Gelände bleiben.
- Notlandung einplanen.

- Landen, bevor die Öldruckanzeige den unteren roten Strich erreicht.
- Geht die Anzeige des Öldruckmessers plötzlich ganz auf Null zurück, bleibt aber die Öltemperatur konstant, dann besteht die Wahrscheinlichkeit, dass nur das Anzeigegerät defekt ist. Trotzdem sollte die Öltemperatur kritisch überwacht und so bald wie möglich gelandet werden, um den Fehler beheben zu lassen.

7.8 Hohe Zylinderkopftemperatur

Die Zylinderkopftemperatur (CHT) erreicht kritisch hohe Werte, wenn beim Steigflug mit großem Anstellwinkel und geringer Fahrt geflogen wird. Es strömt dann nicht mehr genügend Kühlluft über die Zylinder.

Maßnahmen:

- Anstellwinkel durch Nachgeben des Höhenruders verkleinern und die Fahrt dabei erhöhen.
- Steigflug ohne die Leistung zu reduzieren flacher fortsetzen oder abbrechen.
- Gemisch voll REICH einstellen.
- Kühlklappen (falls vorhanden) voll öffnen.

7.9 Motorschaden im Flug

Mechanische Motorschäden bringen immer ungewöhnliche Nebengeräusche mit sich. Prasselndes Hämmern im Triebwerk hat seine Ursache in gebrochenen Teilen, die unkontrolliert hin und her geschlagen werden. Mit plötzlichem Stillstand des Triebwerks ist zu rechnen.

Maßnahmen:

- Gas zurücknehmen.
- Notlandung vorbereiten.
- Bei starkem Schütteln das Triebwerk sofort abstellen.

7.10 Unwucht des Propellers

Eine starke Unwucht des Propellers tritt ein, wenn Teile der Luftschraube abbrechen. Unerkannte bzw. unbeseitigte Vorschäden wie Kerben oder Risse sind meist die Ursache dafür. Die Unwucht erzeugt starkes Rütteln des Triebwerks, das zur Beschädigung der Aufhängungen und bei weiterer Belastung zum Herausfallen des Triebwerks führen kann.

Maßnahme:

- Triebwerk sofort abstellen und Notlandung durchführen.

8 Navigation

8.1 Kennung von Funknavigationsanlagen

Die akustischen Kennungen der VOR- und NDB-Sender dienen zur eindeutigen Identifizierung einer Navigationsanlage. Ist keine Kennung zu hören, dann ist die Station nicht in Reichweite oder defekt.

Maßnahme:

- Keine Funknavigationsanlage ohne Kennung zur Navigation verwenden.

8.2 Verhalten bei Orientierungsverlust

Maßnahmen:

- An den zuletzt mit Sicherheit erkannten markanten Punkt erinnern und den ungefähren Raum abschätzen, in dem man sich befinden müsste.
- Positionsbestimmung mit Hilfe der Funknavigationsgeräte durchführen.

- **Auffanglinien** anfliegen.
- Reichen die eigenen Fähigkeiten nicht mehr aus, fordert man rechtzeitig Hilfe über Funk auf der nächsten Fluginformationsfrequenz an, insbesondere wenn der Einbruch der Nacht, Kraftstoffmangel oder Wetterverschlechterung drohen.
- Keine Scheu vor Kontaktaufnahme mit der militärischen Flugsicherung auf der Towerfrequenz 122,100 MHz.

8.3 Flug entlang von Leitlinien

Fliegt man bei schlechten Witterungsbedingungen in niedriger Höhe entlang einer Leitlinie (Autobahn, Eisenbahn usw.), muss man in bergigem Gelände damit rechnen, dass solche Verkehrswege unvermittelt in Tunnels oder bei ansteigendem Gelände in aufliegende Wolken oder Hochnebel führen. Eine unkontrollierte Bodenberührung endet in solchen Fällen immer in einem Absturz bzw. Aufschlag.

Maßnahmen:

- Umdrehen bei Unterschreitung des Sichtflugmindestbedingungen.
- Sorgfältige Kleinnavigation mit allen zur Verfügung stehenden Mitteln durchführen.

9 Wetter

9.1 Unbeabsichtigtes Einfliegen in Wolken

Ohne ausreichende Übung im Flug nach Instrumenten geht schon kurze Zeit nach dem Einflug in eine Wolke die Kontrolle über das Fluggerät verloren.

Maßnahmen:

- Standard-180°-Umkehrkurve nach künstlichem Horizont oder Wendezeiger fliegen.
- Bei starken Aufwinden, Gas raus, Leerlauf, im grünen Fahrtmesserbereich bleiben.
- Keinen Sinkflug ohne Sicht nach außen zulassen, wenn nicht ausreichend Höhe über Grund sichergestellt ist.

9.2 Schlechte Sicht voraus

Gegen die Sonne oder über weiten ebenen Flächen, wenn der Horizont im Dunst verschwimmt, wie es vor allem beim Fliegen über Wasserflächen vorkommt, geht die Flugsicht stark zurück und man verliert den Bezug zur Fluglage, was im Sichtflug eigenartige Gefühle auslöst.

Maßnahme:

- Zur besseren Kontrolle der Fluglage den künstliche Horizont verwenden.

9.3 Flüge über geschlossenen Wolkendecken

Maßnahmen:

- Radarkontakt mit der Flugsicherung aufnehmen.
- Fällt die Funknavigation aus, dann muss unter terrestrischen Sichtflugbedingungen weitergeflogen werden.
- Flugsicherung über den Geräteausfall informieren.
- Sind am Zielflugplatz mit großer Wahrscheinlichkeit keine Sichtflugbedingungen gegeben, umdrehen und unter Beachtung der Mindestsichtbedingungen für den benützten Luftraum unter die Wolkendecke sinken.
- Radarführung anfordern.

9.4 Durchfliegen einer Warmfront

Beim Durchfliegen einer Warmfront wird man mit immer tiefer absinkender Bewölkung konfrontiert, die in der Regel im Bergland aufliegt und außerdem ausgiebige Niederschläge, gelegentlich auch Gewitter produziert. Sichtrückgang im Niederschlag und immer tiefere Wolkenuntergrenzen zwingen den Piloten, immer tiefer zu fliegen. Beim Einflug in die Wolken kommt es bei Piloten ohne Blindflugerfahrung trotz vorhandener ausreichender Instrumentierung zu Orientierungsverlust und rascher räumlicher Desorientierung, die in der Regel in einem Absturz endet.

Maßnahme:

- Rechtzeitiges Umkehren (bevor die Sichtflugbedingungen unterschritten werden!) vor einer aktiven Front ist die einzige richtige Maßnahme für VFR-Piloten.

9.5 Verlust der Sichtflugbedingungen

Auf Überlandflügen können die Wetterbedingungen unter die entsprechenden Sichtflugminima fallen. Die schlechteste Sicht ist in Schneeschauern zu erwarten. Hier kann sie bis auf Null zurückgehen. Aber auch der abendliche Bodennebel kann sich schnell über dem Gelände ausbreiten, wenn die Lufttemperatur sich dem Taupunkt annähert, und eine Landung nach Sicht unmöglich macht.

Maßnahmen:

- Umfassende Wetterberatung zur Vorbeugung.
- Wenn die Sichtflugbedingungen nicht mehr gegeben sind und das Schlechtwettergebiet nicht verlassen werden kann, geeignetes Gelände suchen und Sicherheitslandung mit Motorhilfe durchführen.
- Bodennebel entsteht nicht überall gleichzeitig, rechtzeitig zur Landung in nebelfreiem Gelände entschließen.
- Funk- bzw. Radarhilfen anfordern, z. B. QDM zum Anfliegen des nächsten Flugplatzes.

9.6 Rückgang der Sicht

Bei Sichtrückgang unter die Sichtflugmindestbedingungen muss in Gebiete mit ausreichenden Bedingungen ausgewichen werden.

Maßnahmen:

- VFR-Flug abbrechen und auf dem nächst gelegenen Flugplatz landen.
- Verschlechtern sich die Bedingungen derart, dass auch der nächst gelegene Flugplatz nicht mehr erreicht werden kann, sucht man sich rechtzeitig ein geeignetes Gelände aus und führt eine Sicherheitslandung durch.
- Lokale Schauer mit schlechten Sichten können meist umflogen oder abgewartet werden.
- Landeanflug abbrechen, wenn keine Sichtflugmindestbedingungen gegeben sind.

9.7 Vereisung

Bei einem Flug durch unterkühlten Regen oder bei entsprechender Luftfeuchtigkeit oberhalb der Nullgradgrenze tritt Eisansatz an den Stirnflächen des Flugzeugs (Flügel- und Leitwerknasen, Antennen, Staurohr, Cockpitfenster, Propeller) mit zunehmender Beeinträchtigung der aerodynamischen Verhältnisse auf: Der Auftrieb nimmt ab, der Widerstand nimmt zu. Die einfachen einmotorigen Flugzeuge haben in der Regel keine Enteisungsanlagen.

Maßnahmen:

- Staurohrheizung einschalten (falls vorhanden).
- Kabinenheizung voll öffnen.
- Heizluftstrom auf die Windschutzscheibe lenken (Defroster-Stellung).
- Bei vereister Haube Fluglagekontrolle nach dem künstlichen Horizont oder dem Turn Coordinator.

- Rasch sinken in wärmere Luftschichten oder durchsteigen der Vereisungszone.
- Mit höherer Mindestgeschwindigkeit, schlechterer Steig- und Reiseleistung rechnen.

9.8 Vergaservereisung

Vergaservereisung kann je nach Wetterbedingungen zwischen +20 °C(!) und einigen Graden unter Null auftreten (gelber Bereich im Vergaserthermometer). Sie kündigt sich durch abnehmenden Ladedruck (Verstellpropeller) bzw. Drehzahlabfall (starre Luftschraube) und rauen Motorlauf an.

Maßnahmen:

- Bei unsicheren Wetterlagen bereits bei Verdacht die Vergaservorwärmung betätigen. Steigt die Drehzahl nach einigen Sekunden nicht an, lag keine Vereisung vor.
- Bei eingetretener Vergaservereisung die Vorwärmung voll ziehen, dabei die Gashebelstellung nicht ändern. Auf keinen Fall mit dem Gashebel »pumpen«, da das Gemisch sonst noch weiter überfettet wird.
- Gemisch eventuell abmagern.
- Vorwärmung gezogen lassen, bis die Drehzahl normale Werte erreicht hat.
- Bei häufigem Auftreten den Flug mit eingeschalteter Vorwärmung fortsetzen.
- Beim Rollen die Vergaservorwärmung ausschalten.

9.9 Fliegen im Regen

Alle Beläge auf der Flügeloberfläche sind leistungsmindernd. Gleichzeitig ist damit eine Erhöhung der Mindestgeschwindigkeit verbunden. Außerdem ist durch den Niederschlag selbst, sowie durch die abperlenden Wassertropfen an der Haube mit erheblicher Sichtverschlechterung zu rechnen.

Maßnahmen:

- Konzentrierte Luftraumbeobachtung.
- Schlechtwetterfenster beim Landeanflug öffnen.
- Vor dem Wiederstart Zelle abledern, auf eingedrungenes Wasser kontrollieren, austrocknen.

9.10 Durchfliegen von Scherflächen

Liegt über einer Luftschicht eine zweite mit anderer Windrichtung und/oder Windstärke, so ist beim Durchfliegen der Übergangsschicht (Scherungszone) nicht nur mit Turbulenzen, sondern auch mit Fahrtänderungen zu rechnen. Besonders beim Start mit Gegenwind ist der Fahrtverlust tückisch, wenn in der darüber liegenden Luftschicht eine entgegengesetzte Windkomponente auftritt. Im Sinkflug tritt umgekehrt der gleiche Effekt auf. Inversionslagen sind – besonders in Bodennähe und bei kräftigen Höhenwinden – in dieser Beziehung risikobehaftet.

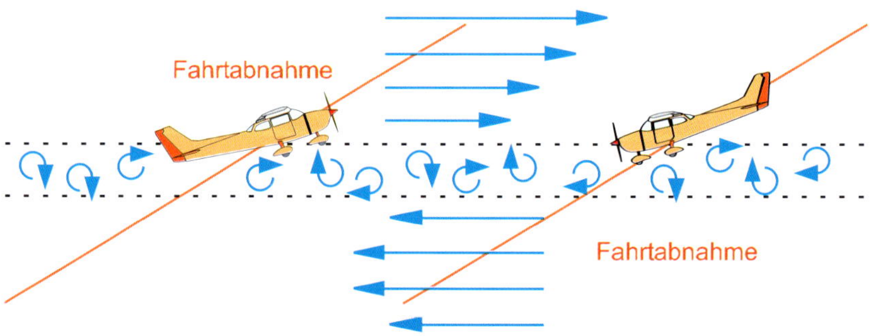

Abb. 1: Fahrtverlust beim Durchqueren von Scherflächen

Eine ähnliche Erscheinung tritt ein, wenn man aus Höhen größerer Windgeschwindigkeit in die durch die Bodenreibung verlangsamte Luft gleitet. Besonders in windgeschützten Landeflächen

(Waldlichtungen, Senken o. Ä.) kann es zu gefährlichen Fahrtverlusten in Bodennähe kommen, wenn beim Anflug zunächst kräftiger Gegenwind herrschte *(siehe Abb. 2)*.

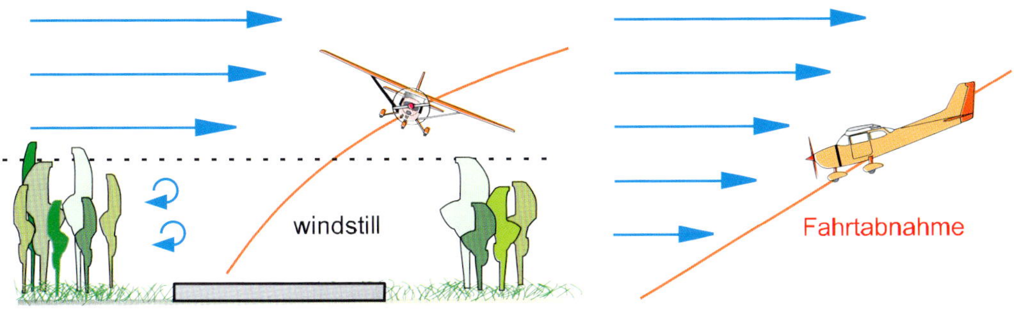

Abb. 2: Gefahr bei Scherwinden

Maßnahmen:

- Bei Verdacht auf Scherungszonen (z. B. bei Inversionslagen) mit größerer Fahrtreserve fliegen.
- Fahrtmesseranzeige beachten.
- Mit Durchsacken in Bodennähe rechnen.

9.11 Gewitter

In Gewitterfronten oder in lokale Wärmegewitter darf auf keinen Fall eingeflogen werden. Die Gefahren durch Hagel, Turbulenzen und Sichtverlust in den Niederschlagszonen sind zu groß. Blitze in geringer Entfernung können minutenlange Blendung mit der damit verbundenen Hilflosigkeit bei der Flugüberwachung verursachen, wenn weder Gelände noch Instrumente klar erkannt werden können. Aber auch schon in der Nähe von Gewittern ist mit starken Böen und mit abrupten Änderungen von Windrichtung und -stärke zu rechnen.

Maßnahmen:

- Lokale Gewitter umfliegen.
- Vor gewittrigen Fronten rechtzeitig landen, mit Turbulenzen und Windsprüngen rechnen, Flugzeug sichern, Wiederstart erst nach Frontdurchgang.
- Hagelzonen meiden, sie bilden eine Hauptgefahr.
- Beim ersten Auftreffen von Hagelkörnern, sofort Fahrt reduzieren, mit 180°-Kurve umkehren.
- Gewitterentladungen stören Kompass, Funk und ADF, mit Ausfällen rechnen.
- Mit Sichtverlust durch starke Niederschläge rechnen.

10 Beim Landen

10.1 Fahrwerk defekt

Maßnahmen:

- Bei einseitigem Defekt (geplatzter Reifen, verlorenes Rad, nicht ausgefahrenes Bein) Einbeinlandung durchführen.
- Flugplatz mit Landebahn in Windrichtung auswählen, um die Aufsetzgeschwindigkeit so gering wie möglich zu halten.
- Anflug und Aufsetzen mit hängendem Flügel auf der Seite des intakten Fahrwerkbeins.
- Wie im Seitengleitflug mit dem entgegengesetzt ausgetretenen Seitenruder die Richtung halten.
- Beim Überflug über die Schwelle Hauptschalter und Zündung AUS. Aufsetzen mit Mindestfahrt.
- Mit abnehmender Geschwindigkeit Ruderausschläge vergrößern, um das defekte Fahrwerksbein so lange wie möglich vom Boden weg zu halten.

10.2 Versagen des Einziehfahrwerks

Maßnahmen:

- **Notfall-Checkliste aus dem Flughandbuch benützen.**
- Zur Vermeidung von Beschädigungen der Fahrwerksklappen Fahrwerk – wenn möglich – ganz einfahren.
- Bauchlandung auf Gras o. Ä. vorsehen.
- Mit Mindestfahrt aufsetzen.
- Tiefer liegende Flügelspitzen beachten!

10.3 Landeklappen lassen sich nicht bewegen

Maßnahmen:

- Bei Landeklappen mit elektrischem Antrieb Sicherung überprüfen.
- Zum Landeanflug Mindestfahrt ohne Klappen mal 1,3 einnehmen.
- Flacher als üblich anfliegen.
- Überschüssige Höhe oder Fahrt durch Seitengleitflug abbauen.
- Bis zum Abfangbogen im grünen Fahrtmesserbereich bleiben.
- Mit längerem Ausschweben und längerer Rollstrecke rechnen.

10.4 Zu frühes Aufsetzen

Das Aufsetzen erfolgt im Normalfall bei Mindestgeschwindigkeit, so dass nach dem Berühren der Räder und Leerlaufstellung des Triebwerks kein Abheben mehr erfolgen kann. Bei zu hoher Aufsetzgeschwindigkeit liegt die Schnauze des Flugzeugs zu tief, so dass bei einem Dreibeinfahrwerk u. U. sogar zuerst das Bugrad den Boden berührt. Bei Bahnunebenheiten oder auch bei nur geringfügig hartem Aufsetzen springt das Flugzeug wieder in die Luft. Wer jetzt nachdrückt, um es an den Boden zwingen zu wollen, programmiert eine Bruchlandung vor, weil der nächste Aufsetzer in noch steilerer Lage erfolgt usw.

Maßnahmen:

- Anflugfahrt mit dem Fahrtmesser kontrollieren.
- Schon nach dem ersten Wegspringen sofort Vollgas geben und flache Steigfluglage einnehmen.
- Nur bei ausreichender Restlänge der Piste einen zweiten Landeversuch vornehmen.
- Bei kurzen Pisten sofort durchstarten.

10.5 Nasse Landebahn

Maßnahmen:

- Mit ausgefahrenen Landeklappen und Motorleistung anfliegen.
- Bei kurzen Pisten am Anfang der Landebahn mit Mindestfahrt aufsetzen.
- Verringerte Bremswirkung einkalkulieren.
- Mit längerer Ausrollstrecke rechnen.
- Bei nasser Grasbahn und Seitenwind mit seitlichem Wegschlittern rechnen.
- Blockieren der Radbremsen vermeiden.

10.6 Landung auf Schnee

Das Landen auf einer schneebedeckten Piste erfordert besondere Aufmerksamkeit, weil man die Höhe über der Bahn beim Abfangen oft nur schlecht abschätzen kann.

Maßnahmen:

- In einem flachen Winkel mit Gas und ausgefahrenen Klappen anfliegen.
- Etwas Leistung bis zum Aufsetzen stehen lassen und die Schnauze im Abfangbogen nur mäßig hoch nehmen.

- Bei Bodenberührung Gas stehen lassen und Schnauze hoch nehmen, ohne wieder abzuheben.
- Bei Seitenwind mit seitlichem Wegschieben rechnen, Gegensteuern mit Gas und Seitenruder.
- Mit starker Bremswirkung bei frischem Schnee rechnen.
- Mit wenig oder fast keiner Bremswirkung auf festem Schneebelag rechnen.
- Höhenruder beim Rollen voll gezogen halten.

10.7 Landung auf einem Plateau

Liegt die Landebahn unmittelbar am Rand einer Hochfläche, dann ist mit erhöhten Reserven anzufliegen:

Maßnahmen:

- Aufsetzpunkt nicht unmittelbar am Rand der Hochfläche wählen.
- Mit Höhenreserve bis zum Aufsetzpunkt anfliegen.
- Fahrtreserve beibehalten wegen eventueller Leewirkung.

10.8 Landung auf unebener Piste oder auf weichem Untergrund

Maßnahmen:

- Günstige Geländelinie aussuchen.
- Möglichst mit maximaler Gegenwindkomponente anfliegen.
- Landeklappen voll ausfahren, um die Mindestgeschwindigkeit so klein wie möglich zu halten.
- Anschnallgurte fest ziehen.
- Mit Motorleistung, wenn möglich flach anfliegen.
- Geringstfahrt beim Aufsetzen.
- Schnauze so lange wie möglich hoch halten, um die Überschlagsgefahr zu minimieren.
- Mit Wegknicken von Bugrad und Fahrwerk rechnen.
- Nach starken Landestößen das Flugzeug eingehend auf Beschädigungen kontrollieren.

10.9 Landung bei böigem Wind

In böiger oder turbulenter Luft treten immer Fahrtschwankungen auf, da sich bei Böen die Windstärken schnell ändern. Heftige Böen sind immer beim Durchgang einer Kaltfront und bei Gewittertätigkeit zu erwarten.

Maßnahmen:

- Mit erhöhter Fahrt und Höhenreserve anfliegen, um eventuelles Durchsacken ausgleichen zu können.
- Faustregel für die Anflugfahrt:
  Sichere Anfluggeschwindigkeit plus halbe Geschwindigkeit der Spitzenböen.
- Mit Fahrtschwankungen rechnen.
- Mit ungewollten Fluglageänderungen rechnen.
- Energische Fluglagekorrekturen in Bodennähe vornehmen.

10.10 Landung bei starkem Gegenwind

Maßnahmen:

- Anflug mit Motorleistung, Klappen nicht voll ausfahren.
- Anflugfahrt etwa um die halbe Windgeschwindigkeit erhöhen.

  Faustregel: Normale Anflugfahrt plus halbe Windgeschwindigkeit, aber nicht mehr als 15 kt.

- In Bodennähe das Nachlassen der Windgeschwindigkeit berücksichtigen.
- Anflugbahn steiler als normal wählen.

10.11 Landung bei starkem Seitenwind

Maßnahmen:

- Landeanflug mit entsprechend großem Vorhaltewinkel.
- Bei Seitengleitflug mit hängender Fläche in den Wind slippen.
- Schnauze kurz vor dem Aufsetzen in Landerichtung drehen.
- Flügel rechtzeitig horizontal nehmen.
- Beim Ausrollen mit dem Windfahneneffekt rechnen, der das Flugzeug mit der Schnauze in den Wind zu drehen versucht.
- Die nachgewiesene Seitenwindkomponente laut Handbuch beachten. Für die meisten Flugzeuge sind das 20 kt bei 90° Seitenwind; darüber sind überdurchschnittliche Fähigkeiten des Piloten gefragt.

Eine kleine Hilfe zur Bestimmung, bei welchem Wind die Seitenwindkomponente 20 kt erreicht:

Windwinkel zur Piste	Windgeschwindigkeit mit 20 kt Seitenwindkomponente
0°	–
30°	40 kt
45°	28 kt
60°	23 kt
90°	20 kt

10.12 Landung mit Rückenwind

Rückenwindlandungen sind auf Flugplätzen mit Hanglage, aber auch bei tief stehender Sonne sinnvoll, wenn man dadurch den Gefahren durch die Blendwirkung und die Haubenreflexionen vermeiden will. Geeignetes Gelände (eben oder ansteigend) ist allerdings Voraussetzung.

Maßnahmen bei ebener Piste:

- Landeanflug länger als gewohnt ansetzen.
- Flachere Anflugbahn als normal wählen, sofern die Hindernislage das zulässt.
- Mit vollen Klappen und entsprechender Triebwerksleistung den flacheren Gleitweg einhalten.
- Überfahrt vermeiden.
- Zum frühest möglichen Zeitpunkt aufsetzen.
- Längere Ausrollstrecke einkalkulieren.

Maßnahmen bei stark ansteigender Piste, z. B. auf einem Gebirgsflugplatz oder bei einer Außenlandung:

- Mit Normalfahrt in flacher Gleitbahn auf den Pistenanfang zielen.
- Entsprechend dem Gelände zügig abfangen.
- Triebwerksleistung zum Rollen hangaufwärts entsprechend erhöhen.

10.13 Durchstarten

Maßnahmen:

- Bei Fehlanflügen rechtzeitig zum Durchstarten entschließen.
- Halbbahnmarkierung als Entscheidungshilfe nehmen.
- Volle **Leistung** setzen (zuerst Vollgas, dann Vergaservorwärmung kalt) und dabei
- die Lastigkeitsänderung durch entsprechendes **Drücken** des Höhenruders ausgleichen.
- **Klappen** langsam bis auf Startstellung **einfahren** und dabei
- die Lastigkeitsänderung durch entsprechendes **Ziehen** des Höhenruders ausgleichen.

10.14 Sicherung abgestellter Flugzeuge

Durch heftige Böen und starke thermische Ablösungen ist schon manches Luftfahrzeug zerstört worden, weil es nicht sachgemäß abgestellt oder transportiert wurde.

Maßnahmen bei Sturmstärke:

- Beim Abstellen Schwanz in den Wind.
- Höhenruder in gedrückter Stellung fixieren.
- Seitenruder mit einer Schere gegen Umschlagen sichern.
- Beim Transport mit dem Schwanz gegen den Wind ziehen, an jedes Flügelende eine Person zum Sichern gegen ungewolltes Drehen.

Merke: Luftfahrzeuge niemals ohne ausreichende Bewachung oder Verankerung bei starkem Wind allein lassen!

11 Außenlandungen (Sicherheitslandung und Notlandung)

Unterschied zwischen Notlandung und Sicherheitslandung:

- Eine **Sicherheitslandung** wird zur Vermeidung einer größeren Gefahr oder zur Hilfeleistung **absichtlich** vom Piloten durchgeführt. Er kann den Zeitpunkt der Landung selbst wählen. Ein **Wiederstart** bedarf **keiner Genehmigung**.
- Eine **Notlandung** wird erforderlich, wenn die Landung durch äußere Umstände erzwungen wird, der Pilot also keinen Einfluss mehr auf den Zeitpunkt zur Einleitung des Landevorgangs hat. Für einen **Wiederstart** ist die **Genehmigung** der Luftfahrtbehörde des betreffenden Landes einzuholen.

Für alle unplanmäßigen Außenlandungen gilt:

- Funkspruch auf der aktuellen Frequenz oder der Notfrequenz 121.500 MHz absetzen.
- Transponder auf Notfallcode 7-7-0-0 schalten.

11.1 Sicherheitslandung mit laufendem Triebwerk

Maßnahmen:

- Rechtzeitig zur Landung entschließen.
- Genügend großes Feld mit freiem Anflug aussuchen.
- Frisch bearbeitete oder abgeerntete Flächen sind Weidegelände oder Feldern mit reifem Anbau vorzuziehen.
- Anflugbereich nach Hindernissen absuchen.
- Landeanflug möglichst gegen den Wind planen.
- Falls noch ausreichend Zeit bleibt, Landefläche überfliegen und auf Eignung überprüfen.
- Landeeinteilung wie verkürzte Platzrunde.
- Endteil genügend lang anlegen.
- Anflug mit Motorleistung und voll ausgefahrenen Landeklappen.
- Anschnallgurte festziehen bzw. überprüfen.
- Nach dem Aufsetzen: Brandhahn zu, Zündung aus, Hauptschalter aus.
- Landerollstrecke durch kontrolliertes Bremsen so kurz wie möglich halten.

Eine Landung auf einem Flugplatz **außerhalb der Betriebszeiten** ist als Sicherheitslandung möglich, sollte jedoch dem Eigentümer des Geländes gemeldet werden. Beim Wiederstart können dann auch die Passagiere weiterbefördert werden.

11.2 Notlandung mit stehendem Triebwerk

Maßnahmen:

- Größte freie Fläche suchen.
- Anschnallgurte festziehen bzw. überprüfen.
- Brandhahn zu, Zündung aus, Hauptschalter aus.
- Anflugfahrt für bestes Gleiten einhalten.
- Klappen erst dann setzen, wenn man sicher ist, den gewählten Aufsetzpunkt zu erreichen.
- Landerollstrecke durch kontrolliertes Bremsen so kurz wie möglich halten.

11.3 Außenlandung in bergigem Gelände

Maßnahmen:

- Grundsätzlich hangaufwärts landen.
- Anflug mit voll ausgefahrenen Klappen, bei laufendem Triebwerk Schleppgaslandung.
- Mit etwas erhöhter Fahrt gegen den Hang anfliegen und je nach Hangneigung durch zügiges Ziehen die Flugbahn der Hangkontur anpassen.
- Mit erhöhtem Fallen durch eventuelle Leewirkung am Berg rechnen.
- Mit nur kurzem Ausschweben rechnen.
- Rückwärtsrollen durch rechtzeitiges Rollen einer Kurve und anschließendem Bremsen verhindern.
- Lieber eine Rückenwindlandung als eine Landung hangabwärts riskieren!

11.4 Außenlandung in hohem Bewuchs (Korn, Buschwerk, Wald)

Maßnahmen:

- Fahrwerk ausfahren.
- Anschnallgurte nachziehen.
- Landeklappen voll ausfahren.
- Wipfel bzw. Kornspitzen als Boden betrachten.
- Mit Geringstfahrt aufsetzen.
- Bremsklappen (falls vorhanden) erst unmittelbar vor dem Aufsetzen voll ausfahren.
- Auf starke Bremswirkung gefasst sein.

11.5 Notwasserung

Maßnahmen:

- Funkspruch absetzen.
- Bei Flugzeugen mit Einziehfahrwerk: Fahrwerk nicht ausfahren.
- Anschnallgurte nachziehen.
- Kabinentür bzw. Kabinenhaube entriegeln, aber nicht vor dem Stillstand öffnen.
- Parallel zum Ufer gegen den Wind anfliegen.
- Mit Mindestfahrt und ausgefahrenen Landeklappen aufsetzen.
- Mit starker Bremswirkung und Unterschneiden der Wasseroberfläche rechnen.
- Aussteigen, solange das Luftfahrzeug noch schwimmt.
- Schwimmwesten (falls vorhanden) erst nach dem Verlassen des Luftfahrzeugs aufblasen.

11.6 Große Neigung der Landefläche

Die Neigung eines Landefelds lässt sich von oben nur schwer beurteilen. In hügeligem Gelände kann man immer davon ausgehen, dass die Landebahn irgendeine Neigung aufweist.

Maßnahmen:

- Klappen voll ausfahren.
- Bei laufendem Triebwerk flacher Anflug mit Motorleistung.

- Im letzten Teil des Endanflugs 1,2-fache Mindestgeschwindigkeit einnehmen.
- Nicht ausschweben lassen, sondern Radlandung mit weichem Aufsetzen durchführen (geübt?).
- Landeklappen (nicht die Störklappen) nach dem Aufsetzen zwecks besseren Bodenkontakts einfahren.
- Radbremse sofort nach Bodenberührung einsetzen, jedoch nicht blockierend, bei Spornradflugzeugen Höhenruder entsprechend ziehen, um einen Kopfstand zu vermeiden.
- Bei ausreichend geringer Geschwindigkeit voll ziehen und damit den Widerstand vergrößern.

11.7 Flugzeug mit Einziehfahrwerk: Mit oder ohne Fahrwerk landen?

In schwierigem Gelände kann es gelegentlich von Vorteil sein, das Fahrwerk zur Landung nicht auszufahren. Eine generelle Aussage lässt sich aber nicht treffen. Im Falle einer harten Landung oder steinigem Untergrund (z. B. bei einer Landung in einem trockenen Flussbett) nimmt ein ausgefahrenes Fahrwerk einen Teil der Aufprallenergie auf und bietet dadurch den Insassen in der Regel einen zusätzlichen Schutz.

Eingefahren lässt man das Fahrwerk in Fällen, wo der glatte Rumpf besser über Unebenheiten rutschen kann. Steht beispielsweise nur eine Wiese mit kurz aufeinander folgenden Entwässerungsgräben zur Landung zur Verfügung, brächte das ausgefahrene Fahrwerk erhebliche Belastungen, wenn es in einen Graben eintauchen würde.

11.8 Überfliegen von Hindernissen

Sind kurz vor dem Landefeld noch Hindernisse zu überfliegen, so sollte man von vornherein einen steileren Anflug planen.

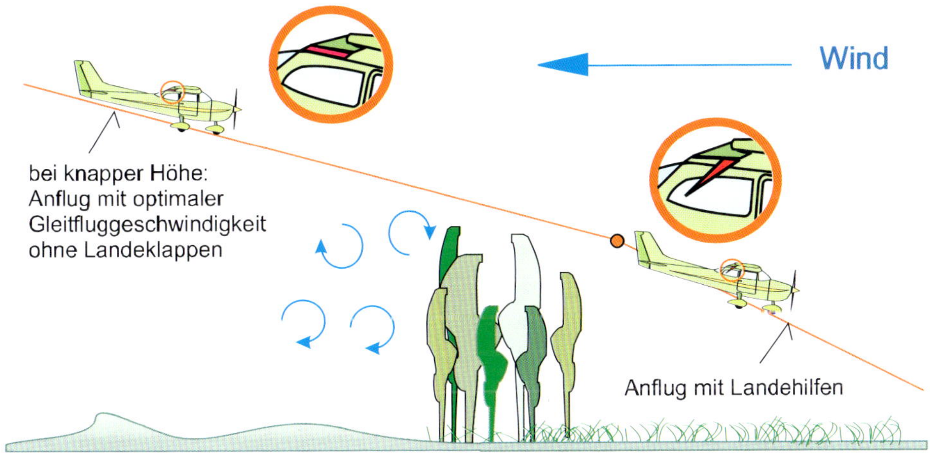

Abb. 3: Landung über hohe Hindernisse mit stehendem Triebwerk

Maßnahmen:
Bei laufendem Triebwerk:

- Mit voll ausgefahrenen Landeklappen und Motorleistung anfliegen.
- Normale empfohlene Anflugfahrt einhalten.
- Gleitwinkel und Fahrt mit dem Gashebel konstant halten.
- Erst nach dem Überfliegen der Hindernisse Gas raus bzw. reduzieren.

Bei stehendem Triebwerk:

- Keine Klappen ausfahren.
- Je nach Höhe mit bester Gleitfahrt oder schneller anfliegen.

- Auf die Oberkante der Hindernisse zielen.
- Mit Turbulenzen (Leewirbeln) rechnen.
- Nach dem Überfliegen der Hindernisse Klappen setzen.

11.9 Freileitungen im Anflug

Freileitungen dürfen nicht vorsätzlich unterflogen werden. Nicht rechtzeitig erkannte Leitungen im Endteil sind eine große Gefahr.

Maßnahmen:

- Notfalls Leitung unterfliegen.
- Masten beachten.
- Den einmal gefassten Entschluss zum Unterfliegen nicht mehr ändern.
- Möglichst in Mastnähe die Leitung bodennah unterqueren.

11.10 Versteckte Gefahren

Besonders bei Außenlandungen in fremden Geländen ist damit zu rechnen, dass trotz sorgfältiger Beobachtung nicht immer alle Einzelheiten der Landefläche erkannt werden können. Schmale Gräben, Weidezaundrähte, Schlammlöcher, Steinbrocken, Hohlwege, überhöhte Querwege usw. bergen ernsthafte Gefahren.

Maßnahmen:

- Auch indirekte Merkmale beachten: unterschiedliche Grünfärbung der Wiesenfläche, Zaunpfosten, Telefonmasten, dunkle Stellen, ungewöhnliche Schatten usw.
- Nach dem Aufsetzen nicht unnötig lange ausrollen, sondern möglichst rasch zum Stehen kommen.

12 Unfall

12.1 Häufige Unfallursachen

Die überwiegende Zahl der Unfälle beruht auf menschlichem Versagen: **Leichtsinn**, **Unsinn**, **Schwachsinn**. Niemand ist gegen solche Ausfälle gefeit. Aber: Ein einzelner Fehler führt in der Fliegerei selten in die Katastrophe. Meist schließen sich die unfallträchtigen Umstände zu einer Kette zusammen, die sich schließlich nicht mehr durchbrechen lässt:

- Unterschreitung der Mindestfluggeschwindigkeit in Bodennähe (unter ca. 500 ft).
- Einflug in Schlechtwettergebiete mit Verlust der Kontrolle über die Fluglage.
- Keine oder falsche Startstreckenberechnung.
- Missachtung der Fahrterhöhung beim Kurven in Bodennähe.
- Falsche Beladung.
- Treibstoffmangel.
- Verschätzen bei der Landeeinteilung.
- Ausbrechen von der Piste.
- Zusammenstöße mit anderen Luftfahrzeugen.
- Überbeanspruchung beim Abfangen oder in Turbulenzen.
- Unterschätzung der Gefahren bei starker Böigkeit.
- Blockieren der Steuerorgane durch Fremdkörper oder Wartungsmängel.
- Versagen des Triebwerks.
- Außenlandungen in ungeeignetem Gelände.

12.2 Verhalten nach einem Unfall

Maßnahmen:

- Zuerst die Verletzten versorgen, Menschenrettung hat Vorrang vor allen anderen Maßnahmen.
- Erste Hilfe leisten, Arzt verständigen.
- Verständigung der Polizei, auch bei Beschädigungen am Luftfahrzeug, welche die Lufttüchtigkeit beeinflussen.
- Heimatflugplatz verständigen.
- Meldung bei der Bundesstelle für Flugunfalluntersuchung (BFU) veranlassen.
- Abgabe der Störungsmeldung innerhalb von 72 Stunden vom Halter bzw. vom Flugzeugführer.
- Der Bruch darf erst nach Freigabe durch die BFU aufgeräumt worden.

12.3 Unfall/Notlandung in unwegsamem Gelände

Maßnahmen:

- Wenn möglich, Funkverbindung zu einem Luftfahrzeug auf der Notfrequenz 121.500 MHz aufnehmen. Zumindest Situation und Standortmeldung blind senden.
- Mit allen zur Verfügung stehenden Mitteln (akustisch, optisch) in regelmäßigen Abständen Notsignal S-O-S abgeben.
- Beim Luftfahrzeug bleiben, wenn man weiß, dass eine Rettungsaktion eingeleitet wurde.
- Crash-Sender (ELT) einschalten, damit die Unfallstelle angepeilt werden kann.

Gebräuchliche Abkürzungen

A	**ALPHA**, Amber
A/C	Aircraft
ABM	Abeam
ABN	Aerodrome Beacon
AC	Altocumulus
ACC	Area Control Center or Area Control
ACFT	Aircraft
ACL	Anti-Collision Light
ACT	Active or Activated or Activity
AD	Aerodrome
ADF	Automatic Direction Finding Equipment
AFWA	Automatic Flight Weather Advisory
AGL	Above Ground Level
AIC	Aeronautical Information Circular
AIP	Aeronautical Information Publication
AIRAC	Aeronautical Information Regulation and Control
AIREP	Air-Report
AIS	Aeronautical Information Service
ALERFA	Alert Phase
ALS	Approach Light System
ALTN	Alternate Aerodrome
AMD	Amend/amended
AMSL	Above Mean Sea Level
APAPI	Abbreviated Precision Approach Path Indicator
APP	Approach Control or Approach Control Office
APRX	Approximate or approximately
APT	Airport
APU	Auxiliary Power Unit
ARP	Aerodrome Reference Point
ARR	Arrival
ARR	Air Route Surveillance Radar
AS	Altostratus
ASDE	Airport Surface Detection Equipment
ASR	Aerodrome Surveillance Radar
ATA	Actual Time of Arrival
ATC	Air Traffic Control
ATD	Actual Time Of Departure
ATIS	Automatic Terminal Information Service
ATO	Actual Time Over
ATPL	Airline Transport Pilot License
ATS	Air Traffic Service
ATZ	Aerodrome Traffic Zone
AVASIS	Abbreviated Visual Approach Slope System
AVBL	Available
AVGAS	Aviation Gasoline
AWOS	Automated Weather Observing System
AWY	Airway
B	**BRAVO**, Blue
BCFG	Fog Patches
BCN	Beacon
BECMG	Becoming
BHP	Brake Horse Power
BKN	Broken
BLSN	Blowing Snow
BLW	Below
BR	Damp Mist (RH>80%)
BTN	Between
BRG	Bearing
C	**CHARLIE**, Celsius
CAVOK	Clouds and Visibility OK
CB	Cumulonimbus
CC	Cirrocumulus
CEST	Central European Summertime
CET	Central European Time
CI	Cirrus
CAT	Clear Air Turbulence, Category
CIV	Civil
CDI	Course Deviation Indicator
CH	Channel
CL	Center Line
CLD	Cloud
CLR	Clear or Cleared or Clearance
CLSD	Closed
COM or COMM	Communication/communicate
CONC	Concrete
CONT	Continue or Continued
COT	at the Coast
CRP	Compulsory Reporting Point
CS	Cirrostratus, Call Sign
CTA	Control Area
CTL	Control
CTN	Caution
CTR	Control Zone
CU	Cumulus
CUST	Custom
CVFR	Controlled VFR Flight
C/W or CW	Continuous Wave
D	**DELTA**
DA	Decision Altitude
DEG	Degree(s)
DEP	Departure, Depart
DEST	Destination
DETRESFA	Distress Phase
DF	Direction Finder
DFS	Deutsche Flugsicherung GmbH
DH	Decision Height
DIST	Distance
DME	Distance Measuring Equipment
DOF	Date of Flight
DP	Dew Point Temperature
DRSN	Drifting Snow
DS	Dust storm
DU	Dust

DVOR	Doppler VOR
DVORTAC	Doppler VOR and TAC Combination
DWD	Deutscher Wetterdienst
DZ	Drizzle
E	**ECHO**
EAT	Expected Approach Time
EET	Estimated Elapsed Time
EHF	Extremely High Frequency (30 to 300 GHz)
ELBA	Emergency Location Beacon-Aircraft
ELEV	Elevation
ELT	Emergency Locator Transmitter
EMBD	Embedded in a layer
En	English
ENR, ENRT	En-route
EOBT	Estimated Off Block Time
EST	Estimate or Estimated
ETA	Estimated Time of Arrival
ETD	Estimated Time of Departure
ETE	Estimated Time Enroute
ETO	Estimated Time Over
EUR	Europe (ICAO Region)
EXC	Except
EXP	Expect, Expected
EXTD	Extend or Extending
F	**FOXTROTT**, Fahrenheit
FAA	Federal Aviation Administration (USA)
FBL	Light
FCST	Forecast
FEW	Few
FG	Fog
FIR	Flight Information Region
FIS	Flight Information Service
FL	Flight Level
FLT	Flight
FM	From
FPM	Feet per Minute
FREQ	Frequency
FRQ	Frequent
FSS	Flight Service Station
FT or ft	Feet
FU	Smoke
FZ	Freezing
FZDZ	Freezing Drizzle
FZFG	Freezing Fog
FZLVL	Freezing Level
FZRA	Freezing Rain
G	**GOLF**, Gust
GA	General Aviation
GAFOR	General Aviation Forecast
GAL	Gallons
GAT	General Aviation Terminal
GCA	Ground Controlled Approach
GEN	General
GLD	Glider
GND	Ground
GND	Ground Control
GNSS	Global Navigation Satellite System
GP	Glide Path (ILS)
GPS	Global Positioning System
GR	Hail
GRADU	Gradual; Gradually
GS	Ground Speed
GS	Small Hail or Snow Pellets
H	**HOTEL**, High Pressure Area (MET)
H24	Continuous Day and Night Services
HDG	Heading
HEL	Helicopter
HF	High Frequency (3 – 30 MHz)
HGT	Height/Height Above
HJ	Sunrise to Sunset-Day Service
HN	Sunset to Sunrise
hPa or HPA	Hectopascal
HR	Hour(s)
HSI	Horizontal Situation Indicator
HVY	Heavy
HWS	Horizontal Wind Shear
HX	No Specified Working Hours
Hz	Hertz (Cycles per Second)
HZ	Haze
I	**INDIA**
IAS	Indicated Air Speed
IC	Ice Crystals
ICAO	International Civil Aviation Organisation
ICE	Icing
ID	Identifier or Identification or Identify
IDENT	Identification
IFR	Instrument Flight Rules
ILS	Instrument Landing System
IMC	Instrument Meteorological Conditions
in or INS	Inches
INBD	Inbound
INCERFA	Uncertainty Phase
INFO	Information
INOP	Inoperative
INT	Intersection
INTL	International
ISA	International Standard Atmosphere
J	**JULIETT**
JAA	Joint Aviation Authorities
JTST	Jet stream
K	**KILO**
KG	Kilogramm
kHz	Kilohertz
KIAS	Knots Indicated Airspeed
KM or km	Kilometer (s)

KMH or km/h	Kilometers per Hour
KT or kt	Knot(s)
KTAS	Knots True Airspeed
kW or KW	Kilowatts
L	**LIMA**, Low Pressure Area (MET)
LAN	Inland (MET)
lb or LBS	Pound(s)
LBA	Luftfahrtbundesamt
LDA	Landing Distance Available
LDG	Landing
LF	Low Frequency (30 – 300 kHz)
LGT	Light or Lighting
LGTD	Lighted
LLZ	Localizer (ICAO)
LOC	Location, local/locally/located
LOC	Localizer (Jeppesen abbreviation)
LT	Left Turn or Turn Left!
LT	Local Time
LTD	Limited
LYR	Layer or Layered
M	**MIKE**, Minus
MAG	Magnetic
MAR	At Sea
MAX	Maximum
mb or MB	Millibars
MBST	Microburst
MEA	Minimum Safe Enroute Altitude
MESZ	Central European Summertime
MET	Meteorology, Meteorological
METAR	Aviation Routine Weather Report
MEZ	Central European Time
MF	Medium Frequency (300 to 3000 kHz)
MH	Magnetic heading
MHz	Megahertz
MIFG	Shallow Fog
Min or MIN	Minute(s)
MNM	Minimum
MNM QNH	Minimum QNH
MOD	Moderate
MON	Above Mountains
MOV	Moving
MPH or mph	Statute Miles per Hour
MPS or mps	Meters per Second
MS	Minus
MSG	Message
MSL	Mean Sea Level
MT	Magnetic Track
MT	Mountain
MT OBSC	Mountains Obscuration
MTOM	Maximum Take-off Mass
MTOW	Maximum Take-off Weight
MTW	Mountain Wave
MVA	Minimum Vectoring Altitude
N	**NOVEMBER**, North
NAV	Navigation
NAVAID	Navigational Aid
NC	No Change
NDB	Non-Directional Radio Beacon
NEG	Negative
NfL	Nachricht(en) für Luftfahrer
NGT	Night
NIL	No Item Listed, Not Existent
NM	Nautical Mile(s)
NOSIG	No Significant Change
NOTAM	Notice to Airmen
NS	Nimbostratus
NSC	No Significant Clouds below 5000 ft
NSFC	Near Surface
NSW	No Significant Weather
NXT	Next
O	**OSCAR**
O/R	On Request
OAT	Outside Air Temperature
OBS	Observed
OBSC	Obscured, Obscuration
OBST	Obstruction; Obstacle
OCNL	Occasionally
OM	Outer Marker
OPN	Open or Opening or Opened
OPS	Operations
OTP	On Top
OTS	Out of Service
OVC	Overcast
P	**PAPA**
PAPI	Precision Approach Path Indicator
PAR	Precision Approach Radar
PERM	Permanently
PIREP	Pilot Report
PJE	Parachute Jumping Exercise
PLN	Flight Plan
POB	Persons On Board
POSN	Position
PPL	Private Pilot License
PPR	Prior Permission Required
PROB	Probability
PROC	Procedure
PS	Plus
PTN or PT	Procedure Turn
PWR	Power
Q	**QUEBEC**, Indicator for QNH in hPa
QDM	Magnetic Heading TOWARDS a Station
QDR	Magnetic Bearing FROM a Station
QFE	Atmospheric Pressure at Aerodrome Elevation
QFU	Magnetic Orientation of Runway
QNE	or 1013.2 mb

QNH	Altimeter Setting to obtain Elevation when on the Ground
QTE	True Bearing FROM a Station
QUJ	True Bearing TOWARDS a Station
R	**ROMEO**, Radial, Right, Red, Restricted
RA	Rain
RAD	Radar
RAD	Radius
RAIM	Receiver Autonomous Integrity Monitoring
RASN	Moderate Rain and Snow
RCL	Runway Center Line
RDL	Radial
RE	Recent
REC	Receive or Receiver
REG	Registration
REP	Reporting Point
REQ	Request/require
RESTR	Restricted
RMI	Radio Magnetic Indicator
RMK	Remark
RNAV	Area Navigation
RNG	Range
ROC	Rate of Climb
ROD	Rate of Descent
RP	Reporting Point
RPM	Revolutions Per Minute
RPT	Repeat or I Repeat
RSR	En-route Surveillance Radar
RT	Right Turn or Turn Right!
RVR	Runway Visual Range
RWY	Runway
S	**SIERRA**, South
SA	Sandstorm
SAR	Search and Rescue
SC	Stratocumulus
SCT	Scattered
SEC	Seconds
SECT or	
SECN	Sector; Section
SEV	Severe
SFC	Surface
SG	Snow Grains
SH	Shower
SHF	Super High Frequency (3 – 30 GHz)
SHRA	Moderate Rain Shower
SHRASN	Moderate Shower with Rain and Snow
SHSN	Moderate Snow Shower
SID	Standard Instrument Departure
SIG	Significant
SIGWX	Significant Weather
SKC	Sky Clear
SLW	Slow
SN	Snow
SPEC	Special
SPECI	Aviation Selected Special Weather Report
SQ	Squall
SQL	Squall Line
SR	Sunrise
SRA	Special Rules Area
SS	Sunset
SS	Sandstorm
ST	Stratus
STAR	Standard (Instrument) Arrival
STD	Standard
STF	Stratiform
STNR	Stationary
STOL	Short Take-off and Landing
SWC	Significant Weather Chart
SWY	Stop way
T	**TANGO**, Temperature
T/O	Take-off
TA	Transition Altitude
TACAN	UHF Tactical Air Navigation Aid
TAF	Aerodrome Forecast
TAS	True Air Speed
TC	Tropical Cyclone
TCAS	Traffic Alert and Collision Avoidance System
TCU	Towering Cumulus
TDZ	Touchdown Zone
TEMP	Temperature or Temporary
TEMPO	Temporary or Temporarily
TEND	Tendency
THR	Threshold
TIL	Until
TKOF	Take-off
TL	Until (METAR/Trend)
TL	Transition Level
TMA	Terminal Control Area
TMZ	Transponder Mandatory Zone
TOC	Top of Climb
TOD	Top of Descent
TODA	Take-off Distance Available
TOP	Cloud Top
TORA	Take-off Run Available
TP	Turning Point
TRA	Temporary Reserved Airspace
TREND	Trend Forecast
TS	Thunderstorm
TT	True Track
TURB	Turbulence
TVOR	Terminal VOR
TWR	Aerodrome Control Tower
TWY	Taxiway
TYP	Type of Aircraft

U	**UNIFORM**
UHF	Ultra High Frequency (300 – 3000 MHz)
UIR	Upper Flight Information Region
UNL	Unlimited
UNREL	Unreliable
USG or USGal	US Gallon
UTC	Coordinated Universal Time
V	**VICTOR**, Variable (METAR)
VA	Volcanic Ash
VAL	In Valleys
VAR	Magnetic Variation
VASIS	Visual Approach Slope Indicator System
VC	Vicinity of Aerodrome
VDF	VHF Direction Finding Station
VFR	Visual Flight Rules
VHF	Very High Frequency (30 to 300 MHz)
VIA	By Way of . . .
VIS	Visibility
VLF	Very low frequency (3 to 30 kHz)
VMC	Visual Meteorological Conditions
VOLMET	Meteorological Information for Aircraft in Flight
VOR	VHF Omni directional Radio Range
VOR/DME	VOR and DME collocated
VORTAC	VOR and TAC combination
VOT	VOR Receiver Testing Facility
VRB	Variable
Vs	Stalling Speed
VV	Vertical Visibility
VWS	Vertical Wind Shear
W	**WHISKEY**, West, White, Water Surface Temperature
W/T	Wind/Temperature
WCA	Wind Correction Angle
WIP	Work in Progress
WKN	Weakening, Weaken
WPT	Waypoint
WS	Wind Shear
WSPD	Wind Speed
WX	Weather
X	**X-RAY**
XXX	Outside of Validity Range
Y	**YANKEE**, Yellow
Z	**ZULU**, Zulu-time (UTC)

Literatur- und Quellennachweis

1. AIP Online: http://www.dfs-ais.de > AviationShop*
2. AIP und AIP VFR, Deutsche Flugsicherung GmbH
3. Bergmann-Schaefer, Lehrbuch der Experimentalphysik, de Gruyter
4. Blüthgen, Allgemeine Klimageographie, de Gruyter
5. Calder, Die Wettermaschine, Hallwig
6. DaeC/DFS, Fragenkataloge
7. Deutscher Wetterdienst, Produkthandbuch Flugwetterdienst, DWD
8. Dubs, Aerodynamik der reinen Unterschallströmung, Birkhäuser
9. Eichenberger, Flugwetterkunde, Schweizer Verlagshaus
10. Georgii, Meteorologische Navigation, vieweg
11. Götzsch, Einführung in die Flugzeugtechnik, Frankfurter Fachverlag
12. ICAO-Karte 2007, DFS*
13. Internet: http://www.daec.de/recht (Luftrecht)
14. Internet: http://www.dfs-ais.de (Online Flugvorbereitung)
15. Internet: http://www.dfs-aviationshop.de (Flugsicherungs-Unterlagen)
16. Internet: http://www.easa.europa.eu/home/index.html (EASA)
17. Internet: http://www.flugwetter.de (Deutscher Wetterdienst)
18. Internet: http://www.grc.nasa.gov/WWW/K-12/airplane/ (Technik)
19. Internet: http://www.jaa.nl (Europäische Regelungen)
20. Internet: http://www.lba.de (Luftfahrtbundesamt)
21. Internet: http://www.dwd.de/de/SundL/Freizeit/Hobbymeteorologen/Wetterlexikon
22. JAR-FCL 1 (Ausbildungs- und Lizenzbestimmungen)
23. Kassera, PPL-Lernsysteme für den PC
24. Kreipl, Wolken, Wind und Wellenflug, Motorbuch
25. Kühr, Der Privatflugzeugführer, Schiffmann
26. LuftBO, DFS
27. LuftGerPV, DFS
28. LuftPersV, DFS
29. LuftVG, DFS
30. LuftVO, DFS
31. LuftVZO, DFS
32. Pilot's Handbook of Aeronautical Knowledge, FAA
33. Schmidt, Lexikon der Luftfahrt, Motorbuch
34. Seidler, Einführung in die Aerodynamik, Frankh'sche VB
35. Spohd, Handbuch der Flugphysiologie, G. Spohd, Fürstenfeldbruck
36. Steininger, Handbuch der Flugpädagogik, K. Steininger, Hamburg
37. v. Kalckreuth, Segeln über den Alpen, Motorbuch

* Die von der DFS freundlicherweise zur Verfügung gestellten Kartenausschnitte im Innenein-band und im Kapitel Navigation dienen nur Übungszwecken. Für eine Flugvorbereitung ist das aktuelle Kartenmaterial zu verwenden.

Stichwortverzeichnis

S

T

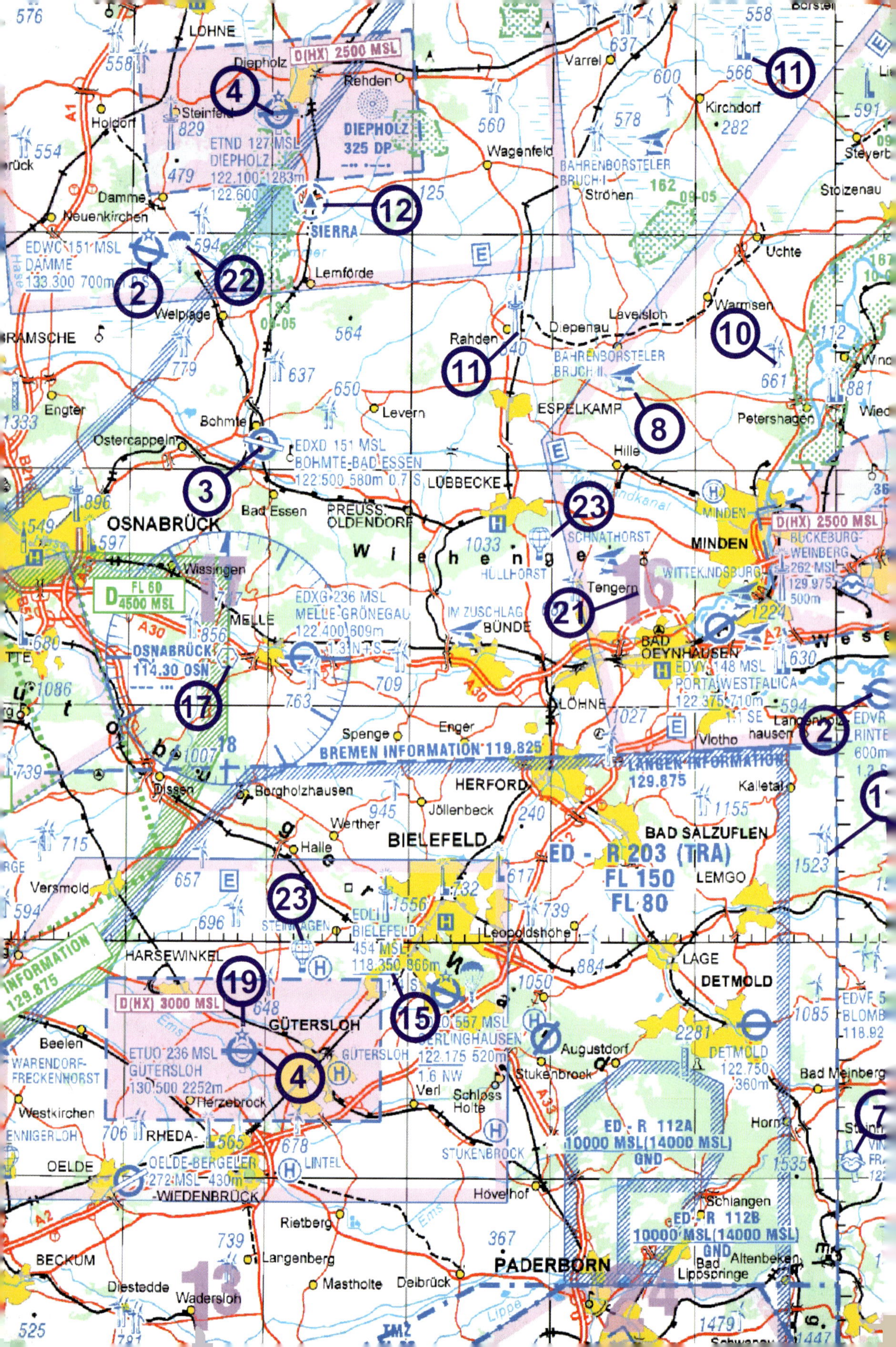

LOHNE
D(HX) 2500 MSL
Diepholz
Rehden
Steinfeld
Holdorf
ETND 127 MSL
DIEPHOLZ
122.100 1283m
122.600
DIEPHOLZ
325 DP
Damme
Neuenkirchen
EDWC 151 MSL
DAMME
133.300 700m
SIERRA
Lemförde
Welplage
Varrel
Kirchdorf
Wagenfeld
BAHRENBORSTELER
BRUCH I
Ströhen
Stolzenau
Uchte
Warmsen
Diepenau
Levelsloh
Rahden
BAHRENBORSTELER
BRUCH II
ESPELKAMP
Petershagen
Levern
Engter
Bohmte
Ostercappeln
EDXD 151 MSL
BOHMTE-BAD ESSEN
122.500 580m 0.7 S
LÜBBECKE
Hille
MINDEN
D(HX) 2500 MSL
BUCKEBURG-
WEINBERG
262 MSL
129.975
500m
Bad Essen
PREUSS.
OLDENDORF
OSNABRÜCK
Wiehengebirge
SCHNATHORST
HÜLLHORST
Wissingen
WITTEKINDSBURG
Tengern
FL 60
4500 MSL
MELLE
EDXG 236 MSL
MELLE-GRÖNEGAU
122.400 609m
IM ZUSCHLAG
BÜNDE
BAD
OEYNHAUSEN
OSNABRÜCK
114.30 OSN
EDVY 148 MSL
PORTA WESTFALICA
122.375 710m
LÖHNE
Spenge
Enger
Vlotho
BREMEN INFORMATION 119.825
LANGEN INFORMATION
129.875
Dissen
Borgholzhausen
HERFORD
Kalletal
Werther
Jöllenbeck
BIELEFELD
BAD SALZUFLEN
Halle
ED - R 203 (TRA)
FL 150
FL 80
LEMGO
Versmold
EDLI
BIELEFELD
454 MSL
118.350 866m
STEINHAGEN
Leopoldshöhe
HARSEWINKEL
LAGE
DETMOLD
INFORMATION
129.875
D(HX) 3000 MSL
GÜTERSLOH
EDLO 557 MSL
OERLINGHAUSEN
122.175 520m
Augustdorf
Beelen
WARENDORF-
FRECKENHORST
ETUO 236 MSL
GÜTERSLOH
130.500 2252m
GÜTERSLOH
Verl
Schloss
Holte
Stukenbrock
DETMOLD
122.750
360m
Bad Meinberg
Westkirchen
Herzebrock
RHEDA-
ED - R 112A
10000 MSL (14000 MSL)
GND
Horn
OELDE
OELDE-BERGELER
272 MSL 430m
WIEDENBRÜCK
LINTEL
STUKENBROCK
Hövelhof
Schlangen
Rietberg
ED - R 112B
10000 MSL (14000 MSL)
GND
BECKUM
Langenberg
PADERBORN
Bad
Lippspringe
Altenbeken
Diestedde
Wadersloh
Mastholte
Delbrück